陕西子午岭植物图鉴

白重炎　贾　茜　编著

科学出版社
北京

内 容 简 介

本书是作者在长期野外工作的基础上完成的。全书共分为真菌植物门、蕨类植物门、裸子植物门和被子植物门四部分，总计 141 科 514 属 994 种（含种下等级）；采用图片与文字紧密结合的形式，包括植物的中文名、拉丁名、生物学特性、花果期、在陕西子午岭的分布和主要用途等内容，可为陕西子午岭生态环境建设和持续稳定发展提供理论与科学依据。本书内容为该区域植物的最新研究成果，对丰富和发展我国环境科学研究与区域经济发展等具有重要的指导意义，尤其是可为干旱、半干旱区退化植被恢复与生态环境建设提供重要参考。

本书可供从事农业、林业、牧业、草业、水利、气候和环境等领域的科研和生产的科技工作者及相关领域的广大师生参考。

图书在版编目（CIP）数据

陕西子午岭植物图鉴 / 白重炎，贾茜编著. —北京：科学出版社，2019.6

ISBN 978-7-03-055802-2

Ⅰ. ①陕…　Ⅱ. ①白…②贾…　Ⅲ. ①野生植物－陕西－图集
Ⅳ. ①Q948.524.1-64

中国版本图书馆 CIP 数据核字（2017）第 300443 号

责任编辑：岳漫宇　付　聪　侯彩霞 / 责任校对：严　娜
责任印制：肖　兴 / 设计制作：金舵手世纪

科学出版社 出版
北京东黄城根北街16号
邮政编码：100717
http://www.sciencep.com

北京汇瑞嘉合文化发展有限公司 印刷
科学出版社发行　各地新华书店经销

*

2019年6月第　一　版　开本：889 × 1194　1/16
2019年6月第一次印刷　印张：22　1/2
字数：900 000

定价：380.00元

（如有印装质量问题，我社负责调换）

作者简介

About the Authors

白重炎（1963.4— ），男，陕西清涧人，1983年毕业于延安林业学校。延安大学高级实验师，延安大学职称评审库评审专家，陕西省植物学会会员，延安市林学会理事。30多年来，一直从事陕北植物资源方面的调查和实验研究工作。主持省、市（厅）及校级科研项目5项，参与省（部）、市（厅）及校级科研计划项目20余项。发表学术论文37篇；参编《延安市林业志》一部；获发明专利2项，实用性专利3项。

贾茜（1989.2— ），女，陕西延安人，工程师，林学硕士研究生。就职于国家林业和草原局西北调查规划设计院。2016年获得中国民用航空局、中国航空器拥有者及驾驶员协会颁发的无人机机长驾驶合格证。发表《依托森林公园规划发展森林康养的探究》《陕西子午岭自然保护区野生芳香植物资源调查》《无人机在森林资源管理中的应用》等论文，参与“红古区资源枯竭型城市转型生态综合修复治理项目总体规划”“新疆天池国家森林公园总体规划”“青海坎布拉国家森林公园总体规划”“青海互助南门峡国家湿地公园生物多样性影响评价”“新疆天山东部国有林管理局森林资源经营方案”等近30项森林资源调查和林业规划设计项目。

《陕西子午岭植物图鉴》

参编人员名单

（按姓氏拼音排序）

白金　白雪　白重炎　白海生　白剑波　蔡德光　曹文成

戴攀峰　范浩　高巨营　高战雄　高之奇　胡三英　贾茜

贾生平　金小平　雷宏斌　雷小宁　李广平　李江华　刘向忠

吕世雄　吕亚琴　苗建　齐建民　任红斌　沈雪健　宋青珍

田向东　王岩　王福斌　王继兵　王亚洲　王延成　尉富有

吴程浩　徐前进　徐振飞　尹维刚　张保平　张奉林　张海军

周小炜　朱延喜

《陕西子午岭植物图鉴》拍摄者名单

（按姓氏拼音排序）

白　雪	白重炎	陈　彬	陈炳华	陈世品	戴攀峰	邓　健
邓英豪	董忠民	杜　巍	杜培林	段长虹	高　鹏	葛斌杰
姜洪兵	蒋　蕾	康杰芳	李策宏	李怀珠	李智选	林秦文
刘　冰	刘翠英	刘宗才	卢　元	吕志学	马欣堂	莫训强
潘成椿	潘建斌	沈雪健	田先华	汪　远	王　琦	王宝林
王钧杰	王苏武	王文强	王一为	王玉兵	魏　泽	吴程浩
吴棣飞	徐晔春	徐永福	薛艳莉	寻路路	张　丹	张金龙
张润堂	赵　宏	周　繇	周重建	朱　强	朱仁斌	朱鑫鑫

PREFACE 前 言

子午岭位于北纬 33°43′～41°16′，东经 100°54′～114°33′，包括甘肃省的华池县、合水县、正宁县和宁县，以及陕西省的富县、黄陵县、宜君县、印台区、耀州区及旬邑县，总面积 2.3 万平方千米，其中陕西省为 6 县（区）1.21 万平方千米。

子午岭，又名横岭、桥山，因与本初子午线方向一致而得名。子午岭林区是黄土高原目前保存较好的一块天然植被区，是黄土高原中部地带重要的生态公益林。

该地区地形错综复杂，丘陵、山地相互交织，因此有人这样描述黄土高原："站在高处举目远眺，天地相连，有如平地；低头俯瞰，沟谷如网，丘陵连绵。"该地区年降水量 450～650mm，土壤肥沃，植被茂盛，植物种类繁多，号称黄土高原的"一叶肺"和"绿色宝库"。

本书是编著者对陕北多年野外工作的一个重要总结。本书用 2300 多张植物花果期彩色照片，展示了 141 科 514 属 994 种（含种下等级，下同）植物，其中真菌植物门 20 种，蕨类植物门 12 种，裸子植物门 15 种，被子植物门 947 种；野生植物 821 种，栽培植物 173 种；部分植物为本区（陕西子午岭）新纪录。

本书真菌植物门科的顺序参考了 Singer 系统（1986 年），中文名和拉丁名以《中国大型真菌》为准；蕨类植物门科的顺序按吴兆洪和秦仁昌在《中国蕨类植物科属志》（1991 年）中的系统，裸子植物门科的顺序按郑万钧系统（1978 年），被子植物门科的顺序按克朗奎斯特系统（1998 年），中文名和拉丁名以《中国植物志》为准。植物形态特征的描述主要参考《中国大型真菌》、《中国植物志》和《中国高等植物图鉴》，生长环境的描述主要参考《黄土高原植物志》和实地采集记录；用途主要参考《中国资源植物》和《中药大辞典》。部分植物产地后附有地方俗名或被归并的中文名。另外，有些种，如景天科的玉树 [*Crassula arborescens* (Mill.) Willd.]，虽然民间有大量栽培，但《中国植物志》未收录，其中文名和拉丁名来源于自然标本馆信息卡；柴松（*Pinus tabulaeformis* Carr. f. *shekanensis* Yao et Hsu.）是陕西省重点保护植物，其中文名和拉丁名来源于乐天宇和徐纬英著的

《陕甘宁盆地植物志》。

本书收录的植物种数占黄土高原地区植物总种数的 1/3 以上，真菌植物门、蕨类植物门和裸子植物门收录的比较少，本书虽不能作为本地区的植物检索工具，但也具有很高的参考价值。考虑到版面的限制，本书对植物形态特征、应用价值的描述做了精简。

感谢西北农林科技大学常朝阳教授、吴振海研究员对本书编写提出的宝贵意见；感谢陕西子午岭国家级自然保护区管理局在前期调查工作中给予的帮助；感谢中国自然标本馆、中国数字植物标本馆、中国植物物种信息数据库网站提供开放的植物查询平台。本书的出版得到了陕西子午岭国家级自然保护区管理局、延安大学科研处、陕西省重点扶持学科（生态学）、陕西省红枣重点实验室（延安大学）、陕西省高水平大学建设专项资金资助项目“生态学”（2012SXTS03）、延安市科学技术研究发展计划项目（2009KN-22）和延安大学引导项目（YD2016-07）等的资助，在此一并表示诚挚的谢意。最后，感谢科学出版社编辑提出的宝贵意见和建议。

由于作者专业水平有限，植物鉴定与文字描述还存在许多不足之处，敬请广大读者批评指正。

编著者

2019 年 2 月于延安大学

CONTENTS

目录

真菌植物门 Eumycophyta

蕨类植物门 Pteridophyta

裸子植物门 Gymnospermae

被子植物门 Angiospermae

真菌植物门

Eumycophyta

1 侧耳科 Pleurotaceae

香菇 Lentinu edodes (Berk.) Sing.

子实体较小至稍大。菌盖直径5～12厘米，可达20厘米，扁平球形至稍平展，表面浅褐色、深褐色，有深色鳞片，而往往边缘鳞片色浅至污白色，以及有毛状物或絮状物。菌肉白色，稍厚，细密。菌褶白色，弯生，密，不等长。菌柄长3～8厘米，粗0.5～1.5厘米，中生至偏生，白色，常弯曲。菌环以下有纤毛状鳞片，纤维质，内实。菌环易消失，白色。孢子无色，光滑，椭圆形至卵圆形，（4.5～7）微米×（3～4）微米。

本区有栽培。是重要食用菌，可人工栽培；可降低血压；研究表明，香菇对癌细胞有抑制作用。

香菇

侧耳 Pleurotus ostreatus (Jacq.: Fr.) Kunmer

子实体中等至大型，寒冷季节子实体色调较深。菌盖直径5～21厘米，扁半球形，后平展，有后檐，白色至灰白色、青灰色，有条纹。菌肉白色，厚。菌褶白色，延生，在菌柄上交织，稍密至稍稀。菌柄长1～3厘米，粗1～2厘米，短或无，侧生，白色，内实，基部常有绒毛。孢子无色，光滑，近圆柱形，（7～10）微米×（2.5～3.5）微米。

产富县，本区多栽培，俗称蘑菇、平菇。冬春季于阔叶树腐木上覆瓦状丛生。可食用，是重要栽培食用菌之一；可药用，研究表明，子实体水提取液具抗癌作用。

侧耳

2 鹅膏菌科 Amanitaceae

橙盖鹅膏菌 Amanita caesarea (Scop.: Fr.) Pers. ex Schw.

子实体大型。菌盖直径5.5～20厘米，初期卵圆形至钟形，后逐渐平展，中间稍凸起，鲜橙黄色至橘红色，边缘有明显条纹，光滑，稍黏。菌肉白色。菌褶黄色，离生，较厚，不等长。菌柄长8～25厘米，粗1～2厘米，圆柱形，淡黄色，往往具橙黄色花纹或鳞片，内部松软至空心。菌环生菌柄上部，淡黄色，膜质，下垂，下面具细条纹。菌托大，苞状，白色，有时破裂形成片状，附着在菌盖表面。孢子印白色。孢子无色，光滑，宽椭圆形、卵圆形。

本区分布广。夏秋季于林中地上散生或单生。可食用，属著名食用菌；研究报道此菌具抗癌作用。

橙盖鹅膏菌

3 白蘑科 Tricholomataceae

大杯伞 Clitocybe maxima (Gartn. ex Mey.: Fr.) Quel.

子实体大型。菌盖直径10～20厘米或更大，中部下凹呈漏斗状，灰黄色至淡土黄色，表面平滑，干燥，边缘内卷至伸展且老后有不明显条纹。菌肉白色，较薄，中部较厚。菌褶白色，变至污黄色，延生，较密，狭窄，不等长。菌柄长7～10厘米，粗1.5～2.5厘米，近柱形，近白色或似盖色，靠近基部逐渐膨大成棒状且有绒毛，内部松软。孢子印白色。孢子无色，平滑或微粗糙，近球形或近宽椭圆形，（6.6～8）微米×（5.3～6.3）微米。

大杯伞

本区分布广。夏秋季于林中地上或腐枝落叶层群生或近丛生。可食用。

4 蘑菇科 Agaricaceae

双环林地蘑菇 Agaricus placomyces Peck

子实体中等。菌盖直径3～14厘米，初期扁半球形，后平展，近白色，中部淡褐色至灰褐色，覆有纤毛组成的褐色鳞片，边缘有时纵裂或有不明显的纵沟。菌肉白色，较薄。菌褶初期近白色，很快变为粉红色，后呈褐色至黑褐色，离生，不等长。菌柄长4～10厘米，粗0.4～1.5厘米，白色，光滑，内部松软，后变中空，基部稍膨大，伤后变淡黄色，后恢复原状。菌环白色，后逐渐变为淡黄色，膜质，边缘呈双层，表面光滑，下面略呈海绵状，生菌柄上部，干后有时直立在菌柄上，易脱落。孢子褐色，光滑，椭圆形至广椭圆形，（5～6.5）微米×（3.5～5）微米。褶缘囊体无色至淡黄色，棒状，丛生。

本区分布广。秋季于村中地上及杨树林根部单生、群生或丛生。可食用，也有记载具毒；研究报道此菌具抗癌作用。

双环林地蘑菇

5 鬼伞科 Coprinaceae

雪白鬼伞 Coprinus niveus (Pers.) Fr.

子实体伞状，小型。菌盖直径1.5～3厘米，卵圆形、锥形至钟形或近平展，表面纯白色，有一层粗糙的白粉末，边缘有条纹且常开裂反卷。菌肉白色，很薄。菌褶离生，窄而密，灰褐色至黑色，后期液化。菌柄柱状，长4～10厘米，粗0.4～0.7厘米，白色，表面有白色絮状粉末，向基部渐粗大，质脆。担孢子黑褐色，光滑，椭圆形至柠檬状，（14.5～19）微米×（11～13）微米。

本区分布广。夏秋季子实体群生或散生于腐熟的牲畜粪或草地上。

雪白鬼伞

6 牛肝菌科 Boletaceae

美味牛肝菌 Boletus edulis Bull.: Fr.

子实体中等至较大。菌盖直径4～14厘米，扁半球形或稍平展，黄褐色、土褐色或红褐色，不黏，光滑，边缘钝。菌肉白色，受伤不变色，厚。菌管初期白色，后呈淡黄色，直生或近弯生，或在菌柄周围凹陷，管口圆形，每毫米2～3个。菌柄长5～12厘米，粗2～3厘米，近圆柱形，基部稍膨大，淡褐色或淡黄褐色，内实，全部或2/3有网纹。孢子印橄榄褐色。孢子淡黄色，平滑，近纺锤形或长椭圆形，（10～15.2）微米×（4.5～5.7）微米。管侧囊体无色，棒状，顶端圆钝或稍尖细，（34～38）微米×（13～14）微米。

本区分布广。生于湿润的低山坡、沟谷林下或草丛中。可食用，属优良野生食用菌；可药用，治疗腰腿疼痛、手足麻木、筋骨不舒、四肢抽搐；子实体的水提取物有肽类和蛋白质，对小白鼠肉瘤180及艾氏腹水瘤的抑制率分别为100%和90%。

美味牛肝菌

7 枝瑚菌科 Ramariaceae

浅黄枝瑚菌 Ramaria flavescens (Schaeff.) Petersen

子实体较大，高 10～15 厘米，直径可达 10～20 厘米。大量的分枝常由一个粗大的茎上分出，并再次分枝密集成丛，上部多呈“U”形分枝，小枝顶端较尖，亮黄色至草黄色，后期变暗。菌肉白色。孢子无色，有瘤状凸起，椭圆形，（9～13）微米 ×（4.5～5.5）微米。担子 4 小梗。

产本区富县张村驿镇、直罗镇。夏秋季生于壳斗科植物为主的阔叶林地上，单生、群生或丛生。可食用。

浅黄枝瑚菌

8 猴头菌科 Hericiaceae

猴头菇 Hericium erinaceum (Bull.: Fr.) Pers.

子实体中等、较大或大型，直径 5～10（～16）厘米，呈扁半球形或头状，有无数肉质软刺生长在狭窄或较短的菌柄部，刺细长下垂，长 1～3 厘米，新鲜时白色，后期浅黄色至浅褐色，子实层生刺之周围。孢子无色，光滑，含油滴，球形或近球形，（5.1～7.6）微米 ×（5～7.6）微米。

产本区富县直罗镇。秋季多生栎等阔叶树立木上，少生于腐木或倒木上。是宴席名菜，含有 16 种人体所需氨基酸，有增强免疫功能之功效。

猴头菇

9 多孔菌科 Polyporaceae

单色云芝 Coriolus unicolor (L.: Fr.) Pat.

子实体一般小，无柄，扇形、贝壳形或平伏而反卷，覆瓦状排列，革质。菌盖宽 4～8 厘米，厚 0.5 厘米，往往侧面相连，表面白色、灰色至浅褐色，有时因有藻类附生而呈绿色，有细长的毛或粗毛和同心环带，边缘薄而锐，波浪状或瓣裂，下侧无子实层。菌肉白色或近白色，厚 0.1 厘米，在菌肉及毛层之间有一条黑线。菌管近白色、灰色，管孔面灰色至紫褐色，孔口迷宫状，平均每毫米 2 个，很快裂成齿状，但靠边缘的孔口很少开裂。担孢子无色，光滑，长方形，（4.5～6）微米 ×（3～3.5）微米。

本区分布广。生于桦、杨、柳、山楂、栎等树的伐桩、枯立木、倒木上。可药用，子实体含有抗癌物质。

单色云芝

猪苓 Grifola umbellate (Pers.: Fr.) Pilat.

子实体大或很大，肉质，有菌柄，多分枝，末端生圆形白色至浅褐色菌盖，一丛直径可达 35 厘米。菌盖直径 1～4 厘米，圆形，中部下凹近漏斗形，边缘内卷，被深色细鳞片。菌肉白色，孔面白色，干后草黄色；孔口圆形或破裂呈不规则齿状，延生，平均每毫米 2～4 个。孢子无色，光滑，一端圆形，一端有歪尖，圆筒形，（7～10）微米 ×（3～4.2）微米。

本区富县多见。生阔叶林中地上或腐木桩旁，有时也生针叶树旁。子实体幼嫩时可食用；其地下菌核是著名中药，含猪苓多糖，具利水渗湿之功效；研究表明可抗癌。

猪苓

火木层孔菌 Phellinus igniarius (L.: Fr.) Quel.

子实体中等至较大，马蹄形，木质，硬。菌盖初期有微细绒毛，浅褐色，以后光滑，变暗灰黑色或黑色，无皮壳，老时龟裂，有同心环棱，边缘钝圆，浅咖啡色，下侧无子实层。菌肉深咖啡色，硬木质，管孔多层，与菌肉同色，老的菌管中充满白色菌丝，管孔面锈褐色，圆形，每毫米 4～5 个。刚毛基部膨大，顶端渐尖。孢子无色，光滑，近球形，（4.5～6）微米 ×（4～5）微米。

本区分布广。生于柳、桦、杨等阔叶树的树桩、树干或倒木上。可食用；子实体药用，可活血、化饮、消癖饮、和胃止泻。

火木层孔菌

血红栓菌 Trametes sanquinea (L.: Fr.) Lloyd

子实体小至中等，木栓质，无柄或近无柄。菌盖直径达 3～10 厘米，厚 2～6 毫米，表面平滑或稍有细毛，初期血红色，后褪至苍白色，往往呈现出深浅相间的环纹或环带。菌管与菌肉同色，一层，长 1～2 毫米，暗红色，往往有闪光感，管口细小，圆形，每毫米 5～8 个。孢子无色，平滑，稍弯曲，长椭圆形，（7～8）微米 ×（2.5～3）微米。

本区分布广。多生于栎、槭、杨、柳等阔叶树的枯立木、倒木或伐木桩上。可药用，有生肌、行气血、止湿痰、除风湿、止痒、顺气、止血之功效；现代研究表明，有抑制癌细胞的作用。

血红栓菌

10 木耳科 Auriculariaceae

木耳 Auricularia auricula (L. ex Hook.) Underwood

子实体一般较小，长宽 2～12 厘米，浅圆盘形、耳形或不规则形，胶质，新鲜时软，干后收缩。子实层生理面光滑或略有皱纹，红褐色或棕褐色，干后变褐色或黑褐色。外面有短毛，青褐色。孢子无色，光滑，常弯曲，腊肠形，（9～17.5）微米 ×（5～7）微米。担子细长，有 3 横隔，柱形，（50～65）微米 ×（3.5～5.5）微米。

本区分布广。常见于栎、榆、白桦等阔叶树或朽木上密集成丛生长。可食用；可药用，具抗癌作用。

木耳

毛木耳 Auricularia polytricha (Mont.) Sacc.

子实体一般较大，直径 2～15 厘米，浅圆盘形、耳形或不规则形，有明显基部，基部稍皱，胶质，无柄，新鲜时软，干后收缩。子实层生理面平滑或稍有皱纹，紫灰色，后变黑色。外面有较长绒毛，无色，仅基部褐色，（400～1100）微米 ×（4.5～6.5）微米，常成束生长。孢子无色，光滑，弯曲，圆筒形，（12～18）微米 ×（5～6）微米。担子 3 横隔，具 4 小梗，棒状，（52～65）微米 ×（3～3.5）微米。

本区分布广。主要于牛奶子上丛生。可食用，已广泛栽培；可药用，具抗癌作用。

毛木耳

11 银耳科 Tremellaceae

橙黄银耳 **Tremella lutescens** Fr.

子实体一般较小，直径1～6厘米，可达10厘米或更大，高1～2.5厘米，由许多厚而脑状或曲折的瓣片组成，有的呈条状生长，鲜时橘黄色、橙黄色，干时带橙红色。菌丝浅黄色，具锁状联合，粗2.5～4微米。担子纵裂为4瓣，卵圆形至椭圆形，（12～23）微米 ×（8～15）微米 ×（7～12）微米。

本区分布广。生于湿润山坡底部、沟谷等地的栎类等阔叶树腐殖质土壤及苔藓地被上。可食用。

橙黄银耳

12 马勃科 Lycoperdaceae

白秃马勃 **Calvatia candida** (Rostk.) Hollós

子实体较小或近中等。菌盖直径6～8.5（～13）厘米，扁球形、近球形或梨形，浅棕灰色，并有发达的根状菌丝索。外包被薄，粉状，有斑纹；内包被坚实而脆。孢子体蜜黄色至浅茶色。孢子浅青褐色，光滑或有小疣，有小柄，球形，直径4～5.5微米。

本区分布广，俗称马尿勃。夏秋季生于村舍旁畜粪地边或草丛中。幼时可食用；老后药用，有消炎、解热、利喉、止血之功效。

白秃马勃

13 盘菌科 Pezizaceae

红毛盘菌 **Scutellinia scutellata** (L.: Fr.) Lamb.

子囊盘小，直径0.1～1.5厘米，扁平，呈盾状，红色。子实层面鲜红色或橘红色，平滑，干时褪色，边缘凸起有栗褐色毛，周边毛长达2毫米，硬直，顶端尖，有分隔，壁厚。子囊圆柱形，（190～200）微米 ×（12～18）微米。孢子单行排列，孢子初期光滑，成熟后有小疣，含1～2个油滴，椭圆形至宽椭圆形，（14～20）微米 ×（10～15）微米。侧丝无色，线形，无分隔，顶部膨大，7～9微米。

本区分布广。秋季于林中苔藓、地衣丛及腐木上群生。

红毛盘菌

14 羊肚菌科 Morchellaceae

羊肚菌 **Morchella esculenta** (L.) Pers.

子实体一般较小或中等，高6～14.5厘米。菌盖高4～6厘米，宽4～6厘米，不规则圆形、长圆形，表面形成许多凹坑，似羊肚状，淡黄褐色。菌柄较长，长5～7厘米，粗2～2.5厘米，白色，有浅纵沟，基部稍膨大。子囊（200～300）微米 ×（18～22）微米。子囊孢子8个，单行排列，宽椭圆形，（20～24）微米 ×（12～15）微米。侧丝顶端膨大，有时有隔。

本区富县多见。4～5月于阔叶林地上及草丛中，单生或群生。含有7种人体必需氨基酸，可食用；可药用，具有补肾、壮阳、补脑、提神等功效。

羊肚菌

褐赭色羊肚菌 **Morchella umbrina** Boud.

子实体较小，高 5～8 厘米。菌盖高 2～4.5 厘米，宽 2～4 厘米，近球形或头状或近卵圆形，灰褐色至黑褐色，顶部平或凹，脉棱多纵向排列又有小横脉相连，凹窝深，边缘与菌柄连接。菌肉污白色或带褐色。菌柄长 2～4 厘米，粗 0.5～1 厘米，近白色，有时带赭色，表面近光滑，基部膨大，空心。子囊圆柱形，（325～380）微米 ×（16.9～23）微米，含 8 个孢子。孢子无色，光滑，椭圆形，（18～23）微米 ×（8.5～12）微米。侧丝线形，顶部稍膨大，可达 20 微米，有分隔及分枝。

本区富县多见。春天生阔叶林地上，4 月雨后林下、草丛中多见。可食用。

褐赭色羊肚菌

蕨类植物门 Pteridophyta

15 铁角蕨科 Aspleniaceae

北京铁角蕨 Asplenium pekinense Hance

植株高8～20厘米。根状茎短，先端密被披针形鳞片，长2～4毫米，黑褐色。叶簇生；叶柄长2～4厘米，淡绿色，下部被披针形鳞片，上部疏被黑褐色鳞片；叶片披针形，长6～12厘米，中部宽2～3厘米，先端渐尖，二回羽状或三回羽裂；羽片9～11对，三角状椭圆形，长1～2厘米，宽6～13毫米，急尖头，基部不对称，上侧截形，下侧楔形，一回羽状；小羽片2～3对，互生，基部上侧一片最大，椭圆形，长5～6毫米，宽2～3毫米，顶端近圆，边缘羽状深裂，裂片3～4片，舌形或线形，长1～3毫米，先端圆截形并有2～3个小齿牙，两侧全缘；其余的小羽片较小，不深裂；叶脉上面隆起，小脉二叉分枝；叶轴及羽轴与叶片同色，两侧有连续的线状狭翅，下部疏被黑褐色的纤维状小鳞片，向上光滑。孢子囊群近椭圆形，长1～2毫米，斜向上，位于小羽片中部，成熟后深棕色，往往满铺于小羽片下面；囊群盖同形，灰白色，膜质，全缘，开向羽轴或主脉，宿存。

产本区富县直罗镇、张村驿镇。生于沟谷岩石上或石缝中。

北京铁角蕨

过山蕨 Camptosorus sibiricus Rupr.

植株高达26厘米。根状茎短小，先端密被小鳞片；鳞片披针形，膜质，黑褐色，全缘。叶簇生；基生叶较小，不育，叶柄长1～3厘米，叶片长1～2厘米，宽5～8毫米，椭圆形，顶端钝，基部阔楔形，略下延于叶柄；能育叶较大，叶柄长1～5厘米，叶片长10～15厘米，宽5～10毫米，披针形，全缘或略呈波状，基部楔形或圆楔形，狭翅下延于叶柄，先端渐尖，且延伸成鞭状，末端稍卷曲，能着地生根行无性繁殖。叶脉网状，有网眼1～3行，靠近主脉的1行网眼狭长，与主脉平行，其余的1～2行网眼斜上，网眼外的小脉分离，不达叶边；叶草质，无毛。孢子囊群线形或椭圆形，在主脉两侧各形成不整齐的1～3行，靠近主脉的1行较长；囊群盖向主脉开口，其外的1～2行，如成对生于网眼内时则囊群盖相对开，如单独生于网眼内时则囊群盖开向主脉或叶边；囊群盖狭，同形，灰绿色或浅棕色，膜质。

产本区富县张村驿镇。生于沟谷岩石上或石缝中。全草药用，具止血消炎、活血散瘀之功效。

过山蕨

16 蹄盖蕨科 Athyriaceae

中华蹄盖蕨 Athyrium sinense Rupr.

根状茎短，先端和叶柄基部密被深褐色、卵状披针形鳞片。叶簇生；能育叶长35～92厘米，叶柄长10～26厘米，基部黑褐色，向上禾秆色，略被小鳞片；叶片长圆状披针形，长25～65厘米，宽15～25厘米，先端短尖，基部变狭，二回羽状；羽片约15对，基部的近对生，向上的互生，无柄，基部2～3对略缩短，一对长圆状披针形，长7～12厘米，宽约2.5厘米，先端渐尖，基部对称，截形或近圆形，一回羽状；小羽片约18对，基部一对狭三角状长圆形，长8～10毫米，宽3～4毫米，钝尖头，并有尖齿，基部不对称，并下延成狭翅，两侧边缘浅羽裂；裂片4～5对，近圆形，边缘有锯齿；叶脉明显，在小羽片上为羽状，侧脉约 7 对，下部的三叉或羽状，上部的二叉或单一；叶轴和羽轴下面疏被小鳞片和卷曲腺毛。孢子囊群长圆形，生于基部上侧小脉，每小羽片 6～7 对；在主脉两侧各排成 1 行；囊群盖同形，浅褐色，膜质，边缘啮蚀状，宿存。孢子周壁表面无褶皱。

本区富县多见。生于阴湿沟谷。根状茎药用，具清热解毒、杀虫之功效。

中华蹄盖蕨

17 鳞毛蕨科 Dryopteridaceae

对生耳蕨 **Polystichum deltodon** (Bak.) Diels

植株高 13～42 厘米。根状茎短，连同叶柄基部密被披针形鳞片。叶簇生；叶柄有沟槽，长 3～16 厘米，基部以上疏被棕色鳞片；叶片披针形，长 9～30 厘米，宽 2～4.5 厘米，顶端羽裂渐尖，一回羽状；羽片 18～40 对，互生或近对生；中部顶端略向上弯，急尖并有 1 短芒刺头，两侧显著不对称，上侧基部耳状凸起呈三角形，其顶端急尖并具短芒刺头，外侧截形，全缘或有 1～2 浅钝锯齿，与叶轴平行；内侧通常有 1～2 缺刻状浅圆齿或具短刺头的浅锯齿，耳状凸起以上的边缘截形或呈略内弯的弧形，通体有粗锯齿或重锯齿；下侧的下部狭楔形，全缘，上部呈弧形，边缘有粗锯齿，锯齿顶端常有短刺头；叶脉上面不明显，下面略可见，羽状。孢子囊群小，多于主脉上侧排成一行，多达 10 个，下侧仅在顶部有 1～3 个或不育；圆盾形的囊群盖棕色，边缘啮蚀状，早落。孢子赤道面观豆形，周壁形成少数肌状褶皱。

产本区富县直罗镇、张村驿镇。生于山地沟谷、石壁或林下。

对生耳蕨

18 木贼科 Equisetaceae

问荆 **Equisetum arvense** L.

多年生中小型植物。根茎斜升，直立和横走，黑棕色，节和根密生黄棕色长毛或光滑无毛。地上枝二型。能育枝春季先萌发，高 5～35 厘米，中部直径 3～5 毫米，节间长 2～6 厘米，黄棕色，无轮茎分枝，脊不明显，有密纵沟；鞘筒栗棕色或淡黄色，长约 0.8 厘米，鞘齿 9～12 枚，栗棕色，长 4～7 毫米，狭三角形，鞘背仅上部有一浅纵沟，孢子散后能育枝枯萎。不育枝后萌发，高达 40 厘米，主枝节间长 2～3 厘米，绿色，轮生分枝多。脊的背部弧形，无棱，有横纹，无小瘤；鞘筒狭长，鞘齿三角形，5～6 枚，中间黑棕色，边缘膜质，淡棕色，宿存。侧枝柔软纤细，扁平状，有 3～4 条狭而高的脊，脊的背部有横纹；鞘齿 3～5 枚，披针形，绿色，边缘膜质，宿存。孢子囊穗圆柱形，长 1.8～4.0 厘米，直径 0.9～1.0 厘米，顶端钝，成熟时柄伸长，柄长 3～6 厘米。

本区富县多见。生于湿润的沟渠旁、河道等。地上部分药用，具清热利尿、止血、平肝明目、止咳平喘之功效。

问荆

木贼 **Equisetum hyemale** L.

多年生植物。根茎横走或直立，黑棕色，节和根有黄棕色长毛。地上枝多年生。枝一型。高达 1 米或更多，中部直径 3～8 毫米，节间长 5～8 厘米，绿色，不分枝或直基部有少数直立的侧枝。地上枝有脊

16～22条，脊的背部弧形或近方形，无明显小瘤或有2行小瘤；鞘筒0.7～1.0厘米，黑棕色或顶部及基部各有一圈或仅顶部有一圈黑棕色；鞘齿16～22枚，披针形，小，长0.3～0.4厘米。顶端淡棕色，膜质，芒状，早落，下部黑棕色，薄革质，基部的背面有3～4条纵棱，宿存或同鞘筒一起早落。孢子囊穗卵状，长1.0～1.5厘米，直径0.5～0.7厘米，顶端有小尖突，无柄。

产本区富县直罗镇。生于阴凉的荒坡、河滩湿润地。全草药用，具疏风散热、解肌、退翳之功效。

木贼

犬问荆 Equisetum palustre L.

多年生植物。根茎直立和横走，黑棕色，节和根光滑或具黄棕色长毛。地上枝当年枯萎。枝一型，高20～50厘米，中部直径1.5～2.0毫米，节间长2～4厘米，绿色，但下部1～2节的节间黑棕色，无光泽，常在基部形成丛生状。主枝有脊4～7条，脊的背部弧形，光滑或有小横纹；鞘筒狭长，下部灰绿色，上部淡棕色；鞘齿4～7枚，黑棕色，披针形，先端渐尖，边缘膜质，鞘背上部有一浅纵沟；宿存。侧枝较粗，长达20厘米，圆柱状至扁平状，有脊4～6条，光滑或有浅色小横纹；鞘齿4～6枚，灰绿色，披针形，薄革质，宿存。孢子囊穗椭圆形或圆柱状，长0.6～2.5厘米，直径4～6毫米，顶端钝，成熟时柄伸长，柄长0.8～1.2厘米。

产本区富县直罗镇。生于阴凉的荒坡、河滩地。地上部分药用，具清热利尿、舒筋活血、明目、止血之功效。

犬问荆

节节草 Equisetum ramosissimum Desf.

多年生植物。根茎直立，横走或斜升，黑棕色，节和根疏生黄棕色长毛或光滑无毛。地上枝多年生。枝一型，高20～60厘米，中部直径1～3毫米，节间长2～6厘米，绿色，主枝多在下部分枝，常形成簇生状；幼枝的轮生分枝明显或不明显；主枝有脊5～14条，脊的背部弧形，有一行小瘤或有浅色小横纹；鞘筒狭长，达1厘米，下部灰绿色，上部灰棕色；鞘齿5～12枚，三角形，灰白色、黑棕色或淡棕色，边缘（有时上部）为膜质，基部扁平或弧形，早落或宿存，齿上气孔带明显或不明显。侧枝较硬，圆柱状，有脊5～8条，脊上平滑或有一行小瘤或有浅色小横纹；鞘齿5～8枚，披针形，革质但边缘膜质，上部棕色，宿存。孢子囊穗短棒状或椭圆形，长0.5～2.5厘米，中部直径0.4～0.7厘米，顶端有小尖突，无柄。

本区富县多见。生于湿润的沟渠旁、路旁、河道、沟谷等。全株有毒；可药用，具疏风散热、止血之功效。

节节草

19 水龙骨科 Polypodiaceae

瓦韦 **Lepisorus thunbergianus** (Kaulf.) Ching

植株高8～20厘米。根状茎横走，密被披针形鳞片；鳞片褐棕色，大部分不透明，仅叶边1～2行网眼透明，具锯齿。叶柄长1～3厘米，禾秆色；叶片线状披针形或狭披针形，中部最宽，宽0.5～1.3厘米，渐尖头，基部渐变狭并下延，干后黄绿色至淡黄绿色，或淡绿色至褐色，纸质。主脉上下均隆起，小脉不见。孢子囊群圆形或椭圆形，彼此相距较近，成熟后扩展几密接，幼时被圆形褐棕色的隔丝覆盖。

产本区富县张村驿镇。附生于山坡林下树干或岩石上。全草药用，具清热解毒、利尿、止血之功效。

瓦韦

石韦 **Pyrrosia lingua** (Thunb.) Farw.

植株通常高10～30厘米。根状茎长而横走，密被鳞片；鳞片披针形，长渐尖头，淡棕色，边缘有睫毛。叶远生，近二型；叶柄与叶片大小和长短变化很大；能育叶通常远比不育叶长得高而较狭窄，两者的叶片略比叶柄长；不育叶叶片近长圆形或长圆状披针形，下部1/3处最宽，向上渐狭，短渐尖头，基部楔形，宽一般为1.5～5厘米，长（5～）10（～20）厘米，全缘，干后革质，上面灰绿色，近光滑无毛，下面淡棕色或砖红色，被星状毛；能育叶约长过不育叶1/3，而较不育叶狭1/3～2/3。主脉下面稍隆起，上面不明显下凹，侧脉在下面明显隆起，清晰可见，小脉不显。孢子囊群近椭圆形，在侧脉间整齐地成多行排列，布满整个叶片下面，或聚生于叶片的上半部，初时为星状毛覆盖而呈淡棕色，成熟后孢子囊开裂外露而呈砖红色。

产本区富县张村驿镇。附生于林下树干上或稍干的岩石上。叶药用，具利尿通淋、清热止血之功效。

石韦

20 卷柏科 Selaginellaceae

中华卷柏 **Selaginella sinensis** (Desv.) Spring

土生或旱生，匍匐。根托在主茎分叉处下方生出，纤细，多分叉，光滑。主茎通体羽状分枝，不呈“之”字形，无关节，圆柱状，不具纵沟；小枝稀疏，规则排列，相邻分枝相距1.5～3厘米，背腹压扁，末回分枝连叶宽2～3毫米。叶全部交互排列，纸质，表面光滑，不为全缘，具白边。分枝上的腋叶对称，窄倒卵形，边缘睫毛状。中叶多少对称，小枝上的叶卵状椭圆形，排列紧密，背部不呈龙骨状，先端急尖，基部楔形，边缘具长睫毛。侧叶多少对称，在枝的先端呈覆瓦状排列，先端尖或钝，基部上侧不扩大，不覆盖小枝，上侧边缘具长睫毛，下侧基部略呈耳状，基部具长睫毛。孢子叶穗紧密，四棱柱形，单个或成对生于小枝末端；孢子叶卵形，边缘具睫毛，有白边，先端急尖，龙骨状；只有一个大孢子叶位于孢子叶穗基部的下侧，其余均为小孢子叶。大孢子白色；小孢子橘红色。

产本区富县张村驿镇。生于疏林中岩石或土坡上。为我国特有树种。全草药用，具清热、利湿、止血之功效。

中华卷柏

21 中国蕨科 Sinopteridaceae

银粉背蕨 **Aleuritopteris argentea** (Gmel.) Fée

植株高 15～30 厘米。根状茎直立，先端被披针形棕色鳞片。叶簇生，上面暗绿色，下面有乳黄色粉粒；叶柄红棕色，基部被鳞片；叶片五角形，长宽近相等，5～7 厘米，先端渐尖，羽片 3～5 对，顶生羽片近菱形，基部三回羽裂；基部一对羽片三角形，下侧一片最大，长 2～2.5 厘米，宽 0.5～1 厘米，长圆状披针形，先端渐尖，裂片 3～4 对；裂片三角形或镰刀形，基部一对较短，羽轴上侧小羽片较短，不分裂；第二对羽片为不整齐的一回羽裂，披针形，基部下延成楔形，先端长渐尖，有不整齐的裂片 3～4 对；裂片三角形或镰刀形，以圆缺刻分开；自第二对羽片向上渐次缩短；叶干后草质或薄革质，上面褐色、光滑，叶脉不显，下面被乳白色或淡黄色粉末，裂片边缘有明显而均匀的细齿牙。孢子囊群较多；囊群盖连续，黄绿色，狭，膜质，全缘，孢子极面观为钝三角形，周壁表面具颗粒状纹饰。

产本区富县直罗镇、张村驿镇。生于湿润的沟谷石壁、石缝中。全草药用，具补虚止咳、调经活血、消肿解毒之功效。

银粉背蕨

裸子植物门 Gymnospermae

22 银杏科 Ginkgoaceae

银杏 **Ginkgo biloba** L.

落叶乔木。树皮纵裂，呈灰褐色，粗糙。枝近轮生，淡褐黄色，灰色；短枝密被叶痕，冬芽黄褐色，常为卵圆形，先端钝尖。叶扇形，有长柄，有多数叉状并列细脉，基部宽楔形，叶在一年生长枝上螺旋状散生，在短枝上3～8叶呈簇生状。球花雌雄异株，单性，生于短枝顶端的鳞片状叶腋内，呈簇生状；雄球花柔荑花序状，下垂，具短梗，花药常2个，药室纵裂；雌球花具长梗，梗端常分两叉，每叉顶生一盘状珠座，胚珠着生其上。种子具长梗，下垂，外种皮肉质，熟时黄色或橙黄色，外被白粉，有臭味；中种皮白色，骨质，具2～3条纵脊；内种皮膜质，淡红褐色；胚乳肉质，味甘略苦；子叶2枚，发芽时不出土。花期3～4月，种子9～10月成熟。

本区公园、庭院及路旁有栽培。为中生代孑遗树种，系我国特有树种。树皮含单宁；种子有毒；种子、叶、根或根皮、树皮药用，具益气敛肺、补虚、化湿止泻之功效。

银杏

23 松科 Pinaceae

雪松 **Cedrus deodara** (Roxb.) G. Don

常绿乔木，高达50米。树皮深灰色，裂成不规则的鳞状块片。枝基部宿存芽鳞向外反曲，一年生长枝淡灰黄色，密生短绒毛，微有白粉，二、三年生枝呈灰色或淡褐灰色。叶在长枝上辐射伸展，短枝叶呈簇生状，15～20枚，针形，淡绿色，长2.5～5厘米，宽1～1.5毫米，上部较宽，先端锐尖，下部渐窄，常呈三棱形，稀背脊明显，叶的腹面两侧各有2～3条气孔线，背面4～6条，幼时气孔线有白粉。雄球花长卵圆形或椭圆状卵圆形，长2～3厘米，径约1厘米；雌球花卵圆形，长约8毫米，径约5毫米。球果卵圆形或宽椭圆形，长7～12厘米，径5～9厘米，成熟前淡绿色，微有白粉，熟时红褐色，顶端圆钝，有短梗；中部种鳞扇状倒三角形，长2.5～4厘米，宽4～6厘米，上部宽圆，边缘内曲，中部楔状，下部耳形，基部爪状，鳞背密生短绒毛；苞鳞短小。种子近三角状；种翅宽大，较种子为长，连同种子长2.2～3.7厘米。

本区公园、路旁、庭院有栽培。树干、枝叶药用，具祛风活络、消肿生肌、活血止血之功效。

雪松

华北落叶松 **Larix principis-rupprechtii** Mayr

落叶乔木，高达30米，胸径达1米。树皮暗灰褐色，不规则纵裂，成小块片脱落。枝平展，具不规则细齿。苞鳞暗紫色，近带状矩圆形，长0.8～1.2厘米，基部宽，中上部微窄，先端圆截形，中肋延长成尾状尖头，仅球果基部苞鳞的先端露出。种子灰白色，具不规则的褐色斑纹，斜倒卵状椭圆形，长3～4毫米，径约2毫米，连翅长1～1.2厘米；种翅上部三角状，中部宽约4毫米；子叶5～7枚，针形，长约1厘米，下面无气孔线。花期4～5月，球果10月成熟。

本区有栽培。为我国特有树种。木材可用作木纤维工业原料等；树干可割取树脂；树皮可提制栲胶。

华北落叶松

云杉 **Picea asperata** Mast.

常绿乔木，高达 45 米。树皮淡灰褐色，裂成不规则鳞片脱落。小枝有短柔毛，叶枕有白粉。冬芽圆锥形，有树脂，基部膨大，上部芽鳞的先端微反曲。主枝叶辐射伸展，侧枝上面叶向上伸展，下面及两侧叶向上方弯伸，四棱状条形，先端微尖或急尖，横切面四棱形，四面有气孔线。球果圆柱状矩圆形，上端渐窄，成熟前绿色，熟时淡褐色；中部种鳞倒卵形，上部圆形或截圆形，排列紧密，先端全缘；苞鳞三角状匙形，长约 5 毫米。种子倒卵圆形，连翅长约 1.5 厘米；种翅淡褐色，倒卵状矩圆形。花期 4～5 月，球果 9～10 月成熟。

本区公园、路旁及庭院有栽培。为我国特有树种。树干可割取松脂；全株可提取芳香油；树皮可提制栲胶。

云杉

青扦 **Picea wilsonii** Mast.

常绿乔木。树皮灰色或暗灰色，裂成不规则鳞状片脱落。一年生枝淡黄绿色，二、三年生枝淡灰色或淡褐灰色。冬芽卵圆形，芽鳞紧密，淡黄褐色，先端钝，背部无纵脊，光滑。叶较密，四棱状条形，长 0.8～1.3 厘米，宽 1.2～1.7 毫米，先端尖，横切面四棱形，四面各有气孔线 4～6 条，微具白粉。球果卵状圆柱形，长 5～8 厘米，径 2.5～4 厘米，成熟前绿色，熟时黄褐色或淡褐色；中部种鳞倒卵形，长 1.4～1.7 厘米，宽 1～1.4 厘米，先端圆或有急尖头，基部宽楔形，鳞背露出部分无明显的槽纹，较平滑；苞鳞匙状矩圆形，先端钝圆，长约 4 毫米。种子倒卵圆形，长 3～4 毫米，连翅长 1.2～1.5 厘米；种翅倒宽披针形，淡褐色，先端圆；子叶 6～9 枚，条状钻形，棱上有极细的齿毛；初生叶四棱状条形，长 0.4～1.3 厘米，先端有渐尖的长尖头，中部以上有整齐的细齿毛。花期 4 月，球果 10 月成熟。

本区公园、路旁有栽培。为我国特有树种。木材可用作木纤维工业原料。

青扦

华山松 **Pinus armandii** Franch.

常绿乔木。幼树树皮灰绿色，平滑，老则呈灰色，裂成方形或长方形块片脱落。一年生枝绿色，微被白粉。冬芽近圆柱形，褐色，微具树脂，芽鳞疏松。针叶 5 针一束，长 8～15 厘米，径 1～1.5 毫米，边缘具细锯齿，腹面两侧各具 4～8 条白色气孔线，基部的鳞叶不下延；横切面三角形，具 1 条维管束；叶鞘早落。雄球花黄色，卵状圆柱形，长约 1.4 厘米，基部围有近 10 枚卵状匙形的鳞片。球果圆锥状长卵圆形，长 10～20 厘米，径 5～8 厘米，幼时绿色，成熟时黄色或褐黄色，种鳞张开，种子脱落，果梗长 2～3 厘米；中部种鳞近倒卵形，长 3～4 厘米，宽 2.5～3 厘米，鳞盾近斜方形，不具纵脊，先端钝圆或微尖，不反曲或微反曲，鳞脐顶生，无刺状尖头。种子黄褐色，倒卵圆形，无种翅或具棱脊；子叶 10～15 枚，针形，横切面三角形。花期 4～5 月，球果第二年 9～10 月成熟。

本区公园、路旁有栽培。木材可用作木纤维工业原料；树脂较多；树皮可提制栲胶；针叶含芳香油；种子可食用，亦可榨油供食用或工业用。

华山松

白皮松 **Pinus bungeana** Zucc. ex Endl.

常绿乔木。树皮光滑，灰绿色，成不规则的薄块片脱落，露出淡黄绿色的新皮，老树皮裂成不规则的鳞状块片脱落，露出粉白色的内皮，白褐相间呈斑鳞状。冬芽红褐色，卵圆形，无树脂。针叶3针一束，叶背及腹面两侧均有气孔线，先端尖，边缘有细锯齿；横切面扇状三角形或宽纺锤形，树脂道6～7个，边生；叶鞘脱落。雄球花卵圆形或椭圆形，多数聚生于新枝基部，呈穗状。球果单生，卵圆形或圆锥状卵圆形，初直立，后下垂，幼时淡绿色，成熟时淡黄褐色，有短梗或近无梗；种鳞矩圆状宽楔形，先端厚，鳞盾近菱形，有横脊，鳞脐生于鳞盾的中央，三角状，顶端有刺，刺尖头向下反曲。种子灰褐色，近倒卵圆形；种翅短，赤褐色，有关节，易脱落；子叶9～11枚，针形，初生叶窄条形，上下面均有气孔线，边缘有细锯齿。花期4～5月，球果第二年10～11月成熟。

本区公园、路旁及庭院有栽培。为我国特有树种。种子可食；果实药用，具镇咳、祛痰、消炎、平喘之功效。

白皮松

马尾松 **Pinus massoniana** Lamb.

常绿乔木。树皮红褐色，裂成不规则的鳞状块片。枝条每年生二至数轮，淡黄褐色。冬芽卵状圆柱形，褐色，芽鳞边缘丝状。针叶2针一束，初生叶条形，叶缘具疏生刺毛状锯齿，长12～20厘米，径约1毫米，微扭曲，两面有气孔线，边缘有细锯齿，基部的鳞叶下延；横切面树脂道4～8个，具2条维管束；叶鞘宿存。雄球花淡红褐色，圆柱形，弯垂，长1～1.5厘米，聚生于新枝下部苞腋，穗状，长6～15厘米；雌球花单生或2～4个聚生于新枝近顶端，淡紫红色。球果卵圆形，长4～7厘米，径2.5～4厘米，有短梗，下垂，成熟前绿色，熟时栗褐色；上部鳞脐具短刺，下部平钝，中部种鳞菱形，微隆起，横脊明显，鳞脐微凹。种子长卵圆形，长4～6毫米，连翅长2～2.7厘米；种翅长，基部有关节；子叶5～8枚，长1.2～2.4厘米。花期4～5月，球果第二年10～12月成熟。

本区公园有栽培。木材可用作建筑及木纤维工业原料；树干可割取松脂，松脂可作为医药、化工原料；树皮可提制栲胶。

马尾松

樟子松 **Pinus sylvestris** L. var. **mongolica** Litv.

常绿乔木。树皮厚，下部灰褐色，深裂成鳞状块片脱落，上部树皮及枝皮黄色至褐黄色，裂成薄片脱落。枝条每年生一轮；一年生枝淡黄褐色，无毛，二、三年生枝灰褐色。冬芽褐色或淡黄褐色，长卵圆形，有树脂。针叶2针一束，常扭曲，长4～9厘米，径1.5～2毫米，先端尖，边缘有细锯齿，两面均有气孔线，基部的鳞叶下延；横切面半圆形，树脂道6～11个，边生，具2条维管束；叶鞘基部宿存，黑褐色；初生叶条形，长1.8～2.4厘米，上面有凹槽，有疏生齿毛，边缘有细锯齿。雄球花圆柱状卵圆形，长5～10毫米，聚生新枝下部；雌球花有短梗，淡紫褐色，当年生小球果长约1厘米，下垂。球果卵圆形，长3～6厘米，径2～3厘米，幼时绿色，熟时淡褐灰色；鳞盾斜方形，淡绿褐色，纵横脊显著，隆起，多反曲，鳞脐背生，呈瘤状突起，有短刺。种子黑褐色，长卵圆形或倒卵圆形，长4.5～5.5毫米，连翅长1.1～1.5厘米；种翅基部有关节；子叶6～7枚，长1.3～2.4厘米。花期5～6月，球果第二年9～10月成熟。

本区公园、路旁有栽培。树干可割树脂，提取松香及松节油；树皮可提制栲胶。

樟子松

油松 **Pinus tabuliformis** Carr.

常绿乔木。树皮灰褐色，裂成不规则的鳞状块片。小枝幼时微被白粉。冬芽矩圆形，顶端尖，芽鳞红褐色，边缘有丝状缺裂。针叶2针一束，边缘有细锯齿，两面具气孔线；横切面半圆形，树脂道5～8个，边生，多数生于背面。雄球花圆柱形，长1.2～1.8厘米，在新枝下部聚生成穗状。球果卵形或圆卵形，有短梗，向下弯垂，成熟前绿色，熟时淡黄色或淡褐黄色；中部种鳞近矩圆状倒卵形，鳞盾肥厚、隆起，扁菱形或菱状多角形，横脊显著，鳞脐凸起有尖刺。种子淡褐色有斑纹，卵圆形或长卵圆形，连翅长1.5～1.8厘米。花期4～5月，球果第二年10月成熟。

产本区富县，黄陵县，宜君县，广泛栽培。生于中下部山坡。为我国特有树种。树干可割取树脂，提取松节油；树皮可提制栲胶；果实、枝、叶、花粉药用，具祛风燥湿、活络止痛、收敛止血、排脓拔毒、明目、安神、杀虫止痒、润肠通便之功效。

油松

柴松 **Pinus tabulaeformis** Carr. f. **shekanensis** Yao et Hsu.

常绿乔木。为油松的一变型，与油松的区别在于，其叶、树皮和枝皮色较浅；侧枝平展，或略下垂；木材含树脂少，带白色。

产本区富县张家湾镇、直罗镇。为陕西省重点保护植物。生于阴湿山坡底部。

柴松

24 柏科 Cupressaceae

刺柏 **Juniperus formosana** Hayata

常绿乔木，高达12米，树冠塔形或圆柱形。树皮褐色，纵裂成长条薄片脱落。枝条斜展或直展，树冠塔形或圆柱形；小枝下垂，三棱形。叶3叶轮生，条状披针形或条状刺形，长1.2～2厘米，很少长达3.2厘米，径1.2～2毫米，先端渐尖具锐尖头，上面稍凹，中脉微隆起，绿色，两侧各有1条白色、很少紫色或淡绿色的气孔带，气孔带较绿色边带稍宽，在叶的先端汇合为1条，下面绿色，有光泽，具纵钝脊，横切面新月形。雄球花圆球形或椭圆形，长4～6毫米，药隔先端渐尖，背有纵脊。球果近球形或宽卵圆形，长6～10毫米，径6～9毫米，熟时淡红褐色，被白粉或白粉脱落，间或顶部微张开。种子半月圆形，具3～4条棱脊，顶端尖，近基部有3～4个树脂槽。

本区公园、路旁及庭院有栽培。为我国特有树种。根、枝、叶药用，具清热解毒、退热透疹、杀虫之功效。

刺柏

杜松 **Juniperus rigida** Siebold et Zucc.

常绿灌木或小乔木，高达10米。枝条直展，形成塔形或圆柱形的树冠，枝皮褐灰色，纵裂；小枝下垂，幼枝三棱形，无毛。三叶轮生，叶条状刺形，质厚，坚硬，长1.2～1.7厘米，宽约1毫米，上部渐窄，先端锐尖，上面凹下呈深槽，槽内有1条窄白粉带，下面有明显的纵脊；横切面呈内凹的“V”状三角形。雄球花椭圆状或近球状，长2～3毫米，药隔三角状宽卵形，先端尖，背面有纵脊。球果圆球形，径6～8毫米，成熟前紫褐色，熟时淡褐黑色或蓝黑色，常被白粉。种子近卵圆形，长约6毫米，顶端尖，有4条不显著的棱角。

杜松

产本区富县张村驿镇。生于较干燥的山地。果实药用，具发汗、利尿、祛风除湿、镇痛之功效。

侧柏 Platycladus orientalis (L.) Franco

常绿乔木。树皮薄，纵裂成条片。生鳞叶的小枝细，扁平。叶鳞形，先端微钝，中央的叶背面中间有条状腺槽，两侧的叶背部有钝脊，尖头的下方有腺点。雄球花黄色，卵圆形；雌球花近球形，蓝绿色，被白粉。球果近卵圆形，成熟前近肉质，蓝绿色，被白粉，成熟后木质，开裂，红褐色；中间两对种鳞倒卵形或椭圆形，鳞背顶端的下方有一向外弯曲的尖头，上部 1 对种鳞窄长，近柱状，顶端有向上的尖头，下部 1 对种鳞极小。种子卵圆形或近椭圆形，顶端微尖，灰褐色或紫褐色，稍有棱脊，无翅或有极窄的翅。花期 3～4 月，球果 10 月成熟。

本区分布广，俗称柏树。生于干旱山坡、崖壁地。木材富含树脂；果实、种子、生鳞叶的小枝与根皮入药，具解毒、止血之功效。

侧柏

圆柏 Sabina chinensis (L.) Ant.

常绿乔木，高达 20 米，树冠广圆形。树皮深灰色，纵裂，成条片开裂。生鳞叶的小枝近圆柱形或近四棱形，径 1～1.2 毫米。叶二型，刺叶及鳞叶；刺叶生于幼树之上，老龄树则全为鳞叶，壮龄树兼有刺叶与鳞叶；一年生小枝的一回分枝的鳞叶三叶轮生，近披针形，先端微渐尖，长 2.5～5 毫米，背面近中部有椭圆形微凹的腺体；刺叶三叶交互轮生，披针形，先端渐尖，长 6～12 毫米，上面微凹，有 2 条白粉带。雌雄异株，稀同株，雄球花黄色，椭圆形，长 2.5～3.5 毫米，雄蕊 5～7 对，常有 3～4 花药。球果近圆球形，径 6～8 毫米，两年成熟，熟时暗褐色，被白粉或白粉脱落，有 1～4 粒种子。种子卵圆形，扁，顶端钝，有棱脊及少数树脂槽；子叶 2 枚，出土，条形，长 1.3～1.5 厘米，宽约 1 毫米，先端锐尖，下面有 2 条白色气孔带，上面则不明显。

本区公园、路旁及庭院有栽培。种子可提制润滑油；枝、叶药用，具祛风散寒、活血解毒之功效；根、干、枝、叶可提取挥发油。

圆柏

被子植物门 Angiospermae

25 木兰科 Magnoliaceae

玉兰 **Magnolia denudata** Desr.

落叶乔木，高达25米，树冠宽阔。树皮深灰色，粗糙开裂。小枝灰褐色。冬芽及花梗密被灰黄色长绢毛。叶纸质，倒卵形或宽倒卵形，长10～15厘米，宽6～10厘米，先端宽圆或平截，具短突尖，叶上面深绿色，嫩时被柔毛，下面淡绿色，沿脉被柔毛，侧脉每边8～10条；叶柄长1～2.5厘米，被柔毛，具狭纵沟。花蕾卵圆形；花先叶开放，直径10～16厘米；花梗密被黄色长绢毛；花被片9枚，白色，基部带粉红色，长圆状倒卵形，长6～8厘米，宽2.5～4.5厘米；雄蕊长7～12毫米，花药长6～7毫米，侧向开裂；药隔宽约5毫米，顶端成短尖头；雌蕊群淡绿色，圆柱形，长2～2.5厘米；雌蕊狭卵形，长3～4毫米，具长4毫米的锥尖花柱。聚合果圆柱形，长12～15厘米，径3.5～5厘米；蓇葖厚木质，褐色，具白色皮孔。种子心形，高约9毫米，宽约10毫米，外种皮红色，内种皮黑色。花期3月，果期8～9月。

本区公园、庭院有栽培。花可提取芳香油用于配制香精或浸膏；种子可榨油，供工业用；花蕾可药用，具通窍、祛风散寒之功效。

玉兰

紫玉兰 **Magnolia liliflora** Desr.

落叶灌木，高达3米，常丛生。树皮灰褐色。小枝绿紫色或淡褐紫色。叶椭圆状倒卵形或倒卵形，长8～18厘米，宽3～10厘米，先端急尖或渐尖，基部渐狭沿叶柄下延至托叶痕，上面深绿色，幼嫩时疏生短柔毛，下面灰绿色，沿脉有短柔毛；侧脉每边8～10条，叶柄长8～20毫米，托叶痕约为叶柄长之半。花蕾卵圆形，被淡黄色绢毛；花叶同时开放，花瓶形，直立于粗壮、被毛的花梗上，稍有香气；花被片9～12枚，外轮3枚萼片状，紫绿色，披针形，长2～3.5厘米，常早落，内两轮肉质，外面紫色或紫红色，内面带白色，花瓣状，椭圆状倒卵形，长8～10厘米，宽3～4.5厘米；雄蕊紫红色，长8～10毫米，花药长约7毫米，侧向开裂，药隔伸出成短尖头；雌蕊群长约1.5厘米，淡紫色，无毛。聚合果深紫褐色，变褐色，圆柱形，长7～10厘米；成熟蓇葖近圆球形，顶端具短喙。花期3～4月，果期8～9月。

本区公园、庭院有栽培。树皮、叶、花蕾均可入药，具镇痛消炎之功效；花蕾含挥发油，可药用。

紫玉兰

二乔木兰 **Magnolia soulangeana** Soul.-Bod.

落叶小乔木，高6～10米。小枝无毛。叶纸质，倒卵形，长6～15厘米，宽4～7.5厘米，先端短急尖，2/3以下渐狭成楔形，上面基部中脉常残留有毛，下面多少被柔毛，侧脉每边7～9条，干时两面网脉凸起；叶柄长1～1.5厘米，被柔毛，托叶痕约为叶柄长的1/3。花蕾卵圆形；花先叶开放，浅红色至深红色；花被片6～9枚，外轮3枚常较短，约为内轮长的2/3；雄蕊长1～1.2厘米，花药长约5毫米，侧向开裂，药隔伸出成短尖；雌蕊群无毛，圆柱形，长约1.5厘米。聚合果长约8厘米，直径约3厘米；蓇葖卵圆形或倒卵圆形，长1～1.5厘米，熟时黑色，具白色皮孔。种子深褐色，宽倒卵圆形或倒卵圆形，侧扁。花期2～3月，果期9～10月。

本区公园、庭院有栽培。花蕾入药，有镇痛消炎之用；花含芳香油，可提制香精或制浸膏；花被片可食用或用于熏茶；种子可榨油，供工业用。

二乔木兰

武当木兰 Magnolia sprengeri Pampan.

落叶乔木，高可达 21 米。树皮淡灰褐色或黑褐色，老干皮具纵裂沟并成小块片状脱落。小枝淡黄褐色，后变灰色，无毛。叶倒卵形，长 10～18 厘米，宽 4.5～10 厘米，先端急尖或急短渐尖，基部楔形，上面仅沿中脉及侧脉疏被平伏柔毛，下面初被平伏细柔毛；叶柄长 1～3 厘米；托叶痕细小。花蕾直立，被淡灰黄色绢毛；花先叶开放，杯状，有芳香；花被片 12（～14）枚，近相似，外面玫瑰红色，有深紫色纵纹，倒卵状匙形或匙形，长 5～13 厘米，宽 2.5～3.5 厘米；雄蕊长 10～15 毫米，花丝紫红色，宽扁，花药长约 5 毫米，稍分离，药隔伸出成尖头；雌蕊群圆柱形，长 2～3 厘米，淡绿色，花柱玫瑰红色。聚果圆柱形，长 6～18 厘米；蓇葖扁圆形，成熟时褐色。花期 3～4 月，果期 8～9 月。

本区公园、庭院有栽培。花蕾含挥发油 0.8%～1.8%，树皮含挥发油约 0.25%；树皮、花蕾可药用，具行气化湿、温中止痛、降逆平喘之功效。

武当木兰

26 樟科 Lauraceae

木姜子 Litsea pungens Hemsl.

落叶小乔木，高 3～10 米。树皮灰白色。幼枝黄绿色，被柔毛，老枝黑褐色。顶芽圆锥形，鳞片无毛。叶互生，聚生于枝顶，披针形或倒卵状披针形，长 4～15 厘米，宽 2～5.5 厘米，先端短尖，基部楔形，膜质，幼叶下面具绢状柔毛，羽状脉，侧脉每边 5～7 条，叶脉在两面均突起；叶柄纤细，长 1～2 厘米，初时有柔毛，后脱落渐变无毛。伞形花序腋生；总花梗长 5～8 毫米，无毛；每一花序有雄花 8～12 朵，先叶开放；花梗长 5～6 毫米，被丝状柔毛；花被裂片 6，黄色，倒卵形，长 2.5 毫米，外面被稀疏柔毛；能育雄蕊 9 枚，花丝仅基部有柔毛，第 3 轮基部有黄色腺体，圆形；退化雌蕊细小，无毛。果球形，直径 7～10 毫米，成熟时蓝黑色；果梗长 1～2.5 厘米，先端略增粗。花期 3～5 月，果期 7～9 月。

本区多分布。生于山地阳坡杂木林中或林缘。果实含芳香油（干果含 2%～6%，鲜果含 3%～4%），芳香油可食用和用作化妆品香精；种子含脂肪油 48.2%，可供制皂和工业用；果实可药用，具祛风行气、健脾燥湿、消食、解毒之功效。

木姜子

27 三白草科 Saururaceae

蕺菜 Houttuynia cordata Thunb.

多年生草本，具腥臭味，高 30～60 厘米。茎下部伏地，节上轮生小根，上部直立，无毛或节上被毛，有时带紫红色。叶薄纸质，有腺点，背面尤甚，卵形或阔卵形，长 4～10 厘米，宽 2.5～6 厘米，顶端短渐尖，基部心形，两面有时除叶脉被毛外余均无毛，背面常呈紫红色；叶脉 5～7 条，全部基出或最内 1 对离基约 5 毫米从中脉发出，如为 7 条叶脉时，则最外 1 对很纤细或不明显；叶柄长 1～3.5 厘米，无毛；托叶膜质，长 1～2.5 厘米，顶端钝，下部与叶柄合生而成长 8～20 毫米的鞘，且常有缘毛，基部扩大，略抱茎。花序长约 2 厘米，宽 5～6 毫米；总花梗长 1.5～3 厘米，无毛；总苞片长圆形

蕺菜

或倒卵形，长10～15毫米，宽5～7毫米，顶端钝圆；雄蕊长于子房，花丝长为花药的3倍。蒴果长2～3毫米，顶端有宿存的花柱。花期4～7月。

产本区富县直罗镇，俗称鱼腥草。生于沟谷、溪边林下湿地。嫩根茎可食；全株可入药，具清热、解毒、利水之功效。

28 马兜铃科 Aristolochiaceae

北马兜铃 **Aristolochia contorta** Bunge

草质藤本。茎无毛，干后有纵槽纹。叶纸质，卵状心形，顶端短尖，基部心形，两侧裂片圆形，下垂或扩展，边全缘；基出脉5～7条，稍凸起；叶柄柔弱，长2～7厘米。总状花序有花2～8朵或有时仅1朵生于叶腋；花梗基部有小苞片，卵形；花被长2～3厘米，基部膨大呈球形，直径达6毫米，向上收狭呈一长管，内具腺体状毛，管口扩大呈漏斗状；檐部一侧极短，另一侧渐扩大成舌片；舌片卵状披针形，顶端长渐尖具弯扭的尾尖，常具紫色纵脉和网纹；花药贴生于合蕊柱近基部；子房圆柱形，6棱；合蕊柱顶端6裂，裂片渐尖，向下延伸成波状圆环。蒴果宽倒卵形，顶端圆形而微凹，6棱，平滑无毛，成熟时6瓣开裂；果梗下垂，长2.5厘米，随果开裂。种子三角状心形，扁平，具小疣点，具膜质翅。花期5～7月，果期8～10月。

本区分布广。生于山坡灌丛、沟谷两旁及林缘。全株可入药，茎叶可行气活血、止痛、利尿；果实可清热降气、止咳平喘；根有小毒，可健胃、行气解毒、消肿止痛。

北马兜铃

辽细辛 **Asarum heterotropoides** Fr. Schmidt var. **mandshuricum** (Maxim.) Kitag.

多年生草本。根细长，直径约1毫米。根状茎横走，直径约3毫米。叶卵状心形或近肾形，长4～9厘米，宽5～13厘米，先端急尖或钝，基部心形，两侧裂片长3～4厘米，宽4～5厘米，顶端圆形，叶面在脉上有毛，有时被疏生短毛，叶背毛较密；芽苞叶近圆形，长约8毫米。花紫棕色，稀紫绿色；花梗长3～5厘米，花期在顶部成直角弯曲，果期直立；花被管壶状或半球状，直径约1厘米，喉部稍缢缩，内壁有纵行脊皱，花被裂片三角状卵形，长约7毫米，宽约9毫米，由基部向外反折，贴靠于花被管上；雄蕊着生于子房中部，花丝较花药稍短，药隔不伸出；子房近球形，花柱6，顶端2裂，柱头侧生。果半球状，长约10毫米，直径约12毫米。花期5月。

本区富县直罗镇、张村驿镇，黄陵县双龙镇、店头镇有分布，又名北细辛。生于山坡林下、山沟土质肥沃而阴湿的地上。全草可药用，具散寒止痛之功效；根茎含挥发油，可药用。

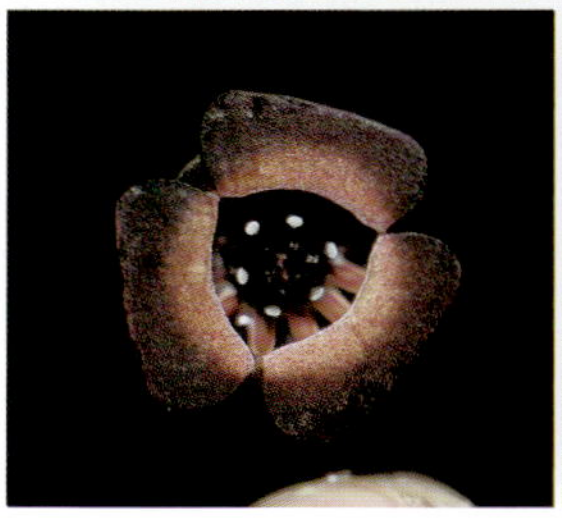

辽细辛

29 五味子科 Schisandraceae

五味子 **Schisandra chinensis** (Turcz.) Baill.

落叶木质藤本。芽鳞具缘毛。幼枝红褐色，老枝皮片状剥落。叶膜质，幼时背面被柔毛，宽椭圆形至近圆形，长3～10厘米，先端急尖，上部边缘具胼胝质的疏浅锯齿；侧脉每边3～7条；叶柄长1～4厘米，两侧下延成狭翅。花单性，雌雄同株；雄花花梗长5～25毫

五味子

米，具狭卵形、长4～8毫米的苞片，花被片6～9枚，粉白色或粉红色，长6～11毫米，宽2～5.5毫米，雄蕊5（6）枚，长约2毫米，互相靠贴，直立排列于长约0.5毫米的柱状花托顶端，形成近倒卵圆形的雄蕊群；雌花花梗长17～38毫米，花被片和雄花相似，雌蕊群近卵圆形，长2～4毫米，心皮17～40枚，柱头鸡冠状，下端下延成1～3毫米的附属体。聚合果长1.5～8.5厘米，小浆果红色，近球形，径6～8毫米，果皮具腺点，种子1～2粒。种子淡褐色，肾形，长4～5毫米，种皮光滑，种脐凹入呈“U”字形。花期5～7月，果期7～10月。

产本区富县直罗镇。生于沟谷或山坡。种子含脂肪油33%，可作润滑油；果实含芳香油0.3%，种子含芳香油1.6%；果实可药用，具固涩收敛、益气生津、补肾宁心之功效。

五味子

华中五味子 Schisandra sphenanthera Rehd. et Wils.

落叶木质藤本，全株无毛。小枝红褐色，具凸起的皮孔。叶纸质，倒卵形，长3～11厘米，宽3～7厘米，先端短急尖或渐尖，基部楔形，边缘成狭翅，叶面有白色点，无白粉，边缘波状齿，侧脉每边4～5条；叶柄红色，长1～3厘米。花腋生；花梗长2～4.5厘米，基部具苞片；花被片橙黄色，中轮具缘毛，背面有腺点；雄蕊群倒卵圆形，花托圆柱形，顶端伸长，雄蕊11～19枚，药室内侧向开裂，两药室顶端分开，花丝长约1毫米，上部1～4枚雄蕊无花丝；雌蕊群卵球形，直径5～5.5毫米，雌蕊30～60枚，子房镰刀状椭圆形，长2～2.5毫米，柱头冠狭窄，下延成附属体。聚合果果梗长3～10厘米，成熟小浆果红色，具短柄。种子长圆体形或肾形，种脐斜“V”形；种皮褐色光滑，或仅背面微皱。花期4～7月，果期7～9月。

产本区黄陵县双龙镇、店头镇。生于湿润山坡边或灌丛中。种子榨油，可用于制肥皂或润滑油；茎、叶、种子可提取芳香油；果、茎、根皮可入药，具固涩收敛、益气生津、补肾宁心、理气化湿之功效。

华中五味子

30 莲科 Nelumbonaceae

莲 Nelumbo nucifera Gaertn.

多年生水生草本。根状茎肥厚，节间膨大，内有多数通气孔道，节部缢缩，上具黑色鳞叶，下具不定根。叶圆形盾状，直径25～90厘米，全缘稍呈波状，上面具白粉，下面叶脉有1～2次叉状分枝；叶柄圆柱形，长1～2米，中空，外面散生小刺。花梗和叶柄近等长，也散生小刺；花径10～20厘米，芳香；花瓣红色、粉红色或白色，矩圆状椭圆形至倒卵形，长5～10厘米，宽3～5厘米，先端圆钝或微尖；花药条形，花丝细长；花柱极短，柱头顶生；花托直径5～10厘米。坚果椭圆形或卵形，长1.8～2.5厘米，果皮革质，坚硬，熟时黑褐色。种子卵形或椭圆形，长1.2～1.7厘米；种皮红色或白色。花期6～8月，果期8～10月。

本区有栽培，又称荷花。根状茎含淀粉35%～40%，莲子含淀粉45%～50%，可食用；根状茎含糖类20%，莲子含糖类62%；莲子含蛋白质16.6%；全草可药用，莲蕊可清心、益肾、涩精、活血止血、祛湿消风，莲房可消瘀、止血，莲子可养心、益肾、补脾、涩肠，叶可清热利湿、升发清阳、止血。

莲

31 金鱼藻科 Ceratophyllaceae

金鱼藻 **Ceratophyllum demersum** L.

多年生沉水草本。茎长 40～150 厘米，平滑，具分枝。叶 4～12 轮生，1～2 次二叉状分歧，裂片丝状或丝状条形，长 1.5～2 厘米，宽 0.1～0.5 毫米，先端带白色软骨质，边缘仅一侧有数细齿。花径约 2 毫米；苞片 9～12 枚，条形，长 1.5～2 毫米，浅绿色，透明，先端有 3 齿及带紫色毛；雄蕊 10～16 枚，微密集；子房卵形，花柱钻状。坚果宽椭圆形，长 4～5 毫米，宽约 2 毫米，黑色，平滑，边缘无翅，有 3 刺，顶生刺（宿存花柱）长 8～10 毫米，先端具钩，基部 2 刺向下斜伸，长 4～7 毫米，先端渐细成刺状。花期 6～7 月，果期 8～10 月。

本区均有分布。生于池塘、河沟。可作鱼类饲料，亦可喂猪；全草可药用，具止血之功效。

金鱼藻

32 毛茛科 Ranunculaceae

西伯利亚乌头 **Aconitum barbatum** Pers. var. **hispidum** (DC.) Seringe

多年生草本。根圆柱形，长达 15 厘米。茎高 55～90 厘米，粗 2.5～5 毫米，被反曲短毛和长柔毛。基生叶 2～4，与茎下部叶具长柄，肾形或圆肾形，长 4～8.5 厘米，宽 7～20 厘米，叶分裂程度较小，末回小裂片三角形或狭披针形；表面被短毛，背面被长柔毛；叶柄长 13～30 厘米，被反曲短毛和长柔毛，基部具鞘。顶生总状花序长 13～20 厘米；轴及花梗密被短柔毛；花梗长 0.2～1 厘米；下部苞片狭线形，长 4.5～7.5 毫米，中部的披针状钻形，长约 2.5 毫米，上部的三角形，长 1～1.5 毫米，被短柔毛；小苞片狭三角形，长 1.2～1.5 毫米；萼片黄色，外面密被短柔毛，上萼片圆筒形，高 1.3～1.7 厘米，粗约 3.8 毫米；花瓣无毛，唇长约 2.5 毫米，距比唇稍短；花丝无毛或有短毛；心皮 3 枚。蓇葖长约 1 厘米，被短毛。种子褐色，倒卵球形，长约 2.5 毫米，密生横狭翅。花期 7～8 月。

本区分布广。生于山地疏林下或较阴湿处。根可供药用，具镇痛之功效。

西伯利亚乌头

牛扁 **Aconitum barbatum** Pers. var. **puberulum** Ledeb.

多年生草本。根圆柱形，长达 15 厘米。茎高 55～90 厘米，被反曲短毛。基生叶 2～4，具长柄；叶片肾形或圆肾形，长 4～8.5 厘米，宽 7～20 厘米，叶分裂程度较小，末回小裂片三角形或狭披针形；表面疏被短毛，背面被长柔毛；叶柄长 13～30 厘米，被反曲短毛，基部具鞘。顶生总状花序长 13～20 厘米，具密集的花；轴及花梗密被紧贴的短柔毛；花梗直展，长 0.2～1 厘米；下部苞片狭线形，长 4.5～7.5 毫米，中部的披针状钻形，长约 2.5 毫米，上部的三角形，长 1～1.5 毫米，被短柔毛；小苞片生花梗中部附近，狭三角形，长 1.2～1.5 毫米；萼片黄色，外面密被短柔毛，上萼片圆筒形，高 1.3～1.7 厘米，粗约 3.8 毫米，直，下缘近直，长 1～1.2 厘米；花瓣无毛，唇长约 2.5 毫米，距比唇稍短，直或稍向后弯曲；花丝全缘，无毛或有短毛；心皮 3 枚。蓇葖长约 1 厘米，疏被紧贴的短毛。种子褐色，倒卵球形，长约 2.5 毫米，密生横狭翅。7～8 月开花。

牛扁

本区分布广。生于山地疏林下或较阴湿处。根可供药用，具镇痛之功效。

乌头 **Aconitum carmichaeli** Debx.

多年生草本。块根圆锥形，长 2～4 厘米，粗 1～1.6 厘米。茎高 60～170 厘米，中部以上被短柔毛，等距离生叶，分枝。下部叶花时枯萎；中部叶有长柄，薄革质或纸质，五角形，长 6～11 厘米，宽 9～15 厘米，基部 3 深裂，中央全裂片宽菱形，急尖，二回裂片约 2 对，斜三角形，生 1～3 枚牙齿，侧裂片不等 2 深裂，表面被短伏毛，背面沿脉被短柔毛；叶柄长 1～2.5 厘米，被短柔毛。顶生总状花序长 6～20 厘米；轴及花梗密被反曲短柔毛；花梗长 1.5～3 厘米；下部苞片 3 裂；小苞片生花梗中部或下部，长 3～5 毫米，宽 0.5～0.8 毫米；萼片蓝紫色，外面被短柔毛，高 2～2.6 厘米，连喙长 1.7～2.2 厘米，下缘稍凹，侧萼片长 1.5～2 厘米；花瓣片长约 1.1 厘米，唇长约 6 毫米，微凹，距长 2～2.5 毫米，常拳卷；雄蕊近无毛，花丝有 2 小齿；心皮 3～5 枚，子房被短柔毛。蓇葖长 1.5～1.8 厘米。种子长 3～3.2 毫米，三棱形，只在两面密生横膜翅。9～10 月开花。

产本区黄陵县双龙镇，宜君县。全草有毒，根毒性强烈；根与块根可药用，具祛风散寒、除湿、镇痛、镇痉之功效。

乌头

草玉梅 **Anemone rivularis** Buch.-Ham.

多年生草本，植株高 10～65 厘米。根状茎木质，垂直或稍斜。基生叶 3～5，有长柄；叶片肾状五角形，长 2.5～7.5 厘米，宽 4.5～14 厘米，3 全裂，中全裂片宽菱形或菱状卵形，宽 2.2～7 厘米，3 深裂，上部有少数小裂片和牙齿，侧全裂片不等 2 深裂，两面有糙伏毛；叶柄长 5～22 厘米，有白色柔毛，基部有短鞘。花葶直立；聚伞花序长 10～30 厘米，二至三回分枝；花径 2～3厘米；苞片 3 枚，有柄，近等大，长 3.2～9 厘米，似基生叶，宽菱形，3 裂近基部，一回裂片多少细裂，柄扁平，膜质，长 0.7～1.5 厘米，宽 4～6 毫米；萼片 7～8 枚，白色，倒卵形或椭圆状倒卵形，长 0.9～1.4 厘米，宽 5～10 毫米，外面有疏柔毛，顶端密被短柔毛；雄蕊长约为萼片之半，花丝丝形，花药椭圆形；心皮 30～60 枚，无毛，子房狭长圆形，有拳卷的花柱。瘦果狭卵球形，稍扁，长 7～8 毫米，宿存花柱钩状弯曲。5～8 月开花。

产本区富县直罗镇，黄陵县双龙镇。生于山地林边、草坡上及冲积地。根有毒，可作土农药；根及全草可药用，具清热解毒、舒筋活血之功效。

草玉梅

小花草玉梅 **Anemone rivularis** Buch.-Ham. var. **flore-minore** Maxim.

多年生草本，植株高 42～125 厘米。根状茎木质。基生叶 3～5，有长柄；叶片肾状五角形，长 2～7.5 厘米，宽 4～14 厘米，3 全裂，中全裂片宽菱形或菱状卵形，宽 2～7 厘米，3 深裂，深裂片上部有少数小裂片和牙齿，侧全裂片不等 2 深裂，两面都有糙伏毛；叶柄长 5～22 厘米，有白色柔毛，基部有短鞘。花葶直立；聚伞花序长 8～30 厘米，二至三回分枝；花径 2～3 厘米；苞片 3 枚，深裂片通常不分裂，披针形至披针状线形，有柄，近等大，长 3.2～9 厘米，似基生叶，宽菱形，3 裂近基部，一回裂片多少细裂，柄扁平，膜质，长 0.7～1.5 厘米，宽 4～6 毫米；萼片 5 枚，白色，狭椭圆形或倒卵状狭椭圆形，长 6～9 毫米，宽 2.5～4 毫米，外面有疏柔毛，顶

小花草玉梅

端密被短柔毛；雄蕊长约为萼片之半，花丝丝形，花药椭圆形；心皮 30～60 枚，子房狭长圆形，有拳卷的花柱。瘦果狭卵球形，稍扁，长 7～8 毫米，宿存花柱钩状弯曲。5～8 月开花。

产本区黄陵县双龙镇、店头镇。生于林边或草坡上。根状茎及全草可药用，具清热解毒、舒筋活血之功效。

大火草 **Anemone tomentosa** (Maxim.) Pei

植株高 40～150 厘米。根状茎粗 0.5～1.8 厘米。基生叶 3～4，有长柄，为三出复叶；中央小叶柄长 5.2～7.5 厘米，小叶片卵形至三角状卵形，长 9～16 厘米，宽 7～12 厘米，顶端急尖，基部浅心形、圆形，3 裂，边缘有不规则小裂片和锯齿，表面有糙伏毛，背面密被白色绒毛，侧生小叶稍斜，叶柄长 10～48 厘米，与花葶都密被白色或淡黄色短绒毛。聚伞花序长 26～38 厘米，二至三回分枝；花梗长 3.5～6.8 厘米，有短绒毛；苞片 3 枚，不等大；萼片 5 枚，淡粉红色或白色，倒卵形或宽椭圆形，长 1.5～2.2 厘米，宽 1～2 厘米，背面有短绒毛；雄蕊长约为萼片长的 1/4；子房密被绒毛，柱头斜，无毛。聚合果球形，直径约 1 厘米；瘦果长约 3 毫米，有细柄，密被绵毛。7～10 月开花。

本区分布广，俗称野棉花。生于山坡草地、疏林下或路边。茎含纤维，可搓绳；种子含油率约 15%；种毛可作填充物，如救生衣的填充物等；根状茎可供药用，具化痰、散瘀、杀虫之功效。

大火草

耧斗菜 **Aquilegia viridiflora** Pall.

多年生草本。根肥大，圆柱形，外皮黑褐色。茎高 15～50 厘米，上部分枝，被柔毛和腺毛。基生叶少数，二回三出复叶；叶片宽 4～10 厘米，中央小叶具 1～6 毫米的短柄，楔状倒卵形，长 1.5～3 厘米，宽与长近相等或更宽，上部 3 裂，裂片有 2～3 个圆齿，背面被短柔毛；叶柄长达 18 厘米，疏被柔毛或无毛，基部有鞘；茎生叶数枚，一至二回三出复叶，向上渐变小。花 3～7 朵；花梗长 2～7 厘米；苞片 3 全裂；萼片黄绿色，长椭圆状卵形，长 1.2～1.5 厘米，宽 6～8 毫米，顶端微钝，疏被柔毛；花瓣片与萼片同色，倒卵形，比萼片稍长或稍短，顶端近截形，距直或微弯，长 1.2～1.8 厘米；雄蕊长达 2 厘米，伸出花外，花药长椭圆形，黄色，退化雄蕊白膜质，线状长椭圆形，长 7～8 毫米；心皮密被伸展的腺状柔毛，花柱比子房长或等长。蓇葖长 1.5 厘米。种子黑色，狭倒卵形，长约 2 毫米，具微凸起的纵棱。花期 5～7 月，果期 7～8 月。

本区分布广。生于沟谷、河边和潮湿草地。全草可药用，具清热解毒、调经止血之功效，种子及花用于治疗烧伤。

耧斗菜

华北耧斗菜 **Aquilegia yabeana** Kitag.

多年生草本。根圆柱形，粗约 1.5 厘米。茎高 40～60 厘米，有稀疏短柔毛和少数腺毛，上部分枝。基生叶数个，有长柄，为一至二回三出复叶；叶片宽约 10 厘米；小叶菱状倒卵形或宽菱形，长 2.5～5 厘米，宽 2.5～4 厘米，3 裂，边缘有圆齿，表面无毛，背面疏被短柔毛；叶柄长 8～25 厘米。茎中部叶有稍长柄，通常为二回三出复叶，宽达 20 厘米；上部叶小，有短柄，为一回三出复叶。花序有少数花，密被短腺毛；苞片 3 裂或不裂，狭长圆形；花下垂；萼片紫色，狭卵形，长 2～2.6 厘米，宽 7～10 毫米；花瓣紫色，瓣片长 1.2～1.5 厘米，顶端圆截形，距长 1.7～2 厘米，末端钩状内曲，外面有稀疏短柔毛；雄蕊长达 1.2 厘米，退化雄蕊长约 5.5 毫米；心皮

华北耧斗菜

5枚，子房密被短腺毛。蓇葖长1.5～2厘米，隆起的脉网明显。种子黑色，狭卵球形，长约2毫米。花期5～6月，果期6～8月。

产本区富县张村驿镇，黄陵县双龙镇、店头镇。生于山地草坡、林缘。根含糖类，可制作饴糖或酿酒；种子含油，可供工业用；全草可药用，具祛瘀活血、消肿解毒之功效。

升麻 Cimicifuga foetida L.

多年生草本。根状茎粗壮，表面黑色；茎高1～2米，微具槽，分枝，被短柔毛。叶二至三回三出羽状复叶；茎下部叶三角形，宽达30厘米；顶生小叶具长柄，菱形，长7～10厘米，宽4～7厘米，常浅裂，边缘有锯齿，侧生小叶具短柄或无柄，背面沿脉被白色柔毛；叶柄长达15厘米；上部的茎生叶较小，具短柄或无柄。花序分枝3～20条，长达45厘米；花两性；花轴密被灰色或锈色的腺毛及短毛；苞片钻形，比花梗短；萼片倒卵状圆形，白色，长3～4毫米；雄蕊长4～7毫米，花药黄色，退化雄蕊宽椭圆形，长约3毫米，顶端微凹或2浅裂；心皮2～5枚，密被灰色毛，近无柄。蓇葖长圆形，长8～14毫米，宽2.5～5毫米，有伏毛，基部渐狭成长2～3毫米的柄，顶端有短喙。种子褐色，椭圆形，长2.5～3毫米，有横向的膜质鳞翅，四周有鳞翅。花期7～9月，果期8～10月。

产本区富县直罗镇，黄陵县双龙镇、店头镇。生于山地林缘或沟谷。根状茎可药用，具解热透疹、解毒净血、升举阳气之功效。

升麻

芹叶铁线莲 Clematis aethusifolia Turcz.

多年生草质藤本。根细长，棕黑色。茎纤细，幼时直立，以后匍匐，有纵沟纹，微被柔毛。二至三回羽状复叶或羽状细裂，连叶柄长达7～10厘米，末回裂片线形，宽2～3毫米，顶端渐尖或钝圆，背面幼时微被柔毛，具一条中脉，在表面下陷，在背面隆起；小叶柄长0.5～1厘米，边缘有时具翅；小叶间隔1.5～3.5厘米。聚伞花序单花腋生；花钟状下垂，直径1～1.5厘米；苞片羽状细裂；萼片4枚，淡黄色，长方椭圆形或狭卵形，长1.5～2厘米，宽5～8毫米，外面仅边缘上密被乳白色绒毛，内有3条直的中脉；雄蕊长为萼片之半，花丝扁平，线形或披针形，中部宽达1.5毫米，中上部被稀疏柔毛；子房扁平，卵形，被短柔毛，花柱被绢状毛。瘦果扁平，宽卵形或圆形，长3～4毫米，成熟后棕红色，被短柔毛，宿存花柱长2～2.5厘米，密被白色柔毛。花期7～8月，果期9月。

本区分布广。生于山坡及水沟边。全草可入药，具健胃、消食之功效。

芹叶铁线莲

钝齿铁线莲 Clematis apiifolia DC. var. obtusidentata Rehd. et Wils.

落叶藤本。小枝和花序梗、花梗密生贴伏短柔毛。三出复叶，连叶柄长5～17厘米，叶柄长3～7厘米；小叶片卵形或宽卵形，长5～13厘米，宽3～9厘米，常有不明显3浅裂，边缘有少数钝牙齿，上面疏生贴伏短柔毛或无毛，下面密生短柔毛。圆锥状聚伞花序多花；花径约1.5厘米；萼片4枚，开展，白色，狭倒卵形，长约8毫米，两面有短柔毛，外面较密；雄蕊无毛，花丝比花药长5倍。瘦果纺锤形或狭卵形，长3～5毫米，顶端渐尖，不扁，有柔毛，宿存花柱长约1.5厘米。花期7～9月，果期9～10月。

产本区富县直罗镇。生于山坡林中或沟边。

钝齿铁线莲

粗齿铁线莲 Clematis argentilucida (Levl. et Vant.) W. T. Wang

落叶藤本。小枝密生白色短柔毛，老时外皮剥落。一回羽状复叶，有5小叶，有时茎端为三出叶；小叶片卵形或椭圆状卵形，长5～10厘米，宽3.5～6.5厘米，顶端渐尖，基部圆形、宽楔形或微心形，常有不明显3裂，边缘有粗大锯齿状牙齿，上面疏生短柔毛，下面密生白色短柔毛至较疏，或近无毛。腋生聚伞花序常有3～7花，或成顶生圆锥状聚伞花序多花，较叶短；花径2～3.5厘米；萼片4枚，开展，白色，近长圆形，长1～1.8厘米，宽约5毫米，顶端钝，两面有短柔毛，内面较疏至近无毛；雄蕊无毛。瘦果扁卵圆形，长约4毫米，有柔毛，宿存花柱长达3厘米。花期5～7月，果期7～10月。

本区分布广，又名银叶铁线莲。生于山坡或山沟灌丛中。根可入药，具活血止痛、祛风湿之功效，茎、叶可杀虫解毒。

粗齿铁线莲

小木通 Clematis armandii Franch.

木质藤本，高达6米。茎圆柱形，有纵条纹。小枝有棱，有白色短柔毛，后脱落。三出复叶；小叶片革质，卵状披针形、长椭圆状卵形至卵形，长4～12厘米，宽2～6厘米，顶端渐尖，基部圆形、心形或宽楔形，全缘，两面无毛。聚伞花序或圆锥状聚伞花序，腋生或顶生，通常比叶长或近等长；腋生花序基部有多数宿存芽鳞，为三角状卵形、卵形至长圆形，长0.8～3.5厘米；花序下部苞片近长圆形，常3浅裂，上部苞片渐小，披针形至钻形；萼片4枚，开展，白色，偶带淡红色，长圆形或长椭圆形，大小变异极大，长1～3厘米，宽0.3～1.5厘米，外面边缘密生短绒毛至稀疏，雄蕊无毛。瘦果扁，卵形至椭圆形，长4～7毫米，疏生柔毛，宿存花柱长达5厘米，有白色长柔毛。花期3～4月，果期4～7月。

产本区黄陵县双龙镇。生于山坡、沟谷灌丛或林缘。藤茎可药用，具利尿消肿、通经下乳之功效；全草可制农药，用于防治菜青虫、地老虎、瓢虫等。

小木通

短尾铁线莲 Clematis brevicaudata DC.

藤本。枝有棱，小枝疏生短柔毛或近无毛。一至二回羽状复叶或二回三出复叶，有5～15小叶，有时茎上部为三出叶；小叶片长卵形、卵形至宽卵状披针形或披针形，长1.5～6厘米，宽0.7～3.5厘米，顶端渐尖或长渐尖，基部圆形、截形至浅心形，有时楔形，边缘疏生粗锯齿或牙齿，有时3裂，两面近无毛或疏生短柔毛。圆锥状聚伞花序腋生或顶生，常比叶短；花径1.5～2厘米；花梗长1～1.5厘米，有短柔毛；萼片4枚，开展，白色，狭倒卵形，长约8毫米，两面均有短柔毛，内面毛较疏或近无毛；雄蕊无毛，花药长2～2.5毫米。瘦果卵形，长约3毫米，宽约2毫米，密生柔毛，宿存花柱长1.5～2（～3）厘米。花期7～9月，果期9～10月。

本区分布广。生于山地灌丛或疏林中。藤茎可入药，具清热利尿、通乳、消食、通便之功效。

短尾铁线莲

灌木铁线莲 Clematis fruticosa Turcz.

直立小灌木，高达1米多。枝有棱，紫褐色，有短柔毛，后变无毛。单叶对生或数叶簇生，叶柄长0.3～1厘米或几无柄，叶片绿色，薄革质，狭三角形或狭披针形、披针形，长1.5～4（～6）厘米，宽 0.5～1.5（～3）厘米，顶端锐尖，边缘疏生锯齿状牙齿，有时 1～2 个，下半部常成羽状深裂以至全裂，裂片有小牙齿或小裂片，或为全缘，两面近无毛或疏生短柔毛。花单生，或聚伞花序有 3 花，腋生或顶生；萼片 4 枚，斜上展，呈钟状，黄色，长椭圆状卵形至椭圆形，长 1～2.5 厘米，宽 3.5～10 毫米，顶端尖，外面边缘密生绒毛，中间近无毛或稍有短柔毛；雄蕊无毛，花丝披针形，比花药长。瘦果扁，卵形至卵圆形，长约 5 毫米，密生长柔毛，宿存花柱长达 3 厘米，有黄色长柔毛。花期 7～8 月，果期 10 月。

本区分布广。生于山坡灌丛中、山崖畔或路旁。

灌木铁线莲

粉绿铁线莲 Clematis glauca Willd.

草质藤本。茎纤细，有棱。一至二回羽状复叶；小叶有柄，2～3 全裂或深裂、浅裂至不裂，中间裂片较大，椭圆形或长圆形、长卵形，长 1.5～5 厘米，宽 1～2 厘米，基部圆形或圆楔形，全缘或有少数牙齿，两侧裂片短小。常为单聚伞花序，3 花；苞片叶状，全缘或 2～3 裂；萼片 4 枚，黄色，或外面基部带紫红色，长椭圆状卵形，顶端渐尖，长 1.3～2 厘米，宽 5～8 毫米，除外面边缘有短绒毛外，其余无毛。瘦果卵形至倒卵形，长约 2 毫米，宿存花柱长 4 厘米。花期 6～7 月，果期 8～10 月。

本区分布广。生于山坡、路边灌丛中。全草可入药，具祛风湿、止痒之功效。

粉绿铁线莲

棉团铁线莲 Clematis hexapetala Pall.

直立草本，高 30～100 厘米。茎疏生柔毛，后变无毛。老枝圆柱形，有纵沟。叶片近革质绿色，干后常变黑色，单叶至复叶，一至二回羽状深裂，裂片线状披针形、长椭圆状披针形至椭圆形或线形，长 1.5～10 厘米，宽 0.1～2 厘米，顶端锐尖或凸尖，有时钝，全缘，两面或沿叶脉疏生长柔毛或近无毛，网脉突出。花序顶生，为总状或圆锥状聚伞花序，有时花单生；花径 2.5～5 厘米；萼片 4～8 枚，通常 6，白色，长椭圆形或狭倒卵形，长 1～2.5 厘米，宽 0.3～1（～1.5）厘米，外面密生棉毛，花蕾时像棉花球，内面无毛；雄蕊无毛。瘦果倒卵形，扁平，密生柔毛，宿存花柱长 1.5～3 厘米，有灰白色长柔毛。花期 6～8 月，果期 7～10 月。

本区分布广。生于干山坡或山坡草地。根可药用，具解热、镇痛、利尿、通经之功效。

棉团铁线莲

黄花铁线莲 Clematis intricata Bunge

草质藤本。茎纤细，多分枝，有细棱。一至二回羽状复叶；小叶有柄，2～3 全裂或深裂，中间裂片线状披针形、披针形或狭卵形，顶端渐尖，基部楔形，全缘或有少数牙齿，两侧裂片较短，下部常 2～3 浅裂。聚伞花序腋生，通常为 3 花，有时单花；花序梗较粗，有时极短，疏被柔毛；中间花梗无小苞片，侧生花梗下部有 2 枚对生的小苞片；苞片叶状，较大，全缘或 2～3 浅裂至全裂；萼片 4 枚，黄色，狭卵形或长圆形，顶端尖，两面无毛，偶尔内面有极稀柔毛，外面边缘有短绒毛；花丝线形，有短柔毛，花药无毛。瘦果卵形至椭圆状卵形，扁，边缘增厚，被柔毛，宿存花柱被长柔毛。花期 6～7 月，果期 8～9 月。

本区分布广。生于山坡、路旁或灌丛中。全草有微毒，可入药，具祛风湿之功效；外用可治疮疖痈肿。

黄花铁线莲

秦岭铁线莲 Clematis obscura Maxim.

落叶木质藤本，干时变黑。小枝疏生短柔毛，后变无毛。一至二回羽状复叶，有5～15小叶，茎上部有时为三出叶，基部2对常不等2～3深裂、全裂至3小叶；小叶片或裂片纸质，卵形至披针形或三角状卵形，长1～6厘米，宽0.5～3厘米，顶端锐尖或渐尖，基部楔形、圆形至浅心形，全缘，偶有1缺刻状牙齿或小裂片，两面沿叶脉疏生短柔毛或近无毛。聚伞花序3～5花或更多，有时花单生，腋生或顶生，与叶近等长或较短；花径2.5～5厘米；萼片4～6枚，开展，白色，长圆形或长圆状倒卵形，长1.2～2.5厘米，顶端尖或钝，除外面边缘密生绒毛外，其余无毛；雄蕊无毛。瘦果椭圆形至卵圆形，扁，长约5毫米，有柔毛，宿存花柱长达2.5厘米，有金黄色长柔毛。花期4～6月，果期8～11月。

产本区富县直罗镇，宜君县，耀州区。生于山坡、山谷阳处灌丛中。

秦岭铁线莲

钝萼铁线莲 Clematis peterae Hand.-Mazz.

落叶木质藤本。一回羽状复叶，有5小叶，偶尔基部一对为3小叶；小叶片卵形或长卵形，少数卵状披针形，长3～9厘米，宽2～4.5厘米，顶端常锐尖或短渐尖，少数长渐尖，基部圆形或浅心形，边缘疏生一至数个以至多个锯齿状牙齿或全缘，两面疏生短柔毛至近无毛。圆锥状聚伞花序多花；花序梗、花梗密生短柔毛，花序梗基部常有1对叶状苞片；花径1.5～2厘米；萼片4枚，开展，白色，倒卵形至椭圆形，长0.7～1.1厘米，顶端钝，两面有短柔毛，外面边缘密生短绒毛；雄蕊无毛；子房无毛。瘦果卵形，稍扁平，无毛或近花柱处稍有柔毛，长约4毫米，宿存花柱长达3厘米。花期6～8月，果期9～12月。

产本区富县张村驿镇，黄陵县双龙镇。生于山坡、沟边杂木林中。全株可入药，能清热、利尿、止痛。

钝萼铁线莲

圆锥铁线莲 Clematis terniflora DC.

落叶木质藤本。茎、小枝初被短柔毛。一回羽状复叶，通常5小叶，偶尔基部一对2～3裂至2～3小叶，茎基部为单叶或三出复叶；小叶片狭卵形至宽卵形，长2.5～8厘米，宽1～5厘米，顶端钝或锐尖，有时微凹或短渐尖，基部圆形、浅心形或楔形，全缘，两面或沿叶脉疏生短柔毛或近无毛，上面网脉不明显或明显，下面网脉突出。圆锥状聚伞花序腋生或顶生，多花，长5～15厘米，较开展；花序梗、花梗有短柔毛；花径1.5～3厘米；萼片通常4枚，开展，白色，狭倒卵形或长圆形，顶端锐尖或钝，长0.8～1.5厘米，宽在4毫米内，外面有短柔毛，边缘密生绒毛；雄蕊无毛。瘦果橙黄色，常5～7枚，倒卵形至宽椭圆形，扁，长5～9毫米，宽3～6毫米，边缘凸出，有贴伏柔毛，宿存花柱长达4厘米。花期6～8月，果期8～11月。

产本区富县直罗镇，又称黄药子。生于山地林边或路旁草丛中。根有毒，可药用，能凉血、降火、消肿、解毒、通经络，叶可治火牙痛。

圆锥铁线莲

翠雀 Delphinium grandiflorum L.

多年生草本。茎高35～65厘米，与叶柄均被反曲短柔毛，等距离生叶，分枝。基生叶和茎下部叶有长柄；叶圆五角形，长2.2～6厘米，宽4～8.5厘米，3全裂，中央全裂片近菱形，一至二回三裂近中脉，小裂片线状披针形，宽 0.6～2.5 毫米，侧全裂片扇形，不等 2 深裂近基部，两面被短柔毛；叶柄长为叶片的 3～4 倍，基部具短鞘。总状花序有 3～15 花；花梗长 1.5～3.8 厘米，与轴密被贴伏白色短柔毛；下部苞片叶状，其他苞片线形；小苞片生花梗中部或上部，线形，长 3.5～7 毫米；萼片紫蓝色，椭圆形，长 1.2～1.8 厘米，外面有短柔毛，距钻形，长 1.7～2 厘米；花瓣蓝色，顶端圆形；雄蕊无毛，退化雄蕊蓝色，瓣片近圆形或宽倒卵形，顶端全缘或微凹，腹面有黄色髯毛；心皮 3 枚，子房密被贴伏短柔毛。蓇葖直，长 1.4～1.9 厘米。种子倒卵状四面体，长约 2 毫米，沿棱有翅。5～10 月开花。

本区分布广。生于山坡草地、荒地、疏林下或林缘。全草及种子可入药，具散寒止痛、利水之功效；茎叶浸汁可杀虫。

翠雀

腺毛翠雀 Delphinium grandiflorum L. var. glandulosum W. T. Wang

与翠雀的区别：花序轴和花梗除了反曲的白色短柔毛外，还有开展的黄色短腺毛。

本区多见。生于山坡草地、荒地、疏林下或林缘。根有毒；全草及种子可入药，具散寒止痛、利水之功效；茎叶浸汁可杀虫。

腺毛翠雀

水葫芦苗 Halerpestes cymbalaria (Pursh) Green

多年生草本。匍匐茎细长，横走。叶多数；叶片纸质，多近圆形，或肾形、宽卵形，长 0.5～2.5 厘米，宽稍大于长，基部圆心形、截形或宽楔形，边缘有 3～7（～11）个圆齿，有时 3～5 裂，无毛；叶柄长 2～12 厘米，稍有毛。花葶 1～4 条，高 5～15 厘米，无毛；花小，直径 6～8 毫米；苞片线形；萼片绿色，卵形，长 3～4 毫米，无毛，反折；花瓣 5，狭椭圆形，与萼片近等长，顶端圆形，基部有长约 1 毫米的爪，爪上端有点状蜜槽；花丝长约 2 毫米，花药长 0.5～0.8 毫米；花托圆柱形，长约 5 毫米，有短柔毛。聚合果椭圆球形，直径约 5 毫米；瘦果小而极多，斜倒卵形，长 1.2～1.5 毫米，两面稍臌起，有 3～5 条纵肋，无毛，喙极短，呈点状。花果期 5～9 月。

本区分布广，又称碱毛茛。生于盐碱性沼泽地。全草可药用，具利水消肿、祛风除湿之功效。

水葫芦苗

蓝堇草 Leptopyrum fumarioides (L.) Reichb.

一年生草本。直根细长，径 2～3.5 毫米，侧根少。茎 4～9 条，斜升，分枝少，高 8～30 厘米。基生叶多数，叶片轮廓三角状卵形，长 0.8～2.7 厘米，宽 1～3 厘米，3 全裂，中全裂片等边菱形，长达 12 毫米，宽达 11 毫米，下延成细柄，常再 3 深裂，深裂片长椭圆状倒卵形至线状狭倒卵形，具 1～4 个钝锯齿，侧裂片常无柄，不等 2 深裂；叶柄长 2.5～13 厘米；茎生叶 1～2，小。花小，直径 3～5 毫米；花梗纤细，长 3～30 毫米；萼片椭圆形，淡黄色，长 3～4.5 毫米，宽 1.7～2 毫米，具 3 条脉，顶端钝或急尖；花瓣长约 1 毫米，近二唇形，上唇顶端圆，下唇较短；雄蕊通常 10～15 枚，花丝长约 2.5 毫米，花药淡黄色，长 0.5 毫米左右；心皮 6～20 枚，长约 2 毫米，无毛。蓇葖直立，线状长椭圆形，长 8～10 毫米。种子 4～14 粒，卵球形或狭卵球形，长 0.5～0.7 毫米。花期 5～6 月，果期 6～7 月。

产本区富县直罗镇。生于田边、路边或河滩、川道湿润地。全草可入药，可用于治疗心血管和胃肠道疾病及伤寒。

蓝堇草

白头翁 Pulsatilla chinensis (Bunge) Regel

多年生草本，植株高15～35厘米。根状茎粗0.8～1.5厘米。基生叶4～5，有长柄；叶片宽卵形，长4.5～14厘米，宽6.5～16厘米，3全裂，中全裂片有柄，宽卵形，3深裂，中深裂片楔状倒卵形，全缘或有齿，侧深裂片不等2浅裂，侧全裂片近无柄，不等3深裂，背面有长柔毛；叶柄长7～15厘米，有密长柔毛。花葶有柔毛；花直立；花梗长2.5～5.5厘米，果时长达23厘米；苞片3枚，基部合生成长3～10毫米的筒，3深裂，裂片线形，背面密被长柔毛；萼片蓝紫色，长圆状卵形，长2.8～4.4厘米，宽0.9～2厘米，背面有密柔毛；雄蕊长约为萼片之半。聚合果直径9～12厘米；瘦果纺锤形，长3.5～4毫米，有长柔毛，宿存花柱长3.5～6.5厘米，有向上斜展的长柔毛。4～5月开花。

本区分布广。生于山坡草丛中、林边或干旱多石坡地。花色鲜艳，果实奇特，可作观赏植物；对酸雨十分敏感，可作为检测环境污染的指示植物；根、茎叶可入药，具清热解毒、凉血、祛风湿之功效。

白头翁

茴茴蒜 Ranunculus chinensis Bunge

一年生草本。须根多数，簇生。茎直立，高20～70厘米，直径5毫米以上，中空，有纵条纹，分枝多，与叶柄均密生淡黄色糙毛。基生叶与下部叶有长达12厘米的叶柄，三出复叶，叶片宽卵形至三角形，长3～8厘米，小叶2～3深裂，裂片倒披针状楔形，宽5～10毫米，上部有粗齿或缺刻，顶端尖，两面伏生糙毛，小叶柄长1～2厘米，侧生小叶柄较短，被糙毛；上部叶片3全裂，裂片有粗齿牙或再分裂。花序有较多疏生的花；花径6～12毫米；花梗被糙毛；萼片狭卵形，长3～5毫米，外面被柔毛；花瓣5，宽卵圆形，与萼片近等长，黄色或上面白色，基部有短爪，蜜槽有卵形小鳞片；花药长约1毫米；花托圆柱形，长达1厘米，密生白短毛。聚合果长圆形，直径6～10毫米；瘦果扁平，长3～3.5毫米，宽约2毫米，无毛，边缘具宽约0.2毫米的棱，喙极短，呈点状，长0.1～0.2毫米。花果期5～9月。

本区分布广。生于溪边、田旁的水湿草地。全草可入药，具清热解毒、降压、消肿之功效。

茴茴蒜

毛茛 Ranunculus japonicus Thunb.

多年生草本。须根簇生。茎直立，高30～70厘米，中空，有槽，具分枝，被柔毛。基生叶多数；叶片圆心形或五角形，长与宽3～10厘米，基部心形或截形，常3深裂，中裂片倒卵状楔形或宽卵圆形，边缘有粗齿或缺刻，侧裂片不等2裂，两面贴生柔毛，下面或幼时的毛较密；叶柄长达15厘米，被柔毛；下部叶与基生叶相似，渐向上叶柄变短，叶片较小，3深裂，裂片披针形，有尖齿牙或再分裂；最上部叶线形，全缘，无柄。聚伞花序花多数；花径1.5～2.2厘米；花梗长达8厘米，被柔毛；萼片椭圆形，长4～6毫米，生白柔毛；花瓣5，倒卵状圆形，长6～11毫米，宽4～8毫米，基部有长约0.5毫米的爪，鳞片长1～2毫米；花药长约1.5毫米；花托短小。聚合果近球形，直径6～8毫米；瘦果扁平，长2～2.5毫米，边缘有宽约0.2毫米的棱，喙短直或外弯，长约0.5毫米。花果期4～9月。

本区分布广。生于田沟旁和林缘路边的湿草地上。全草有毒，可药用，具截疟、消肿之功效。

毛茛

石龙芮 **Ranunculus sceleratus** L.

一年生草本。须根簇生。茎直立，高10～50厘米，直径2～5毫米，上部多分枝，具多数节，无毛或疏生柔毛。基生叶多数；叶片肾状圆形，长1～4厘米，宽1.5～5厘米，基部心形，3深裂，裂片倒卵状楔形，不等2～3裂，顶端钝圆，有粗圆齿；叶柄长3～15厘米，近无毛；茎生叶多数，上部叶较小，3全裂，裂片披针形至线形，全缘，顶端钝圆，基部成宽鞘抱茎。聚伞花序花多数；花径4～8毫米；花梗长1～2厘米；萼片椭圆形，长2～3.5毫米，外被短柔毛；花瓣5，倒卵形，等长或稍长于花萼，基部有短爪，蜜槽呈棱状袋穴；雄蕊10多枚，花药卵形，长约0.2毫米；花托在果期呈圆柱形，长3～10毫米，径1～3毫米，被短柔毛。聚合果长圆形，长8～12毫米，为宽的2～3倍；瘦果多数，倒卵球形，稍扁，长1～1.2毫米，喙短至近无，长0.1～0.2毫米。花果期5～8月。

本区分布广。生于河沟边及平川湿地。全草有毒，可药用，具消肿、拔毒、散结、截疟之功效。

石龙芮

贝加尔唐松草 **Thalictrum baicalense** Turcz.

多年生草本，植株全部无毛。茎高45～80厘米，不分枝或分枝。茎中部叶有短柄，为三回三出复叶；叶片长9～16厘米；小叶草质，顶生小叶宽菱形、扁菱形或菱状宽倒卵形，长1.8～4.5厘米，宽2～5厘米，基部宽楔形或近圆形，3浅裂，裂片有圆齿，脉在背面隆起，脉网稍明显，小叶柄长0.2～3厘米；叶柄长1～2.5厘米，基部有狭鞘；托叶狭，膜质。圆锥花序长2.5～4.5厘米；花梗细，长4～9毫米；萼片4枚，绿白色，早落，椭圆形，长约2毫米；雄蕊（10～）15～20枚，长3.5～4毫米，花丝上部狭倒披针形，与花药近等宽，下部丝形，花药长圆形，长约0.8毫米；心皮3～7枚，花柱直，长约0.5毫米，柱头生花柱顶端腹面，椭圆形，长0.2～0.3毫米。瘦果卵球形或宽椭圆球形，稍扁，长约3毫米，有8条纵肋，心皮柄长约0.2毫米。5～6月开花。

本区分布广。生于山地林下或湿润草坡。根及根状茎可药用，能清热燥湿、解毒。

贝加尔唐松草

东亚唐松草 **Thalictrum minus** L. var. **hypoleucum** (Sieb. et Zucc.) Miq.

多年生草本，植株全部无毛。茎下部叶有稍长柄或短柄，茎中部叶有短柄或近无柄，为四回三出羽状复叶；叶片长达20厘米；小叶纸质或薄革质，顶生小叶楔状倒卵形、宽倒卵形、近圆形或狭菱形，长和宽均为1.5～4（～5）厘米，基部楔形至圆形，3浅裂或有疏牙齿，偶尔不裂，背面有白粉，粉绿色，脉隆起，脉网明显；叶柄长达4厘米，基部有狭鞘。圆锥花序长达30厘米；花梗长3～8毫米；萼片4枚，淡黄绿色，脱落，狭椭圆形，长约3.5毫米；雄蕊多数，长约6毫米，花丝丝形，花药狭长圆形，长约2毫米，顶端有短尖头；心皮3～5枚，无柄，柱头正三角状箭头形。瘦果狭椭圆球形，稍扁，长约3.5毫米，有8条纵肋。6～7月开花。

本区多见。生于丘陵、山地林边或山谷沟边。根有小毒，可入药，能清热解毒、止痛。

东亚唐松草

瓣蕊唐松草 **Thalictrum petaloideum** L.

多年生草本，植株全部无毛。茎高20～80厘米，上部分枝。基生叶数个，有短或稍长柄，为三至四回三出或羽状复叶；叶片长5～15厘米；小叶草质，形状变异很大，顶生小叶倒卵形、宽倒卵形、菱形或近圆形，长3～12毫米，宽2～15毫米，先端钝，基部圆楔形或楔形，3浅裂至3深裂，裂片全缘，叶脉平，脉网不明显，小叶柄长5～7毫米；叶柄长达10厘米，基部有鞘。伞房花序，有少数或多数花；花梗长0.5～2.5厘米；萼片4枚，白色，早落，卵形，长3～5毫米；雄蕊多数，长5～12毫米，花丝上部倒披针形，比花药宽，花药狭长圆形，长0.7～1.5毫米，顶端钝；心皮4～13枚，无柄，花柱短，腹面密生柱头组织。瘦果卵形，长4～6毫米，有8条纵肋，宿存花柱长约1毫米。6～7月开花。

本区分布广。生于山坡草地、路旁草丛中。根可药用，具健胃消食、清肝明目、清热解毒之功效。

瓣蕊唐松草

展枝唐松草 Thalictrum squarrosum Step. ex Willd.

多年生草本，植株无毛。根状茎细长，节有长须根。茎高0.6～6米，有纵槽，常自中部二歧状分枝。基生叶在花时枯萎；茎下部及中部叶有短柄，二至三回羽状复叶；叶片长8～18厘米；小叶坚纸质或薄革质，顶生小叶楔状倒卵形、宽倒卵形或圆卵形，长0.8～2厘米，宽0.6～1.5厘米，顶端急尖，基部楔形至圆形，常3浅裂，裂片全缘或有2～3小齿，表面脉下陷，背面有白粉，脉平或隆起，脉网明显；叶柄长1～4厘米。花序圆锥状，近二歧状分枝；花梗长1.5～3厘米，果时增长；萼片4枚，淡黄绿色，狭卵形，长约3毫米，宽约0.8毫米，脱落；雄蕊5～14枚，长3～5毫米，花丝丝形，花药长圆形，长约2.2毫米，有短尖头；心皮1～3枚，无柄，柱头箭头状。瘦果倒卵球形或近纺锤形，长4～5.2毫米，有8条粗纵肋，柱头长约1.6毫米。7～8月开花。

本区分布广，俗称猫爪子。生于草地、田边或干燥草坡。叶含鞣质11.51%，可提制栲胶；全草可药用，具清热解毒、健胃制酸、发汗之功效。

展枝唐松草

33 小檗科 Berberidaceae

黄芦木 Berberis amurensis Rupr.

落叶灌木，高2～3.5米。老枝淡黄色或灰色，具棱槽；节间2.5～7厘米。茎刺三分叉，长1～2厘米。叶纸质，倒卵状椭圆形或卵形，长5～10厘米，宽2.5～5厘米，先端急尖或圆形，基部楔形，上面暗绿色，中脉和侧脉凹陷，网脉不显，背面淡绿色，无光泽，中脉和侧脉微隆起，网脉微显，叶缘平，每边具40～60细刺齿；叶柄长5～15毫米。总状花序具10～25花，长4～10厘米，总梗长1～3厘米；花黄色；花梗长5～10毫米；萼片2轮，外萼片倒卵形，长约3毫米，宽约2毫米，内萼片倒卵形，长5.5～6毫米，宽3～3.4毫米；花瓣椭圆形，长4.5～5毫米，宽2.5～3毫米，先端缺裂，基部呈爪，具2枚分离腺体；雄蕊长约2.5毫米，药隔先端平截；胚珠2枚。浆果长圆形，长约10毫米，直径约6毫米，红色，基部微被霜粉。花期4～5月，果期8～9月。

本区分布广，又称大叶小檗。生于山地灌丛中、沟谷、林缘、疏林中或岩石旁。根、茎有毒；根皮和茎皮可药用，具清热、退火、抗菌之功效。

黄芦木

短柄小檗 Berberis brachypoda Maxim.

落叶灌木，高1～3米。幼枝具条棱，淡褐色，具稀疏黑疣点；茎刺三分叉，长1～3厘米，腹面具槽。叶厚纸质，椭圆形或倒卵形，长3～8厘米，宽1.5～3.5厘米，先端急尖或钝，基部楔形，上面有折皱，被短柔毛，背面脉上密被长柔毛，叶缘每边具20～40个刺齿；叶柄长3～10毫米，被柔毛。穗状总状花序，密生20～50朵花，花序梗长1.5～4厘米；花梗长约2毫米，疏被短柔毛；小苞片披针形，红色，2轮4枚；萼片3轮，边缘具短毛，外萼片卵形，长约2毫米，先端急尖，带红色，中萼片倒卵形，长约3毫米，内萼片倒卵状椭圆形，长约4.5毫米，先端钝；花淡黄色，花瓣椭圆形，长约5毫米，先端缺裂或全缘，裂片先端急尖，基部缢缩呈爪，具2枚腺体；雄蕊长约2毫米，药隔先端平截；胚珠1～2枚。浆果长圆形，长6～9毫米，直径约5毫米，鲜红色，顶端具宿存花柱。花期5～6月，果期7～9月。

本区分布广。生于山坡灌丛中、林下、林缘或山谷。根、茎有毒；根皮和茎皮可药用，具清热、退火、抗菌之功效。

短柄小檗

直穗小檗 Berberis dasystachya Maxim.

落叶灌木，高2～3米。老枝圆柱形，黄褐色，具小疣点，幼枝紫红色；茎刺单一，长5～15毫米，偶有三分叉，长达4厘米。叶纸质，长圆状椭圆形或近圆形，长3～6厘米，宽2.5～4厘米，先端钝圆，基部骤缩，呈楔形、圆形或心形，上面中脉和侧脉微隆起，背面中脉明显隆起，两面网脉显著，叶缘平展，每边具25～50个细小刺齿；叶柄长1～4厘米。总状花序具15～30朵花，长4～7厘米，包括总梗长1～2厘米；花黄色；花梗4～7毫米；小苞片披针形，长约2毫米；萼片2轮，外萼片披针形，长约3.5毫米，内萼片倒卵形，长约5毫米，基部稍呈爪；花瓣倒卵形，长约4毫米，宽约2.5毫米，先端全缘，基部呈爪，具2枚腺体；雄蕊长约2.5毫米，药隔先端平截；胚珠1～2枚。浆果椭圆形，长6～7毫米，直径5～5.5毫米，红色，顶端无宿存花柱，不被白粉。花期4～6月，果期6～9月。

产本区富县直罗镇。生于向阳山地灌丛中。根、茎有毒，可药用，具清热解毒、泻火燥湿之功效。

直穗小檗

首阳小檗 Berberis dielsiana Fedde

落叶灌木，高1～3米。老枝灰褐色，具棱槽，疏生疣点，幼枝紫红色；茎刺单一，长3～15毫米，幼枝刺长达2.5厘米。叶薄纸质，椭圆形或椭圆状披针形，长4～9厘米，宽1～2厘米，背面初时微被白粉，先端渐尖或急尖，基部渐狭，叶缘每边具8～20个刺齿，中脉上面扁平，下面微隆起；叶柄长约1厘米。总状花序具6～20朵花，长5～6厘米；花黄色；花梗长3～5毫米；小苞片披针形，红色，长2～2.5毫米；萼片2轮，外萼片长圆状卵形，长2～2.5毫米，宽0.8～1毫米，先端急尖，内萼片倒卵形，长4～4.5毫米，宽约3毫米；花瓣椭圆形，长5～5.5毫米，宽约3毫米，先端缺裂，基部具2枚分离腺体；雄蕊长约3毫米，药隔不延伸，先端平截；胚珠2枚。浆果长圆形，红色，长8～9毫米，直径4～5毫米，顶端无宿存花柱，不被白粉。花期4～5月，果期8～9月。

本区均有分布，又称黄檗刺。生于山坡、山谷灌丛中或林中。根、茎含小檗碱，有毒，可药用，具清热、退火、抗菌之功效。

首阳小檗

细叶小檗 Berberis poiretii Schneid.

落叶灌木，高 1～2 米。老枝灰黄色，幼枝紫褐色，具黑色疣点和条棱；茎刺缺或单一，有时三分叉，长 4～9 毫米。叶纸质，倒披针形至狭倒披针形，长 1.5～4 厘米，宽 5～10 毫米，先端渐尖或急尖，具小尖头，基部渐狭，上面中脉凹陷，背面中脉隆起，侧脉和网脉明显，叶缘平展，全缘；近无柄。穗状总状花序具 8～15 朵花，长 3～6 厘米，包括总梗长 1～2 厘米，常下垂；花黄色；花梗长 3～6 毫米；苞片条形，长 2～3 毫米，小苞片 2 枚，披针形，长 1.8～2 毫米；萼片 2 轮，外萼片椭圆形，长约 2 毫米，宽 1.3～1.5 毫米，内萼片长圆状椭圆形，长约 3 毫米，宽约 2 毫米；花瓣倒卵形或椭圆形，长约 3 毫米，宽约 1.5 毫米，先端锐裂，基部微缩，略呈爪，具 2 枚腺体；雄蕊长约 2 毫米，药隔先端平截；胚珠单生，有时 2 枚。浆果长圆形，红色，长约 9 毫米，直径 4～5 毫米，顶端无宿存花柱，不被白粉。花期 5～6 月，果期 7～9 月。

产本区富县直罗镇。生于山地灌丛、砾质地或林下。根、根皮可药用，具清热解毒、健胃之功效。

细叶小檗

延安小檗 Berberis purdomii Schneid.

落叶灌木，高约 1 米。老枝暗灰色或紫红色，稍具棱槽，幼枝紫褐色，光滑；茎刺单一或 3 分叉，淡黄色，长 1～2 厘米。叶纸质，狭倒卵形至倒披针形，长 1～4 厘米，宽 4～8 毫米，先端急尖，基部渐狭，上面中脉下部微凹陷，背面中脉微隆起，侧脉和网脉显著；叶缘平展，每边具 2～15 个刺齿或全缘；叶柄长 2～3 毫米或近无柄。穗状总状花序具 15～25 朵花，长 3～5 厘米，包括总梗长 1～2 厘米；花黄色，花梗长 4～5 毫米；苞片披针形，长约 2 毫米，小苞片带红色，钻状披针形，先端长渐尖；萼片 2 轮，外萼片倒卵状圆形，长约 2.2 毫米，宽约 1.5 毫米，内萼片长圆形，长 3.2～4 毫米，宽约 2.6 毫米；花瓣倒卵状长圆形，长 3～3.2 毫米，宽 1.6～2 毫米，先端缺裂，基部呈爪，具 2 枚腺体；雄蕊长约 2.2 毫米，药隔先端平截；胚珠 1～2 枚。浆果长圆形，长 5～6 毫米，直径 3～4 毫米，黑色，微被白粉；常含种子 1 粒。花期 6 月，果期 7～8 月。

产本区富县张家湾镇、直罗镇。生于山坡、丘陵灌丛中。根、茎有毒，可药用，具清热燥湿、泻火解毒之功效。

延安小檗

日本小檗 Berberis thunbergii DC.

落叶灌木，高约 1 米，多分枝。枝具细条棱，幼枝淡红色，老枝暗红色；茎刺单一或三分叉，长 5～15 毫米。叶薄纸质，倒卵形或匙形，长 1～2 厘米，宽 5～12 毫米，先端骤尖或钝圆，基部楔形，全缘，上面绿色，背面灰绿色，中脉微隆起，两面网脉不显；叶柄长 2～8 毫米。花 2～5 朵组成具总梗的伞形花序；花黄色；花梗长 5～10 毫米；小苞片卵状披针形，长约 2 毫米，带红色；外萼片卵状椭圆形，长 4～4.5 毫米，宽 2.5～3 毫米，先端近钝形，带红色，内萼片阔椭圆形，长 5～5.5 毫米，宽 3.3～3.5 毫米，先端钝圆；花瓣长圆状倒卵形，长 5.5～6 毫米，宽 3～4 毫米，先端微凹，基部爪状，具 2 枚腺体；雄蕊长 3～3.5 毫米，药隔顶端平截；子房含胚珠 1～2 枚，无珠柄。浆果椭圆形，长约 8 毫米，直径约 4 毫米，鲜红色，无宿存花柱。种子 1～2 粒，棕褐色。花期 4～6 月，果期 7～10 月。

本区公园、庭院有栽培，又称紫叶小檗。茎可提取黄色染料；根、茎、叶可供药用，具清热燥湿、泻火解毒之功效。

日本小檗

淫羊藿 **Epimedium brevicornu** Maxim.

多年生草本，植株高 20～60 厘米。根状茎粗短，木质化，暗棕褐色。二回三出复叶，具 9 枚小叶；基生叶 1～3 枚丛生，具长柄；茎生叶 2 枚，对生；小叶纸质，卵形或阔卵形，长 3～7 厘米，宽 2.5～6 厘米，先端急尖，基部深心形，顶生小叶基部裂片圆形，近等大，侧生小叶基部裂片稍偏斜，急尖或圆形，上面网脉显著，背面光滑或疏生柔毛，基出 7 脉，叶缘具刺齿。花茎具 2 枚对生叶，圆锥花序长 10～35 厘米，具 20～50 朵花，序轴及花梗被腺毛；花白色或淡黄色；花梗长 5～20 毫米；萼片 2 轮，外萼片卵状三角形，长 1～3 毫米，内萼片披针形，白色或淡黄色，长约 10 毫米，宽约 4 毫米；花瓣远较内萼片短，距呈圆锥状，长仅 2～3 毫米，瓣片很小；雄蕊长 3～4 毫米，花药长约 2 毫米，瓣裂。蒴果长约 1 厘米，宿存花柱喙状，长 2～3 毫米。花期 5～6 月，果期 6～8 月。

产本区富县张村驿镇，印台区，耀州区。生于林下、沟边灌丛中。全草可药用，具益精气、强筋骨、补肾壮阳之功效。

淫羊藿

34 防己科 Menispermaceae

蝙蝠葛 **Menispermum dauricum** DC.

草质落叶藤本。根状茎褐色；茎于近顶部的侧芽生出，一年生茎有条纹。叶纸质或近膜质，轮廓通常为心状扁圆形，长和宽均为 3～12 厘米，边缘有 3～9 角或 3～9 裂，很少近全缘，基部心形至近截平，两面无毛，下面有白粉；掌状脉 9～12 条，其中向基部伸展的 3～5 条很纤细，均在背面凸起；叶柄长 3～10 厘米或稍长，有条纹。圆锥花序单生或有时双生，有细长的总梗，有花数朵至 20 余朵，花密集成稍疏散，花梗纤细，长 5～10 毫米；雄花：萼片 4～8 枚，膜质，绿黄色，倒披针形至倒卵状椭圆形，长 1.4～3.5 毫米，自外至内渐大；花瓣 6～8 片或多至 9～12 片，肉质，凹成兜状，有短爪，长 1.5～2.5 毫米；雄蕊通常 12 枚，有时稍多或较少，长 1.5～3 毫米；雌花：退化雄蕊 6～12 枚，长约 1 毫米，雌蕊群具长 0.5～1 毫米的柄。核果紫黑色；果核宽约 10 毫米，高约 8 毫米，基部弯缺深约 3 毫米。花期 6～7 月，果期 8～9 月。

本区分布广，又称汉防己。生于沟谷滩地、路边灌丛、山坡疏林中。根、茎可药用，具祛风、利尿、解热、镇痛之功效。

蝙蝠葛

35 罂粟科 Papaveraceae

白屈菜 **Chelidonium majus** L.

多年生草本，高 30～70 厘米。主根圆锥形，多侧根，暗褐色。茎多分枝，初被短柔毛，节上较密。基生叶早落，叶倒卵状长圆形，长 8～20 厘米，羽状全裂，裂片 2～4 对，倒卵状长圆形，深裂或浅裂，裂片边缘圆齿状，背面具白粉，疏被短柔毛，叶柄长 2～5 厘米，被柔毛或无，基部成鞘；茎生叶长 2～8 厘米，宽 1～5 厘米，叶柄长 0.5～1.5 厘米，其他同基生叶。伞形花序多花；花梗长 2～8 厘米，幼时被长柔毛；苞片小，卵形，长 1～2 毫米；萼片卵圆形，长 5～8 毫米，无毛或疏生柔毛，早落；花瓣倒卵形，长约 1 厘米，全缘，黄色；雄蕊长约 8 毫米，花丝黄色，花药长圆形，长约 1 毫米；子房

白屈菜

线形，长约8毫米，绿色，花柱长约1毫米，柱头2裂。蒴果狭圆柱形，长2～5厘米，直径2～3毫米，具短柄。种子卵形，长约1毫米，暗褐色，具蜂窝状小格。花果期4～9月。

本区分布广。生于山坡、山谷林缘、路旁、住宅附近。种子含油40%以上；全草有毒，可药用，具镇痛、止咳、利尿、解毒之功效。

秃疮花

秃疮花 Dicranostigma leptopodum (Maxim.) Fedde

多年生草本，高25～80厘米，全体含黄色液汁，被短柔毛。主根圆柱形。茎具粉，分枝多。基生叶丛生，狭倒披针形，长10～15厘米，宽2～4厘米，羽状深裂，裂片4～6对，再次羽状深裂或浅裂，小裂片先端渐尖，顶端小裂片3浅裂，背面被白色短柔毛；叶柄长2～5厘米，疏被白色短柔毛，具数条纵纹；茎生叶少，生茎上部，长1～7厘米，羽状深裂、浅裂或二回羽状深裂，裂片具疏齿，先端渐尖；无柄。花1～5朵排列成聚伞花序；花梗长2～2.5厘米；具苞片；萼片卵形，长0.6～1厘米，先端渐尖成距；花瓣倒卵形，长1～1.6厘米，宽1～1.3厘米，黄色；雄蕊多数，花丝长3～4毫米，花药长圆形，长1.5～2毫米，黄色；子房狭圆柱形，长约6毫米，密被疣状短毛，花柱短，柱头2裂。蒴果线形，长4～7.5厘米，直径约2毫米，2瓣开裂。种子卵珠形，长约0.5毫米，红棕色，具网纹。花期3～5月，果期6～7月。

本区分布广。生于草坡、路旁、田埂、住宅附近。全草有毒；根及全草可药用，具清热解毒、消肿镇痛、杀虫之功效。

角茴香

角茴香 Hypecoum erectum L.

一年生草本，高15～30厘米。根圆柱形，长8～15厘米。花茎多，二歧状分枝。基生叶多数，倒披针形，长3～8厘米，多回羽状细裂，裂片线形；叶柄基部成鞘；茎生叶同基生叶，较小。二歧聚伞花序多花；苞片钻形，长2～5毫米；萼片卵形，长约2毫米，先端渐尖，全缘；花瓣淡黄色，长1～1.2厘米，外面2枚先端3浅裂，中裂片三角形，长约2毫米，里面2枚倒三角形，长约1厘米，3裂，侧裂片较宽，长约5毫米，具微缺刻，中裂片狭，匙形，长约3毫米，先端近圆形；雄蕊4枚，长约8毫米，花丝宽线形，长约5毫米，花药狭长圆形，长约3毫米；子房狭圆柱形，长约1厘米，直径约0.5毫米，花柱长约1毫米，柱头2深裂，裂片细，向两侧伸展。蒴果长圆柱形，长4～6厘米，直径1～1.5毫米，直立，先端渐尖，两侧稍压扁，成熟时分裂成2果瓣。种子多数，近四棱形，两面均具“十”字形的突起。花果期5～8月。

本区分布广。生于山坡草地或河边砂地。全草有小毒；可药用，具清热解毒、镇咳止痛之功效。

细果角茴香

细果角茴香 Hypecoum leptocarpum Hook.

一年生草本，被白粉，高4～60厘米。茎丛生，铺散向上，多分枝。基生叶多数，叶柄长；叶片狭倒披针形，长5～20厘米，二回羽状全裂，裂片4～9对，近无柄，裂片再羽状深裂，小裂片披针形或狭椭圆形，长0.3～2毫米，先端锐尖；茎生叶较小，近无柄。花茎多数，二歧状分枝；苞叶轮生，卵形或倒卵形，长0.5～3厘米，二回羽状全裂，最上者线形；花小，直径5～8毫米，每花具数枚刚毛状小苞片；萼片卵形；花冠辐射对称，花瓣淡紫色，4枚，外面2枚宽倒卵形，里面2枚较小，3裂达基部，中裂片具短柄，边缘内弯，侧裂片较长，先端钝；雄蕊4枚，与花瓣对生，长4～7毫米，花丝黄褐色，扁平，花药长约1毫米，黄色；心皮2枚，子房圆柱形，长5～8毫米，直径约1毫米，胚珠多数，花柱短，柱头2裂，裂片外弯。蒴果长角状，节裂，圆柱形，长3～4厘米，每节具1种子。种子扁平，宽倒卵形，具小疣状突起。花果期6～9月。

产本区富县直罗镇。生于山坡、河滩地。全草可入药，具清热解毒、凉血之功效。

小果博落回 Macleaya microcarpa (Maxim.) Fedde

多年生草本，基部木质化，具乳黄色浆汁。茎高0.8～1米，通常淡黄绿色，光滑，多白粉，中空，上部多分枝。叶片宽卵形或近圆形，长5～14厘米，宽5～12厘米，先端急尖、钝或圆形，基部心形，通常7或9深裂或浅裂，裂片半圆形、扇形或其他，边缘波状、缺刻状、粗齿或多细齿，表面绿色，无毛，背面多白粉，被绒毛，基出脉通常5，侧脉1对，稀2对，细脉网状；叶柄长4～11厘米，上面平坦，通常不具沟槽。大型圆锥花序多花，长15～30厘米，生于茎和分枝顶端；花梗长2～10毫米；花芽圆柱形，长约5毫米；萼片狭长圆形，长约5毫米，舟状；花瓣无；雄蕊8～12枚，花丝丝状，极短，花药条形，长3～4毫米；子房倒卵形，长1～3毫米，花柱极短，柱头2裂。蒴果近圆形，直径约5毫米。种子1粒，卵珠形，基着，直立，长约1.5毫米，种皮具孔状雕纹，无种阜。花果期6～10月。

产本区黄陵县店头镇。生于路边草地或灌丛中。全草有毒，可入药，具镇痛、解毒、消肿之功效；也可作农药用。

小果博落回

虞美人 Papaver rhoeas L.

一年生或二年生草本，全株被刚毛。茎高30～80厘米，具分枝。叶互生，披针形或狭卵形，长3～15厘米，宽1～6厘米，羽状分裂，下部全裂，全裂片披针形和二回羽状浅裂，上部深裂或浅裂，裂片披针形，最上部粗齿状羽状浅裂，顶生裂片较大，小裂片先端渐尖，叶脉上凹下突；下部叶具柄，上部叶无柄。花单生茎枝顶端；花梗长10～15厘米；花蕾长圆状倒卵形，下垂；萼片2枚，宽椭圆形，长1～1.8厘米，绿色；花瓣4，圆形、宽椭圆形或宽倒卵形，长2.5～4.5厘米，全缘，稀圆齿状或顶端缺刻状，紫红色，基部通常具深紫色斑点；雄蕊多数，花丝丝状，长约8毫米，深紫红色，花药长圆形，长约1毫米，黄色；子房倒卵形，长7～10毫米，无毛，柱头5～18，辐射状，连合成扁平、边缘圆齿状的盘状体。蒴果宽倒卵形，长1～2.2厘米，无毛，具不明显的肋。种子多数，肾状长圆形，长约1毫米。花果期3～8月。

本区公园、庭院常栽培。全株有毒，果实毒性大；种子含油40%以上；花和全株可入药，具清热、燥湿、止痢之功效。

虞美人

36 紫堇科 Fumariaceae

地丁草 Corydalis bungeana Turcz.

二年生草本，高10～50厘米，具主根。茎铺散分枝，灰绿色，具棱。基生叶多数，长4～8厘米，叶柄与叶片等长，基部具鞘，边缘膜质；叶面绿色，背面苍白色，二至三回羽状全裂，一回羽片3～5对，具短柄，二回羽片2～3对，顶端分裂成小裂片；茎生叶与基生叶同形。总状花序长 1～6 厘米，多花；花粉红色至淡紫色，平展；外花瓣顶端下凹，具浅鸡冠状突起，边缘具浅圆齿；上花瓣长 1.1～1.4 厘米；距长 4～5 毫米，末端囊状膨大；蜜腺体约占距长的 2/3，末端增粗；下花瓣向前伸出；爪向后渐狭，长于瓣片；内花瓣顶端深紫色；花梗长 2～5 毫米；苞片叶状，具柄至近无柄；萼片宽卵圆形，长 0.7～1.5 毫米，具齿，常早落；柱头小，圆肾形，顶端下凹，两侧基部下延，边缘膜质。蒴果椭圆形，长 1.5～2 厘米，宽 4～5 毫米，具 2 列种子。种子直径 2～2.5 毫米，边缘具 4～5 列小凹点；种阜鳞片状，长 1.5～1.8 厘米。花期 4 月。

本区分布广。生于农田、撂荒地、草丛中或河道地段。全草有毒，可药用，具清热解毒、活血消肿之功效。

地丁草

37 榆科 Ulmaceae

黑弹树 **Celtis bungeana** Bl.

落叶乔木，高达 10 米。树皮灰色或暗灰色。当年生小枝淡棕色，老后色较深，无毛，散生椭圆形皮孔，去年生小枝灰褐色。冬芽棕色或暗棕色，鳞片无毛。叶厚纸质，狭卵形、长圆形、卵状椭圆形至卵形，长 3～8 厘米，宽 2～4 厘米，基部宽楔形至近圆形，稍偏斜至几不偏斜，先端尖至渐尖，中部以上疏具不规则浅齿，有时一侧近全缘，无毛；叶柄淡黄色，长 5～15 毫米，上面有沟槽，幼时槽中有短毛，老后脱净；萌发枝上的叶形变异较大，先端可具尾尖且有糙毛。果单生叶腋，果柄较细软，无毛，长 10～25 毫米，果成熟时蓝黑色，近球形，直径 6～8 毫米；核近球形，肋不明显，表面极大部分近平滑或略具网孔状凹陷，直径 4～5 毫米。花期 4～5 月，果期 10～11 月。

产本区富县直罗镇，黄陵县店头镇、双龙镇，又称小叶朴。多生于路旁、山坡、灌丛或林边。茎皮纤维可代麻用，也可作为造纸及制造人造棉的原料；树干、树皮或枝条可药用，具祛痰、止咳、平喘之功效。

黑弹树

刺榆 **Hemiptelea davidii** (Hance) Planch.

落叶小乔木，高可达 10 米，或呈灌木状。树皮深灰色或褐灰色，不规则的条状深裂。小枝灰褐色或紫褐色，被灰白色短柔毛，具粗而硬的棘刺；刺长 2～10 厘米。冬芽常 3 个聚生于叶腋，卵圆形。叶椭圆形或椭圆状矩圆形，稀倒卵状椭圆形，长 4～7 厘米，宽 1.5～3 厘米，先端急尖或钝圆，基部浅心形或圆形，边缘有整齐的粗锯齿，叶面绿色，幼时被毛，后脱落残留有稍隆起的圆点，叶背淡绿色，光滑无毛，或在脉上有稀疏的柔毛，侧脉 8～12 对，排列整齐，斜直出至齿尖；叶柄短，长 3～5 毫米，被短柔毛；托叶矩圆形、长矩圆形或披针形，长 3～4 毫米，淡绿色，边缘具睫毛。小坚果黄绿色，斜卵圆形，两侧扁，长 5～7 毫米，在背侧具窄翅，形似鸡头，翅端渐狭呈缘状，果梗纤细，长 2～4 毫米。花期 4～5 月，果期 9～10 月。

产本区黄陵县双龙镇，其余多为栽培。树皮纤维可作为制造人造棉、绳索、麻袋的原料；嫩叶可制作饮料；种子可榨油；根皮、树皮、叶可药用，能解毒消肿。

刺榆

春榆 **Ulmus davidiana** Planch. var. **japonica** (Rehder) Nakai

落叶乔木或灌木状，高达 15 米，胸径 30 厘米。树皮深灰色或灰色，纵裂成不规则条状。幼枝被或密或疏的柔毛，当年生枝无毛或多少被毛，小枝（通常萌发枝及幼树的小枝）有时具向四周膨大而不规则纵裂的木栓层。冬芽卵圆形，芽鳞背面被覆部分有毛。叶倒卵形或倒卵状椭圆形，稀卵形或椭圆形，长 4～9 厘米，宽 1.5～4 厘米，先端尾状渐尖或渐尖，基部歪斜，一侧楔形或圆形，一侧近圆形至耳状，叶面幼时有散生硬毛，后脱落无毛，常留有圆形毛迹，不粗糙，叶背幼时有密毛，后变无毛，脉腋常有簇生毛，边缘具重锯齿，侧脉每边 12～22 条，叶柄长 5～10 毫米，全被毛或仅上面有毛。花在去年生枝上排成簇状聚伞花序。翅果倒卵形或近倒卵形，长 10～19 毫米，宽 7～14 毫米，果翅无毛，裂片 4。花果期 4～5 月。

本区富县直罗镇、张村驿镇可见。生于河岸、溪旁、沟谷和山坡。翅果含油 34.0%，含癸酸高，是重要的工业原料；树皮出麻率 44.2%，可制作绳索及人造棉；枝条可编筐；根、树皮可药用，可用于治骨瘤。

春榆

旱榆 **Ulmus glaucescens** Franch.

落叶乔木，高达 18 米。树皮浅纵裂。幼枝被毛，去年生枝淡灰黄色，小枝无木栓翅及膨大的木栓层。冬芽卵圆形，内芽鳞有毛，边缘密生长柔毛。叶卵形、菱状卵形或长卵形，长 2.5～5 厘米，宽 1～2.5 厘米，先端渐尖至尾状渐尖，基部偏斜，两面光滑无毛，脉腋无簇生毛，边缘具钝而整齐的单锯齿，侧脉每边 6～12 条；叶柄长 5～8 毫米，上面被短柔毛。花自混合芽抽出，或自花芽抽出，3～5 枚在去年生枝上呈簇生状。翅果椭圆形或宽椭圆形，长 2～2.5 厘米，宽 1.5～2 厘米，除顶端缺口柱头面有毛外，余处无毛，果翅较厚，果核部分较两侧之翅宽，位于翅果中上部，上端接近缺口，宿存花被钟形，上端 4 浅裂，裂片边缘有毛，果梗长 2～4 毫米，密被短毛。花果期 3～5 月。

本区分布广，又称白榆。木材可用作器具用材；翅果含油 20.2%，含癸酸高，是重要的工业原料。

旱榆

大果榆 **Ulmus macrocarpa** Hance

落叶乔木或灌木。树皮暗灰色，纵裂。小枝有凸起的木栓翅；幼枝有疏毛，一、二年生枝褐黄色，具散生皮孔。冬芽卵圆形或近球形，芽鳞背面被短毛，边缘有毛。叶宽倒卵形、倒卵状菱形或倒卵形，厚革质，长 5～9 厘米，宽 3.5～5 厘米，先端短尾状，基部渐窄至圆，两面粗糙，叶面密生硬毛，叶背有疏毛，脉腋有簇生毛，侧脉每边 6～16 条，边缘具钝的重锯齿，叶柄长 2～10 毫米，两面有毛。花自花芽或混合芽抽出，成簇状聚伞花序。翅果倒卵状圆形或宽椭圆形，长 1.5～4.7 厘米，宽 1～3.9 厘米，基部偏斜或近对称，微狭或圆，顶端凹或圆，缺口内缘柱头面被毛，两面及边缘有毛，果核位于翅果中部，宿存花被钟形，外被短毛，上部 5 浅裂，裂片边缘有毛，果梗长 2～4 毫米，被短毛。花果期 4～5 月。

产本区富县直罗镇、张家湾镇，又称黄榆、栓翅榆。生于山坡、台地、崖壁及岩缝中。翅果含油 39.1%，是医药、轻工和化工业的重要原料；树皮含纤维素 54.85%，可代麻，作造纸原料；果实可入药，能驱杀寄生虫、祛痰、利尿。

大果榆

榆树 **Ulmus pumila** L.

落叶乔木。幼树树皮平滑，灰褐色，大树皮暗灰色，不规则深纵裂。小枝无毛或有毛，淡黄灰色，有散生皮孔。冬芽近球形，内层芽鳞边缘具白色长柔毛。叶椭圆状卵形或长卵形，长2～8厘米，宽1.2～3.5厘米，先端渐尖或长渐尖，基部偏斜，一侧楔形至圆形，另一侧圆形至半心脏形，叶面平滑无毛，叶背幼时有短柔毛，边缘具重锯齿或单锯齿，侧脉每边9～16条，叶柄长4～10毫米，通常仅上面有短柔毛。花先叶开放，在去年生枝的叶腋呈簇生状。翅果近圆形，稀倒卵状圆形，长1.2～2厘米，除顶端缺口被毛外，余处无毛，初淡绿色，后白黄色，果核部分位于翅果的中部，上端不接近或接近缺口，宿存花被无毛，4浅裂，裂片边缘有毛，果梗较花被为短，长1～2毫米，被短柔毛。花果期3～6月。

本区分布广。生于山坡、沟谷、川地林缘。树皮含淀粉，可食；枝皮纤维可作为人造棉与造纸的原料；幼嫩翅果可蒸食，翅果含油18.7%～25.5%，是重要的工业原料；茎皮、叶、果可入药，能安神、利尿、清湿热、消肿、杀虫。

龙爪榆 **Ulmus pumila** L. cv. 'Pendula'

与榆树的主要区别在于小枝卷曲或扭曲而下垂。

本区公园、庭院有栽培。

垂枝榆 **Ulmus pumila** L. cv. 'Tenue'

树冠伞形。树干上部的主干不明显，分枝较多，树皮灰白色，较光滑。一至三年生枝下垂而不卷曲或扭曲。

本区公园、庭院有栽培。

38 大麻科 Cannabaceae

大麻 **Cannabis sativa** L.

一年生草本，高1～3米，枝具纵沟槽，密生灰白色贴伏毛。叶掌状全裂，裂片披针形，长7～15厘米，中裂片最长，宽0.5～2厘米，先端渐尖，基部狭楔形，表面微被糙毛，背面幼时密被灰白色贴状毛，边缘具向内弯的粗锯齿，中脉及侧脉在表面微下陷，背面隆起；叶柄长3～15厘米，密被灰白色贴伏毛；托叶线形。雄花序长达25厘米；花黄绿色，花被5，膜质，外面被细伏贴毛，雄蕊5枚，花丝极短，花药长圆形；小花柄长2～4毫米；雌花绿色；花被1，紧包子房，略被小毛；子房近球形，外面包于苞片。瘦果为宿存黄褐色苞片所包，果皮坚脆，表面具细网纹。花期5～6月，果期7月。

本区有栽培或沦为野生，农作物之一。全株有毒，花毒性较大；茎皮含纤维约77%，可用作纺织、高级纸等的原料；种子含油30%，可食用，也可制油漆、涂料等；油渣可作饲料；果实、根、叶、花可药用，具滋养润燥、镇咳镇痛、利尿、祛瘀、活血通经、利水之功效。

39 桑科 Moraceae

构树 **Broussonetia papyrifera** (L.) L'Hér. ex Vent.

落叶乔木，高10～20米。树皮暗灰色。小枝密生柔毛。叶螺

榆树

龙爪榆

垂枝榆

大麻

旋状排列，广卵形，长 6～18 厘米，宽 5～9 厘米，先端渐尖，基部心形，边缘具粗锯齿，不分裂或 3～5 裂，小树之叶常分裂，两面被毛，基生叶脉三出，侧脉 6～7 对；叶柄长 2.5～8 厘米，密被糙毛；托叶大，卵形，狭渐尖，长 1.5～2 厘米，宽 0.8～1 厘米。花雌雄异株；雄花序为柔荑花序，长 3～8 厘米，苞片披针形，被毛，花被 4 裂，裂片三角状卵形，被毛，雄蕊 4 枚，花药近球形，退化雌蕊小；雌花序球形头状，苞片棍棒状，顶端被毛，花被管状，子房卵圆形，柱头线形，被毛。聚花果直径 1.5～3 厘米，成熟时橙红色，肉质；瘦果具表面有小瘤，龙骨双层，外果皮壳质。花期 4～5 月，果期 6～7 月。

产本区富县直罗镇。生于山坡及沟谷。茎皮含纤维 40%，用作人造棉、高级纸等的原料；叶含蛋白质 20%～30%；种子含油 31.7%；植株可药用，果实及种子能补肾、强筋骨、明目、利尿，叶能清热、凉血、利湿、杀虫，树皮及根皮能利尿消肿、祛风湿，汁液能利水消肿、解毒。

构树

啤酒花 Humulus lupulus L.

多年生攀援草本。茎中空，密被柔毛，多具棱，棱上生倒钩刺。叶卵形或宽卵形，长 5～13 厘米，宽 3～9 厘米，3～5 裂或上部叶不裂，先端急尖，基部心形，边缘具粗锯齿，表面暗绿色，密生小刺毛，背面淡绿色，疏生短毛和黄色腺点；叶柄长 1～4 厘米，被柔毛。雌雄异株；雄花序圆锥状，长 10～20 厘米，腋生；花被片黄绿色，与雄蕊均为 5 枚；雌花序穗状近球形，长 2～5 厘米，每两朵生于一苞片腋间；苞片呈覆瓦状排列，外被短柔毛并散生黄色腺点，内面基部密被黄色腺点。果穗球果状，直径 3～4 厘米；宿存苞片干膜质，果实增大，长约 1 厘米，无毛，具油点。瘦果扁平，每苞腋 1～2 个，内藏。花期 7～8 月，果期 9～10 月。

本区公园、庭院有栽培。果穗可供制啤酒用；茎皮纤维可造纸；雌花可药用，具抗菌、镇静、调经之功效。

啤酒花

华忽布 Humulus lupulus L. var. cordifolium (Miq.) Maxim.

与原变种的区别：前者叶片质地较薄，通常 5 裂或 3 裂，中裂片有时再 3 裂；果穗短小，近球形，苞片内面基部黄色腺点较少，苦味较淡。

产本区富县直罗镇。生于山坡、山谷林缘及灌丛中潮湿处。功用同原变种。

华忽布

葎草 Humulus scandens (Lour.) Merr.

多年生缠绕草本。茎、枝、叶柄均具倒钩刺。叶纸质，肾状五角形，掌状 5～7 深裂，稀为 3 裂，长宽 7～10 厘米，基部心脏形，表面粗糙，疏生糙伏毛，背面有柔毛和黄色腺体，裂片卵状三角形，边缘具锯齿；叶柄长 5～10 厘米。雄花小，黄绿色，圆锥花序，长 15～25 厘米；雌花序球果状，径约 5 毫米，苞片纸质，三角形，顶端渐尖，具白色绒毛；子房为苞片包围，柱头 2，伸出苞片外。瘦果成熟时露出苞片外。花期春夏季，果期秋季。

本区分布广，俗称拉拉藤。生于沟边、荒地、废墟、林缘。茎皮纤维可作造纸原料；种子油可制肥皂；果穗可代啤酒花用；全草可入药，具清热、利尿、消瘀、解毒之功效。

葎草

桑 Morus alba L.

落叶乔木或为灌木，高 3～10 米。树皮灰色，不规则浅纵裂。小枝有毛。冬芽红褐色，卵形，芽鳞覆瓦状排列，灰褐色，有毛。叶卵形或广卵形，长 5～15 厘米，宽 5～12 厘米，先端急尖或渐尖，基部圆形至浅心形，边缘锯齿粗钝，表面鲜绿色，背面沿脉有疏毛，脉腋有簇毛；叶柄长 1.5～5.5 厘米，具柔毛；托叶披针形，外面密被细硬毛。花单性，腋生或生芽鳞腋内，与叶同时生出；雄花序下垂，长 2～3.5 厘米，密被白色柔毛，花被片宽椭圆形，淡绿色；花药 2 室，球形至肾形，纵裂；雌花序长 1～2 厘米，被毛，总花梗长 5～10 毫米，被柔毛，雌花无梗，花被片倒卵形，顶端圆钝，外面和边缘被毛，无花柱，柱头 2 裂，内有乳头状突起。聚花果卵状椭圆形，长 1～2.5 厘米，成熟时红色或暗紫色。花期 4～5 月，果期 5～8 月。

本区有栽培和野生。果实可食；种子含油 27.9%，可用于工业；树皮含纤维素 48.22%，可用于纺织、造纸；叶为养蚕饲料；根皮、果实、枝条、叶和汁液可入药，具止血、补肝、益肾、祛风湿、行水气、清热、凉血明目之功效。

桑

鸡桑 Morus australis Poir.

落叶灌木或小乔木。树皮灰褐色。冬芽大，圆锥状卵圆形。叶卵形，长 5～14 厘米，宽 3.5～12 厘米，先端急尖或尾状，基部楔形或心形，边缘具粗锯齿，不分裂或 3～5 裂，表面粗糙，密生短刺毛，背面疏被粗毛；叶柄长 1～1.5 厘米，被毛；托叶线状披针形，早落。雄花序长 1～1.5 厘米，被柔毛，雄花绿色，具短梗，花被片卵形，花药黄色；雌花序球形，长约 1 厘米，密被白色柔毛，花被片长圆形，暗绿色，花柱很长，柱头 2 裂，内面被柔毛。聚花果短椭圆形，直径约 1 厘米，成熟时红色或暗紫色。花期 3～4 月，果期 4～5 月。

产本区黄陵县双龙镇，宜君县，多地有栽培。生于山坡林中或灌丛。叶为养蚕的主要饲料；树皮含纤维素 48.22%，可作人造棉、造纸的原料；果实成熟时可食；种子含油 30%，可供制油漆；树皮、枝叶、果实、根及根皮可入药，具清热解表、凉血明目、解毒、止血、补肝、益肾、祛风湿、行水气之功效。

鸡桑

40 荨麻科 Urticaceae

赤麻 Boehmeria silvestrii (Pamp.) W. T. Wang

多年生草本。茎高 60～100 厘米，上部疏被短伏毛。叶对生，薄草质，茎中部的近五角形或圆卵形，长 5～8 厘米，宽 4.8～7.5 厘米，顶端 3 或 5 骤尖，基部宽楔形，茎上部叶渐小，常为卵形，顶部 3 或 1 骤尖，边缘有牙齿，两面疏被短伏毛，侧脉 1 或 2 对；叶柄长达 4 厘米。穗状花序单生叶腋，雌雄异株或同株，茎上部的雌性，下部的雄性或两性，长 4～12 厘米，不分枝；花序直径 1～3 毫米；苞片三角形或狭披针形，长达 1.5 毫米；雄花花梗长 0.5～2 毫米；花被片 4 枚，船状椭圆形，长约 1.5 毫米，合生至中部，外面疏被短柔毛；雄蕊 4 枚，长约 2 毫米，花药长约 0.5 毫米；退化雌蕊椭圆形，长约 0.8 毫米；雌花花被狭椭圆形或椭圆形，长约 0.8 毫米，顶端有 2 小齿，外面密被短柔毛，果期呈菱状倒卵形，长约 1.5 毫米；柱头长 0.82 毫米。瘦果近卵球形，长约 1 毫米，基部具短柄。花期 6～8 月。

赤麻

本区多见。生于丘陵或低山草坡、山谷石边阴处、沟边。茎皮纤维可供织麻布、拧绳索用；茎、皮、叶可药用。

珠芽艾麻 **Laportea bulbifera** (Sieb. et Zucc.) Wedd.

多年生草本。根纺锤状，红褐色。茎高 50～150 厘米，具 5 纵棱，有短柔毛和刺毛。木质珠芽 1～3 个，生于花序的叶腋，球形。叶卵形至披针形，边缘有牙齿或锯齿，上面具糙伏毛和刺毛，下面脉上具短柔毛和刺毛，钟乳体细点状，基脉 3，侧脉 4～6 对，伸达齿尖；叶柄长 1.5～10 厘米，毛被同茎上部；托叶先端 2 浅裂，背面肋上生糙毛。圆锥花序雌雄同株，序轴具短柔毛和刺毛；雄花序生茎顶部下的叶腋，具短梗；雌花序生茎顶部叶腋，分枝较短；雄花具短梗，花被片 5 枚，长圆状卵形，外面有微毛，雄蕊 5 枚，小苞片三角状卵形；雌花梗膨大的膜质翅匙形，花被片 4 枚，侧生 2 枚较大，长圆状卵形，外被糙毛，背生 1 枚圆卵形，腹生 1 枚最短，三角状卵形，子房具雌蕊柄，柱头密生短毛。瘦果圆状倒卵形，光滑，有紫褐色斑点；宿存花被片 2 枚，外生短糙毛；花梗成膜质翅，顶端凹缺。花期 6～8 月，果期 8～12 月。

产本区黄陵县双龙镇。生于山坡林下、林缘、半阴坡湿润处。韧皮纤维可供纺织用；嫩叶可食。

珠芽艾麻

墙草 **Parietaria micrantha** Ledeb.

一年生草本，长 10～40 厘米。茎肉质，多分枝，被短柔毛。叶膜质，卵形或卵状心形，长 0.5～3 厘米，宽 0.4～2.2 厘米，先端锐尖或钝尖，基部圆形或浅心形，两面被毛，钟乳体点状，基出脉 3 条，侧脉常 1 对，伸达上部；叶柄长 0.4～2 厘米，被短柔毛。花杂性，聚伞花序数朵，具短梗；苞片条形，绿色，外面被腺毛，果时长达 1.5 毫米。两性花具梗，长约 0.6 毫米，花被片 4 深裂，褐绿色，外面有毛，膜质，裂片长圆状卵形；雄蕊 4 枚，花丝纤细，花药近球形，淡黄色；柱头画笔头状；雌花具短梗或近无梗；花被片合生成钟状，4 浅裂，浅褐色，薄膜质，裂片三角形。果实坚果状，卵形，长 1～1.3 毫米，黑色，极光滑，有光泽，具宿存的花被和苞片。花期 6～7 月，果期 8～10 月。

本区分布广。生于山坡阴湿草地、屋宅、墙上或岩石下阴湿处。全草可药用，能清热解毒、拔脓消肿。

墙草

透茎冷水花 **Pilea pumila** (L.) A. Gray

一年生草本。茎肉质，透明，直立，无毛，分枝或不分枝。叶近膜质，同对的近等大，菱状卵形或宽卵形，先端渐尖或微钝，基部常宽楔形，边缘除基部全缘外，其上有牙齿或牙状锯齿，两面疏生透明硬毛，钟乳体条形，基出脉 3 条，侧脉数对；叶柄近叶片基部常疏生短毛；托叶卵状长圆形。花雌雄同株并常同序，雄花常生于花序的下部，花序蝎尾状，密集，生于几乎每个叶腋，雌花枝在果时增长；雄花具短梗或无梗，在芽时倒卵形；花被片常 2 枚，有时 3～4 枚，近船形，外面近先端处有短角突起；退化雌蕊不明显；雌花花被片 3 枚，近等大，条形，在果时长不过果实或与果实近等长，而不育的雌花花被片更长。瘦果三角状卵形，扁，长 1.2～1.8 毫米，初时光滑，常有褐色或深棕色斑点，熟时色斑多少隆起。花期 6～8 月，果期 8～10 月。

本区分布广。生于沟谷、河道或岩石缝的阴湿处。全草可药用，具利尿、解热、安胎之功效。

透茎冷水花

麻叶荨麻 Urtica cannabina L.

多年生草本，横走的根状茎木质化。茎四棱形，常近于无刺毛，具少数分枝。叶片轮廓五角形，掌状3全裂，一回裂片再羽状深裂，其上部呈裂齿状，二回裂片常有数目不等的裂齿或浅锯齿，下面有短柔毛和在脉上疏生刺毛，钟乳体细点状；叶柄生刺毛或微柔毛；托叶每节4枚，离生，条形，两面被微柔毛。花雌雄同株，雄花序圆锥状，生下部叶腋，生最上部叶腋的雄花序中常混生雌花；雌花序生上部叶腋，常穗状，序轴粗硬；雄花具短梗；花被片4枚，合生至中部，裂片卵形，外面被微柔毛；退化雌蕊近碗状，近无柄，淡黄色或白色，透明；雌花序有极短的梗。瘦果狭卵形，顶端锐尖，稍扁，长2～3毫米，熟时变灰褐色，表面有明显或不明显的褐红色点；宿存花被片4枚，外面生刺毛1～4根和细糙毛。花期7～8月，果期8～10月。

本区分布广，又名焮麻，俗称蝎子草。生于坡地、河漫滩、河谷、溪旁等处。茎皮纤维可作纺织原料；瘦果含油约20%，可供工业用；全草可入药，具祛风、活血、止痛之功效。

麻叶荨麻

41 胡桃科 Juglandaceae

野核桃 Juglans cathayensis Dode.

落叶乔木。幼枝灰绿色，被腺毛，髓心薄片状分隔。顶芽裸露，锥形，长约1.5厘米，黄褐色，密被毛。奇数羽状复叶，长40～50厘米，叶柄及叶轴被毛，具9～17枚小叶；小叶近对生，无柄，卵状矩圆形或长卵形，长8～15厘米，宽3～7.5厘米，顶端渐尖，基部斜圆形，边缘有细锯齿，两面均有星状毛，中脉和侧脉被腺毛，侧脉11～17对。雄性柔荑花序长18～25厘米，花序轴有疏毛；雄花被腺毛，雄蕊约13枚，花药黄色，长约1毫米，有毛，药隔稍伸出；雌性花序穗状，生于当年生枝顶端，长达8～15厘米，花序轴密生棕褐色毛；雌花密生棕褐色腺毛，子房卵形，长约2毫米，花柱短，柱头2深裂。果序具6～10个果实，果实卵形或卵圆状，长3～4.5厘米，外果皮密被腺毛，顶端尖；核卵状或阔卵状，顶端尖，内果皮有6～8条纵向棱脊，棱脊间有尖锐的刺状凸起和凹陷，仁小。花期4～5月，果期8～10月。

产本区富县直罗镇、张村驿镇，黄陵县。多生于沟谷两旁或山坡阔叶林中。果壳制活性炭；树皮和外果皮可提取黑色染料；种仁含油68.2%，供食用；树皮、叶、外果皮可提制栲胶；树皮、青果、种仁可入药，具清热解毒、止痛、敛肺定喘、温肾润肠之功效。

野核桃

胡桃楸 Juglans mandshurica Maxim.

落叶乔木。树皮灰色，纵裂。幼枝被茸毛。奇数羽状复叶，长达80厘米，小叶9～17枚；叶柄与叶轴被短柔毛或星芒状毛；椭圆形至长椭圆形，边缘具细锯齿，上面初被短柔毛，下面被短柔毛及星芒状毛；侧生小叶对生，无柄，先端渐尖，基部歪斜，截形至近心脏形。雄性柔荑花序长9～20厘米，花序轴被短柔毛；雄花具短柄；小苞片2枚，花被片3枚；雄蕊12枚，花药黄色，被黑色柔毛；雌性穗状花序具4～10朵花，花序轴被茸毛；雌花被茸毛和腺质柔毛，花被片披针形，被柔毛，柱头鲜红色，背面被贴伏柔毛。果序长10～15厘米，具5～7个果实，序轴被短柔毛；果实卵状或椭圆状，顶端尖，密被腺

胡桃楸

质短柔毛；果核表面具8条纵棱，棱间具皱曲及凹穴，顶端具尖头。花期5月，果期8～9月。

本区分布广。为国家Ⅱ级重点保护野生植物。生于沟谷两旁。用途同野核桃。

胡桃 *Juglans regia* L.

落叶乔木。树皮幼时灰绿色，老时灰白色而纵裂。小枝被盾状腺体，带褐色。奇数羽状复叶长25～30厘米，叶柄及叶轴幼时被短腺毛及腺体；小叶5～9枚，椭圆状卵形至长椭圆形，长6～15厘米，宽3～6厘米，顶端钝圆或急尖，基部歪斜，全缘，上面深绿色，下面淡绿色，侧脉11～15对，背面脉腋被簇柔毛，侧生小叶近无柄，顶生小叶具长3～6厘米的柄。雄性柔荑花序下垂，长5～10厘米；雄花的苞片、小苞片及花被片均被腺毛；雄蕊6～30枚，花药黄色，无毛；雌性穗状花序具1～3朵雌花，雌花总苞被短腺毛，柱头浅绿色。果序短，具1～3果实；果实近于球状，直径4～6厘米；果核微具皱曲，有2条纵棱，顶端具短尖头。花期5月，果期10月。

本区多栽培，俗称核桃。为国家Ⅱ级重点保护野生植物。树皮和外果皮可提取黑色染料；种仁含油63.5%～68.4%，可生食，亦可榨油食用；树皮、果实可提制栲胶。可药用，根可杀虫、攻毒；树皮、叶、外果皮有毒，可解毒消肿、止痒；种仁、种隔可温补肺肾、润肠通便、涩精。

胡桃

42 壳斗科 Fagaceae

茅栗 *Castanea seguinii* Dode

落叶小乔木或灌木状，通常高2～5米，稀达12米。小枝暗褐色，托叶细长，长7～15毫米，开花仍未脱落。冬芽长2～3毫米。叶倒卵状椭圆形或兼有长圆形的叶，长6～14厘米，宽4～5厘米，顶部渐尖，基部楔尖（嫩叶）至圆或耳垂状（成长叶），基部对称至一侧偏斜，叶背有黄色或灰白色鳞腺，幼嫩时沿叶背脉两侧有疏单毛；叶柄长5～15毫米。雄花序长5～12厘米，雄花簇有花3～5朵；雌花单生或生于混合花序的花序轴下部，每壳斗有雌花3～5朵，通常1～3朵发育结实，花柱9或6枚，无毛。壳斗外壁密生锐刺，成熟壳斗连刺径3～5厘米，宽略过于高，刺长6～10毫米。坚果长15～20毫米，宽20～25毫米，无毛或顶部有疏伏毛。花期5～7月，果期9～11月。

本区黄陵县有栽培。种子含淀粉60%～70%，可生食、熟食和酿酒；壳斗和树皮含鞣质，可作丝绸的黑色染料；种仁、根、树皮、花序可入药，可用于治疗肺炎、肺结核、丹毒、疮毒和失眠。

茅栗

麻栎 *Quercus acutissima* Carruth.

落叶乔木，高达30米。树皮深灰褐色，深纵裂。幼枝被灰黄色柔毛，后渐脱落，老时灰黄色，具淡黄色皮孔。冬芽圆锥形，被柔毛。叶片形态多样，通常为长椭圆状披针形，长8～19厘米，宽2～6厘米，顶端长渐尖，基部圆形或宽楔形，叶缘有刺芒状锯齿，叶片两面同色，幼时被柔毛，老时无毛或叶背面脉上有柔毛，侧脉每边13～18条；叶柄长1～3厘米，幼时被柔毛，后渐脱落。雄花序常数个集生于当年生枝下部叶腋，有花1～3朵，花柱30枚。壳斗杯形，包着坚果约1/2，连小苞片直径2～4厘米，高约1.5厘米；小苞片

麻栎

钻形或扁条形，向外反曲，被灰白色绒毛。坚果卵形或椭圆形，直径1.5～2厘米，高1.7～2.2厘米，顶端圆形，果脐突起。花期3～4月，果期翌年9～10月。

产本区富县张村驿镇，黄陵县双龙镇、店头镇、腰坪乡。生于山地阳坡混交林中。叶含蛋白质13.58%，可饲柞蚕；种子含淀粉56.4%，可作饲料和工业用淀粉；壳斗、树皮可提制栲胶。

槲栎 Quercus aliena Bl.

落叶乔木，高达30米。树皮暗灰色，深纵裂。小枝灰褐色，近无毛，具圆形淡褐色皮孔。芽卵形，芽鳞具缘毛。叶片长椭圆状倒卵形至倒卵形，长10～20厘米，宽5～14厘米，顶端微钝或短渐尖，基部楔形或圆形，叶缘具波状钝齿，叶背被灰棕色细绒毛，侧脉每边10～15条，叶面中脉侧脉不凹陷；叶柄长1～1.3厘米，无毛。雄花序长4～8厘米，雄花单生或数朵簇生于花序轴，微有毛，花被6裂，雄蕊通常10枚；雌花序生于新枝叶腋，单生或2～3朵簇生。壳斗杯形，包着坚果约1/2，直径1.2～2厘米，高1～1.5厘米；小苞片卵状披针形，长约2毫米，排列紧密，被灰白色短柔毛。坚果椭圆形至卵形，直径1.3～1.8厘米，高1.7～2.5厘米，果脐微突起。花期4～5月，果期9～10月。

本区分布广。生于向阳山坡杂木林中。种子含淀粉60%～70%，可酿酒；树皮含鞣质8.95%～11.12%，壳斗含9.64%，可提制栲胶。

槲栎

槲树 Quercus dentata Thunb.

落叶乔木。树皮暗灰褐色，深纵裂。小枝有沟槽，密被星状绒毛。芽宽卵形，密被黄褐色绒毛。叶片倒卵形或长倒卵形，长10～30厘米，宽6～20厘米，顶端短钝尖，叶面深绿色，基部耳形，叶缘波状裂片或粗锯齿，幼时被毛，叶背密被星状绒毛，侧脉每边4～10条；托叶线状披针形，长1.5厘米；叶柄长2～5毫米，密被棕色绒毛。雄花序生于新枝叶腋，长4～10厘米，花序轴密被淡褐色绒毛，花数朵簇生；花被7～8裂，雄蕊8～10枚；雌花序生于新枝上部叶腋，长1～3厘米。壳斗杯形，包着坚果1/3～1/2，连小苞片直径2～5厘米，高0.2～2厘米；小苞片革质，窄披针形，长约1厘米，反曲或直立，红棕色，外面被褐色丝状毛。坚果卵形至宽卵形，直径1.2～1.5厘米，高1.5～2.3厘米，无毛，有宿存花柱。花期4～5月，果期9～10月。

本区分布广，又称柞栎。生于山坡杂木林中。叶含蛋白质14.9%，可饲柞蚕；种子含淀粉58.7%，可酿酒或作饲料；树皮含单宁13.83%～14.44%，壳斗含单宁3.41%～5.13%，可提制栲胶；种子、树皮、叶可药用，具涩肠止痢、散瘀解毒、止血之功效。

槲树

蒙古栎 Quercus mongolica Fisch. ex Ledeb.

落叶乔木。树皮灰褐色，纵裂。幼枝紫褐色，有棱，无毛。顶芽长卵形，微有棱，芽鳞紫褐色，有缘毛。叶片倒卵形至长倒卵形，长7～19厘米，宽3～11厘米，顶端短钝尖或短突尖，基部窄圆形或耳形，叶缘7～10对钝齿或粗齿，幼时沿脉有毛，后渐脱落，侧脉每边7～11条；叶柄长2～8毫米，无毛。雄花序生于新枝下部，长5～7厘米，花序轴近无毛，花被6～8裂，雄蕊8～10枚；雌花序生于新枝上端叶腋，长约1厘米，有花4～5朵，通常只1～2朵发育，花被6裂，花柱短，柱头3裂。壳斗杯形，包着坚果1/3～1/2，直径1.5～1.8厘米，高0.8～1.5厘米，壳斗外壁小苞片三角状卵形，呈半

蒙古栎

球形瘤状突起，密被灰白色短绒毛，伸出口部边缘呈流苏状。坚果卵形至长卵形，直径 1.3～1.8 厘米，高 2～2.3 厘米，无毛，果脐微突起。花期 4～5 月，果期 9 月。

本区分布广，俗称杠树。生于山地阳坡、半阳坡混交林中。叶含蛋白质 12.4%，可饲柞蚕；种子含淀粉 47.4%，可酿酒或作饲料；树皮、叶、果实可入药，具利湿、清热解毒、健胃、收敛止血之功效。

栓皮栎 **Quercus variabilis** Bl.

落叶乔木。树皮黑褐色，深纵裂，木栓层发达。小枝灰棕色，无毛。芽圆锥形，芽鳞褐色，具缘毛。叶片卵状披针形或长椭圆形，长 8～15 厘米，宽 2～6 厘米，顶端渐尖，基部圆形或宽楔形，叶缘具刺芒状锯齿，叶背密被灰白色星状绒毛，侧脉每边 13～18 条，直达齿端；叶柄长 1～3 厘米，无毛。雄花序长达 14 厘米，花序轴密被褐色绒毛，花被 4～6 裂，雄蕊 10 枚或较多；雌花序生于新枝上端叶腋，花柱 30 枚。壳斗杯形，包着坚果 2/3，连小苞片直径 2.5～4 厘米，高约 1.5 厘米；小苞片钻形，反曲，被短毛。坚果近球形或宽卵形，高、径约 1.5 厘米，顶端圆，果脐突起。花期 3～4 月，果期翌年 9～10 月。

产本区富县张村驿镇，黄陵县，又名粗皮青冈。生于阳坡杂木林中。树皮木栓层发达，是造纸和生产软木的主要原料；果皮、壳斗可提取黑色染料；种子含淀粉 50.4%～63.5%，可浆纱或酿酒；壳斗含鞣质 21%～26%，树皮含鞣质 4.82%～10.6%，种子含鞣质 18%～27.3%，可提制栲胶；根、叶、果实可药用，能止咳、涩肠、健胃、收敛。

栓皮栎

辽东栎 **Quercus wutaishanica** Mayr

落叶乔木，高达 15 米。树皮灰褐色，纵裂。幼枝绿色，无毛，老时灰绿色，具淡褐色圆形皮孔。叶片倒卵形至长倒卵形，长 5～17 厘米，宽 2～10 厘米，顶端圆钝或短渐尖，基部窄圆形或耳形，叶缘有 5～7 对圆齿，叶面绿色，背面淡绿色，幼时沿脉有毛，老时无毛，侧脉每边 5～7 条；叶柄长 2～5 毫米，无毛。雄花序生于新枝基部，长 5～7 厘米，花被 6～7 裂，雄蕊通常 8 枚；雌花序生于新枝上端叶腋，长 0.5～2 厘米，花被通常 6 裂。壳斗浅杯形，包着坚果约 1/3，直径 1.2～1.5 厘米，高约 8 毫米；小苞片长三角形，长 1.5 毫米，扁平微突起，被稀疏短绒毛。坚果卵形至卵状椭圆形，直径 1～1.3 厘米，高 1.5～1.8 厘米，顶端有短绒毛；果脐微突起，直径约 5 毫米。花期 4～5 月，果期 9 月。

本区分布广，俗称杠树。生于阳坡、半阳坡，成小片纯林或混交林。叶含蛋白质 17.97%，可饲柞蚕；种子含淀粉 51.3%，可酿酒或作饲料。

辽东栎

43 桦木科 Betulaceae

红桦 **Betula albosinensis** Burk.

落叶乔木，高可达 30 米。树皮淡红褐色或紫红色，有光泽和白粉，呈薄层状剥落，纸质。枝条红褐色，无毛；小枝紫红色，无毛，有时疏生树脂腺体。芽鳞无毛，仅边缘具短纤毛。叶卵形或卵状矩圆形，长 3～8 厘米，宽 2～5 厘米，顶端渐尖，基部圆形或微心形，较少宽楔形，边缘具不规则的重锯齿，齿尖常角质化，上面深绿色，无毛或幼时疏被长柔毛，下面淡绿色，密生腺点，沿脉疏被白色

红桦

长柔毛，侧脉10～14对，脉腋间通常无髯毛，有时具稀疏的髯毛；叶柄长5～15厘米，疏被长柔毛或无毛。雄花序圆柱形，长3～8厘米，直径3～7毫米，无梗；苞鳞紫红色，仅边缘具纤毛。果序圆柱形，单生或同时具有2～4枚排成总状，长3～4厘米，直径约1厘米；序梗纤细，长约1厘米，疏被短柔毛；果苞长4～7厘米，中裂片矩圆形或披针形，顶端圆，侧裂片近圆形，长及中裂片的1/3。小坚果卵形，长2～3毫米，上部疏被短柔毛，膜质翅宽及果的1/2。花期3～4月，果期6～9月。

本区公园有栽培。树皮、芽可药用，具清热利湿、解毒之功效。

白桦 Betula platyphylla Suk.

落叶乔木。树皮灰白色，成层剥裂。枝条灰褐色，具树脂腺体；小枝暗灰色或褐色。叶厚纸质，三角状卵形、三角状菱形或三角形，长3～9厘米，宽2～7.5厘米，顶端锐尖或渐尖，基部截形或楔形，边缘具重锯齿，上面幼时疏被毛和腺点，下面密生腺点，侧脉5～7对；叶柄细，长1～2.5厘米。果序单生，圆柱形或矩圆状圆柱形，下垂，长2～5厘米；序梗细瘦，长1～2.5厘米，密被短柔毛，后近无毛，或具树脂腺体；果苞长5～7毫米，背面初密被短柔毛，边缘具短纤毛，基部楔形或宽楔形，中裂片三角状卵形，顶端渐尖或钝，侧裂片卵形或近圆形，直立、斜展至向下弯。小坚果狭矩圆形、矩圆形或卵形，长1.5～3毫米，宽1～1.5毫米，背面疏被短柔毛，膜质翅较果长，较少与之等长，与果等宽或较果稍宽。花期4～5月，果期5～7月。

本区分布广。生于山坡或杂木林中。木材含纤维素59%，可用于造纸；木材可提取郁金色染料，叶可提取黄色染料；树皮含鞣质5.19%，可提制栲胶；树皮、液汁可药用，具清热利湿、祛痰止咳、解毒消肿之功效。

白桦

陕西鹅耳枥 Carpinus shensiensis Hu

落叶乔木。小枝紫褐色，无毛。叶厚纸质，矩圆形或倒卵状矩圆形，长6～9厘米，宽3～4.5厘米，顶端锐尖或渐尖，基部心形，边缘具规则的细密重锯齿，上面无毛，下面沿脉疏被短柔毛，脉腋间疏生髯毛，侧脉14～16对；叶柄7～17毫米，密被短柔毛。果序长7～9厘米，直径约4厘米；序梗长1.5～3厘米，序梗、序轴均密被短柔毛兼有稀疏的长柔毛；果苞半卵形，长约2.5厘米，宽1～1.2厘米，纸质，两面沿脉被长柔毛，背面毛较密，外侧基部无裂片，内侧的基部边缘微内折，较少具耳突，中裂片内侧边缘直，全缘，外侧边缘具细密的锯齿，顶端渐尖。小坚果宽卵圆形，长约4毫米，顶端密生长柔毛，疏生褐色树脂腺体。花期4～5月，果期8～9月。

产本区富县直罗镇、张村驿镇。生于山坡杂木林中。

陕西鹅耳枥

鹅耳枥 Carpinus turczaninowii Hance

落叶乔木。树皮暗灰褐色，浅纵裂。枝细瘦，灰棕色；小枝被短柔毛。叶卵形、卵状椭圆形或卵菱形，长2.5～5厘米，宽1.5～3.5厘米，顶端锐尖或渐尖，基部近圆形或宽楔形，边缘具重锯齿，上面无毛或沿中脉疏生长柔毛，下面沿脉疏被长柔毛，脉腋间具髯毛，侧脉8～12对；叶柄长4～10毫米，疏被短柔毛。果序长3～5厘米；序梗长10～15毫米，序梗、序轴均被短柔毛；果苞半宽卵形、半卵形、半矩圆形至卵形，长6～20毫米，宽4～10毫米，疏被短柔毛，顶端钝尖或渐尖，内侧的基部具一卵形小裂片，中裂片内侧全缘或疏生小

鹅耳枥

齿，外侧边缘具粗锯齿或具 2～3 裂齿。坚果果序下垂，长 6～20 毫米。小坚果宽卵形，长约 3 毫米，有时顶端疏生长柔毛，有时上部疏生树脂腺体。花期 4～5 月，果期 8～9 月。

产本区富县直罗镇、张村驿镇。生于山坡或山谷林中。种子含油，可供食用或工业用；叶含鞣质 16.43%，可提制栲胶；树皮、叶可入药，能治跌打损伤。

小叶鹅耳枥 **Carpinus turczaninowii** Hance var. **stipulata** (H. Winkl.) H. Winkl.

与原变种的区别：叶较小，顶端渐尖，边缘具单锯齿。

产本区富县直罗镇。生于山坡或山谷林中。

小叶鹅耳枥

榛 **Corylus heterophylla** Fisch. ex Trautv.

落叶灌木或小乔木，高 1～7 米。树皮灰色。枝条暗灰色，小枝黄褐色，密被短柔毛兼疏生长柔毛，无或少具刺状腺体。叶矩圆形或宽倒卵形，长 4～13 厘米，宽 2.5～10 厘米，顶端凹缺或截形，中央具三角状突尖，基部心形，边缘具重锯齿，中部以上具浅裂，下面幼时疏被短柔毛，后仅沿脉疏被短柔毛，侧脉 3～5 对；叶柄纤细，长 1～2 厘米，疏被短毛或近无毛。雄花序单生，长约 4 厘米。果单生或 2～6 枚簇生成头状；果苞钟状，外面具细条棱，密被短柔毛兼有疏生的长柔毛，密生刺状腺体，很少无腺体，较果长但不超过 1 倍，很少较果短，上部浅裂，裂片三角形，边缘全缘，很少具疏锯齿；序梗长约 1.5 厘米，密被短柔毛。坚果近球形，长 7～15 毫米，无毛或仅顶端疏被长柔毛。花期 3～4 月，果期 6～8 月。

本区分布广。生于山地阴坡灌丛中。种子含淀粉 20%～25%，含油 51.6%，可食，并可榨油；树皮、叶含鞣质 5.95%～14.58%，可提制栲胶；种仁可药用，具补脾、和中、开胃、明目之功效。

榛

虎榛子 **Ostryopsis davidiana** (Baill.) Dcne.

落叶灌木。枝条灰褐色，密生皮孔；小枝褐色，具条棱，密被短柔毛。叶卵形或椭圆状卵形，长 2～6.5 厘米，宽 1.5～5 厘米，顶端渐尖，基部斜心形，边缘具重锯齿，中部以上具浅裂；上面被短柔毛，下面密被褐色腺点和短柔毛，侧脉 7～9 对，密被短柔毛，脉腋间簇生髯毛；叶柄密被短柔毛。雄花序单生小枝叶腋，圆柱形，长 1～2 厘米；花序梗不明显；苞鳞宽卵形，外被短柔毛；无花被；雄蕊花药的药室不分离；雌花具花被。果 4 枚簇生于当年生小枝顶端，果梗短；序梗长达 2.5 厘米，密被短柔毛；小坚果为果苞所包；果苞囊状，厚纸质，长 1～1.5 厘米，下半部紧包果实，上半部延伸呈管状，外密被短柔毛，具条棱，绿色带紫红色，顶端 4 浅裂，裂片长达果苞 1/4～1/3。小坚果宽卵圆形或球形，长 5～6 毫米，直径 4～6 毫米，褐色，有光泽，疏被短柔毛，具细肋。花期 3～4 月，果期 5～7 月。

本区分布广。生于干旱山坡、崖畔。树皮及叶含鞣质，可提制栲胶；种子含油，可供食用和制肥皂；果实可药用，能清热利湿。

虎榛子

44 商陆科 Phytolaccaceae

商陆 **Phytolacca acinosa** Roxb.

多年生草本，全株无毛。根肥大，肉质，倒圆锥形，外黄内白。

茎圆柱形，有纵沟，绿色或红紫色，多分枝。叶片薄纸质，椭圆形、长椭圆形，顶端急尖或渐尖，基部楔形，渐狭，两面散生细小白色斑点（针晶体）；叶柄粗壮，上面有槽，下面半圆形。总状花序顶生或与叶对生，密生多花；花两性；花梗基部的苞片线形；花被片 5 枚，白色、黄绿色，椭圆形，大小相等；雄蕊 8～10 枚，与花被片近等长，花丝白色，钻形，基部呈片状，花药椭圆形，粉红色；心皮通常为 8 枚，分离，花柱短，顶端下弯，柱头不明显。果序直立；浆果扁球形，直径约 7 毫米，熟时黑色。种子肾形，黑色，长约 3 毫米，具 3 棱。花期 5～8 月，果期 6～10 月。

本区分布广。生于沟谷、山坡林下、林缘路旁。果实含鞣质，可提制栲胶；根可入药，能通二便、泻水、散结；以白色肥大者为佳，红根有剧毒，仅供外用；也可作兽药及农药。

商陆

45 紫茉莉科 Nyctaginaceae

紫茉莉 **Mirabilis jalapa** L.

一年生草本，高可达 1 米。根肥粗，倒圆锥形，黑色或黑褐色。茎直立，圆柱形，多分枝，无毛或疏生细柔毛，节稍膨大。叶片卵形或卵状三角形，长 3～15 厘米，宽 2～9 厘米，顶端渐尖，基部截形或心形，全缘，两面均无毛，脉隆起；叶柄长 1～4 厘米，上部叶几无柄。花常数朵簇生枝端；花被紫红色、黄色、白色或杂色，高脚碟状，筒部长 2～6 厘米，檐部直径 2.5～3 厘米，5 浅裂；花午后开放，有香气，次日午前凋萎；花梗长 1～2 毫米；总苞钟形，长约 1 厘米，5 裂，裂片三角状卵形，顶端渐尖，无毛，具脉纹，果时宿存；雄蕊 5 枚，花丝细长，常伸出花外，花药球形；花柱单生，线形，伸出花外，柱头头状。瘦果球形，直径 5～8 毫米，革质，黑色，表面具皱纹。种子胚乳白粉质。花期 6～10 月，果期 8～11 月。

本区花圃、庭院有栽培，俗称胭脂花、地雷花。为观赏花卉，有时逸为野生。种子白粉可去面部瘢痣粉刺；根、叶可药用，具清热解毒、活血调经和滋补之功效。

紫茉莉

46 仙人掌科 Cactaceae

仙人球 **Echinopsis multiplex** Zucc.

多年生常绿肉质草本，高约 15cm。茎球形、椭圆形或倒卵形，绿色，肉质，有纵棱 12～14 条，棱上有丛生的针刺，通常每丛 6～10 枚，少数达 15 枚，长 2～4cm，硬直，黄色或黄褐色，长短不一，辐射状，刺丛内着生密集的白绒毛。叶细小，生于刺丛内，早落。花大型，侧生，着生于刺丛中，粉红色、白色等，夜间开放，长喇叭状，长 15～20cm，花筒外被鳞片，鳞片腋部具长绵毛。浆果球形或卵形，无刺。种子细小，多数。花期 5～6 月。

本区花房、庭院有栽培。品种繁多，是一种茎、叶、花均有较高观赏价值的植物，现还当蔬菜食用；全株可药用，具行气活血、滋补健胃、清热解毒之功效。

仙人球

昙花 **Epiphyllum oxypetalum** (DC.) Haw.

附生肉质灌木。老茎圆柱状，木质；茎无叶和倒刺刚毛，分枝多数，叶状侧扁，披针形至长圆状披针形，先端长渐尖至急尖，边缘波状，基部短渐尖或成柄状，中肋粗大，无刺，宽2～6毫米，于两面突起，老株分枝产生气根；小窠排列于齿间凹陷处，无刺，初具少数绵毛。花单生于枝侧的小窠，漏斗状，夜间开放，白色，芳香，长25～30厘米，直径10～12厘米；花托绿色，被三角形短鳞片；花托筒疏生长3～10毫米的披针形鳞片，鳞腋小窠无毛；萼状花被片绿白色、淡琥珀色或带红晕，线形至倒披针形，先端渐尖，全缘，反曲；瓣状花被片白色，倒卵状披针形至倒卵形，长7～10厘米，宽3～4.5厘米，先端急尖至圆形，全缘；雄蕊多数，两列，花丝白色，花药淡黄色；子房下位，花柱白色，柱头15～20，狭线形，黄白色。浆果长球形，具纵棱脊，紫红色。种子多数，卵状肾形，亮黑色，具皱纹。

本区花房、庭院有栽培，观赏花卉，俗称琼花。浆果可食；叶状枝、花可药用，具软便去毒、清热疗喘、强健之功效。

昙花

量天尺 **Hylocereus undatus** (Haw.) Britt. et Rose

肉质灌木，具气根。分枝多数，具3棱，长0.2～0.5米，宽3～8厘米，棱常翅状，边缘波状或圆齿状，深绿色，老枝边缘胼胝状，淡褐色，骨质；小窠沿棱排列，直径约2毫米；每小窠具1～3根硬刺；刺锥形，长2～5毫米，灰褐色至黑色。花漏斗状，长25～30厘米，直径15～25厘米，夜间开放；花托及花托筒密被绿色鳞片，鳞片卵状披针形至披针形，长2～5厘米，宽0.7～1厘米；萼状花被片黄绿色，线形至线状披针形，长10～15厘米，宽0.3～0.7厘米，先端渐尖，有短尖头，全缘，反曲；瓣状花被片白色，长圆状倒披针形，长12～15厘米，宽4～5.5厘米，先端急尖，具1芒尖，全缘或啮蚀状；花丝黄白色，长5～7.5厘米，花药长4.5～5毫米，淡黄色；花柱黄白色，长17.5～20厘米，柱头20～24，线形，长3～3.3毫米，先端长渐尖，黄白色。浆果红色，长球形，长7～12厘米，直径5～10厘米，果脐小，果肉白色。种子倒卵形，长2毫米，宽1毫米，黑色，种脐小。花期7～12月。

本区花房、庭院有栽培，俗称霸王鞭，供观赏。花可作蔬菜；浆果可食，商品名“火龙果”。

量天尺

仙人掌 **Opuntia stricta** (Haw.) Haw. var. **dillenii** (Ker-Gawl.) Benson

丛生肉质灌木，无气根。分枝宽倒卵形，长10～40厘米，宽7.5～25厘米，厚达1.2～2厘米，先端圆，边缘波状，基部楔形或渐狭；小窠突出，每小窠具1～10根刺，密生短绵毛和倒刺刚毛；刺黄色，有横纹，基部扁；倒刺刚毛暗褐色；短绵毛灰色。叶钻形，早落。花辐状无梗，单生于小窠，直径5～6.5厘米；花托倒卵形，顶端截形并凹陷，基部渐狭，生突出的小窠，小窠具短绵毛、倒刺刚毛和钻形刺；萼状花被片小，宽倒卵形，先端具小尖头，黄色，具绿色中肋；瓣状花被片大，倒卵形，柠檬黄色，先端圆或微凹，全缘；雄蕊短于内轮花被片，花丝、花药、花柱黄色；子房下位，柱头5，黄白色。浆果倒卵球形，顶端凹陷，基部狭缩成柄状，长4～6厘米，直径2.5～4厘米，紫红色，每侧具5～10个突起的小窠，小窠具短绵毛、倒刺刚毛和钻形刺。种子多数，具骨质假种皮，扁圆形，长4～6毫米，宽4～4.5毫米，厚约2毫米，淡黄褐色。花期6～10月。

本区花房、庭院有栽培。浆果酸甜可食；根及全株可药用，具健胃、利尿、消肿解毒之功效。

仙人掌

47 藜科 Chenopodiaceae

轴藜 Axyris amaranthoides L.

一年生草本，植株高 20～80 厘米。茎直立，微具纵纹；分枝多集于茎中部以上，长 3～13 厘米。叶具短柄，顶部渐尖，具小尖头，基部渐狭，全缘，背部初密被星状毛；基生叶大，披针形，叶脉明显；枝生叶和苞叶较小，狭披针形，长约 1 厘米，宽 2～3 毫米，边缘内卷。雄花序穗状，花被裂片 3，狭矩圆形，先端急尖，向内卷曲，背部初密被毛，雄蕊 3 枚，与裂片对生，伸出花被外；雌花花被片 3 枚，白膜质，背部初密被毛，侧生的 2 枚花被片大，宽卵形或近圆形，先端全缘，近苞片处的花被片小，矩圆形。果实长椭圆状倒卵形，长 2～3 毫米，灰黑色，光滑，顶端具一附属物；附属物冠状，中央微凹。种子椭圆形，扁平。花果期 8～9 月。

产本区富县直罗镇、张家湾镇。生于河边、田间或路旁。果实可药用，具清肝明目、祛风消肿之功效。

轴藜

甜菜 Beta vulgaris L.

二年生草本。根圆锥状至纺锤状，多汁。茎直立，多少有分枝，具条棱及色条。基生叶矩圆形，长 20～30 厘米，宽 10～15 厘米，具长叶柄，上面皱缩不平，略有光泽，下面有粗壮凸出的叶脉，全缘或略呈波状，先端钝，基部楔形、截形或略呈心形；叶柄粗壮，下面凸，上面平或具槽；茎生叶互生，较小，卵形或披针状矩圆形，先端渐尖，基部渐狭入短柄。花 2～3 朵团集，果时花被基底部彼此合生；花被裂片条形或狭矩圆形，果时变为革质并向内拱曲。胞果下部陷在硬化的花被内，上部稍肉质。种子双凸镜形，直径 2～3 毫米，红褐色，有光泽；胚环形，苍白色；胚乳粉状，白色。花期 5～6 月，果期 7 月。

本区有栽培，俗称甜萝卜。根可供蔬菜用。

甜菜

尖头叶藜 Chenopodium acuminatum Willd.

一年生草本，高 20～80 厘米。茎直立，具条棱及绿色色条，有时色条带紫红色，多分枝。枝斜升，较细瘦。叶片宽卵形至卵形，茎上部的叶片有时呈卵状披针形，长 2～4 厘米，宽 1～3 厘米，先端急尖或短渐尖，有一短尖头，基部宽楔形、圆形或近截形，上面无粉，浅绿色，下面多少有粉，灰白色，全缘并具半透明的环边；叶柄长 1.5～2.5 厘米。花两性，团伞花序于枝上部排列成紧密的或有间断的穗状或穗状圆锥花序，花序轴（或仅在花间）具圆柱状毛束；花被扁球形，5 深裂，裂片宽卵形，边缘膜质，并有红色或黄色粉粒，果时背面大多增厚并彼此合成五角星形；雄蕊 5 枚，花药长约 0.5 毫米。胞果顶基扁，圆形或卵形。种子横生，直径约 1 毫米，黑色，有光泽，表面略具点纹。花期 6～7 月，果期 8～9 月。

产本区富县张村驿镇。生于荒地、河岸、田边。全草可入药，用于治疗风寒头痛、四肢胀痛。

尖头叶藜

藜 Chenopodium album L.

一年生草本，高 30～120 厘米。茎直立，粗壮，具条棱及绿色或紫红色色条，多分枝。枝条斜升或开展。叶片菱状卵形至宽披针形，长 3～6 厘米，宽 2.5～5 厘米，先端急尖或微钝，基部楔形至宽楔形，上面通常无粉，有时嫩叶的上面有紫红色粉，下面多少有粉，边缘具不整齐锯齿；叶柄与叶片近等长，或为叶片长度的1/2。花两性，花簇于枝上部排列成或大或小的穗状圆锥或圆锥花序；花被裂片5，宽卵形至椭圆形，背面具纵隆脊，有粉，先端或微凹，边缘膜质；雄蕊5枚，花药伸出花被，柱头2。果皮与种子贴生。种子横生，双凸镜状，直径1.2～1.5毫米，边缘钝，黑色，有光泽，表面具浅沟纹；胚环形。花果期6～10月。

本区分布广，俗称灰条菜。生于路旁、荒地及田间。幼苗可作蔬菜用；茎叶可喂家畜；幼嫩全草可药用，有小毒，能清热利湿、透疹止痒、活血、杀虫。

藜

菊叶香藜 Chenopodium foetidum Schrad.

一年生草本，高20～60厘米，有强烈气味，全体有具节的疏生短柔毛。茎直立，具绿色色条，通常有分枝。叶片矩圆形，长2～6厘米，宽1.5～3.5厘米，边缘羽状浅裂至羽状深裂，先端钝或渐尖，有时具短尖头，基部渐狭，上面无毛或幼嫩时稍有毛，下面有具节的短柔毛并兼有黄色无柄的颗粒状腺体，很少近于无毛；叶柄长2～10毫米。复二歧聚伞花序腋生；花两性；花被直径1～1.5毫米，5深裂；裂片卵形至狭卵形，有狭膜质边缘，背面通常有具刺状突起的纵隆脊并有短柔毛和颗粒状腺体，果时开展；雄蕊5枚，花丝扁平，花药近球形。胞果扁球形，果皮膜质。种子横生，周边钝，直径0.5～0.8毫米，红褐色或黑色，有光泽，具细网纹；胚半环形，围绕胚乳。花期7～9月，果期9～10月。

本区分布广。生于路旁、村庄空地、农田、荒地等。全草可药用，能祛风止痒、清热利湿、杀虫。

菊叶香藜

灰绿藜 Chenopodium glaucum L.

一年生草本，高20～40厘米。茎平卧或外倾，具条棱及绿色或紫红色色条。叶片矩圆状卵形至披针形，长2～4厘米，宽6～20毫米，肥厚，先端急尖或钝，基部渐狭，边缘具缺刻状牙齿，上面无粉，平滑，下面有粉而呈灰白色，有稍带紫红色；中脉明显，黄绿色；叶柄长5～10毫米。花两性兼有雌性，通常数花聚成团伞花序，再于分枝上排列成有间断而通常短于叶的穗状或圆锥花序；花被裂片3～4，浅绿色，稍肥厚，通常无粉，狭矩圆形或倒卵状披针形，长不及1毫米，先端通常钝；雄蕊1～2枚，花丝不伸出花被，花药球形；柱头2，极短。胞果顶端露出花被外，果皮膜质，黄白色。种子扁球形，直径0.75毫米，横生、斜生及直立，暗褐色或红褐色，边缘钝，表面有细点纹。花果期6～10月。

本区分布广，俗名灰菜、灰条菜。生于农田、菜园、村旁、水边、山间谷地等。幼嫩茎叶可食；全草可入药，能清热利湿、透疹止痒、活血、杀虫。

灰绿藜

杂配藜

杂配藜 Chenopodium hybridum L.

一年生草本，高40～120厘米。茎直立，粗壮，具淡黄色或紫色条棱，上部有疏分枝，无粉或枝上稍有粉。叶片宽卵形至卵状三角形，长6～15厘米，宽5～13厘米，两面均呈亮绿色，无粉或稍有粉，先端急尖或渐尖，基部圆形、截形或略呈心形，边缘掌状浅裂；裂片2～3对，不等大，轮廓略呈五角形，先端通常锐；上部叶较小，叶片多呈三角状戟形，边缘具较少数的裂片状锯齿，有时几全缘；叶柄长2～7厘米。花两性兼有雌性，通常数个团集，在分枝上排列成开散的圆锥花序；花被裂片5，狭卵形，先端钝，背面具

小藜

纵脊并稍有粉，边缘膜质；雄蕊5枚。胞果双凸镜状；果皮膜质，有白色斑点，与种子贴生。种子横生，与胞果同形，直径通常2～3毫米，黑色，无光泽，表面具明显的圆形深洼或呈凹凸不平；胚环形。花果期7～9月。

本区分布广。生于林缘、山坡灌丛间、沟沿、路旁草丛等处。全草可药用，具活血、通经、止血之功效。

小藜 Chenopodium serotinum L.

一年生草本，高20～50厘米。茎直立，具条棱及绿色色条。叶片卵状矩圆形，长2.5～5厘米，宽1～3.5厘米，通常3浅裂；中裂片两边近平行，先端钝或急尖并具短尖头，边缘具深波状锯齿；侧裂片位于中部以下，通常各具2浅裂齿。花两性，数个团集，排列于上部的枝上形成较开展的顶生圆锥花序；花被近球形，5深裂，裂片宽卵形，不开展，背面具微纵隆脊并有密粉；雄蕊5枚，开花时外伸；柱头2，丝形。胞果包于花被内，果皮与种子贴生。种子双凸镜状，黑色，有光泽，直径约1毫米，边缘微钝，表面具六角形细洼；胚环形。4～5月开始开花。

本区分布广。为普通田间杂草；生于荒地、道旁、垃圾堆等处。全草可药用，具祛湿、清热解毒之功效。

地肤

地肤 Kochia scoparia (L.) Schrad.

一年生草本，高50～100厘米。根略呈纺锤形。茎直立，圆柱状，淡绿色或带紫红色，有多数条棱，稍有短柔毛或下部几无毛。分枝稀疏，斜上。叶为平面叶，披针形或条状披针形，长2～5厘米，宽3～7毫米，无毛或稍有毛，先端短渐尖，基部渐狭入短柄，通常有3条明显的主脉，边缘有疏生的锈色绢状缘毛；茎上部叶较小，无柄，1脉。花两性或雌性，通常1～3个生于上部叶腋，构成疏穗状圆锥花序，花下有时有锈色长柔毛；花被近球形，淡绿色，花被裂片近三角形，无毛或先端稍有毛；翅端附属物三角形至倒卵形，有时近扇形，膜质，脉不很明显，边缘微波状或具缺刻；花丝丝状，花药淡黄色；花柱极短，柱头2，丝状，紫褐色。胞果扁球形，果皮膜质，与种子离生。种子卵形，黑褐色，长1.5～2毫米，稍有光泽；胚环形，胚乳块状。花期7～9月，果期8～10月。

本区分布广。生于田边、路旁、荒地等处。幼苗可食；茎叶可为家畜饲料；果实、嫩茎叶可药用，具清热利湿、祛风止痒、利尿通淋之功效。

扫帚菜

扫帚菜 Kochia scoparia (L.) Schrad. f. trichophylla (Hort.) Schinz et Thell.

与地肤的区别：分枝繁多，植株呈卵形或倒卵形；叶较狭。

本区栽培作扫帚用。幼苗可作蔬菜；茎叶可为家畜饲料；晚秋枝叶变红，可供观赏。

碱地肤 Kochia scoparia (L.) Schrad. var. sieversiana (Pall.) Ubr. ex Aschers et Graebn.

与地肤的区别：花下有较密的束生锈色柔毛。

产本区黄陵县店头镇。生于山沟湿地、河滩、路边、屋旁等处。

碱地肤

猪毛菜 Salsola collina Pall.

一年生草本，高20～100厘米。茎自基部分枝。枝互生，伸展，绿色，有白色或紫红色条纹，生短硬毛或近于无毛。叶片丝状圆柱形，伸展或微弯曲，长2～5厘米，宽0.5～1.5毫米，生短硬毛，顶端有刺状尖，基部边缘膜质，稍扩展而下延。花序穗状，生枝条上部；苞片卵形，顶部延伸，有刺状尖，边缘膜质，背部有白色隆脊；小苞片狭披针形，顶端有刺状尖，苞片及小苞片与花序轴紧贴；花被片卵状披针形，膜质，顶端尖，果时变硬，自背面中上部生鸡冠状突起；花被片在突起以上部分，近革质，顶端为膜质，向中央折曲成平面，紧贴果实，有时在中央聚集成小圆锥体；花药长1～1.5毫米；柱头丝状，长为花柱的1.5～2倍。胞果倒卵形，果皮膜质。种子横生或斜生，顶端平；胚螺旋状，无胚乳。花期7～9月，果期9～10月。

产本区富县张家湾镇、直罗镇，俗称沙蓬。生于村旁、路边、沟沿、山坡荒地及林缘。嫩茎、叶可供食用；全草可药用，具清热平肝、润肠通便、凉血、降压之功效。

猪毛菜

菠菜 Spinacia oleracea L.

一年生草本，植物高可达1米，无粉。根圆锥状，带红色，较少为白色。茎直立，中空，脆弱多汁，不分枝或有少数分枝。叶戟形至卵形，鲜绿色，柔嫩多汁，稍有光泽，全缘或有少数牙齿状裂片。雄花集成球形团伞花序，再于枝和茎的上部排列成有间断的穗状圆锥花序；花被片通常4，花丝丝形，扁平，花药不具附属物；雌花团集于叶腋；小苞片两侧稍扁，顶端残留2小齿，背面通常各具1棘状附属物；子房球形，柱头4或5，外伸。胞果卵形或近圆形，直径约2.5毫米，两侧扁；果皮褐色。

本区普遍栽培，为常见蔬菜之一。富含维生素、氨基酸及磷、铁；全草及种子可药用，具滋阴平肝、养血、止血、清热止咳、润燥之功效。

菠菜

碱蓬 Suaeda glauca (Bunge) Bunge

一年生草本，高可达1米。茎直立，粗壮，圆柱状，浅绿色，有条棱，上部多分枝。枝细长，上升或斜升。叶丝状条形，半圆柱状，通常长1.5～5厘米，宽约1.5毫米，灰绿色，光滑无毛，稍向上弯曲，先端微尖，基部稍收缩。花两性兼有雌性，单生或2～5朵团集，大多着生于叶的近基部；两性花花被杯状，长1～1.5毫米，黄绿色；雌花花被近球形，直径约0.7毫米，较肥厚，灰绿色；花被裂片卵状三角形，先端钝，果时增厚，使花被略呈五角星状，干后变黑色；雄蕊5枚，花药宽卵形至矩圆形，长约0.9毫米；柱头2，黑褐色，稍外弯。胞果包在花被内，果皮膜质。种子横生或斜生，双凸镜形，黑色，直径约2毫米，周边钝或锐，表面具清晰的颗粒状点纹，稍有光泽；胚乳很少。花果期8～10月。

产本区富县张家湾镇、直罗镇。生于荒地、渠岸、田边等含盐碱的土壤上。鲜嫩茎叶的蛋白质含量占干物质含量的40%，与大豆相仿；种子含油25%左右，可榨油供工业用；全草可药用，具清热、消积之功效。

碱蓬

48 苋科 Amaranthaceae

凹头苋 Amaranthus lividus L.

一年生草本，高10～30厘米，全体无毛。茎伏卧而上升，从基部分枝，淡绿色或紫红色。叶片卵形或菱状卵形，长 1.5～4.5 厘米，宽 1～3 厘米，顶端凹缺，有 1 芒尖，或微小不显，基部宽楔形，全缘或稍呈波状；叶柄长 1～3.5 厘米。花成腋生花簇，直至下部叶的腋部，生在茎端和枝端者成直立穗状花序或圆锥花序；苞片及小苞片矩圆形，长不及 1 毫米；花被片矩圆形或披针形，长 1.2～1.5 毫米，淡绿色，顶端急尖，边缘内曲，背部有 1 隆起中脉；雄蕊比花被片稍短；柱头 3 或 2，果熟时脱落。胞果扁卵形，长 3 毫米，不裂，微皱缩而近平滑，超出宿存花被片。种子环形，直径约 12 毫米，黑色至黑褐色，边缘具环状边。花期 8～9 月，果期 9～10 月。

产本区富县直罗镇、张村驿镇，黄陵县店头镇、腰坪乡，耀州区。生于田野、庭院附近的杂草地上。茎叶可作猪饲料；全草可药用，具清热解毒、止痛、收敛、利尿之功效。

凹头苋

反枝苋 Amaranthus retroflexus L.

一年生草本，高 20～80 厘米。茎直立，单一或分枝，淡绿色，具紫色条纹，密生短柔毛。叶菱状卵形或椭圆状卵形，长 5～12 厘米，宽 2～5 厘米，顶端有小凸尖，基部楔形，全缘或波状，两面及边缘有柔毛，下面毛密；叶柄长 1.5～5.5 厘米，淡绿色，具柔毛。圆锥花序顶生及腋生，直立，由多数穗状花序形成，顶生花穗较侧生者长；苞片及小苞片钻形，长 4～6 毫米，白色，背面有 1 龙骨状突起，伸出顶端成白色尖芒；花被片矩圆形，长 2～2.5 毫米，薄膜质，白色，有 1 淡绿色中脉，顶端急尖，具凸尖；雄蕊比花被片稍长；柱头 3。胞果扁卵形，长约 1.5 毫米，环状横裂，薄膜质，淡绿色，包裹在宿存花被片内。种子近球形，直径 1 毫米，棕色或黑色。花期 7～8 月，果期 8～9 月。

本区分布广。生于田园、农地旁的草地上。嫩茎叶可为野菜；果期茎叶含粗纤维 20.3%，含粗蛋白 18.74%，为上等家畜饲料；全草与种子可药用，具清热明目、通利二便、收敛消肿、解毒治痢、消炎止血之功效。

反枝苋

腋花苋 Amaranthus roxburghianus Kung.

一年生草本，高 30～65 厘米。茎直立，多分枝，淡绿色，全体无毛。叶片菱状卵形、倒卵形或矩圆形，长 2～5 厘米，宽 1～2.5 厘米，顶端微凹，具凸尖，基部楔形，波状缘；叶柄长 1～2.5 厘米，纤细。花成腋生短花簇，花数少且疏生；苞片及小苞片钻形，长 2 毫米，背面有 1 绿色隆起中脉，顶端具芒尖；花被片披针形，长 2.5 毫米，顶端渐尖，具芒尖；雄蕊比花被片短；柱头 3，反曲。胞果卵形，长 3 毫米，环状横裂，和宿存花被略等长。种子近球形，直径约 1 毫米，黑棕色，边缘加厚。花期 7～8 月，果期 8～9 月。

产本区富县张家湾镇。生于旷野或田地旁。

腋花苋

鸡冠花 Celosia cristata L.

一年生草本，高 0.3～1 米，全体无毛。茎直立，有分枝，绿色或红色，具显明条纹。叶片卵形、卵状披针形或披针形，长 5～8 厘米，宽 2～6 厘米；绿色常带红色，顶端急尖或渐尖，具小芒尖，基部渐狭；叶柄长 2～15 毫米，或无叶柄。花多数，极密生，成扁平肉质鸡冠状、卷冠状或羽毛状的穗状花序，一个大花序下面有数个较小的分枝，圆锥状矩圆形，表面羽毛状；苞片及小苞片披针形，长 3～4 毫米，白色，光亮，顶端渐尖，延长成细芒，具 1 中脉，在背部隆起；花被片红色、紫色、黄色、橙色或红黄相间，矩圆状披针形，长6～10毫米，初为白色顶端带红色，或全部粉红色，后成白色，顶端渐尖，具1中脉，在背面凸起；花丝长5～6毫米，分离部分长2.5～3毫米，花药紫色；子房有短柄，花柱紫色，长3～5毫米。胞果卵形，长3～3.5毫米，包裹在宿存花被片内。种子凸透镜状肾形，直径约1.5毫米。花果期7～9月。

本区公园、路旁、庭院有栽培，供观赏。花和种子可药用，具收涩止血、止带、止痢之功效。

鸡冠花

千日红 Gomphrena globosa L.

一年生草本，高20～60厘米。茎粗壮，有分枝。枝略四棱形，有灰色糙毛，节部稍膨大。叶纸质，长椭圆形或矩圆状倒卵形，长3.5～13厘米，宽1.5～5厘米，顶端急尖或圆钝，凸尖，基部渐狭，边缘波状，两面有小斑点、白色长柔毛及缘毛，叶柄长1～1.5厘米，有灰色长柔毛。花多数，成顶生球形或矩圆形头状花序，单一或2～3个，直径2～2.5厘米，紫红色；总苞为2绿色对生叶状苞片，卵形或心形，长1～1.5厘米，两面有灰色长柔毛；苞片卵形，长3～5毫米，白色，顶端紫红色；小苞片三角状披针形，长1～1.2厘米，紫红色，内面凹陷，顶端渐尖，背棱有细锯齿缘；花被片披针形，长5～6毫米，顶端渐尖，外密生白色绵毛；雄蕊花丝连合成管状，顶端5浅裂，花药生于裂片里面，微伸出；花柱条形，比雄蕊管短，柱头2，叉状分枝。胞果近球形，直径2～2.5毫米。种子肾形，棕色，光亮。花果期6～9月。

本区花房、公园、庭院有栽培，供观赏。花序可入药，具止咳定喘、平肝明目之功效。

千日红

49 马齿苋科 Portulacaceae

大花马齿苋 Portulaca grandiflora Hook.

一年生草本。茎平卧或斜升，紫红色，多分枝，节上丛生毛。叶密集枝端，较下的叶分开，不规则互生，叶片细圆柱形，有时微弯，顶端圆钝，无毛；叶柄极短或近无柄，叶腋常生一撮白色长柔毛。花单生或数朵簇生枝端，日开夜闭；总苞8～9枚，叶状，轮生，具白色长柔毛；萼片2枚，淡黄绿色，卵状三角形，顶端急尖，多少具龙骨状凸起，两面均无毛；花瓣5或重瓣，倒卵形，顶端微凹，红色、紫色或黄白色；雄蕊多数，花丝紫色，基部合生；花柱与雄蕊近等长，柱头5～9裂，线形。蒴果近椭圆形，盖裂。种子细小，多数，圆肾形，直径不及1毫米，铅灰色、灰褐色或灰黑色，有珍珠光泽，表面有小瘤状凸起。花期7～9月，果期8～10月。

本区花圃、庭院有栽培，是一种美丽的观赏花卉。全草可供药用，具散瘀止痛、清热、解毒消肿之功效。

大花马齿苋

马齿苋 Portulaca oleracea L.

一年生草本，全株无毛。茎平卧或斜倚，伏地铺散。多分枝，圆柱形，淡绿色或带暗红色。叶互生，有时近对生，叶片扁平，肥厚，倒卵形，似马齿状，顶端圆钝或平截，有时微凹，基部楔形，全缘，上面暗绿色，下面淡绿色或带暗红色，中脉微隆起；叶柄粗短。花无梗，常3～5朵簇生枝端，午时盛开；苞片2～6枚，叶状，膜质，近轮生；萼片2枚，对生，绿色，盔形，左右压扁，长约4毫米，顶端急尖，背部具龙骨状凸起，基部合生；花瓣5，稀4，黄色，倒卵形，

马齿苋

长 3～5 毫米，顶端微凹，基部合生；雄蕊通常 8 枚，或更多，长约 12 毫米，花药黄色；子房无毛，花柱比雄蕊稍长，柱头 4～6 裂，线形。蒴果卵球形，长约 5 毫米，盖裂。种子细小，多数，偏斜球形，黑褐色，有光泽，直径不及 1 毫米，具小疣状凸起。花期 6～8 月，果期 7～9 月。

本区分布广。生于菜园、农田、路旁，为田间常见杂草。嫩茎叶可作蔬菜；全草可制农药；全草可药用，具清热解毒、凉血止血、利尿之功效；种子明目。

50 石竹科 Caryophyllaceae

无心菜

无心菜 **Arenaria serpyllifolia** L.

一年生或二年生草本，高 10～30 厘米。主根细长，支根较多而纤细。茎丛生，直立或铺散，密生白色短柔毛，节间长 0.5～2.5 厘米。叶片卵形，长 4～12 毫米，宽 3～7 毫米，基部狭，无柄，边缘具缘毛，顶端急尖，两面近无毛或疏生柔毛，下面具 3 脉，茎下部的叶较大，茎上部的叶较小。聚伞花序，具多花；花梗长约 1 厘米，纤细，密生柔毛或腺毛；苞片草质，卵形，长 3～7 毫米，通常密生柔毛；萼片 5 枚，披针形，长 3～4 毫米，边缘膜质，顶端尖，外面被柔毛，具显著的 3 脉；花瓣 5，白色，倒卵形，长为萼片的 1/3～1/2，顶端钝圆；雄蕊 10 枚，短于萼片；子房卵圆形，无毛，花柱 3，线形。蒴果卵圆形，与宿存萼等长，顶端 6 裂。种子小，肾形，表面粗糙，淡褐色。花期 6～8 月，果期 8～9 月。

本区分布广，俗称蚤缀、鹅不食草。生于沙质或石质荒地、田野、山坡草地。全草可入药，具清热解毒之功效。

狗筋蔓

狗筋蔓 **Cucubalus baccifer** L.

多年生草本，全株被逆向短绵毛。根簇生，长纺锤形，白色，断面黄色，稍肉质。茎铺散，俯仰，多分枝。叶片卵形、卵状披针形或长椭圆形，基部渐狭成柄状，顶端急尖，边缘具短缘毛，两面沿脉被毛。圆锥花序疏松；花梗细，具 1 对叶状苞片；花萼宽钟形，草质，后期膨大呈半圆球形，沿纵脉多少被短毛，萼齿卵状三角形，与萼筒近等长，边缘膜质，果期反折；雌雄蕊柄无毛；花瓣白色，轮廓倒披针形，爪狭长，瓣片叉状浅 2 裂；副花冠片不明显微呈乳头状；雄蕊不外露，花丝无毛；花柱细长，不外露。蒴果圆球形，呈浆果状，成熟时薄壳质，黑色，具光泽，不规则开裂。种子圆肾形，肥厚，黑色，平滑，有光泽。花期 6～8 月，果期 7～9 月。

本区分布广。生于阴湿沟渠、河岸灌丛或草地中。根可药用，具接骨生肌、散瘀止痛、祛风除湿、利尿消肿之功效。

须苞石竹

须苞石竹 **Dianthus barbatus** L.

多年生草本，高 30～60 厘米，全株无毛。茎直立，有棱。叶片披针形，长 4～8 厘米，宽约 1 厘米，顶端急尖，基部渐狭，合生成鞘，全缘，中脉明显。花多数，集成头状，有数枚叶状总苞片；花梗极短；苞片 4 枚，卵形，顶端尾状尖，边缘膜质，具细齿，与花萼等长或稍长；花萼筒状，长约 1.5 厘米，裂齿锐尖；花瓣具长爪，瓣片卵形，通常红紫色，有白点斑纹，顶端齿裂，喉部具髯毛；雄蕊稍露于外；子房长圆形，花柱线形。蒴果卵状长圆形，长约 1.8 厘米，顶端4裂至中部。种子褐色，扁卵形，平滑。花果期5～10月。

本区花房、庭院有栽培，供观赏。全草可药用，具活血调经、通络、利尿通淋之功效。

石竹 Dianthus chinensis L.

多年生草本，高30～50厘米，全株无毛，带粉绿色。茎由根颈生出，疏丛生，直立，上部分枝。叶片线状披针形，长3～5厘米，宽2～4毫米，顶端渐尖，基部稍狭，全缘或有细小齿，中脉较显。花单生枝端或数花集成聚伞花序；花梗长1～3厘米；苞片4枚，卵形，顶端长渐尖，长达花萼1/2以上，边缘膜质，有缘毛；花萼圆筒形，长15～25毫米，直径4～5毫米，有纵条纹，萼齿披针形，长约5毫米，直伸，顶端尖，有缘毛；花瓣长16～18毫米，瓣片倒卵状三角形，长13～15毫米，紫红色、粉红色、鲜红色或白色，顶缘不整齐齿裂，喉部有斑纹，疏生髯毛；雄蕊露出喉部外，花药蓝色；子房长圆形，花柱线形。蒴果圆筒形，包于宿存萼内，顶端4裂；种子黑色，扁圆形。花期6～7月，果期7～9月。

本区分布广。生于河道、山坡草地或灌丛中。根及全草可入药，具清热利尿、破血通经、散瘀消肿之功效。

石竹

鹅肠菜 Myosoton aquaticum (L.) Moench.

二年生或多年生草本。具须根。茎上升，多分枝，长50～80厘米，上部被腺毛。叶片卵形或宽卵形，长2.5～5.5厘米，宽1～3厘米，顶端急尖，基部稍心形；叶柄长5～15毫米，上部叶常无柄或具短柄，疏生柔毛。顶生二歧聚伞花序；苞片叶状，边缘具腺毛；花梗细，长1～2厘米，花后伸长并向下弯，密被腺毛；萼片卵状披针形或长卵形，长4～5毫米，果期长达7毫米，顶端较钝，边缘狭膜质，外面被腺柔毛，脉纹不明显；花瓣白色，2深裂至基部，裂片线形或披针状线形，长3～3.5毫米，宽约1毫米；雄蕊10枚，稍短于花瓣；子房长圆形，花柱短，线形。蒴果卵圆形，稍长于宿存萼。种子近肾形，直径约1毫米，稍扁，褐色，具小疣。花期6～8月，果期7～9月。

本区分布广，又称牛繁缕。生于河岸、灌丛林缘和水沟旁。幼苗可作野菜和饲料；全草可药用，具清热化痰、驱风解毒、活血祛瘀之功效。

鹅肠菜

女娄菜 Silene aprica Turcz. ex Fisch. et Mey.

一年生或二年生草本，全株密被灰色短柔毛。主根较粗壮，稍木质。茎单生或数个，直立，分枝或不分枝。基生叶倒披针形或狭匙形，基部渐狭成长柄状，顶端急尖，中脉明显；茎生叶倒披针形、披针形或线状披针形，比基生叶稍小。圆锥花序较大型；花梗直立；苞片披针形，草质，渐尖，具缘毛；花萼卵状钟形，近草质，密被短柔毛，纵脉绿色，脉端多少联结，萼齿三角状披针形，边缘膜质，具缘毛；雌雄蕊柄极短或近无，被短柔毛；花瓣白色或淡红色，倒披针形，微露出花萼或与花萼近等长，爪具缘毛，瓣片倒卵形，2裂；副花冠片舌状；雄蕊不外露，花丝基部具缘毛；花柱不外露，基部具短毛。蒴果卵形，与宿存萼近等长或微长。种子圆肾形，灰褐色，肥厚，具小瘤。花期6～7月，果期7～8月。

本区分布广。生于路旁、丘陵或山地草丛中。全草可药用，具健脾利水、活血调经之功效。

女娄菜

麦瓶草 Silene conoidea L.

一年生草本，高 25～60 厘米，全株被短腺毛。主根稍木质。茎单生，直立。基生叶匙形，茎生叶长圆形或披针形，长 5～8 厘米，宽 5～10 毫米，基部楔形，顶端渐尖，两面被短柔毛，边缘具缘毛，中脉明显。二歧聚伞花序具数花；花径约 20 毫米；花萼圆锥形，长 20～30 毫米，直径 3～4.5 毫米，绿色，基部脐形，果期膨大，长达 35 毫米，下部宽卵状，直径 6.5～10 毫米，纵脉 30 条，沿脉被短腺毛，萼齿狭披针形，长为花萼 1/3，边缘下部狭膜质，具缘毛；雌雄蕊几无柄；花瓣淡红色，长 25～35 毫米，爪不露出花萼，狭披针形，长 20～25 毫米，耳三角形，瓣片倒卵形，长约 8 毫米，全缘或微凹缺；副花冠片狭披针形，长 2～2.5 毫米，白色，顶端具数浅齿；雄蕊微外露或不外露，花丝具稀疏短毛；花柱微外露。蒴果梨状，长约 15 毫米，直径 6～8 毫米。种子肾形，长约 1.5 毫米，暗褐色。花期 6～7 月，果期 7～8 月。

产本区富县直罗镇，俗称米瓦罐。生于农田或荒地草坡。全草可药用，具养阴、清热凉血、止血调经之功效。

麦瓶草

鹤草 Silene fortunei Vis.

多年生草本，高 50～90 厘米。根粗壮，木质化。茎丛生，多分枝，被短柔毛，分泌黏液。基生叶倒披针形或披针形，长 3～8 厘米，宽 7～12 毫米，基部渐狭，下延成柄状，顶端急尖，早期被微柔毛，边缘具缘毛，中脉明显。聚伞状圆锥花序，小聚伞花序对生，具 1～3 花；花梗细，长 3～12 毫米；苞片线形，长 5～10 毫米，被微柔毛；花萼长筒状，长约 25 毫米，直径约 3 毫米，基部截形，果期呈筒状棒形，长 25～30 毫米，纵脉紫色，萼齿三角状卵形，长 1.5～2 毫米，顶端圆钝，边缘膜质，具短缘毛；雌雄蕊柄果期长 10～15 毫米；花瓣淡红色，倒披针形，长 10～15 毫米，瓣片楔状倒卵形，长约 15 毫米，2 裂达瓣片的 1/2，裂片呈撕裂状条；副花冠片小，舌状；雄蕊花柱微外露。蒴果长圆形，长 12～15 毫米，直径约 4 毫米，与宿存萼近等长。种子圆肾形，微侧扁，深褐色，长约 1 毫米。花期 6～8 月，果期 7～9 月。

本区分布广。生于山低草坡或灌丛草地。全草可入药，具清热利湿、补虚活血之功效。

鹤草

蝇子草 Silene gallica L.

一年生草本，高 15～45 厘米，全株被柔毛。茎单生，直立或上升，不分枝或分枝，被短柔毛和腺毛。叶片长圆状匙形或披针形，长 1.5～3 厘米，宽 5～10 毫米，顶端圆或钝，有时急尖，两面被柔毛和腺毛。单歧式总状花序；花梗长 1～5 毫米；苞片披针形，草质，长达 10 毫米；花萼卵形，长约 8 毫米，直径约 2 毫米，被稀疏长柔毛和腺毛，纵脉顶端多少联结，萼齿线状披针形，长约 2 毫米，顶端急尖，被腺毛；雌雄蕊柄几无；花瓣淡红色至白色，爪倒披针形，无毛，无耳，瓣片露出花萼，卵形或倒卵形，全缘，有时微凹缺；副花冠片小，线状披针形；雄蕊不外露或微外露，花丝下部具缘毛。蒴果卵形，长 6～7 毫米，比宿存萼微短或近等长；种子肾形，两侧耳状凹，长约 1 毫米，暗褐色。花期 6～7 月，果期 7～9 月。

本区公园、花圃栽培，供观赏。全草可药用，具清热利湿、解毒消肿之功效。

蝇子草

石生蝇子草 Silene tatarinowii Regel

多年生草本，全株被短柔毛。根圆柱形，黄白色。茎高 30～80 厘米，分枝稀。叶片披针形或卵状披针形，长 2～5 厘米，宽 5～15 毫米，基部宽楔形或渐狭成柄状，顶端长渐尖，两面疏被短柔毛，边缘具短缘毛，有 1 或 3 条基出脉。二歧聚伞花序疏松，大型；花梗细，长 8～30 毫米，被短柔毛；苞片披针形，草质；花萼筒状棒形，长 12～15 毫米，直径 3～5 毫米，纵脉绿色，沿脉疏被短柔毛，萼齿三角形，顶端急尖或渐尖，边缘膜质，具短缘毛；雌雄蕊柄长约 4 毫米；花瓣白色，轮廓倒披针形，爪不露或微露出花萼，瓣片倒卵形，长约 7 毫米，浅 2 裂达瓣片的 1/4，两侧中部具 1 线形小裂片或细齿；副花冠片椭圆状，全缘；雄蕊外露，花丝无毛；花柱外露。蒴果卵形或狭卵形，长 6～8 毫米，比宿存萼短。种子肾形，长约 1 毫米，红褐色至灰褐色，脊圆钝。花期 7～8 月，果期 8～10 月。

产本区富县直罗镇。生于灌丛中、疏林下、砾石山坡或岩石缝中。全草可药用，具清热、通淋、止痛之功效。

石生蝇子草

拟漆姑 Spergularia salina J. et C. Presl.

一年生草本，高 10～30 厘米。茎丛生，铺散，多分枝，上部密被柔毛。叶片线形，长 5～30 毫米，宽 1～1.5 毫米，顶端钝，具凸尖，近平滑或疏生柔毛；托叶宽三角形，长 1.5～2 毫米，膜质。花集生于茎顶或叶腋，成总状聚伞花序，果时下垂；花梗稍短于萼，果时稍伸长，密被腺柔毛；萼片卵状长圆形，长 3.5 毫米，宽 1.5～1.8 毫米，外面被腺柔毛，具白色宽膜质边缘；花瓣淡粉紫色或白色，卵状长圆形或椭圆状卵形，长约 2 毫米，顶端钝；雄蕊 5 枚；子房卵形。蒴果卵形，长 5～6 毫米，3 瓣裂。种子近三角形，略扁，长 0.5～0.7 毫米，表面有乳头状凸起，多数种子无翅，部分种子具翅。花期 6～7 月，果期 7～9 月。

产本区富县直罗镇。生于河边、沟畔等湿润处。全草可药用，具清热解毒、祛风除湿之功效。

拟漆姑

繁缕 Stellaria media (L.) Cyr.

一年生或二年生草本。茎俯仰或上升，基部多少分枝，常带淡紫红色，被 1（～2）列毛。叶片宽卵形或卵形，顶端渐尖或急尖，基部渐狭或近心形，全缘；基生叶具长柄，上部叶常无柄或具短柄。疏聚伞花序顶生；花梗细弱，具 1 列短毛，花后伸长，下垂，长 7～14 毫米；萼片 5 枚，卵状披针形，长约 4 毫米，顶端稍钝或近圆形，边缘宽膜质，外面被短腺毛；花瓣白色，长椭圆形，比萼片短，深 2 裂达基部，裂片近线形；雄蕊 3～5 枚，短于花瓣；花柱 3，线形。蒴果卵形，稍长于宿存萼，顶端 6 裂，具多数种子。种子卵圆形至近圆形，稍扁，红褐色，表面具半球形瘤状凸起，脊较显著。花期 6～7 月，果期 7～8 月。

本区分布广。为常见田间杂草。嫩苗可食；茎、叶及种子可供药用，具清热解毒、凉血、活血止痛、下乳之功效。

繁缕

麦蓝菜 Vaccaria segetalis (Neck.) Garcke

一年生或二年生草本，高 30～70 厘米，全株无毛，微被白粉，呈灰绿色。根为主根系。茎单生，直立，上部分枝。叶片卵状披针形或披针形，长 3～9 厘米，宽 1.5～4 厘米，基部圆形或近心形，微抱茎，顶端急尖，具 3 基出脉。伞房花序稀疏；花梗细，长 1～4 厘米；苞片披针形，着生花梗中上部；花萼卵状圆锥形，长10～15毫米，宽5～9毫米，后期微膨大呈球形，棱绿色，棱间绿白色，近膜质，萼齿小，三角形，顶端急尖，边缘膜质；雌雄蕊柄极短；花瓣淡红色，长14～17毫米，宽2～3毫米，爪狭楔形，淡绿色，瓣片狭倒卵形，斜展或平展，微凹缺，有时具不明显的缺刻；雄蕊内藏；花柱线形，微外露。蒴果宽卵形或近圆球形，长8～10毫米。种子近圆球形，直径约2毫米，红褐色至黑色。花期5～7月，果期6～8月。

本区分布广，又名王不留行。生于草坡、撂荒地或麦田中。种子可入药，具活血通经、下乳、消肿之功效。

麦蓝菜

51 蓼科 Polygonaceae

荞麦 Fagopyrum esculentum Moench

一年生草本。茎直立，高30～90厘米，上部分枝，绿色或红色，具纵棱，无毛或于一侧沿纵棱具乳头状突起。叶三角形或卵状三角形，长2.5～7厘米，宽2～5厘米，顶端渐尖，基部心形，两面沿叶脉具乳头状突起；下部叶具长叶柄，上部较小近无梗；托叶鞘膜质，短筒状，长约5毫米，顶端偏斜，无缘毛，易破裂脱落。花序总状或伞房状，顶生或腋生，花序梗一侧具小突起；花梗比苞片长，无关节，花被5深裂，白色或淡红色；苞片卵形，长约2.5毫米，绿色，边缘膜质，每苞内具3～5花；花被片椭圆形，长3～4毫米；雄蕊8枚，比花被短，花药淡红色；花柱3，柱头头状。瘦果卵形，具3锐棱，顶端渐尖，长5～6毫米，暗褐色，无光泽，比宿存花被长。花期6～9月，果期7～10月。

本区有栽培，或逸为野生。蜜源植物。生于荒地、路边。种子含丰富淀粉，可供食用；茎叶、种子可药用，具降压、止血、降气宽肠、导滞、消肿毒之功效。

荞麦

木藤蓼 Fallopia aubertii (L. Henry) Holub

落叶半灌木。茎缠绕，长1～4米，灰褐色，无毛。叶簇生稀互生，叶片长卵形或卵形，长2.5～5厘米，宽1.5～3厘米，近革质，顶端急尖，基部近心形，两面均无毛；叶柄长1.5～2.5厘米；托叶鞘膜质，偏斜，褐色，易破裂。花序圆锥状，少分枝，稀疏，腋生或顶生，花序梗具小突起；花梗细，长3～4毫米，下部具关节；苞片膜质，顶端急尖，每苞内具3～6花；花被5深裂，淡绿色或白色，花被片外面3片较大，背部具翅，果时增大，基部下延；花被果时外形呈倒卵形，长6～7毫米，宽4～5毫米；雄蕊8枚，比花被短，花丝中下部较宽，基部具柔毛；花柱3，极短，柱头头状。瘦果卵形，具3棱，长3.5～4毫米，黑褐色，密被小颗粒，微有光泽，包于宿存花被内。花期7～8月，果期8～9月。

产本区富县直罗镇，印台区。生于山坡草地、山谷及河岸灌丛或林缘。茎、块根可药用，具清热解毒、调经止血、行气消积之功效。

木藤蓼

卷茎蓼 Fallopia convolvulus (L.) A. Love

一年生草本。茎缠绕，具纵棱，自基部分枝，具小突起。叶卵形或心形，顶端渐尖，基部心形，两面无毛，下面沿叶脉具小突起，边缘全缘，具小突起；叶柄沿棱具小突起；托叶鞘膜质，偏斜，无缘毛。花序总状，腋生或顶生，花稀疏，下部间断，有时成花簇，生于叶腋；花梗细弱，比苞片长，中上部具关节；苞片长卵形，顶端尖，每苞具2～4花；花被5深裂，淡绿色，边缘白色，花被片长椭圆形，外面3片背部具龙骨状突起或狭翅，被小突起，果时稍增大；雄蕊8枚，比花被短；花柱3，极短，柱头头状。瘦果椭圆形，具3棱，黑色，密被小颗粒，无光泽，包于宿存花被内。花期6～8月，果期7～9月。

本区分布广，又称蔓首乌。生于山坡草地、山谷灌丛、沟边湿地。

卷茎蓼

何首乌 Fallopia multiflora (Thunb.) Harald.

多年生草本。块根肥厚，长椭圆形，黑褐色。茎缠绕，长2～4米，多分枝，具纵棱，无毛，微粗糙，下部木质化。叶卵形或长卵形，长3～7厘米，宽2～5厘米，顶端渐尖，基部心形或近心形，两面粗糙，边缘全缘；叶柄长1.5～3厘米；托叶鞘膜质，偏斜，无毛，长3～5毫米。花序圆锥状，顶生或腋生，长10～20厘米，分枝开展，具细纵棱，沿棱密被小突起；花梗细弱，长2～3毫米，下部具关节，果时延长；苞片三角状卵形，具小突起，顶端尖，每苞内具2～4花；花被5深裂，白色或淡绿色，花被片椭圆形，大小不相等，外面3片较大、背部具翅，果时增大，花被果时外形近圆形，直径6～7毫米；雄蕊8枚，花丝下部较宽；花柱3，极短，柱头头状。瘦果卵形，具3棱，长2.5～3毫米，黑褐色，有光泽，包于宿存花被内。花期8～9月，果期9～10月。

产本区黄陵县双龙镇。生于山谷灌丛、山坡林下、沟边石隙。根含淀粉45.0%～57.6%，可药用、制糖、酿酒；全草浸液可治蚜虫、红蜘蛛、稻螟虫；块根可入药，具安神、养血、活络、解毒、消痈之功效。

何首乌

两栖蓼 Polygonum amphibium L.

多年生草本。根状茎横走。水生者：茎漂浮，节部生不定根；叶长圆形或椭圆形，浮于水面，长5～12厘米，宽2.5～4厘米，顶端钝或微尖，基部近心形，两面无毛，全缘，无缘毛；叶柄长0.5～3厘米，自托叶鞘近中部发出；托叶鞘筒状，薄膜质，长1～1.5厘米，顶端截形，无缘毛。陆地生者：茎直立，不分枝或自基部分枝，高40～60厘米；叶披针形或长圆状披针形，长6～14厘米，宽1.5～2厘米，顶端急尖，基部近圆形，两面被短硬伏毛，全缘，具缘毛；叶柄3～5毫米，自托叶鞘中部发出；托叶鞘筒状，膜质，长1.5～2厘米，疏生长硬毛，顶端截形，具短缘毛。总状花序呈穗状，顶生或腋生，长2～4厘米；苞片宽漏斗状；花被5深裂，淡红色或白色花被片长椭圆形，长3～4毫米；雄蕊通常5枚，比花被短；花柱2，比花被长，柱头头状。瘦果近圆形，双凸镜状，直径2.5～3毫米，黑色，有光泽，包于宿存花被内。花期7～8月，果期8～9月。

本区分布广。生于池塘边缘的浅水中、沟边及田边湿地。全草可入药，具清热利湿之功效。

两栖蓼

萹蓄 Polygonum aviculare L.

一年生草本。茎平卧、上升或直立，高10～40厘米，自基部多分枝，具纵棱。叶椭圆形、狭椭圆形或披针形，长1～4厘米，宽3～12毫米，顶端钝圆或急尖，基部楔形，边缘全缘，两面无毛，下面侧脉明显；叶柄短或近无柄，基部具关节；托叶鞘膜质，下部褐色，上部白色，撕裂脉明显。花单生或数朵簇生于叶腋，遍布于植株；花梗细，顶部具关节；苞片薄膜质；花被5深裂，花被片椭圆形，长2～2.5毫米，绿色，边缘白色或淡红色；雄蕊8枚，花丝基部扩展；花柱3，柱头头状。瘦果卵形，具3棱，长2.5～3毫米，黑褐色，密被由小点组成的细条纹，无光泽，与宿存花被近等长或稍超过。花期6～8月，果期7～9月。

本区分布广。生于田边、路旁、沟边湿地。全草可入药，具清热、利尿、解毒之功效。

萹蓄

水蓼 Polygonum hydropiper L.

一年生草本。茎直立，多分枝，节部膨大。叶披针形或椭圆状披针形，顶端渐尖，基部楔形，边缘全缘，具缘毛，两面无毛，被褐色小点，有时沿中脉具短硬伏毛，具辛辣味，叶腋具闭花受精花；叶柄长4～8毫米；托叶鞘筒状，膜质，褐色，疏生短硬伏毛，顶端截形，具短缘毛，通常托叶鞘内藏有花簇。总状花序呈穗状，顶生或腋生，通常下垂，花稀疏，下部间断；花梗比苞片长；苞片漏斗状，绿色，边缘膜质，疏生短缘毛，每苞内具3～5花；花被5深裂，稀4裂，绿色，上部白色或淡红色，被黄褐色透明腺点，花被片椭圆形；雄蕊6枚，稀8枚，比花被短；花柱2～3，柱头头状。瘦果卵形，双凸镜状或具3棱，密被小点，黑褐色，无光泽，包于宿存花被内。花期6～9月，果期7～10月。

本区分布广，又称辣蓼。生于河滩、水沟边、山谷湿地。叶可提取黄色染料；全草含挥发油0.07%～0.13%；全草可入药，具消肿解毒、化湿、祛风、活血、利尿、止痢之功效。

水蓼

酸模叶蓼 Polygonum lapathifolium L.

一年生草本，高40～90厘米。茎直立，具分枝，无毛，节部膨大。叶披针形或宽披针形，长5～15厘米，宽1～3厘米，顶端渐尖或急尖，基部楔形，上面绿色，常有一个大的黑褐色新月形斑点，两面沿中脉被短硬伏毛，全缘，边缘具粗缘毛；叶柄短，具短硬伏毛；托叶鞘筒状，长1.5～3厘米，膜质，淡褐色，无毛，具多数脉，顶端截形，无缘毛，稀具短缘毛。总状花序呈穗状，顶生或腋生，近直立，花紧密，通常由数个花穗再组成圆锥状，花序梗被腺体；苞片漏斗状，边缘具稀疏短缘毛；花被淡红色或白色，4（5）深裂，花被片椭圆形，外面两面较大，脉粗壮，顶端叉分，外弯；雄蕊通常6枚。瘦果宽卵形，双凹，长2～3毫米，黑褐色，有光泽，包于宿存花被内。花期6～8月，果期7～9月。

本区分布广。生于田边、路旁、水边、荒地或沟边湿地。全草可入药，具清热解毒、利尿之功效。

酸模叶蓼

尼泊尔蓼 Polygonum nepalense Meisn.

一年生草本。茎外倾或斜上，自基部多分枝，无毛或在节部疏生腺毛，高20～40厘米。茎下部叶卵形或三角状卵形，长3～5厘米，宽2～4厘米，顶端急尖，基部宽楔形，沿叶柄下延成翅，两面无毛或疏被刺毛，疏生黄色透明腺点，茎上部较小；叶柄长1～3厘米，或近无柄，抱茎；托叶鞘筒状，长5～10毫米，膜质，淡褐色，顶端斜截形，无缘毛，基部具刺毛。花序头状，顶生或腋生，基部常具1叶状总苞片，花序梗细长，上部具腺毛；花梗比苞片短；苞片卵状椭圆形，通常无毛，边缘膜质，每苞内具1花；花被通常4裂，淡紫红色或白色，花被片长圆形，长2～3毫米，顶端圆钝；雄蕊5～6枚，与花被近等长，花药暗紫色；花柱2，下部合生，柱头头状。瘦果宽卵形，双凸镜状，长2～2.5毫米，黑色，密生洼点，无光泽，包于

尼泊尔蓼

宿存花被内。花期 6～8 月，果期 7～10 月。

本区分布广。生于山坡草地、山谷及路旁。全草可入药，具清热解毒、散瘀、利尿通淋之功效。

红蓼 Polygonum orientale L.

一年生草本。茎直立，粗壮，高 1～2 米，上部多分枝，密被长柔毛。叶宽卵形、宽椭圆形或卵状披针形，长 10～20 厘米，宽 5～12 厘米，顶端渐尖，基部圆形或近心形，边缘全缘，密生缘毛，两面密生短柔毛，叶脉上密生长柔毛；叶柄长 2～10 厘米，具开展的长柔毛；托叶鞘筒状，膜质，长 1～2 厘米，被长柔毛，具长缘毛，通常沿顶端具草质、绿色的翅。总状花序呈穗状，顶生或腋生，长 3～7 厘米，花紧密，微下垂，通常数个再组成圆锥状；花梗比苞片长；苞片宽漏斗状，长 3～5 毫米，草质，绿色，被短柔毛，边缘具长缘毛，每苞内具 3～5 花；花被 5 深裂，淡红色或白色，花被片椭圆形，长 3～4 毫米；雄蕊 7 枚，比花被长；花盘明显；花柱 2，中下部合生，比花被长，柱头头状。瘦果近圆形，双凹，直径 3～3.5 毫米，黑褐色，有光泽，包于宿存花被内。花期 6～9 月，果期 8～10 月。

本区公园、庭院多有栽培，有时逸为野生。生于沟边湿地、村边路旁。根及全草可药用，具祛风湿、活血化瘀、消炎止痛、健胃之功效。

红蓼

西伯利亚蓼 Polygonum sibiricum Laxm.

多年生草本，高 10～25 厘米。根状茎细长。茎外倾或近直立，自基部分枝，无毛。叶片长椭圆形或披针形，无毛，长 5～13 厘米，宽 0.5～1.5 厘米，顶端急尖或钝，基部戟形或楔形，边缘全缘，叶柄长 8～15 毫米；托叶鞘筒状，膜质，上部偏斜，开裂，无毛，易破裂。花序圆锥状，顶生；花排列稀疏，通常间断；花梗短，中上部具关节；苞片漏斗状，无毛，通常每苞片内具 4～6 朵花；花被 5 深裂，黄绿色，花被片长圆形，长约 3 毫米；雄蕊 7～8 枚，稍短于花被，花丝基部较宽；花柱 3，较短，柱头头状。瘦果卵形，具 3 棱，黑色，有光泽，包于宿存花被内或凸出。花果期 7～10 月。

本区分布广。生于路边、河滩、山谷湿地、沙质盐碱地。全草和根可药用，具清热解毒、祛风除湿、利尿之功效。

西伯利亚蓼

支柱蓼 Polygonum suffultum Maxim.

多年生草本。根状茎粗壮，通常呈念珠状，黑褐色。茎直立或斜上，细弱，上部分枝或不分枝，通常数条自根状茎发，高 10～40 厘米，基生叶卵形或长卵形，长 5～12 厘米，宽 3～6 厘米，顶端渐尖或急尖，基部心形，全缘，疏生短缘毛，两面无毛或疏生短柔毛，叶柄长 4～15 厘米；茎生叶卵形，较小具短柄，最上部的叶无柄，抱茎；托叶鞘膜质，筒状，褐色，长 2～4 厘米，顶端偏斜，开裂，无缘毛。总状花序呈穗状，紧密，顶生或腋生，长 1～2 厘米；花梗细弱，长 2～2.5 毫米，比苞片短；苞片膜质，长卵形，顶端渐尖，长约 3 毫米，每苞内具 2～4 花；花被 5 深裂，白色或淡红色，花被片倒卵形或椭圆形，长 3～3.5 毫米；雄蕊 8 枚，比花被长；花柱 3，基部合生，柱头头状。瘦果宽椭圆形，具 3 锐棱，长 3.5～4 毫米，黄褐色，有光泽，稍长于宿存花被。花期 7～8 月，果期 8～10 月。

产本区黄陵县店头镇。生于山坡路旁、林下湿地及沟边。根状茎可入药，具活血止痛、散瘀消肿之功效。

支柱蓼

翼蓼 Pteroxygonum giraldii Damm. et Diels

多年生草本。块根粗壮，近圆形，横断面暗红色。茎攀援，圆柱形，中空，具细纵棱，无毛或疏被柔毛，长可达3米。叶2～4簇生，叶片三角状卵形或三角形，长4～7厘米，宽3～6厘米，顶端渐尖，基部宽心形或戟形，具5～7基出脉，上面无毛，下面沿叶脉疏生短柔毛，边缘具短缘毛；叶柄长3～7厘米，无毛，通常基部卷曲；托叶鞘膜质，宽卵形，顶端急尖，基部被短柔毛，长4～6毫米。花序总状，腋生，直立，长2～5厘米，花序梗粗壮，果时长可达10厘米；花梗无毛，中下部具关节，长5～8毫米；苞片狭卵状披针形，淡绿色，长4～6毫米，通常每苞内具3花；花被5深裂，白色，花被片椭圆形，长3.5～4毫米；雄蕊8枚，与花被近等长；花柱3，中下部合生，柱头头状。瘦果卵形，黑色，具3锐棱，沿棱具黄褐色膜质翅，基部具3个黑色角状附属物；果梗粗壮，长可达2.5厘米，具3个下延的狭翅。花期7～8月，果期8～10月。

产本区富县直罗镇。生于河岸灌丛、山坡林缘、沟谷石缝处。块根可入药，具凉血、止血、祛湿解毒之功效。

翼蓼

皱叶酸模 Rumex crispus L.

多年生草本。根粗壮，黄褐色。茎直立，高50～120厘米，不分枝或上部分枝，具浅沟槽。基生叶披针形或狭披针形，长10～25厘米，宽2～5厘米，顶端急尖，基部楔形，边缘皱波状；茎生叶较小，狭披针形；叶柄长3～10厘米；托叶鞘膜质，易破裂。花序狭圆锥状，花序分枝近直立或上升；花两性，淡绿色；花梗细，中下部具关节，关节果时稍膨大；花被片6枚，外花被片椭圆形，长约1毫米，内花被片果时增大，宽卵形，长4～5毫米，网脉明显，顶端稍钝，基部近截形，边缘近全缘，全部具小瘤，稀1片具小瘤，小瘤卵形，长1.5～2毫米。瘦果卵形，顶端急尖，具3锐棱，暗褐色，有光泽。花期5～6月，果期6～7月。

本区分布广。生于路旁、河滩、沟边湿地。根含淀粉37.5%，种子含淀粉21.73%，可酿酒；根含鞣质15.7%～38.8%，叶含鞣质17.3%～36.7%，可提制栲胶；根及全草可药用，具清热、凉血、通便、杀虫、化痰止咳之功效。

皱叶酸模

齿果酸模 Rumex dentatus L.

一年生草本。茎直立，高30～70厘米，自基部分枝。枝斜上，具浅沟槽。茎下部叶长圆形或长椭圆形，长4～12厘米，宽1.5～3厘米，顶端圆钝或急尖，基部圆形或近心形，边缘浅波状，茎生叶较小；叶柄长1.5～5厘米。花序总状，顶生和腋生，具叶由数个再组成圆锥花序，长达35厘米，多花，轮状排列，花轮间断；花梗中下部具关节；外花被片椭圆形，长约2毫米，内花被片果时增大，三角状卵形，长3.5～4毫米，宽2～2.5毫米，顶端急尖，基部近圆形，网纹明显，全部具小瘤，小瘤长1.5～2毫米，边缘每侧具2～4个刺状齿，齿长1.5～2毫米。瘦果卵形，具3锐棱，长2～2.5毫米，两端尖，黄褐色，有光泽。花期5～6月，果期6～7月。

本区分布广。生于沟边湿地、山坡路旁。根、叶可入药，具去毒、清热、杀虫、治藓之功效。

齿果酸模

巴天酸模 Rumex patientia L.

多年生草本。根肥厚，直径可达 3 厘米。茎直立，粗壮，高 90～150 厘米，上部分枝，具深沟槽。基生叶长圆形或长圆状披针形，长 15～30 厘米，宽 5～10 厘米，顶端急尖，基部圆形或近心形，边缘波状；叶柄粗壮，长 5～15 厘米；茎上部叶披针形，较小，具短叶柄或近无柄；托叶鞘筒状，膜质，长 2～4 厘米，易破裂。花序圆锥状，大型；花两性；花梗细弱，中下部具关节；关节果时稍膨大，外花被片长圆形，长约 1.5 毫米，内花被片果时增大，宽心形，长 6～7 毫米，顶端圆钝，基部深心形，边缘近全缘，具网脉，全部或一部具小瘤；小瘤长卵形，通常不能全部发育。瘦果卵形，具 3 锐棱，顶端渐尖，褐色，有光泽，长 2.5～3 毫米。花期 5～6 月，果期 6～7 月。

本区分布广。生于沟边湿地、水边。根有小毒；根、叶含鞣质 16.55%～21.40%，可提制栲胶；根、叶可入药，具活血化瘀、凉血止血、清热解毒、通便杀虫之功效。

巴天酸模

52 白花丹科（蓝雪科） Plumbaginaceae

二色补血草 Limonium bicolor (Bag.) Kuntze

多年生草本，高 20～50 厘米，全株（除萼外）无毛。叶基生，匙形至长圆状匙形，长 3～15 厘米，宽 0.5～3 厘米，先端通常圆或钝，基部渐狭成柄。花序圆锥状；花序轴单生，有 3～4 棱角，或沟槽，自中部以上作数回分枝，末级小枝二棱形；穗状花序有柄至无柄，由 3～5 个小穗组成；小穗含 2～3 花；外苞长 2.5～3.5 毫米，长圆状宽卵形，第一内苞长 6～6.5 毫米；萼长 6～7 毫米，漏斗状，萼筒径约 1 毫米，全部或下半部沿脉密被长毛，萼檐初时淡紫红或粉红色，后变白色，宽为花萼全长的一半，约 3 毫米，开张幅径与萼的长度相等，裂片宽短而先端通常圆形，偶可有一易落的软尖，间生裂片明显，脉不达于裂片顶缘，沿脉被微柔毛或变无毛；花冠黄色。花期 6～7 月，果期 7～9 月。

产本区富县，黄陵县，宜君县，俗称酱钵子。生于山坡下部、丘陵、荒地。花期长，花量大，可作观赏植物；是天然的灭蝇花，苍蝇的天敌；带根全草可药用，具活血、止血、温中健、滋补强壮之功效。

二色补血草

53 芍药科 Paeoniaceae

芍药 Paeonia lactiflora Pall.

多年生草本。根粗壮，分枝黑褐色。茎高 40～70 厘米，无毛。下部茎生叶为二回三出复叶，上部茎生叶为三出复叶；小叶狭卵形，椭圆形或披针形，顶端渐尖，基部楔形或偏斜，边缘具白色骨质细齿，两面无毛，背面沿叶脉疏生短柔毛。花数朵，生茎顶和叶腋，有时仅顶端一朵开放，而近顶端叶腋处有发育不好的花芽，直径 8～11.5 厘米；苞片 4～5 枚，披针形，大小不等；萼片 4 枚，宽卵形或近圆形，长 1～1.5 厘米，宽 1～1.7 厘米；花瓣 9～13，倒卵形，长 3.5～6 厘米，宽 1.5～4.5 厘米，白色，有时基部具深紫色斑块；花丝长 0.7～1.2 厘米，黄色；花盘浅杯状，包裹心皮基部，顶端裂片钝圆；心皮（2～）4～5 枚，无毛。蓇葖呈纺锤形、椭圆形

芍药

等，光滑，长 2.5～3 厘米，直径 1.2～1.5 厘米，顶端具喙。种子黑色或黑褐色，大型，呈圆形、长圆形或尖圆形。花期 5～6 月，果期 6～8 月。

本区公园、庭院多有栽培。种子含油约 25%，可供制皂和涂料用；根可药用，具平肝止痛、养血调经、敛阴止汗之功效。

毛果芍药 **Paeonia lactiflora** Pall. var. **trichocarpa** (Bge.) Stern

与芍药的区别：心皮密生柔毛。

本区公园、庭院有栽培。用途同芍药。

毛果芍药

草芍药 **Paeonia obovata** Maxim.

多年生草本。根粗壮，长圆柱形。茎高 30～70 厘米，无毛，基部生数枚鞘状鳞片。茎下部叶为二回三出复叶；叶片长 14～28 厘米；顶生小叶倒卵形或宽椭圆形，长 9.5～14 厘米，宽 4～10 厘米，顶端短尖，基部楔形，全缘，表面深绿色，背面淡绿色，无毛或沿叶脉疏生柔毛，小叶柄长 1～2 厘米；侧生小叶比顶生小叶小，同形，长 5～10 厘米，宽 4.5～7 厘米，具短柄或近无柄；茎上部叶为三出复叶或单叶；叶柄长 5～12 厘米。单花顶生，直径 7～10 厘米；萼片 3～5 枚，宽卵形，长 1.2～1.5 厘米，淡绿色；花瓣 6，白色、红色、紫红色，倒卵形，长 3～5.5 厘米，宽 1.8～2.8 厘米；雄蕊长 1～1.2 厘米，花丝淡红色，花药长圆形；花盘浅杯状，包住心皮基部；心皮 2～3 枚，无毛。蓇葖卵圆形，长 2～3 厘米，成熟时果皮反卷呈红色。花期 5 月至 6 月中旬，果期 7～9 月。

产本区富县直罗镇。生于山坡草地及疏林下。根可药用，具活血散瘀、清肝、止痛之功效。

草芍药

牡丹 **Paeonia suffruticosa** Andr.

落叶灌木。茎高达 2 米。分枝短而粗。叶二回三出复叶，顶生小叶宽卵形，长 7～8 厘米，宽 5.5～7 厘米，3 裂至中部，裂片不裂或 2～3 浅裂，叶脉疏生短柔毛或近无毛，小叶柄长 1.2～3 厘米；侧生小叶狭卵形或长圆状卵形，长 4.5～6.5 厘米，宽 2.5～4 厘米，不等 2 裂至 3 浅裂或不裂，近无柄；叶柄长 5～11 厘米。花单生枝顶，直径 10～17 厘米；花梗长 4～6 厘米；苞片 5 枚，长椭圆形，大小不等；萼片 5 枚，绿色，宽卵形，大小不等；花瓣 5，或为重瓣，玫瑰色、红紫色、粉红色至白色，通常变异很大，倒卵形，长 5～8 厘米，宽 4.2～6 厘米，顶端呈不规则的波状；雄蕊长 1～1.7 厘米，花丝紫红色、粉红色，上部白色，长约 1.3 厘米，花药长圆形，长 4 毫米；花盘革质，杯状，紫红色，顶端有数个锐齿或裂片，完全包住心皮，在心皮成熟时开裂；心皮 5 枚，稀更多，密生柔毛。蓇葖长圆形，密生黄褐色硬毛。花期 5 月，果期 6 月。

本区公园、庭院多有栽培。根皮可药用，具清热凉血、活血散瘀之功效。

牡丹

紫斑牡丹 **Paeonia suffruticosa** Andr. var. **papaveracea** (Andr.) Kerner

与牡丹的区别：花瓣内面基部具深紫色斑块。叶为二至三回羽状复叶，小叶不分裂，稀不等 2～4 浅裂；叶背面和叶轴均生长柔毛。花大，花瓣白色、玫瑰色、红紫色、粉红色。

产本区富县张家湾镇。为国家Ⅱ级重点保护野生植物。现有大量

紫斑牡丹

栽培。生于阴湿的沟谷林下、灌丛中。根皮可供药用，功效同牡丹。

矮牡丹 Paeonia suffruticosa Andr. var. spontanea Rehd.

与牡丹的区别：叶背面和叶轴均生短柔毛，顶生小叶宽卵圆形或近圆形，长4～6厘米，宽3.5～4.5厘米，3裂至中部，裂片再浅裂。

本区公园、庭院多有栽培。为国家Ⅱ级重点保护野生植物。根皮可供药用，功效同牡丹。

矮牡丹

54 藤黄科 Guttiferae

黄海棠 Hypericum ascyron L.

多年生草本，具黑色腺点。茎直立，具4纵棱。叶披针形、长圆状卵形至椭圆形，长4～10厘米，宽1～2.7厘米，先端渐尖、锐尖或钝形，基部楔形或心形而抱茎，全缘，下面被浅色腺点，脉网较密，叶无柄。花序具1～3花，顶生，伞房状至狭圆锥状；花较大，直径3～8厘米；花梗长0.5～3厘米；萼片不为叶状，卵形或椭圆形，先端锐尖至钝形，全缘，果时直立；花瓣金黄色，倒披针形，长1.5～4厘米，宽0.5～2厘米，十分弯曲，具腺斑，宿存；雄蕊5束，每束约30枚，花药金黄色，具松脂状腺点，宿存；子房宽卵珠形，5室，具空腔；花柱5，长为子房的1/2至2倍，自基部或4/5处分离。蒴果卵珠形或卵珠状三角形，棕褐色，成熟后先端5裂，柱头折落。种子棕色或黄褐色，圆柱形，有龙骨状突起或狭翅和细蜂窝纹。花期7～8月，果期8～9月。

本区分布广。生于山坡林缘、灌丛间、草丛中及河岸湿地等处。种仁含油率35.99%，可食或制皂；全草可入药，具祛风湿、平肝止咳、止血、败毒消肿之功效。

黄海棠

长柱金丝桃 Hypericum longistylum Oliv.

落叶灌木，高约1米。茎红色，有叉开的长枝和羽状排列的短枝；幼时具2～4纵棱且扁，后呈圆柱形。叶对生，狭长圆形至椭圆形，长1～3厘米，宽0.6～1.6厘米，先端圆形，具小尖突，基部楔形，边缘平坦，坚纸质，下面密生白霜，侧脉约3对，无脉网，腺体小点状；近无柄。花序1花，在短侧枝上顶生；花径2.5～4.5厘米，星状；花蕾狭卵珠形，先端锐尖；花梗长8～12毫米；苞片叶状，宿存；萼片离生或在基部合生，线形，近等大，长0.3～0.5厘米，全缘，中脉明显，腺体约4，基部的线形，顶端的呈点状；花瓣金黄色至橙色，无红晕，倒披针形，长1.5～2.2厘米，宽0.4～0.8厘米，全缘，无腺体；雄蕊5束，每束15～25枚；子房卵珠形，略具柄，花柱长1～1.8厘米，合生，后开张，柱头小。蒴果卵珠形，长0.6～1.2厘米，宽0.4～0.5厘米，略具柄。种子圆柱形，长约1.3毫米，淡棕褐色，有龙骨状突起和细蜂窝纹。花期6～7月，果期8～9月。

产本区富县直罗镇。生于山坡阳处或沟边潮湿处。果实可入药，具清热解毒、散瘀消肿之功效。

长柱金丝桃

金丝桃 Hypericum monogynum L.

落叶灌木，丛状或有开张枝条。茎红色，幼时具2纵棱及两侧压扁；皮层橙褐色。叶对生，近无柄，叶片倒披针形至长圆形，先端锐尖至圆形，具小尖突，基部楔形至圆形，边缘平坦，主侧脉4～6对，叶片腺体小点状，下面脉网密集，长3～11厘米。花序具1～30花，顶生在长枝上，呈近伞房状；花金黄色，较大；苞片小，线状披针形，早落；萼片椭圆形，先端锐尖至圆形，全缘，中脉分明；花瓣金黄色至柠檬黄色，无红晕，全缘，有小尖突；雄蕊5束，每束25～35枚，与花瓣几等长，花药黄色至暗橙色，花药背着；子房近球形，花柱长1.2～2厘米，合生几达顶端，后向外弯，柱头小。蒴果宽卵珠形至近球形。种子深红褐色，圆柱形，有狭的龙骨状突起，有浅的线状网纹。花期6～8月，果期8～9月。

本区分布广。生于山坡、路旁或灌丛中。花美丽，供观赏；全草可药用，具清热解毒、散瘀止痛、祛风湿之功效。

金丝桃

贯叶连翘 **Hypericum perforatum** L.

多年生草本，高20～60厘米，全体无毛。茎多分枝，两侧各有一纵棱。叶无柄，椭圆形至线形，先端钝，基部近心形而抱茎，全缘，上面绿色，下面灰绿色，被淡黑色腺点，侧脉每边2条，至叶缘联结。花序为5～7花两歧状的聚伞花序，生于茎及分枝顶端，多个再组成顶生圆锥花序；苞片及小苞片线形；萼片5枚，长圆形或披针形，先端渐尖至锐尖，边缘有黑色腺点，有2行腺条和腺斑，果时增大，长达4.5毫米；花瓣黄色，长圆形或长圆状椭圆形，边缘及上部有黑色腺点，果期宿存；雄蕊3束，每束约15枚，花丝长短不一，花药黄色，具黑腺点，雄蕊在果期宿存；子房卵珠形，中轴胎座，花柱3。蒴果长圆状卵珠形，长约5毫米，宽3毫米，具背生腺条及侧生黄褐色囊状腺体。种子黑褐色，圆柱形，长约1毫米，具纵向条棱，表面有细蜂窝纹。花期7～8月，果期9～10月。

本区分布广。生于山坡草地、林下及河边等处。全草可药用，具清热解毒、调经止血之功效。

贯叶连翘

突脉金丝桃 **Hypericum przewalskii** Maxim.

多年生草本，高30～50厘米，有黑色腺点。茎多数，圆柱形，不分枝或上部具腋生小枝。叶无柄，向茎基部渐小，最下部者倒卵形，上部者卵形或卵状椭圆形，长2～5厘米，宽1～2.5厘米，先端钝且微缺，基部心形抱茎，全缘，上面绿色，下面灰绿色，具腺点，侧脉约4对，与中脉在上面凹陷，下面凸起。聚伞花序顶生，同侧生小花枝组成伞房花序或圆锥花序；花径约2厘米；花梗长达3厘米；萼片长圆形，不等大，全缘并呈波状，果时增大；花瓣5，稍弯曲，果期宿存；雄蕊5束，每束约15枚，与花瓣近等长，花药近球形，果期宿存；子房卵珠形，5室，光滑，花柱5，长约6毫米，自中部分离。蒴果卵球形，长约1.8厘米，宽1.2厘米，有纵纹，成熟后先端5裂。种子淡褐色，圆柱形，长5毫米，两端锐尖，一侧有龙骨状突起，表面有细蜂窝纹。花期6～7月，果期8～9月。

本区分布广。生于山坡及河边灌丛等处。全草可药用，具活血调经、止血止痛、利水消肿、祛风除湿之功效。

突脉金丝桃

55 椴树科 Tiliaceae

扁担杆 **Grewia biloba** G. Don

灌木或小乔木，高1～4米。多分枝，嫩枝被粗毛。叶互生，薄革质，椭圆形或倒卵状椭圆形，长4～9厘米，宽2.5～4厘米，先端锐尖，基部楔形或钝，两面有稀疏星状粗毛，基出脉3条，两侧脉上行过半，中脉有侧脉 3～5 对，边缘有细锯齿；叶柄长 4～8 毫米，被粗毛；托叶钻形，长 3～4 毫米。聚伞花序腋生，多花，花序轴长不到 1 厘米；花梗长 3～6 毫米；苞片钻形，长 3～5 毫米；萼片狭长圆形，长 4～7 毫米，外面被毛，内面无毛；花瓣长 1～1.5 毫米；雌雄蕊柄长 0.5 毫米，有毛；雄蕊长 2 毫米；子房上位，有毛，花柱与萼片平齐，柱头扩大，盘状，有浅裂。核果红色，有 2～4 分核。花期 5～7 月。

产本区富县直罗镇。生于沟渠边、山坡灌丛或杂木林中。茎皮含纤维素 22.95%～37.5%，可用作人造棉、高级纸的原料；叶含粗蛋白 8.7%～16.4%，含粗纤维 14.1%～23.0%，可作牲畜饲料；根、枝、叶可药用，具健脾养血、祛风湿、消痞之功效。

扁担杆

小花扁担杆 **Grewia biloba** G. Don var. **parviflora** (Bge.) Hand.-Mazz.

与原变种的区别：叶下面密被黄褐色软茸毛，花朵较短小。

产本区富县直罗镇。生于沟渠边、山坡灌丛、杂木林中。枝、叶可药用，具祛风除湿、理气消痞之功效。

小花扁担杆

毛糯米椴 **Tilia henryana** Szyszyl.

落叶乔木，高达 30 米。树皮灰褐色，片状纵裂。嫩枝被黄色星状茸毛。顶芽亦有黄色茸毛。叶圆形，长 6～10 厘米，宽 6～10 厘米，先端宽而圆，有短尖尾，基部心形或截形，整正或偏斜，上面无毛，下面被黄色星状茸毛，侧脉 5～6 对，边缘有锯齿，由侧脉末梢突出成齿刺，长 3～5 毫米；叶柄长 3～5 厘米，被黄色茸毛。聚伞花序长 10～12 厘米，有花 30～100 朵及以上，花序柄有星状柔毛；花柄长 7～9 毫米，有毛；苞片狭窄倒披针形，长 7～10 厘米，宽 1～1.3 厘米，先端钝，基部狭窄，两面有黄色星状柔毛，下半部 3～5 厘米与花序柄合生，基部有柄长 7～20 毫米；萼片长卵形，长 4～5 毫米，外面有毛；花瓣长 6～7 毫米；退化雄蕊花瓣状，比花瓣短；雄蕊与萼片等长；子房有毛，花柱长 4 毫米。果实倒卵形，长 7～9 毫米，有棱 5 条，被星状毛。花期 6 月。

产本区富县直罗镇、张家湾镇。生于沟谷、山坡底杂木林中。根可药用，具祛风活血、镇痛之功效。

毛糯米椴

少脉椴 **Tilia paucicostata** Maxim.

乔木，高 13 米。嫩枝纤细，无毛。芽体细小，无毛或顶端有茸毛。叶薄革质，卵圆形，长 6～10 厘米，宽 3.5～6 厘米，有时稍大，先端急渐尖，基部斜心形或斜截形，上面无毛，下面秃净或有稀疏微毛，脉腋有毛丛，边缘有细锯齿；叶柄长 2～5 厘米，纤细，无毛。聚伞花序长 4～8 厘米，有花 6～8 朵，花序柄纤细，无毛；花柄长 1～1.5 厘米；苞片狭窄倒披针形，长 5～8.5 厘米，宽 1～1.6 厘米，上下两面近无毛，下半部与花序柄合生，基部有短柄，短柄长 7～12 毫米；萼片长卵形，长 4 毫米，外面无星状柔毛；花瓣长 5～6 毫米；退化雄蕊比花瓣短小；雄蕊长 4 毫米；子房被星状茸毛，花柱长 2～3 毫米，无毛。果实倒卵形，长 6～7 毫米。花期 6～7 月，果期 8～10 月。

产本区黄陵县，富县，耀州区。生于沟谷、山坡杂木林中。树皮药用，可接骨疗损。

红皮椴 **Tilia paucicostata** Maxim. var. **dictyoneura** (V. Engl.) H. T. Chang.

与原变种的区别：叶三角状卵形，长3.5～5.5厘米，宽2.5～4毫米，无毛，边缘有少数疏齿；苞片有柄，比花序短；果实小，卵形，长5～6毫米，无棱。

产本区富县直罗镇。生于沟谷、低山坡杂木林中。树皮含纤维素74.8%，可供纺织、造纸用。

少脉椴

红皮椴

56 锦葵科 Malvaceae

苘麻 **Abutilon theophrasti** Medicus.

一年生亚灌木状草本，高达2米。茎枝被柔毛。叶互生，圆心形，长5～10厘米，先端长渐尖，基部心形，边缘具细圆锯齿，两面均密被星状柔毛；叶柄长3～12厘米，被星状细柔毛；托叶早落。花单生叶腋，花黄色；花梗长1～13厘米，被柔毛，近顶端具节；花萼杯状，密被短绒毛，裂片5，卵形，长约6毫米；花瓣倒卵形，长约1厘米；雄蕊柱平滑，心皮15～20枚，长1～1.5厘米，顶端平截，具2个被毛的长芒，排成轮状，密被软毛。蒴果半球形，直径约2厘米，长约1.2厘米，分果爿15～20，被粗毛，顶端具长芒2。种子肾形，褐色，被星状柔毛。花期7～8月。

本区分布广，俗称青麻。生于路旁、荒地和田野间。茎皮含纤维素40.7%～66.06%，可供编织、纺织、造纸用；种子含油15%～16%，可供制肥皂、油漆和润滑油；全草可药用，具清热利湿、解毒、祛风退翳之功效。

苘麻

蜀葵 **Althaea rosea** (L.) Cavan.

二年生草本，高达2.5米。除雌蕊、雄蕊和种子外，其余都具星状硬毛或柔毛。茎枝直立粗壮。叶互生，近圆心形，直径6～16厘米，掌状5～7浅裂，裂片三角形或圆形，中裂片长约3厘米，宽4～6厘米；叶柄长5～15厘米；托叶卵形，长约8毫米，先端具3尖。花单个腋生，排成总状花序，具叶状苞片，花径6～10厘米，有红、紫、白和粉红等色，单瓣或重瓣；花梗长约5毫米，果时延长至1～2.5厘米；小苞片杯状，常6～7裂，裂片长10毫米，基部合生；萼钟状，5裂齿，裂片长1.2～1.5厘米；花瓣倒卵状三角形，长约4厘米，先端凹缺，基部狭，爪被长髯毛；雄蕊多数，长约2厘米，花丝连合成筒，长约2毫米；花柱分枝线形，心皮30枚以上，每室有胚珠1个，上举。果盘状，直径约2厘米，分果爿近圆形，多数，背部厚达1毫米，具纵槽。花期2～8月。

本区公园、庭院、路旁有栽培，供观赏用，有时逸为野生。茎皮含纤维素64.47%，可代麻、造纸用；全草可药用，具清热凉血、润燥、利尿通淋之功效。

蜀葵

木槿 **Hibiscus syriacus** L.

落叶灌木，高3～4米。小枝密被黄色星状绒毛。叶菱形至三角状卵形，长3～10厘米，宽2～4厘米，具深浅不同的3裂或不裂，先端钝，基部楔形，边缘具不整齐齿缺，下面沿叶脉微被毛或近无毛；叶柄长5～25毫米，上面被星状柔毛；托叶线形，长约6毫米，疏被柔毛。花单生于枝端叶腋间，花钟形，淡紫色，直径5～6厘米，花梗长 4～14 毫米，被星状短绒毛；小苞片 6～8 枚，线形，长 6～15 毫米，宽 1～2 毫米，密被星状疏绒毛；花萼钟形，长 14～20 毫米，密被星状短绒毛，裂片 5，三角形；花瓣倒卵形，长 3.5～4.5 厘米，外面疏被纤毛和星状长柔毛；雄蕊柱长约 3 厘米；花柱枝无毛。蒴果卵圆形，直径约 12 毫米，密被黄色星状绒毛。种子肾形，背部被黄白色长柔毛。花期 7～10 月。

本区公园、庭院、路旁有栽培，又名木棉。供园林观赏用；根皮含鞣质；茎皮含纤维素 32.3%～45.5%，可代麻、造纸用；全株可药用，具清热、凉血、利尿之功效。

木槿

野西瓜苗 Hibiscus trionum L.

一年生草本，高 25～70 厘米。除雄蕊、花柱和种子无毛外，其余都具星状硬毛或柔毛。茎柔软，直立或平卧。叶二型，下部叶圆形，不分裂，上部叶掌状 3～5 深裂，直径 3～6 厘米，中裂片长，两侧裂片短，裂片倒卵形至长圆形，通常羽状全裂；叶柄长 2～4 厘米；托叶线形，长约 7 毫米。花单生于叶腋，花淡黄色，里面基部紫色，直径 2～3 厘米；花梗长约 2.5 厘米，果时长达 4 厘米；小苞片 12 枚，线形，长约 8 毫米，基部合生；花萼膨大钟形，淡绿色，长 1.5～2 厘米，裂片 5，膜质，三角形，具纵向紫色条纹，中部以上合生；花瓣 5，倒卵形，长约 2 厘米；雄蕊柱长约 5 毫米，花丝纤细，长约 3 毫米，花药黄色；花柱 5，子房 5 室。蒴果长圆状球形，直径约 1 厘米，果爿 5，果皮薄纸质，黑色。种子肾形，黑色，具腺状突起。花期 7～10 月。

本区分布广，又名香铃草。生于山野、丘陵或田埂等地。种子含油 16.1%～17.4%；根或全草可药用，具清热、祛湿、止咳之功效。

野西瓜苗

圆叶锦葵 Malva rotundifolia L.

多年生草本，高 25～50 厘米。分枝多而常匍生，被粗毛。叶肾形，长 1～3 厘米，宽 1～4 厘米，基部心形，边缘具细圆齿，偶为 5～7 浅裂，上面疏被长柔毛，下面疏被星状柔毛；叶柄长 3～12 厘米，被星状长柔毛；托叶小，卵状渐尖。花通常 3～4 朵簇生于叶腋，偶有单生于茎基部的，花白色至浅粉红色，长 10～12 毫米；花梗不等长，长 2～5 厘米，疏被星状柔毛；小苞片 3 枚，披针形，长约 5 毫米，被星状柔毛；萼钟形，长 5～6 毫米，被星状柔毛，裂片 5，三角状渐尖头；花瓣 5，倒心形；雄蕊柱被短柔毛；花柱分枝 13～15。果扁圆形，径 5～6 毫米，分果爿 13～15，不为网状，被短柔毛。种子肾形，径约 1 毫米，被网纹或无网纹。花期夏季。

本区分布广。生于低山草坡、沟谷湿润地。根可药用，具益气止汗、利尿、通乳、托毒排脓之功效。

圆叶锦葵

锦葵 Malva sinensis Cavan.

二年生或多年生直立草本，高 50～90 厘米。分枝多，疏被粗毛。叶圆心形或肾形，具 5～7 圆齿状钝裂片，长 5～12 厘米，宽几相等，基部近心形至圆形，边缘具圆锯齿，两面均无毛或仅脉上疏被短糙伏毛；叶柄长 4～8 厘米，近无毛，但上面槽内被长硬毛；托叶偏斜，卵形，具锯齿，先端渐尖。花 3～11 朵簇生，花紫红色或白色，直径 3.5～4 厘米；花梗长 1～2 厘米，无毛或疏被粗毛；小苞片 3 枚，长圆形，长 3～4 毫米，宽 1～2 毫米，先端圆形，疏被柔毛；萼钟状，长 6～7 毫米，萼裂片 5，宽三角形，两面均被星状疏柔毛；花瓣 5，匙形，长 2 厘米，先端微缺，爪具髯毛；雄蕊柱长 8～10 毫米，被刺毛，花丝无毛；花柱分枝9～11，被微细毛。果扁圆形，径5～7毫米，分果爿9～11，肾形，被柔毛。种子黑褐色，肾形，长2毫米。花期5～10月。

本区公园、庭院有栽培，偶有逸生。供园林观赏；茎、叶、花可药用，具清热利湿、理气通便之功效。

锦葵

野葵 Malva verticillata L.

一年生直立或平卧草本。茎柔软，被白色星状粗毛。叶二型，下部的叶圆形，不分裂，上部的叶掌状3～5深裂，中裂片较长，两侧裂片较短，裂片倒卵形至长圆形，通常羽状全裂，上面疏被粗硬毛或无毛，下面疏被星状粗刺毛；叶柄被星状粗硬毛和星状柔毛；托叶线形，被星状粗硬毛。花单生于叶腋，花淡黄色，内面基部紫色；花梗被星状粗硬毛；小苞片12枚，线形，被粗长硬毛，基部合生；花萼钟形，淡绿色，被粗长硬毛或星状粗长硬毛，裂片5，膜质，三角形，具纵向紫色条纹，中部以上合生；花瓣5，倒卵形，外面疏被极细柔毛；雄蕊柱长约5毫米，花丝纤细，花药黄色；花柱5，无毛。蒴果长圆状球形，被粗硬毛，分果爿5，果皮薄，黑色。种子肾形，黑色，具腺状突起。花期7～10月。

本区分布广。生于山野、丘陵或田埂。根或全草可药用，具清热利尿、解毒消肿、通淋、下乳之功效。

野葵

57 堇菜科 Violaceae

鸡腿堇菜 Viola acuminata Ledeb.

多年生草本。根状茎较粗，垂直或倾斜。茎直立，2～4条丛生，高10～40厘米。叶片心形、卵状心形或卵形，长1.5～5.5厘米，宽1.5～4.5厘米，先端锐尖至长渐尖，基部心形，边缘具钝锯齿及短缘毛，两面密被褐色腺点，沿叶脉被疏柔毛；叶柄下部者长，上部者短；托叶叶状，羽状深裂呈流苏状，或浅裂呈齿牙状，边缘被缘毛，两面有褐色腺点，沿脉疏生柔毛。花淡紫色或近白色，具长梗；花梗细，被细柔毛，超出于叶，具2枚线形小苞片；萼片线状披针形，外面3片较长而宽，附属物长2～3毫米，具3脉；花瓣有褐色腺点，近等长，上瓣反曲，侧瓣内有长须毛，下瓣内有紫色脉纹；距直，长1.5～3.5毫米，呈囊状；子房圆锥状，花柱向上渐增粗，柱头具数列乳头状凸起，先端具钩状短喙，具较大的柱头孔。蒴果椭圆形，长约1厘米，有黄褐色腺点，果梗直立。花果期5～9月。

产本区富县，黄陵县，宜君县，耀州区。生于林缘、灌丛或沟谷湿地。全草民间可药用；嫩叶可作蔬菜。

鸡腿堇菜

南山堇菜 Viola chaerophylloides (Regel) W. Beck.

多年生草本。根状茎短粗；无地上茎。基生叶具长柄；叶片3全裂，裂片具短柄，侧裂片2深裂，中央裂片2～3深裂，最终裂片卵状披针形、披针形，边缘具不整齐的缺刻状齿或浅裂，先端钝或尖，两面无毛或沿叶脉有柔毛；叶柄绿色，有光泽；托叶膜质，1/2以上与叶柄合生，宽披针形，先端渐尖，边缘具细齿和缘毛。花径2～2.5厘米，白色或淡紫色，有香味；花梗淡紫色，有光泽，中部以下有2枚小苞片；小苞片线形或线状披针形，具极稀小齿；萼片基部附属物发达，长4.5～6毫米，末端具缺刻或浅裂，具3脉和膜质缘；花瓣宽倒卵形，侧方花瓣基部有细须毛，下方花瓣有紫色条

南山堇菜

纹；距长而粗；花药长 2.5～3 毫米，下方雄蕊之距较细；子房无毛，花柱基部稍曲，柱头两侧及后方有肥厚的缘边，前方具短喙，喙端具圆形柱头孔。蒴果大，长椭圆状，先端尖，果梗直立。种子多数，卵状。花果期 4～9 月。

产本区富县直罗镇、张村驿镇。生于山坡林下或林缘、沟谷阴湿处。

白花堇菜

白花堇菜 Viola lactiflora Nakai

多年生草本。根状茎粗，上部具节；无地上茎。叶多数，均基生；叶片长三角形或长圆形，先端钝，基部明显浅心形或截形，边缘具钝圆齿，两面无毛，下面叶脉明显隆起；叶柄无翅；托叶明显，近膜质，中部以上与叶柄合生，边缘疏生细齿或全缘。花白色；花梗不超出或稍超出于叶，在中部或中部以上有 2 枚线形小苞片；萼片披针形，先端渐尖，基部附属物短而明显，末端截形，具钝齿或全缘，边缘狭膜质，具 3 脉；花瓣倒卵形，侧方花瓣里面有明显的须毛，下方花瓣较宽，末端具明显的筒状距；花药与药隔顶端附属物近等长，下方 2 枚雄蕊背部的距呈短角状；子房无毛，花柱棍棒状，稍向前膝曲，柱头前方具短喙，喙端有较细的柱头孔。蒴果椭圆形，长 6～9 毫米，无毛，先端常有宿存的花柱。种子卵球形，长约 1.5 毫米，呈淡褐色。花期 5 月。

产本区富县张村驿镇、张家湾镇。生于山底湿润草地或草坡。全草可入药，用于治疗五劳七伤、全身疼痛。

紫花地丁

紫花地丁 Viola philippica Cav.

多年生草本。根状茎淡褐色，节密；无地上茎。叶基生，莲座状；下部叶较小，呈三角状卵形或狭卵形，上部者较长，呈长圆形、狭卵状披针形，先端圆钝，基部截形或楔形，边缘具圆齿，两面无毛，果期叶片增大；叶柄上部具翅，无毛；托叶膜质，近半与叶柄合生，离生部分边缘具细齿。花紫堇色，喉部有紫色条纹；花梗与叶片等长，近中部有 2 枚线形小苞片；萼片卵状披针形，基部附属物短，边缘具膜质白边；花瓣倒卵形，侧方花瓣里面无毛或有须毛，下方花瓣连距长 1.3～2 厘米，里面有紫色脉纹；距细管状，长 4～8 毫米；花药长约 2 毫米，药隔顶部的附属物长约 1.5 毫米，下方 2 枚雄蕊的距细管状，长 4～6 毫米；子房卵形，花柱棍棒状，柱头三角形，顶部平，前方具短喙，喙端具柱头孔。蒴果长圆形，果梗直立。种子卵球形，淡黄色。花果期 4 月中下旬至 7 月。

本区分布广。生于田间、荒地、山坡草丛、林缘；在庭园常形成小群落。嫩叶可食；全草可药用，具清热利湿、解毒消肿之功效。

早开堇菜

早开堇菜 Viola prionantha Bunge

多年生草本。根数条。根状茎粗短；无地上茎。叶基生，花期呈长圆状卵形，长大于宽 2 倍多，先端尖或钝，基部微心形，边缘密生细圆齿；果期叶大，三角状卵形；叶柄花期 1～5 厘米，果期达 13 厘米，上部有狭翅；托叶 2/3 与叶柄合生，离生部分线状披针形，边缘具细齿。花大，紫堇色或淡紫色，喉部有紫色条纹；花梗具棱，近中部有 2 枚线形小苞片；萼片披针形，边缘白色膜质，基部附属物长 1～2 毫米，末端具牙齿，无毛或具纤毛；上方花瓣倒卵形，反曲，侧方花瓣长圆状倒卵形，内基部有须毛，下方花瓣连距长 14～21 毫米，距长 5～9 毫米；药隔附属物长约 1.5 毫米，花药长 1.5～2 毫米，下面 2 枚雄蕊距长约 4.5 毫米，末端尖；子房长椭圆形，花柱棍棒状，基部膝曲，柱头顶部平或微凹，前具短喙，喙端具柱头孔。蒴果长椭圆形，花柱宿存，果梗直立。种子卵球形，深褐色，有棕色斑点。花果期 4 月上中旬至 7 月。

产本区富县张村驿镇，宜君县。生于山坡草地、沟边阳处。全草可入药，具清热解毒、凉血消肿之功效。

深山堇菜 Viola selkirkii Pursh ex Gold.

多年生草本。具多条白色细根。根状茎细长，具长节间；无地上茎。叶基生，莲座状；叶片薄纸质，心形或卵状心形，果期长约 6 厘米，宽约 4 厘米，先端稍尖或圆钝，基部狭深心形，两侧垂片发达，边缘具钝齿，两面疏生短毛；叶柄果期长达 13 厘米，有狭翅，疏生短毛；托叶 1/2 与叶柄合生，离生部分披针形，边缘具腺体的细齿。花淡紫色，径 1.5～2 厘米，具长梗；花梗与叶近等长，中部有 2 枚小苞片；小苞片线形，边缘具细齿；萼片卵状披针形，先端急尖，具狭膜质缘，有 3 脉，基部附属物长圆形，末端浅裂并疏生缘毛；花瓣倒卵形，下方花瓣距较粗，长 5～7 毫米；子房无毛，花柱棍棒状，柱头平坦，两侧具窄缘边，前方具短喙，喙端具柱头孔。蒴果小，椭圆形，长 6～8 毫米，先端钝，果梗直立。种子多数，卵球形，长约 2 毫米，淡褐色。花果期 5～7 月。

产本区黄陵县腰坪乡。生于沟旁阴湿灌丛中。全草可药用，具清热解毒、消肿之功效。

深山堇菜

三色堇 Viola tricolor L.

一年生、二年生或多年生草本，高 10～40 厘米。地上茎粗，有棱，单一或多分枝。基生叶长卵形或披针形，具长柄；茎生叶卵形、长圆形或长圆状披针形，先端圆或钝，基部圆，边缘具圆齿或钝锯齿，上部叶叶柄较长；托叶大型，叶状，羽状深裂，长 1～4 厘米。花大，直径 3.5～6 厘米，每个茎上有 3～10 朵，每花紫、白、黄三色；花梗稍粗，单生叶腋，上部具 2 枚对生小苞片；小苞片极小，卵状三角形；萼片绿色，长圆状披针形，长 1.2～2.2 厘米，宽 3～5 毫米，先端尖，边缘狭膜质，附属物长 3～6 毫米，边缘不齐；上方花瓣深紫堇色，侧方及下方均为三色，有紫色条纹，侧方花瓣内基部密被须毛，下方花瓣距较细，长 5～8 毫米；子房无毛，花柱短，基部膝曲，柱头膨大，呈球状，前方具柱头孔。蒴果椭圆形，长 8～12 毫米。花期 4～7 月，果期 5～8 月。

本区公园、花圃、庭院有栽培，供观赏。全草可药用，具清热解毒、散瘀、止咳、利尿之功效。

三色堇

斑叶堇菜 Viola variegata Fisch ex Link

多年生草本。根状茎短细，节密；无地上茎。叶基生，莲座状，圆形或圆卵形，先端圆形，基部心形，边缘具钝齿，上面深绿色，叶脉有白色斑纹，下面带紫红色，两面密被短粗毛；叶柄上部有翅，被短粗毛；托叶 2/3 与叶柄合生，离生部分披针形，边缘有流苏状腺齿。花红紫色或暗紫色；花梗有短毛，中部有 2 枚线形小苞片；萼片带紫色，具狭膜质边缘并被缘毛，具 3 脉，基部附属物短，上面被粗短毛；花瓣倒卵形，侧方花瓣里面基部有须毛，下方花瓣基部有堇色条纹；距筒状，末端钝；雄蕊的花药及药隔顶端附属物均长约 2 毫米，下方 2 枚雄蕊的距细而长；子房近球形，有粗短毛，花柱棍棒状，柱头顶部平坦，前方有短喙，喙端具柱头孔，两侧及后方具缘边。蒴果椭圆形，果梗直立；幼果球形被短粗毛。种子淡

斑叶堇菜

褐色，小型，附属物短。花期 4 月，果期 5～7 月。

产本区富县张村驿镇、直罗镇。生于沟谷、山坡草地或灌丛中。全草可入药，具清热解毒、除脓消炎之功效。

阴地堇菜 **Viola yezoensis** Maxim.

多年生草本，高 15 厘米。根状茎粗，具淡褐色粗根；无地上茎。叶基生，卵形或长卵形，果期长达 7 厘米，宽约 4.5 厘米，先端急尖或钝，基部深心形，边缘具浅锯齿，两面被短柔毛；叶柄果期长达 10 厘米，被短柔毛，具狭翅；托叶 1/2 与叶柄合生，离生部分披针形，边缘疏生短流苏状齿。花白色；花梗长 6～8 厘米，被短柔毛，中部有 2 枚小苞片；小苞片线形，长 1～1.5 厘米，边缘疏生流苏状齿；萼片披针形，连附属物长 1.1～1.3 厘米，宽 3～4 毫米，基部具长 3～4 毫米附属物，末端具缺刻；上方花瓣倒卵形，基部爪状，侧方花瓣长圆状倒卵形，内基部疏生须毛，下方花瓣连距长 1.8～2 厘米；距圆筒形，长 5～7 毫米，粗约 2.5 毫米，上弯或直伸；花药与药隔附属物长约 2 毫米，下方雄蕊的距狭条形，长约 5 毫米，末端屈曲；花柱上部较粗，柱头具狭的缘边，前方具短粗的喙，喙端具柱头孔。蒴果长圆状，长约 1 厘米。花期 4～5 月，果期 5～6 月。

产本区富县张村驿镇。生于沟谷、山坡草地或疏林下。全草可入药，用于治疗痈疖疔疮。

阴地堇菜

58 柽柳科 Tamaricaceae

宽苞水柏枝 **Myricaria bracteata** Royle

落叶灌木，高 0.5～3 米。多分枝；多年生枝红棕色，有条纹。叶密生于当年生绿色小枝上，卵形、卵状披针形或狭长圆形，长 2～4 毫米，宽 0.5～2 毫米，先端钝或锐尖，基部扩展，具狭膜质边。总状花序顶生于当年生枝条，密集呈穗状；花梗长约 1 毫米；苞片宽卵形，长 7～8 毫米，宽 4～5 毫米，先端渐尖，边缘膜质脱落，露出中脉而呈凸尖头，基部狭缩，具啮齿状边缘；中脉粗厚，残留呈龙骨状脊；萼片披针形，长约 4 毫米，宽 1～2 毫米，先端钝或锐尖，内弯，具宽膜质边；花瓣倒卵形，长 5～6 毫米，宽 2～2.5 毫米，先端圆钝，内曲，基部狭缩，具脉纹，粉红色至淡紫色，果时宿存；雄蕊短于花瓣，花丝部分合生；子房圆锥形，长 4～6 毫米，柱头头状。蒴果狭圆锥形，长 8～10 毫米。种子狭长圆形或狭倒卵形，长 1～1.5 毫米，顶端被白色长柔毛。花期 6～7 月，果期 8～9 月。

产本区富县直罗镇，俗称红沙柳。生于河谷、冲积扇沙砾质地。幼嫩枝条可药用，具升阳发散、解毒透疹之功效。

宽苞水柏枝

柽柳 **Tamarix chinensis** Lour.

乔木或灌木。老枝直立，暗褐红色，幼枝稠密细弱，红紫色或暗紫红色。叶鲜绿色，长圆状披针形或长卵形，先端尖，基部背面有龙骨状隆起，薄膜质。每年开花 2 或 3 次；春季开花：总状花序侧生在去年生的小枝上，花大而少，有短总花梗，梗有少数苞叶；苞片线状长圆形，与花梗等长或稍长；花 5 出；萼片 5 枚，狭长卵形，具短尖头，外面 2 片背面具隆脊；花瓣 5，粉红色，花盘 5 裂；雄蕊 5 枚；子房圆锥状瓶形，花柱 3，棍棒状，长约为子房之

柽柳

冬瓜

半。夏、秋季花：较春生者细，生于当年生幼枝顶端，组成顶生大圆锥花序；花5出，密生；苞片绿色，狭细；花萼三角状卵形；花瓣粉红色；花盘5裂，或每一裂片再2裂；雄蕊5枚，长等于花瓣或为其2倍，花药钝；花柱棍棒状，长等于子房的2/5～3/4。蒴果圆锥形。花期4～9月。

本区多栽培于庭院、公园、河道、路畔等处作观赏和水土保持用。枝含鞣质5.21%；嫩枝叶、花可入药，具解表、利尿、解毒、祛风湿、透疹之功效。

59 葫芦科 Cucurbitaceae

冬瓜 **Benincasa hispida** (Thunb.) Cogn.

一年生蔓生草本。茎被硬毛及长柔毛，有棱沟。叶柄粗壮，被硬毛和长柔毛；叶肾状近圆形，5～7浅裂或中裂，裂片边缘有小齿，基部深心形，表面深绿色，疏被柔毛，背面灰白色，有粗硬毛，叶脉密被毛。卷须2～3歧，被粗硬毛和长柔毛。雌雄同株，花单生；雄花梗密被短刚毛和长柔毛，基部具一卵形苞片，长6～10毫米，有短柔毛；花萼筒宽钟形，密生长柔毛，裂片披针形，长8～12毫米，有锯齿，反折；花冠黄色，辐状，长3～6厘米，宽2.5～3.5厘米，全缘，两面有稀疏柔毛，先端钝圆，具5脉；雄蕊3枚，离生，伸出，花丝长2～3毫米，基部膨大，被毛，花药长5毫米，宽7～10毫米，药室3回折曲，雌花梗密生硬毛和长柔毛；子房密生硬毛，长2～4厘米，花柱长2～3毫米，柱头3，2裂。果实长圆柱状或近球状，大型，有白霜。种子卵形，白色，压扁，有边缘。花果期6～10月。

本区有栽培。果实作蔬菜；全草可药用，具清热解毒、消炎、利尿、消肿之功效；叶外用，可治疗蜂螯肿毒。

假贝母

假贝母 **Bolbostemma paniculatum** (Maxim.) Franquet

攀援性蔓生草本。鳞茎肥厚肉质，乳白色。茎草质，攀援状，枝具棱沟。叶柄纤细，长1.5～3.5厘米；叶片近圆形，长4～11厘米，宽3～10厘米，掌状5深裂，裂片再3～5浅裂，中裂片长圆状披针形，基部小裂片顶端各有1个腺体，叶两面无毛或脉上有短柔毛；卷须单一或2歧。花雌雄异株；雌、雄花序均为圆锥状，花序轴长4～10厘米；花黄绿色；花梗纤细，长1.5～3.5厘米；花萼与花冠相似，裂片卵状披针形，长约2.5毫米，顶端具长丝状尾；雄蕊5枚，离生；花丝顶端不膨大，花药长0.5毫米，药隔不伸出于花药；子房近球形，疏生疣状凸起，3室，每室2胚珠，花柱3，柱头2裂。果实圆柱状，成熟后顶端盖裂，果盖圆锥形，具6枚种子。种子卵状菱形，暗褐色，表面有雕纹状凸起，边缘有不规则的齿，顶端有膜质的翅，翅长8～10毫米。花期6～8月，果期8～9月。

产本区黄陵县双龙镇。生于阴湿沟底、山坡草丛中。鳞茎可药用，具清热解毒、散结消肿之功效。

西瓜

西瓜 **Citrullus lanatus** (Thunb.) Matsum. et Nakai

一年生蔓生藤本。茎、枝具棱沟，被长柔毛。卷须2歧，具短柔毛。叶柄具沟纹，密被柔毛；叶片纸质，三角状卵形，长8～20厘米，宽5～15厘米，两面具短硬毛，3深裂，中裂片较长，顶端急尖或渐尖，裂片有羽状浅裂或深裂，边缘波状，末裂片有浅锯齿，先端钝圆，叶片基部心形。雌雄同株，单生于叶腋；雄花花梗长3～4厘米，密被黄褐色长柔毛，无苞片；花萼筒宽钟形，密被长柔毛；花冠淡黄色，外面被长柔毛，裂片卵状长圆形，顶端钝或稍尖，脉黄褐色，被毛；雄蕊 3 枚，近离生，常伸出，1 枚 1 室，2 枚 2 室，花丝短，药室折曲；雌花花萼和花冠与雄花同，子房卵形，密被长柔毛，花柱长 4～5 毫米，柱头 3，肾形。果实大型，近于球形或椭圆形，肉质，多汁，果皮光滑，纹饰各式。种子多数，卵形，黑色、红色，有斑纹，两面平滑，基部钝圆。花果期夏季。

本区有栽培。果实为夏季水果；种子含脂肪油 19%～25.4%；果实及种皮、种仁可药用，具清热解暑、清肺润肠、利小便、止血之功效。

甜瓜 Cucumis melo L.

一年生匍匐草本。茎、枝有棱，被糙硬毛和疣状突起。卷须单一，被微柔毛。叶柄长 8～12 厘米，具槽沟及短刚毛；叶片厚纸质，近圆形或肾形，上面粗糙，被白色糙硬毛，背面沿脉密被糙硬毛，边缘不分裂或 3～7 浅裂，具掌状脉。花单性，雌雄同株；雄花数朵簇生于叶腋；花梗纤细，被柔毛；花萼筒狭钟形，密被白色长柔毛，长 6～8 毫米，裂片近钻形，直立或开展，比筒部短；花冠黄色，裂片卵状长圆形，急尖；雄蕊 3 枚，花丝极短，药室折曲，药隔顶端引长；雌花单生，花梗粗糙，被柔毛；子房长椭圆形，密被长柔毛和长糙硬毛，柱头靠合。果实的形状、颜色因品种而异，通常为球形或长椭圆形，果皮平滑，有纵沟纹或斑纹，果肉白色、黄色或绿色，有香甜味。种子污白色或黄白色，卵形或长圆形，先端尖，基部钝，表面光滑，无边缘。花果期夏季。

本区有栽培，俗称小瓜。果实为夏季水果；种子含脂肪油 27%；种子、瓜蒂可药用，具消痰散滞、生津、润燥之功效。

甜瓜

菜瓜 Cucumis melo L. var. conomon (Thunb.) Makino

与原变种的区别：果实长圆状圆柱形或近棒状，长 20～30（～50）厘米，径 6～10（～15）厘米，上部比下部略粗，两端圆或稍呈截形，平滑无毛，淡绿色，有纵线条，果肉白色或淡绿色，无香甜味。花果期夏季。

本区多栽培。果实为夏季蔬菜；种子含脂肪油 30%。

菜瓜

黄瓜 Cucumis sativus L.

一年生攀援草本。茎、枝有棱沟，被糙硬毛。卷须不分歧，具柔毛。叶柄稍粗糙，有糙硬毛；叶片宽卵状心形，膜质，两面被糙硬毛，3～5 个角或浅裂，裂片三角形，有齿，有时边缘有缘毛，先端急尖或渐尖，基部弯缺半圆形，有时基部向后靠合。雌雄同株；雄花常数朵在叶腋簇生，花梗纤细，被微柔毛，花萼筒狭钟状或近圆筒状，密被白色长柔毛，花萼裂片钻形，开展，与花萼筒近等长，花冠黄白色，长约 2 厘米，花冠裂片长圆状披针形，急尖，雄蕊 3 枚，花丝近无，花药长 3～4 毫米，药隔伸出，长约 1 毫米；雌花单生或稀簇生，花梗粗壮，被柔毛，长 1～2 厘米，子房纺锤形，粗糙，有小刺状突起。果实圆柱形，熟时黄绿色，表面粗糙，有具刺尖的瘤状突起，极稀近于平滑。种子小，狭卵形，白色，无边缘，两端近急尖，长 5～10 毫米。花果期夏季。

本区有栽培。果实为夏季水果和主要菜蔬；种子含脂肪油 31.0%～34.6%；根、茎藤、叶、果实可药用，具除热、消炎、利水、解毒、镇痉之功效。

黄瓜

南瓜 Cucurbita moschata (Duch. ex Lam.) Duch. ex Poiret

一年生蔓生草本。茎节部生根，密被短刚毛。卷须粗壮，被短刚毛和茸毛，3～5歧。叶柄粗壮，长8～19厘米，被短刚毛；叶宽卵形或卵圆形，有5角或5浅裂，上面密被黄白色刚毛和茸毛，常有白斑，叶脉隆起，各裂片中脉延伸至顶端，成小尖头，背面毛明显，边缘有细齿，顶端稍钝。雌雄同株；雄花单生，花萼筒钟形，裂片条形，被柔毛，上部呈叶状，花冠黄色，钟状，5中裂，裂片边缘反卷，具皱褶，先端急尖，雄蕊3枚，花丝腺体状，花药靠合，药室折曲；雌花单生，子房1室，花柱短，柱头3，膨大，顶端2裂。果梗有棱和槽，瓜蒂喇叭状；瓠果形状多样，表面有数条纵沟。种子多数，长卵形，灰白色，边缘薄，长10～15毫米，宽7～10毫米。

本区有栽培。果实作肴馔，亦可代粮食；种子含脂肪油23.5%～40.4%，可食用；全株可供药用，具补中益气、消炎止痛、清湿热、解毒杀虫、通络之功效。

南瓜

西葫芦 Cucurbita pepo L.

一年生蔓生草本。茎有棱沟，有短刚毛和糙毛。卷须稍粗壮，具柔毛，分多歧。叶柄粗壮，被短刚毛，长6～9厘米；叶片三角形或卵状三角形，先端锐尖，边缘有锐齿，基部心形，弯缺半圆形，深0.5～1厘米，宽3～4厘米，上面深绿色，下面色较浅，叶脉在背面稍凸起，两面均有糙毛。雌雄同株；雄花单生，花梗粗壮，有棱角，长3～6厘米，被黄褐色短刚毛，花萼筒有明显5角，花萼裂片线状披针形，花冠黄色，常向基部渐狭呈钟状，长5厘米，径3厘米，分裂至近中部，裂片直立或稍扩展，顶端锐尖，雄蕊3枚，花丝长15毫米，花药靠合，长10毫米；雌花单生，子房卵形，1室。果梗粗壮，有明显的棱沟，果蒂变粗或稍扩大，但不成喇叭状，果实形状因品种而异。种子多数，卵形，白色，长约20毫米，边缘拱起而钝。

本区普遍栽培。果实作蔬菜；种子含脂肪油21.2%～38.9%；果实钙的含量极高，100克可食部分含钙22～29毫克；并具有除烦止渴、润肺止咳、清热利尿、消肿散结之功效。

西葫芦

葫芦 Lagenaria siceraria (Molina) Standl.

一年生攀援草本。茎具沟纹，初被黏质长柔毛。卷须纤细，初时有微柔毛，2歧。叶柄纤细，有毛被，顶端有2腺体；叶片卵状心形或肾状卵形，不分裂或3～5裂，具5～7掌状脉，先端锐尖，边缘有齿，基部心形，两面被微柔毛，叶背及脉上较密。雌雄同株，均单生；雄花花梗细，比叶柄稍长，花梗、花萼、花冠均被微柔毛，花萼筒漏斗状，裂片披针形，花冠黄色，裂片皱波状，先端微缺而顶端有小尖头，5脉，雄蕊3枚，花药长圆形，药室折曲；雌花花梗比叶柄稍短或近等长，花萼和花冠似雄花，花萼筒长2～3毫米，子房中间缢细，密生黏质长柔毛，花柱粗短，柱头3，膨大，2裂。果实初为绿色，后变白色至带黄色，呈哑铃状，中间缢细，下部和上部膨大，上部大于下部。种子白色，倒卵形或三角形，顶端截形或2裂齿，稀圆。花期夏季，果期秋季。

本区有栽培。幼嫩果实供菜食，成熟可作水瓢或儿童玩具；果皮、种子、花、茎可药用，具利尿、消肿、散结之功效。

葫芦

丝瓜 **Luffa cylindrica** (L.) Roem.

一年生攀援草本。茎有棱沟，被柔毛。卷须被短柔毛，2～4歧。叶柄长，具浅沟，近无毛；叶三角形或近圆形，长、宽10～20厘米，掌状5～7裂，裂片三角形，顶端急尖或渐尖，边缘有锯齿，基部深心形，上面粗糙有疣点，下面有短柔毛，脉具白色短柔毛。雌雄同株；雄花15～20朵，花序梗被柔毛，花梗长1～2厘米，花萼筒短，宽钟形，被短柔毛，裂片上端向外反折，内密被短柔毛，外面毛被较少，具3脉，花冠黄色，辐状，5深裂，裂片长圆形，里面基部密被长柔毛，外面具3～5条凸起的脉，脉上密被短柔毛，雄蕊5枚，花丝基部有短柔毛，初时靠合，后分离，药室多回折曲；雌花单生，花梗长2～10厘米，子房长圆柱状，有柔毛，柱头3，膨大。果实圆柱状，表面平滑，有纵条纹，内呈网状纤维，由顶端盖裂。种子多数，黑色，卵形，扁，平滑，边缘狭翼状。花果期夏秋季。

本区有栽培。幼果为夏季蔬菜；成熟网状纤维称丝瓜络，可用于洗刷，并药用，具清凉、利尿、活血、通经、解毒之功效。

丝瓜

苦瓜 **Momordica charantia** L.

一年生攀援草本。茎被柔毛，多分枝。卷须纤细单一，具微柔毛。叶柄细，初时被白色柔毛，长4～6厘米；叶卵状肾形或近圆形，膜质，长、宽均4～12厘米，上面绿色，背面淡绿色，脉上密被微柔毛，5～7深裂，裂片卵状长圆形，边缘具粗齿或小裂片，叶脉掌状。雌雄同株；雄花单生叶腋，花梗被柔毛，长3～7厘米，中下部具1枚苞片，苞片肾形或圆形，两面被柔毛，长、宽5～15毫米，花萼裂片卵状披针形，被柔毛，长4～6毫米，宽2～3毫米，急尖，花冠黄色，裂片倒卵形，长1.5～2厘米，宽0.8～1.2厘米，被柔毛，雄蕊3枚，药室2回折曲；雌花单生，花梗被柔毛，长10～12厘米，基部具1枚苞片，子房纺锤形，密生瘤状突起，柱头3，膨大，2裂。果实纺锤形或圆柱形，多瘤皱，成熟后橙黄色，由顶端3瓣裂。种子多数，长圆形，具红色假种皮，两端各具3小齿，两面有刻纹，长1.5～2厘米，宽1～1.5厘米。花果期5～10月。

本区有栽培。本种果味甘苦，作蔬菜；根、藤及果实可入药，具清热解毒之功效。

苦瓜

赤瓟 **Thladiantha dubia** Bunge

攀援草质藤本，全株被长柔毛状硬毛。根块状。茎有棱沟。卷须纤细，被长柔毛。叶柄粗；叶片宽卵状心形，边缘浅波状，有细齿，先端急尖，基部心形，弯缺深，脉上有长硬毛。雌雄异株；雄花单生或2～3花生于总梗上，花梗细长，被长柔毛，花萼筒极短，近辐状，裂片披针形，向外反折，具3脉，两面有长柔毛，花冠黄色，裂片长圆形，脉5条，外面被短柔毛，内有疣状腺点，雄蕊5枚，着生花萼筒檐部，其中1枚分离，余4枚两两靠合，花丝极短，有短柔毛，花药卵形，退化子房半球形；雌花单生，花梗细，有长柔毛，退化雌蕊5枚，棒状，子房长圆形，外密被淡黄色长柔毛，花柱3叉，柱头膨大，肾形，2裂。果实卵状长圆形，橙黄色或红棕色，被柔毛，具10条明显的纵纹。种子卵形，黑色，平滑。花期6～8月，果期8～10月。

产本区富县，黄陵县，宜君县，印台区，俗称野小瓜。生于川道、山坡、河谷及林缘湿润处。块根、果实可药用，具理气、活血、祛痰、利湿、清热解毒、通乳之功效。

赤瓟

栝楼 Trichosanthes kirilowii Maxim.

多年生攀援藤本。块根圆柱状，粗大肥厚。茎多分枝，具纵棱及槽，被柔毛。卷须3～7歧，被柔毛。叶纸质，近圆形，长、宽均5～20厘米，3～7浅裂，边缘再浅裂，叶基弯缺深，两面沿脉被长硬毛，基出脉5条；叶柄具纵条纹，被长柔毛。花雌雄异株；雄总状花序单生，具纵棱与槽，被柔毛，花梗短，小苞片倒卵形，长1.5～3厘米，宽1～2厘米，中上部具粗齿，基部具柄，被短柔毛，花萼筒筒状，长2～4厘米，被短柔毛，花冠白色，5深裂，裂片顶端具1尖头，两侧具丝状流苏，被柔毛，花药靠合，花丝分离，被长柔毛；雌花单生，花梗长，被短柔毛，花萼筒圆筒形，长2.5厘米，子房椭圆形，花柱长2厘米，柱头3。果实椭圆形或圆形，成熟时黄褐色或橙黄色。种子卵状椭圆形，压扁，淡黄褐色，具棱线。花期6～8月，果期8～10月。

产本区富县，黄陵县双龙镇，耀州区。生于山坡林下、灌丛中。块根含淀粉64.86%；根、果实、果皮、种子可药用，具清热、润肺化痰、养胃生津、解毒消肿、滑肠之功效。

栝楼

60 杨柳科 Salicaceae

银白杨 Populus alba L.

落叶乔木，高15～30米，树冠宽阔。树皮灰白色，平滑。小枝初被白色绒毛，萌条密被绒毛，灰绿色或淡褐色。芽卵圆形，长4～5毫米，先端渐尖，初密被白绒毛，棕褐色，有光泽。萌枝和长枝叶卵圆形，掌状3～5浅裂，长4～10厘米，宽3～8厘米，裂片先端钝尖，基部阔楔形、圆形或平截，中裂片大，边缘凹缺，侧裂片不裂或凹缺状浅裂，初时两面被白绒毛；短枝叶较小，卵圆形或椭圆状卵形，先端钝尖，基部阔楔形、圆形，边缘有钝齿牙；上面光滑，下面被白色绒毛；叶柄短于叶片，被白绒毛。雄花序长3～6厘米；花序轴被毛，苞片膜质，宽椭圆形，长约3毫米，边缘有齿牙和长毛；花盘具短梗，宽椭圆形，歪斜；雄蕊8～10枚，花丝细长，花药紫红色；雌花序长5～10厘米，花序轴被毛，雌蕊具短柄，花柱短，柱头2，有淡黄色长裂片。蒴果圆锥形，长约5毫米，2瓣裂，无毛。花期4～5月，果期5月。

本区多栽培。木材含纤维素59.06%，可用于造纸；树皮可提制栲胶；叶可药用，具祛痰、消炎、平喘、止咳之功效。

银白杨

新疆杨 Populus alba L. var. pyramidalis Bunge

本变种树冠窄圆柱形或尖塔形。树皮灰白色或青灰色，光滑少裂。萌条和长枝叶掌状深裂，基部平截；短枝叶圆形，有粗缺齿，侧齿几对称，基部平截，下面绿色几无毛。仅见雄株。

本区多栽培。功能用途同银白杨。

新疆杨

山杨 Populus davidiana Dode.

落叶乔木，高达25米，胸径约60厘米，树冠圆形。树皮光滑，灰绿色或灰白色，老树基部黑色粗糙。小枝圆筒形，光滑，赤褐色，萌枝被柔毛。芽卵形或卵圆形，无毛，微有黏质。叶三角状卵圆形或近圆形，长宽近等，长3～6厘米，先端钝尖、急尖或短渐尖，基部圆形、截形或浅心形，边缘有密波状浅齿，发叶时显红色，萌枝叶大，三角状卵圆形，下面被柔毛；叶柄侧扁，长 2～6 厘米。花序轴有疏毛或密毛；苞片棕褐色，掌状条裂，边缘有密长毛；雄花序长 5～9 厘米，雄蕊 5～12 枚，花药紫红色；雌花序长 4～7 厘米；子房圆锥形，柱头 2 深裂，带红色。果序长达 12 厘米；蒴果卵状圆锥形，长约 5 毫米，有短柄，2 瓣裂。花期 4 月，果期 4～5 月。

本区分布广。多生于山坡、山脊和沟谷地带。木材含纤维素 55.05%，可供造纸、民房建筑等用；树皮可提制栲胶；根皮、树皮可药用，具清热解毒、行瘀、利水、消痰之功效。

山杨

河北杨 **Populus hopeiensis** Hu et Chow

落叶乔木，高达 30 米，树冠圆大。树皮光滑，黄绿色至灰白色。小枝圆柱形，灰褐色，无毛，幼时黄褐色，有柔毛。芽长卵形或卵圆形，被柔毛，无黏质。叶卵形或近圆形，长 3～8 厘米，宽 2～7 厘米，先端急尖或钝尖，基部截形、圆形或广楔形，边缘有弯曲或不弯曲波状粗齿，齿端锐尖，内曲，上面暗绿色，下面淡绿色，发叶时下面被绒毛；叶柄侧扁，初时被毛与叶片等长或较短。雄花序长约 5 厘米，花序轴被密毛，苞片褐色，掌状分裂，裂片边缘具白色长毛；雌花序长 3～5 厘米，花序轴被长毛，苞片赤褐色，边缘有长白毛；子房卵形，光滑，柱头 2 裂。蒴果长卵形，2 瓣裂，有短柄。花期 4 月，果期 5～6 月。

本区路旁、村庄、农田有栽培。材质轻软，韧而富于弹性，可供建筑、农具、箱板等用。

河北杨

小叶杨 **Populus simonii** Carr.

落叶乔木，高达 20 米，胸径 50 厘米以上，树冠近圆形。树皮幼时灰绿色，老时暗灰色，沟裂。幼树小枝及萌枝有明显棱脊，常为红褐色，后变黄褐色，老树小枝圆形，细长而密，无毛。芽细长，先端长渐尖，褐色，有黏质。叶菱状卵形、菱状椭圆形或菱状倒卵形，长 3～12 厘米，宽 2～8 厘米，中部以上较宽，先端突急尖或渐尖，基部楔形、宽楔形或窄圆形，边缘平整，细锯齿，无毛，上面淡绿色，下面灰绿色或微白色，无毛；叶柄圆筒形，长 0.5～4 厘米，黄绿色或带红色。雄花序长 2～7 厘米，花序轴无毛，苞片细条裂，雄蕊 8～9 枚；雌花序长 2.5～6 厘米；苞片淡绿色，裂片褐色，无毛，柱头 2 裂。果序长达 15 厘米；蒴果小，2 瓣裂，无毛。花期 4 月，果期 4～6 月。

本区分布广，俗称水桐。多生于沟沿、河道、低山坡湿润地。木材可供民用建筑、家具、造纸等用；根皮、树皮可药用，具祛风活血、清热利湿之功效。

小叶杨

菱叶小叶杨 **Populus simonii** Carr. var. **simonii** f. **rhombifolia** (Kitag.) C. Wang et Tung

与小叶杨的区别：叶型较小，窄菱形或宽披针形，先端长渐尖，基部楔形，中部最宽。

分布与用途同原变型。

毛白杨 **Populus tomentosa** Carr.

落叶乔木，高达 30 米，树冠圆锥形至卵圆形。树皮幼时暗灰色，壮时灰绿色，渐变为灰白色，纵裂，皮孔菱形散生。侧枝开展，雄株斜上，老树枝下垂；嫩枝初被灰毡毛。芽卵形，花芽卵圆形或近球形，微被毡毛。长枝叶阔卵形，长 10～15 厘米，宽 8～13 厘米米，先端渐尖，基部心形或截形，边缘深齿牙缘或波状齿牙缘，上面暗绿色、光滑，下面初密生毡毛；叶柄长 3～7 厘米，顶端有 2 腺点；短枝叶较小，长 7～11 厘米，宽 6.5～10.5 厘米，卵形或三角状卵形，先端渐尖，上面暗绿色有光泽，下面光滑，具深波状齿牙缘；叶柄稍短于叶片，侧扁。雄花序长 10～14 厘米，苞片具 10 个尖头，密生长毛，雄蕊 6～12 枚，花药红色；雌花序长 4～7 厘米，苞片褐色，尖裂，边缘有长毛；子房长椭圆形，柱头 2 裂，粉红色。果序长达 14 厘米；蒴果圆锥形或长卵形，2 瓣裂。花期 3 月，果期 4 月。

本区多栽培。木材纤维含量高，可作建筑、家具、造纸及人造纤维的原料；树皮含鞣质 5.18%；树皮、花序可药用，具清热利湿、止咳化痰之功效。

菱叶小叶杨

垂柳 *Salix babylonica* L.

落叶乔木，高达 12～18 米，树冠开展。树皮灰黑色，不规则开裂。枝细，下垂，淡褐黄色或带紫色。芽线形，先端急尖。叶狭披针形或线状披针形，长 9～16 厘米，宽 0.5～1.5 厘米，先端长渐尖，基部楔形，两面无毛或微有毛，上面绿色，下面色较淡，锯齿缘；叶柄长 5～10 毫米，有短柔毛；托叶生萌发枝上，斜披针形或卵圆形，边缘有齿牙。花序先叶开放；雄花序长 1.5～2 厘米，有短梗，轴有毛；雄蕊 2 枚，花丝与苞片近等长或较长，基部多少有长毛，花药红黄色；苞片披针形，外面有毛；腺体 2；雌花序长达 2～3 厘米，有梗，基部有 3～4 小叶，轴有毛；子房椭圆形，无毛或下部稍有毛，无柄或近无柄，花柱短，柱头 2～4 深裂；苞片披针形，长 1.8～2 毫米，外面有毛；腺体 1。蒴果长 3～4 毫米，带绿黄褐色。花期 3～4 月，果期 4～5 月。

本区多栽培。道旁、水边等绿化树种。木材可制家具，枝条可编筐；树皮含鞣质 3.1%～9.12%；叶、皮有小毒；根、枝、花序及种子可药用，具祛风、利湿、消肿止痛、止血、活血散瘀之功效。

毛白杨

腺柳 *Salix chaenomeloides* Kimura

落叶小乔木。枝暗褐色或红褐色，有光泽。叶椭圆形、卵圆形至椭圆状披针形，长 4～8 厘米，宽 1.8～4 厘米，先端急尖，基部楔形，稀近圆形，两面光滑，上面绿色，下面苍白色或灰白色，边缘有腺锯齿；叶柄幼时被短绒毛，后渐变光滑，长 5～12 毫米，先端具腺点；托叶半圆形或肾形，边缘有腺锯齿，早落，萌枝上的很发达。雄花序长 4～5 厘米，粗 8 毫米；花序梗和轴有柔毛；苞片小，卵形，长约 1 毫米；雄蕊一般 5 枚，花丝长为苞片的 2 倍，基部有毛，花药黄色，球形；雌花序长 4～5.5 厘米，粗达 10 毫米；花序梗长达 2 厘米；轴被绒毛，子房狭卵形，具长柄，无毛，花柱缺，柱头头状或微裂；苞片椭圆状倒卵形，与子房柄等长或稍短；腺体 2，基部连接成假花盘状；背腺小。蒴果卵状椭圆形，长 3～7 毫米。花期 4 月，果期 5 月。

本区分布广，俗称河柳。多生于山沟、河岸水旁。

垂柳

乌柳 *Salix cheilophila* Schneid.

落叶灌木或小乔木，高达 5.4 米。枝初被绒毛或柔毛，后无毛，灰黑色或黑红色。芽具长柔毛。叶线形或线状倒披针形，长 2.5～4 厘米，宽 3～6 毫米，先端渐尖或具短硬尖，基部渐尖，稀

腺柳

钝，上面绿色、疏被柔毛，下面灰白色、密被绢状柔毛，中脉显著突起，边缘外卷，上部具腺锯齿，下部全缘；叶柄长1～3毫米，具柔毛。花序与叶同时开放，近无梗，基部具2～3小叶；雄花序长1.5～2.3厘米，直径3～4毫米，密花；雄蕊2枚，完全合生，花丝无毛，花药黄色，4室；苞片倒卵状长圆形，先端钝或微缺，基部具柔毛；腺体1，腹生，狭长圆形，先端稀浅2裂；雌花序长1.3～2厘米，粗1～2毫米，密花，花序轴具柔毛；子房卵形或卵状长圆形，密被短毛，无柄，花柱短或无，柱头小；苞片近圆形，长为子房的2/3；腺体同雄花。果序长达3.5厘米；蒴果长3毫米。花期4月，果期5月。

产本区富县直罗镇、张家湾镇，又名筐柳。生于山沟、河边灌丛中。树皮、枝、叶可入药，具祛风解表、清热消肿之功效。

乌柳

小叶柳 **Salix hypoleuca** Seemen

落叶灌木，高1～3.6米。枝暗棕色，无毛。叶椭圆形、披针形、椭圆状长圆形，稀卵形，长2～4厘米，宽1.2～2.4厘米，先端急尖，基部宽楔形或渐狭，上面深绿色，无毛或近无毛，下面苍白色，无毛，叶脉明显突起，全缘；叶柄长3～9毫米。花序梗在开花时长3～10毫米，轴无毛或有毛；雄花序长2.5～4.5厘米，粗5～6毫米；雄蕊2枚，花丝中下部有长柔毛，花药球形，黄色；苞片倒卵形，褐色，无毛；腺1，腹生，卵圆形，先端缺刻，长为苞片的一半；雌花序长2.5～5厘米，粗5～7毫米，密花，花序梗短；子房长卵圆形，花柱2裂，柱头短；苞片宽卵形，先端急尖，无毛，长为蒴果的1/4；仅1腹腺。蒴果卵圆形，长约2.5毫米，近无柄。花期5月，果期6月。

产本区富县直罗镇。生于山坡林缘及山沟。根、叶可药用，具祛风除湿、活血化瘀之功效。

小叶柳

旱柳 **Salix matsudana** Koidz.

落叶乔木，高达18米，树冠广圆形。树皮暗灰黑色，有裂沟。枝细长，浅褐黄色或带绿色，后变褐色，幼枝有毛。叶披针形，长5～10厘米，宽1～1.5厘米，先端长渐尖，基部窄圆形或楔形，上面绿色、有光泽，下面苍白色、有细腺锯齿缘，幼叶有丝状柔毛；叶柄短，长5～8毫米，上面有长柔毛；托叶披针形或缺，边缘有细腺锯齿。花序与叶同时开放；雄花序圆柱形，长1.5～2.5厘米，粗6～8毫米，花序梗极短，轴有长毛；雄蕊2枚，花丝基部有长毛，花药卵形，黄色；苞片卵形，黄绿色，先端钝，基部有短柔毛；腺体2；雌花序较雄花序短，长达2厘米，粗4毫米，有3～5小叶生于短花序梗上，轴有长毛；子房长椭圆形，近无柄，无花柱或很短，柱头卵形，近圆裂；苞片同雄花；腺体2。果序长达2厘米。花期4月，果期4～5月。

本区多栽培。木材可供建筑用；茎、枝皮含纤维素15%～23%，可制绳或造纸；嫩枝叶为牛、羊的优良饲料；枝、叶可药用，具祛风、利尿、清热、止痛之功效。

龙爪柳 **Salix matsudana** Koidz. var. **matsudana** f. **tortuosa** (Vilm.) Rehd.

与旱柳的主要区别：枝卷曲。

本区公园、庭院有栽培，供观赏。

旱柳

中国黄花柳 **Salix sinica** (Hao) C. Wang et C. F. Fang.

落叶小乔木。当年生幼枝有柔毛，小枝红褐色。叶椭圆形、椭圆状披针形或椭圆状菱形，长 3.5～6 厘米，宽 1.5～2.5 厘米，先端短渐尖或急尖，基部楔形，幼叶有毛，上面暗绿色，下面灰白色，多全缘，萌枝或小枝上部叶较大，有皱纹，下面被绒毛，边缘有牙齿；叶柄有毛；托叶半卵形至近肾形。花先叶开放；雄花序无梗，宽椭圆形，长 2～2.5 厘米，粗 1.8～2 厘米，花自上往下开放；雄蕊 2 枚，离生，花丝细长，长约 6 毫米，基部有极疏柔毛，花药长圆形，黄色；苞片椭圆状卵形，长约 3 毫米，深褐色，两面被白色长毛；腺 1，近方形，腹生；雌花序短圆柱形，长 2.5～3.5 厘米，径 7～9 毫米，无梗，基部有 2 具绒毛的鳞片，子房狭圆锥形，长约 3.5 毫米，柄长 1.2 毫米，有毛，花柱短，柱头 2 裂，苞片椭圆状披针形，长约 2.5 毫米，深褐色或黑色，两面密被白色长毛；1 腹腺。蒴果线状圆锥形，长达 6 毫米，果柄与苞片几等长。花期 4 月，果期 5 月。

本区分布广。生于湿润山坡、沟台地杂木林中。

龙爪柳

中国黄花柳

红皮柳 Salix sinopurpurea C. Wang et C. Y. Yang

落叶灌木，高3～4米。小枝淡绿色或淡黄色，当年枝初有短绒毛。叶对生或斜对生，披针形，长5～10厘米，宽1～1.2厘米；萌条叶长至11厘米，宽2～3厘米，先端短渐尖，基部楔形，边缘有腺锯齿，上面淡绿色，下面苍白色，中脉淡黄色，侧脉呈钝角开展，幼时有短绒毛，脉上尤密，成叶两面无毛；叶柄长3～10毫米，上面有绒毛；托叶卵状披针形或斜卵形，几等于叶柄长，边缘有凹缺腺齿，下面苍白色。花先叶开放，花序圆柱形，长2～3厘米，径5～6毫米，对生或互生，无花序梗，基部具2～3枚下面密被长毛的椭圆形鳞片；苞片卵形，先端钝或微尖，黑色，两面有长柔毛；腺体1，腹生；雄蕊2枚，花丝合生，纤细，花药4室，圆形，黄色或淡红色；子房卵形，密被灰绒毛，柄短，花柱长0.1～0.2毫米，柱头头状。花期4月，果期5月。

本区分布广。生于山低沟渠、河边灌丛中。枝条可作编筐材料；根、皮、枝叶可药用，具清热解毒、祛瘀止痛之功效。

红皮柳

皂柳 Salix wallichiana Anderss.

落叶灌木或乔木。小枝红褐色至绿褐色，初有毛。叶披针形，长4～8厘米，宽1～2.5厘米，先端急尖至渐尖，基部楔形至圆形，上面初有丝毛，下面有平伏的绢质短柔毛或无毛，浅绿色至有白霜，幼叶发红色；叶柄长约1厘米；托叶小比叶柄短，半心形，边缘有牙齿。花序先叶开放或同时开放，无花序梗；苞片长圆形，先端急尖，赭褐色或黑褐色，两面有白色长毛；腺1，卵状长方形；雄花序长1.5～3厘米，径1～1.3厘米，雄蕊2枚，花药大，椭圆形，长0.8～1毫米，黄色，花丝离生，长5～6毫米，无毛或基部有疏柔毛；雌花序圆柱形，长2.5～4厘米，径1～1.2厘米；子房狭圆锥形，长3～4毫米，密被短柔毛，子房柄短，与苞片近等长，花柱短，柱头直立，2～4裂。蒴果长可达9毫米，有毛或近无毛，开裂后果瓣向外反卷。花期4月中下旬至5月初，果期5月。

产本区富县直罗镇。生于山谷溪流旁、林缘或山坡。根可药用，具祛风、解热、除湿之功效。

皂柳

61 十字花科 Cruciferae

青菜 Brassica chinensis L.

一年生或二年生草本，高25～70厘米，带粉霜。根粗硬，纺锤形块根。茎直立分枝。基生叶倒卵形或宽倒卵形，长20～30厘米，深绿色，有光泽，基部成宽柄；全缘或有波状齿，中脉白色，宽达1.5厘米，有多条纵脉；叶柄长3～5厘米；下部茎生叶和基生叶相似，基部渐狭成叶柄；上部茎生叶倒卵形或椭圆形，长3～7厘米，宽1～3.5厘米，基部抱茎，两侧有垂耳，全缘，微带粉霜。总状花序顶生，呈圆锥状；花黄色，长约1厘米，授粉后达1.5厘米；花梗细，与花等长；萼片长圆形，长3～4毫米，直立开展，白色或黄色；花瓣长圆形，长约5毫米，顶端圆钝，有脉纹，具宽爪。长角果线形，长2～6厘米，宽3～4毫米，果瓣有明显中脉及网结侧脉；喙顶端细，基部宽，长8～12毫米；果梗长8～30毫米。种子球形，直径1～1.5毫米，紫褐色，有蜂窝纹。花期4月，果期5月。

本区有栽培，又名油菜。为常见蔬菜之一。种子含脂肪油

青菜

40%～50%，可供食用，可药用，具滋阴、开胃、化痰、行血破气、消肿散结之功效。

花椰菜 Brassica oleracea L. var. botrytis L.

二年生草本，高 60～90 厘米，被粉霜。茎直立，粗壮，有分枝。基生叶及下部叶长圆形至椭圆形，长 2～3.5 厘米，灰绿色，顶端圆形，开展，不卷心，全缘或具细牙齿，有时叶片下延，具数个小裂片，并成翅状；叶柄长 2～3 厘米；茎中上部叶较小且无柄，长圆形至披针形，抱茎。茎顶端有 1 个由总花梗、花梗和未发育的花芽密集成的乳白色肉质头状体；总状花序顶生及腋生；花淡黄色，后变成白色。长角果圆柱形，长 3～4 厘米，有 1 中脉，喙下部粗上部细，长 10～12 毫米。种子宽椭圆形，长近 2 毫米，棕色。花期 4 月，果期 5 月。

本区有栽培，俗称菜花。头状体作蔬菜食用。

花椰菜

甘蓝 Brassica oleracea L. var. capitata L.

二年生草本，被粉霜。矮小粗壮，一年生茎肉质，不分枝，绿色。基生叶多数，质厚，层层包裹成球状体，扁球形，直径 10～30 厘米或更大，乳白色或淡绿色；二年生茎有分枝，具茎生叶。基生叶及下部茎生叶长圆状倒卵形至圆形，长和宽达 30 厘米；顶端圆形，基部骤窄成极短有宽翅的叶柄，边缘有波状锯齿；上部茎生叶卵形或长圆状卵形，长 8～13.5 厘米，宽 3.5～7 厘米，基部抱茎；最上部叶长圆形，长约 4.5 厘米，宽约 1 厘米，抱茎。总状花序顶生及腋生；花黄色，直径 2～2.5 厘米；花梗长 7～15 毫米；萼片直立，线状长圆形，长 5～7 毫米；花瓣宽椭圆状倒卵形或近圆形，长 13～15 毫米，脉纹显明，顶端微缺，基部骤窄成爪，爪长 5～7 毫米。长角果圆柱形，长 6～9 厘米，宽 4～5 毫米，两侧压扁，中脉突出，喙圆锥形，长 6～10 毫米；果梗粗，直立开展，长 2.5～3.5 厘米。种子球形，直径 1.5～2 毫米，棕色。花期 4 月，果期 5 月。

本区有栽培，俗称卷心菜、莲花白。叶作蔬菜及饲料用；种子含脂肪油 35%；叶汁可治疗胃及十二指肠溃疡。

甘蓝

白菜 Brassica pekinensis (Lour.) Rupr.

二年生草本，高 40～60 厘米。常全株无毛，有时叶下面中脉上有少数刺毛。基生叶多数，大型，倒卵状长圆形至宽倒卵形，长 30～60 厘米，宽不及长的一半，顶端圆钝，边缘皱缩，波状，有时具不显明牙齿，中脉白色，很宽，有多数粗壮侧脉；叶柄白色，扁平，长 5～9 厘米，宽 2～8 厘米，边缘有具缺刻的宽薄翅；上部茎生叶长圆状卵形、长圆状披针形至长披针形，长 2.5～7 厘米，顶端圆钝至短急尖，全缘或有裂齿，有柄或抱茎，有粉霜。花鲜黄色，直径 1.2～1.5 厘米；花梗长 4～6 毫米；萼片长圆形或卵状披针形，长 4～5 毫米，直立，淡绿色至黄色；花瓣倒卵形，长 7～8 毫米，基部渐窄成爪。长角果较粗短，长 3～6 厘米，宽约 3 毫米，两侧压扁，直立，喙长 4～10 毫米，宽约 1 毫米，顶端圆；果梗开展或上升，长 2.5～3 厘米，较粗。种子球形，直径 1～1.5 毫米，棕色。花期 5 月，果期 6 月。

本区广泛栽培。为冬、春季主要蔬菜；也可作饲料；种子含油 33.3%～44.5%，可食用。

白菜

芜青

芜青 Brassica rapa L.

二年生草本，高达100厘米。块根肉质，球形、扁圆形或长圆形，外皮白色、黄色或红色，根肉质白色或黄色，无辣味。茎直立，有分枝，下部稍有毛，上部无毛。基生叶大头羽裂或为复叶，长20～34厘米，顶裂片或小叶很大，边缘波状或浅裂，侧裂片或小叶约5对，向下渐变小，上面有少数散生刺毛，下面有白色尖锐刺毛；叶柄长10～16厘米，有小裂片；中部及上部茎生叶长圆状披针形，长3～12厘米，无毛，带粉霜，基部宽心形，至少半抱茎，无柄。总状花序顶生；花径4～5毫米；花梗长10～15毫米；萼片长圆形，长4～6毫米；花瓣鲜黄色，倒披针形，长4～8毫米，有短爪。长角果线形，长3.5～8厘米，果瓣具1显明中脉；喙长10～20毫米；果梗长达3厘米。种子球形，直径约1.8毫米，浅黄棕色，近种脐处黑色，有细网状窠穴。花期3～4月，果期5～6月。

本区广泛栽培，俗称蔓青。块根熟食或用来制作泡菜，或作饲料，可入药，具清肺止咳、软便利尿、填精壮阳、明目增视之功效。

荠

荠 Capsella bursa-pastoris (L.) Medic.

一年生或二年生草本，高10～50厘米，有单毛或分叉毛。茎直立，单一或下部分枝。基生叶呈莲座状，大头羽状分裂，长达12厘米，宽达2.5厘米，顶裂片卵形至长圆形，长5～30毫米，宽2～20毫米，侧裂片3～8对，长圆形至卵形，长5～15毫米，顶端渐尖，浅裂，或有不规则粗锯齿或近全缘，叶柄长5～40毫米；茎生叶窄披针形或披针形，长5～6.5毫米，宽2～15毫米，基部箭形，抱茎，边缘有缺刻或锯齿。总状花序顶生及腋生，果期延长达20厘米；花梗长3～8毫米；萼片长圆形，长1.5～2毫米；花瓣白色，卵形，长2～3毫米，有短爪。短角果倒三角形或倒心状三角形，长5～8毫米，宽4～7毫米，扁平，无毛，顶端微凹，裂瓣具网脉；花柱长约0.5毫米；果梗长5～15毫米。种子2行，长椭圆形，长约1毫米，浅褐色。花果期4～6月。

本区分布广，又名荠菜。生于山坡、田边及路旁。种子含油20%～30%，可供制油漆及肥皂；每百克茎叶含维生素234.12毫克以上，含钙420毫克；全草、种子可药用，具和脾、利水、止血、清热明目、消积之功效。

离子芥

离子芥 Chorispora tenella (Pall.) DC.

一年生草本，高5～30厘米，植株具稀疏单毛和腺毛。根纤细，侧根很少。基生叶丛生，宽披针形，长3～8厘米，宽5～15毫米，边缘具疏齿或羽状分裂；茎生叶披针形，较基生叶小，长2～4厘米，宽3～10毫米，边缘具数对凹波状浅齿或近全缘。总状花序疏展，果期延长，花淡紫色或淡蓝色；萼片披针形，长约0.5毫米，宽不及1毫米，具白色膜质边缘；花瓣长7～10毫米，宽约1毫米，顶端钝圆，下部具细爪。长角果圆柱形，长1.5～3厘米，略向上弯曲，具横节，喙长1～1.5厘米，向上渐尖，与果实顶端的界限不明显；果梗长3～4毫米，与果实近等粗。种子长椭圆形，褐色；子叶缘倚胚根。花果期4～8月。

本区分布广。生于干燥荒地、荒滩、山坡草丛、路旁沟边及农田中。嫩株用开水焯后可冷调或炒食。

播娘蒿 **Descurainia sophia** (L.) Webb. ex Prantl.

一年生草本，高 20～80 厘米，有毛或无毛，毛为叉状毛，以下部茎生叶为多，向上渐少。茎直立，分枝多，常于下部成淡紫色。叶为三回羽状深裂，长 2～12 厘米，末端裂片条形或长圆形，裂片长 3～5 毫米，宽 0.8～1.5 毫米，下部叶具柄，上部叶无柄。花序伞房状，果期伸长；萼片直立，早落，长圆条形，背面有分叉细柔毛；花瓣黄色，长圆状倒卵形，长 2～2.5 毫米，或稍短于萼片，具爪；雄蕊 6 枚，比花瓣长 1/3。长角果圆筒状，长 2.5～3 厘米，宽约 1 毫米，无毛，稍内曲，与果梗不成一条直线，果瓣中脉明显；果梗长 1～2 厘米。种子每室 1 行，种子型小，多数，长圆形，长约 1 毫米，稍扁，淡红褐色，表面有细网纹。花期 4～5 月。

本区分布广。生于山坡、田野及农田。种子含油达 34.8%，可供制肥皂、油漆，并可食用；种子和地上部分可药用，具清热解毒、泻肺定喘、祛痰止咳、行水消肿之功效。

播娘蒿

葶苈 **Draba nemorosa** L.

一年生或二年生草本。茎直立，高 5～45 厘米，单一或分枝，疏生叶片或无叶，但分枝茎有叶片；下部密生单毛、叉状毛和星状毛，上部渐稀至无毛。基生叶莲座状，长倒卵形，顶端稍钝，边缘有疏细齿或近于全缘；茎生叶长卵形或卵形，顶端尖，基部楔形或渐圆，边缘有细齿，无柄，上面被单毛和叉状毛，下面以星状毛为多。总状花序有花 25～90 朵，密集成伞房状，花后显著伸长，疏松；小花梗细，长 5～10 毫米；萼片椭圆形，背面略有毛；花瓣黄色，花期后成白色，倒楔形，长约 2 毫米，顶端凹；雄蕊长 1.8～2 毫米，花药短心形；雌蕊椭圆形，密生短单毛，花柱几乎不发育，柱头小。短角果长圆形或长椭圆形，长 4～10 毫米，宽 1.1～2.5 毫米，被短单毛；果梗长 8～25 毫米，与果序轴成直角开展，或近于直角向上开展。种子椭圆形，褐色，种皮有小疣。花期 3 月至 4 月上旬，果期 5～6 月。

本区分布广。生于田边路旁、山坡草地及河谷湿地。种子含油 26.26%，可供制皂工业用；种子可入药，具清热祛痰、定喘、利尿之功效。

葶苈

小花糖芥 **Erysimum cheiranthoides** L.

一年生草本，高 15～50 厘米。茎直立，分枝或不分枝，有棱角，具 2 叉毛。基生叶莲座状，无柄，平铺地面，叶片长 2～4 厘米，宽 1～4 毫米，有 2～3 叉毛；叶柄长 7～20 毫米；茎生叶披针形或线形，长 2～6 厘米，宽 3～9 毫米，顶端急尖，基部楔形，边缘具深波状疏齿或近全缘，两面具 3 叉毛。总状花序顶生，果期长达 17 厘米；萼片长圆形或线形，长 2～3 毫米，外面有 3 叉毛；花瓣浅黄色，长圆形，长 4～5 毫米，顶端圆形或截形，下部具爪。长角果圆柱形，长 2～4 厘米，宽约 1 毫米，侧扁，稍有棱，具 3 叉毛；果瓣有 1 条不明显中脉；花柱长约 1 毫米，柱头头状。果梗粗，长 4～6 毫米，种子每室 1 行。种子卵形，长约 1 毫米，淡褐色。花期 5 月，果期 6 月。

本区分布广。生于山坡、山谷、路旁及村旁荒地。种子含油 20%～40%，可供工业用油；全草及种子可药用，有小毒，具强心、利尿之功效。

小花糖芥

独行菜 **Lepidium apetalum** Willd.

一年生或二年生草本，高 5～30 厘米。茎直立，有分枝，无毛或具微小头状毛。基生叶窄匙形，一回羽状浅裂或深裂，长 3～5 厘米，宽 1～1.5 厘米；叶柄长 1～2 厘米；茎上部叶线形，有疏齿或全缘。总状花序在果期可延长至 5 厘米；萼片早落，卵形，长约 0.8 毫米，外面有柔毛；花瓣不存或退化成丝状，比萼片短；雄蕊 2 或 4 枚。短角果近圆形或宽椭圆形，扁平，长 2～3 毫米，宽约 2 毫米，顶端微缺，上部有短翅，隔膜宽不到 1 毫米；果梗弧形，长约 3 毫米。种子椭圆形，长约 1 毫米，平滑，棕红色。花果期 5～7 月。

本区分布广，俗称辣辣菜。生于山坡、山沟、路旁及村庄附近。嫩叶可作野菜食用；种子含油 20.1%～22.3%，可药用，具利尿、止咳化痰之功效。

独行菜

光果宽叶独行菜 **Lepidium latifolium** L. var. **affine** C. A. Mey.

多年生草本，高 30～150 厘米。茎直立，上部多分枝，基部稍木质化，无毛或疏生单毛。基生叶及茎下部叶革质，长圆状披针形或卵形，长 3～6 厘米，宽 3～5 厘米，顶端急尖或圆钝，基部楔形，全缘或有牙齿，两面有柔毛；叶柄长 1～3 厘米，茎上部叶披针形或长圆状椭圆形，长 2～5 厘米，宽 5～15 毫米，无柄。总状花序圆锥状；萼片脱落，卵状长圆形或近圆形，长约 1 毫米，顶端圆形；花瓣白色，倒卵形，长约 2 毫米，顶端圆形，爪明显或不明显；雄蕊 6 枚。短角果宽卵形或近圆形，长 1.5～3 毫米，顶端全缘，基部圆钝，无翅，无毛或近无毛，花柱极短；果梗长 2～3 毫米。种子宽椭圆形，长约 1 毫米，压扁，浅棕色，无翅。花期 5～7 月，果期 7～9 月。

本区分布广。生于村旁、田边、山坡草甸。全草可入药，具清热燥湿之功效。

光果宽叶独行菜

诸葛菜 **Orychophragmus violaceus** (L.) O. E. Schulz

一年生或二年生草本，无毛。茎单一，直立，基部或上部稍有分枝，浅绿色或带紫色。基生叶及下部茎生叶大头羽状全裂，顶裂片近圆形或短卵形，长 3～7 厘米，宽 2～3.5 厘米，顶端钝，基部心形，有钝齿，侧裂片 2～6 对，卵形或三角状卵形，长 3～10 毫米，越向下越小，偶在叶轴上杂有极小裂片，全缘或有牙齿，叶柄长 2～4 厘米，疏生细柔毛；上部叶长圆形或窄卵形，长 4～9 厘米，顶端急尖，基部耳状，抱茎，边缘有不整齐牙齿。花紫色、浅红色或褪成白色，直径 2～4 厘米；花梗长 5～10 毫米；花萼筒状，紫色，萼片长约 3 毫米；花瓣宽倒卵形，长 1～1.5 厘米，宽 7～15 毫米，密生细脉纹，爪长 3～6 毫米。长角果线形，长 7～10 厘米；具 4 棱，裂瓣有 1 凸出中脊，喙长 1.5～2.5 厘米；果梗长 8～15 毫米。种子卵形至长圆形，长约 2 毫米，稍扁平，黑棕色，有纵条纹。花期 4～5 月，果期 5～6 月。

本区公园、庭院、路旁或地边有栽培，俗称二月蓝。为良好的园林植物。嫩茎叶可食；种子可榨油。

诸葛菜

萝卜 **Raphanus sativus** L.

一年生或二年生草本，高 20～100 厘米。直根肉质，长圆形、球形或圆锥形，外皮绿色、白色或红色。茎有分枝，无毛，稍具粉霜。基生叶和下部茎生叶大头羽状半裂，长 8～30 厘米，宽 3～5 厘米，顶裂片卵形，侧裂片 4～6 对，长圆形，有钝齿，疏生粗毛，上部叶长圆形，有锯齿或近全缘。总状花序顶生及腋生；花白色或粉红色，直径1.5～2厘米；花梗长5～15毫米；萼片长圆形，长5～7毫米；花瓣倒卵形，长1～1.5厘米，具紫纹，下部有长5毫米的爪。长角果圆柱形，长3～6厘米，宽10～12毫米，在相当种子间处缢缩，并形成海绵质横隔；顶端喙长1～1.5厘米；果梗长1～1.5厘米。种子1～6粒，卵形，微扁，长约3毫米，红棕色，有细网纹。花期4～5月，果期5～6月。

本区普遍栽培，又名莱菔。根作蔬菜食用；种子含油31.9%～40.2%，榨油工业用及食用；种子、叶、根可药用，具消食除胀、理气化痰、利尿消肿之功效。

萝卜

蔊菜 Rorippa indica (L.) Hiern.

一年生或二年生直立草本，高20～40厘米，植株较粗壮，无毛或具疏毛。茎单一或分枝，表面具纵沟。叶互生，基生叶及茎下部叶具长柄，叶形多变化，通常大头羽状分裂，长4～10厘米，宽1.5～2.5厘米，顶端裂片大，卵状披针形，边缘具不整齐牙齿，侧裂片1～5对；茎上部叶宽披针形或匙形，边缘具疏齿，具短柄或基部耳状抱茎。总状花序顶生或侧生，花小，多数，具细花梗；萼片4枚，卵状长圆形，长3～4毫米；花瓣4，黄色，匙形，基部渐狭成短爪，与萼片近等长；雄蕊6枚，2枚稍短。长角果线状圆柱形，短而粗，长1～2厘米，宽1～1.5毫米，直立或稍内弯，成熟时果瓣隆起；果梗纤细，长3～5毫米，斜升或近水平开展。种子每室2行，多数，细小，卵圆形而扁，一端微凹，表面褐色，具细网纹。花期4～6月，果期6～8月。

本区分布广。生于路旁、田边、河边、屋边墙脚等潮湿处。全草可入药，内服有解表健胃、止咳化痰、平喘、清热解毒、散热消肿等功效；外用治痈肿疮毒及烫火伤。

蔊菜

沼生蔊菜 Rorippa islandica (Oed.) Borb.

一年生或二年生草本，高20～50厘米，光滑无毛或稀有单毛。茎直立，单一成分枝，下部常带紫色，具棱。基生叶多数，具柄；叶片羽状深裂或大头羽裂，长圆形至狭长圆形，长5～10厘米，宽1～3厘米，裂片3～7对，边缘不规则浅裂或呈深波状，顶端裂片较大，基部耳状抱茎，有时有缘毛；茎生叶向上渐小，近无柄，叶片羽状深裂或具齿，基部耳状抱茎。总状花序顶生或腋生，果期伸长；花小，多数，黄色或淡黄色；具纤细花梗，长3～5毫米；萼片长椭圆形，长1.2～2毫米，宽约0.5毫米；花瓣长倒卵形至楔形，等于或稍短于萼片；雄蕊6枚，近等长，花丝线状。短角果椭圆形或近圆柱形，有时稍弯曲，长3～8毫米，宽1～3毫米，果瓣肿胀。种子每室2行，多数，褐色，细小，近卵形而扁，一端微凹，表面具细网纹。花期4～7月，果期6～8月。

本区分布广。生于近水处、溪岸、路旁、田边等潮湿环境。种子含油31.37%，可食用，也可制肥皂、油漆、油墨、润滑油；全草可入药，用于治疗坏血病、肺结核。

沼生蔊菜

菥蓂 Thlaspi arvense L.

一年生草本，高9～60厘米，无毛。茎直立，不分枝或分枝，具棱。基生叶倒卵状长圆形，长3～5厘米，宽1～1.5厘米，顶端圆钝或急尖，基部抱茎，两侧箭形，边缘具疏齿；叶柄长1～3厘米。总状花序顶生；花白色，直径约2毫米；花梗细，长5～10毫米；萼片直立，卵形，长约2毫米，顶端圆钝；花瓣长圆状倒卵形，长2～4毫米，顶端圆钝或微凹。短角果倒卵形或近圆形，长13～16毫米，宽9～13毫米，扁平，顶端凹入，边缘有翅，宽约3毫米。种子每室2～8粒，倒卵形，长约1.5毫米，稍扁平，黄褐色，有同心环状条纹。花期3～4月，果期5～6月。

本区分布广，又名遏蓝菜。生于路旁、沟边或村落附近。种子含油25.1%～31.7%，可供制肥皂、润滑油，还可食用；全草、嫩苗和种子均可入药，具清热解毒、消肿排脓、利肝明目、和中益气之功效。

菥蓂

蚓果芥 **Torularia humilis** (C. A. Mey.) O. E. Schulz

多年生草本，被2叉毛，并杂有3叉毛，毛的分枝弯曲。茎自基部分枝。基生叶窄卵形；下部的茎生叶变化较大，叶片宽匙形至窄长卵形，顶端钝圆，基部渐窄，近无柄，全缘，或具2～3对明显或不明显的钝齿；中上部的条形；最上部数叶常入花序而成苞片。花序呈紧密伞房状，果期伸长；萼片长圆形，外轮的较内轮的窄，有的在背面顶端隆起，内轮的偶在基部略呈囊状，均有膜质边缘；花瓣倒卵形或宽楔形，白色，顶端近截形或微缺，基部渐窄成爪；花柱短，柱头2浅裂；子房有毛。长角果筒状，略呈念珠状，两端渐细，直或略曲，或作“之”形弯曲；果瓣被2叉毛。种子长圆形，长约1毫米，橘红色。花期4～6月。

本区分布广。生于山坡草地、林下、河滩等地。全草可药用，治食物中毒、消化不良。

蚓果芥

62 鹿蹄草科 Pyrolaceae

毛花松下兰 **Monotropa hypopitys** L. var. **hirsuta** Roth

多年生腐生草本，高8～27厘米，全株无叶绿素，白色或淡黄色，肉质，干后变黑褐色；茎、花梗、萼片、花瓣、花丝、子房和花柱等各部分均有白色粗毛，有时上部叶基部也有毛。根细而分枝密。叶鳞片状，互生，上部较稀疏，下部较紧密，卵状长圆形或卵状披针形，长1～1.5厘米，宽0.5～0.7厘米，先端钝头，边缘近全缘，上部的常有不整齐的锯齿。总状花序有3～8花；花初下垂，后渐直立，花冠筒状钟形，长1～1.5厘米，直径0.5～0.8厘米；苞片卵状长圆形或卵状披针形，长10～16毫米，宽4～7毫米；萼片长圆状卵形，长7～10毫米，宽2.5～3.5毫米，先端急尖，早落；花瓣4～5，长圆形或倒卵状长圆形，长12～14毫米，宽4.5～6毫米，先端钝，上部有不整齐的锯齿，早落；雄蕊8～10枚，短于花冠，花药橙黄色，中轴胎座，4～5室；花柱直立，长2.5～4毫米，柱头膨大成漏斗状，4～5圆裂。蒴果椭圆状球形，长7～10毫米，直径5～7毫米。花期6～8月，果期8～9月。

产本区富县直罗镇。生于山坡林下。全草可药用，具镇静、解痉、镇咳之功效。

毛花松下兰

63 柿科 Ebenaceae

柿 **Diospyros kaki** Thunb.

落叶乔木。树皮块状裂。枝散生皮孔，嫩枝被毛。叶卵状椭圆形至倒卵形，长 7～18 厘米，宽 3～9 厘米，先端渐尖，基部楔形或圆形，幼叶疏生柔毛；中脉上凹下凸，侧脉每边 5～7 条；叶柄长 8～20 毫米，有浅槽。雌雄异株，聚伞花序腋生；雄花序小，有毛，花 3 朵；花梗长约 3 毫米；花萼钟状，两面有毛，深 4 裂，裂片有睫毛；花冠黄白色，4 裂，裂片两面有毛；雄蕊 16～24 枚，花丝先端有毛，药隔背部有柔毛；雌花单生叶腋，花萼深 4 裂，萼管内外有毛；花梗密生柔毛；花冠黄白色或带紫红色，4 裂，花冠管近四棱形，裂片向外弯曲；退化雄蕊 8 枚，有长柔毛；子房具 4 棱，8 室；花柱 4 深裂，柱头 2 浅裂。果球形，直径 3.5～8.5 厘米，由绿色变黄色或橙黄色；果柄长 6～12 毫米，宿存萼增大增厚，4 裂，内被绢毛。种子褐色，椭圆状。花期 5～6 月，果期 9～10 月。

本区黄陵县和宜君县有栽培。成熟果实可食；果实、叶、花及根可药用，具清热润肺、涩肠、润燥、化痰、凉血止血之功效。

柿

君迁子 Diospyros lotus L.

落叶乔木。树皮深裂剥落。小枝有皮孔；嫩枝有短柔毛。叶膜质，椭圆形至长椭圆形，长 5～13 厘米，宽 2.5～6 厘米，先端渐尖，基部宽楔形，两面具柔毛，上面后脱落，侧脉每边 7～10 条；叶柄有沟。雄花 1～3 朵腋生，花萼钟形，4 或 5 裂，裂片内有绢毛，边缘有睫毛，花冠带红色或黄色，边缘有睫毛，雄蕊 16 枚，每 2 枚成对，1 枚较短，花药披针形，药隔有长毛，子房退化；雌花单生，淡绿色或带红色，花萼 4 裂，基部有毛，裂片先端急尖，边缘有睫毛，花冠 4 或 5 裂，裂片反曲，退化雄蕊 8 枚，有白色粗毛，子房顶端有毛，8 室，花柱 4。果近球形或椭圆形，直径 1～2 厘米，初熟时淡黄色，后为蓝黑色，有白色薄蜡层；宿存萼 4 裂，裂片卵形。种子长圆形，长 1 厘米，宽 6 毫米，褐色，侧扁。花期 5～6 月，果期 10～11 月。

产本区富县直罗镇，黄陵县腰坪乡，俗称黑枣。生于山坡、山谷灌丛中。果实去涩生食；作柿树的砧木；果实可药用，具补中益气、养血、安神及明目之功效。

君迁子

64 报春花科 Primulaceae

直立点地梅 Androsace erecta Maxim.

一年生或二年生草本。主根细长，具少数支根。茎通常单生，直立，高 10～35 厘米，被稀疏或密集的多细胞柔毛。叶在茎基部多少簇生，通常早枯；茎叶互生，椭圆形至卵状椭圆形，长 4～15 毫米，宽 1.2～6 毫米，先端锐尖或稍钝，具软骨质骤尖头，基部短渐狭，边缘增厚，软骨质，两面均被柔毛；叶柄极短，长约 1 毫米或近于无，被长柔毛。花多朵组成伞形花序生于无叶的枝端，亦偶有单生于茎上部叶腋的；花梗长 1～3 厘米，疏被短柄腺体；苞片卵形至卵状披针形，长约 3.5 毫米，叶状，具软骨质边缘和骤尖头，被稀疏的短柄腺体；花萼钟状，长 3～3.5 毫米，分裂达中部，裂片狭三角形，先端具小尖头，外面被稀疏的短柄腺体，具不明显的 2 纵沟；花冠白色或粉红色，直径 2.5～4 毫米，裂片小，长圆形，宽 0.8～1.2 毫米，伸出花萼。蒴果长圆形，长于花萼。花期 4～6 月，果期 7～8 月。

产本区富县直罗镇。生于山坡草地。全草可药用，具利水消肿之功效。

直立点地梅

大苞点地梅 *Androsace maxima* L.

一年生草本。主根细长，具少数支根。莲座状叶丛单生；叶片狭倒卵形、椭圆形或倒披针形，长5～15毫米，宽2～5毫米，先端锐尖或稍钝，基部渐狭，无明显叶柄，中上部边缘有小牙齿，质地较厚，两面近于无毛或疏被柔毛。花葶2～4枚自叶丛中抽出，高2～7.5厘米，被白色卷曲柔毛和短腺毛；伞形花序多花，被小柔毛和腺毛；花梗直立，长1～1.5厘米；苞片大，椭圆形或倒卵状长圆形，长5～7毫米，宽1～2.5毫米，先端钝或微尖；花萼杯状，长3～4毫米，果时增大，长可达9毫米，分裂约达全长的2/5，被稀疏柔毛和短腺毛；裂片三角状披针形，先端渐尖，质地稍厚，老时黄褐色；花冠白色或淡粉红色，直径3～4毫米，筒部长约为花萼的2/3，裂片长圆形，长1～1.8毫米，先端钝圆。蒴果近球形，与宿存花萼长等长或稍短。花期5～6月，果期6～7月。

产本区富县张家湾镇。生于山坡草地及荒地。

大苞点地梅

点地梅 *Androsace umbellata* (Lour.) Merr.

一年生或二年生草本。主根不明显，具多数须根。叶全部基生，叶片近圆形或卵圆形，先端钝圆，基部浅心形至近圆形，边缘具三角状钝牙齿，两面均被贴伏的短柔毛；叶柄被开展的柔毛。花葶通常数枚自叶丛中抽出，被白色短柔毛；伞形花序4～15花；花梗纤细，被柔毛并杂生短柄腺体；苞片卵形至披针形；花萼杯状，密被短柔毛，分裂近达基部，裂片菱状卵圆形，具3～6纵脉，果期增大，呈星状展开；花冠白色，短于花萼，喉部黄色，裂片倒卵状长圆形。蒴果近球形，果皮白色，近膜质。花期2～4月，果期5～6月。

产本区富县张家湾镇，耀州区。生于山坡草地或荒地。全草可药用，具祛风、清热解毒、消肿止痛之功效。

点地梅

海乳草 *Glaux maritima* L.

多年生草本。茎高3～25厘米，直立或下部匍匐，节间短，通常有分枝。叶近于无柄，交互对生或有时互生，间距极短，仅1毫米，或有时稍疏离，相距可达1厘米，近茎基部的3～4对鳞片状，膜质，上部叶肉质，线形、线状长圆形或近匙形，长4～15毫米，宽1.5～3.5毫米，先端钝或稍锐尖，基部楔形，全缘。花单生于茎中上部叶腋；花梗长可达1.5毫米，有时极短，不明显；花萼钟形，白色或粉红色，花冠状，长约4毫米，分裂达中部，裂片倒卵状长圆形，宽1.5～2毫米，先端圆形；雄蕊5枚，稍短于花萼；子房卵珠形，上半部密被小腺点，花柱与雄蕊等长或稍短。蒴果卵状球形，长2.5～3毫米，先端稍尖，略呈喙状。花期6月，果期7～8月。

产本区富县直罗镇。生于荒野草地或田边潮湿处。全草可入药，具清热解毒之功效。

海乳草

狼尾花 *Lysimachia barystachys* Bunge

多年生草本，全株密被卷曲柔毛。根茎横走。茎直立，高30～100厘米。叶互生或近对生，长圆状披针形、倒披针形，长4～10厘米，宽6～22毫米，先端钝或锐尖，基部楔形，近于无柄。总状花序顶生，花密集；花序轴长4～6厘米，后渐伸长，果时长可达30厘米；花梗长4～6毫米，通常稍短于苞片；苞片线状钻形；花萼长3～4毫米，分裂近达基部，裂片长圆形，周边膜质，顶端圆形，略呈啮蚀状；花冠白色，长7～10毫米，基部合生部分长约2毫米，裂片舌状狭长圆形，宽约 2 毫米，先端钝或微凹，常有暗紫色短腺条；雄蕊内藏，花丝基部约 1.5 毫米连合并贴生于花冠基部，分离部分长约 3 毫米，具腺毛；花药椭圆形，长约 1 毫米；花粉粒具 3 孔沟，长球形，表面近于平滑；子房无毛，花柱短，长 3～3.5 毫米。蒴果球形，直径 2.5～4 毫米。花期 6～8 月，果期 7～10 月。

本区分布广。生于林缘、山坡及路旁草丛中。种子含脂肪油 32.24%，可工业用；全草可药用，具调经散瘀、清热消肿、解毒、止咳之功效。

狼尾花

矮桃

矮桃 **Lysimachia clethroides** Duby

多年生草本，全株被黄褐色卷曲柔毛。根茎横走，淡红色。茎直立，高 40～100 厘米，圆柱形，基部带红色，不分枝。叶互生，长椭圆形或阔披针形，长 6～16 厘米，宽 2～5 厘米，先端渐尖，基部渐狭，两面散生黑色粒状腺点，近于无柄或具长 2～10 毫米的柄。总状花序顶生，盛花期长约 6 厘米，花密集，常转向一侧，后渐伸长，果时长 20～40 厘米；花梗长 4～6 毫米；苞片线状钻形，比花梗稍长；花萼长 2.5～3 毫米，分裂近达基部，裂片卵状椭圆形，先端圆钝，周边膜质，有腺状缘毛；花冠白色，长 5～6 毫米，基部合生部分长约 1.5 毫米，裂片狭长圆形，先端圆钝；雄蕊内藏，花丝基部约 1 毫米连合并贴生于花冠基部，分离部分长约 2 毫米，被腺毛；花药长圆形，长约 1 毫米；花粉粒具 3 孔沟，长球形，表面近于平滑；子房卵珠形，花柱稍粗，长 3～3.5 毫米。蒴果近球形，直径 2.5～3 毫米。花期 5～7 月，果期 7～10 月。

本区分布广，又称珍珠草。生于山坡林缘和草丛中。嫩叶可食或作饲料；全草可入药，具活血调经、解毒消肿之功效。

散布报春

散布报春 **Primula conspersa** Balf. f. et Purdom

多年生草本。根状茎极短，具多数须根。叶椭圆形、狭矩圆形，长 1～4 厘米，宽 0.5～1.6 厘米，先端圆形或钝，基部渐狭窄，边缘具牙齿，幼时两面被短柄小腺体，中肋稍宽，侧脉极纤细；叶柄长仅达叶片的 1/2，具狭翅。花葶直立，高 10～45 厘米，被粉质腺体；伞形花序 1～2 轮，每轮 3～12 花；花梗纤细，长 1～5 厘米，被粉质腺体；苞片线状披针形，长 4～7 毫米，基部稍膨大；花萼钟状，长 3.5～5.5 毫米，外面被粉质腺体，分裂达中部，裂片狭三角形，边缘具小腺毛；花冠蓝紫色或淡蓝色，冠筒口周围橙黄色，冠筒管状，长 9～12 毫米，冠檐直径 1～1.5 厘米，裂片倒卵形，先端具深凹缺；长花柱花：雄蕊着生于冠筒中部，花柱微伸出冠筒口；短花柱花：雄蕊靠近冠筒喉部环状附属物，花柱与花萼等长。蒴果长圆形，略长于宿存花萼。种子卵圆形或倒卵形，外表皮蜂窝状，纵径 0.18～1.37 毫米，横径 0.18～0.48 毫米。花期 6 月，果期 8～9 月。

产本区富县张家湾镇、直罗镇，耀州区，又称灯台报春。生于沟谷、河岸湿润草地或灌丛中。

胭脂花

胭脂花 **Primula maximowiczii** Regel

多年生草本，全株无粉。根状茎短，具多数长根。叶丛基部无鳞片。叶倒卵状椭圆形、狭椭圆形，连柄长 5～20 厘米，宽 1.5～3 厘米，先端钝圆或稍锐尖，基部渐狭窄，边缘具三角形小牙齿，中肋稍宽，侧脉纤细；叶柄具膜质宽翅，甚短，或与叶柄近等长。花葶稍粗壮，高 20～45 厘米；伞形花序 1～3 轮，每轮 6～10 花；花梗长 1～3 厘米；苞片披针形，长 3～7 毫米，先端渐尖，基部连合；花萼狭钟状，长6～10毫米，浅裂，裂片三角形，边缘具腺状小缘毛；花冠暗朱红色，冠筒管状，裂片狭矩圆形，长4～8毫米，宽2.5～3毫米，全缘，通常反折贴于冠筒上；长花柱花：冠筒长11～13毫米，雄蕊着生于冠筒中下部，距基部4～5毫米，花柱长近达冠筒口；短花柱花：冠筒长4～19毫米，雄蕊着生于冠筒上部，花药顶端距筒口约2毫米，花柱长3～4毫米。蒴果稍长于花萼。花期6～7月，果期7～8月。

产本区富县直罗镇。生于林下和林缘湿润处。全草可药用，具清热解毒、止痛、祛风之功效。

65 茶藨子科 Ribesioideae

刺果茶藨子 **Ribes burejense** Fr. Schmidt

落叶灌木，高1～2米。老枝灰黑色，小枝灰棕色，幼时具柔毛，节上有3～7枚轮状排列长约1厘米粗刺，节间密生细针刺。叶宽卵圆形，长1.5～4厘米，宽1.5～5厘米，幼时两面被柔毛，掌状3～5深裂，裂片边缘有粗钝锯齿；叶柄长1.5～3厘米，初具柔毛，有腺毛。总状花序长1～1.5厘米；花两性，单生于叶腋或2～3朵；花序轴具柔毛或腺毛；花梗长5～10毫米，疏生柔毛或腺毛；苞片宽卵圆形，长3～4毫米，宽约3毫米，被柔毛，具3脉；花萼浅褐色至红褐色，疏生柔毛；萼筒宽钟形，宽大于长，萼片长圆形；花瓣匙形或长圆形，长4～5毫米，宽1.5～3毫米，浅红色或白色；雄蕊比花瓣长，花药卵状椭圆形，先端无蜜腺；子房梨形，具黄褐色小刺，花柱几与雄蕊等长，先端2浅裂。果实圆球形，直径约1厘米，初为绿色，熟后为暗红黑色，具黄褐色小刺，无腺毛。花期5～6月，果期7～8月。

本区富县直罗镇可见，俗称刺梨、醋栗。生于山坡灌丛及林缘。果实可供食用，或可制作果汁和果酒。

刺果茶藨子

东北茶藨子 **Ribes mandshuricum** (Maxim.) Kom.

落叶灌木，高1～3米。小枝灰色，皮纵裂，嫩枝褐色，具短柔毛。芽卵圆形，具棕褐色鳞片，外面微被柔毛。叶长5～10厘米，长宽相似，基部心脏形，幼时两面被短柔毛，下面甚密，掌状3裂，裂片卵状三角形，先端急尖，边缘具粗锐锯齿或重锯齿；叶柄长4～7厘米，具短柔毛。总状花序长7～16厘米，具花40～50朵；花两性，直径3～5毫米；花序轴和花梗密被短柔毛；花梗长1～3毫米；苞片小，卵圆形；花托内具5个分离的突出体；花萼绿色或带黄色，外面近无毛；萼筒盆形，长1～1.5毫米，宽2～4毫米；萼片倒卵状舌形，长2～3毫米，宽1～2毫米，先端圆钝，边缘反折；花瓣近匙形，长1～1.5毫米，先端圆钝或截形，浅黄绿色；雄蕊稍长于萼片，花药近圆形，红色；子房无毛，花柱稍短，先端2裂。果实球形，直径7～9毫米，红色。种子多数，圆形。花期4～6月，果期7～8月。

产本区富县直罗镇，俗称山麻子。生于山坡或山谷杂木林内。果实味酸可食，并可制作果汁和果酒。

东北茶藨子

尖叶茶藨子 **Ribes maximowiczianum** Kom.

落叶小灌木，高约1米。小枝灰褐色，皮纵向剥裂，嫩枝棕褐色，无刺。叶宽卵圆形或近圆形，长2.5～5厘米，宽2～4厘米，上面深绿色，散生粗伏柔毛，下面沿叶脉具粗伏柔毛，掌状3裂，顶生裂片长，近菱形，先端渐尖，侧生裂片卵状三角形，先端急尖，边缘具粗钝锯齿；叶柄长5～10毫米，具疏腺毛。花单性，雌雄异株，组成总状花序；雄花序长2～4厘米，具花10余朵；雌花序较短，具花10朵以下；花序轴和花梗疏生短腺毛，无柔毛；花梗长1～3毫米；苞片椭圆状披针形，长3～5毫米，宽1～2毫米，边缘具腺毛；花萼黄褐色；萼筒碟形，长1.5～2毫米，宽大于长；萼片长卵圆形，长1.5～2.5毫米，直立；花瓣极小，倒卵圆形；雄蕊比花瓣稍长，花药和花丝近等长；雌花的退化雄蕊棒状；子房无毛，雄花的子房不发育；花柱先端2裂。果实近球形，直径6～8毫米，红色。花期5～6月，果期8～9月。

产本区富县直罗镇。生于山坡或疏林下及灌丛中。果实可食，并可制果汁和果酒。

尖叶茶藨子

美丽茶藨子 **Ribes pulchellum** Turcz.

落叶灌木，高1～2.5米。小枝灰褐色，嫩枝褐色或红褐色，节上具1对小刺，小枝上具少数细刺。芽卵圆形，长3～4毫米，具褐色鳞片。叶宽卵圆形，长、宽各1.5～3厘米，基部近截形至浅心脏形，上面暗绿色，下面色浅，两面具短柔毛，掌状3～5裂，边缘具粗锐单锯齿或重锯齿；叶柄长0.5～2厘米，具柔毛和腺毛。花单性，雌雄异株，总状花序；雄花序长3～7厘米，具8～20朵疏散的花；雌花序短，花少，雄花序长，具花8～20朵；花序轴和花梗初具短柔毛和腺毛；花梗长2～4毫米；苞片披针形，长3～4毫米，边缘有柔毛或腺毛，具单脉；花萼浅绿黄色，萼筒碟形，宽大于长；萼片宽卵圆形，长1.5～2毫米，长于花瓣；花瓣鳞片状，长1～1.5毫米；雄蕊长于花瓣，花药白色；子房近球形，花柱先端2裂。浆果球形，直径5～8毫米，红色；果序长3厘米左右，有短柔毛。花期6～7月，果期8～9月。

产本区富县直罗镇，俗称醋梨。生于多石砾山坡或阳坡灌丛中。果实可食，并可制果汁和果酒。

美丽茶藨子

66 景天科 Crassulaceae

玉树 **Crassula arborescens** (Mill.) Willd.

多浆肉质亚灌木，株高1～3米。茎干肉质，粗壮，干皮灰白色，色浅，分枝多。小枝褐绿色，色深。叶肉质，卵圆形，长4厘米左右，宽3厘米，叶片灰绿色。筒状花直径2厘米，白色或淡粉色。花期春末夏初。

本区花房、庭院、居室有栽培，供观赏。

玉树

八宝 **Hylotelephium erythrostictum** (Miq.) H. Ohba

多年生草本。块根胡萝卜状。茎直立，高30～70厘米，不分枝。叶对生，少有互生或3叶轮生，长圆形至卵状长圆形，长4.5～7厘米，宽2～3.5厘米，先端急尖，钝，基部渐狭，边缘有疏锯齿，无柄。伞房花序顶生；花密生，直径约1厘米；花梗稍短、同长；萼片5枚，卵形，长1.5毫米；花瓣5，白色或粉红色，宽披针形，长5～6毫米，渐尖；雄蕊10枚，与花瓣同长或稍短，花药紫色；鳞片5，长圆状楔形，长1毫米，先端有微缺；心皮5枚，直立，基部几分离。花期8～10月。

产本区富县直罗镇。生于山坡草地或沟边。全草可药用，具清热解毒、散瘀消肿、止血之功效。

轮叶八宝 **Hylotelephium verticillatum** (L.) H. Ohba

多年生草本。须根细。茎高40～500厘米，直立，不分枝。4叶少有5叶轮生，下部的常为3叶轮生或对生，叶比节间长，长圆状披针形至卵状披针形，长4～8厘米，宽2.5～3.5厘米，先端急尖，钝，基部楔形，边缘有整齐的疏牙齿，叶下面常带苍白色，叶有柄。聚伞状伞房花序顶生；花密生，顶半圆球形，直径2～6厘米；苞片卵形；萼片5枚，三角状卵形，长0.5～1毫米，基部稍合生；花瓣5，淡绿色至黄白色，长圆状椭圆形，长3.5～5毫米，先端急尖，基部渐狭，分离；雄蕊10枚，对萼的较花瓣稍长，对瓣的稍短；鳞片5，线状楔形，长约1毫米，先端有微缺；心皮5枚，倒卵形至长圆形，长2.5～5毫米，有短柄，花柱短。种子狭长圆形，长0.7毫米，淡褐色。花期7～8月，果期9月。

本区公园、庭院有栽培，作观赏用。全草可药用，能止痛止血。

八宝

轮叶八宝

瓦松 **Orostachys fimbriatus** (Turcz.) Berger

二年生草本。一年生莲座丛的叶短；莲座叶线形，先端增大，为白色软骨质，半圆形，有齿；二年生花茎一般高10～20厘米，小的只长5厘米，高的有时达40厘米；叶互生，疏生，有刺，线形至披针形，长可达3厘米，宽2～5毫米。总状花序，紧密，或下部分枝，可呈宽20厘米的金字塔形；花梗长达1厘米；苞片线状渐尖；萼片5枚，长圆形，长1～3毫米；花瓣5，红色，披针状椭圆形，长5～6毫米，宽1.2～1.5毫米，先端渐尖，基部1毫米合生；雄蕊10枚，与花瓣同长或稍短，花药紫色；鳞片5，近四方形，长0.3～0.4毫米，先端稍凹。蓇葖5，长圆形，长5毫米，喙细，长1毫米。种子多数，卵形，细小。花期8～9月，果期9～10月。

本区多见。生于陈年的瓦房房顶。全草有小毒，可药用，具清热解毒、止血、利湿、消肿之功效。

瓦松

狭叶红景天 **Rhodiola kirilowii** (Regel) Maxim.

多年生草本。根粗，直立。根状茎直径1.5厘米，先端被三角形鳞片。花茎少数，高15～60厘米，少数可达90厘米，直径4～6毫米，叶密生。叶互生，线形至线状披针形，长4～6厘米，宽2～5毫米，先端急尖，边缘有疏锯齿，或有时全缘，无柄。花序伞房状，有多花，宽7～10厘米；雌雄异株；萼片5或4枚，三角形，长2～2.5毫米，先端急尖；花瓣5或4，绿黄色，倒披针形，长3～4毫米，宽0.8毫米；雄花中雄蕊10或8枚，与花瓣同长或稍超出，花丝、花药黄色；鳞片5或4，近正方形或长方形，长0.8毫米，先端钝或有微缺；心皮5或4枚，直立。蓇葖披针形，长7～8毫米，有短而外弯的喙。种子长圆状披针形，长1.5毫米。花期6～7月，果期7～8月。

本区公园、庭院有栽培，供观赏。根及根状茎可药用，具止血、止痛、破坚、消积、止泻之功效。

狭叶红景天

费菜 **Sedum aizoon** L.

多年生草本。根状茎短，粗茎高20～50厘米，有1～3条茎，直立，无毛，不分枝。叶互生，狭披针形、椭圆状披针形至卵状倒披针形，长3.5～8厘米，宽1.2～2厘米，先端渐尖，基部楔形，边缘有不整齐的锯齿；叶坚实，近革质。聚伞花序有多花，水平分枝，平展，下托以苞叶。萼片5枚，线形，肉质，不等长，长3～5毫米，先端钝；花瓣5，黄色，长圆形至椭圆状披针形，长6～10毫米，有短尖；雄蕊10枚，较花瓣短；鳞片5，近正方形，长0.3毫米；心皮5枚，卵状长圆形，基部合生，腹面凸出，花柱长钻形。蓇葖星芒状排列，长7毫米。种子椭圆形，长约1毫米。花期6～7月，果期8～9月。

本区分布广。生于河岸、低山坡草丛及林缘。全草可药用，具散瘀止血、安神镇痛之功效。

费菜

垂盆草 **Sedum sarmentosum** Bunge

多年生草本。不育枝及花茎细，匍匐而节上生根，直到花序之下，长10～25厘米。3叶轮生，叶倒披针形至长圆形，长15～28毫米，宽3～7毫米，先端近急尖，基部急狭，有距。聚伞花序，有3～5分枝；花少，宽5～6厘米；花无梗；萼片5枚，披针形至长圆形，长3.5～5毫米，先端钝，基部无距；花瓣5，黄色，披针形至长圆形，长5～8毫米，先端有稍长的短尖；雄蕊10枚，较花瓣短；鳞片10，楔状四方形，长0.5毫米，先端稍有微缺；心皮5枚，长圆形，长5～6毫米，略叉开，有长花柱。种子卵形，长0.5毫米。花期5～7月，果期8月。

本区花房、庭院或居室有栽培，或逸为野生。生于湿润向阳的有地被物沟谷、河滩或房屋旁。全草可药用，具清热解毒、消肿排脓、退黄之功效。

垂盆草

67 虎耳草科 Saxifragaceae

落新妇 **Astilbe chinensis** (Maxim.) Franch. et Savat.

多年生草本，高50～100厘米。须根多数。根状茎暗褐色，粗壮，茎无毛。基生叶二至三回三出羽状复叶；顶生小叶片菱状椭圆形，侧生小叶片卵形至椭圆形，长1.8～8厘米，宽1.1～4厘米，先端短渐尖，边缘有重锯齿，基部楔形、浅心形至圆形，腹面沿脉生硬毛，背面沿脉疏生硬毛和小腺毛；叶轴于叶腋部具褐色柔毛；茎生叶2～3，较小。圆锥花序长8～37厘米；下部第一回分枝长4～11.5厘米，通常与花序轴成15°～30°角斜上；花序轴密被褐色卷曲长柔毛；花密集；苞片卵形，几无花梗；萼片5枚，卵形，长1～1.5毫米，宽约0.7毫米，边缘中部以上生微腺毛；花瓣5，淡紫色至紫红色，线形，长4.5～5毫米，宽0.5～1毫米，单脉；雄蕊10枚，长2～2.5毫米；心皮2枚，仅基部合生，长约1.6毫米。蒴果长约3毫米。种子褐色，长约1.5毫米。花果期6～9月。

本区均有分布。生于山谷、林下、林缘处。全草含氰酸；花含槲皮素；根状茎含鞣质9%～10.42%，可提制栲胶；根状茎可药用，具祛风除湿、强筋壮骨、活血祛瘀、止痛、镇咳之功效。

落新妇

大花溲疏 **Deutzia grandiflora** Bge.

落叶灌木，高约2米。老枝深褐色，表皮片状脱落；花枝始极短，后达4厘米，具2～4叶，黄褐色，被星状毛。叶纸质，卵状菱形或椭圆状卵形，长2～5.5厘米，宽1～3.5厘米，先端急尖，基部楔形，边缘具锯齿，上面被4～6星状毛，下面被7～11星状毛，沿叶脉具中央长辐线，侧脉每边5～6条；叶柄长1～4毫米，被星状毛。聚伞花序长和径均1～3厘米，具花2～3朵；花蕾长圆形；花冠径2～2.5厘米；花梗长1～2毫米，被星状毛；萼筒浅杯状，高约2.5毫米，直径约4毫米，被星状毛，裂片线状披针形，较萼筒长，宽1～1.5毫米，疏被毛；花瓣白色，镊合状排列，长圆形或倒卵状长圆形，长约1.5厘米，宽约7毫米，先端圆形，外被星状毛；雄蕊长6～7毫米，花丝先端2齿，下弯呈钩状，花药卵状长圆形，具短柄，内轮雄蕊较短；花柱3。蒴果半球形，直径4～5毫米，被星状毛，宿存萼裂片外弯。花期5～6月，果期8～10月。

产本区富县直罗镇。生于山坡或山谷灌丛中。果实可药用，具清热利尿、下气之功效。

大花溲疏

小花溲疏 Deutzia parviflora Bge.

落叶灌木，高约2米。老枝灰褐色，表皮片状脱落；花枝长3～8厘米，具4～6叶，褐色，被星状毛。叶纸质，卵形或椭圆状卵形，长3～6厘米，宽2～4.5厘米，先端急尖或短渐尖，基部阔楔形或圆形，边缘具细锯齿，上面疏被5辐线星状毛，下面被6～12辐线星状毛；叶柄长3～8毫米，疏被星状毛。伞房花序直径2～5厘米，多花；花序梗被长柔毛和星状毛；花冠直径8～15厘米；花梗长2～12毫米；萼筒杯状，高约3.5毫米，直径约3毫米，密被星状毛，裂片三角形，较萼筒短，先端钝；花瓣白色，阔倒卵形或近圆形，长3～7毫米，宽3～5毫米，先端圆，基部急收狭，两面被毛，花蕾时覆瓦状排列；外轮雄蕊长4～4.5毫米，花丝钻形或近截形，内轮雄蕊长3～4毫米，花丝钻形或具齿，齿长不达花药，花药球形，具柄；花柱3，较雄蕊稍短。蒴果球形，直径2～3毫米。花期5～6月，果期8～10月。

产本区富县直罗镇。生于山谷林缘。茎皮可入药，用于治疗感冒、咳嗽。

小花溲疏

东陵绣球 Hydrangea bretschneideri Dipp.

落叶灌木，高1～3米。幼枝栗红色，初被长柔毛，二年生枝色淡，树皮薄片状剥落。叶纸质，2片对生，卵形至长椭圆形，长7～16厘米，宽2.5～7厘米，先端渐尖，具尖头，基部阔楔形或近圆形，边缘具硬尖头锯齿，脉上被柔毛，下面灰褐色，密被灰白色、卷曲柔毛或后变无毛；中脉下面凸起，侧脉7～8对，小脉网状；叶柄1～3.5厘米，初被柔毛。伞房状聚伞花序短，直径8～15厘米，分枝3，密被柔毛；不育花萼片4枚，广椭圆形、卵形、倒卵形，钝头，全缘；孕性花萼筒杯状，长约1毫米，萼齿三角形，长1～1.5毫米；花瓣白色，分离，基部截平，卵状披针形或长圆形，长2.5～3毫米；雄蕊10枚，不等长，短的约等于花瓣，花药近圆形，黄色，长0.5～0.6毫米；子房半下位，花柱3，上部略尖，基部连合，柱头近头状。蒴果卵球形，顶端圆锥形，稍短于萼筒。种子淡褐色，狭椭圆形，不连翅长0.8～1毫米，略扁，具纵脉纹，两端各具狭翅。花期6～7月，果期9～10月。

本区富县直罗镇。生于山谷溪边、山坡密林或疏林中。

东陵绣球

挂苦绣球 Hydrangea xanthoneura Diels

落叶灌木，高1～7米。幼枝黑褐色，二年生枝色淡，具皮孔。叶纸质，对生，椭圆形或倒长卵形，长8～18厘米，宽3～10厘米，先端渐尖，基部阔楔形，边缘有锯齿，上面淡黄绿色，中脉和侧脉被糙伏毛，下面淡绿色，脉上被灰白色短柔毛，脉腋有髯毛；侧脉7～8对，支脉直达齿端；叶柄紫红色，被疏毛。伞房状聚伞花序顶生，分枝3，中间一枝粗长，被糙伏毛；不育花萼片4枚，长1～3.5厘米，宽1～2.5厘米；孕性花萼筒浅杯状，长约1毫米，萼齿三角形，与萼筒近等长；花瓣白色或淡绿色，分离，长卵形，长约2.5毫米，先端风帽状，基部截平；雄蕊10～13枚，不等长，花药黄色，长和宽约0.5毫米；子房半下位，花柱3～4，基部连合，柱头增大。蒴果卵球形，长3～3.5毫米，宽约3毫米，顶端圆锥形，长约1毫米。种子褐色，椭圆形，长约1毫米，具纵脉纹，两端各具狭翅。花期7～8月，果期9～10月。

本区分布广。生于沟谷崖边、山坡林下或灌丛中。可药用，根可用于活血祛瘀、续筋接骨；花、叶用于治疗疟疾。

挂苦绣球

扯根菜 Penthorum chinense Pursh

多年生草本，高40～70厘米。根状茎分枝；茎不分枝，稀基部分枝，具多数叶，中下部无毛，上部疏生黑褐色腺毛。叶互生，无柄或近无柄，披针形至狭披针形，长4～10厘米，宽0.4～1.2厘米，先端渐尖，边缘具细重锯齿，无毛。聚伞花序具多花，长1.5～4厘米；花序分枝与花梗均被褐色腺毛；花小型，黄白色；花梗长1～2.2毫米；苞片小，卵形至狭卵形；萼片5枚，革质，三角形，长约1.5毫米，宽约1.1毫米，无毛，单脉；无花瓣；雄蕊10枚，长约2.5毫米；雌蕊长约3.1毫米，心皮5枚，下部合生；子房5室，胚珠多数，花柱5，较粗。蒴果红紫色，直径4～5毫米。种子多数，卵状长圆形，表面具小丘状突起。花果期7～10月。

产本区富县张村驿镇。生于山坡灌丛中及水边草地。茎叶每百克含维生素C高达149毫克；嫩苗可供蔬食；全草可入药，具利水除湿、祛瘀止痛之功效。

扯根菜

山梅花 Philadelphus incanus Koehne

落叶灌木。二年生小枝灰褐色，表皮呈片状脱落，当年生小枝紫红色，被微柔毛。叶卵形，先端急尖，基部圆形，花枝上叶较小，边缘具疏锯齿，上面被刚毛，下面密被白色长粗毛，叶脉离基出3～5条。总状花序有花5～7（～11）朵；花序轴疏被长柔毛或无毛；花梗上部密被白色长柔毛；花萼外面密被紧贴糙伏毛；萼筒钟形，裂片卵形，长约5毫米，宽约3.5毫米，先端骤渐尖；花瓣白色，卵形或近圆形，基部急收狭，长13～15毫米，宽8～13毫米；花冠盘状，直径2.5～3厘米；雄蕊30～35枚，最长的长达10毫米；花盘无毛；花柱长约5毫米，无毛，近先端稍分裂，柱头棒形，长约1.5毫米，较花药小。蒴果倒卵形，长7～9毫米，直径4～7毫米。种子长1.5～2.5毫米，具短尾。花期6～7月，果期7～9月。

产本区富县直罗镇。生于山底、沟谷林缘灌丛中。本种花多，花期较长，可作庭园观赏植物；根皮、茎叶可药用，具清热利湿、消炎、止痛之功效。

山梅花

太平花 Philadelphus pekinensis Rupr.

落叶灌木。分枝较多，小枝褐色。叶卵形或阔椭圆形，长6～9厘米，宽2.5～4.5厘米，先端长渐尖，基部阔楔形或楔形，边缘具锯齿，下面脉腋被白色长柔毛；叶脉离基出3～5条；花枝上叶较小，椭圆形或卵状披针形；叶柄长5～12毫米。总状花序有花5～7朵；花序轴长3～5厘米，黄绿色；花梗长3～6毫米；花萼黄绿色，外面无毛，裂片卵形，长3～4毫米，宽约2.5毫米，先端急尖，干后脉纹明显；花瓣白色，倒卵形，长9～12毫米，宽约8毫米；花冠盘状，直径2～3毫米；雄蕊25～28枚，最长达8毫米；花盘和花柱无毛；花柱长4～5毫米，纤细，先端稍分裂，柱头棒槌形，长约1毫米，较花药小。蒴果近球形或倒圆锥形，直径5～7毫米，宿存萼裂片近顶生。种子长3～4毫米，具短尾。花期6～7月，果期8～10月。

本区均有分布。生于山坡林下或灌丛中。本种花多，花期较长，可作庭园观赏植物；根可药用，具解热镇痛、截疟之功效。

太平花

虎耳草 **Saxifraga stolonifera** Curt.

多年生草本，高8～45厘米。匍匐枝密被卷曲长腺毛，具鳞片状叶。茎被长腺毛，具1～4枚苞片状叶。基生叶具长柄，叶片近心形，长1.5～7.5厘米，宽2～12厘米，先端钝或急尖，基部近截形、圆形至心形，7～11浅裂，裂片边缘具齿牙和腺睫毛，上面绿色，下面红紫色，均被腺毛，有斑点，叶柄长1.5～21厘米，被长腺毛；茎生叶披针形，长约6毫米，宽约2毫米。聚伞花序圆锥状，长7.3～26厘米，具7～61花；花序分枝被腺毛，具2～5花；花梗长0.5～1.6厘米，被腺毛；花两侧对称；萼片卵形，先端急尖，边缘具腺睫毛，下面被褐色腺毛，3脉于先端汇合成1疣点；花瓣白色，中上部具紫红色斑点，基部具黄色斑点，5枚，基部具爪，3枚较短，卵形，先端急尖，具二级脉3～6条，另2枚较长，具二级脉5～10条；雄蕊长4～5.2毫米，花丝棒状；花盘半环状，边缘具瘤突；心皮2枚，子房卵球形，花柱2，叉开。花果期4～11月。

产本区富县张村驿镇，黄陵县双龙镇。生于沟谷阴湿岩隙。全草有小毒，可药用，具清热凉血、消肿解毒之功效。

虎耳草

68 蔷薇科 Rosaceae

龙芽草 **Agrimonia pilosa** Ldb.

多年生草本。根块茎状，短。茎高30～120厘米，被柔毛。叶为间断奇数羽状复叶，有小叶3～4对，向上减少至3小叶；托叶镰形，顶端急尖或渐尖，边缘有尖锐锯齿或裂片，全缘；叶柄被柔毛；小叶近无柄，倒卵形或倒卵状披针形，长1.5～5厘米，宽1～2.5厘米，顶端急尖至圆钝，基部楔形至宽楔形，边缘有急尖到圆钝锯齿，上面被柔毛，下面脉上伏生柔毛，有显著腺点。总状花序顶生，花序轴被柔毛；花径6～9毫米；花梗长1～5毫米，被柔毛；苞片深3裂，裂片带形，小苞片对生，卵形，全缘或边缘分裂；萼片5枚，三角状卵形；花瓣黄色，长圆形；雄蕊5～8（～15）枚；花柱2，丝状，柱头头状。果实倒卵圆锥形，外有10条肋，被疏柔毛，顶端有钩刺，幼时直立，成熟时靠合，连钩刺长7～8毫米，直径3～4毫米。花果期6～10月。

本区分布广。生于溪边、路旁草地、灌丛、林缘及疏林下。种子含油19.08%；全株含鞣质7.59%～13.71%；地下根茎芽可作驱虫特效药；全草可药用，具收敛止血、截疟、止痢、解毒之功效。

龙芽草

山桃 **Amygdalus davidiana** (Carrière) de Vos ex Henry

落叶乔木，高可达10米，树冠开展。树皮暗紫色，光滑。小枝细长，直立，幼时无毛，老时褐色。叶片卵状披针形，长5～13厘米，宽1.5～4厘米，先端渐尖，基部楔形，两面无毛，叶边具细锐锯齿；叶柄长1～2厘米，无毛，常具腺体。花单生，先于叶开放，直径2～3厘米；花梗极短或几无梗；花萼无毛，萼筒钟形，萼

山桃

片卵形至卵状长圆形，紫色，先端圆钝；花瓣倒卵形或近圆形，长10～15毫米，宽8～12毫米，粉红色，先端圆钝，稀微凹；雄蕊多数，几与花瓣等长或稍短；子房被柔毛，花柱长于雄蕊或近等长。果实近球形，直径2.5～3.5厘米，淡黄色，外面密被短柔毛，果梗短而深入果洼；果肉薄而干，不可食，成熟时不开裂。核球形或近球形，两侧不压扁，顶端圆钝，基部截形，表面具纵、横沟纹和孔穴，与果肉分离。花期3～4月，果期7～8月。

本区分布广，俗称野桃。生于山坡、山谷或荒野疏林及灌丛内。种仁含油50.9%，可供食用；全株可药用，具活血行瘀、润燥滑肠、清热利湿、活血止痛、截虐杀虫之功效。

陕甘山桃 **Amygdalus davidiana** (Carrière) de Vos ex Henry var. **potaninii** (Batal.) Yü et Lu

本变种叶片基部圆形至宽楔形，边缘锯齿较细钝；果实及核均为椭圆形或长圆形。而原变种叶片基部常为楔形，边缘锯齿较尖锐，果实及核均近球形。

本区分布广。生于山坡灌丛或疏林下。

陕甘山桃

甘肃桃 **Amygdalus kansuensis** (Rehd.) Skeels

落叶乔木或灌木，高3～7米。小枝细长，绿褐色，向阳处呈红褐色，具不明显小皮孔。冬芽卵形至长卵形，顶端稍钝。叶片卵状披针形或披针形，长5～12厘米，宽1.5～3.5厘米，在中部以下最宽，先端渐尖，基部宽楔形，上面无毛，下面近基部沿中脉具柔毛或无毛，叶边有稀疏细锯齿，齿端有或无腺体；叶柄长0.5～1厘米，无毛，常无腺体。花单生，先于叶开放，直径2～3厘米；花梗极短或几无梗；萼筒钟形，外被短柔毛，稀几无毛；萼片卵形至卵状长圆形，先端圆钝，外被短柔毛；花瓣近圆形或宽倒卵形，白色或浅粉红色，先端圆钝，边缘有时呈波状或浅缺刻状，基部渐狭成爪；雄蕊20～30枚；子房被柔毛，花柱长于雄蕊。果实卵圆形或近球形，直径约2厘米，熟时淡黄色，外面密被短柔毛，肉质，熟时不开裂；果梗长4～5毫米。核近球形，两侧明显，扁平，顶端圆钝，基部近截形，两侧对称，表面具纵、横浅沟纹，但无孔穴。花期3～4月，果期8～9月。

产本区富县直罗镇。生于山坡灌丛中或林缘、疏林下。

甘肃桃

桃 **Amygdalus persica** L.

落叶乔木，高3～8米。树皮暗红褐色，小枝细长，绿色，向阳处呈红色，具大量小皮孔。冬芽圆锥形，顶端钝，外被短柔毛，2～3个簇生。叶片长圆状披针形或倒卵状披针形，先端渐尖，基部宽楔形，下面脉腋间具少数短柔毛，边缘具锯齿，齿端具腺体，侧脉不达叶缘；叶柄具1至数枚腺体。花单生，先叶开放；花梗极短；萼筒钟形，被短柔毛，绿色而具红色斑点；萼片卵形至长圆形，顶端圆钝，外被短柔毛；花瓣粉红色或白色；雄蕊20～30枚，花药绯红色；花柱几与雄蕊等长，子房被短柔毛。果实卵形、宽椭圆形，色泽由淡绿色至橙黄色，向阳面具红晕，外面密被短柔毛，腹缝明显，果梗短而深入果洼；果肉厚，多汁有香味。核大，离核或粘核，椭圆形，顶端渐尖，表面具纵、横不沟纹和孔穴；种仁味苦，稀味甜。花期3～4月，果期常8～9月。

本区多栽培。果实营养丰富，可生食或制果酱、果酒等；全株可药用，具活血祛痰、散结消肿、解毒、和胃止渴、润肠通便、止汗之功效。

桃

榆叶梅 Amygdalus triloba (Lindl.) Ricker

落叶灌木，高 2～3 米。枝条具多数短小枝；小枝灰色，一年生枝灰褐色，幼时微被短柔毛。冬芽短小，长 2～3 毫米。短枝上的叶常簇生，一年生枝上的叶互生；叶片宽椭圆形至倒卵形，长 2～6 厘米，宽 1.5～4 厘米，先端短渐尖，常 3 裂，基部宽楔形，上面具疏柔毛或无毛，下面被短柔毛，叶边具粗锯齿或重锯齿；叶柄长 5～10 毫米，被短柔毛。花 1～2 朵，先于叶开放，直径 2～3 厘米；花梗长 4～8 毫米；萼筒宽钟形，长 3～5 毫米，无毛或幼时微具毛；萼片卵形或卵状披针形，无毛，近先端疏生小锯齿；花瓣近圆形或宽倒卵形，长 6～10 毫米，先端圆钝，有时微凹，粉红色；雄蕊 25～30 枚，短于花瓣；子房密被短柔毛，花柱稍长于雄蕊。果实近球形，直径 1～1.8 厘米，顶端具短小尖头，红色，外被短柔毛；果梗长 5～10 毫米；果肉薄，成熟时开裂。核近球形，具厚硬壳，直径 1～1.6 厘米，两侧几不压扁，顶端圆钝，表面具不整齐的网纹。花期 4～5 月，果期 5～7 月。

本区公园、庭院均有栽植。种子可药用，具润燥滑肠、下气、利水之功效。

榆叶梅

山杏 Armeniaca sibirica (L.) Lam.

落叶灌木或小乔木，高 2～5 米。树皮暗灰色。小枝无毛，稀幼时疏生短柔毛，灰褐色或淡红褐色。叶片卵形或近圆形，长 5～10 厘米，宽 4～7 厘米，先端长渐尖，基部圆形至近心形，叶边有细钝锯齿，两面无毛；叶柄长 2～3.5 厘米，有或无小腺体。花单生，直径 1.5～2 厘米，先叶开放；花梗长 1～2 毫米；花萼紫红色；萼筒钟形，基部微被短柔毛；萼片长圆状椭圆形，先端尖，花后反折；花瓣近圆形或倒卵形，白色或粉红色；雄蕊几与花瓣近等长；子房被短柔毛。果实扁球形，直径 1.5～2.5 厘米，黄色或橘红色，有时具红晕，被短柔毛；果肉较薄而干燥，成熟时开裂，味酸涩不可食，成熟时沿腹缝线开裂。核扁球形，与果肉分离，两侧扁，顶端圆形，基部不对称，表面较平滑，腹面宽而锐利；种仁味苦。花期 3～4 月，果期 6～7 月。

本区分布广，又称西伯利亚杏。生于干燥向阳山坡，或与落叶乔灌木混生。种仁含油 49.9%，可榨油供食用；叶含鞣质 8.56%；种子可药用，有小毒，具降气、止咳平喘、润肠通便之功效。

山杏

杏 Armeniaca vulgaris Lam.

落叶乔木，高 5～8 米。树皮灰褐色，纵裂。多年生枝浅褐色，皮孔大而横生；一年生枝浅红褐色，具多数小皮孔。叶片宽卵形或圆卵形，长 5～9 厘米，宽 4～8 厘米，先端急尖，基部圆形至近心形，边缘有圆钝锯齿，下面脉腋间具柔毛；叶柄长 2～3.5 厘米，基部具 1～6 腺体。花单生，直径 2～3 厘米，先叶开放；花梗短，长 1～3 毫米，被短柔毛；花萼紫绿色；萼筒圆筒形，外面基部被短柔毛；萼片卵形至卵状长圆形，先端急尖或圆钝；花瓣圆形至倒卵形，白色或带红色，具短爪；雄蕊 20～45 枚，稍短于花瓣；子房被短柔毛，花柱与雄蕊近等长，下部具柔毛。果实球形，黄色至黄红色，微被短柔毛；果肉多汁，熟时不开裂。核卵形或椭圆形，两侧扁平，顶端圆钝，基部对称，表面稍粗糙，腹棱较圆，背棱较直，腹面具龙骨状棱；种仁味苦或甜。花期 3～4 月，果期 6～7 月。

本区多栽培。常见水果之一；种仁含油 47.1%～55.5%；叶含鞣质 8.56%；种子有小毒，可药用，具降气、止咳平喘、润肠通便之功效。

杏

野杏 **Armeniaca vulgaris** Lam. var. **ansu** (Maxim.) Yu et Lu

与杏的区别：叶片基部楔形或宽楔形；花常2朵，淡红色；果实近球形，红色；核卵球形，离肉，表面粗糙而有网纹，腹棱常锐利。

本区分布广，也有栽培。生于干燥向阳山坡，或与落叶乔灌木混生。种子有小毒，可药用，具平喘止咳、润肠通便之功效。

野杏

毛叶欧李 **Cerasus dictyoneura** (Diels) Yu et Li

落叶灌木，高0.3～1米。小枝灰褐色，嫩枝密被短柔毛。冬芽卵形，密被短茸毛。叶片倒卵状椭圆形，长2～4厘米，宽1～2.5厘米，中部以上最宽，先端圆形或急尖，基部楔形，边缘有单锯齿或重锯齿，上面深绿色、无毛或被短柔毛，下面淡绿色，密被褐色微硬毛，网脉突出，侧脉5～8对；叶柄长2～3毫米，密被短柔毛；托叶线形，长3～4毫米，边有腺齿。花单生或2～3朵簇生，先叶开放；花梗长4～8毫米，密被短柔毛；萼筒钟状，长宽近相等，约3毫米，外被短柔毛；萼片卵形，长约3毫米，先端急尖；花瓣粉红色或白色，倒卵形；雄蕊30～35枚；花柱与雄蕊近等长，无毛。核果球形，红色，直径1～1.5厘米；核除棱背两侧外，无棱纹。花期4～5月，果期6～8月。

本区富县多见。生于山坡阳处灌丛中或荒草地上，亦有栽培。种仁及根皮可药用，具润燥清肠、下气、利水、宣结气、破积聚、去白虫之功效。

毛叶欧李

樱桃 **Cerasus pseudocerasus** (Lindl.) G. Don

落叶乔木，高2～6米。树皮灰白色。小枝灰褐色，嫩枝绿色。冬芽卵形。叶片卵形或长圆状卵形，长5～12厘米，宽3～5厘米，先端渐尖或尾状渐尖，基部圆形，边有尖锐重锯齿，齿端有腺体，上面暗绿色，下面淡绿色，沿脉或脉间有稀疏柔毛，侧脉9～11对；叶柄长0.7～1.5厘米，被疏柔毛，先端有1或2个大腺体；托叶早落，披针形，有羽裂腺齿。花序伞房状或近伞形，有花3～6朵，先叶开放；总苞倒卵状椭圆形，褐色，长约5毫米，宽约3毫米，边缘有腺齿；花梗长0.8～1.9厘米，被疏柔毛；萼筒钟状，长3～6毫米，宽2～3毫米，外面被疏柔毛；萼片三角卵圆形或卵状长圆形，先端急尖或钝，全缘，长为萼筒一半；花瓣白色，卵圆形，先端下凹或2裂；雄蕊30～35枚，栽培者可达50枚；花柱与雄蕊近等长。核果近球形，红色，直径0.9～1.3厘米。花期3～4月，果期5～6月。

本区有栽培。果实可供食用，也可酿酒；果实、果核、叶可药用，具益气、祛风湿、发表透疹、平喘、杀虫之功效。

樱桃

毛樱桃 **Cerasus tomentosa** (Thunb.) Wall.

落叶灌木，高达2～3米。小枝紫褐色或灰褐色，嫩枝密被绒毛。冬芽卵形，疏被短柔毛。叶片卵状椭圆形或倒卵状椭圆形，长2～7厘米，宽1～3.5厘米，先端急尖或渐尖，基部楔形，边缘有急尖或粗锐锯齿，上面深绿色，被疏柔毛，下面灰绿色，密被灰色绒毛，侧脉4～7对；叶柄长2～8毫米，被绒毛；托叶线形，长3～6毫米，被长柔毛。花单生或2朵簇生，花叶同开或先叶开放；花梗长达2.5毫米；萼筒管状或杯状，长4～5毫米，外被短柔毛或无毛；萼片三角状卵形，先端圆钝或急尖，长2～3毫米，内外两面内被短柔毛或无

毛樱桃

毛；花瓣白色或粉红色，倒卵形，先端圆钝；雄蕊 20～25 枚，短于花瓣；花柱伸出与雄蕊近等长；子房被毛。核果近球形，红色，直径 0.5～1.2 厘米。核表面棱脊两侧有纵沟，无棱纹。花期 4～5 月，果期 6 月。

本区分布广。生于山坡林中、林缘、灌丛。果实可食及酿酒；种仁含油率达 43%，可制肥皂及润滑油；果实、种子可药用，具益气固精、润肠利水之功效。

毛叶木瓜 **Chaenomeles cathayensis** (Hemsl.) Schneid.

落叶灌木至小乔木，高 2～6 米。枝条具短枝刺；小枝紫褐色，有浅褐色皮孔。冬芽三角状卵形，先端急尖，紫褐色。叶片椭圆形、披针形至倒卵状披针形，长 5～11 厘米，宽 2～4 厘米，先端急尖或渐尖，基部楔形至宽楔形，边缘有芒状细尖锯齿，幼时下面密被褐色绒毛；叶柄长约 1 厘米，托叶草质，肾形、耳形或半圆形，边缘有芒状细锯齿，下面被褐色绒毛。花先叶开放，2～3 朵簇生于二年生枝上；花梗短粗；花径 2～4 厘米；萼筒钟状，外面稍有短柔毛；萼片直立，卵圆形至椭圆形，长 3～5 毫米，宽 3～4 毫米，先端圆钝至截形，全缘，具黄褐色睫毛；花瓣倒卵形或近圆形，长 10～15 毫米，宽 8～15 毫米，淡红色或白色；雄蕊 45～50 枚，长约花瓣之半；花柱 5，基部合生，下半部被柔毛或绵毛，柱头头状。果实卵球形或近圆柱形，先端有突起，长 8～12 厘米，宽 6～7 厘米，黄色有红晕，味芳香。花期 3～5 月，果期 9～10 月。

产本区黄陵县双龙镇。生于山坡、林边。果实可药用，具祛风、顺气、舒筋、止痛之功效。

毛叶木瓜

皱皮木瓜 **Chaenomeles speciosa** (Sweet) Nakai

落叶灌木，高达 2 米。枝条有刺；小枝圆柱形，紫褐色或黑褐色，有皮孔。冬芽三角状卵形，先端急尖，鳞片边缘具短柔毛，紫褐色。叶片卵形至椭圆形，长 3～9 厘米，宽 1.5～5 厘米，先端急尖，基部楔形，边缘具尖锐锯齿；叶柄长约 1 厘米；托叶草质，肾形或半圆形，长 5～10 毫米，宽 12～20 毫米，边缘有尖锐重锯齿。花先叶开放，3～5 朵簇生于二年生老枝上；花径 3～5 厘米；花梗短粗；萼筒钟状；萼片直立，半圆形稀卵形，长 3～4 毫米，宽 4～5 毫米，先端圆钝，全缘或有波状齿及黄褐色睫毛；花瓣倒卵形或近圆形，基部成短爪，长 10～15 毫米，宽 8～13 毫米，猩红色；雄蕊 45～50 枚，长约为花瓣之半；花柱 5，基部合生，近无毛，柱头头状，约与雄蕊等长。果实球形或卵球形，黄色或带黄绿色，幼时有明显斑点，味芳香，近无梗；萼片脱落。花期 4～5 月，果期 7～9 月。

本区公园、庭园有栽培，又称贴梗海棠，供观赏。果实可药用，具平肝和胃、祛湿舒筋之功效。

皱皮木瓜

灰栒子 **Cotoneaster acutifolius** Turcz.

落叶灌木，高 2～4 米。枝条开张，小枝细瘦，圆柱形，棕褐色或红褐色，幼时被长柔毛。叶片椭圆状卵形至长圆状卵形，长 2.5～5 厘米，宽 1.2～2 厘米，先端急尖，稀渐尖，基部宽楔形，全缘，幼时两面均被长柔毛，下面较密，老时逐渐脱落，最后常近无毛；叶柄长 2～5 毫米，具短柔毛；托叶线状披针形，脱落。花 2～5 朵成聚伞花序；花径 7～8 毫米；总花梗和花梗被长柔毛；花梗长 3～5 毫米；苞片线状披针形，微具柔毛；萼筒钟状或短筒状，外面被短柔毛，内面无毛；萼片三角形，先端急尖或稍钝，外面具短柔

灰栒子

毛，内面先端微具柔毛；花瓣直立，宽倒卵形或长圆形，长约4毫米，宽3毫米，先端圆钝，白色外带红晕；雄蕊10～15枚，比花瓣短；花柱通常2，离生，短于雄蕊，子房先端密被短柔毛。果实椭圆形稀倒卵形，直径7～8毫米，黑色，内有小核2～3个。花期5～6月，果期7～9月。

本区分布广。生于山坡、山麓、山沟及丛林中。枝叶、果实可药用，具凉血、止血之功效。

川康栒子 Cotoneaster ambiguus Rehd. et Wils.

落叶灌木，高达2米。枝条弯曲，小枝细瘦，灰褐色，幼时被糙伏毛。叶片椭圆状卵形至菱状卵形，长2.5～6厘米，宽1.5～3厘米，先端渐尖至急尖，基部宽楔形，全缘，上面幼时疏生柔毛，下面具柔毛；叶柄长2～5毫米，微有柔毛；托叶线状披针形，多数脱落，有稀疏柔毛。聚伞花序有花5～10朵；总花梗和花梗疏生柔毛，花梗长4～5毫米；苞片披针形，稍具柔毛，早落；萼筒钟状，外面无毛或稍有柔毛，内面无毛；萼片三角形，先端急尖，外面无毛或仅沿边缘微具柔毛，内面常无毛；花瓣直立，宽卵形或近圆形，长与宽各3～4毫米，先端圆钝，基部具短爪，白色带粉红色；雄蕊20枚，稍短于花瓣；花柱2～5，离生，较雄蕊稍短；子房先端密生柔毛。果实卵形或近球形，长8～10毫米，直径6～7毫米，黑色，先端微具柔毛，常具2～3（4～5）小核。花期5～6月，果期7～9月。

产本区富县直罗镇。生于山地、半阳坡及稀疏林中。叶、果实可药用，具清热解毒、消肿止痛之功效。

川康栒子

平枝栒子 Cotoneaster horizontalis Dcne.

落叶灌木，高不超过0.5米。枝水平开张成整齐两列状；小枝圆柱形，幼时外被糙伏毛，老时脱落，黑褐色。叶片近圆形或宽椭圆形，稀倒卵形，长5～14毫米，宽4～9毫米，先端多数急尖，基部楔形，全缘，上面无毛，下面有稀疏平贴柔毛；叶柄长1～3毫米，被柔毛；托叶钻形，早落。花1～2朵，近无梗，直径5～7毫米；萼筒钟状，外面有稀疏短柔毛，内面无毛；萼片三角形，先端急尖，外面微具短柔毛，内面边缘有柔毛；花瓣直立，倒卵形，先端圆钝，长约4毫米，宽3毫米，粉红色；雄蕊约12枚，短于花瓣；花柱常为3，有时为2，离生，短于雄蕊；子房顶端有柔毛。果实近球形，直径4～6毫米，鲜红色，常具3小核，稀2小核。花期5～6月，果期7～9月。

产本区富县直罗镇。生于山坡灌木丛中或杂木林下。

平枝栒子

水栒子 Cotoneaster multiflorus Bge.

落叶灌木，高达4米。枝条细瘦，常呈弓形弯曲；小枝圆柱形，红褐色或棕褐色，无毛，幼时带紫色，具短界毛，不久脱落。叶片卵形或宽卵形，长2～4厘米，宽1.5～3厘米，先端急尖或圆钝，基部宽楔形或圆形，上面无毛，下面幼时稍有绒毛，后渐脱落；叶柄长3～8毫米，幼时有柔毛，以后脱落；托叶线形，疏生柔毛，脱落。花多数，5～21朵，成疏松的聚伞花序；花径1～1.2厘米；总花梗和花梗无毛，稀微具柔毛，花梗长4～6毫米；苞片线形，无毛或微具柔毛；萼筒钟状，内外两面均无毛；萼片三角形，先端急尖，通常除先端边缘外，内外两面均无毛；花瓣平展，近圆形，直径4～5毫米，先端圆钝或微缺，基部有短爪，内面基部有白色细柔毛，白色；雄蕊约20枚，稍短于花瓣；花柱通常2，离生，比雄蕊短；子房先端有柔毛。果实近球形或倒卵形，直径8毫米，红色，有1个由2枚心皮

水栒子

合生而成的小核。花期 5～6 月，果期 8～9 月。

本区分布广。生于沟谷、山坡杂木林中。枝叶可药用，用于治疗烫伤、烧伤。

毛叶水栒子 Cotoneaster submultiflorus Popov

落叶直立灌木，高 2～4 米。小枝细，圆柱形，棕褐色或灰褐色，幼时密被柔毛，逐渐脱落以后无毛。叶片卵形、菱状卵形至椭圆形，长 2～4 厘米，宽 1.2～2 厘米，先端急尖或圆钝，基部宽楔形，全缘，上面无毛或幼时微具柔毛，下面具短柔毛，无白霜；叶柄长 4～7 毫米，微具柔毛；托叶披针形，有柔毛，多数脱落。花多数，成聚伞花序，总花梗和花梗具长柔毛；花径 8～10 毫米；花梗长 4～6 毫米；苞片线形，有柔毛；萼筒钟状，外面被柔毛，内面无毛；萼片三角形，先端急尖，外面被柔毛，内面无毛；花瓣平展，卵形或近圆形，长 3～5 毫米，先端圆钝或稀微缺，白色；雄蕊 15～20 枚，短于花瓣；花柱 2，离生，稍短于雄蕊；子房先端有短柔毛。果实近球形，直径 6～7 毫米，亮红色，有由 2 枚心皮合生的 1 小核。花期 5～6 月，果期 9 月。

本区分布广。生于沟谷、山坡岩石裸露地、灌木丛中或林缘。

毛叶水栒子

西北栒子 Cotoneaster zabelii Schneid.

落叶灌木，高达 2 米。枝条细瘦开张，小枝圆柱形，深红褐色，幼时密被带黄色柔毛，老时无毛。叶片椭圆形至卵形，长 1.2～3 厘米，宽 1～2 厘米，先端多数圆钝，稀微缺，基部圆形或宽楔形，全缘，上面具稀疏柔毛，下面密被带黄色或带灰色绒毛；叶柄长 1～3 毫米，被绒毛；托叶披针形，有毛，在果期多数脱落。花 3～13 朵成下垂聚伞花序；总花梗和花梗被柔毛，花梗长 2～4 毫米；萼筒钟状，外面被柔毛；萼片三角形，先端稍钝或具短尖头，外面具柔毛，内面几无毛或仅沿边缘有少数柔毛；花瓣直立，倒卵形或近圆形，直径 2～3 毫米，先端圆钝，浅红色；雄蕊 18～20 枚，较花瓣短；花柱 2，离生，短于雄蕊，子房先端具柔毛。果实倒卵形至卵球形，直径 7～8 毫米，鲜红色，常具 2 小核。花期 6 月，果期 8～9 月。

本区分布广。生于石灰岩山地、山坡阴处、沟谷边、灌木丛中。枝叶、果实可药用，具止血、凉血之功效。

西北栒子

桔红山楂 Crataegus aurantia Pojark.

落叶灌木至小乔木，高 3～5 米，无刺或有刺，刺长 1～2 厘米，深紫色。小枝幼时被柔毛，一年生深紫色，老时灰褐色。叶片宽卵形，长 4～7 厘米，宽 3～7 厘米，先端急尖，基部圆形、截形或宽楔形，边缘有 2～3 对浅裂片，裂片卵圆形，先端急尖，锯齿尖锐不整齐，上面深绿色、有稀疏短柔毛，下面淡绿色、被柔毛，在中脉和侧脉上较密；叶柄长 1.5～2 厘米，密被柔毛。复伞房花序，多花，直径 3～4 厘米；花径约 1 厘米；总花梗和花梗密被柔毛，花梗长 5～8 毫米；萼筒钟状，外被柔毛；萼片宽三角形，全缘或先端有齿，花后反折；花瓣近圆形，白色；雄蕊 18～20 枚，约与花瓣等长；花柱 2～3 稀 4，基部被柔毛。果实幼时长圆状卵形，成熟时近球形，直径约 1 厘米，干时橘红色，有 2～3 小核，核背面隆起，腹面有凹痕。花期 5～6 月，果期 8～9 月。

本区分布广。生于山坡杂木林中。果实多肉可供生食、酿酒、制果酱和药用；果实具消积散瘀、补脾健胃、行结气、化血块、活血之功效。

桔红山楂

野山楂 Crataegus cuneata Sieb.et Zucc.

落叶灌木，高达 15 米。分枝具长 5～8 毫米细刺；幼枝有棱，紫褐色，被柔毛，老枝灰褐色，散生皮孔。冬芽三角状卵形，紫褐色。叶片宽倒卵形至倒卵状长圆形，长 2～6 厘米，宽 1～4.5 厘米，先端急尖，基部楔形，边缘有重锯齿，顶端 3 浅裂，下面具柔毛，沿叶脉较密，叶脉显著，侧脉伸至裂片先端；叶柄两侧有叶翼，长 4～15 毫米；托叶大，镰刀状，边缘有齿。伞房花序具花 5～7 朵；花径约 1.5 厘米；总花梗和花梗均被柔毛，花梗长约 1 厘米；苞片披针形，条裂或有锯齿，长 8～12 毫米；萼筒钟状，外被长柔毛；萼片三角状卵形，长约 4 毫米，内外均具柔毛；花瓣近圆形或倒卵形，长 6～7 毫米，白色，基部有短爪；雄蕊 20 枚；花药红色；花柱 4～5，基部被绒毛。果实近球形，直径 1～1.2 厘米，红色或黄色，有宿存反折萼片或 1 苞片。小核 4～5，内两侧平滑。花期 5～6 月，果期 10～11 月。

本区分布广。生于山地灌丛中或杂木林下。果实可生食、酿酒或制果酱；果实、茎、叶可药用，具消积散瘀、补脾健胃、行结气、活血、解毒之功效。

野山楂

湖北山楂 Crataegus hupehensis Sarg.

落叶乔木，高达 3～5 米。枝条刺少，长约 1.5 厘米；小枝圆柱形，紫褐色，有浅褐色皮孔，二年生枝灰褐色。冬芽三角状卵形，先端急尖，紫褐色。叶片卵形至卵状长圆形，长 4～9 厘米，宽 4～7 厘米，先端短渐尖，基部宽楔形，边缘有圆钝锯齿，上半部具 2～4 对浅裂片，裂片卵形，先端短渐尖，下部脉腋有髯毛；叶柄长 3.5～5 厘米；托叶披针形或镰刀形，边缘具腺齿，早落。伞房花序，直径 3～4 厘米，具多花；花径约 1 厘米；总花梗和花梗均无毛，花梗长 4～5 毫米；苞片早落；萼筒钟状；萼片三角状卵形，先端尾状渐尖，全缘，长 3～4 毫米，两面均无毛；花瓣卵形，长约 8 毫米，宽约 6 毫米，白色；雄蕊 20 枚，花药紫色，比花瓣稍短；花柱 5，基部被白色绒毛，柱头头状。果实近球形，直径 2.5 厘米，深红色，有斑点，萼片宿存，反折。小核 5，两侧平滑。花期 5～6 月，果期 8～9 月。

产本区富县直罗镇，耀州区。生于山坡灌木丛中或疏林下。果实可食或制果酱、果酒、糕点，亦可入药，具消积食、散瘀血、驱绦虫之功效。

湖北山楂

甘肃山楂 Crataegus kansuensis Wils.

落叶灌木或乔木，高 2.5～8 米。枝刺多，锥形，长 7～15 毫米；小枝圆柱形，绿色带红色，二年生枝光亮，紫褐色。冬芽近圆形，先端钝，紫褐色。叶片宽卵形，长 4～6 厘米，宽 3～4 厘米，先端急尖，基部截形或宽楔形，边缘有尖锐重锯齿和 5～7 对羽状浅裂片，裂片三角状卵形，先端急尖，上面有柔毛，下面中脉及脉腋有髯毛；叶柄细，长 1.8～2.5 厘米；托叶膜质，卵状披针形，边缘有腺齿，早落。伞房花序具花 8～18 朵；花径 8～10 毫米；总花梗和花梗无毛，花梗长 5～6 毫米；苞片与小苞片膜质，披针形，长 3～4 毫米，边缘有腺齿，早落；萼筒钟状，外面无毛；萼片三角状卵形，长 2～3 毫米，约为萼筒之半，先端渐尖，全缘；花瓣近圆形，直径 3～4 毫米，白色；雄蕊 15～20 枚；子房顶端被绒毛，花柱 2～3，柱头头状。果实近球形，直径 8～10 毫米，红色或橘黄色，萼

甘肃山楂

片宿存；果梗长 1.5～2 厘米。小核 2～3，内面两侧有凹痕。花期 5 月，果期 7～9 月。

本区分布广。生于杂木林中及山坡阴处。果实可生食、酿酒或制果酱，亦可入药，具消食化滞、散瘀止血之功效。

山楂 **Crataegus pinnatifida** Bge.

落叶乔木。树皮暗灰色。刺长 1～2 厘米。小枝圆柱形，当年生枝紫褐色，疏生皮孔。冬芽三角状卵形，先端圆钝，紫色。叶片宽卵形或三角状卵形，长 5～10 厘米，宽 4～7.5 厘米，先端短渐尖，基部截形至宽楔形，两侧各有 3～5 羽状深裂片，裂片先端短渐尖，边缘有尖锐重锯齿，上面暗绿色有光泽，下面沿叶脉有疏生短柔毛或在脉腋有髯毛，侧脉 6～10 对；叶柄长 2～6 厘米；托叶镰形，边缘有锯齿。伞房花序具多花；花径约 1.5 厘米；总花梗和花梗均被柔毛，花梗长 4～7 毫米；苞片线状披针形；萼筒钟状，外面密被灰白色柔毛；萼片三角状卵形，先端渐尖，全缘，约与萼筒等长；花瓣倒卵形或近圆形，白色；雄蕊 20 枚，短于花瓣，花药粉红色；花柱 3～5，基部被柔毛，柱头头状。果实近球形，直径 1～1.5 厘米，深红色，有浅色斑点。小核 3～5，外面稍具棱，内面两侧平滑，先端留一圆形深洼。花期 5～6 月，果期 9～10 月。

本区多为栽培。果可生食或制果酱、果糕，亦可药用，具消食化滞、散瘀止血之功效。

山楂

山里红 **Crataegus pinnatifida** Bge. var. **major** N. E. Br.

本变种果型较大，直径可达 2.5 厘米，深亮红色；叶片大，分裂较浅。

本区有栽培。用途同山楂。

山里红

蛇莓 **Duchesnea indica** (Andr.) Focke

多年生草本。根茎短，粗壮。匍匐茎多数，长 30～100 厘米，有柔毛。小叶片倒卵形至菱状长圆形，长 2～3.5（～5）厘米，宽 1～3 厘米，先端圆钝，边缘有钝锯齿，两面皆有柔毛，或上面无毛，具小叶柄；叶柄长 1～5 厘米，有柔毛；托叶窄卵形至宽披针形，长 5～8 毫米。花单生于叶腋，直径 1.5～2.5 厘米；花梗长 3～6 厘米，有柔毛；萼片卵形，长 4～6 毫米，先端锐尖，外面有散生柔毛，副萼片倒卵形，长 5～8 毫米，比萼片长，先端常具 3～5 锯齿；花瓣倒卵形，长 5～10 毫米，黄色，先端圆钝；雄蕊 20～30 枚；心皮多数，离生；花托在果期膨大，海绵质，鲜红色，有光泽，直径 10～20 毫米，外面有长柔毛。瘦果卵形，长约 1.5 毫米，光滑或具不显明突起，鲜时有光泽。花期 6～8 月，果期 8～10 月。

本区分布广。生于沟滩、河岸、路旁、山坡等湿润草地。全草有小毒，可药用，具清热解毒、收敛止血、活血散结之功效。

蛇莓

草莓 **Fragaria×ananassa** Duch.

多年生草本，高 10～40 厘米。茎低于叶或近相等，密被开展黄色柔毛。叶三出，小叶具短柄，质地较厚，倒卵形或菱形，稀几圆形，长 3～7 厘米，宽 2～6 厘米，顶端圆钝，基部阔楔形，侧生小叶基部偏斜，边缘具缺刻状锯齿，锯齿急尖，上面深绿色，几无毛，下面淡白绿色，疏生毛，沿脉较密；叶柄长 2～10 厘米，密被开展黄色柔毛。聚伞花序，有花 5～15 朵，花序下面具一短柄的小叶；花两性，直径 1.5～2 厘米；萼片卵形，比副萼片稍长，副萼片椭圆披针形，全缘，稀深2裂，果时扩大；花瓣白色，近圆形或倒卵椭圆形，基部具不显的爪；雄蕊20枚，不等长；雌蕊极多。聚合果大，直径达3厘米，鲜红色，宿存萼片直立，紧贴于果实；瘦果尖卵形，光滑。花期4～5月，果期6～7月。

本区有栽培，原产南美洲。果可食用，也可作果酱或罐头，亦可入药，具润肺生津、健脾和胃、利尿消肿、解热祛暑之功效。

草莓

东方草莓 **Fragaria orientalis** Losinsk.

多年生草本。茎被开展柔毛，上部较密。三出复叶，小叶几无柄，倒卵形或菱状卵形，顶端圆钝或急尖，顶生小叶基部楔形，侧生小叶基部偏斜，边缘有缺刻状锯齿，上面绿色、散生疏柔毛，下面淡绿色、有疏柔毛，沿叶脉较密；叶柄被开展柔毛，有时上部较密。聚伞花序，有花2～5朵；花两性，稀单性；花梗长0.5～1.5厘米，被开展柔毛；基部苞片淡绿色或具一有柄的小叶；萼片卵圆披针形，顶端尾尖，副萼片线状披针形，偶有2裂；花瓣白色，几圆形，基部具短爪；雄蕊18～22枚，近等长；雌蕊多数。聚合果半圆形，成熟后紫红色，宿存萼片开展或微反折；瘦果卵形，宽0.5毫米，表面脉纹明显或仅基部具皱纹。花期5～7月，果期7～9月。

本区分布广。生于沟滩、路旁、山坡草地或林下。果实可生食或供制果酒、果酱；全草和果实可药用，具清热解毒、活血祛瘀、止渴生津、祛痰之功效。

东方草莓

野草莓 **Fragaria vesca** L.

多年生草本。茎被开展柔毛，稀脱落。3小叶，稀羽状5小叶，小叶无柄或顶端小叶具短柄；小叶片倒卵圆形、椭圆形或宽卵圆形，顶端圆钝，顶生小叶基部宽楔形，侧生小叶基部楔形，边缘具缺刻状锯齿，锯齿圆钝或急尖，上面绿色、疏被短柔毛，下面淡绿色、被短柔毛或有时脱落几无毛；叶柄长3～20厘米，疏被开展柔毛，稀脱落。聚伞花序，有花2～5朵，基部具一有柄小叶或为淡绿色钻形苞片；花梗被紧贴柔毛；萼片卵状披针形，顶端尾尖，副萼片窄披针形或钻形；花瓣白色，倒卵形，基部具短爪；雄蕊20枚，不等长；雌蕊多数。聚合果卵球形，红色；瘦果卵形，表面脉纹不显著。花期4～6月，果期6～9月。

本区分布广。生于山坡、草地、林下。果实可生食或供制果酒、果酱；全草和果实可药用，具止咳清热、利咽生津、健脾和胃、滋养补血等功效。

野草莓

路边青 **Geum aleppicum** Jacq.

多年生草本，高30～100厘米。须根簇生。茎直立，被粗硬毛。基生叶为大头羽状复叶，小叶2～6对，连叶柄长10～25厘米，叶柄被硬毛，顶生小叶大，菱状广卵形，长4～8厘米，宽5～10厘米，顶端急尖或圆钝，基部宽心形，边缘浅裂，有大锯齿，两面绿色，疏生粗硬毛；茎生叶羽状复叶，2～6小叶，顶生小叶披针形或倒卵状披针形，顶端渐尖或短渐尖，基部楔形；茎生叶托叶大，绿色，叶状，卵形，边缘有大锯齿。花序顶生；花径1～1.7厘米；花梗被短柔毛或微硬毛；萼片绿色，卵状三角形，顶端渐尖，副萼片狭小，披针形，比萼片短1倍多，外面被柔毛；花瓣黄色，几圆形，无长爪，比萼片长；花柱顶生，上部扭曲，成熟后自扭曲处脱落。聚合果倒卵球形，果托被短硬毛，长约1毫米。瘦果被长硬毛，花柱宿存，顶端有小钩。花果期7～10月。

路边青

本区分布广，又称水杨梅。生于山坡草地、沟边、河滩、林间及林缘。全株含鞣质，可提制栲胶；种子含油，可制肥皂和油漆；全草可药用，具祛风除湿、活血消肿之功效。

棣棠花 **Kerria japonica** (L.) DC.

落叶灌木，高1～2米，稀达3米。小枝绿色，圆柱形，无毛，常拱垂，嫩枝有棱角。叶互生，三角状卵形或卵圆形，顶端长渐尖，基部圆形、截形或微心形，边缘有尖锐重锯齿，两面绿色，上面无毛或有稀疏柔毛，下面沿脉或脉腋有柔毛；叶柄长5～10毫米，无毛；托叶膜质，带状披针形，有缘毛，早落。单花，着生在当年生侧枝顶端；花径2.5～6厘米；花梗无毛；萼片卵状椭圆形，顶端急尖，有小尖头，全缘，无毛，果时宿存；花瓣黄色，宽椭圆形，顶端下凹，比萼片长1～4倍。瘦果倒卵形至半球形，褐色或黑褐色，表面无毛，有皱褶。花期4～6月，果期6～8月。

产本区黄陵县腰坪乡，耀州区。生于山坡灌丛、杂木林中。枝叶、花可药用，具止咳化痰、健脾、祛风、清热解毒之功效；茎髓可催乳利尿。

棣棠花

重瓣棣棠花 **Kerria japonica** (L.) DC. f. **pleniflora** (Witte) Rehd.

与原变型的区别：花重瓣。

本区公园、庭院多栽培，供观赏。枝叶、花可药用，具止咳化痰、健脾、祛风、清热解毒之功效。

重瓣棣棠花

山荆子 **Malus baccata** (L.) Borkh.

落叶乔木，高达10米。幼枝圆柱形，红褐色，老枝暗褐色。冬芽卵形，先端渐尖，鳞片边缘微具绒毛，红褐色。叶片椭圆形或卵形，长3～8厘米，宽2～3.5厘米，先端渐尖，基部楔形或圆形，边缘有细锐锯齿，幼时稍有短柔毛；叶柄长2～5厘米，幼时有短柔毛及腺体；托叶膜质，披针形，长约3毫米，全缘或有腺齿，早落。伞形花序具花4～6朵，无总梗，集生于小枝顶端；花径3～3.5厘米；花梗细长，1.5～4厘米；苞片膜质，线状披针形，边缘有腺齿；萼筒外无毛；萼片披针形，先端渐尖，长5～7毫米，内被绒毛，长于萼筒；花瓣倒卵形，长2～2.5厘米，先端圆钝，基部有短爪，白色；雄蕊15～20枚，长短不齐，约等于花瓣之半；花柱5或4，基部有长柔毛，较雄蕊长。果实近球形，直径8～10毫米，红色或黄色，萼片脱落；果梗长3～4厘米。花期4～6月，果期9～10月。

本区分布广，又称山定子。生于山坡杂木林中及灌木丛中。幼树作苹果树砧木；成熟果实可食，可酿酒；果实入药，用于吐泻、细菌感染。

山荆子

垂枝山荆子 **Malus baccata** (L.) Borkh. f. **gracilis** Rehd.

与山荆子的区别：枝细下垂，叶片较小，叶边锯齿稍钝，有细长叶柄，长1.5～3.5厘米；花径约3厘米；花柱3～4。

产本区富县直罗镇、张家湾镇。生于山坡杂木林中及沟谷灌木丛中。成熟果实可食，可酿酒；果实可入药，用于治疗吐泻、细菌感染。

垂枝山荆子

河南海棠 **Malus honanensis** Rehd.

落叶灌木或小乔木，高达5～7米。小枝细弱，圆柱形，嫩时被稀绒毛，老枝红褐色，具稀褐色皮孔。冬芽卵形，先端钝，鳞片边缘被长柔毛，红褐色。叶片宽卵形，长4～7厘米，宽3.5～6厘米，先端急尖，基部圆形、心形或截形，边缘有尖锐重锯齿，两侧具有3～6浅裂，裂片宽卵形，先端急尖，两面具柔毛，上面后脱落；叶柄长1.5～2.5厘米，被柔毛；托叶膜质，线状披针形，早落。伞形总状花序，具花5～10朵；花径约1.5厘米；花梗细，长1.5～3厘米，幼时被柔毛；萼筒外被稀柔毛；萼片三角状卵形，先端急尖，全缘，长约2毫米，里面密被长柔毛，比萼筒短；花瓣卵形，长7～8毫米，基部近心形，有短爪，粉白色；雄蕊约20枚；花柱3～4，基部合生。果实近球形，直径约8毫米，黄红色，萼片宿存。花期5月，果期8～9月。

产本区富县张村驿镇、直罗镇。生于山谷或山坡丛林中。

河南海棠

湖北海棠 Malus hupehensis (Pamp.) Rehd.

落叶乔木，高达8米。小枝初有短柔毛，老枝紫色至紫褐色。冬芽卵形，先端急尖，鳞片边缘疏生短柔毛，暗紫色。叶片卵形至卵状椭圆形，长5～10厘米，宽2.5～4厘米，先端渐尖，基部宽楔形，边缘有细锐锯齿，幼时具稀短柔毛，呈紫红色；叶柄长1～3厘米，幼时有稀短柔毛；托叶草质至膜质，线状披针形，先端渐尖，有疏柔毛，早落。伞房花序，具花4～6朵；花径3.5～4厘米；花梗长3～6厘米；苞片膜质，披针形，早落；萼筒外无毛或稍有长柔毛；萼片三角状卵形，先端渐尖或急尖，长4～5毫米，里面有柔毛，略带紫色，与萼筒等长或稍短；花瓣倒卵形，长约1.5厘米，基部有短爪，粉白色或近白色；雄蕊20枚，花丝长短不齐，约等于花瓣之半；花柱3，基部有长绒毛，较雄蕊稍长。果实椭圆形或近球形，直径约1厘米，黄绿色稍带红晕，萼片脱落；果梗长2～4厘米。花期4～5月，果期8～9月。

产本区富县直罗镇。生于山坡或山谷丛林中。根、果实可药用，具活血、健胃之功效。

湖北海棠

陇东海棠 Malus kansuensis (Batal.) Schneid.

落叶灌木至小乔木，高3～5米。小枝粗壮，圆柱形，幼时有短柔毛；老枝紫褐色。冬芽卵形，先端钝，鳞片边缘具绒毛，暗紫色。叶片卵形或宽卵形，长5～8厘米，宽4～6厘米，先端急尖或渐尖，基部圆形或截形，边缘有细锐重锯齿，常3浅裂，裂片三角状卵形，先端急尖，下面有稀柔毛；叶柄长1.5～4厘米，疏生短柔毛；托叶草质，线状披针形，边缘疏生腺齿，长6～10毫米，稍有柔毛。伞形总状花序，具花4～10朵，直径5～6.5厘米；花径1.5～2厘米；总花梗和花梗幼时疏被柔毛，花梗长2.5～3.5厘米；苞片膜质，线状披针形，早落；萼筒外有长柔毛；萼片三角状卵形至三角披针形，先端渐尖，全缘，里面具长柔毛，与萼筒等长或稍长；花瓣宽倒卵形，基部有短爪，里面疏被长柔毛，白色；雄蕊20枚，花丝长短不一，约等于花瓣之半；花柱3，比雄蕊稍长。果实椭圆形或倒卵形，直径1～1.5厘米，黄红色，萼片脱落；果梗长2～3.5厘米。花期5～6月，果期7～8月。

产本区富县直罗镇，又称甘肃海棠。生于杂木林或灌木丛中。

陇东海棠

毛山荆子 Malus mandshurica (Maxim.) Kom. ex Juz.

落叶乔木，高达15米。小枝细弱，圆柱形；幼时密被短柔毛，紫褐色。冬芽卵形，鳞片边缘微具短柔毛，红褐色。叶片卵形、椭圆形至倒卵形，长5～8厘米，宽3～4厘米，先端急尖或渐尖，基部楔形或近圆形，边缘有细锯齿，基部近于全缘，下中脉及侧脉具短柔毛；叶柄长3～4厘米，疏被短柔毛；托叶叶质，线状披针形，长5～7毫米，先端渐尖，边缘疏被腺齿。伞形花序，具花3～6朵，无总梗，集生小枝顶端；花径3～3.5厘米；花梗长3～5厘米，疏生短柔毛；苞片小，膜质，线状披针形，早落；萼筒外面疏生短柔毛；萼片披针形，先端渐尖，全缘，长5～7毫米，里面被绒毛，比萼筒稍长；花瓣长倒卵形，长1.5～2厘米，基部有短爪，白色；雄蕊30枚，花丝长短不齐，约等于花瓣之半；花柱4，基部具绒毛，较雄蕊稍长。果实椭圆形或倒卵形，直径8～12毫米，红色，萼片脱落；果梗长3～5厘米。花期5～6月，果期8～9月。

产本区富县直罗镇。生于杂木林中。可作苹果或花红等果树砧木，也可供观赏。

毛山荆子

楸子 **Malus prunifolia** (Willd.) Borkh.

落叶小乔木，高达3～8米。小枝粗壮，圆柱形，嫩时密被短柔毛；老枝灰紫色。冬芽卵形，微具柔毛，紫褐色，有数枚外露鳞片。叶片卵形或椭圆形，长5～9厘米，宽4～5厘米，先端渐尖或急尖，基部宽楔形，边缘有细锐锯齿，幼嫩时两面的中脉及侧脉有柔毛；叶柄长1～5厘米，嫩时密被柔毛。花4～10朵，近伞形花序；花径4～5厘米；花梗长2～3.5厘米，被短柔毛；苞片膜质，线状披针形，微被柔毛，早落；萼筒外被柔毛；萼片披针形，长7～9厘米，先端渐尖，全缘，两面被柔毛，萼片比萼筒长；花瓣倒卵形或椭圆形，长2.5～3厘米，宽约1.5厘米，基部有短爪，白色，含苞时粉红色；雄蕊20枚，花丝长短不齐，约等于花瓣1/3；花柱4，基部有长绒毛，比雄蕊较长。果实卵形，直径2～2.5厘米，红色，萼洼微突，萼片宿存肥厚；果梗细长。花期4～5月，果期8～9月。

产本区富县张家湾镇、直罗镇。生于山坡、平地灌丛或林缘。可作苹果砧木；果实可食用，可药用，具生津、消食之功效。

楸子

苹果 **Malus pumila** Mill.

落叶小乔木，高达8米。小枝圆柱形，幼时密被绒毛；老枝紫褐色。冬芽卵形，密被短柔毛。叶片椭圆形、卵形至宽椭圆形，长4.5～10厘米，宽3～5.5厘米，先端急尖，基部宽楔形，边缘有圆钝锯齿，幼嫩时两面具短柔毛；叶柄粗壮，长1.5～3厘米，被短柔毛；托叶草质，披针形，密被短柔毛，早落。伞房花序具花3～7朵，集生小枝顶端；花径3～4厘米；花梗长1～2.5厘米，密被绒毛；苞片膜质，线状披针形，被绒毛；萼筒外密被绒毛；萼片三角披针形，长6～8毫米，全缘，内外密被绒毛，萼片比萼筒长；花瓣倒卵形，长15～18毫米，基部具短爪，白色，含苞时带粉红色；雄蕊20枚，花丝长短不齐，约等于花瓣之半；花柱5，下半部密被灰白色绒毛，较雄蕊稍长。果实扁球形，直径2厘米以上，先端常隆起，萼洼下陷，萼片永存；果梗短粗。花期5月，果期7～10月。

本区多有栽培。世界四大水果之首。种子、嫩叶有毒；果实具生津、润肺、解暑、开胃醒酒之功效。

苹果

三叶海棠 **Malus sieboldii** (Regel) Rehd.

落叶灌木，高2～6米。小枝圆柱形，幼时被短柔毛，暗紫色。冬芽卵形，先端较钝，鳞片边缘微被短柔毛，紫褐色。叶片卵形至椭圆形，长3～7.5厘米，宽2～4厘米，先端急尖，基部圆形或宽楔形，边缘有尖锐锯齿，新枝上的叶片常3～5浅裂，幼叶两面被短柔毛，老叶下面沿脉有短柔毛；叶柄长1～2.5厘米，有短柔毛；托叶草质，窄披针形，先端渐尖，全缘，微被短柔毛。花4～8朵，集生于小枝顶端；花径2～3厘米；花梗长2～2.5厘米，近无毛；苞片膜质，线状披针形，先端渐尖，全缘，内被柔毛，早落；萼筒外近无毛；萼片三角状卵形，先端尾状渐尖，全缘，长5～6毫米，里面密被绒毛，约与萼筒等长；花瓣长椭圆倒卵形，长1.5～1.8厘米，基部有短爪，淡粉红色；雄蕊20枚，花丝长约等于花瓣之半；花柱3～5，基部有长柔毛，较雄蕊稍长。果实近球形，无石细胞，直径6～8毫米，红色或褐黄色，萼片脱落；果梗长2～3厘米。花期4～5月，果期8～9月。

本区分布广。生于山坡杂木林、灌木丛中或林缘。

三叶海棠

花叶海棠 Malus transitoria (Batal.) Schneid.

落叶灌木至小乔木，高达8米。小枝细长，圆柱形，幼时密被绒毛；老枝暗紫色。冬芽小，卵形，密被绒毛，暗紫色，有数枚外露鳞片。叶片卵形至广卵形，长2.5～5厘米，宽2～4.5厘米，先端急尖，基部圆形至宽楔形，边缘有锯齿，常3～5不规则深裂，裂片长卵形，先端急尖，上面近无毛，下面密被绒毛；叶柄长1.5～3.5厘米，有窄叶翼，密被绒毛；托叶叶质，卵状披针形，先端急尖，全缘，被绒毛。花序近伞形，具花3～6朵；花径1～2厘米；花梗长1.5～2厘米，密被绒毛；苞片膜质，线状披针形，具毛，早落；萼筒钟状，密被绒毛；萼片三角状卵形，先端圆钝或微尖，全缘，长约3毫米，内外密被绒毛，比萼筒稍短；花瓣卵形，长8～10毫米，宽5～7毫米，基部有短爪，白色；雄蕊20～25枚，花丝长短不等，比花瓣稍短；花柱3～5，比雄蕊稍长或近等长。果实近球形，直径6～8毫米，萼片脱落，萼洼下陷；果梗长1.5～2厘米，外被绒毛。花期5月，果期9月。

本区分布广，俗称马杜梨。生于山坡丛林中或黄土丘陵上。可作苹果砧木。

花叶海棠

蕨麻 Potentilla anserina L.

多年生草本。块根纺锤形或椭圆形。茎匍匐，在节处生根，外被疏柔毛。基生叶丛生，为间断羽状复叶，有小叶6～11对，连叶柄长2～20厘米，叶柄被疏柔毛。小叶对生或互生，无柄或顶生小叶有短柄，最上面一对小叶基部下延与叶轴汇合，基部小叶渐小呈附片状；小叶片椭圆形或倒卵椭圆形，顶端圆钝，基部楔形或阔楔形，边缘有多数尖锐锯齿，上面绿色、被疏柔毛或无毛，下面密被紧贴银白色绢毛，叶脉明显或不明显。茎生叶与基生叶相似；托叶膜质，褐色，和叶柄连成鞘状，外面疏被柔毛。单花腋生；花径1.5～2厘米；花梗长2.5～8厘米，被疏柔毛；萼片三角状卵形，顶端急尖或渐尖，副萼片椭圆形或椭圆状披针形，常2～3裂稀不裂，与萼片近等长或稍短；花瓣黄色，倒卵形，顶端圆形，比萼片长1倍；花柱侧生，小枝状，柱头稍扩大；子房无毛。花期4～5月。

本区分布广，又称鹅绒委陵菜。生于河岸、路边、山坡草地。根含丰富淀粉，可制食品及酿酒；茎叶可提取黄色染料；块根可药用，具健脾益胃、生津止渴之功效。

蕨麻

二裂委陵菜 Potentilla bifurca L.

多年生草本或亚灌木。根圆柱形，纤细，木质。花茎直立或上升，高5～20厘米，密被疏柔毛或微硬毛。羽状复叶，有小叶5～8

对，最上面2～3对小叶基部下延与叶轴汇合，连叶柄长3～8厘米；叶柄密被疏柔毛或微硬毛，小叶片无柄，对生稀互生，椭圆形或倒卵椭圆形，长0.5～1.5厘米，宽0.4～0.8厘米，顶端常2裂，稀3裂，基部楔形或宽楔形，两面绿色，伏生疏柔毛；下部叶托叶膜质，褐色，外面被微硬毛，稀脱落几无毛，上部茎生叶托叶草质，绿色，卵状椭圆形，常全缘稀有齿。近伞房状聚伞花序，顶生，疏散；花径0.7～1厘米；萼片卵圆形，顶端急尖，副萼片椭圆形，顶端急尖或钝，比萼片短或近等长，外面被疏柔毛；花瓣黄色，倒卵形，顶端圆钝，比萼片稍长；心皮沿腹部有稀疏柔毛；花柱侧生，棒形，基部较细，顶端缢缩，柱头扩大。瘦果表面光滑。花果期5～9月。

本区分布广，俗称痔疮草。生于农田、地边、道旁、滩地、山坡草地、黄土坡上及疏林下。

二裂委陵菜

矮生二裂委陵菜 Potentilla bifurca L. var. humilior Rupr. et Osten-Sacken

与原变种的区别：植株矮小铺散；花茎长在7厘米以下；小叶通常3～5对，稀达6对，大多全缘，偶有顶端二裂者；花常单生。花果期5～10月。

本区多见。生于山坡草地、河滩沙地。

矮生二裂委陵菜

长叶二裂委陵菜

长叶二裂委陵菜 Potentilla bifurca L. var. major Ledeb.

与原变种的区别：植株高大；叶柄、花茎下部伏生柔毛或脱落几无毛；小叶片带形或长椭圆形，顶端圆钝或2裂；花序聚伞状，花朵较大，直径1.2～1.5厘米。花果期5～10月。

本区多见。生于耕地道旁、河滩沙地、山坡草地。

委陵菜 Potentilla chinensis Ser.

多年生草本。根粗壮，圆柱形。花茎直立或上升，高20～70厘米，被柔毛。基生叶为羽状复叶，有小叶5～15对，连叶柄长4～25厘米，叶柄被柔毛；小叶片对生或互生，上部小叶较长，无柄，长圆形、倒卵形或长圆状披针形，边缘羽状中裂，裂片三角状卵形，顶端急尖或圆钝，边缘向下反卷，上面被柔毛，中脉下陷，下面被绒毛，茎生叶与基生叶相似；基生叶托叶近膜质，褐色，外面被长柔毛；茎生叶托叶草质，绿色，边缘锐裂。伞房状聚伞花序；花径0.8～1厘米；花梗长0.5～1.5厘米，基部有披针形苞片，外面密被柔毛；萼片三角状卵形，顶端急尖，副萼片带形，顶端尖，比萼片短约50%并狭窄，外面被柔毛；花瓣黄色，宽倒卵形，顶端微凹，比萼片稍长；花柱近顶生，基部微扩大，稍有乳头或不明显，柱头扩大。瘦果卵球形，深褐色，有明显皱纹。花果期4～10月。

本区分布广。生于山坡草地、沟谷、林缘、灌丛或疏林下。根含鞣质9.0%，可提制栲胶；嫩苗可食；全草可药用，具清热解毒、止血、止痢之功效。

委陵菜

大萼委陵菜 Potentilla conferta Bge.

多年生草本。根圆柱形，木质化。花茎直立或上升，高20～45厘米，外被柔毛，毛长3～4毫米。基生叶为羽状复叶，有小叶3～6对，连叶柄长6～20厘米，叶柄被柔毛；小叶片对生或互生，披针形或长椭圆形，长1～5厘米，宽0.5～2厘米，边缘羽状中裂，裂片三角状长圆形，顶端圆钝，基部扩大，边缘向下反卷，上面绿色，伏生短柔毛，下面被绒毛，沿脉被长柔毛；茎生叶与基生叶相似；基生叶托叶膜质，褐色，外被疏柔毛，茎生叶托叶草质，绿色，常齿牙状分裂，顶端渐尖。聚伞花序多花至少花，春季时常密集于顶端，夏秋时花梗常伸长疏散；花径1.2～1.5厘米；花梗长1～2.5厘米，密被短柔毛；萼片三角状卵形或椭圆状卵形，先端急尖，副萼片披针形，顶端圆钝或急尖，与萼片近等长；花瓣黄色，倒卵形，顶端圆钝或微凹，比萼片稍长；花柱圆锥形，基部膨大，柱头微扩大。瘦果卵形或半球形，直径约1毫米，具皱纹。花期6～9月。

产本区富县直罗镇。生于农田边、山坡草地及灌丛中。根可药用，具清热、凉血、止血之功效。

大萼委陵菜

翻白草 Potentilla discolor Bge.

多年生草本。根粗壮，下部呈纺锤形。花茎直立，上升或微铺散，高10～45厘米，密被白色绵毛。基生叶有小叶2～4对，连叶柄长4～20厘米，叶柄密被白色绵毛；小叶对生或互生，无柄，小叶片长圆形或长圆状披针形，长1～5厘米，宽0.5～0.8厘米，顶端圆钝，基部楔形、宽楔形或偏斜圆形，边缘具圆钝锯齿，上面暗绿色，被稀疏白色绵毛，下面密被白色绵毛，脉不显；茎生叶1～2，有掌状3～5小叶；基生叶托叶膜质，褐色，外被白色长柔毛；茎生叶托叶草质，绿色，卵形或宽卵形，边缘有缺刻状牙齿，下面密被白色绵毛。聚伞花序有花数朵；花径1～2厘米；花梗长1～2.5厘米，外被绵毛；萼片三角状卵形，副萼片披针形，比萼片短，外被白色绵毛；花瓣黄色，倒卵形，顶端微凹或圆钝，比萼片长；花柱近顶生，基部具乳头状膨大，柱头稍扩大。瘦果近肾形，宽约1毫米，光滑。花果期5～9月。

本区分布广，俗称鸡腿根。生于荒地、山谷、沟边、山坡草地及疏林下。块根含丰富淀粉；全草可入药，具解热、消肿、止痢、止血之功效。

翻白草

金露梅 Potentilla fruticosa L.

落叶灌木，高0.5～2米。树皮纵向剥落。多分枝，小枝红褐色，幼时被长柔毛。羽状复叶，有小叶2对，稀3小叶，上面一对小叶基部下延与叶轴汇合；叶柄被绢毛或疏柔毛；小叶片长圆形、倒卵状长圆形或卵状披针形，长0.7～2厘米，宽0.4～1厘米，全缘，边缘平坦，顶端急尖或圆钝，基部楔形，两面绿色，疏被绢毛或柔毛或脱落近于几毛；托叶薄膜质，宽大，外面被长柔毛或脱落。单花或数朵生于枝顶；花径2.2～3厘米；花梗密被长柔毛或绢毛；萼片卵圆形，顶端急尖至短渐尖，副萼片披针形至倒卵状披针形，顶端渐尖至急尖，与萼片近等长，外面疏被绢毛；花瓣黄色，宽倒卵形，顶端圆钝，比萼片长；花柱近基生，棒形，基部稍细，顶部缢缩，柱头扩大。瘦果近卵形，褐棕色，长1.5毫米，外被长柔毛。花果期6～9月。

本区公园、庭院多栽培，供观赏。鲜叶每百克含维生素C 145.9～223.3毫克，干叶含292.4～380.4毫克，并含胡萝卜素8.35毫克；叶可药用，具清暑热、益脑、清心、调经、健胃之功效。

金露梅

银露梅 Potentilla glabra Lodd.

落叶灌木，高0.3～2米。树皮纵向剥落。小枝灰褐色或紫褐色，被稀疏柔毛。叶为羽状复叶，有小叶2对，稀3小叶，上面一对小叶基部下延与轴汇合，叶柄被疏柔毛；小叶片椭圆形或卵状椭圆形，长0.5～1.2厘米，宽0.4～0.8厘米，顶端圆钝或急尖，基部楔形或圆形，全缘，两面绿色，被疏柔毛；托叶薄膜质，外被疏柔毛。顶生单花或数朵；花径 1.5～2.5 厘米；花梗细长，被疏柔毛；萼片卵形，急尖或短渐尖，副萼片披针形或倒卵状披针形，比萼片短或近等长，外被疏柔毛；花瓣白色，倒卵形，顶端圆钝；花柱棒状，基部较细，在柱头下缢缩，柱头扩大。瘦果表面被毛。花果期 6～11 月。

本区公园、庭院多栽培，供观赏。叶与果含鞣质，可提制栲胶；花、叶可入药，具健脾、化湿、清暑、调经之功效。

银露梅

多茎委陵菜 Potentilla multicaulis Bge.

多年生草本。根粗壮，圆柱形。花茎多而密集丛生，长 7～35 厘米，带暗红色，被柔毛。基生叶为羽状复叶，有小叶 4～6 对，连叶柄长 3～10 厘米，叶柄暗红色，被白色长柔毛，小叶片对生，无柄，椭圆形至倒卵形，上部小叶较大，长 0.5～2 厘米，宽 0.3～0.8 厘米，边缘羽伏深裂，裂片带形，顶端舌状，边缘平坦，上面绿色，主脉侧脉微下陷，被稀疏伏生柔毛，下面被白色绒毛，脉上疏生白色长柔毛，茎生叶与基生叶形状相似，唯小叶对数较少；基生叶托叶膜质，棕褐色，外被白色长柔毛；茎生叶托叶草质，绿色，全缘，卵形，顶端渐尖。聚伞花序多花，初开时密集；花径 0.8～1 厘米；萼片三角状卵形，顶端急尖，副萼片狭披针形，顶端圆钝，比萼片短约一半；花瓣黄色，倒卵形或近圆形，顶端微凹，比萼片稍长或长约达 1 倍；花柱圆柱形，基部膨大。瘦果卵球形，有皱纹。花果期 5～9 月。

本区分布广，俗称猫爪子。生于耕地边、沟谷阴处、草地及疏林下。全草可药用，具清热解毒、止痢之功效。

多茎委陵菜

绢毛委陵菜 Potentilla sericea L.

多年生草本。根粗壮，圆柱形，稍木质化。花茎直立或上升，高 5～20 厘米，被白色绢毛或长柔毛。基生叶为羽状复叶，有小叶 3～6 对，连叶柄长 3～8 厘米，叶柄被白色绢毛或长柔毛，小叶对生，无柄；小叶片长圆形，上部小叶较大，长 0.5～1.5 厘米，宽 0.3～0.8 厘米，边缘羽状深裂，裂片带形，呈篦齿排列，顶端急尖或圆钝，边缘反卷，上面绿色，伏生绢毛，下面密被白色绒毛，绒毛上密盖一层白色绢毛，茎生叶 1～2；基生叶托叶膜质，褐色，外被绢毛或长柔毛；茎生叶托叶草质，绿色，卵圆形，顶端渐尖，边缘锐裂稀全缘，外被长柔毛。聚伞花序疏散；花径 0.8～2.2 厘米；花梗长 1～2 厘米，密被柔毛；萼片三角状卵形，顶端急尖，副萼片披针形，顶端圆钝，比萼片稍短；花瓣黄色，倒卵形，顶端微凹，比萼片稍长；花柱基部膨大。瘦果长圆状卵形，褐色，有皱纹。花果期 5～9 月。

产本区富县直罗镇。生于山坡草地及河漫滩地。块根及全草可药用，具生津止渴、补阳、除虚热和止血排脓之功效。

绢毛委陵菜

西山委陵菜 Potentilla sischanensis Bge. ex Lehm.

多年生草本。根粗壮，圆柱形，木质化。花茎丛生，直立，高 10～30 厘米，初被绒毛及长柔毛。基生叶为羽状复叶，有小叶 3～5 对，连叶柄长 3～25 厘米，叶柄被绒毛及长柔毛；小叶对生，卵形、长椭圆形或披针形，长 0.5～3 厘米，宽 0.4～1.5 厘米，边缘羽状深裂几达中脉，基部小叶小，掌状，分裂，裂片长椭圆形、披针形或卵状披针形，顶端圆钝或急尖，上面绿色，被长柔毛，下面密被绒毛，边缘平坦，沿脉伏生长柔毛及绒毛；茎生叶呈苞叶状，掌状或羽状 3～5 全裂；基生叶托叶膜质，褐色，外被长柔毛，茎生叶托叶亚革质，绿色，卵披针形，下面密被绒毛。聚伞花序疏生；花径 0.8～

西山委陵菜

1 厘米；花梗长 1～1.5 厘米，有对生小型苞片，外被柔毛；萼片卵状披针形或三角状卵形，顶端渐尖，副萼片狭窄，披针形，与萼片几等长，外被绒毛和长柔毛；花瓣黄色，倒卵形，顶端圆钝或微凹，比萼片长 0.5～1 倍；花柱基部稍膨大，柱头稍扩大。瘦果卵圆形，成熟后有皱纹。花果期 4～8 月。

产本区富县直罗镇。生于干旱山坡草地及灌丛中。

朝天委陵菜 Potentilla supina L.

一年生或二年生草本。主根细长。茎平展，叉状分枝，长 20～50 厘米，疏被柔毛。基生叶羽状复叶，有小叶 2～5 对，连叶柄长 4～15 厘米，叶柄被疏柔毛；小叶互生或对生，无柄，最上面 1～2 对小叶基部与叶轴合生，小叶片长圆形或倒卵状长圆形，长 1～2.5 厘米，宽 0.5～1.5 厘米，顶端圆钝或急尖，基部楔形或宽楔形，边缘有圆钝或缺刻状锯齿，两面绿色，疏被柔毛；茎生叶与基生叶相似，向上小叶对数渐少；基生叶托叶膜质，褐色，外被疏柔毛；茎生叶托叶草质，绿色，全缘、有齿或分裂。花茎上多叶，下部花腋生；花径 0.6～0.8 厘米；花梗长 0.8～1.5 厘米，密被短柔毛；萼片三角状卵形，副萼片长椭圆形或椭圆披针形，与萼片近等长；花瓣黄色，倒卵形，顶端微凹，与萼片近等长；花柱基部乳头状膨大。瘦果长圆形，先端尖，表面具脉纹，腹部鼓胀若翅。花果期 5～10 月。

本区分布广。生于田边、荒地、河岸沙地、草甸、山坡湿地。全草可药用，具止血、固精、收敛、滋补之功效。

朝天委陵菜

菊叶委陵菜 Potentilla tanacetifolia Willd. ex Schlecht.

多年生草本。根粗壮，圆柱形。花茎直立，高 15～65 厘米，被柔毛和腺体。基生叶羽状复叶，有小叶 5～8 对，连叶柄长 5～20 厘米，叶柄被柔毛和腺体；小叶互生或对生，顶生小叶近无柄，最上面 1～3 对小叶基部与叶轴汇合，小叶片长圆形或长圆状披针形，长 1～5 厘米，宽 0.5～1.5 厘米，顶端圆钝，基部楔形，边缘有缺刻状锯齿，上面伏生柔毛，下面被短柔毛，叶脉伏生柔毛；茎生叶与基生叶相似，但小叶对数较少；基生叶托叶膜质，褐色，外被疏柔毛；茎生叶托叶革质，绿色，边缘深撕裂状，下面被柔毛。伞房状聚伞花序，多花；花径 1～1.5 厘米；花梗长 0.5～2 厘米，被短柔毛；萼片三角状卵形，顶端渐尖或急尖，副萼片披针形或椭圆披针形，顶端圆钝或急尖，与萼片近等长，外被短柔毛和腺毛；花瓣黄色，倒卵形，顶端微凹，比萼片长约 1 倍；花柱圆锥形，柱头稍扩大。瘦果卵球形，长 2.5 毫米，具脉纹。花果期 5～10 月。

本区分布广。生于山坡草地、低洼地、沙地、丛林边。根含鞣质 27%；全草可入药，具清热解毒、消炎止血之功效。

菊叶委陵菜

蕤核 Prinsepia uniflora Batal.

落叶灌木，高 1～2 米。树皮光滑。老枝紫褐色；小枝灰绿色，被短柔毛；枝刺钻形，长 0.5～1 厘米，刺上不生叶。冬芽卵圆形，有多数鳞片。叶互生或丛生，近无柄；叶片长圆状披针形，长 2～5.5 厘米，宽 6～8 毫米，先端圆钝，基部楔形，全缘，有时呈浅波状，上面深绿色，下面淡绿色，中脉突起；托叶小，早落。花单生或 2～3 朵簇生于叶丛内；花径 8～10 毫米；花梗长 3～5 毫米；萼筒陀螺状；萼片短三角状卵形或半圆形，先端圆钝，全缘；花瓣白色，有紫色脉纹，倒卵形，长 5～6 毫米，先端啮蚀状，基部宽楔形，有短爪，着生在萼筒口花盘边缘处；雄蕊 10 枚，花丝扁而短，比花药

蕤核

稍长，着生在花盘上，花药黄色，圆卵形；心皮 1 枚，花柱侧生，柱头头状。核果球形，红褐色或黑褐色，直径 8～12 毫米，有光泽；萼片宿存，反折。核卵球形，长约 7 毫米，有沟纹。花期 4～5 月，果期 8～9 月。

本区分布广，俗称小马茹。生于向阳低山坡或灌丛中。种仁含油 24.8%～32%；果实可酿酒、制醋或食用；种子可入药，具养肝明目、疏风散热之功效。

齿叶扁核木 **Prinsepia uniflora** Batal. var. **serrata** Rehd.

本变种叶片边缘有明显锯齿，不育枝上叶片卵状披针形或卵状长圆形，先端急尖或短渐尖；花枝上叶片长圆形或窄椭圆形；花梗长 5～15 毫米。

产本区富县直罗镇。生于向阳低山坡灌丛中。果实可酿酒、制醋或食用；种子可入药，具养肝明目、疏风散热之功效。

齿叶扁核木

紫叶李 **Prunus cerasifera** Ehrhar. f. **atropurpurea** (Jacq.) Rehd.

落叶乔木，高达 8 米。多分枝，枝条紫灰色；小枝淡红褐色，光滑。冬芽卵圆形，先端急尖，有数枚覆瓦状排列鳞片，紫红色。单叶互生，卵圆形或长圆状披针形，长 4.5～6 厘米，宽 2～4 厘米，先端短尖，基部楔形，边缘具锯齿，背面脉腋有毛，色暗绿色或紫红色，羽状脉 5～8 对；叶柄长 6～12 毫米，无腺体；托叶膜质，披针形，先端渐尖，边缘有带腺细锯齿。花单生或 2 朵簇生，白色；花径 2～2.5 厘米；花梗长 1～2.2 厘米，近无毛；萼筒钟状，内被柔毛，与萼片近等长；萼片长卵形，先端圆钝，边缘有锯齿；花瓣白色，长圆形或匙形，边缘波状，基部楔形；雄蕊 25 枚，花丝长短不等，2 轮，比花瓣稍短；雌蕊 1 枚，心皮被长柔毛，花柱比雄蕊稍长，基部被长柔毛，柱头盘状。核果扁球形，径 1～3 厘米，腹缝线上有沟纹，熟时黄色、红色或紫色，光亮，粘核。核椭圆形，先端急尖，浅褐色带白色，表面平滑，背缝具沟，腹缝有时具 2 侧沟。花期 4 月，果期 8 月。

本区多栽培于公园、路旁，又称红叶李，观赏树木。

紫叶李

李 **Prunus salicina** Lindl.

落叶乔木，高 9～12 米。树皮灰褐色。老枝紫褐色，小枝黄红色。冬芽红紫色，有数枚覆瓦状排列鳞片。叶片长圆状倒卵形或长椭圆形，长 6～12 厘米，宽 3～5 厘米，先端渐尖，基部楔形，边缘有圆钝重锯齿，幼时齿尖带腺，侧脉 6～10 对，不达叶缘；托叶线形，边缘有腺，早落；叶柄长 1～2 厘米，顶端有 2 个腺体或无。花常 3 朵并生；花径 1.5～2.2 厘米；花梗 1～2 厘米；萼筒基部被柔毛；萼片 5 枚，长圆状卵形，长约 5 毫米，先端急尖，边缘有疏齿；花瓣 5，白色，长圆状倒卵形，先端啮蚀状，基部楔形，带紫色脉纹，具短爪，比萼筒长 2～3 倍；雄蕊多数，花丝长短不等，2 轮，比花瓣短；雌蕊 1 枚，上位子房，花柱比雄蕊稍长，柱头盘状。核果球形，直径 3.5～5 厘米，黄色或红色，梗凹陷入，顶端微尖，基部有纵沟，外被蜡粉。核卵圆形，有皱纹。花期 4 月，果期 7～8 月。

本区有栽培，为重要果树之一。种仁含油 35.4%；果实、种子、根皮及叶可药用，具清肝祛热、生津利水、活血祛瘀、解毒、止痛消肿、润肠、下气之功效。

李

杜梨 Pyrus betulifolia Bunge

落叶乔木，高达10米。枝具刺，幼枝密被绒毛，二年生枝紫褐色，近无毛。冬芽卵形，外被绒毛。叶片菱状卵形至长圆状卵形，长4～8厘米，宽2.5～3.5厘米，先端渐尖，基部宽楔形，边缘有粗锐锯齿，幼叶两面密被绒毛，老叶下面微被绒毛；叶柄长2～3厘米，被绒毛；托叶线状披针形，长约2毫米，两面被绒毛，早落。伞形总状花序，有花10～15朵；花径1.5～2厘米；总花梗和花梗被绒毛，花梗长2～2.5厘米；苞片线形，长5～8毫米，两面微被绒毛，早落；萼筒外密被绒毛；萼片三角状卵形，长约3毫米，内外密被绒毛；花瓣白色，宽卵形，长5～8毫米，宽3～4毫米，先端圆钝，基部具短爪；雄蕊20枚，花药紫色；花柱2～3，基部微具毛。果实近球形，直径5～10毫米，2～3室，褐色，有淡色斑点，果梗具绒毛。花期4月，果期8～9月。

本区分布广。生于向阳处灌木丛或杂木林中。可作栽培梨的砧木；种子有毒；果实含糖19.62%，可制糕点和酿酒；枝叶、根皮、果实可入药，具疏肝和胃、止泻、润肺止咳、清热解毒、消肿止痛之功效。

杜梨

白梨 Pyrus bretschneideri Rehd.

落叶乔木，高达5～8米。小枝圆柱形，嫩时密被柔毛，二年生枝紫褐色，具皮孔。冬芽卵形，鳞片边缘及先端有柔毛，暗紫色。叶片卵形或椭圆状卵形，长5～11厘米，宽3.5～6厘米，先端渐尖，基部宽楔形，边缘有尖锐锯齿，齿尖有刺芒，两面有绒毛，不久脱落；叶柄长2.5～7厘米，嫩时密被绒毛；托叶线形至线状披针形，边缘具腺齿，长1～1.3厘米，内外有柔毛，早落。伞形总状花序，具花7～10朵；花径2～3.5厘米；总花梗和花梗幼时有绒毛，花梗长1.5～3厘米；苞片线形，长1～1.5厘米，里面密被褐色长绒毛；萼片三角形，边缘有腺齿，内密被褐色绒毛；花瓣卵形，长1.2～1.4厘米，宽1～1.2厘米，先端呈啮齿状，基部具短爪；雄蕊20枚，花柱5或4，与雄蕊近等长。果实卵形，直径2～2.5厘米，黄色，有细密斑点，4～5室，每室2胚珠。种子倒卵形，微扁，长6～7毫米，褐色。花期4月，果期8～9月。

本区多栽培，为重要果树之一，品种繁多。种子有毒；果实、枝叶和花可药用，具生津润燥、清热降火、润肺化痰、滋肾、补阴、解毒之功效。

白梨

沙梨 Pyrus pyrifolia (Burm. f.) Nakai

落叶乔木，高达7～15米。小枝嫩时具黄褐色长柔毛，二年生枝紫褐色，具皮孔。冬芽长卵形，鳞片边缘和先端微具长绒毛。叶片卵状椭圆形或卵形，长7～12厘米，宽4～6.5厘米，先端长尖，基部圆形或近心形，边缘有刺芒锯齿，两面幼时有褐色绵毛；叶柄长3～4.5厘米，幼时被绒毛；托叶线状披针形，长1～1.5厘米，边缘具长柔毛，早落。伞形总状花序，具花6～9朵；花径2.5～3.5厘米；总花梗和花梗幼时微具柔毛，花梗长3.5～5厘米；苞片线形，边缘有长柔毛；萼片三角状卵形，长约5毫米，边缘有腺齿，里面密被褐色绒毛；花瓣卵形，长15～17毫米，先端啮齿状，基部具短爪，白色；雄蕊20枚，长约等于花瓣之半；花柱5，稀4，光滑无毛，约与雄蕊等长。果实近球形，浅褐色，有浅色斑点，萼片脱落。种子卵形，微扁，长8～10毫米，深褐色。花期4月，果期8月。

本区多栽培，为重要果树之一。种子有毒；果实、根可药用，具清热、生津、润燥、止咳化痰之功效。

沙梨

新疆梨 Pyrus sinkiangensis Yu

落叶乔木，高达 6～9 米。小枝圆柱形，紫褐色或灰褐色，具白色皮孔。冬芽卵形，鳞片边缘具白色柔毛。叶片卵形、椭圆形至宽卵形，长 6～8 厘米，宽 3.5～5 厘米，先端渐尖，基部圆形，边缘上半部有细锐锯齿；叶柄长 3～5 厘米，幼时具白色绒毛；托叶线状披针形，长 8～10 毫米，边缘具腺齿，被白色长绒毛，早落。伞形总状花序，具花 4～7 朵；花径 1.5～2.5 厘米；总花梗和花梗幼时被绒毛，花梗长 1.5～4 厘米；苞片线状披针形，长 1～1.3 厘米，边缘有疏生腺齿和褐色长绒毛，早落；萼筒外面无毛；萼片三角状卵形，边缘有腺齿，长 6～7 毫米，里面密被褐色绒毛；花瓣倒卵形，长 1.2～1.5 厘米，宽 0.8～1 厘米，先端啮蚀状，基部具爪；雄蕊 20 枚，花丝长不及花瓣之半；花柱 5，比雄蕊短，基部被柔毛。果实卵形至倒卵形，直径 2.5～5 厘米，黄绿色，5 室，萼片宿存；果心大，石细胞多；果梗先端肥厚，长 4～5 厘米。花期 4 月，果期 8～9 月。

本区多栽培，为果树。种子有毒；果实、根可药用，具清热、生津、润燥、止咳化痰之功效。

新疆梨

美蔷薇 Rosa bella Rehd. et Wils.

落叶灌木，高 1～3 米。小枝圆柱形，散生基部稍膨大的皮刺，老枝密被针刺。小叶 7～9，连叶柄长 4～11 厘米；小叶片椭圆形、卵形或长圆形，长 1～3 厘米，宽 6～20 毫米，先端急尖或圆钝，基部近圆形，边缘有单锯齿，下面沿脉有散生柔毛和腺毛；小叶柄和叶轴无毛或有稀疏柔毛，散生腺毛和小皮刺；托叶宽，贴生于叶柄，边缘有腺齿。花单生或 2～3 朵集生；花径 4～5 厘米；花梗长 5～10 毫米，花梗和萼筒被腺毛；苞片卵状披针形，边缘有腺齿；萼片卵状披针形，外面有腺毛，里面密被柔毛；花瓣粉红色，宽倒卵形，先端微凹，基部楔形；花柱密被长柔毛，比雄蕊短很多。果椭圆状卵球形，直径 1～1.5 厘米，猩红色，有腺毛，果梗长达 1.8 厘米。花期 5～7 月，果期 8～10 月。

产本区富县直罗镇。多生于灌丛中、山脚下或河沟旁等处。花可提取芳香油并制玫瑰酱；花、果可入药，具理气、活血、调经、健胃之功效。

美蔷薇

月季花 Rosa chinensis Jacq.

落叶灌木，高 1～2 米。小枝圆柱形，近无毛，有短粗的钩状皮刺或无刺。小叶 3～5，连叶柄长 5～11 厘米，小叶片宽卵形至卵状长圆形，长 2.5～6 厘米，宽 1～3 厘米，先端长渐尖或渐尖，基部近圆形或宽楔形，边缘有锐锯齿，上面暗绿色，有光泽，下面色较浅，顶生小叶片有柄，侧生小叶片近无柄，总叶柄较长，有散生皮刺和腺毛；托叶贴生于叶柄，仅顶端分离部分成耳状，边缘有腺毛。花几朵集生或单生，直径 4～5 厘米；花梗长 2.5～6 厘米，近无毛或有腺毛；萼片卵形，先端尾状渐尖，有时呈叶状，边缘常有羽状裂片，稀全缘，里面密被长柔毛；花瓣重瓣至半重瓣，红色、粉红色至白色，倒卵形，先端有凹缺，基部楔形；花柱离生，伸出萼筒口外，约与雄蕊等长。果卵球形或梨形，长 1～2 厘米，红色，萼片脱落。花期 4～9 月，果期 6～11 月。

本区普遍栽培，园艺品种很多。花、根、叶均可入药，具活血祛

月季花

瘀、拔毒消肿之功效；花含挥发油。

山刺玫 *Rosa davurica* Pall.

落叶灌木，高约1.5米。分枝多，小枝圆柱形，紫褐色或灰褐色，有黄色皮刺，皮刺基部膨大，成对生于小枝或叶柄基部。小叶7～9，小叶片长圆形，长1.5～3.5厘米，宽5～15毫米，先端急尖或圆钝，基部圆形或宽楔形，边缘有单锯齿和重锯齿，上面深绿色，中脉和侧脉下陷，下面灰绿色，中脉和侧脉突起，有腺点和稀疏短柔毛；叶柄和叶轴有柔毛、腺毛和稀疏皮刺；托叶贴生于叶柄，边缘有带腺锯齿，下面被柔毛。花单生于叶腋，或2～3朵簇生；花径3～4厘米；花梗长5～8毫米；苞片卵形，边缘有腺齿，下面有柔毛和腺点；萼筒近圆形；萼片披针形，先端成叶状，边缘有锯齿和腺毛，下面有疏柔毛和腺毛，上面被柔毛；花瓣粉红色，倒卵形；花柱离生，被毛，比雄蕊短很多。果近球形或卵球形，直径1～1.5厘米，红色，光滑。花期6～7月，果期8～9月。

产本区富县直罗镇。生于山坡或林缘。花、果及根可药用，具止血活血、健胃理气、调经、止咳祛痰、止痢、助消化之功效。

山刺玫

陕西蔷薇 *Rosa giraldii* Crep.

落叶灌木，高达2米。小枝细弱，直立而开展，有疏生直立皮刺。小叶7～9，连叶柄长4～8厘米；小叶片近圆形、倒卵形、卵形或椭圆形，长1～2.5厘米，宽6～15毫米，先端圆钝或急尖，基部圆形或宽楔形，边缘有锐单锯齿，基部近全缘，上面无毛，下面有短柔毛或至少在中肋上有短柔毛，小叶柄和叶轴有散生的柔毛、腺毛和小皮刺；托叶大部贴生于叶柄，离生部分卵形，边缘有腺齿。花单生或2～3朵簇生；花径2～3厘米；花梗短，长不超过1厘米，花梗和萼筒有腺毛；苞片1～2枚，卵形，先端急尖或短尾尖，边缘有腺齿，无毛；萼片卵状披针形，先端延长成尾状，全缘或有1～2裂片，外面有腺毛，内面被短柔毛；花瓣粉红色，宽倒卵形，先端微凹，基部楔形；花柱离生，密被黄色柔毛，比雄蕊短。果卵球形，直径约1厘米，先端有短颈，暗红色，有或无腺毛，萼片常直立宿存。花期5～7月，果期7～10月。

产本区富县，印台区。生于山坡或灌丛中。

陕西蔷薇

黄蔷薇 *Rosa hugonis* Hemsl.

落叶灌木，高约2.5米。枝粗壮，常呈弓形，小枝圆柱形，无毛，皮刺扁平，常混生细密针刺。小叶5～13，连叶柄长4～8厘米；小叶片卵形、椭圆形或倒卵形，长8～20毫米，宽5～12毫米，先端圆钝或急尖，边缘有锐锯齿，两面无毛，上面中脉下陷，下面中脉突起；托叶狭长，大部贴生于叶柄，离生部分极短，呈耳状，无毛，边缘有稀疏腺毛。花单生于叶腋，无苞片；花径4～5.5厘米；花梗长1～2厘米，无毛；萼筒、萼片外面无毛，萼片披针形，先端渐尖，全缘，有明显的中脉，内面有稀疏柔毛；花瓣黄色，宽倒卵形，先端微凹，基部宽楔形；雄蕊多数，着生在坛状萼筒口的周围；花柱离生，被白色长柔毛，稍伸出萼筒口外面，比雄蕊短。果实扁球形，直径12～15毫米，紫红色至黑褐色，无毛，有光泽，萼片宿存反折。花期5～6月，果期7～8月。

本区分布广。生于向阳山坡灌丛中。果实可酿酒；根、叶可药用，具止痛收敛之功效。

黄蔷薇

玫瑰 **Rosa rugosa** Thunb.

落叶灌木，高达2米。茎丛生，小枝密被绒毛，并有针刺和腺毛，有皮刺，皮刺外被绒毛。小叶5～9，椭圆形或椭圆状倒卵形，长1.5～4.5厘米，宽1～2.5厘米，先端急尖或圆钝，基部圆形或宽楔形，边缘有尖锐锯齿，上面深绿色，叶脉下陷，有褶皱，下面灰绿色，中脉突起，密被绒毛和腺毛；叶柄及叶轴密被绒毛和腺毛；托叶大部贴生于叶柄，边缘有带腺锯齿，下面被绒毛。花单生于叶腋，或数朵簇生；花径4～5.5厘米；花梗长5～22.5毫米，密被绒毛和腺毛；苞片卵形，边缘有腺毛，外被绒毛；萼片卵状披针形，先端尾渐尖，有羽状裂片而扩展成叶状，上面有稀疏柔毛，下面密被柔毛和腺毛；花瓣倒卵形，重瓣，芳香，紫红色至白色；花柱离生，被毛，稍伸出萼筒口，比雄蕊短很多。果扁球形，直径2～2.5厘米，砖红色，肉质，平滑，萼片宿存。花期5～6月，果期8～9月。

本区公园、庭院有栽培。种子含油约14%；鲜花含芳香油，含红色素0.8%，可用作食品、饮料及化妆品的原料；花、根可入药，具理气活血、收敛散瘀之功效。

玫瑰

钝叶蔷薇 **Rosa sertata** Rolfe

落叶灌木，高1～2米。小枝圆柱形，细弱，散生直立皮刺或无刺。小叶7～11，连叶柄长5～8厘米，小叶片广椭圆形至卵状椭圆形，长1～2.5厘米，宽7～15毫米，先端急尖，基部近圆形，边缘有尖锐单锯齿，近基部全缘，下面沿中脉有稀疏柔毛，脉突起；小叶柄和叶轴有稀疏柔毛、腺毛和小皮刺；托叶贴生于叶柄，离生部分耳状，卵形，无毛，边缘有腺毛。花单生或3～5朵，排成伞房状；花径2～3.5厘米；花梗长1.5～3厘米，花梗和萼筒无毛，或有稀疏腺毛；小苞片1～3枚，苞片卵形，先端短渐尖，边缘有腺毛，无毛；萼片卵状披针形，先端延长成叶状，全缘，外面无毛，内面密被黄白色柔毛，边缘较密；花瓣粉红色或玫瑰色，宽倒卵形，先端微凹，基部宽楔形，比萼片短；花柱离生，被柔毛，比雄蕊短。果卵球形，顶端有短颈，长1.2～2厘米，直径约1厘米，深红色。花期6月，果期8～10月。

产本区富县直罗镇。生于山坡、沟边或疏林中。根可入药，用于治疗月经不调、痛风、无名肿毒。

钝叶蔷薇

黄刺玫 **Rosa xanthina** Lindl.

落叶直立灌木，高2～3米。枝粗壮密集，披散；小枝有散生皮刺，无针刺。小叶7～13，连叶柄长3～5厘米；小叶片宽卵形或近圆形，稀椭圆形，先端圆钝，基部宽楔形或近圆形，边缘有圆钝锯齿，上面无毛，幼嫩时下面有稀疏柔毛，逐渐脱落；叶轴、叶柄有稀疏柔毛和小皮刺；托叶带状披针形，大部贴生于叶柄，离生部分呈耳状，边缘有锯齿和腺。花单生于叶腋，重瓣或半重瓣，黄色，无苞片；花径3～4厘米；花梗长1～1.5厘米，无毛，无腺；萼筒、萼片外面无毛，萼片披针形，全缘，先端渐尖，内面有稀疏柔毛，边缘较密；花瓣黄色，宽倒卵形，先端微凹，基部宽楔形；花柱离生，被长柔毛，稍伸出萼筒口外部，比雄蕊短很多。果近球形或倒卵圆形，紫褐色或黑褐色，直径8～10毫米，无毛，花后萼片反折。花期4～6月，果期7～8月。

本区公园、庭园常见栽培，供观赏。果实、花可药用，具活血舒筋、散瘀、祛湿利尿、理气解郁之功效。

黄刺玫

单瓣黄刺玫 **Rosa xanthina** Lindl. f. **normalis** Rehd. et Wils.

与原变型的区别：花单瓣。

本区分布广。生于向阳山坡、灌木丛中及疏林下。

单瓣黄刺玫

秀丽莓 **Rubus amabilis** Focke

落叶灌木，高 1～3 米。枝紫褐色，具稀疏皮刺；花枝短，具柔毛和小皮刺。小叶 7～11 枚，卵形或卵状披针形，长 1～5.5 厘米，宽 0.8～2.5 厘米，上部小叶大，顶生小叶顶端渐尖，基部近圆形或截形，下面沿脉具柔毛和小皮刺，边缘具重锯齿，有时浅裂或 3 裂；叶柄长 1～3 厘米，小叶柄长约 1 厘米，侧生小叶几无柄，和叶轴幼时具柔毛，疏生小皮刺；托叶线状披针形，具柔毛。花单生于侧生小枝顶端；花径 3～4 厘米；花梗长 2.5～6 厘米，具柔毛，疏生细小皮刺；花萼绿色带红色，外面密被短柔毛，无刺或具稀疏短针刺或腺毛；萼片宽卵形，长 1～1.5 厘米，顶端渐尖或具突尖头；花瓣近圆形，白色，比萼片稍长，基部具短爪；花丝线形，基部带白色；子房具短柔毛，花柱浅绿色。果实长圆形，长 1.5～2.5 厘米，直径 1～1.2 厘米，红色，幼时具稀疏短柔毛，可食。核肾形，有网纹。花期 4～5 月，果期 7～8 月。

产本区富县直罗镇，又称美丽悬钩子。生于山麓或沟边灌丛中。果实可食、酿酒及制果酱；根可药用，具清热解毒、活血止痛之功效。

秀丽莓

喜阴悬钩子 **Rubus mesogaeus** Focke

落叶攀援灌木，高 1～4 米。老枝有基部宽大的皮刺，小枝红褐色，具针状皮刺，幼时被柔毛。小叶常 3 枚，顶生小叶宽菱状卵形，边缘羽状分裂，侧生小叶斜椭圆形，长 4～11 厘米，宽 3～9 厘米，上面疏生柔毛，下面密被灰白色绒毛，边缘有粗锯齿并浅裂；叶柄长 3～7 厘米，顶生小叶柄长 1.5～4 厘米，侧生小叶近无柄，与叶轴均有柔毛和稀疏钩状小皮刺；托叶线形，被柔毛，长达 1 厘米。伞房花序生于侧生小枝顶端或腋生，花数朵至 20 几朵，短于叶柄；花径约 1 厘米；总花梗具柔毛，有稀疏针刺；花梗长 6～12 毫米，密被柔毛；苞片线形，有柔毛；花萼外密被柔毛；萼片披针形，长 5～8 毫米，内萼片边缘具绒毛；花瓣倒卵形或椭圆形，基部稍有柔毛，白色或浅粉红色；花丝线形，几与花柱等长；子房有疏柔毛，花柱无毛。果实扁球形，直径 6～8 毫米，紫黑色。核三角卵球形，有皱纹。花期 4～5 月，果期 7～8 月。

本区分布广。生于山坡、山谷林下潮湿处或沟边冲积台地。根可药用，具祛风、除湿之功效。

喜阴悬钩子

茅莓 **Rubus parvifolius** L.

落叶灌木，高 1～2 米。枝弓形弯曲，被柔毛和稀疏钩状皮刺。小叶 3 枚，菱状圆形或倒卵形，长 2.5～6 厘米，宽 2～6 厘米，顶端圆钝或急尖，基部圆形或宽楔形，上面伏生疏柔毛，下面密被灰白色绒毛，边缘有粗锯齿，具浅裂片；叶柄长 2.5～5 厘米，顶生小叶柄长 1～2 厘米，均被柔毛和小皮刺；托叶线形，长 5～7 毫米，具柔毛。伞房花序顶生或腋生，具花数朵，被柔毛和细刺；花径约 1 厘米；花梗长 0.5～1.5 厘米，具柔毛和小皮刺；苞片线形，有柔毛；花萼外密被柔毛和疏密针刺；萼片卵状披针形，顶端渐尖，有时条裂；

茅莓

花瓣卵圆形或长圆形，粉红色至紫红色，基部具爪；雄蕊花丝白色，稍短于花瓣；子房具柔毛。果实卵球形，直径1～1.5厘米，红色，无毛或具稀疏柔毛。核有浅皱纹。花期5～6月，果期7～8月。

本区分布广。生于山坡杂木林下、山谷、路旁或荒野。果实可食用、酿酒及制醋等；根和叶含单宁，可提制栲胶；全株可入药，具清热解毒、止痛、活血、祛风湿及解毒之功效。

地榆 Sanguisorba officinalis L.

多年生草本，高30～120厘米。根纺锤形，棕褐色，有纵皱及横裂纹。茎直立，有棱，基部有腺毛。基生叶为羽状复叶，小叶4～6对，叶柄短，基部有腺毛；小叶片卵形，长1～10厘米，宽0.5～3厘米，顶端圆钝，基部心形，边缘有圆钝锯齿；茎生叶较少，有短柄至近无柄，长圆形，基部微心形，顶端急尖；基生叶托叶褐色，外被稀疏腺毛，茎生叶托叶大，半卵形，外侧边缘有尖锐锯齿。穗状花序椭圆形或圆柱形，直立，长1～3厘米，横径0.5～1厘米，从花序顶端向下开放；苞片披针形，与萼片近等长，背面及边缘有柔毛；萼片4枚，紫红色，覆瓦状排列，背面被柔毛，中央有纵棱脊，顶端具短尖头；花瓣无；雄蕊4枚，花丝丝状，与萼片近等长；子房外面基部微被毛，心皮多数；柱头顶端盘形，边缘具流苏状乳头。瘦果包藏于宿存萼筒内，外面有斗棱。花果期7～10月。

本区分布广。生于沟沿台地及灌丛中。种子含油30%；根、叶含鞣质分别为16.32%、14.58%；根可药用，具收敛止血、清热解毒、凉血之功效。

地榆

华北珍珠梅 Sorbaria kirilowii (Regel) Maxim.

落叶灌木，高达3米。枝开展，小枝圆柱形，幼时绿色，老时红褐色。冬芽卵形，先端急尖，近无毛，红褐色。羽状复叶，具小叶13～21，连叶柄长21～25厘米；小叶片对生，披针形至长圆状披针形，长4～7厘米，宽1.5～2厘米，先端渐尖，基部圆形至宽楔形，边缘有尖锐重锯齿，两面在脉腋间具短柔毛，羽状网脉，侧脉15～23对；小叶近无柄；托叶线状披针形，长8～15毫米，先端钝或尖，全缘或顶端稍有锯齿，近无毛。顶生大型密集的圆锥花序，长15～20厘米，微被白粉；花径5～7毫米；花梗长3～4毫米；苞片线状披针形，长2～3毫米；萼筒浅钟状；萼片长圆形，与萼筒近等长；花瓣倒卵形或宽卵形，先端圆钝，基部宽楔形，长4～5毫米，白色；雄蕊20枚，与花瓣等长，着生在花盘边缘；花盘圆杯状；心皮5枚，花柱向外弯曲，稍短于雄蕊。蓇葖果长圆柱形，长约3毫米；萼片宿存，反折；果梗直立。花期6～7月，果期9～10月。

产本区富县直罗镇。生于山坡阳处或杂木林中。根、叶、果实可药用，具清热凉血、祛痰、消肿止痛之功效。

华北珍珠梅

珍珠梅 Sorbaria sorbifolia (L.) A. Br.

落叶灌木，高达2米。小枝初时绿色，后暗红褐色。冬芽卵形，紫褐色，具数枚鳞片。羽状复叶，小叶11～17枚，连叶柄长13～23厘米，叶轴微被短柔毛；小叶对生，披针形至卵状披针形，长5～7厘米，宽1.8～2.5厘米，先端渐尖，基部近圆形或宽楔形，边缘有尖锐重锯齿，侧脉12～16对；小叶近无柄；托叶卵状披针形，长8～13毫米，宽5～8毫米，外面微被柔毛。顶生圆锥花序密集，长10～20厘米；花径10～12毫米；总花梗和花梗被星状毛或短柔毛，果期脱落，花梗长5～8毫米；苞片卵状至线状披针形，长5～10毫

珍珠梅

米，宽 3～5 毫米，先端长渐尖，两面微被柔毛，果期脱落；萼筒钟状，外面基部微被短柔毛；萼片三角状卵形，与萼筒等长；花瓣长 5～7 毫米，宽 3～5 毫米，白色；雄蕊 40～50 枚，长于花瓣 1.5～2 倍；心皮 5 枚，近无毛。蓇葖果长圆形，开裂，有顶生弯曲花柱，长约 3 毫米，果梗直立；萼片宿存，反折。花期 7～8 月，果期 9 月。

本区富县多见。生于山坡疏林或灌丛中。茎皮可药用，具活血祛瘀、消肿止痛之功效。

水榆花楸 Sorbus alnifolia (Sieb. et Zucc.) K. Koch

落叶乔木，高达 20 米。小枝圆柱形，具皮孔，幼时微具柔毛，二年生枝暗红褐色。冬芽卵形，外具数枚暗红褐色鳞片。叶片卵形至椭圆状卵形，长 5～10 厘米，宽 3～6 厘米，先端短渐尖，基部宽楔形至圆形，边缘有尖锐重锯齿，有时微浅裂，侧脉 6～10 对，直达叶边齿尖；叶柄长 1.5～3 厘米，无毛或微具柔毛。复伞房花序疏松，具花 6～25 朵；花径 10～14 毫米；总花梗和花梗具稀疏柔毛，花梗长 6～12 毫米；萼筒钟状，里面近无毛；萼片三角形，先端急尖，里面密被绒毛；花瓣卵形或近圆形，长 5～7 毫米，宽 3.5～6 毫米，先端圆钝，白色；雄蕊 20 枚，短于花瓣；花柱 2，基部或中部以下合生，短于雄蕊。果实椭圆形或卵形，直径 7～10 毫米，长 10～13 毫米，红色或黄色，2 室，萼片脱落后果实先端残留圆斑。花期 5 月，果期 8～9 月。

产本区富县直罗镇。生于山坡或沟道。树皮可提取染料；纤维可供造纸原料；果实可入药，治肾炎、关节疼痛。

水榆花楸

陕甘花楸 Sorbus koehneana Schneid.

落叶灌木或小乔木，高达 4 米。小枝圆柱形，暗灰色，具少数皮孔。冬芽长卵形，外被数枚红褐色鳞片。奇数羽状复叶，连叶柄长 10～16 厘米，叶柄长 1～2 厘米；小叶片 8～12 对，长圆形至长圆状披针形，长 1.5～3 厘米，宽 0.5～1 厘米，先端圆钝或急尖，基部偏斜圆形，边缘每侧有尖锐锯齿 10～14，下面灰绿色，在中脉上有稀疏柔毛或近无毛，不具乳头状突起；叶轴两面微具窄翅，上面有浅沟；托叶披针形，有锯齿，早落。复伞房花序生于侧生短枝上，具多数花朵；总花梗和花梗有稀疏白色柔毛，花梗长 1～2 毫米；萼筒钟状；萼片三角形，先端圆钝，里面微具柔毛；花瓣宽卵形，长 4～6 毫米，宽 3～4 毫米，先端圆钝，白色，里面微具柔毛或近无毛；雄蕊 20 枚，长约为花瓣的 1/3；花柱 5，与雄蕊近等长，基部微具柔毛或无毛。果实球形，直径 6～8 毫米，白色，先端具宿存闭合萼片。花期 6 月，果期 9 月。

本区分布多。生于山坡杂木林内。果实含淀粉、糖，可酿酒。

陕甘花楸

绣球绣线菊 Spiraea blumei G. Don

落叶灌木，高 1～2 米。小枝细，开张，稍弯曲，深红褐色。冬芽小，卵形，有数个外露鳞片。叶片菱状卵形至倒卵形，长 2～3.5 厘米，宽 1～1.8 厘米，先端圆钝或微尖，基部楔形，边缘中部以上有少数圆钝缺刻状锯齿或 3～5 浅裂，下面浅蓝绿色，基部具 3 脉或羽状脉。伞形花序有总梗，具花 10～25 朵；花径 5～8 毫米；花梗长 6～10 毫米；苞片披针形；萼筒钟状，里面具短柔毛；萼片三角形或卵状三角形，先端急尖或短渐尖，里面疏生短柔毛；花瓣宽倒卵形，先端微凹，长 2～3.5 毫米，宽几与长相等，白色；雄蕊 18～20 枚，较花瓣短；花盘由 8～10 个较薄的裂片组成，裂片先端有时微凹；子

绣球绣线菊

房无毛或仅在腹部微具短柔毛，花柱短于雄蕊。蓇葖果较直立，无毛，花柱位于背部先端，倾斜开展，萼片直立。花期4～6月，果期8～10月。

产本区富县张村驿镇。生于向阳山坡、杂木林内。根可药用，具调气止痛、散瘀、利湿之功效。

疏毛绣线菊圆叶变种 Spiraea hirsuta (Hemsl.) Schneid. var. rotundifolia (Hemal.) Rehd.

落叶灌木，高1～1.5米。枝条圆柱形，幼时具短柔毛，棕褐色，老时灰褐色或暗红褐色。冬芽卵形，有数枚鳞片。叶片卵形，长1.5～3.5厘米，宽1～2厘米，先端圆钝，基部宽楔形至圆形，边缘自中部以上或先端有钝锯齿或稍锐锯齿，上面具稀疏柔毛，下面蓝绿色，具稀疏短柔毛，叶脉明显；叶柄长3～5毫米，具短柔毛。伞形花序直径3.5～4.5厘米，被短柔毛，具20个以上花朵；花径6～8毫米；花梗密集，长1.2～2.2厘米；苞片线形；萼筒钟状，内外两面均被短柔毛；萼片三角形或卵状三角形，先端急尖，内外两面均具短柔毛；花瓣宽倒卵形，稀近圆形，长2.5～3毫米，宽3～4毫米，白色；雄蕊18～20枚，短于花瓣；花盘具10个肥厚的裂片，裂片先端微凹；子房微具短柔毛，花柱短于雄蕊。蓇葖果稍开张，具稀疏短柔毛，花柱顶生于背部，倾斜开展，常具直立萼片。花期5月，果期7～8月。

产本区富县直罗镇。生于山坡灌丛中或疏林下。

疏毛绣线菊圆叶变种

金丝桃叶绣线菊 Spiraea hypericifolia L.

落叶灌木，高达1.5米。枝条直立而开张，小枝圆柱形，幼时无毛或微被短柔毛，棕褐色，老时灰褐色。冬芽小，卵形，先端急尖，有数枚棕褐色鳞片。叶片长圆状倒卵形或倒卵状披针形，长1.5～2厘米，宽0.5～0.7厘米，先端急尖或圆钝，基部楔形，全缘或不孕枝上叶片先端有2～3钝锯齿，基部具不显著的3脉或羽状脉；叶柄短或近无柄。伞形花序无总梗，具花5～11朵，基部有数枚小型簇生叶片；花径5～7毫米；花梗长1～1.5厘米，无毛或微被短柔毛；萼筒钟状，里面具短柔毛；萼片三角形，先端急尖，里面稍有短柔毛；花瓣近圆形或倒卵形，先端钝，长、宽均2～3毫米，白色；雄蕊20枚，与花瓣等长或稍短；花盘有10个裂片，排列成圆环形；子房有短柔毛。蓇葖果直立开张，花柱顶生于背部，倾斜开展，具直立萼片。花期5～6月，果期6～9月。

产本区富县直罗镇。生于干旱向阳坡地或灌木丛中。

金丝桃叶绣线菊

粉花绣线菊 Spiraea japonica L. f.

落叶直立灌木，高达1.5米。枝条细长，开展，小枝近圆柱形，幼时被短柔毛。冬芽卵形，先端急尖，有数个鳞片。叶片卵形至卵状椭圆形，长2～8厘米，宽1～3厘米，先端急尖至短渐尖，基部楔形，边缘有缺刻状重锯齿或单锯齿，上面暗绿色，下面色浅或有白霜，两面沿叶脉有短柔毛；叶柄长1～3毫米，具短柔毛。复伞房花序生于当年生的新枝顶端，花朵密集，密被短柔毛；花径4～7毫米；花梗长4～6毫米；苞片披针形至线状披针形，下面微被柔毛；花萼外面疏被短柔毛，萼筒钟状，里面有短柔毛；萼片三角形，先端急尖，里面近先端有短柔毛；花瓣卵形至圆形，先端圆钝，长2.5～3.5毫米，宽2～3毫米，粉红色；雄蕊25～30枚，远较花瓣长；花盘圆环形，有10个不整齐的裂片。蓇葖果半开张，沿腹缝有

粉花绣线菊

稀疏柔毛，花柱顶生，萼片常直立。花期6～7月，果期8～9月。

本区公园、庭院栽培供观赏。根、叶、果实可药用，具清热、解毒、止咳、明目、镇痛之功效。

蒙古绣线菊 **Spiraea mongolica** Maxim.

落叶灌木，高达3米。小枝细瘦，有棱角，幼时无毛，红褐色，老时灰褐色。冬芽长卵形，先端长渐尖，较叶柄稍长，外被2枚棕褐色鳞片，无毛。叶片长圆形或椭圆形，长8～20毫米，宽3.5～7毫米，先端圆钝或微尖，基部楔形，全缘，稀先端有少数锯齿，上面无毛，下面色较浅，无毛稀具短柔毛，有羽状脉；叶柄极短，长1～2毫米，无毛。伞形总状花序具总梗，有花8～15朵；花径5～7毫米；花梗长5～10毫米，无毛；苞片线形，无毛；萼筒近钟状，外面无毛，内面有短柔毛；萼片三角形，先端急尖，内面具短柔毛；花瓣近圆形，先端钝，稀微凹，长与宽均2～4毫米，白色；雄蕊18～25枚，几与花瓣等长；花盘具10个圆形裂片，排列成环形；子房具短柔毛，花柱短于雄蕊。蓇葖果直立开张，沿腹缝线稍有短柔毛或无毛。花期5～7月，果期7～9月。

产本区富县直罗镇、张家湾镇。生于山坡灌丛中或山梁及山谷多石砾地。花可药用，具生津止渴、利水之功效。

蒙古绣线菊

土庄绣线菊 **Spiraea pubescens** Turcz.

落叶灌木，高1～2米。小枝开展，褐黄色，幼时被短柔毛，老时灰褐色。冬芽卵形或近球形，先端急尖或圆钝，具短柔毛，外被数个鳞片。叶片菱状卵形至椭圆形，长2～4.5厘米，宽1.3～2.5厘米，先端急尖，基部宽楔形，边缘自中部以上有深刻锯齿，有时3裂，上面有稀疏柔毛，下面被灰色短柔毛；叶柄长2～4毫米，被短柔毛。伞形花序具总梗，有花15～20朵；花径5～7毫米；花梗长7～12毫米；苞片线形，被短柔毛；萼筒钟状，里面有灰白色短柔毛；萼片卵状三角形，先端急尖，里面疏生短柔毛；花瓣卵形、宽倒卵形或近圆形，长与宽均2～3毫米，白色；雄蕊25～30枚，约与花瓣等长；花盘圆环形，具10个裂片；子房在腹部及基部有短柔毛，花柱顶生，短于雄蕊。蓇葖果开张，在腹缝微被短柔毛，多数具直立萼片。花期5～6月，果期7～8月。

本区分布广。生于干燥岩石坡地、向阳或半阴处、杂木林内。茎髓可入药，用于治疗水肿。

土庄绣线菊

69 含羞草科 Mimosoideae

合欢 **Albizia julibrissin** Durazz.

落叶乔木，高可达16米，树冠开展。小枝有棱角，嫩枝、花序和叶轴被绒毛或短柔毛。二回羽状复叶，总叶柄近基部及最顶一对羽片着生处各有1枚腺体；托叶线状披针形，比小叶小，早落；羽片4～12对，栽培的有时达20对；小叶10～30对，线形至长圆形，长6～12毫米，宽1～4毫米，向上偏斜，先端有小尖头，有缘毛，有时在下面或仅中脉上有短柔毛；中脉紧靠上边缘。头状花序生于枝顶排成圆锥花序；花萼管状，长3毫米；花冠长8毫米，裂片三角形，长1.5毫米，花萼、花冠外均被短柔毛；花丝长2.5厘米，花粉红色。荚果带状，长9～15厘米，宽1.5～2.5厘米，嫩荚有柔毛，老荚无毛。花期6～7月，果期8～10月。

合欢

本区公园、庭院、路旁多栽培，为行道树、观赏树。叶含粗纤维93.0%；树皮纤维可制人造棉；树皮含鞣质6.23%、叶含8.6%；嫩叶可食，老叶可用于洗衣服；树皮、花可供药用，具安神、活血、止痛之功效。

70 云实科 Caesalpiniaceae

紫荆 **Cercis chinensis** Bunge

落叶灌木，丛生或单生，高2～5米。树皮和小枝灰白色。叶纸质，近圆形，长5～10厘米，先端急尖，基部浅至深心形，嫩叶绿色，叶柄略带紫色，叶缘膜质透明。花紫红色或粉红色，2至10余朵成束，簇生于老枝和主干上，越到上部幼嫩枝条的花越少，先叶开放，或嫩枝和幼株上的花与叶同时开放，花长1～1.3厘米；花梗长3～9毫米；龙骨瓣基部具深紫色斑纹；子房嫩绿色，后期密被短柔毛，有胚珠6～7颗。荚果扁狭长形，绿色，长4～8厘米，宽1～1.2厘米，翅宽约1.5毫米，先端急尖或短渐尖，喙细而弯曲，基部长渐尖，两侧缝线对称；果颈长2～4毫米。种子2～6粒，阔长圆形，长5～6毫米，宽约4毫米，黑褐色，光亮。花期3～4月，果期8～10月。

本区公园、庭院常见栽培。药用植物，树皮可活血通经、消肿解毒；木质部可活血、通淋；花可清热凉血、祛风解毒；果实可止咳、止痛。

紫荆

皂荚 **Gleditsia sinensis** Lam.

落叶乔木，高达30米。枝灰色至深褐色，刺圆柱形，分枝，长达16厘米。一回羽状复叶，长10～26厘米；小叶2～9对，卵状披针形，长2～8.5厘米，宽1～6厘米，顶端具小尖头，基部圆形，边缘具细锯齿，上面被短柔毛，下面中脉被柔毛；小叶柄长1～5毫米，被短柔毛。花杂性，黄白色，总状花序腋生或顶生，被短柔毛；雄花：花较小，花梗长2～8毫米，花托深棕色，外面被柔毛，萼片4枚，三角状披针形，两面被柔毛，花瓣4，长圆形，长4～5毫米，被微柔毛，雄蕊8枚；两性花：花径10～12毫米，花梗长2～5毫米，萼片长4～5毫米，花瓣长5～6毫米，雄蕊8枚，子房被毛，柱头浅2裂。荚果带状，长12～37厘米，宽2～4厘米；果颈长1～3.5厘米；果瓣褐棕色，被白色粉霜。种子长圆形，长11～13毫米，宽8～9毫米，棕色，光亮。花期3～5月，果期5～12月。

产本区黄陵县腰坪乡，宜君县。生于山坡林中或栽培于庭院。荚果、种子有小毒；枝刺、荚果和种子可药用，具消肿、拔毒排脓、开窍、祛痰、杀虫之功效。

皂荚

71 豆科 Fabaceae

紫穗槐 **Amorpha fruticosa** L.

落叶灌木，丛生，高1～4米。小枝灰褐色，被疏毛，后变无毛，嫩枝密被短柔毛。叶互生，奇数羽状复叶，长10～15厘米，有小叶11～25片，基部有线形托叶；叶柄长1～2厘米；小叶卵形或椭圆形，长1～4厘米，宽0.6～2.0厘米，先端圆形，锐尖或微凹，有一短而弯曲的尖刺，基部宽楔形或圆形，上面无毛或被疏毛，下面有白色

紫穗槐

短柔毛，具黑色腺点。穗状花序常1至数个顶生和枝端腋生，长7～15厘米，密被短柔毛；花有短梗；苞片长3～4毫米；花萼长2～3毫米，被疏毛或几无毛，萼齿三角形，较萼筒短；旗瓣心形，紫色，无翼瓣和龙骨瓣；雄蕊10枚，下部合生成鞘，上部分裂，包于旗瓣之中，伸出花冠外。荚果下垂，长6～10毫米，宽2～3毫米，微弯曲，顶端具小尖，棕褐色，表面有凸起的疣状腺点。花果期5～10月。

本区多栽培。枝叶作绿肥、家畜饲料；花为蜜源；茎皮可提制栲胶；枝条编制篓筐；果实含芳香油2.5%；种子含油15.8%，可作油漆、甘油和润滑油原料；花可药用，具清热、凉血、止血之功效。

两型豆

两型豆 Amphicarpaea edgeworthii Benth.

一年生缠绕草本。茎被淡褐色柔毛。叶具3小叶；托叶披针形，长3～4毫米，具线纹；叶柄长2～5.5厘米；小叶薄纸质，顶生小叶菱状卵形，长2.5～5.5厘米，两面被柔毛，基出脉3，小叶柄短；侧生小叶小，偏斜。花二型：茎上部的为正常花，腋生，短总状花序，花2～7朵，被淡褐色长柔毛；苞片卵形，长3～5毫米，具多条线纹，腋内具花1朵；花梗长1～2毫米；花萼管状，5裂；花冠淡紫色或白色，长1～1.7厘米，各瓣近等长，旗瓣倒卵形，具柄，两侧具耳，翼瓣长圆形亦具柄和耳，龙骨瓣与翼瓣近似，具长柄；雄蕊二体，子房被毛；茎下部为闭锁花，无花瓣，柱头弯，子房伸入地下结实。荚果二型；闭锁花结的荚果呈椭圆形，不开裂，内含1粒种子；完全花结的荚果长圆形，长2～3.5厘米，宽约6毫米，扁平，被淡褐色柔毛，苞片宿存。种子2～3粒，肾状圆形，黑褐色，种脐小。花果期8～11月。

产本区富县张家湾镇。生于沟谷及旷野草丛中。种子含油10%，可作油漆、甘油和润滑油原料；地下茎可药用，具润肺止咳之功效。

落花生

落花生 Arachis hypogaea L.

一年生草本。根具丰富的根瘤。茎直立或匍匐，长30～80厘米，有棱，初被黄色长柔毛。叶具小叶2对；托叶长2～4厘米，具纵脉纹，被毛；叶柄基部抱茎，长5～10厘米，被毛；小叶纸质，卵状长圆形至倒卵形，长2～4厘米，宽0.5～2厘米，先端钝圆形，有时微凹，具小刺尖头，基部近圆形，全缘，两面被毛，边缘具睫毛；侧脉每边约10条；叶脉边缘互相联结成网状；小叶柄长2～5毫米，被黄棕色长毛。花长约8毫米；苞片2枚，披针形；小苞片披针形，长约5毫米，具纵脉纹，被柔毛；萼管细，长4～6厘米；花冠黄色或金黄色，旗瓣直径1.7厘米，开展，先端凹入；翼瓣与龙骨瓣分离，翼瓣长圆形或斜卵形，细长；龙骨瓣长卵圆形，内弯，先端渐狭成喙状，较翼瓣短；花柱延伸于萼管咽部之外，柱头顶生，小，疏被柔毛。荚果长2～5厘米，宽1～1.3厘米，膨胀，荚厚。种子横径0.5～1厘米。花果期6～8月。

本区多栽培，又称花生。重要油料作物，种子含油约45%；种子、枝叶可药用，具润肺、和胃、活血化瘀之功效。

斜茎黄耆 Astragalus adsurgens Pall.

多年生草本，高20～100厘米。根粗壮，暗褐色。茎多数丛生，直立或斜上，近无毛。羽状复叶有9～25小叶，叶柄较叶轴短；托叶三角形，基部稍合生，长3～7毫米；小叶长圆形或近椭圆形，长10～25毫米，宽2～8毫米，基部圆形，上面疏被伏贴毛，下面较密。总状花序长圆柱状或穗状，花多数，排列密集；总花梗生于茎上部，较叶长；花梗极短；苞片狭披针形；花萼管状钟形，长5～6毫米，被黑褐色或白色毛，萼齿狭披针形，长为萼筒的1/3；花冠近蓝色或红紫色，旗瓣长11～15毫米，倒卵圆形，先端微凹，基部渐狭，翼瓣较旗瓣短，瓣片长圆形，与瓣柄等长，龙骨瓣长7～10毫米，瓣片较瓣柄稍短；子房被密毛，有极短的柄。荚果长圆形，长7～18毫米，两侧稍扁，背缝凹入成沟槽，顶端具下弯的短喙，被黑色、褐色或和白色混生毛，假2室。花期6～8月，果期8～10月。

本区分布广，又称直立黄芪，俗称沙打旺。生于向阳山坡灌丛及林缘地带。花期茎叶为优质饲料；种子可入药，为强壮剂，治疗神经衰弱。

背扁黄耆 **Astragalus complanatus** Bunge

多年生草本。主根圆柱状。茎平卧，长20～100厘米，有棱，分枝。羽状复叶具9～25小叶；托叶披针形，长3毫米；小叶椭圆形，长5～18毫米，宽3～7毫米，先端钝，基部圆形，下面疏被粗伏毛，小叶柄短。总状花序3～7花，较叶长；总花梗长1.5～6厘米，疏被粗伏毛；花梗短；苞片钻形，长1～2毫米；小苞片长0.5～1毫米；花萼钟状，被短毛，萼筒长2.5～3毫米，萼齿与萼筒近等长；花冠乳白色或带紫红色，旗瓣长10～11毫米，宽8～9毫米，近圆形，瓣柄长2.7～3毫米，翼瓣长8～9毫米，长圆形，先端圆形，瓣柄长约2.8毫米，龙骨瓣长9.5～10毫米，近倒卵形，瓣柄长约3毫米；子房有柄，密被白色粗伏毛，柄长1.2～1.5毫米，柱头被簇毛。荚果略膨胀，狭长圆形，长达35毫米，宽5～7毫米，两端尖，背腹压扁，微被褐色短粗伏毛，有网纹。种子淡棕色，肾形，长1.5～2毫米，宽2.8～3毫米，平滑。花期7～9月，果期8～10月。

产本区富县张家湾镇、直罗镇，宜君县，又称扁茎黄耆。生于路边、沟岸和草坡。种子可药用，具补肾固精、清肝明目之功效。

达乌里黄耆 **Astragalus dahuricus** (Pall.) DC.

一年生或二年生草本，被白色柔毛。茎直立，高达80厘米，分枝，有细棱。羽状复叶有11～23片小叶，长4～8厘米；叶柄长不及1厘米；托叶狭披针形或钻形，长4～8毫米；小叶长圆形或倒卵状长圆形，长5～20毫米，宽2～6毫米，先端圆或略尖，基部钝或近楔形，叶柄极短。总状花序着花10～20朵，长3.5～10厘米；总花梗长2～5厘米；花梗长1～1.5毫米；苞片线形或刚毛状，长3～4.5毫米；花萼斜钟状，萼筒长1.5～2毫米，萼齿线形或刚毛状，上2齿短，下3齿长；花冠紫色，旗瓣近倒卵形，长12～14毫米，宽6～8毫米，先端微缺，基部宽楔形，翼瓣长约10毫米，先端钝，基部耳向外伸，瓣柄长约3毫米，龙骨瓣长约13毫米，瓣柄长约4.5毫米；子房有柄，被毛，柄长约1.5毫米。荚果线形，长1.5～2.5厘米，宽2～2.5毫米，先端喙状，具横脉，假2室，含20～30颗种子，果颈长1.5～2毫米。种子淡褐色，肾形，有斑点，平滑。花期7～9月，果期8～10月。

本区分布广，又称兴安黄耆。生于山坡和河滩草地。种子可药用，具补肾益肝、固精明目之功效。

鸡峰山黄耆 **Astragalus kifonsanicus** Ulbr.

多年生草本，高20～40厘米。茎匍匐斜上，多分枝，被白色伏贴毛。羽状复叶有3～9片小叶；叶柄短，被白色伏贴毛；托叶膜质，离生，卵形或卵状披针形，疏被白色柔毛；小叶披针形，长1～4厘

斜茎黄耆

背扁黄耆

达乌里黄耆

米，宽3～10毫米，先端尖，基部圆钝，两面被白色伏贴毛，无柄或近无柄。总状花序生5～15花；总花梗较叶长，被白色伏贴毛；苞片小，狭披针形，被长刚毛；花萼管状，长10～15毫米，被伏贴毛，萼齿披针形，长为筒部的1/3～1/2；花冠淡红色或白色，无毛，旗瓣长圆形，近基部狭，先端微凹，翼瓣较旗瓣稍短，瓣片较瓣柄略短，上部微弯，龙骨瓣较翼瓣短，瓣片半圆形，瓣柄较瓣片长；子房被伏贴毛，有长约1毫米的短柄。荚果圆柱形，长3～5厘米，微弯，被白色伏贴毛，假2室。种子达30粒，肾形，长3.5毫米，宽2.5～3毫米。花期4～5月，果期8～10月。

产本区富县张家湾镇，耀州区。生于山坡灌丛和河滩等地。

鸡峰山黄耆

草木樨状黄耆 Astragalus melilotoides Pall.

多年生草本。主根粗壮。茎高30～50厘米，多分枝，具条棱，被柔毛。羽状复叶有5～7片小叶，长1～3厘米；叶柄与叶轴近等长；托叶三角形或披针形，长1～1.5毫米；小叶长圆状楔形或线状长圆形，长7～20毫米，宽1.5～3毫米，先端截形或基部渐狭，柄极短，两面被白色柔毛。总状花序花多数；总花梗远比叶长；花小；花梗长1～2毫米，同花序轴均被白色柔毛；苞片披针形，长约1毫米；花萼长约1.5毫米，被白色柔毛，萼齿三角形，较萼筒短；花冠白色或带粉红色，旗瓣近圆形，长约5毫米，基部具短瓣柄，翼瓣较旗瓣稍短，先端2裂，基部具短耳，瓣柄长约1毫米，龙骨瓣较翼瓣短，瓣片半月形，先端带紫色，瓣柄长为瓣片的1/2；子房近无柄。荚果椭圆形，先端微凹，具短喙，长2.5～3.5毫米，假2室，背部具稍深的沟，有横纹。种子4～5粒，肾形，暗褐色，长约1毫米。花期7～8月，果期8～9月。

本区分布广。生于向阳山坡、路旁草地或荒地。茎叶为优质牧草；全草和种子可药用，具祛风湿、补肾益肝、固精明目之功效。

草木樨状黄耆

黄耆 Astragalus membranaceus (Fisch.) Bunge

多年生草本，高50～100厘米。主根肥厚木质，常分枝。茎直立，上部多分枝，有细棱，被白色柔毛。奇数羽状复叶有13～27片小叶，长5～10厘米；托叶披针形，长4～10毫米，下面被白色柔毛；小叶椭圆形，长7～30毫米，宽3～12毫米，先端具小尖头，下面被白色柔毛。总状花序有花10～20朵；花梗长3～4毫米，与花序轴被棕色或黑色柔毛；苞片线状披针形，长2～5毫米，背面被白色柔毛；小苞片2枚；花萼钟状，外被白色或黑色柔毛，萼齿短，有毛，三角形至钻形；花冠黄色，旗瓣倒卵形，长12～20毫米，基部具短瓣柄，翼瓣较旗瓣短，瓣片长圆形，基部具短耳，龙骨瓣与翼瓣近等长，瓣片半卵形，瓣柄较瓣片稍长；雄蕊花丝二体，子房有柄，被细柔毛。荚果半椭圆形，长20～30毫米，宽8～12毫米，顶端具刺尖，两面被白色或黑色柔毛。种子3～8粒。花期6～8月，果期7～9月。

产本区富县张家湾镇、直罗镇，又称膜荚黄耆。生于山坡草地、林缘或灌丛。根可药用，生根具益卫固表、利水消肿、托毒、生肌之功效，制根具强壮滋补、益气之功效。

黄耆

蒙古黄耆 Astragalus membranaceus (Fisch.) Bunge var. mongholicus (Bunge) P. K. Hsiao

与原变种的区别：植株较矮小，小叶亦较小，长5～10毫米，宽3～5毫米，荚果无毛。

产本区黄陵县店头镇。生于向阳草地及山坡上。功用同原变种。

蒙古黄耆

糙叶黄耆 Astragalus scaberrimus Bunge

多年生草本，密被白色伏贴毛。根状茎短缩，多分枝，木质化。地上茎不明显。羽状复叶有7～15片小叶，长5～17厘米；叶柄与叶轴近等长；托叶下部与叶柄贴生，长4～7毫米，上部呈三角形；小叶椭圆形，长7～20毫米，宽3～8毫米，先端锐尖，有时稍钝，基部宽楔形，两面密被伏贴毛。总状花序生3～5花；总花梗极短或长达数厘米，腋生；花梗极短；苞片披针形，较花梗长；花萼管状，长7～9毫米，被细伏贴毛，萼齿线状披针形，与萼筒等长；花冠淡黄色或白色，旗瓣倒卵状椭圆形，先端微凹，中部稍缢缩，下部稍狭成瓣柄，翼瓣较旗瓣短，瓣片长圆形，先端微凹，较瓣柄长，龙骨瓣较翼瓣短，瓣片半长圆形，与瓣柄等长或稍短；子房有短毛。荚果长圆形，微弯，长8～13毫米，宽2～4毫米，具短喙，背缝线凹入，密被白色伏贴毛，假2室。花期4～8月，果期5～9月。

本区分布广。生于山坡草地沿河两岸沙地。牛羊喜食，可作牧草；种子可药用，具补肾益肝、固精明目之功效。

糙叶黄耆

莸子梢 Campylotropis macrocarpa (Bge.) Rehd.

落叶灌木，高1～2米。小枝贴生柔毛，嫩枝毛密。羽状复叶具3小叶；托叶狭三角形；叶柄密生短柔毛或长柔毛，枝上部叶柄较短；小叶椭圆形，先端圆钝，具小凸尖，基部圆形，脉明显，下面贴生柔毛，中脉明显隆起，毛较密。总状花序单一腋生并顶生，花序轴密被柔毛，总花梗被短柔毛；花梗具微柔毛或短柔毛；苞片卵状披针形，早落，小苞片近线形，早落；花萼钟形，稍浅裂或近中裂，常贴生短柔毛，萼裂片狭三角形，渐尖，下方较狭长，上方合生或有分离；花冠紫红色或近粉红色，旗瓣椭圆形或倒卵形，近基部狭窄，瓣柄长0.9～1.6毫米，翼瓣微短于旗瓣或等长，龙骨瓣呈直角或微钝角内弯，瓣片上部比瓣片下部短。荚果长圆形或椭圆形，先端具短喙尖，果颈具网脉，边缘生纤毛。花果期6～10月。

本区分布广。生于山坡灌丛、林缘、山谷沟边及林中。茎、叶可作牲口饲料；根可药用，具祛风散寒、舒筋活血之功效。

莸子梢

太白山莸子梢 Campylotropis macrocarpa (Bge.) Rehd. var. giraldii (Schindl.) P. Y. Fu

与原变种的区别：叶上面有柔毛，叶下面无毛；子房及果实被短柔毛或长柔毛，边缘密生纤毛。

本区分布广。生境和功用同原变种。

太白山莸子梢

树锦鸡儿 Caragana arborescens Lam.

落叶大灌木，高2～6米。老枝深灰色，平滑，稍有光泽，小枝有棱，幼时被柔毛，绿色或黄褐色。羽状复叶有4～8对小叶；托叶针刺状，长5～10毫米，长枝者脱落，极少宿存；叶轴细瘦，长3～7厘米，幼时被柔毛；小叶长圆状倒卵形、狭倒卵形或椭圆形，长1～2厘米，宽5～10毫米，先端圆钝，具刺尖，基部宽楔形，幼时被柔毛，或仅下面被柔毛。花梗2～5簇生，每梗1花，长2～5厘米，关节在上部；苞片小，刚毛状；花萼钟状，长6～8毫米，宽7～8毫米，萼齿短宽；花冠黄色，长16～20毫米，旗瓣菱状宽卵形，宽与长近相等，先端圆钝，具短瓣柄，翼瓣长圆形，较旗瓣稍长，瓣柄长为瓣片的3/4，耳距状，长不及瓣柄的1/3，龙骨瓣较旗瓣稍短，瓣柄较瓣片略短，耳钝或略呈三角形；子房无毛或被短柔毛。

树锦鸡儿

荚果圆筒形，长 3.5～6 厘米，粗 3～6.5 毫米，先端渐尖，无毛。花期 5～6 月，果期 8～9 月。

本区分布广。生于疏林中及林缘。种子含油率 10%～14%，可制肥皂及油漆用；全株可药用，具滋养、通乳、利尿、祛风湿之功效。

柠条锦鸡儿 Caragana korshinskii Kom.

落叶灌木，有时小乔状，高 1～4 米。老枝金黄色，有光泽；嫩枝被白色柔毛。羽状复叶有 6～8 对小叶；托叶在长枝者硬化成针刺，长 3～7 毫米，宿存；叶轴长 3～5 厘米，脱落；小叶披针形或狭长圆形，长 7～8 毫米，宽 2～7 毫米，先端锐尖或稍钝，有刺尖，基部宽楔形，灰绿色，两面密被白色伏贴柔毛。花梗长 6～15 毫米，密被柔毛，关节在中上部；花萼管状钟形，长 8～9 毫米，宽 4～6 毫米，密被伏贴短柔毛，萼齿三角形或披针状三角形；花冠长 20～23 毫米，旗瓣宽卵形或近圆形，先端截平而稍凹，宽约 16 毫米，具短瓣柄，翼瓣瓣柄细窄，稍短于瓣片，耳短小，齿状，龙骨瓣具长瓣柄，耳极短；子房披针形，无毛。荚果扁，披针形，长 2～2.5 厘米，宽 6～7 毫米，有时被疏柔毛。花期 5 月，果期 6 月。

本区分布广，又称柠条，亦有栽培。生于山坡灌丛、岩石裸露地。为优良的固沙和水土保持植物。茎皮可供制绳、织麻袋等；茎叶、荚果及种子可作饲料；全株可药用，具活血止血、滋阴养血之功效。

柠条锦鸡儿

毛掌叶锦鸡儿 Caragana leveillei Kom.

落叶灌木，高约 1 米，多分枝。树皮深褐色。小枝直伸，淡褐色，有条棱；嫩枝灰褐色，密被灰白色毛。假掌状复叶有 4 片小叶；托叶狭，具短刺尖，长 2～6 毫米，硬化成针刺；叶柄被灰白色毛，脱落或宿存，长 4～12 毫米；小叶楔状倒卵形，长 5～20（～30）毫米，宽 2～10（～15）毫米，先端圆形，近截形或具浅凹，有刺尖，基部楔形，上面绿色，下面灰绿色，密被柔毛，叶脉明显。花梗单生，长 8～12 毫米，关节在下部；花萼基部具囊，表面被柔毛，萼齿三角状；花冠长 2.5～2.8 厘米，黄色或浅红色，旗瓣倒卵状楔形，宽约 10 毫米，先端圆钝或稍凹，瓣柄长约 5 毫米，翼瓣狭长圆形，瓣柄长与瓣片近等长，耳细短，龙骨瓣先端钝，瓣柄与瓣片近等长，耳短小；子房密被长柔毛。荚果圆筒状，长 2～3（～4）厘米，宽约 3 毫米，具短尖头，密被长柔毛。花期 4～5 月，果期 6 月。

产本区富县直罗镇。生于干旱山坡灌丛中。

毛掌叶锦鸡儿

甘蒙锦鸡儿 Caragana opulens Kom.

落叶灌木，高 40～60 厘米。树皮灰褐色，有光泽。小枝细长，稍呈灰白色，有明显条棱。假掌状复叶有 4 片小叶；托叶在长枝者硬化成针刺，直或弯，针刺长 2～5 毫米，在短枝者较短，脱落；小叶倒卵状披针形，长 3～12 毫米，宽 1～4 毫米，先端圆形或截平，有短刺尖，近无毛或稍被毛，绿色。花梗单生，长 7～25 毫米，纤细，关节在顶部或中部以上；花萼钟状管形，长 8～10 毫米，宽约 6 毫米，无毛或稍被疏毛，基部显著具囊状凸起，萼齿三角状，边缘有短柔毛；花冠黄色，旗瓣宽倒卵形，长 20～25 毫米，有时略带红色，顶端微凹，基部渐狭成瓣柄，翼瓣长圆形，先端钝，耳长圆形，瓣柄长稍短于瓣片，龙骨瓣的瓣柄稍短于瓣片，耳齿状；子房无毛或被疏柔毛。荚果圆筒状，长 2.5～4 厘米，宽 4～5 毫米，先端短渐尖，无毛。花期 5～6 月，果期 6～7 月。

产本区富县张家湾镇、直罗镇，耀州区。生于干旱山坡灌丛、黄

甘蒙锦鸡儿

土沟壑、次生林中。

秦晋锦鸡儿 **Caragana purdomii** Rehd.

落叶灌木，高 1.5～3 米。老枝深灰绿色或褐色，嫩枝疏被伏贴柔毛。羽状复叶有 5～8 对小叶；托叶硬化成针刺，长 5～12 毫米，开展或反曲；叶轴长 2～4 厘米，脱落；小叶倒卵形、椭圆形或长圆形，长 3～8 毫米，宽 3～5 毫米，先端圆，凹入或锐尖，具刺尖，基部楔形或稍圆，两面疏被柔毛，下面淡绿色。花梗单生或 2～4 个簇生，长 1～2 厘米，关节在上部；苞片钻形；花萼钟状管形，基部不为囊状凸起，长 8～10 毫米，宽 5～6 毫米，被短柔毛或近无毛，萼齿宽三角形，被缘毛；花冠黄色，长 25～28 毫米，旗瓣宽倒卵形，长约 27 毫米，瓣柄很短，翼瓣瓣片长圆形，瓣柄长为瓣片的 2/3，耳距状，长为瓣片的 1/3，龙骨瓣长圆形，先端钝，基部骤狭成与瓣片近等长的瓣柄，耳不明显；子房具柄，两端疏被柔毛或仅基部被毛，有时无毛。荚果长 4～5 厘米，宽 6～7 毫米，两端稍扁而尖，果颈与萼筒等长或较长，无毛。花期 5 月，果期 7～9 月。

产本区富县直罗镇、张家湾镇。生于黄土丘陵、阳坡灌丛或草丛中。

秦晋锦鸡儿

红花锦鸡儿 **Caragana rosea** Turcz. ex Maxim.

落叶灌木，高 0.4～1 米。树皮绿褐色。小枝细长，具条棱，托叶在长枝者成细针刺，长 3～4 毫米，短枝者脱落。叶柄长 5～10 毫米，脱落或宿存成针刺；叶假掌状；小叶 4，楔状倒卵形，长 1～2.5 厘米，宽 4～12 毫米，先端圆钝或微凹，具刺尖，基部楔形，近革质，上面深绿色，下面淡绿色，有时小叶边缘、小叶柄、小叶下面沿脉被疏柔毛。花梗单生，长 8～18 毫米，关节在中部以上；花萼管状，不扩大或仅下部稍扩大，长 7～9 毫米，宽约 4 毫米，常紫红色，萼齿三角形，渐尖，内侧密被短柔毛；花冠黄色，常紫红色或全部淡红色，凋时变为红色，长 20～22 毫米，旗瓣长圆状倒卵形，先端凹入，基部渐狭成宽瓣柄，翼瓣长圆状线形，瓣柄较瓣片稍短，耳短齿状，龙骨瓣的瓣柄与瓣片近等长，耳不明显；子房无毛。荚果圆筒形，长 3～6 厘米，具渐尖头。花期 4～6 月，果期 6～7 月。

本区分布广。生于山坡及沟谷。根可药用，具健脾强胃、活血催乳、利尿通经之功效。

红花锦鸡儿

狭叶锦鸡儿 **Caragana stenophylla** Pojark.

落叶矮灌木，高 30～80 厘米。树皮灰绿色、黄褐色或深褐色。小枝细长，具条棱，嫩时被短柔毛。假掌状复叶有 4 片小叶；托叶在长枝者硬化成针刺，刺长 2～3 毫米；长枝上叶柄硬化成针刺，宿存，长 4～7 毫米，直伸或下弯，短枝上叶无柄，簇生；小叶线状披针形或线形，长 4～11 毫米，宽 1～2 毫米，两面绿色或灰绿色，由中脉向上折叠。花梗单生，长 5～10 毫米，关节在中部稍下；花萼钟状管形，长 4～6 毫米，宽约 3 毫米，无毛或疏被毛，萼齿三角形，长约 1 毫米，具短尖头；花冠黄色，旗瓣圆形或宽倒卵形，长 14～17 毫米，中部常带橙褐色，瓣柄短宽，翼瓣上部较宽，瓣柄长为瓣片的 1/2，耳长圆形，龙骨瓣的瓣柄较瓣片长 1/2，耳短钝；子房无毛。荚果圆筒形，长 2～2.5 厘米，宽 2～3 毫米。花期 4～6 月，果期 7～8 月。

产本区富县张家湾镇、直罗镇。生于黄土丘陵、低山阳坡。花可药用，具祛风、平肝、止咳之功效。

狭叶锦鸡儿

绣球小冠花 Coronilla varia L.

多年生草本，高 50～100 厘米。茎多分枝，疏展，圆柱形，具条棱，髓心白色，幼时稀被白色短柔毛。奇数羽状复叶，具小叶 11～17；托叶小，披针形，长 3 毫米，分离；叶柄长约 5 毫米；小叶薄纸质，椭圆形或长圆形，长 15～25 毫米，宽 4～8 毫米，先端具短尖头，基部近圆形；侧脉每边 4～5 条，小脉不明显；小托叶小；小叶柄长约 1 毫米。伞形花序腋生，长 5～6 厘米，比叶短；总花梗长约 5 厘米，疏生小刺；花 5～10 朵，密集排列成绣球状；花梗短；苞片 2 枚，披针形，宿存；小苞片 2 枚，披针形，宿存；花萼膜质，萼齿短于萼管；花冠紫色、淡红色或白色，有明显紫色条纹，长 8～12 毫米，旗瓣近圆形，翼瓣近长圆形，龙骨瓣先端成喙状，喙紫黑色，向内弯曲。荚果细长圆柱形，稍扁，具 4 棱，先端有宿存的喙状花柱，荚节长约 1.5 厘米，各荚节有种子 1 粒。种子长圆状倒卵形，光滑，黄褐色，长约 3 毫米，宽约 1 毫米，种脐长 0.7 毫米。花期 6～7 月，果期 8～9 月。

本区公园、路旁有栽培。花卉植物。花可药用，可强心、利尿。

绣球小冠花

大豆 Glycine max (L.) Merr.

一年生草本，高 30～90 厘米。茎具棱，密被褐色长硬毛。叶具 3 小叶；托叶宽卵形，长 3～7 毫米，被黄色柔毛；叶柄长 2～20 厘米，幼时被柔毛和长硬毛；小叶宽卵形，顶生叶较大，长 5～12 厘米，宽 2.5～8 厘米，侧生叶较小，两面疏生糙毛；侧脉每边 5 条；小叶柄长 1.5～4 毫米，被黄褐色长硬毛。总状花序有 5～8 朵无柄的花；大小苞片披针形，2～3 毫米，被糙伏毛与刚毛；花萼长 4～6 毫米，被长硬毛或糙伏毛，深裂成二唇形，裂片 5，披针形，上 2 裂片合生，下 3 裂片分离，均被长柔毛；花紫色、淡紫色或白色，长 4.5～8 毫米，旗瓣倒卵状，基部具柄，翼瓣蓖状，具柄和耳，龙骨瓣斜倒卵形，具短柄；雄蕊二体；子房基部有腺体，被毛。荚果长圆形，稍弯，黄绿色，长 4～7.5 厘米，宽 8～15 毫米，密被褐黄色长毛。种子 2～5 粒，椭圆形，长约 1 厘米，宽 5～8 毫米，种皮光滑，淡绿色、黄色和黑色，种脐明显。花期 6～7 月，果期 7～9 月。

本区有栽培。重要粮食作物，工业上有 500 多种用途；种子具滋补养心、祛风明目、清热利水、活血解毒之功效。

大豆

野大豆 Glycine soja Sieb. et Zucc.

一年生缠绕草本，长 1～4 米。茎纤细，全体被褐色长硬毛。叶具 3 小叶，长达 14 厘米；托叶卵状披针形，被黄色柔毛；顶生小叶卵圆形或卵状披针形，长 3.5～6 厘米，宽 1.5～2.5 厘米，先端锐尖至钝圆，基部近圆形，全缘，两面均被糙伏毛，侧生小叶斜卵状披针形。总状花序通常短，稀长可达 13 厘米；花小，长约 5 毫米；花梗密生黄色长硬毛；苞片披针形；花萼钟状，密生长毛，裂片 5，三角状披针形，先端锐尖；花冠淡红紫色或白色，旗瓣近圆形，先端微凹，基部具短瓣柄，翼瓣斜倒卵形，有明显的耳，龙骨瓣比旗瓣及翼瓣短小，密被长毛；花柱短而向一侧弯曲。荚果长圆形，稍弯，两侧稍扁，长 17～23 毫米，宽 4～5 毫米，密被长硬毛，种子间稍缢缩，干时易裂；种子 2～3 粒，椭圆形，稍扁，长 2.5～4 毫米，宽 1.8～2.5 毫米，褐色至黑色。花期 7～8 月，果期 8～10 月。

本区分布广。生于沟旁、河岸、矮灌木丛或草丛中。种子含蛋白质 30%～45%、油脂 18%～22%，可供食用、制酱等；种子、藤茎可

野大豆

药用，具补益肝肾、祛风解毒、健脾之功效。

甘草 Glycyrrhiza uralensis Fisch.

多年生草本。根状茎粗壮，外皮褐色，里面淡黄色，具甜味。茎直立，高 30～120 厘米，密被鳞片状腺点、刺毛状腺体及绒毛。奇数羽状复叶互生，长 5～20 厘米；托叶三角状披针形，长约 5 毫米，宽约 2 毫米，两面密被白色短柔毛；叶柄密被褐色腺点和短柔毛；小叶 5～17 片，卵形、长卵形或近圆形，长 1.5～5 厘米，宽 0.8～3 厘米，两面密被黄褐色腺点及短柔毛。总状花序腋生，花多数；总花梗短于叶，密生鳞片状腺点和短柔毛；苞片长圆状披针形，外面被黄色腺点和短柔毛；花萼钟状，长 7～14 毫米，密被黄色腺点及短柔毛，基部呈囊状，萼齿 5；花冠紫色、白色或黄色，长 10～24 毫米，旗瓣顶端微凹，基部具短柄，翼瓣短于旗瓣，龙骨瓣短于翼瓣；花粉粒圆三角形，子房密被刺毛状腺体。荚果弯曲呈镰刀状或环状，密集成球，密生瘤状突起和刺毛状腺体。种子 3～11 粒，暗绿色，圆形或肾形，长约 3 毫米。花期 6～8 月，果期 7～10 月。

本区分布广。生于向阳山坡草地。根含糖 3.38%～13.67%；根状茎可入药，具解毒、镇咳、健脾胃、调和诸药之功效。

甘草

少花米口袋 Gueldenstaedtia verna (Georgi) Boriss.

多年生草本。主根直下，分茎具宿存托叶。叶长 2～20 厘米；托叶三角形，基部合生；叶柄具沟，被白色疏柔毛；小叶 7～19 片，长椭圆形至披针形，长 0.5～2.5 厘米，宽 1.5～7 毫米，钝头或急尖，先端具细尖，两面被疏柔毛。伞形花序有花 2～4 朵；总花梗约与叶等长；花梗长 0.5～1 毫米；苞片长三角形，长 2～3 毫米；小苞片线形，长约为萼筒的 1/2；花萼钟状，长 5～7 毫米，被白色疏柔毛；萼齿披针形，上 2 萼齿约与萼筒等长，下 3 萼齿较短小，最下一片最小；花冠红紫色，旗瓣卵形，长 13 毫米，先端微缺，基部渐狭成瓣柄，翼瓣瓣片倒卵形具斜截头，长 11 毫米，具短耳，瓣柄长 3 毫米，龙骨瓣瓣片倒卵形，长 5.5 毫米，瓣柄长 2.5 毫米；子房椭圆状，密被疏柔毛，花柱无毛，内卷。荚果长圆筒状，长 15～20 毫米，直径 3～4 毫米，被长柔毛，成熟时毛稀疏，开裂。种子圆肾形，直径 1.5 毫米，具不深凹点。花期 5 月，果期 6～7 月。

本区分布广。生于山坡、路旁、田边等地。全草可药用，具清热解毒之功效。

少花米口袋

多花木蓝 Indigofera amblyantha Craib

直立灌木，高 0.8～2 米，少分枝。茎褐色或淡褐色，圆柱形，幼枝禾秆色，具棱，密被白色丁字毛。羽状复叶，叶轴与叶柄均被“丁”字毛；托叶微小，三角状披针形；小叶 3～4 对，对生，形状、大小变异较大，上面绿色，疏生丁字毛，下面苍白色，被毛较密，中脉上面微凹，下面隆起，侧脉 4～6 对；小叶柄被毛；小托叶微小。总状花序腋生，近无总花梗；苞片线形，早落；花萼被白色丁字毛，萼筒长约 1.5 毫米，最下萼齿长约 2 毫米，两侧萼齿长约 1.5 毫米，上方萼齿长约 1 毫米；花冠淡红色，旗瓣倒阔卵形，先端螺壳状，瓣柄短，外面被毛，翼瓣长约 7 毫米，龙骨瓣较翼瓣短，距长约 1 毫米；花药球形，顶端具小突尖；子房线形，被毛，有胚珠 17～18 粒。荚果棕褐色，线状圆柱形，被丁字毛，种子间有横隔，内果皮无斑点。种子褐色，长圆形。花期 5～7 月，果期 9～11 月。

产本区富县直罗镇。生于山地林下或灌丛中。根可药用，具清

多花木蓝

火、解毒、消肿、止痛之功效。

河北木蓝

河北木蓝 Indigofera bungeana Walp.

直立灌木，高40～100厘米。茎褐色，圆柱形，有皮孔。枝银灰色，被丁字毛。羽状复叶长2.5～5厘米；叶柄长达1厘米，叶轴上面有槽，与叶柄均被丁字毛；托叶三角形，长约1毫米，早落；小叶2～4对，对生，椭圆形，长5～1.5毫米，宽3～10毫米，先端钝圆，基部圆形，上面绿色，疏被丁字毛，下面苍绿色，丁字毛较粗；小叶柄长0.5毫米；小托叶与小叶柄近等长。总状花序腋生，长4～6厘米；总花梗较叶柄短；花梗长约1毫米；苞片线形，长约1.5毫米；花萼长约2毫米，外面被白色丁字毛，萼齿近相等，三角状披针形，与萼筒近等长；花冠紫色或紫红色，旗瓣阔倒卵形，长达5毫米，外面被丁字毛，翼瓣与龙骨瓣等长，龙骨瓣有距；花药圆球形，先端具小凸尖；子房线形，被疏毛。荚果褐色，线状圆柱形，长不超2.5厘米，被丁字毛，种子间有横隔，内果皮有紫红色斑点。种子椭圆形。花期5～6月，果期8～10月。

本区分布广，俗称铁扫帚。生于山坡、草地或河滩地。全草可药用，具清热止血、消肿生肌之功效。

花木蓝

花木蓝 Indigofera kirilowii Maxim. ex Palibin

落叶小灌木，高30～100厘米。茎圆柱形。幼枝有棱，疏被“丁”字毛。羽状复叶长6～15厘米，对生；叶柄长0.5～2.5厘米，叶轴有浅槽，近无毛；托叶披针形，早落；小叶2～5对，阔卵形或卵状菱形，长1.5～4厘米，宽1～2.3厘米，先端圆钝，具小尖头，基部楔形，两面散生丁字毛，中脉上下隆起，侧脉明显；小叶柄长2.5毫米，密生毛；小托叶钻形，宿存。总状花序长5～20厘米，疏花；总花梗长1～2.5厘米，花序轴有棱，疏生丁字毛；花梗长3～5毫米；苞片线状披针形，长2～5毫米；花萼外面无毛，长约3.5毫米，萼筒长约1.5毫米，萼齿披针状三角形，有缘毛；花冠淡红色，花瓣近等长，边缘有短毛；花药阔卵形，两端有髯毛；子房无毛。荚果棕褐色，圆柱形，长3.5～7厘米，径约5毫米，内果皮有紫色斑点，有种子10余粒；果梗平展。种子赤褐色，长圆形，长约5毫米，径约2.5毫米。花期5～7月，果期8月。

产本区富县直罗镇。生于路旁、山坡灌丛及疏林内。种子含油18.6%；叶含鞣质10.41%；根可药用，具清火、解毒、消肿、止痛之功效。

长萼鸡眼草

长萼鸡眼草 Kummerowia stipulacea (Maxim.) Makino

一年生草本，高7～15厘米。茎平伏，上升或直立，多分枝，茎和枝上被疏生向上的白毛，有时仅节处有毛。叶为三出羽状复叶；托叶卵形，长3～8毫米，比叶柄长或近相等，边缘通常无毛；叶柄短；小叶纸质，倒卵形、宽倒卵形或倒卵状楔形，长5～18毫米，宽3～12毫米，先端微凹或近截形，基部楔形，全缘；下面中脉及边缘有毛，侧脉多而密。花常1～2朵腋生；花梗有毛；小苞片4枚，较萼筒稍短、稍长或近等长，生于萼下，其中1枚很小，生于花梗关节之下，常具1～3条脉；花萼膜质，阔钟形，5裂，裂片宽卵形，有缘毛；花冠上部暗紫色，长5.5～7毫米，旗瓣椭圆形，先端微凹，下部渐狭成瓣柄，较龙骨瓣短，翼瓣狭披针形，与旗瓣近等长，龙骨瓣钝，上面有暗紫色斑点；雄蕊二体（9+1）。荚果椭圆形或卵形，稍侧偏，长约3毫米，常较萼长1.5～3倍。花期7～8月，果期8～10月。

产本区富县张家湾镇，俗称掐不齐。生于干旱山坡、沟谷等处。全草可药用，具健脾利湿、解热止痢之功效。

山黧豆 **Lathyrus quinquenervius** (Miq.) Litv. ex Kom.

多年生草本。根状茎不增粗，横走。茎通常直立，单一，高 20～50 厘米，具棱及翅，有毛，后渐脱落。偶数羽状复叶，叶轴末端具不分枝的卷须，下部叶的卷须短，成针刺状；托叶披针形至线形，长 7～23 毫米，宽 0.2～2 毫米；叶具小叶 1～2 对；小叶质坚硬，椭圆状披针形或线状披针形，长 35～80 毫米，宽 5～8 毫米，先端渐尖，具细尖头，基部楔形，两面被短柔毛，上面稀疏，老时毛逐渐脱落，具 5 条平行脉，两面明显凸出。总状花序腋生，具 5～8 朵花；花紫蓝色或紫色，长 15～20 毫米；花梗长 3～5 毫米；萼钟状，被短柔毛，最下一萼齿约与萼筒等长；旗瓣近圆形，先端微缺，瓣柄与瓣片约等长，翼瓣狭倒卵形，与旗瓣等长或稍短，具耳及线形瓣柄，龙骨瓣卵形，具耳及线形瓣柄；子房密被柔毛。荚果线形，长 3～5 厘米，宽 4～5 毫米。花期 5～7 月，果期 8～9 月。

本区分布广。生于山坡林下、林缘、路旁草丛及荒地等处。全草可药用，具祛风除湿、止痛之功效。

山黧豆

胡枝子 **Lespedeza bicolor** Turcz.

落叶直立灌木，高 1～3 米。多分枝，小枝黄色或暗褐色，有条棱，被短毛。芽卵形，具数枚鳞片。羽状复叶具 3 小叶；托叶 2 枚，线状披针形，长约 4 毫米；叶柄长 2～7 厘米；小叶卵形或倒卵形，长 1.5～6 厘米，宽 1～3.5 厘米，先端钝圆，具短刺尖，基部近圆形，全缘，下面色淡，被疏柔毛。总状花序腋生，比叶长；总花梗长 4～10 厘米；花梗短，长约 2 毫米，密被毛；小苞片 2 枚，卵形，长不及 1 厘米，先端钝圆，黄褐色，被短柔毛；花萼长约 5 毫米，5 浅裂，裂片常短于萼筒，上方 2 裂片合生成 2 齿，裂片外面被白毛；花冠红紫色，长约 10 毫米，旗瓣倒卵形，先端微凹，翼瓣较短，近长圆形，基部具耳和瓣柄，龙骨瓣与旗瓣近等长，基部具较长瓣柄；子房被毛。荚果斜倒卵形，长约 10 毫米，宽约 5 毫米，表面具网纹，密被短柔毛。花期 7～9 月，果期 9～10 月。

本区分布广。生于山坡、林缘、路旁、灌丛及杂木林间。是家畜的优质饲料。种子及油可供食用或作机器润滑油；全草可入药，具益肝明目、清热利尿、通经活血之功效。

胡枝子

截叶铁扫帚 **Lespedeza cuneata** (Dum.-Cours.) G. Don

小灌木，高达 1 米。茎直立或斜升，被毛，上部分枝。分枝斜上举。叶密集，柄短；小叶楔形或线状楔形，长 1～3 厘米，宽 2～5 毫米，先端截形成近截形，具小刺尖，基部楔形，上面近无毛，下面密被伏毛。总状花序腋生，具 2～4 朵花；总花梗极短；小苞片卵形或狭卵形，长 1～1.5 毫米，先端渐尖，背面被白色伏毛，边具缘毛；花萼狭钟形，密被伏毛，5 深裂，裂片披针形；花冠淡黄色或白色，旗瓣基部有紫斑，有时龙骨瓣先端带紫色，冀瓣与旗瓣近等长，龙骨瓣稍长；闭锁花簇生于叶腋。荚果宽卵形或近球形，被伏毛，长 2.5～3.5 毫米，宽约 2.5 毫米。花期 7～8 月，果期 9～10 月。

本区分布广。生于山坡、路旁。是家畜的优质饲料。全株可药用，具补肝肾、益肺阴、散瘀消肿之功效。

截叶铁扫帚

短梗胡枝子 **Lespedeza cyrtobotrya** Miq.

落叶灌木，高 1～3 米。多分枝，小枝褐色或灰褐色，具棱，被柔毛。羽状复叶具 3 小叶；托叶 2，线状披针形，暗褐色；叶柄长 1～2.5 厘米；小叶宽卵形或倒卵形，长 1.5～4.5 厘米，宽 1～3 厘米，先端圆，具小刺尖，上面绿色，下面贴生疏柔毛，侧生小叶小。总状花序腋生，比叶短；总花梗短缩，密被白毛；花梗短，被白毛；苞片小，卵状，暗褐色；花萼筒状钟形，长 2～2.5 毫米，5 裂至中部，裂片披针形，表面密被毛；花冠红紫色，长约 11 毫米，旗瓣倒卵形，基部具短柄，翼瓣长圆形，比旗瓣和龙骨瓣短约 1/3，先端圆，基部具耳和柄，龙骨瓣顶端稍弯，与旗瓣近等长，基部具耳和柄。荚果斜卵形，长 6～7 毫米，宽约 5 毫米，表面具网纹，密被毛。花期 7～8 月，果期 9 月。

产本区富县直罗镇。生于山坡、灌丛或杂木林下。茎皮纤维含量高，可造纸、代麻；叶可入药，用于治疗水肿。

短梗胡枝子

兴安胡枝子 **Lespedeza daurica** (Laxm.) Schindl.

落叶小灌木，高达 1 米。茎通常稍斜升，单一或数个簇生。老枝黄褐色或赤褐色，被短柔毛或无毛，幼枝绿褐色，有细棱，被白色短柔毛。羽状复叶具 3 小叶；托叶线形，长 2～4 毫米；叶柄长 1～2 厘米；小叶长圆形或狭长圆形，长 2～5 厘米，宽 5～16 毫米，先端圆形或微凹，有小刺尖，基部圆形，上面无毛，下面被贴伏的短柔毛；顶生小叶较大。总状花序腋生，较叶短或与叶等长；总花梗密生短柔毛；小苞片披针状线形，有毛；花萼 5 深裂，外面被白毛，萼裂片披针形，先端长渐尖，成刺芒状，与花冠近等长；花冠白色或黄白色，旗瓣长圆形，长约 1 厘米，中央稍带紫色，具瓣柄，翼瓣长圆形，先端钝，较短，龙骨瓣比翼瓣长，先端圆形；闭锁花生于叶腋，结实。荚果小，倒卵形或长倒卵形，长 3～4 毫米，宽 2～3 毫米，先端有刺尖，基部稍狭，两面凸起，有毛，包于宿存花萼内。花期 7～8 月，果期 9～10 月。

本区分布广，又称达呼尔胡枝子。生于干旱山坡、草地及路旁。为优良的饲用植物。

兴安胡枝子

多花胡枝子 **Lespedeza floribunda** Bunge

落叶小灌木，高 30～60（～100）厘米。根细长。茎常近基部分枝。枝有条棱，被灰白色绒毛。托叶线形，长 4～5 毫米，先端刺芒状；羽状复叶具 3 小叶；小叶具柄，倒卵形、宽倒卵形或长圆形，长 1～1.5 厘米，宽 6～9 毫米，先端微凹、钝圆或近截形，具小刺尖，基部楔形，上面被疏伏毛，下面密被白色伏柔毛；侧生小叶较小。总状花序腋生；总花梗细长，显著超出叶；花多数；小苞片卵形，长约 1 毫米，先端急尖；花萼长 4～5 毫米，被柔毛，5 裂，上方 2 裂片下部合生，上部分离，裂片披针形或卵状披针形，长 2～3 毫米，先端渐尖；花冠紫色、紫红色或蓝紫色，旗瓣椭圆形，长 8 毫米，先端圆形，基部有柄，翼瓣稍短，龙骨瓣长于旗瓣，钝头。荚果宽卵形，长约 7 毫米，超出宿存萼，密被柔毛，有网状脉。花期 6～9 月，果期 9～10 月。

本区富县多见。生于石质山坡。全草及根可入药，具清热解毒、消积、散瘀之功效。

多花胡枝子

阴山胡枝子 **Lespedeza inschanica** (Maxim.) Schindl.

落叶灌木，高达 80 厘米。茎直立或斜升，下部近无毛，上部被短柔毛。托叶丝状钻形，长约 2 毫米，背部具 1～3 条明显的脉，被柔毛；叶柄长 5～10 毫米；羽状复叶具 3 小叶；小叶长圆形或倒卵状长圆形，长 1～2 厘米，宽 0.5～1 厘米，先端钝圆或微凹，基部宽楔形或圆形，上面近无毛，下面密被伏毛，顶生小叶较大。总状花序腋生，与叶近等长，具 2～6 朵花；小苞片长卵形或卵形，背面密被伏毛，边有缘毛；花萼长 5～6 毫米，5 深裂，前方 2 裂片分裂较浅，裂片披针形，先端长渐尖，具明显 3 脉及缘毛，萼筒外被伏毛，向上渐稀疏；花冠白色，旗瓣近圆形，长 7 毫米，宽 5.5 毫米，先端微凹，基部带大紫斑，花期反卷，翼瓣长圆形，长 5～6 毫米，宽 1～1.5 毫米，龙骨瓣长 6.5 毫米，通常先端带紫色。荚果倒卵形，长 4 毫米，宽 2 毫米，密被伏毛，短于宿存萼。花期 7～9 月，果期 9～10 月。

产本区富县张家湾镇、直罗镇，宜君县，又称白指甲花。生于干旱山坡。全草可药用，具活血、利水、止痛之功效。

阴山胡枝子

牛枝子 **Lespedeza potaninii** Vass.

落叶半灌木，高 20～60 厘米。茎斜升或平卧，基部多分枝，有细棱，被粗硬毛。托叶刺毛状，长 2～4 毫米；羽状复叶具 3 小叶，小叶狭长圆形，稀椭圆形至宽椭圆形，长 8～15 毫米，宽 3～5 厘米，先端钝圆或微凹，具小刺尖，基部稍偏斜，上面苍白绿色，无毛，下面被灰白色粗硬毛。总状花序腋生；总花梗长，明显超出叶；花疏生；小苞片锥形，长 1～2 毫米；花萼密被长柔毛，5 深裂，裂片披针形，长 5～8 毫米，先端长渐尖，呈刺芒状；花冠黄白色，稍超出萼裂片，旗瓣中央及龙骨瓣先端带紫色，翼瓣较短；闭锁花腋生，无梗或近无梗。荚果倒卵形，长 3～4 毫米，双凸镜状，密被粗硬毛，包于宿存萼内。花期 7～9 月，果期 9～10 月。

本区分布广。生于沙质地、砾石地、石质山坡等。

牛枝子

绒毛胡枝子 **Lespedeza tomentosa** (Thunb.) Sieb. ex Maxim.

落叶灌木，高达 1 米，全株密被黄褐色绒毛。茎直立，单一或上部少分枝。托叶线形，长约 4 毫米；羽状复叶具 3 小叶；小叶质厚，椭圆形或卵状长圆形，长 3～6 厘米，宽 1.5～3 厘米，先端钝或微心形，边缘稍反卷，上面被短伏毛，下面密被黄褐色绒毛或柔毛，沿脉上尤多；叶柄长 2～3 厘米。总状花序顶生或于茎上部腋生；总花梗粗壮，长 4～8 厘米；花具短梗，密被黄褐色绒毛；苞片线状披针形，长 2 毫米，有毛；花萼密被毛长约 6 毫米，5 深裂，裂片狭披针形，长约 4 毫米，先端长渐尖；花冠黄色或黄白色，旗瓣椭圆形，长约 1 厘米，龙骨瓣与旗瓣近等长，翼瓣较短，长圆形；闭锁花生于茎上部叶腋，簇生成球状。荚果倒卵形，长 3～4 毫米，宽 2～3 毫米，先端有短尖，表面密被毛。花果期 8～10 月。

产本区富县张村驿镇，又称山豆花。生于山脚台地、路边草丛及灌丛中。根可药用，具清热、止血、镇咳、滋补之功效。

绒毛胡枝子

野苜蓿 **Medicago falcata** L.

多年生草本，高 30～80 厘米。主根粗壮木质，须根发达。茎平卧或上升，圆柱形，多分枝。羽状三出复叶；托叶披针形，先端长渐尖，基部戟形，全缘或稍具锯齿，脉纹明显；叶柄细，比小叶短；小叶倒卵形至线状倒披针形，先端近圆形，具刺尖，基部楔形，边缘上部四分之一具锐锯齿，下面被贴伏毛，侧脉12～15对，达叶边，不分叉；顶生小叶稍大。花序短总状，长1～2厘米，具花6～20朵，花期几不伸长；总花梗腋生，与叶等长或稍长；花长6～9毫米；花梗长2～3毫米，被毛；苞片针刺状，长约1毫米；萼钟形，被贴伏毛，萼齿线状锥形，比萼筒长；花冠黄色，旗瓣长倒卵形，翼瓣和龙骨瓣等长，均比旗瓣短；子房线形，被柔毛，花柱短，胚珠2～5粒。荚果镰形，长10～15毫米，宽2.5～3.5毫米，脉纹细，被贴伏毛；有种子2～4粒。种子卵状椭圆形，长2毫米，宽1.5毫米，黄褐色，胚根处凸起。花期6～8月，果期7～9月。

本区分布广。生于荒地、路旁、山坡、河岸杂草丛中。全草可药用，具宽中下气、健脾补虚、利尿之功效。

野苜蓿

天蓝苜蓿 Medicago lupulina L.

一年生、二年生或多年生草本，高15～60厘米，全株被柔毛或腺毛。主根浅，须根发达。茎平卧或上升，多分枝。羽状三出复叶；托叶卵状披针形，常齿裂；下部叶柄长1～2厘米，上部叶柄比小叶短；小叶倒卵形或阔倒卵形，长5～20毫米，宽4～16毫米，先端截平或微凹，具细尖，基部楔形，边缘在上部具尖齿，两面被毛，侧脉近10对，平行达叶边；顶生小叶较大，侧生小叶柄甚短。花序小头状，具花10～20朵；总花梗比叶长，密被柔毛；花长2～2.2毫米；花梗短；苞片刺毛状；萼钟形，密被毛，萼齿线状披针形，与萼筒近等长；花冠黄色；子房被毛，花柱弯曲，胚珠1粒。荚果肾形，长3毫米，宽2毫米，表面具同心弧形脉纹，被疏毛，熟时变黑；有种子1粒。种子卵形，褐色，平滑。花期7～9月，果期8～10月。

本区分布广。生于河岸、路边及田野。鲜草含粗蛋白25.2%～30.19%、粗纤维21.37%～22.0%、粗脂肪1.95%～2.81%，为优良牧草；全草可药用，具清热利湿、舒筋活络、凉血解毒、止咳之功效。

天蓝苜蓿

花苜蓿 Medicago ruthenica (L.) Trautv.

多年生草本。根系发达。茎直立，四棱形，基部分枝，丛生。羽状三出复叶；托叶披针形，基部耳状，具1～3枚浅齿；叶柄比小叶短，被柔毛；小叶长圆状倒披针形至卵状长圆形，先端截平、钝圆或微凹，中央具细尖，基部楔形至钝圆，边缘具尖齿，下面被柔毛，侧脉8～18对，两面隆起；顶生小叶稍大，侧生小叶柄甚短，被毛。花序伞形，总花梗腋生，比叶长；花长6～9毫米；花梗长1.5～4毫米，被柔毛；苞片刺毛状，长1～2毫米；萼钟形，被柔毛，萼齿披针状，与萼筒等长；花冠黄褐色，中央深红色至紫色条纹，旗瓣倒卵状长圆形至匙形，先端凹，翼瓣稍短，龙骨瓣明显短，均具长瓣柄；子房线形，花柱短，胚珠4～8粒。荚果长圆形或卵状长圆形，扁平，具短喙，基部狭尖，具短颈，脉纹分叉，腹缝有时具流苏状的狭翅，熟后变黑；有种子2～6粒。种子椭圆状卵形，棕色，平滑，种脐偏于一端；胚根发达。花期6～9月，果期8～10月。

本区分布广。生于沟沿、路旁及山坡草丛中。

花苜蓿

紫苜蓿 Medicago sativa L.

多年生草本。根粗壮，发达。茎直立丛生，四棱形，无毛或微被柔毛。羽状三出复叶；托叶大，卵状披针形，基部全缘或具1～2裂齿，脉纹清晰；叶柄比小叶短；小叶长卵形、倒长卵形，等大，或顶生小叶稍大，先端钝圆，具由中脉伸出的长齿尖，基部狭窄，边缘中部以上具锯齿，下面被柔毛，侧脉8～10对；顶生小叶柄略长。花序总状或头状，具花5～30朵；总花梗比叶长；花梗短；苞片线状锥形，比花梗长；萼钟形，萼齿线状锥形，比萼筒长，被柔毛；花冠淡黄色、深蓝色至暗紫色，花瓣均具长瓣柄，旗瓣明显较翼瓣和龙骨瓣长；子房线形，具柔毛，花柱短阔，上端细尖，柱头点状，胚珠多数。荚果螺旋状紧卷2～4圈，被柔毛或渐脱落，熟时棕色。种子10～20粒，卵形，平滑，黄色或棕色。花期5～7月，果期6～8月。

本区有栽培或逸为野生。生于山坡、路旁、旷野及河岸等地。鲜草含粗蛋白14.8%～24.5%、粗纤维16.2%～29.7%，为优质牧草；全草可药用，具清湿热、利尿之功效。

紫苜蓿

白花草木犀 **Melilotus alba** Medic. ex Desr.

一年生或二年生草本。茎直立，圆柱形，中空，多分枝。羽状三出复叶；托叶尖刺状锥形，全缘；叶柄比小叶短，纤细；小叶长圆形或倒披针状长圆形，先端钝圆，基部楔形，边缘疏生浅锯齿，上面无毛，下面被细柔毛，侧脉12～15对，平行直达叶缘齿尖，两面均不隆起，顶生小叶稍大，具较长小叶柄，侧小叶小叶柄短。总状花序腋生，具花40～100朵，排列疏松；花梗短；苞片线形；萼钟形，微被柔毛，萼齿三角状披针形，短于萼筒；花冠白色，旗瓣椭圆形，稍长于翼瓣，龙骨瓣与翼瓣等长或稍短；子房卵状披针形，上部渐窄至花柱，无毛，胚珠3～4粒。荚果椭圆形至长圆形，先端锐尖，具尖喙表面脉纹细，网状，棕褐色，老熟后变黑褐色；有种子1～2粒。种子卵形，棕色，表面具细瘤点。花期5～7月，果期7～9月。

本区均产。生于路旁、荒地及沟谷。茎叶含粗蛋白17.51%～28.5%、粗脂肪3.17%～4.4%、粗纤维9.6%～30.35%，为优质牧草；全草可药用，具清热解毒、化湿、杀虫之功效。

白花草木犀

草木犀 **Melilotus officinalis** (L.) Pall.

二年生草本，高达2米以上。茎直立，多分枝，具纵棱，微被柔毛。羽状三出复叶；托叶镰状线形，中央有1条脉纹，全缘或基部有1尖齿；叶柄细长；小叶倒卵形、阔卵形，长15～25毫米，宽5～15毫米，先端钝圆或截形，基部阔楔形，边缘具疏浅齿，上面粗糙，下面疏生短柔毛，侧脉8～12对，平行直达齿尖，顶生小叶稍大，叶柄较长。总状花序腋生，具花30～70朵；花梗与苞片等长；苞片刺毛状，长约1毫米；萼钟形，长约2毫米，脉纹5条，萼齿三角状披针形，比萼筒短；花冠黄色，旗瓣倒卵形，与翼瓣近等长，龙骨瓣稍短或三者近等长；子房卵状披针形，花柱长于子房，胚珠6粒。荚果卵形，长3～5毫米，宽约2毫米，先端具宿存花柱，表面具凹凸的横向网纹，棕黑色；有种子1～2粒。种子卵形，长2.5毫米，黄褐色，平滑。花期5～9月，果期6～10月。

本区分布广，又称黄香草木犀。生于山坡、河岸、路旁草地及林缘。茎皮含纤维素42.23%、半纤维素24.44%、木质素3.16%，可供编织用；地上部分可药用，具化湿、和中之功效。

草木犀

地角儿苗 **Oxytropis bicolor** Bunge

多年生草本，高5～20厘米，植株各部密被白色长柔毛。主根发达，暗褐色。茎缩短，簇生。轮生羽状复叶长4～20厘米；托叶卵状披针形，基部合生；叶轴微具腺体；小叶7～17轮（对），对生或 4 片轮生，线形或披针形，长 3～23 毫米，宽 1.5～6.5 毫米，上面毛较疏。总状花序有 10～15 花；花长约 20 毫米；花葶与叶近等长，被长硬毛；苞片披针形，长 4～10 毫米；花萼筒状，长 9～12 毫米，萼齿线状披针形，长 3～5 毫米；花冠紫红色、蓝紫色，旗瓣菱状卵形，长 14～20 毫米，宽 7～9 毫米，先端圆，翼瓣长圆形，长 15～18 毫米，先端斜宽，龙骨瓣长 11～15 毫米，先端无蓝紫色斑块，喙长 2～2.5 毫米；子房或无毛，花柱下部有毛。荚果卵状长圆形，长 17～22 毫米，宽约 5 毫米，先端具长喙，腹、背缝均有沟槽，不完全 2 室。种子宽肾形，长约 2 毫米，暗褐色。花果期 4～9 月。

本区分布广，又称二色棘豆。生于山坡、路旁及荒地。果期茎叶含粗蛋白 12.78%、粗脂肪 1.67%、粗纤维 13.41%，为良好牧草；种子可药用，具解毒镇痛之功效。

地角儿苗

硬毛棘豆 **Oxytropis hirta** Bunge

多年生草本，高 20～55 厘米，被黄色长硬毛。根长，褐色。茎极缩短。羽状复叶长 15～25 厘米，坚挺；托叶坚硬，披针状钻形，长 2～3 厘米，与叶柄贴生，基部合生；叶柄上面有细沟，小叶间有腺点；小叶 5～19，对生，卵状披针形，长 1.2～3 厘米，宽 3～8 毫米，顶生小叶较大，小叶先端渐尖，基部圆形，边缘具纤毛。穗形总状花序；花长 15～18 毫米；花葶粗壮，长 2～5 厘米；苞片线形或线状披针形，长 7～8 毫米，宽 1～3 毫米；花萼筒形，长 10～13 毫米，密被白色长硬毛，萼齿线形，长 5～7 毫米；花冠蓝紫色、紫红色或黄白色，旗瓣匙形，先端圆形，基部成瓣柄，翼瓣倒卵状长圆形，先端钝，龙骨瓣斜长圆形，喙长 1～3 毫米；子房密被白色柔毛，胚珠 20～24。荚果长卵形，2/3 包于萼内，长 10～12 毫米，宽 3～4.5 毫米，密被白色长硬毛，喙长 3～4 毫米，腹隔膜宽约 1 毫米，不完全 2 室。花期 5～8 月，果期 7～10 月。

本区分布广。生于山坡路旁、丘陵草地。地上部分可药用，具清热解毒、止血止痛之功效。

硬毛棘豆

菜豆 **Phaseolus vulgaris** L.

一年生缠绕或近直立草本。茎初被短柔毛。羽状复叶具 3 小叶；托叶披针形，长约 4 毫米，基着。小叶宽卵形或卵状菱形，长 4～16 厘米，宽 2.5～11 厘米，先端长渐尖，基部圆形或宽楔形，全缘，被短柔毛。总状花序比叶短，数朵生花序顶部；花梗长 5～8 毫米；小苞片卵形，有数条隆起的脉，与花萼近等长，宿存；花萼杯状，长 3～4 毫米，上方的 2 枚裂片连合成一裂片；花冠白色、黄色、紫堇色或红色；旗瓣近方形，翼瓣倒卵形，龙骨瓣长约 1 厘米，先端旋卷，子房被短柔毛，花柱扁。荚果带形，长 10～15 厘米，宽 1～1.5 厘米，略肿胀，顶有喙。种子 4～6 粒，长椭圆形或肾形，长 0.9～2 厘米，宽 0.3～1.2 厘米，白色、褐色、蓝色或有花斑，种脐白色。花期春夏季。

本区有栽培，俗称豆角、四季豆。嫩荚可供蔬食；种子可药用，具滋养、解热、利尿、消肿之功效。

菜豆

葛 **Pueraria lobata** (Willd.) Ohwi

落叶藤本，长达 8 米，全体被黄色长硬毛。茎基部木质，块状根粗厚。羽状复叶具 3 小叶；托叶卵状长圆形，具线条；小托叶线状披针形，与小叶柄近等长；小叶 3 裂，顶生小叶宽卵形，长 7～15 厘米，宽 5～12 厘米，先端长渐尖，侧生小叶斜卵形，稍小。总状花序长 15～30 厘米，中部以上花密；花 2～3 朵聚生节上；苞片线状披针形至线形，比小苞片长，早落；小苞片卵形，长不及 2 毫米；花萼钟形，长 8～10 毫米，裂片披针形，比萼管略长；花冠长 10～12 毫米，紫色，旗瓣倒卵形，长 10～12 毫米，基部有 2 耳及一黄色硬痂状附属体，具短瓣柄，翼瓣镰状，较龙骨瓣为狭，近等长，基部有线形的耳，龙骨瓣镰状长圆形，基部有急尖的耳；子房线形。荚果长椭圆形，长 5～9 厘米，宽 8～11 毫米，扁平。种子表面粗糙，种脐周围具干膜质种阜。花期 9～10 月，果期 11～12 月。

本区分布广。生于阴坡地、沟谷杂木林或灌木丛中。根含淀粉 37%；种子含油 15%；茎皮含纤维 38.4%；根、花可药用，具解肌退热、生津、透疹、止泻、通经活络、解酒之功效。

葛

刺槐 Robinia pseudoacacia L.

落叶乔木，高 10～25 米。树皮浅裂至深纵裂。小枝灰褐色，幼时有棱脊，微被毛；具托叶刺，长达 2 厘米。冬芽小，被毛。羽状复叶；叶轴具沟槽；小叶 2～12 对，对生，椭圆形或卵形，先端微凹，具小尖头，基部圆形至阔楔形，全缘，上面绿色，下面灰绿色，幼时被短柔毛；小叶柄长 1～3 毫米；小托叶针芒状。总状花序腋生，芳香；花梗长 7～8 毫米；苞片早落；花萼斜钟状，萼齿 5，三角形，密被柔毛；花冠白色，各瓣均具瓣柄，旗瓣近圆形，内有黄斑，翼瓣斜倒卵形，与旗瓣近等长，基部一侧具圆耳，龙骨瓣镰状三角形，与翼瓣近等长，前缘合生；雄蕊二体，对旗瓣的 1 枚分离；子房线形，花柱钻形，长约 8 毫米，顶端具毛，柱头顶生。荚果褐色，长圆形，扁平，先端上弯，具尖头，沿腹缝线具狭翅；花萼宿存，有种子 2～15 粒。种子褐色至黑褐色，近肾形，种脐圆形。花期 4～6 月，果期 8～9 月。

本区有栽培，或逸为野生，又称洋槐。是优良的蜜源植物。花蕾及花可食；茎内皮、豆荚和种子有毒。

刺槐

苦豆子 Sophora alopecuroides L.

多年生草本或亚灌木状，高约 1 米。枝被白色长柔毛。羽状复叶；叶柄长 1～2 厘米；托叶生于小叶柄侧面，钻状，长约 5 毫米，早落；小叶 7～13 对，对生，纸质，长圆形，先端钝圆或急尖，具小尖头，基部宽楔形或圆形，上面被疏柔毛，下面毛较密，中脉上凹下凸，侧脉不明显。总状花序顶生，花多数；花梗长 3～5 毫米；苞片似托叶，脱落；花萼斜钟状，萼齿 5，不等大，三角状卵形；花冠白色或淡黄色，旗瓣长圆状倒披针形，先端圆或微缺，基部渐狭成柄，翼瓣常单侧生，卵状长圆形，具三角形耳，皱褶明显，龙骨瓣与翼瓣相似，先端具突尖，背部呈龙骨状盖叠，柄纤细，具 1 三角形耳，下垂；雄蕊 10 枚，花丝不同程度连合，疏被极短毛，子房密被白色柔毛，柱头圆点状，疏被柔毛。荚果串珠状，长 8～13 厘米，直，具多数种子。种子卵球形，稍扁，褐色或黄褐色。花期 5～6 月，果期 8～10 月。

产本区富县张村驿镇。生于干旱山坡及灌丛地。根可药用，具清热解毒之功效。

苦豆子

苦参 Sophora flavescens Alt.

多年生草本或亚灌木，高约 1 米。茎具纹棱，幼时疏被柔毛。羽状复叶；托叶披针状线形；小叶 6～12 对，互生或近对生，纸质，形状多变，椭圆形至披针状线形，先端钝或急尖，基部宽楔形或浅心形，下面疏被短柔毛；中脉下面隆起。总状花序顶生；花多数；花梗纤细；苞片线形；花萼钟状，明显歪斜，疏被短柔毛；花冠比花萼长1倍，白色或淡黄白色，旗瓣倒卵状匙形，先端圆形，基部渐狭成柄，柄宽3毫米，翼瓣单侧生，强烈皱褶几达瓣片的顶部，柄与瓣片近等长，龙骨瓣与翼瓣相似，宽约4毫米；雄蕊10枚，分离或稍连合；子房被淡黄白色柔毛，花柱稍弯曲，胚珠多数。荚果长5～10厘米，种子间稍缢缩，呈串珠状，稍四棱形，疏被短柔毛，成熟后开裂成4瓣，有种子1～5粒。种子长卵形，稍压扁，深红褐色或紫褐色。花期6～8月，果期7～10。

本区分布广。生于山坡、草坡灌木林中或田野附近。茎皮纤维可代麻用；根可药用，具清热燥湿、杀虫、利尿之功效。

苦参

槐 **Sophora japonica** L.

落叶乔木，高达25米。树皮灰褐色，具纵裂纹。幼枝绿色。羽状复叶，叶轴初被柔毛；叶柄基部膨大；托叶形状多变，早落；小叶4～7对，对生或近互生，纸质，卵状长圆形，长2.5～6厘米，宽1.5～3厘米，先端具小尖头，基部近圆形，下面初被短柔毛；小托叶2枚，钻状。圆锥花序顶生，长达30厘米；花梗比花萼短；小苞片2枚，似小托叶；花萼浅钟状，长约4毫米，萼齿5，近等大，被柔毛，萼管近无毛；花冠白色或淡黄色，旗瓣近圆形，长和宽约11毫米，具短柄，有紫色脉纹，翼瓣卵状长圆形，先端浑圆，龙骨瓣阔卵状长圆形，与翼瓣等长，宽达6毫米；雄蕊近分离，宿存；子房近无毛。荚果串珠状，长2.5～5厘米，径约10毫米，具肉质果皮，成熟后不开裂，具种子1～6粒。种子卵球形，淡黄绿色，干后黑褐色。花期7～8月，果期8～10月。

本区多栽培，又称槐树。是行道、庭院和优良蜜源植物。花蕾含色素14%，用于染棉织品；花蕾、果实、根皮、枝叶可入药，具收敛、清热、润肝、止血、解毒之功效。

槐

龙爪槐 **Sophora japonica** L. f. **pendula** Hort.

本变型枝和小枝均下垂，并向不同方向弯曲盘旋，形似龙爪，易与其他类型相区别。

本区公园、庭院及路旁有栽培，供观赏。

龙爪槐

白刺花 **Sophora davidii** (Franch.) Skeels

落叶灌木，高达4米。小枝初被毛，不育枝末端成刺。羽状复叶；托叶钻状，部分变成刺，疏被短柔毛，宿存；小叶5～9对，椭圆状卵形或倒卵状长圆形，长10～15毫米，先端具芒尖，基部圆形，上面几无毛，下面中脉隆起，疏被长柔毛。总状花序生于小枝顶端；花长约15毫米；花萼钟状，蓝紫色，萼齿5；花冠白色或淡黄色，有时旗瓣带红紫色，旗瓣倒卵状长圆形，长14毫米，宽6毫米，先端圆形，基部具细长柄，翼瓣与旗瓣等长，倒卵状长圆形，宽约3毫米，具1锐尖耳，明显皱褶，龙骨瓣比翼瓣稍短，镰状倒卵形，具三角形耳；雄蕊10枚，等长，基部连合；子房比花丝长，密被黄褐色柔毛，花柱变曲，胚珠多数。荚果串珠状，长6～8厘米，宽6～7毫米，表面近无毛，有种子3～5粒。种子卵球形，长约4毫米，径约3毫米，深褐色。花期3～8月，果期6～10月。

本区分布广，又称狼牙刺。生于山坡、路边灌木丛中。根、果实可药用，具清热解毒、利湿消肿、凉血止血、理气消积之功效。

白刺花

苦马豆 Sphaerophysa salsula (Pall.) DC.

多年生草本，高 0.3～0.8 米。枝具纵棱，被丁字毛。托叶线状披针形；叶轴长，上面具沟槽；小叶 11～21 片，倒卵形至倒卵状长圆形，先端具短尖头，基部圆形至宽楔形，上面疏被毛，侧脉下面被“丁”字毛；小叶柄短，被柔毛。总状花序较叶长，具花 6～16 朵；花梗密被柔毛；苞片卵状披针形；小苞片线形至钻形；花萼钟状，萼齿三角形，上边 2 齿较宽短，外面被柔毛；花冠初呈鲜红色，后变紫红色，旗瓣近圆形，先端微凹，基部具短柄，翼瓣较龙骨瓣短，连柄长 12 毫米，先端圆，基部具长 3 毫米的瓣柄及长 2 毫米的耳状裂片，龙骨瓣长 13 毫米，瓣柄长约 4.5 毫米，裂片近直角；子房近线形，密被柔毛，花柱弯曲，内侧疏被纵列髯毛，柱头近球形。荚果椭圆形至卵圆形，膨胀，果颈长约 10 毫米，外面疏被柔毛。种子肾形至近半圆形，褐色，种脐圆形凹陷。花期 5～8 月，果期 6～9 月。

产本区富县直罗镇、张家湾镇，俗称羊尿泡。生于山坡、荒地、沟渠旁。全草、果实可入药，具利水、消肿、降压之功效。

苦马豆

披针叶野决明 Thermopsis lanceolata R. Br.

多年生草本，高 12～40 厘米。茎直立，分枝或单一，具沟棱，被柔毛。3 小叶；叶柄短，长 3～8 毫米；托叶叶状，卵状披针形，下面被柔毛；小叶狭长圆形至倒披针形，长 2.5～7.5 厘米，宽 5～16 毫米，下面稀被柔毛。总状花序顶生，长 6～17 厘米，具花 2～6 轮；苞片线状卵形或卵形，长 8～20 毫米，宽 3～7 毫米，宿存；萼钟形，密被毛，背部囊状隆起，上方 2 齿连合，三角形，下方萼齿披针形，与萼筒近等长；花冠黄色，旗瓣近圆形，与翼瓣近等长，先端微凹，基部渐狭成瓣柄，瓣柄长 7～8 毫米，翼瓣先端有狭窄头，龙骨瓣长 2～2.5 厘米，宽为翼瓣的 1.5～2 倍；子房密被柔毛，具柄，柄长 2～3 毫米，胚珠 12～20 粒。荚果长 5～9 厘米，宽 7～12 毫米，先端具尖喙，被细柔毛，黄褐色，种子 6～14 粒。种子圆肾形，黑褐色，具蜡层，有光泽，长 3～5 毫米，宽 2.5～3.5 毫米。花期 5～7 月，果期 6～9 月。

产本区富县直罗镇、张家湾镇，又称披针叶黄华，俗称牧马豆。生于荒地、河岸和砾石滩。植株有毒；全草含生物碱 0.5%～3%、种子含生物碱 5%，可供药用，具祛痰止咳之功效。

披针叶野决明

白车轴草 Trifolium repens L.

多年生草本，高 10～30 厘米。主根短，侧根和须根发达。茎匍匐蔓生，节上生根，全株无毛。掌状三出复叶；托叶卵状披针形，膜质，基部抱茎成鞘状，离生部分锐尖；叶柄较长；小叶倒卵形至近圆形，先端凹头至钝圆，基部楔形渐窄至小叶柄，中脉在下面隆起，侧脉约 13 对，与中脉作 50° 角展开，两面均隆起，近叶边分叉并伸达锯齿齿尖；小叶柄微被柔毛。花序球形，顶生，具花 20～50 朵，密集；总花梗甚长，比叶柄长近 1 倍；花梗比花萼稍长；无总苞；苞片披针形，膜质，锥尖；萼钟形，具脉纹 10 条，萼齿 5，披针形，短于萼筒，萼喉开张；花冠白色、乳黄色或淡红色，具香气；旗瓣椭圆形，比翼瓣和龙骨瓣长近 1 倍，龙骨瓣比翼瓣稍短；子房线状长圆形，花柱比子房略长，胚珠 3～4 粒。荚果长圆形；种子通常 3 粒。种子阔卵形。花果期 5～10 月。

本区公园、庭院有栽培，并呈半自生状态。为优良牧草；蜜源植物。全草可药用，具清热、凉血、宁心之功效。

白车轴草

山野豌豆 Vicia amoena Fisch. ex DC.

多年生草本，高30～100厘米，植株被疏柔毛。主根粗壮，须根多。茎具棱，多分枝。偶数羽状复叶，长5～12厘米，近无柄，卷须2～3分枝；托叶半箭头形，长0.8～2厘米，边缘有3～4裂齿；小叶4～7对，互生或近对生，椭圆形至卵状披针形，长1.3～4厘米，宽0.5～1.8厘米；先端圆，微凹，基部近圆形，上面被长柔毛，下面粉白色；沿中脉毛较密。总状花序长于叶；花10～20朵着生花序轴上部；花冠红紫色、蓝紫色或蓝色；花萼斜钟状，萼齿近三角形，上萼齿长3～4毫米，短于下萼齿；旗瓣倒卵圆形，长1～1.6厘米，宽5～6毫米，瓣柄较宽，翼瓣与旗瓣近等长，龙骨瓣短于翼瓣；子房无毛，胚珠6，花柱上部被毛，子房柄长约4毫米。荚果长圆形，长1.8～2.8厘米，宽4～6毫米，两端渐尖。种子1～6粒，圆形，直径3.5～4毫米；种皮深褐色，具花斑；种脐内凹。花期4～6月，果期7～10月。

本区分布广。生于山坡草地、灌丛或疏林中。花期长，可作蜜源植物。种子含油11.55%；全草可药用，具清热解毒、祛风湿、活血、舒筋、止痛之功效。

大花野豌豆 Vicia bungei Ohwi

一年生或二年生缠绕或匍匐草本，高15～40厘米。茎有棱，多分枝，近无毛。偶数羽状复叶，顶端卷须有分枝；托叶半箭头形，长0.3～0.7厘米，有锯齿；小叶3～5对，长圆形或狭倒卵状长圆形，长1～2.5厘米，宽0.2～0.8厘米，先端平截微凹，稀齿状，上面叶脉不甚清晰，下面叶脉明显被疏柔毛。总状花序长于叶或与叶轴近等长；具花2～4朵，着生于花序轴顶端，长2～2.5厘米，萼钟形，被疏柔毛，萼齿披针形；花冠红紫色或金蓝紫色，旗瓣倒卵状披针形，先端微缺，翼瓣短于旗瓣，长于龙骨瓣；子房柄细长，沿腹缝线被金色绢毛，花柱上部被长柔毛。荚果扁长圆形，长2.5～3.5厘米，宽约0.7厘米。种子2～8粒，球形，直径约0.3厘米。花期4～5月，果期6～7月。

本区分布广，又称三齿野豌豆。生于山坡草丛、田边及路旁。

广布野豌豆 Vicia cracca L.

多年生草本，高40～150厘米。根细长，多分支。茎攀援或蔓生，有棱，被柔毛。偶数羽状复叶，叶轴顶端卷须2～3分支；托叶半箭头形或戟形，上部2深裂；小叶5～12对互生，线形、长圆形或披针状线形，长1.1～3厘米，宽2～4毫米，先端具短尖头，基部近圆形，全缘；叶脉稀疏，呈三出脉，不明显。总状花序与叶轴近等长，10～40朵密集一面于总花序轴上部；花冠紫色、蓝紫色或紫红色，长0.8～1.5厘米；花萼钟状，萼齿5，近三角状披针形；旗瓣长圆形，中部缢缩呈提琴形，先端微缺，瓣柄与瓣片近等长；翼瓣与旗瓣近等长，长于龙骨瓣；子房有柄，胚珠4～7，花柱弯与子房连接处呈大于90° 夹角，上部四周被毛。荚果长圆形，长2～2.5厘米，宽约5毫米，先端有喙，果梗长约3毫米。种子3～6粒，扁圆球形，直径约2毫米；种皮黑褐色；种脐长。花期3～4月，果期5～9月。

本区分布广。生于草甸、林缘、山坡、河滩草地及灌丛。花期早，为蜜源植物。嫩时为牛羊喜食饲料；全草可药用，具活血调经、止血、解毒之功效。

山野豌豆

大花野豌豆

广布野豌豆

大野豌豆 *Vicia gigantea* Bge.

多年生草本，高 40～100 厘米。灌木状，全株被白色柔毛。根茎粗壮，径达 2 厘米，表皮深褐色。茎有棱，多分支。偶数羽状复叶，卷须 2～3 分支或单一，托叶 2 深裂，裂片披针形，长约 6 毫米；小叶 3～6 对，近互生，椭圆形或卵圆形，长 1.5～3 厘米，宽 0.7～1.7 厘米，先端钝，具短尖头，基部圆形，叶脉 7～8 对，下面中脉凸出。总状花序长于叶；具花 6～16 朵，稀疏着生花序轴上部；花冠白色、粉红色、紫色或雪青色；较小，长约 0.6 厘米，小花梗长 1.5～2 毫米；花萼钟状，长 2～2.5 毫米，萼齿狭披针形或锥形；旗瓣倒卵形，长约 7 毫米，先端微凹，翼瓣与旗瓣近等长，龙骨瓣最短；子房无毛，具长柄，胚珠 2～3，柱头上部被毛。荚果长圆形或菱形，长 1～2 厘米，宽 4～5 毫米，两面急尖，表皮棕色。种子 2～3 粒，肾形，表皮红褐色，长约 4 毫米。花期 6～7 月，果期 8～10 月。

本区均有分布。生于疏林下、河滩、草丛及灌丛中。本种花期有毒；全草可药用，具散风祛湿、活血止痛之功效。

大野豌豆

歪头菜 *Vicia unijuga* A. Br.

多年生草本，高达 1 米以上。根茎粗壮，须根发达，表皮黑褐色。茎丛生，具棱，疏被柔毛，茎基部表皮红褐色或紫褐红色。叶轴末端为细刺尖头；托叶戟形或近披针形，边缘有齿蚀状；小叶 1 对，卵状披针形或近菱形，长 3～7 厘米，宽 1.5～4 厘米，先端渐尖，边缘具小齿，基部楔形，两面疏被柔毛。总状花序单一，长于叶，长 4.5～7 厘米；花 8～20 朵密集于花序轴上部；花萼紫色，斜钟状，长约 4 毫米，直径 2～3 毫米，萼齿短于萼筒；花冠蓝紫色，旗瓣倒提琴形，中部缢缩，先端圆有凹，翼瓣先端钝圆，龙骨瓣短于翼瓣；子房线形，胚珠 2～8，具子房柄，花柱上部四周被毛。荚果扁圆形，长 2～3.5 厘米，宽 5～7 毫米，表皮棕黄色，两端尖，先端具喙，成熟时腹背开裂，果瓣扭曲。种子 3～7 粒，扁圆球形，直径 2～3 毫米，种皮黑褐色。花期 6～7 月，果期 8～9 月。

本区分布广。生于山地、林缘、沟边灌丛中。为优良牧草。种子含淀粉 40%，可食、酿酒；根、嫩叶可药用，具补虚调肝、理气止痛之功效。

歪头菜

豇豆 *Vigna unguiculata* (L.) Walp.

一年生缠绕、草质藤本或近直立草本，有时顶端缠绕状。茎近无毛。羽状复叶具 3 小叶；托叶披针形，长约 1 厘米，着生处下延成一短距，有线纹；小叶卵状菱形，长 5～15 厘米，宽 4～6 厘米，先端急尖，边全缘或近全缘，有时淡紫色，无毛。总状花序腋生，具长梗；花 2～6 朵聚生于花序的顶端，花梗间常有肉质密腺；花萼浅绿色，钟状，长 6～10 毫米，裂齿披针形；花冠黄白色而略带青紫色，长约 2 厘米，各瓣均具瓣柄，旗瓣扁圆形，宽约 2 厘米，顶端微凹，基部稍有耳，翼瓣略呈三角形，龙骨瓣稍弯；子房线形，被毛。荚果下垂，直立或斜展，线形，长 7.5～70 厘米，宽 6～10 毫米，稍肉质而膨胀或坚实，有种子多粒。种子长椭圆形、圆柱形或稍肾形，长 6～12 毫米，黄白色、暗红色或其他颜色。花果期 5～8 月。

本区有栽培，为农作物。幼嫩果实可作蔬菜食用；根、叶、果实及种子可药用，具健脾益气、消食、镇痛、消肿之功效。

豇豆

长豇豆 Vigna unguiculata (L.) Walp. subsp. **sesquipedalis** (L.) Verdc.

本亚种为一年生攀援植物，长 2～4 米。荚果长 30～90 厘米，宽 4～8 毫米，下垂，嫩时多少膨胀。种子肾形，长 8～12 毫米。花果期夏季。

本区有栽培。为农作物。果实幼嫩时，可作蔬菜食用。

长豇豆

72 胡颓子科 Elaeagnaceae

牛奶子 Elaeagnus umbellata Thunb.

落叶灌木。具长 1～4 厘米的刺。多分枝，幼枝密被银白色鳞片，老枝灰黑色。叶纸质或膜质，椭圆形至卵状椭圆形，长 3～8 厘米，宽 1～3.2 厘米，顶端钝或渐尖，基部圆形至楔形，全缘至波状，上面幼时具白色星状短柔毛或鳞片，下面密被银白色和散生褐色鳞片，侧脉 5～7 对；叶柄白色。花先叶开放，黄白色，密被银白色盾形鳞片，1～7 花簇生新枝基部，单生或对生于幼叶腋；花梗白色，长 3～6 毫米；萼筒圆筒状漏斗形，长 5～7 毫米，裂片卵状三角形，长 2～4 毫米，里面近无毛；雄蕊的花丝极短，长约为花药的一半，花药矩圆形，长约 1.6 毫米；花柱直立，疏生白色星状柔毛和鳞片，长 6.5 毫米，柱头侧生。果实球形或卵圆形，长 5～7 毫米，幼时绿色，被银白色鳞片，成熟时红色；果梗直立，粗壮，长 4～10 毫米。花期 4～5 月，果期 7～8 月。

本区分布广，俗称芥子。生于向阳的林缘、灌丛中、荒坡上和沟边。果实可食，可制果酒、果酱等；叶作土农药可杀棉蚜虫；根、叶、果实可药用，具清热利湿、止血之功效。

牛奶子

中国沙棘 Hippophae rhamnoides L. subsp. **sinensis** Rousi

落叶灌木或小乔木，高 1～5 米。棘刺较多，顶生或侧生。嫩枝褐绿色，密被银白色而带褐色鳞片或有时具白色星状柔毛，老枝灰黑色，粗糙。芽大，金黄色或锈色。单叶近对生，纸质，狭披针形或矩圆状披针形，长 3～8 厘米，宽 4～10 毫米，两端钝形或基部近圆形，上面绿色，初被白色盾形毛或星状柔毛，下面银白色或淡白色，被鳞片；叶柄极短，长 1～1.5 毫米。果实圆球形，直径 4～6 毫米，橙黄色或橘红色；果梗长 1～2.5 毫米。种子小，阔椭圆形至卵形，长 3～4.2 毫米，黑色或紫黑色，具光泽。花期 4～5 月，果期 9～10 月。

本区分布广，又称沙棘，俗称酸刺柳。生于向阳山坡、干涸河床、多砾石或沙质土壤。种子含油 7.7%～11.9%；果实每百克含维生素 C 0.23～1.5 克，含蛋白质 10.5%，含 16 种氨基酸；树皮含鞣质 11.98%；果实可药用，具活血散瘀、化痰、补脾健胃、生津、清热、止泻之功效。

中国沙棘

73 千屈菜科 Lythraceae

紫薇 Lagerstroemia indica L.

落叶灌木或小乔木，高达 7 米。树皮灰色或灰褐色。枝干多扭曲，小枝具 4 棱，略成翅状。叶互生或对生，纸质，椭圆形或倒卵形，长 2.5～7 厘米，宽 1.5～4 厘米，顶端短尖或钝形，有时微凹，基部阔楔形或近圆形，下面沿中脉有微柔毛，侧脉3～7对；无柄或叶柄很短。花淡红色或紫色、白色，直径3～4厘米，常组成7～20厘米的顶生圆锥花序；花梗长3～15毫米，中轴及花梗均被柔毛；花萼长7～10毫米，外面平滑无棱，但鲜时萼筒有微突起短棱，两面无毛，裂片6，三角形，直立，无附属体；花瓣6，皱缩，长12～20毫米，具长爪；雄蕊36～42枚，外面6枚着生花萼上，比其余长；子房3～6室。蒴果椭圆状球形或阔椭圆形，长1～1.3厘米，幼时绿色至黄色，成熟时或干燥时呈紫黑色，室背开裂。种子有翅，长约8毫米。花期6～9月，果期9～12月。

本区公园、路旁有栽培，又称痒痒树。供观赏。根、树皮、茎、叶及花可药用，具活血止血、解毒、消肿、祛风利湿、凉血散瘀、清热之功效。

紫薇

千屈菜 Lythrum salicaria L.

多年生草本。根茎横卧于地下，粗壮。茎直立，多分枝，高30～100厘米，全株青绿色，略被粗毛或密被绒毛，枝通常具4棱。叶对生或三叶轮生，披针形或阔披针形，长4～6（～10）厘米，宽8～15毫米，顶端钝形或短尖，基部圆形或心形，有时略抱茎，全缘，无柄。花组成小聚伞花序，簇生，因花梗及总梗极短，因此花枝全形似一大型穗状花序；苞片阔披针形至三角状卵形，长5～12毫米；萼筒长5～8毫米，有纵棱12条，稍被粗毛，裂片6，三角形；附属体针状，直立，长1.5～2毫米；花瓣6，红紫色或淡紫色，倒披针状长椭圆形，基部楔形，长7～8毫米，着生于萼筒上部，有短爪，稍皱缩；雄蕊12枚，6长6短，伸出萼筒之外；子房2室，花柱长短不一。蒴果扁圆形。花期7～8月，果期8～10月。

本区分布广。生于河岸、溪沟边和潮湿草地。地上部分可药用，具清热解毒、凉血止血之功效。

千屈菜

74 瑞香科 Thymelaeaceae

草瑞香 Diarthron linifolium Turcz.

一年生草本，高10～40厘米。多分枝，小枝纤细，圆柱形，淡绿色，茎下部淡紫色。叶互生，草质，线形至线状披针形，长7～15毫米，宽1～3毫米，先端钝圆，基部楔形或钝形，全缘，中脉在下面显著，纤细，无侧脉或不明显；叶柄极短，长约0.6毫米。花绿色，顶生总状花序；花梗长约1毫米，顶端膨大；无苞片；花萼筒细小，长2.2～3毫米，无毛或微被柔毛，裂片4，卵状椭圆形，长约0.8毫米，渐尖；雄蕊4枚，一轮，着生于花萼筒中部以上，不伸出，花丝长约0.5毫米，花药极小，宽卵形；子房具柄，椭圆形，长约0.8毫米，花柱纤细，长0.8～1毫米，柱头棒状略膨大。果实卵形或圆锥状，黑色，长约2毫米，直径约1.1毫米，为宿存花萼筒所包围，果实上部的花萼筒长约1毫米，宿存，基部具关节；果皮膜质。花期5～7月，果期6～8月。

本区富县直罗镇可见。生于山坡、沙质荒地。根皮、茎皮可药用，具活血止痛之功效。

草瑞香

河朔荛花 Wikstroemia chamaedaphne Meisn.

落叶灌木，高约1米。分枝多而纤细；幼枝近四棱形，绿色，后变为褐色。叶对生，近革质，披针形，长2.5～5.5厘米，宽0.2～1厘米，先端尖，基部楔形，上面绿色，下面灰绿色，光滑，侧脉每边7～8条，不明显；叶柄极短，近于无。花黄色，花序穗状或由穗状花序组成的圆锥花序，顶生或腋生，密被灰色短柔毛；花梗极短，具关节，花后残留；花萼长8～10毫米，外面被灰色短柔毛，裂片4，2大2小，卵形至长圆形，端圆，约等于花萼长的1/3；雄蕊8枚，2列，着生于花萼筒的中部以上；花丝短，花药长圆形，长约1毫米；子房棒状，具柄，顶部被短柔毛，花柱短，柱头圆珠形，顶基稍压扁，具乳突；花盘鳞片1枚，线状披针形，端钝，约长0.8毫米。果卵形，干燥。花期6～8月，果期9月。

本区分布广。生于向阳山坡、路旁灌丛中。全株有毒，花毒性较大；茎皮含纤维素22%，可作为制蜡纸、牛皮纸和高级纸的原料；茎叶可作为土农药杀虫；花蕾可药用，具泻下逐水之功效。

河朔荛花

75 柳叶菜科 Onagraceae

露珠草 Circaea cordata Royle

多年生草本，高20～150厘米，密被平伸的、镰状外弯的柔毛和顶端头状或棒状的腺毛。根状茎不具块茎。叶狭卵形至宽卵形，中部的长4～11厘米，宽2.3～7厘米，基部常心形，先端短渐尖，边缘具锯齿至近全缘。单总状花序顶生，或基部具分枝，长2～20厘米；花梗长0.7～2毫米，被毛，基部有一极小的刚毛状小苞片；花芽被长毛；花管长0.6～1毫米；萼片卵形至阔卵形，长2～3.7毫米，宽1.4～2毫米，白色或淡绿色，开花时反曲，先端钝圆形，花瓣白色，倒卵形至阔倒卵形，长1～2.4毫米，宽1.2～3.1毫米，先端倒心形，凹缺深至花瓣长度的1/2～2/3，花瓣裂片阔圆形；雄蕊伸展，略短于花柱；蜜腺不明显，藏于花管内。果实斜倒卵形至透镜形，长3～3.9毫米，径1.8～3.3毫米，2室，具2粒种子，背面压扁，基部斜圆形或斜截形；成熟果实连果梗长4.4～7毫米。花期6～8月，果期7～9月。

产本区黄陵县双龙镇。生于山地林下或阴湿处。全草可药用，具和胃气、止痛、利小便、通经之功效。

露珠草

柳叶菜 Epilobium hirsutum L.

多年生草本。茎基部木质化，高25～250厘米，中上部多分枝，密被长柔毛和短腺毛。叶草质，对生或互生，无柄，微抱茎；茎生叶披针状椭圆形，长4～12厘米，宽0.3～3.5厘米，先端锐尖，基部近楔形，边缘具细锯齿，两面被长柔毛，背面混生短腺毛，侧脉每侧7～9条。总状花序直立；花辐射对称；苞片叶状；花管喉部有一圈长白毛；萼片长圆状线形，长6～12毫米，宽1～2毫米，背面龙骨状，密被长柔毛与短腺毛；花瓣玫瑰红色或粉红，宽倒心形，长9～20毫米，宽7～15毫米，先端凹缺；雄蕊2轮，花丝外轮比内轮长，花药长圆形；花柱白色或粉红色，柱头4深裂，裂片长圆形，长2～3.5毫米，合生，长过雄蕊；子房灰绿色至紫色，长2～5厘米，被毛同萼片。蒴果长2.5～9厘米，被毛同萼片；果梗长0.5～2厘米。种子倒卵状，顶端具短喙，深褐色，表面具粗乳突；种缨长7～10毫米，黄褐色或灰白色。花期6～8月，果期7～9月。

产本区富县，黄陵县，宜君县。生于河谷、池塘与水田边。全草可药用，具活血止血、消炎止痛、去腐生肌之功效。

柳叶菜

沼生柳叶菜 **Epilobium palustre** L.

多年生草本，高25～120厘米。茎基部具匍匐枝，节上具对生叶，顶生肉质鳞芽。茎高15～70厘米，圆柱状，被曲柔毛。叶对生，花序上的互生，近线形至狭披针形，长1.2～7厘米，宽0.3～1.9厘米，先端锐尖或渐尖，基部近圆形，全缘或每边有5～9枚浅齿，侧脉每侧3～5条，下面脉上与边缘疏生曲柔毛；叶柄近无。花序密被曲柔毛和腺毛；花辐射对称；萼片长圆状披针形，长2.5～4.5毫米，宽1～1.2毫米，先端锐尖，密被曲柔毛与腺毛；花柄长0.8～1.5厘米；花管长1～1.2毫米，喉部或有一环疏毛；花瓣白色、粉红色或玫瑰紫色，倒心形，长3～9毫米，宽2～4.5毫米，先端凹缺；雄蕊2轮不等长，花药长圆状；子房长1.6～3厘米，密被曲柔毛与腺毛，花柱长1.4～3.8毫米，柱头棒状至近圆柱状。蒴果长3～9厘米，被曲柔毛，果梗长1～5厘米。种子棱形至狭倒卵状，长1.3～2.2毫米，顶端具喙，褐色，表面具乳突；种缨长6～9毫米，灰白色或褐黄色。花期6～8月，果期8～9月。

产本区富县直罗镇。生于河谷、溪沟旁草地。全草可入药，具清热消炎、镇咳、疏风之功效。

沼生柳叶菜

倒挂金钟 **Fuchsia hybrida** Hort. ex Sieb. et Voss.

半灌木，高50～200厘米。多分枝，幼枝带红色，被短柔毛与腺毛。叶对生，卵形或狭卵形，长3～9厘米，宽2.5～5厘米，先端渐尖，基部浅心形或钝圆，边缘具浅齿或齿突，脉常带红色，侧脉6～11对，两面脉上被短柔毛；叶柄长2～3.5厘米，带红色，被短柔毛与腺毛；托叶狭卵形至钻形，早落。花两性，单一，下垂；花梗纤细，长3～7厘米；花管红色，筒状，上部较大，连同花梗疏被短柔毛与腺毛；萼片4枚，红色，长圆状或三角状披针形，先端渐狭，开放时反折；花瓣色多变，紫红色、红色、粉红色、白色，排成覆瓦状，宽倒卵形，先端微凹；雄蕊8枚，外轮的较长，花丝红色，伸出花管外，花药紫红色，长圆形，花粉粉红色；子房倒卵状长圆形，疏被柔毛与腺毛，4室，每室有多数胚珠，花柱红色，长4～5厘米，基部围以绿色的浅杯状花盘，柱头棍棒状，褐色，顶端4浅裂。果紫红色，倒卵状长圆形，长约1厘米。花期4～12月。

本区花房、庭院、室内有栽培。为观赏花卉植物。

倒挂金钟

76 山茱萸科 Cornaceae

红瑞木 **Swida alba** Opiz

落叶灌木，高达3米。树皮紫红色。幼枝有短柔毛，后被白粉，老枝红白色，散生皮孔及叶痕。冬芽卵状披针形，被短柔毛。叶对生，纸质，椭圆形，长5～8.5厘米，宽1.8～5.5厘米，先端突尖，基部楔形，全缘或波状反卷，上下被短柔毛，叶脉羽状，侧脉弓形内弯。伞房状聚伞花序顶生，被短柔毛；总花梗圆柱形，被短柔毛；花白色，直径6～8.2毫米；花梗被短柔毛，与子房交接处有关节；花萼4裂，裂片尖三角形，外被短柔毛；花瓣4，卵状椭圆形，先端急尖，下面疏生短柔毛；雄蕊4枚，生于花盘外侧，花丝线形，花药淡黄色，2室，卵状椭圆形，“丁”字形着生；子房下位，2室，花柱圆柱形，近无毛，柱头盘状，宽于花柱，花托倒卵形，被短柔毛。核果长圆形，直径5.5～6毫米，成熟时乳白色，花柱宿存；果梗有短

红瑞木

柔毛。核棱形，侧扁，两端呈喙状，每侧有脉纹3条。花期6～7月，果期8～10月。

本区分布多，公园、庭院有栽培，供观赏。生于山坡灌丛、杂木林中。种子含油约30%，可供工业用。

沙梾

沙梾 Swida bretschneideri (L. Henry) Soják

落叶灌木或小乔木。树皮紫红色。幼枝有稀疏短柔毛，老枝淡黄色，有皮孔。冬芽狭长形，被短柔毛。叶对生，纸质，椭圆状卵形或长圆形，长5～8.5厘米，宽2.5～6厘米，先端突尖，基部阔楔形，上面绿色，有短柔毛，下面灰白色，密被乳头状突起及白色短柔毛，叶脉羽状，中脉下面凸出，侧脉弓形内弯，脉腋簇生白色柔毛；叶柄长7～15毫米，有浅沟。伞房状聚伞花序顶生，被灰白色短柔毛；总花梗初被短柔毛；花梗圆柱形，长1.5～6毫米，疏生短柔毛；花白色，直径5.5～7毫米；花萼裂片4，尖齿状，外被短柔毛；花瓣4，舌状长卵形，长3～4毫米，宽1.4～1.8毫米，下面被短柔毛；雄蕊4枚，伸出花外，花丝线形，花药淡黄白色，2室，卵状长圆形；子房下位，2室，花柱圆柱形，稀被短柔毛，柱头头状，花托近球形，被短柔毛。核果蓝黑色，近球形，密被短柔毛。核骨质，卵状扁圆球形，有条纹。花期6～7月，果期8～9月。

产本区富县，黄陵县，耀州区。生于杂木林内或灌丛中。

红椋子

红椋子 Swida hemsleyi (Schneid. et Wanger.) Sojak

落叶灌木，高2～3.5米。树皮红褐色。幼枝红色，被短柔毛。叶对生，卵状椭圆形，长4.5～9.3厘米，宽1.8～4.8厘米，先端渐尖，基部圆形，边缘微波状，上面深绿色，有短柔毛，下面灰绿色，密被短柔毛及乳头状突起，中脉上凹下凸，侧脉5～6对，弓形内弯，下面沿脉具灰色及淡褐色贴生短柔毛，脉腋多少具簇生毛；叶柄淡红色，幼时被短柔毛，上面有浅沟。伞房状聚伞花序顶生，被淡褐色短柔毛；总花梗被褐色短柔毛；花白色，直径6毫米；花萼裂片4，卵状至长圆状舌形，长于花盘；雄蕊4枚，与花瓣互生，伸出花外，花丝白色，花药2室，浅蓝色，"丁"字形着生，长1～1.5毫米；花盘近无毛，边缘波状；子房下位，花柱圆柱形，稀被短柔毛，柱头盘状扁头形，略有4浅裂，花托密被灰色及浅褐色短柔毛。核果近球形，直径4毫米，黑色，疏被短柔毛。核骨质，扁球形，直径2.3毫米，有肋纹8条。花期6月，果期9月。

产本区富县直罗镇、张村驿镇。生于杂木林中。种子榨油可供工业用。

梾木

梾木 Swida macrophylla (Wall.) Soják

落叶乔木，高3～15米。树皮灰褐色。幼枝灰绿色，有棱角。冬芽长圆锥形，密被黄褐色短柔毛。叶对生，阔卵形或卵状长圆形，长9～16厘米，宽3.5～8.8厘米，先端锐尖，基部圆形，边缘略有小齿，上面幼时疏被柔毛，下面有乳头状突起，密被白色柔毛，沿叶脉有淡褐色柔毛，叶脉羽状，侧脉5～8对，弓形内弯；叶柄下面鞘状。伞房状聚伞花序顶生，疏被柔毛；总花梗红色，长2.4～4厘米；花白色，直径8～10毫米；花梗圆柱形，疏被柔毛；花萼裂片4，宽三角形，稍长于花盘，外侧疏被柔毛；花瓣4，舌状长圆形，背面被柔毛；雄蕊4枚，与花瓣近等长，花丝线形，花药2室，"丁"字形着生；子房2室，下位，花柱顶端呈棍棒形，花托倒卵形，密被柔毛。核果近球形，直径4.5～6毫米，成熟时黑色。核扁球形，直径3～

4毫米，两侧各有1条浅沟及6条脉纹。花期6～7月，果期8～9月。

产本区富县，黄陵县。生于山谷、山坡杂木林中。种子含油10.0%，可制肥皂、润滑油；树皮含鞣质8%～20%，叶含鞣质5%～13%，可提制栲胶和紫色染料。

毛梾 **Swida walteri** (Wanger.) Sojak

落叶乔木，高6～15米。树皮黑褐色。幼枝绿色，对生，密被柔毛。叶对生，椭圆形至长圆状椭圆形，长4～15.5厘米，宽1.7～8厘米，先端渐尖，基部楔形，上面深绿色，稀被柔毛，下面淡绿色，有较粗的贴生短柔毛，叶脉羽状，中脉下面凸出，侧脉4对，弓形内弯，下面凸起；叶柄长0.8～3.5厘米，幼时被柔毛。伞房状聚伞花序顶生，被柔毛；花白色，直径9.5毫米；花梗圆柱形，长0.8～2.7毫米，疏被柔毛；花萼裂片4，齿状三角形，外侧被黄白色柔毛；花瓣4，长圆状披针形，长4.5～5毫米，宽1.2～1.5毫米，下面有柔毛；雄蕊4枚，花丝线形，花药“丁”字形着生，2室；子房2室，下位，花柱棍棒形，疏被柔毛，柱头头状，花托倒卵形，密被短柔毛。核果球形，直径6～8毫米，成熟时黑色，近无毛。核扁球形，直径5毫米，有不明显的肋纹。花期5月，果期9月。

产本区富县，黄陵县，耀州区。生于杂木林下。果实含油27%～38%，种子含油12.4%～35.7%，可供食用或作润滑油；树皮含鞣质16.82%，可提制拷胶；枝、叶可药用，治疗漆疮。

毛梾

77 檀香科 Santalaceae

百蕊草 **Thesium chinense** Turcz.

多年生草本，高15～40厘米，全株被白粉。茎细长，簇生，基部以上分枝，有纵沟。叶线形，长1.5～3.5厘米，宽0.5～1.5毫米，顶端急尖或渐尖，具单脉。花单一，5数，腋生；花梗长3～3.5毫米；苞片1枚，线状披针形；小苞片2枚，线形，长2～6毫米，边缘粗糙；花被绿白色，长2.5～3毫米，花被管管状，花被裂片顶端锐尖，内弯，内面具微毛；雄蕊不外伸；子房无柄，花柱很短。坚果椭圆状或近球形，长或宽2～2.5毫米，淡绿色，表面有隆起的网脉，顶端的宿存花被近球形，长约2毫米；果柄长3.5毫米。花期4～5月，果期6～7月。

产本区富县直罗镇，耀州区。生于荫蔽湿润的小溪边、田野或山坡草丛中。全草可药用，具清热解暑、利尿、利胆、补肾涩精之功效。

百蕊草

急折百蕊草 **Thesium refractum** C. A. Mey.

多年生草本，高20～40厘米。根茎直，颇粗壮。茎有明显的纵沟。叶线形，长3～5厘米，宽2～2.5毫米，顶端常钝，基部收狭不下延，无柄，两面粗糙，通常单脉。总状花序腋生或顶生；总花梗呈“之”字形曲折；花白色，长5～6毫米；花梗长5～7毫米，细长，有棱，花后外倾并渐反折；苞片1枚，长6～8毫米，叶状，开展；小苞片2枚；花被筒状或阔漏斗状，上部5裂，裂片线状披针形；雄蕊5枚，内藏；子房柄很短，花柱圆柱状，不外伸。坚果椭圆状或卵形，长3毫米，直径2～2.5毫米，表面有5～10条不很明显的纵脉（或棱），纵棱偶分叉；宿存花被长1.5厘米；果柄长达1厘米，果熟时反折。花期7月，果期9月。

急折百蕊草

本区分布广。生于山坡草地、沟谷草丛及砾石地。全草可药用，具清热解痉、利湿消痞之功效。

78 桑寄生科 Loranthaceae

北桑寄生 Loranthus tanakae Franch. et Sav.

寄生灌木，高约1米，全株无毛。茎呈二歧分枝。一年生枝条暗紫色，二年生枝条黑色，被白色蜡被，具稀疏皮孔。叶对生，纸质，倒卵形或椭圆形，长2.5～4厘米，宽1～2厘米，顶端圆钝或微凹，基部楔形，稍下延；侧脉3～4对，稍明显；叶柄长3～8毫米。穗状花序，顶生，长2.5～4厘米，具花10～20朵；花两性，近对生，淡青色；苞片钩状，长约1毫米；花托椭圆状，长约1.5毫米；副萼环状；花冠花蕾时卵球形，花瓣6（或5）枚，披针形，长1.5～2毫米，开展；雄蕊着生于花瓣中部，花丝短，花药长约0.5毫米，4室；花盘环状；花柱柱状，长约1毫米，通常六棱，顶端钝或偏斜，柱头稍增粗。果球形，长约8毫米，橙黄色，果皮平滑。花期5～6月，果期9～10月。

本区分布广。寄生于栎属、桦属植物及鹅耳枥等树木上。全株可药用，具补肝肾、强筋骨、除风湿、通经络、益血、降压、安胎、催乳之功效。

北桑寄生

79 槲寄生科 Viscaceae

槲寄生 Viscum coloratum (Kom.) Nakai

寄生灌木，高0.3～0.8米。枝圆柱状，二歧或三歧，节稍膨大，小枝干后具不规则皱纹。叶对生，稀3枚轮生，厚革质，长椭圆形至椭圆状披针形，长3～7厘米，宽0.7～1.5厘米，顶端圆钝，基部渐狭；基出脉3～5条；叶柄短。雌雄异株；花序顶生或腋生于茎叉状分枝处；雄花序聚伞状，总苞舟形，长5～7毫米，具花3朵，中央的花具2枚苞片或无；雄花花蕾时卵球形，长3～4毫米，萼片4枚，卵形，花药椭圆形，长2.5～3毫米；雌花序聚伞式穗状，具花3～5朵，顶生的花具2枚苞片或无，对生花各具1枚苞片，苞片阔三角形，长约1.5毫米，初具细缘毛；雌花花蕾时长卵球形，长约2毫米，花托卵球形，萼片4枚，三角形，长约1毫米，柱头乳头状。果球形，直径6～8毫米，淡黄色或橙红色，果皮平滑。花期5～6月，果期7～10月。

本区分布广。寄生于杨、桦、栎等树木上。全株可药用，具补肝肾、强筋骨、除风湿、通经络、益血、降压、安胎、催乳之功效。

槲寄生

80 卫矛科 Celastraceae

南蛇藤 Celastrus orbiculatus Thunb.

木质藤本植物。小枝光滑，灰棕色或棕褐色，具皮孔。腋芽小，卵状至卵圆状，长1～3毫米。叶阔倒卵形或长方椭圆形，长5～13厘米，宽3～9厘米，先端圆阔，具小尖头，基部阔楔形至近圆形，边缘具锯齿，两面光滑无毛或叶背脉上具稀疏短柔毛，侧脉3～5对；叶柄长1～2厘米。聚伞花序腋生或顶生，花序长1～3厘米，小花

南蛇藤

1～3朵，小花梗关节在中部以下；雄花萼片钝三角形，花瓣倒卵状椭圆形或长方形，长3～4厘米，宽2～2.5毫米，雄蕊长2～3毫米，退化雌蕊不发达；雌花花冠较雄花窄小，退化雄蕊极短小，子房近球状，花柱长约1.5毫米，柱头3深裂，裂端再2浅裂。蒴果近球状，直径8～10毫米。种子椭圆状稍扁，长4～5毫米，直径2.5～3毫米，赤褐色。花期5～6月，果期7～10月。

本区分布广。生于山坡灌丛、杂木林中。全株有毒；树皮含纤维19.32%～33.44%，可作人造棉或造纸的原料；种子含油42%～58%，可供工业用；根、茎、叶和果实可药用，具祛风湿、行气血、消肿解毒之功效。

短梗南蛇藤 Celastrus rosthornianus Loes.

木质藤本植物。小枝具较稀皮孔。腋芽圆锥状或卵状，长约3毫米。叶纸质，果期常稍革质，叶片长方椭圆形、长方窄椭圆形，长3.5～9厘米，宽1.5～4.5厘米，先端急尖或短渐尖，基部楔形或阔楔形，边缘具疏浅锯齿，或基部近全缘，侧脉4～6对；叶柄长5～8毫米，稀稍长。花序顶生及腋生，顶生者为总状聚伞花序，长2～4厘米，腋生者短小，具1至数花，花序梗短；小花梗长2～6毫米，关节在中部或稍下；萼片长圆形，长约1毫米，边缘啮蚀状；花瓣近长方形，长3～3.5毫米，宽1毫米或稍多；花盘浅裂，裂片顶端近平截；雄蕊较花冠稍短，在雌花中退化雄蕊长1～1.5毫米；雌蕊长3～3.5毫米，子房球状，柱头3裂，每裂再2深裂，近丝状。蒴果近球状，直径5.5～8毫米，小果梗长4～8毫米，近果处较粗。种子阔椭圆状，长3～4毫米，直径2～3毫米。花期4～5月，果期8～10月。

产本区富县直罗镇。生于山坡林缘或丛林下。茎皮纤维质量较好；树皮及叶可作农药；根、根皮可药用，具清热解毒、消肿、活血调经之功效。

短梗南蛇藤

卫矛 Euonymus alatus (Thunb.) Sieb.

落叶灌木，高1～3米。小枝常具2～4列宽阔木栓翅。冬芽圆形，长2毫米左右，芽鳞边缘具不整齐细坚齿。叶卵状椭圆形、窄长椭圆形，偶为倒卵形，长2～8厘米，宽1～3厘米，边缘具细锯齿，两面光滑无毛；叶柄长1～3毫米。聚伞花序1～3花，花序梗长约1厘米；花白绿色，直径约8毫米，4数；小花梗长5毫米；萼片半圆形；花瓣近圆形；雄蕊着生花盘边缘处，花丝极短，开花后稍增长，花药宽阔长方形，2室顶裂。蒴果1～4深裂，裂瓣椭圆状，长7～8毫米。种子椭圆状或阔椭圆状，长5～6毫米；种皮褐色或浅棕色，假种皮橙红色，全包种子。花期5～6月，果期7～10月。

本区分布广。生于山坡、沟地边沿、杂木林下。根、带翅的枝叶可药用，具行血通经、散瘀止痛之功效。

卫矛

冬青卫矛 Euonymus japonicus Thunb.

落叶灌木，高可达3米。小枝四棱，具细微皱突。叶革质，有光泽，倒卵形或椭圆形，长3～5厘米，宽2～3厘米，先端圆阔或急尖，基部楔形，边缘具有浅细钝齿；叶柄长约1厘米。聚伞花序5～12花，花序梗长2～5厘米，2～3次分枝，分枝及花序梗均扁壮，第3次分枝常与小花梗等长或较短；花白绿色，直径5～7毫米；小花梗长3～5毫米；花瓣近卵圆形，长、宽各约2毫米，雄蕊花药长圆状，内向；花丝长2～4毫米；子房每室2胚珠，着生中轴顶部。蒴果近球状，直径约8毫米，淡红色。种子每室1粒，顶生，椭圆

冬青卫矛

状，长约6毫米，直径约4毫米；假种皮橘红色，全包种子。花期6～7月，果熟期9～10月。

本区公园、庭院及路旁有栽培，又称大叶黄杨。种子含油42.7%；根可药用，具调经、止痛之功效。

白杜 Euonymus maackii Rupr.

落叶小乔木，高达6米。叶卵状椭圆形、卵圆形或窄椭圆形，长4～8厘米，宽2～5厘米，先端长渐尖，基部阔楔形或近圆形，边缘具细锯齿，有时极深而锐利；叶柄通常细长，常为叶片的1/4～1/3，但有时较短。聚伞花序3至多花，花序梗略扁，长1～2厘米；花4数，淡白绿色或黄绿色，直径约8毫米；小花梗长2.5～4毫米；雄蕊花丝细长，长1～2毫米，花药紫红色。蒴果倒圆心状，4浅裂，长6～8毫米，直径9～10毫米，成熟后果皮粉红色。种子长椭圆状，长5～6毫米，直径约4毫米；种皮棕黄色，假种皮橙红色，全包种子，成熟后顶端常有小口。花期5～6月，果期9月。

本区富县多见，又称丝绵木。生于山坡、梁峁杂木林中或林缘。果可提取红色染料；种子含油45.78%，可作工业用油；茎皮含胶质16.3%～21.8%；木材可供器具及雕刻用；根、果有小毒；根、茎皮、果、叶可入药，具祛风湿、活血、止血、解毒之功效。

白杜

栓翅卫矛 Euonymus phellomanus Loes.

落叶灌木，高3～4米。枝条硬直，常具4纵列木栓厚翅，在老枝上宽可达5～6毫米。叶长椭圆形或略呈椭圆状倒披针形，长6～11厘米，宽2～4厘米，先端窄长渐尖，边缘具细密锯齿；叶柄长8～15毫米。聚伞花序2～3次分枝，有花7～15朵，花序梗长10～15毫米，第1次分枝长2～3毫米，第2次分枝极短或近无；花白绿色，直径约8毫米，4数；小花梗长达5毫米；雄蕊花丝长2～3毫米；花柱短，长1～1.5毫米，柱头圆钝不膨大。蒴果4棱，倒圆心状，长7～9毫米，直径约1厘米，粉红色。种子椭圆状，长5～6毫米，直径3～4毫米；种脐、种皮棕色，假种皮橘红色，包被种子全部。花期7月，果期9～10月。

产本区富县直罗镇。生于沟谷、山坡杂木林下。枝皮可药用，具破血落胎、调经之功效。

栓翅卫矛

八宝茶 Euonymus przwalskii Maxim.

落叶小灌木，高1～5米。茎枝常具4棱栓翅，小枝具4窄棱。叶窄卵形、窄倒卵形或长方披针形，长1～4厘米，宽5～15毫米，先端急尖，基部楔形或近圆形，边缘有细密浅锯齿，侧脉3～5对；叶柄短，长1～3毫米。聚伞花序多为一次分枝，3花或达7花，花序梗细长丝状，长1.5～2.5厘米；花深紫色，偶带绿色，直径5～8毫米；小花梗长5～6毫米，中央花小花梗与两侧花小花梗等长；苞片与小苞片披针形，多脱落；萼片近圆形；花瓣卵圆形；花盘微4裂；雄蕊着生花盘四角的突起上，无花丝；子房无花柱，柱头稍圆，胚珠通常每室2～6。蒴果紫色，扁圆倒锥状或近球状，顶端4浅裂，长5～7毫米，最宽直径5～7毫米；果序梗及小果梗均细长。种子黑紫色，橙色假种皮包围种子基部，可达中部。花期3～4月，果期4～7月。

产本区富县直罗镇，又称甘青卫矛。生于山坡杂木林下或灌丛中。枝条可药用，具活血破瘀、消肿止痛之功效。

八宝茶

81 大戟科 Euphorbiaceae

乳浆大戟 Euphorbia esula L.

多年生草本。根圆柱状，褐色，末端不膨大。茎单生或丛生，高30～60厘米。叶互生，线形至卵形，长2～7厘米，宽4～7毫米，先端尖，基部楔形至平截，无柄；不育枝叶常为松针状，长2～3厘米，径约1毫米，无柄；总苞叶3～5枚，与茎生叶同形；伞幅3～5，长2～4厘米；苞叶2枚，常为肾形，先端渐尖或近圆，基部近平截。花序单生于二歧分枝的顶端，无柄；总苞钟状，边缘5裂，裂片半圆形至三角形，边缘及内侧被毛；腺体4，两端具角，角长而尖，全缘，褐色；雄花多枚，苞片宽线形；雌花1朵，子房柄伸出总苞外；子房光滑，花柱3，分离，宿存，柱头2裂。蒴果三棱状球形，具3纵沟，成熟时分裂为3个分果爿。种子卵球状，成熟时黄褐色；种阜盾状，无柄。花果期4～10月。

本区分布广，俗称猫眼草。生于路旁、杂草丛、山坡、河沟边、荒山及草地。种子含油达30%，工业用；全草有毒；全草、根可药用，具泻水饮、利二便之功效。

乳浆大戟

狼毒 Euphorbia fischeriana Steud.

多年生草本。根圆柱状，肉质。茎单一，高15～45厘米。叶互生，于茎下部鳞片状，卵状长圆形，向上渐大；茎生叶长圆形，长4～6.5厘米，宽1～2厘米，先端圆或尖，基部近平截，侧脉羽状；无叶柄；总苞叶同茎生叶，常5枚；伞幅5；次级总苞叶3枚，卵形，长约4厘米，宽约2厘米；苞叶2枚，三角状卵形，长与宽均约2厘米。花序单生二歧分枝的顶端，无柄；总苞钟状，具白色柔毛，高约4毫米，边缘4裂，裂片圆形，具白色柔毛；腺体4，半圆形，淡褐色；雄花多枚，伸出总苞之外；雌花1朵，子房柄长3～5毫米；子房密被白色长柔毛，花柱3，中部以下合生，柱头微凹。蒴果卵球状，长约6毫米，直径6～7毫米，被白色长柔毛；果柄长达5毫米；花柱宿存；成熟时裂为3个分果爿。种子扁球状，长与径均约4毫米，灰褐色；种阜无柄。花果期5～7月。

产本区富县直罗镇，黄陵县腰坪乡。生于多石砾山坡及阳坡灌丛中。根可入药，具逐水利便、散瘀消肿之功效。

狼毒

地锦草 Euphorbia humifusa Willd.

一年生草本。根纤细。茎匍匐，多分枝，红色或淡红色，长达20多厘米，被柔毛。叶对生，矩圆形或椭圆形，长5～10毫米，宽3～6毫米，先端钝圆，基部偏斜，边缘于中部以上具细锯齿；叶绿色，有时淡红色，两面被疏柔毛；叶柄极短，长1～2毫米。花序单生于叶腋，基部具1～3毫米的短柄；总苞陀螺状，高与直径各约1毫米，边缘4裂，裂片三角形；腺体4，矩圆形，边缘具白色或淡红色附属物；雄花数枚，近与总苞边缘等长；雌花1朵，子房柄伸出至总苞边缘；子房三棱状卵形，花柱3，分离，柱头2裂。蒴果三棱状卵球形，长约2毫米，径约2.2毫米，成熟时分裂为3个分果爿，花柱宿存。种子三棱状卵球形，长约1.3毫米，直径约0.9毫米，灰色，棱面无横沟；无种阜。花果期5～10月。

本区分布广。生于野荒地、路旁、田间、河滩等地。全草有毒；茎叶含鞣质12.89%，可提制栲胶；全草可药用，具清热解毒、利尿、通乳、活血止血、杀虫之功效。

地锦草

甘遂 **Euphorbia kansui** T. N. Liou ex S. B. Ho

多年生草本。根圆柱状，末端呈念珠状膨大。茎自基部多分枝，每分枝顶端再分枝或不分枝，高 20～29 厘米。叶互生，线状披针形至线状椭圆形，长 2～7 厘米，宽 4～5 毫米，先端具短尖头，基部渐狭，全缘；总苞叶 3～6 枚，倒卵状椭圆形，长 1～2.5 厘米，宽 4～6 毫米，先端钝或尖，基部渐狭；苞叶 2 枚，三角状卵形，长 4～6 毫米，宽 4～5 毫米，先端圆，基部近平截。花序单生于二歧分枝顶端，具短柄；总苞杯状，高与径均约 3 毫米；边缘 4 裂，裂片半圆形，边缘及内侧具柔毛；腺体 4，新月形，暗黄色至浅褐色；雄花多数，伸出总苞外；雌花 1 朵，子房柄长 3～6 毫米；子房光滑，花柱 3，2/3 以下合生，柱头微 2 裂。蒴果三棱状球形，长与径均 3.5～4.5 毫米；花柱宿存，成熟时裂为 3 个分果爿。种子长球状，长约 2.5 毫米，直径约 2 毫米，灰褐色至浅褐色；种阜盾状，无柄。花期 4～6 月，果期 6～8 月。

本区分布广，俗称猫儿眼。生于荒坡、田边、路旁等。全株有毒，根毒性大；块根可药用，具泻水逐饮之功效。

甘遂

铁海棠 **Euphorbia milii** Ch. des Moulins

蔓生灌木，具白色乳汁。茎多分枝，具纵棱，密生硬的锥状刺，刺 3～5 列排列于棱脊上，呈旋转。叶互生，倒卵形或长圆状匙形，长 1.5～5.0 厘米，宽 0.8～1.8 厘米，先端圆，具小尖头，基部渐狭，全缘；近无柄；托叶钻形，早落。花序 2 个、4 个或 8 个组成二歧状复花序，腋生；每个花序基部具 6～10 毫米的长柄，柄基部具 1 枚膜质苞片，长 1～3 毫米，宽 1～2 毫米，边缘具红色尖头；苞叶 2 枚，肾圆形，无柄，红色；总苞钟状，边缘 5 裂，裂片琴形，具流苏状长毛；腺体 5 枚，肾圆形，黄红色；雄花数枚，苞片丝状，先端具柔毛；雌花 1 朵，子房光滑，包于总苞内，花柱 3，中部以下合生，柱头 2 裂。蒴果三棱状卵形，长约 3.5 毫米，直径约 4 毫米，成熟时裂为 3 个分果爿。种子卵柱状，长约 2.5 毫米，直径约 2 毫米，灰褐色，具微小的疣点；无种阜。花果期全年。

本区花房、庭院、家室有栽培，俗称虎刺梅。全株有毒，可入药，具排脓、解毒、逐水、止血之功效。

铁海棠

金刚纂 **Euphorbia neriifolia** L.

肉质灌木状小乔木，乳汁丰富。茎圆柱状，上部多分枝，高 3～5（～8）米，直径 6～15 厘米，具不明显 5 条隆起且呈螺旋状旋转排列的脊，绿色；髓近五棱形，糠质。叶互生，少而稀疏，肉质，常呈 5 列生于嫩枝顶端脊上，倒卵形、倒卵状长圆形至匙形，长 4.5～12 厘米，宽 1.3～3.8 厘米，顶端钝圆，具小凸尖，基部渐狭，全缘；叶脉不明显；叶柄短，长 2～4 毫米；托叶刺状，长 2～3 毫米，宿存。花序二歧状腋生，基部具柄，长约 3 毫米；苞叶 2 枚，膜质，早落；总苞阔钟状，高约 4 毫米，直径 5～6 毫米，边缘 5 裂，裂片半圆形，边缘具缘毛，内弯；腺体 5，肉质，边缘厚，全缘。雄花多枚，苞片丝状；雌花 1 朵，栽培时常不育，成熟者未见。蒴果和种子不详。花期 6～9 月。

本区花房、庭院、室内有栽培，又称霸王鞭，常用作绿篱与盆景，并有逸为野生的现象，原产于印度。茎、叶有毒；鲜茎乳汁可药用，具祛风、解毒之功效。

大戟 **Euphorbia pekinensis** Rupr.

多年生草本。根圆柱状，肉质，分枝或不分枝。茎单生或分枝，每分枝又4～5分枝，被柔毛。叶互生，椭圆形至披针形，先端尖或渐尖，基部渐狭呈楔形或近圆形，全缘；主脉明显，侧脉羽状，叶背具少许柔毛；总苞叶4～7枚，长椭圆形，先端尖，基部近平截；伞幅4～7；苞叶2枚，近圆形，先端具短尖头，基部平截。花序单生于二歧分枝顶端，无柄；总苞杯状，边缘4裂，裂片半圆形，边缘具缘毛；腺体4，片状，半圆形或肾状圆形，淡褐色；雄花多数，伸出总苞之外；雌花1朵，具较长的子房柄，子房幼时被较密的瘤状突起，花柱3，分离，柱头2裂。蒴果球状，长约4.5毫米，直径4.0～4.5毫米，被瘤状突起，成熟时裂为3个分果爿。种子长球状，长约2.5毫米，直径1.5～2.0毫米，暗褐色，腹面具条纹；种阜近盾状，无柄。花期5～8月，果期6～9月。

本区分布广，俗称猫眼草。生于山坡草丛、灌丛、路旁、荒地和林缘。根有毒，可药用，具泻水逐饮、消肿解毒之功效。

金刚纂

大戟

一品红 **Euphorbia pulcherrima** Willd. ex Kl.

落叶灌木。根圆柱状，多分枝。茎直立，高1～3米。叶互生，卵状椭圆形至披针形，长6～25厘米，宽4～10厘米，先端渐尖或急尖，基部楔形，边缘全缘或浅裂，叶面被短柔毛或无毛，叶背被柔毛；叶柄长2～5厘米；无托叶；苞叶5～7枚，狭椭圆形，长3～7厘米，宽1～2厘米，全缘，朱红色；叶柄长2～6厘米。花序数个聚伞排列于枝顶；花序柄长3～4毫米；总苞坛状，高7～9毫米，直径6～8毫米，边缘齿状5裂，裂片三角形；腺体常1枚，黄色，呈两唇状，长4～5毫米，宽约3毫米；雄花多数，伸出总苞之外，苞片丝状，具柔毛；雌花1朵，子房柄伸出总苞之外，子房光滑，花柱3，中部以下合生，柱头2深裂。蒴果三棱状圆形，长1.5～2.0厘米，直径约1.5厘米，平滑。种子卵状，长约1厘米，直径8～9毫米，灰色或淡灰色，近平滑；无种阜。花果期10月至翌年4月。

本区公园、花房、室内有栽培，供观赏。全株有小毒，可药用，具调经止血、接骨、消肿之功效。

一品红

一叶萩 **Flueggea suffruticosa** (Pall.) Baill.

落叶灌木，高1～3米，多分枝。小枝有棱槽，具皮孔。叶片纸质，椭圆形或长椭圆形，长1.5～8厘米，宽1～3厘米，顶端急尖至钝，基部钝至楔形，全缘或有锯齿；侧脉每边5～8条，两面凸起；叶柄长2～8毫米；托叶卵状披针形，长1毫米，宿存。花小，雌雄异株，簇生于叶腋；雄花3～18朵，花梗长2.5～5.5毫米，萼片5枚，椭圆形，雄蕊5枚，花丝长1～2.2毫米，花药卵圆形，长0.5～1毫米，花盘腺体退化，雌蕊圆柱形，顶端2～3裂；雌花花梗长2～15毫米，萼片5枚，椭圆形至卵形，长1～1.5毫米，近全缘，背部呈龙骨状凸起，花盘盘状，全缘，子房卵圆形，3室，花柱3，分离或基部合生。蒴果三棱状扁球形，直径约5毫米，成熟时淡红褐色，有网纹，3爿裂；果梗长2～15毫米。种子卵形，长约3毫米，褐色，有小疣状凸起。花期3～8月，果期6～11月。

产本区富县张家湾镇、直罗镇，印台区，又称叶底珠。生于林缘或山坡灌丛中。全株有毒，新鲜时毒性大；根含鞣质；嫩枝、叶可药用，具活血舒筋、健脾益肾、止血之功效。

一叶萩

雀儿舌头 Leptopus chinensis (Bunge) Pojark.

落叶直立灌木。茎上部和小枝具棱。除枝条、叶片、叶柄和萼片均在幼时被柔毛外，其余无毛。叶片膜质至薄纸质，卵形、近圆形或椭圆形，顶端钝或急尖，基部圆形或宽楔形，叶面深绿色，叶背浅绿色；侧脉每边 4～6 条，在叶面扁平，在叶背微凸起；叶柄长 2～8 毫米；托叶小，卵状三角形，边缘被睫毛。花小，雌雄同株，单生或 2～4 朵簇生于叶腋；萼片、花瓣和雄蕊均为 5；雄花花梗丝状，萼片卵形或宽卵形，浅绿色，膜质，具有脉纹，花瓣白色，匙形，膜质，花盘腺体 5，分离，顶端 2 深裂，雄蕊离生，花丝丝状，花药卵圆形；雌花花梗长 1.5～2.5 厘米，花瓣倒卵形，萼片 5 枚，花盘环状，10 裂至中部，裂片长圆形，子房近球形，3 室，每室有胚珠 2，花柱 3，2 深裂。蒴果圆球形或扁球形，基部有宿存的萼片；果梗长 2～3 厘米。花期 2～8 月，果期 6～10 月。

产本区富县直罗镇。生于山坡灌丛、林缘、土崖畔。嫩枝、叶、花有毒，可制杀虫农药，羊多食会致死。

雀儿舌头

蓖麻 Ricinus communis L.

一年生草本，高达 2 米多。小枝、叶和花序通常被白霜，茎多液汁。叶近圆形，长和宽达 40 厘米，掌状 7～11 裂，裂缺几达中部，裂片卵状长圆形或披针形，顶端急尖或渐尖，边缘具锯齿；掌状脉 7～11 条，网脉明显；叶柄粗壮，中空，长达 40 厘米，顶端具 2 枚盘状腺体，基部具盘状腺体；托叶长三角形，长 2～3 厘米，早落。总状花序或圆锥花序，长 15～30 厘米；苞片阔三角形，膜质，早落；雄花花萼裂片卵状三角形，长 7～10 毫米，雄蕊束多；雌花萼片卵状披针形，长 5～8 毫米，凋落，子房卵状，直径约 5 毫米，密生软刺，花柱红色，长约 4 毫米，顶部 2 裂，密生乳头状突起。蒴果卵球形或近球形，长 1.5～2.5 厘米，果皮具软刺。种子椭圆形，微扁平，长 8～18 毫米，平滑，斑纹淡褐色或灰白色；种阜大。花期几全年或 6～9 月。

本区作油脂作物栽培。种子含油 45.0%～62.0%，工业上可作润滑油；茎皮含纤维素 51.6%，可用于造纸；全株有毒，种子毒性较大；根、叶、种子可药用，具镇静解痉、祛风散瘀、消肿拔毒、泻下通滞之功效。

蓖麻

地构叶 Speranskia tuberculata (Bunge) Baill.

多年生草本。茎直立，分枝较多，被伏贴短柔毛。叶纸质，披针形或卵状披针形，顶端渐尖，稀急尖，尖头钝，基部阔楔形或圆形，边缘具疏离圆齿或有时深裂，齿端具腺体，上面疏被短柔毛，下面被柔毛或仅叶脉被毛；叶柄近无；托叶卵状披针形。总状花序上部有雄花 20～30 朵，下部有雌花 6～10 朵，位于花序中部的雌花两侧有时具雄花 1～2 朵；苞片卵状披针形或卵形；雄花 2～4 朵生于苞腋，共萼裂片卵形，外面疏被柔毛，共瓣倒心形，具爪，被毛，雄蕊 8～12 枚，花丝被毛；雌花 1～2 朵生于苞腋，花梗常下弯，花萼裂片卵状披针形，顶端渐尖，疏被长柔毛，花瓣与雄花相似，但较短，疏被柔毛和缘毛，具脉纹，花柱 3，各 2 深裂，裂片呈羽状撕裂。蒴果扁球形，被柔毛和瘤状突起。种子卵形，顶端急尖，灰褐色。花果期 5～9 月。

本区分布广。生于山坡草丛或灌丛中。全草可药用，具祛风、除湿、舒筋、活血止痛、通经络之功效。

地构叶

82 鼠李科 Rhamnaceae

锐齿鼠李 Rhamnus arguta Maxim.

落叶灌木或小乔木，高2～3米。树皮灰褐色。小枝常对生，暗紫色或紫红色，光滑无毛，枝端有时具针刺。顶芽较大，长卵形，紫黑色，具数个鳞片，鳞片边缘具缘毛。叶纸质，近对生或互生，在短枝上簇生，卵状心形或卵圆形，长1.5～6厘米，宽1.5～4.5厘米，顶端钝圆或突尖，基部心形或圆形，边缘具密锐锯齿，侧脉每边4～5条，两面稍凸起，叶柄长1～3厘米，带红色或红紫色，上面有小沟，疏被短柔毛。花单性，雌雄异株，4基数，具花瓣；雄花10～20朵簇生于短枝顶端或长枝下部叶腋，花梗长8～12毫米；雌花数朵簇生于叶腋，花梗长达2厘米，子房球形，3～4室，每室有1胚珠，花柱3～4裂。核果球形或倒卵状球形，直径6～7毫米，基部有宿存的萼筒，具3～4分核，成熟时黑色；果梗长1.3～2.3厘米。种子矩圆状卵圆形，淡褐色，背面具长为种子4/5或等长的纵沟。花期5～6月，果期6～9月。

产本区富县直罗镇。生于山坡灌丛中或林下。种子含油26%，可用于制润滑油；茎叶及种子有毒，可作杀虫剂。

锐齿鼠李

鼠李 Rhamnus davurica Pall.

落叶灌木或小乔木。小枝对生或近对生，褐色或红褐色，稍平滑，顶端常有大的芽而不形成刺，或分叉处具短针刺。顶芽及腋芽较大，卵圆形，鳞片淡褐色，有明显的白色缘毛。叶纸质，近对生，或在短枝上簇生，宽椭圆形或卵圆形，顶端突尖至渐尖，基部楔形或近圆形，边缘具圆齿状细锯齿，齿端有红色腺体，上面无毛或沿脉有疏柔毛，下面沿脉被白色疏柔毛，侧脉每边4～5条，两面凸起，网脉明显；叶柄无毛或上面有疏柔毛。花单性，雌雄异株，4基数，有花瓣；花梗长7～8毫米；雌花1～3朵生于叶腋或多个簇生于短枝端，有退化雄蕊，花柱2～3浅裂。核果球形，黑色，具2分核，基部有宿存的萼筒；果梗长1～1.2厘米。种子卵圆形，黄褐色，背侧有与种子等长的狭纵沟。花期5～6月，果期7～10月。

本区分布广，俗称臭李子。生于山坡林下、灌丛、林缘和沟边阴湿处。种子榨油可作润滑油；树皮和叶可提制栲胶和黄色染料；全株有小毒；根、树皮、果实可药用，具清热、通便、利湿、止咳祛痰、解毒杀虫之功效。

鼠李

柳叶鼠李 Rhamnus erythroxylon Pall.

落叶灌木，高达2米。幼枝红褐色或红紫色，平滑无毛，小枝互生，顶端具针刺。叶纸质，互生或在短枝上簇生，条形或条状披针形，长3～8厘米，宽3～10毫米，顶端锐尖或钝，基部楔形，边缘有疏细锯齿，两面无毛，侧脉每边4～6条，中脉上面平，下面明显凸起；叶柄长3～15毫米，无毛或有微毛；托叶钻状，早落。花单性，雌雄异株，黄绿色，4基数，有花瓣；花梗长约5毫米，无毛；雄花数个至20余个簇生于短枝端，宽钟状，萼片三角形，与萼筒近等长；雌花萼片狭披针形，长约为萼筒的2倍，有退化雄蕊，子房2～3室，每室有1胚珠，花柱长，2浅裂或近半裂，稀3浅裂。核果球形，直径5～6毫米，成熟时黑色，通常有2分核，稀3，基部有宿存的萼筒；果梗6～8毫米。种子倒卵圆形，长3～4毫米，淡褐色，背面有长为种子4/5的上宽下窄的纵沟。花期5月，果期6～7月。

柳叶鼠李

本区分布广。生于干旱荒坡、乱石地灌丛中。叶有浓香味，民间用以代茶；叶可药用，具消食健胃、清热泻火之功效。

圆叶鼠李 Rhamnus globosa Bunge

落叶灌木，高2～4米。小枝对生，顶端具针刺，当年生枝被短柔毛。叶纸质，近对生，或在短枝上簇生，圆形、倒卵状圆形或卵圆形，长2～6厘米，宽1.2～4厘米，顶端突尖或短渐尖，基部宽楔形或近圆形，边缘具圆齿状锯齿，上面初时密被柔毛，下面全部或沿脉被柔毛，侧脉每边3～4条，上凹下凸，叶柄长6～10毫米，被密柔毛；托叶线状披针形，宿存，有微毛。花单性，雌雄异株，数个至20个簇生于短枝端或长枝下部叶腋，4基数，有花瓣；花梗长4～8毫米；花萼和花梗均有疏微毛，花柱2～3浅裂。核果球形，长4～6毫米，直径4～5毫米，有宿存的萼筒，具2分核，稀3，成熟时黑色；果梗长5～8毫米，有疏柔毛。种子黑褐色，有光泽，背面有长为种子3/5的纵沟。花期4～5月，果期6～10月。

产本区富县张村驿镇、直罗镇，耀州区。生于山坡、林下或灌丛中。种子榨油可作润滑油；茎皮及果实可提取绿色染料；根、茎皮、果实和种子可入药，具清热解毒、杀虫、下气消食、润肺止咳、祛风湿之功效；木汁可治腋下狐臭。

圆叶鼠李

黑桦树 Rhamnus maximovicziana J. Vass.

落叶灌木，高达2.5米。小枝对生或近对生，枝端及分叉处常具刺，桃红色或紫红色，后变紫褐色，被微毛或无毛，有光泽或稍粗糙。叶近革质，在长枝上对生或近对生，在短枝上端簇生，椭圆形、卵状椭圆形或宽卵形，稀匙形，长1～3.5厘米，宽0.6～1.2厘米，顶端圆钝，稀微凹，基部楔形或近圆形，近全缘或具不明显的细锯齿，上面绿色，下面浅绿色，两面无毛，侧脉每边2～3条，上面稍凹，下面凸起，具明显的网脉；叶柄长5～20毫米，无毛或近无毛；托叶狭披针形，长达4毫米。花单性，雌雄异株，通常数个至10余个簇生于短枝端，4基数；花梗长4～5毫米。核果倒卵状球形或近球形，长4毫米，直径4～6毫米，基部有宿存的萼筒，具2或3分核，红色，成熟时变黑色；果梗长4～6毫米，无毛。种子背面具长为种子1/2～3/5的倒心形的宽沟。花期5～6月，果期6～9月。

产本区富县直罗镇，耀州区。生于山坡灌丛中。

黑桦树

小叶鼠李 Rhamnus parvifolia Bunge

落叶灌木，高1.5～2米。小枝对生或近对生，紫褐色，初时被短柔毛，后变无毛，平滑，稍有光泽，枝端及分叉处有针刺。芽卵形，长达2毫米，鳞片数个，黄褐色。叶纸质，对生或近对生，稀兼互生，或在短枝上簇生，菱状倒卵形或菱状椭圆形，稀倒卵状圆形或近圆形，长1.2～4厘米，宽0.8～2厘米，顶端钝尖或近圆形，稀突尖，基部楔形或近圆形，边缘具圆齿状细锯齿，上面深绿色，无毛或被疏短柔毛，下面浅绿色，干时灰白色，无毛或脉腋窝孔内有疏微毛，侧脉每边2～4条，两面凸起，网脉不明显；叶柄长4～15毫米，上面沟内有细柔毛；托叶钻状，有微毛。花单性，雌雄异株，黄绿色，4基数，有花瓣，通常数个簇生于短枝上；花梗长4～6毫米，无毛；雌花花柱2半裂。核果倒卵状球形，直径4～5毫米，成熟时黑色，具2分核，基部有宿存的萼筒。种子矩圆状倒卵圆形，褐色，背侧有长为种子4/5的纵沟。花期4～5月，果期6～9月。

本区分布广。生于向阳山坡、草丛或灌丛中。

小叶鼠李

甘青鼠李 **Rhamnus tangutica** J. Vass.

落叶灌木，高 2～6 米。小枝红褐色或黑褐色，平滑有光泽，对生，枝端和分叉处有针刺；幼枝绿色。叶纸质，对生或在短枝上簇生，椭圆形或倒卵形，长 2.5～6 厘米，宽 1～3.5 厘米，顶端短渐尖或锐尖，基部楔形，边缘具钝或细圆齿，上面深绿色，有白色疏短毛，下面浅绿色，干时变黄色，无毛或仅脉腋窝孔内有疏短毛，侧脉每边 4～5 条，下面凸起，脉腋常有小窝孔；叶柄长 5～10 毫米，有疏短柔毛；托叶线形，常宿存。花单性，雌雄异株，4 基数，有花瓣；花梗长 4～6 毫米，无毛或近无毛；雄花数朵至 10 余朵；雌花 3～9 朵簇生于短枝端，花柱 2 浅裂。核果倒卵状球形，长 5～6 毫米，径 4～5 毫米，基部有宿存的萼筒，具 2 分核，成熟时黑色；果梗长 6～8 毫米，无毛。种子红褐色，背侧具长为种子 3/4～4/5 的纵沟。花期 5～6 月，果期 6～9 月。

产本区富县直罗镇，耀州区。生于沟谷灌丛或林下。果实可提取染料；全株可药用，具清热、解毒、活血之功效。

甘青鼠李

冻绿 **Rhamnus utilis** Dcne.

落叶灌木，高达 4 米。茎有长短枝，小枝褐色或紫红色，对生，枝端具针刺。腋芽长 2～3 毫米，有数个鳞片，鳞片边缘有白色缘毛。叶纸质，对生或在短枝上簇生，椭圆形或倒卵状椭圆形，长 4～15 厘米，宽 2～6.5 厘米，顶端突尖，基部楔形，边缘具锯齿，上面无毛或仅中脉具疏柔毛，下面干后常变黄色，沿脉或脉腋有金黄色柔毛，侧脉每边 5～6 条，两面凸起，叶柄长 0.5～1.5 厘米，上面具小沟，有疏微毛或无毛；托叶披针形，具疏毛，宿存。花单性，雌雄异株，4 基数，具花瓣；花梗长 5～7 毫米；雄花数个簇生于叶腋，或 10 个至 30 余个聚生于小枝下部，有退化的雌蕊；雌花 2～6 朵簇生于叶腋或小枝下部，退化雄蕊小，花柱 2 浅裂。核果圆球形，成熟时黑色，具 2 分核，基部有宿存的萼筒；果梗长 5～12 毫米。种子背侧基部有短沟。花期 4～6 月，果期 5～8 月。

本区分布广。生于山地、丘陵、山坡草丛、灌丛或疏林下。种子油可作润滑油；果实、树皮及叶含黄色染料；根皮、树皮、种子可药用，具清热凉血、解毒、消食下气之功效。

冻绿

少脉雀梅藤 **Sageretia paucicostata** Maxim.

落叶灌木，高可达 6 米。幼枝被黄色茸毛，小枝刺状，对生。叶纸质，互生，椭圆形或倒卵状椭圆形，长 2.5～4.5 厘米，宽 1.4～2.5 厘米，顶端钝或圆形，基部楔形或近圆形，边缘具钩状细锯齿，上面深绿色，下面黄绿色，侧脉每边 2～3，弧状上升，中脉在上面下陷，侧脉稍凸起，中脉和侧脉在下面凸起；叶柄长 4～6 毫米，被短细柔毛。花无梗或近无梗，黄绿色，单生或 2～3 个簇生，排成疏散穗状或穗状圆锥花序，着侧枝顶端或小枝上部叶腋；萼片三角形，顶端尖；花瓣匙形，短于萼片，顶端微凹；雄蕊稍长于花瓣；花药圆形，子房扁球形，藏于花盘内，3 室，每室具 1 胚珠，花柱粗短，柱头头状，3 浅裂。核果倒卵状球形，长 5～8 毫米，直径 4～6 毫米，成熟时黑色或黑紫色，具 3 分核。种子扁平，两端微凹。花期 5～9 月，果期 7～10 月。

产本区黄陵县双龙镇，印台区，耀州区。生于山坡、山谷灌丛或疏林中。果皮、果仁可药用，具祛风除湿之功效。

少脉雀梅藤

枣 **Ziziphus jujuba** Mill.

落叶小乔木。树皮褐色或灰褐色。短枝和新枝光滑，紫红色或灰褐色；具2个托叶刺，短刺下弯。叶纸质，卵形、卵状椭圆形，顶端钝或圆形，具小尖头，基部近圆形，边缘具圆齿状锯齿，上面深绿色，下面浅绿色，无毛或仅沿脉多少被疏微毛，基生三出脉；叶柄无毛或有疏微毛；托叶刺纤细，后脱落。花黄绿色，两性，5基数，具短总花梗，单生或2～8个密集成腋生聚伞花序；花梗长2～3毫米；萼片卵状三角形；花瓣倒卵圆形，基部有爪，与雄蕊等长；花盘肉质，圆形，5裂；子房下部藏于花盘内，与花盘合生，2室，每室有1胚珠，花柱2裂。核果矩圆形或长卵圆形，成熟时红色，后变红紫色，中果皮肉质，厚，味甜；核端锐尖，2室，具1或2粒种子，果梗长2～5毫米。种子扁椭圆形。花期5～7月，果期8～9月。

本区村旁、院落有栽培。花期长，为良好的蜜源植物。果实除鲜食外，还可制果脯、枣酒等；果实、根、树皮、叶可药用，具补中益气、养血安神、解药毒、祛风、活血调经、收敛止泻、祛痰镇咳之功效。

枣

酸枣 **Ziziphus jujuba** Mill. var. **spinosa** (Bunge) Hu ex H. F. Chow

本变种常为灌木，叶较小，核果小，近球形或短矩圆形，直径0.7～1.2厘米，具薄的中果皮，味酸，核两端钝，与上述的变种显然不同。花期6～7月，果期8～9月。

本区分布广。花芳香多蜜腺，为重要蜜源植物。生于向阳、干燥山坡、丘陵、岗地等。酸枣果实肉薄，但富含维生素C，生食或制果酱；枝具锐刺，作绿篱；种子、根皮、叶、花、棘刺可药用，具补肝、宁心、敛汗、生津、涩精止血、消肿止痛之功效。

酸枣

83 葡萄科 Vitaceae

乌头叶蛇葡萄 **Ampelopsis aconitifolia** Bunge

木质藤本。小枝圆柱形，有纵棱纹，被疏柔毛。卷须2～3叉分枝，相隔2节间断与叶对生。叶为掌状5小叶，小叶3～5羽裂，披针形或菱状披针形，常中央小叶和外侧小叶浅裂或粗齿状，上面绿色无毛或疏被短柔毛，下面浅绿色，无毛或脉上被疏柔毛；小叶有侧脉3～6对；叶柄无毛或被疏柔毛；托叶褐色，卵披针形，顶端钝，无毛或被疏柔毛。花序为疏散的伞房状复二歧聚伞花序，与叶对生或假顶生，花序梗无毛或被疏柔毛；花蕾卵圆形，顶端圆形；萼碟形，波状浅裂或几全缘；花瓣5，卵圆形；雄蕊5枚，花药卵圆形，长宽近相等；花盘发达，边缘呈波状；子房下部与花盘合生，花柱钻形，柱头扩大。果实近球形，有种子2～3粒。种子倒卵圆形，顶端圆形，基部有短喙，种脊渐狭呈带状，两侧洼穴呈沟状，从基部向上斜展达种子上部1/3处。花期5～6月，果期8～9月。

本区分布广。生于沟边、山坡灌丛或草地。根皮可药用，具活血散瘀、消炎解毒、生肌长骨、除风祛湿之功效。

乌头叶蛇葡萄

掌裂草葡萄 **Ampelopsis aconitifolia** Bge. var. **palmiloba** (Carr.) Rehd.

与原变种的区别：小叶大多不分裂，边缘锯齿通常较深而粗，或混生有浅裂叶者，光滑无毛或叶下面微被柔毛。花期5～8月，果期7～9月。

本区分布广。生于沟谷水边或山坡灌丛。根可入药，具消肿之功效。

掌裂草葡萄

三裂蛇葡萄 **Ampelopsis delavayana** Planch.

木质藤本。小枝圆柱形，有纵棱纹，幼时疏生短柔毛。卷须2～3叉分枝，相隔2节间断与叶对生。叶为3小叶，近等大，中央小叶披针形，长5～13厘米，宽2～4厘米，顶端渐尖，基部近圆形，侧生小叶卵状椭圆形或卵状披针形，基部不对称，近截形，边缘有粗锯齿，齿端尖细，上面幼时被稀疏柔毛，侧脉5～7对，网脉不明显；叶柄长3～10厘米，中央小叶有柄或无柄，被疏柔毛。多歧聚伞花序与叶对生，花序梗长2～4厘米，被柔毛；花梗长1～2.5毫米，伏生柔毛；萼碟形，边缘呈波状浅裂；花瓣5，卵椭圆形，高1.3～2.3毫米，外面无毛；雄蕊5枚，花药卵圆形，长宽近相等；花盘明显，5浅裂；子房下部与花盘合生，花柱明显，柱头扩大。果实近球形，直径0.8厘米，有种子2～3粒。种子倒卵圆形，基部有短喙，种脐卵椭圆形，顶端种脊突出，腹部中棱脊突出，两侧洼穴呈沟状楔形，上部宽，上展达种子中部以上。花期6～8月，果期9～11月。

本区分布广。生于山坡地边或林中。根皮可药用，具消肿止痛、舒筋活血、止血之功效。

三裂蛇葡萄

掌裂蛇葡萄 **Ampelopsis delavayana** Planch. var. **glabra** (Diels & Gilg) C. L. Li

与原变种的区别：3～5小叶，植株光滑无毛。花期5～6月，果期7～9月。

本区富县，黄陵县，印台区，耀州区均有分布。生于山坡、沟边和荒地。

掌裂蛇葡萄

白蔹 **Ampelopsis japonica** (Thunb.) Makino

木质藤本。小枝圆柱形，有纵棱纹。卷须不分枝或有短分叉，相隔3节以上间断与叶对生。叶为掌状3～5小叶，小叶片羽状深裂或边缘有深锯齿，羽状分裂者裂片宽0.5～3.5厘米，顶端渐尖或急尖，3小叶者中央小叶有1个或无关节，基部狭窄呈翅状，翅宽2～3毫米，无毛或脉上被疏短柔毛；叶柄长1～4厘米；托叶早落。聚伞花序生于花序梗顶端，直径1～2厘米，常与叶对生，花序梗长1.5～5厘米，呈卷须状卷曲；花梗极短；萼碟形，边缘呈波状浅裂；花瓣5，卵圆形，高1.2～2.2毫米；雄蕊5枚，花药卵圆形，长宽近相等；花盘边缘波状浅裂；子房下部与花盘合生，花柱短棒状，柱头不扩大。果实球形，直径0.8～1厘米，成熟后带白色，有种子1～3粒。种子倒卵形，基部喙短钝，种脐呈带状椭圆形，背部种脊突出，腹部中棱脊突出，两侧洼穴呈沟状，从基部向上达种子上部1/3处。花期5～6月，果期7～9月。

产本区富县直罗镇。生于山坡疏林中。块根含淀粉21.1%～40.0%，可提取淀粉、酿酒；全草、块根可药用，具清热解毒、消肿

白蔹

止痛、散结生肌之功效。

五叶地锦 **Parthenocissus quinquefolia** (L.) Planch.

木质藤本。小枝圆柱形。卷须总状5～9分枝，相隔2节间断与叶对生，卷须顶端遇附着物扩大成吸盘。叶为掌状5小叶，小叶倒卵圆形或外侧小叶椭圆形，长5.5～15厘米，宽3～9厘米，顶端短尾尖，基部楔形，边缘有粗锯齿，两面均无毛或下面脉上微被疏柔毛；侧脉5～7对；叶柄长5～14.5厘米。花序假顶生形成圆锥状多歧聚伞花序，长8～20厘米；花梗长1.5～2.5毫米；花蕾椭圆形，高2～3毫米；萼碟形，全缘；花瓣5，长椭圆形，高1.7～2.7毫米；雄蕊5枚，花丝长0.6～0.8毫米，花药长椭圆形，长1.2～1.8毫米；子房卵锥形，柱头不扩大。果实球形，直径1～1.2厘米，有种子1～4粒。种子倒卵形，基部成短喙，种脐近圆形，腹部中棱脊突出，两侧洼穴呈沟状，从基部斜向上达种子顶端。花期6～7月，果期8～10月。

本区各地栽培，俗称爬山虎。是优良的城市垂直绿化植物。

五叶地锦

山葡萄 **Vitis amurensis** Rupr.

木质藤本。小枝圆柱形，嫩枝疏被蛛丝状绒毛。卷须2～3分枝，每隔2节间断与叶对生。叶阔卵圆形，3裂，叶片或中裂片顶端急尖或渐尖，基部常缢缩，裂缺凹成圆形，叶基部心形，基缺凹成圆形或钝角，边缘每侧有28～36个粗锯齿，齿端急尖，叶初时疏被蛛丝状绒毛；基生脉5出，中脉有侧脉5～6对，上面下陷，下面突出，常被短柔毛；叶柄初时被蛛丝状绒毛；托叶顶端钝，全缘。圆锥花序与叶对生，基部分枝发达，初时被蛛丝状绒毛；花蕾倒卵圆形；萼碟形，几全缘；花瓣5，呈帽状；雄蕊5枚，花丝丝状，花药黄色，卵椭圆形；花盘发达，5裂；雌蕊1枚，子房锥形，花柱明显，基部略粗，柱头微扩大。果实球形或椭圆形。种子倒卵圆形，顶端微凹，基部有短喙，种脐呈椭圆形，两侧洼穴狭窄呈条形。花期5～6月，果期7～9月。

产本区富县张村驿镇。生于山坡、沟谷林中。成熟果可鲜食或酿酒；根、茎、果实可药用，具祛风、止痛、清热利尿之功效。

山葡萄

变叶葡萄 **Vitis piasezkii** Maxim.

木质藤本。幼枝和叶柄有褐色柔毛及长柔毛；小枝有纵棱纹。卷须2叉，每隔2节间断与叶对生。复叶3～5小叶或混生单叶；复叶者中央小叶菱状椭圆形，宽2.5～5厘米，基部楔形，每侧边缘有5～20个尖锯齿；单叶者叶片卵圆形，宽4～8厘米，基部心形，基缺成钝角，每侧边缘有21～31个锯齿，下面疏被柔毛和蛛丝状绒毛；基出脉5；叶柄长2.5～6厘米。圆锥花序与叶对生，花序梗被疏柔毛；花梗长1.5～2.5毫米；花蕾倒卵椭圆形，高1～2.5毫米；萼碟形，边缘波状；花瓣5；雄蕊5枚，花丝丝状，长0.7～1毫米，在雌花内退化；花盘5裂；雌蕊1枚，在雄花中退化，子房卵圆形，花柱短，柱头扩大。浆果球形，直径0.8～1.3厘米，黑褐色。种子倒卵圆形，基部有短喙，中棱脊突起，两侧洼穴呈宽沟状，达种子上部1/4处。花期6月，果期7～9月。

产本区富县，宜君县，耀州区，又称复叶葡萄。生于山坡或河边灌丛。果实可食和酿酒；果皮含色素，用于食品染色、葡萄酒着色；嫩枝汁液可药用，具消食、清热、凉血之功效。

变叶葡萄

少毛变叶葡萄 **Vitis piasezkii** Maxim. var. **pagnucii** (Planch.) Rehd.

与原变种区别：小枝和叶片无毛或几无毛。

产本区富县直罗镇，又称少毛复叶葡萄、少毛葡萄。生于山坡灌丛或林中。功用同原变种。

葡萄 **Vitis vinifera** L.

木质藤本。小枝圆柱形，有纵棱纹。卷须 2 叉，每隔 2 节间断与叶对生。叶卵圆形，3～5 浅裂或中裂，中裂片顶端急尖，基部缢缩，裂缺狭窄，基缺凹成圆形，边缘有 22～27 个锯齿，齿深而粗大，齿端急尖，上面绿色，下面浅绿色；基生脉 5 出，中脉有侧脉 4～5 对；叶柄近无毛。圆锥花序多花，与叶对生，基部分枝，花序梗疏生蛛丝状绒毛；花蕾倒卵圆形；萼浅碟形，边缘呈波状；花瓣 5，呈帽状黏合脱落；雄蕊 5 枚，花丝丝状，花药黄色，卵圆形，在雌花内短而败育；花盘发达，5 浅裂；雌蕊 1 枚，在雄花中退化，子房卵圆形，花柱短，柱头扩大。果实球形或椭圆形。种子倒卵椭圆形，基部有短喙，种脐椭圆形，种脊微突出，中棱脊突起，两侧洼穴宽沟状，向上达种子 1/4 处。花期 4～5 月，果期 8～9 月。

本区多栽培。为著名水果。生食或制葡萄干、酿酒；果皮含色素 0.2%～0.3%，可用于食品、葡萄酒着色；根、藤叶与果实可药用，具祛风湿、止痛、利尿、清热解毒、止呕、安胎、补气血、强筋骨之功效。

葡萄

84 亚麻科 Linaceae

黑水亚麻 **Linum amurense** Alef.

多年生草本，高 25～60 厘米。根为直根系，根颈木质化。茎多数，丛生，直立，中部以上分枝，基部木质化；具密集线形叶的不育枝。叶互生或散生，狭条形或条状披针形，长 15～20 毫米，宽约 2 毫米，先端锐尖，边缘稍卷或平展，1 脉。花多数，排成稀疏的聚伞花序；花梗纤细；萼片 5 枚，卵形或椭圆形，长 4～5 毫米，先端有短尖，基部有明显凸起的 5 脉，侧脉仅至中部或上部；花瓣蓝紫色，倒卵形，长 12～15 毫米，宽 4～5 毫米，先端圆形，基部楔形，脉纹显著；雄蕊 5 枚，花丝近基部扩展，基部耳形；子房卵形，花柱基部连合，上部分离（未见花）。蒴果近球形，直径约 7 毫米，草黄色，果梗向下弯垂。花期 6～7 月，果期 8 月。

产本区富县张村驿镇。生于山坡、干河床沙砾地。全草可药用，具清热解毒之功效。

黑水亚麻

宿根亚麻 **Linum perenne** L.

多年生草本，高 20～90 厘米。根为直根，粗壮，根颈头木质化。茎多数，直立或仰卧，中部以上多分枝，基部木质化，具密集狭条形叶的不育枝。叶互生；叶片狭条形或条状披针形，长 8～25 毫米，宽 0.8～3 毫米，全缘内卷，先端锐尖，基部渐狭，1～3 脉。花多数，组成聚伞花序，蓝色、蓝紫色、淡蓝色，直径约 2 厘米；花梗细长，长 1～2.5 厘米，直立或稍向一侧弯曲；萼片 5 枚，卵形，长 3.5～5 毫米，外面 3 枚先端急尖，里面 2 枚先端钝，全缘，5～7 脉，稍凸起；花瓣 5，倒卵形，长 1～1.8 厘米，顶端圆形，基部楔

宿根亚麻

形；雄蕊5枚，长于或短于雌蕊，或与雌蕊近等长，花丝中部以下稍宽，基部合生；退化雄蕊5枚，与雄蕊互生；子房5室，花柱5，分离，柱头头状。蒴果近球形，直径3.5～7毫米，草黄色，开裂。种子椭圆形，褐色，长4毫米，宽约2毫米。花期6～7月，果期8～9月。

产本区富县张家湾镇。生于干旱山坡、干河滩的疏灌丛或草地。花及种子可药用，具通经、利尿之功效。

野亚麻 Linum stelleroides Planch.

一年生或二年生草本，高20～90厘米。茎直立，圆柱形，基部木质化，不分枝或自中部以上多分枝。叶互生，线形、线状披针形或狭倒披针形，长1～4厘米，宽1～4毫米，顶部钝、锐尖或渐尖，基部渐狭，无柄，全缘，6脉3基出。单花或多花组成聚伞花序；花径约1厘米；花梗长3～15毫米；萼片5枚，绿色，长椭圆形或阔卵形，长3～4毫米，顶部锐尖，基部有不明显的3脉，边缘有易脱落的黑色头状带柄的腺点，宿存；花瓣5，倒卵形，长达9毫米，顶端啮蚀状，基部渐狭，淡红色、淡紫色或蓝紫色；雄蕊5枚，与花柱等长，基部合生，通常有退化雄蕊5枚；子房5室，有5棱，花柱5枚，中下部结合或分离，柱头头状，干后黑褐色。蒴果球形或扁球形，直径3～5毫米，有纵沟5条，室间开裂。种子长圆形，长2～2.5毫米。花期6～9月，果期8～10月。

本区分布广。生于山坡、路旁和荒山地。茎皮含纤维素40.92%，可作人造棉、麻布和造纸的原料；种子可药用，具养血润燥、祛风解毒之功效。

野亚麻

85 远志科 Polygalaceae

西伯利亚远志 Polygala sibirica L.

多年生草本，高10～30厘米。根木质。茎丛生，被短柔毛。叶互生，纸质，下部叶小，卵形，先端钝，上部者大，披针形，先端钝，具骨质短尖头，基部楔形，全缘，两面被短柔毛，主脉上陷下隆，具短柄。总状花序腋外生或假顶生，高出茎顶，被短柔毛，具少数花；花长6～10毫米；具3枚小苞片，钻状披针形，被短柔毛；萼片5枚，宿存，背面被短柔毛，具缘毛，外面3枚披针形，里面2枚花瓣状，镰刀形，先端具突尖，基部具爪；花瓣3，蓝紫色，侧瓣倒卵形，2/5以下与龙骨瓣合生，先端微凹，基部内侧被柔毛，龙骨瓣较侧瓣长，背面被柔毛，具流苏状鸡冠状附属物；雄蕊8枚，花丝2/3以下合生成鞘，具缘毛，花药卵形，顶孔开裂；子房倒卵形，顶端具缘毛，花柱顶端弯曲，柱头2，间隔排列。蒴果倒心形，具狭翅及短缘毛。种子长圆形，扁，黑色，密被白色柔毛；具白色种阜。花期4～7月，果期5～8月。

本区均有分布。生于山坡草地、灌丛或疏林中。根可入药，具安神益智、祛痰、消肿之功效。

西伯利亚远志

远志 Polygala tenuifolia Willd.

多年生草本，高15～50厘米。主根粗壮，浅黄色。茎多数丛生，具纵棱槽，被短柔毛。单叶互生，叶片纸质，线形至线状披针形，先端渐尖，基部楔形，全缘，主脉上陷下隆，近无柄。总状花序生于小枝顶端，花稀疏；苞片3枚，披针形，先端渐尖，早落；

远志

萼片 5 枚，宿存，外面 3 枚线状披针形，急尖，里面 2 枚花瓣状，倒卵形或长圆形，沿中脉绿色，周围膜质，带紫堇色，基部具爪；花瓣 3，紫色，侧瓣斜长圆形，基部与龙骨瓣合生，基部内侧具柔毛，龙骨瓣较侧瓣长，具流苏状附属物；雄蕊 8 枚，花丝 3/4 以下合生成鞘，具缘毛，3/4 以上两侧各 3 枚合生，花丝丝状，具狭翅，花药无柄，长卵形，中间 2 枚分离；子房顶端微缺，花柱弯曲，顶端呈喇叭形，柱头内藏。蒴果圆形，径约 4 毫米，顶端微凹，具狭翅。种子卵形，径约 2 毫米，黑色，密被白色柔毛，具发达 2 裂下延的种阜。花果期 5～9 月。

本区分布广。生于山坡草地、灌丛中及杂木林下。根、全草可药用，具安神益智、祛痰、消肿之功效。

86 无患子科 Sapindaceae

栾树 **Koelreuteria paniculata** Laxm.

落叶乔木或灌木。树皮灰褐色，老时纵裂。小枝具疣点，与叶轴、叶柄均被短柔毛。叶丛生于当年生枝上，一回或二回奇数羽状复叶；小叶 11～18 片，近无柄，对生或互生，纸质，卵状披针形，顶端短尖，基部钝至近截形，边缘有钝锯齿，齿端具小尖头，中脉散生短柔毛，下面脉腋具髯毛。聚伞圆锥花序，密被柔毛，末次花序具花 3～6 朵，密集呈头状；花淡黄色；苞片狭披针形，被粗毛；萼片 5 枚，边缘具腺状缘毛；花瓣 4，瓣爪被长柔毛，瓣片基部的鳞片初时黄色，花时橙红色，不同深裂，被皱曲的毛；雄蕊 8 枚，花丝下半部密被白色长柔毛；子房三棱形，棱上具缘毛，退化子房密被小粗毛；胚珠每室 2 颗或多颗。蒴果圆锥形，膨胀，具 3 棱，顶端渐尖，果瓣卵形，外面有网纹，里面平滑，腹背开裂。种子近球形，直径 6～8 毫米，黑色。花期 6～8 月，果期 9～10 月。

本区分布广。生于山坡林缘、崖畔等。种子含油 22.5%～40.2%，可制润滑油、肥皂；叶含鞣质 9.79%，可提制栲胶；叶与花可提取蓝色或黄色染料；花可药用，具清肝明目之功效。

栾树

文冠果 **Xanthoceras sorbifolium** Bunge

落叶灌木或小乔木，高 2～5 米。小枝褐红色。顶芽和侧芽有覆瓦状排列的芽鳞。叶连柄长 15～30 厘米；小叶 4～8 对，膜质或纸质，披针形或近卵形，长 2.5～6 厘米，宽 1.2～2 厘米，顶端渐尖，基部楔形，边缘有锐利锯齿；顶生小叶通常 3 深裂，腹面深绿色，背面鲜绿色，嫩时被绒毛和成束的星状毛；侧脉两面略凸起。花序先叶抽出或与叶同时抽出，两性花的花序顶生，雄花序腋生，总花梗短，基部有残存芽鳞；花梗长 1.2～2 厘米；苞片长 0.5～1 厘米；萼片长 6～7 毫米，两面被灰色绒毛；花瓣白色，基部紫红色或黄色，有脉纹，长约 2 厘米，宽 7～10 毫米，爪两侧有须毛；花盘的角状附属体橙黄色，长 4～5 毫米；雄蕊长约 1.5 厘米，花丝无毛；子房被灰色绒毛。蒴果长达 6 厘米。种子长达 1.8 厘米，黑色而有光泽。花期春季，果期秋初。

本区分布广。陕西省省级重点保护植物。生于丘陵山坡等处，或栽培。种子可鲜食；种仁含油 59.9%、蛋白质 29.69%、淀粉 9.04%，营养价值高；木材或枝叶可药用，具祛风除湿、消肿止痛、收敛之功效。

文冠果

87 槭树科 Aceraceae

多齿长尾槭 **Acer caudatum** Wall. var. **multiserratum** (Maxim.) Rehd.

落叶乔木，高达20米。当年生枝紫绿色，多年生枝灰黄色，具皮孔。冬芽卵圆形，长2～4毫米，鳞片卵形，外被黄色柔毛。叶薄纸质，近圆形，基部心脏形，长宽相等，8～12厘米，常5～7裂；裂片三角形，先端尾状锐尖，边缘有锯齿；上面深绿色，叶脉基部被毛，下面淡绿色，有短柔毛；主脉上凹下凸，侧脉10～11对；叶柄长5～9厘米。总状圆锥花序顶生，密被黄色柔毛，花杂性同株，长8～10厘米；萼片5枚，黄绿色，卵状披针形，长约3毫米，外侧微被柔毛；花瓣5，淡黄色，线状长圆形或线状倒披针形，先端钝尖，长约7毫米；雄蕊8枚，比花瓣略长，花药紫色，球形或长圆形，花盘微裂；子房疏被柔毛，在雄花中不发育，花柱长1.5毫米，2裂，柱头平；花梗长5～8毫米，有柔毛。翅果黄褐色，长2.5～2.8厘米，宽7～9毫米，张开成锐角或近于直立；小坚果椭圆形，长8毫米，宽6毫米。花期5月，果期9月。

产本区富县直罗镇，又称陕甘长尾槭、光叶长尾槭。生于山坡林缘或疏林中。

多齿长尾槭

青榨槭 **Acer davidii** Franch.

落叶乔木，高10～15米。树皮黑褐色或灰褐色，纵裂成蛇皮状。老枝黄褐色；当年生嫩枝紫绿色，具稀疏的皮孔。冬芽腋生，长卵圆形，绿褐色，鳞片外侧无毛。叶纸质，长圆状卵形，先端锐尖或渐尖，基部近心脏形，边缘具钝圆齿，幼时沿叶脉被紫褐色柔毛；主脉在下面凸起，侧脉11～12对；叶柄幼时被红褐色柔毛。花黄绿色，杂性，雄花与两性花同株，总状花序下垂，生于着叶的嫩枝顶，雄花9～12朵；两性花15～30朵；萼片5枚，椭圆形，先端微钝；花瓣5，倒卵形，先端圆形，与萼片等长；雄蕊8枚，在雄花中略长于花瓣，在两性花中不发育，花药黄色，球形，花盘现裂纹，位于雄蕊内侧；子房被红褐色柔毛，在雄花中不发育，花柱细瘦，柱头反卷。翅果嫩时淡绿色，成熟后黄褐色；翅宽1～1.5厘米，展开成钝角或几成水平。花期4月，果期9月。

本区分布广。生于疏林中。树皮含纤维素64.35%，可作造纸、人造棉原料；叶含鞣质18.9%，树皮含鞣质9.37%，可提制栲胶；根、枝、叶可药用，具祛风湿、清热解毒、行气止痛之功效。

青榨槭

茶条槭 **Acer ginnala** Maxim.

落叶小乔木，高5～6米。树皮微纵裂，灰色。小枝圆柱形，当年生枝绿色，多年生枝淡黄色，皮孔椭圆形，淡白色。冬芽淡褐色，鳞片8枚，近边缘具长柔毛。叶纸质，基部圆形、截形或近心脏形，叶片长圆状卵形或长圆状椭圆形，3～5深裂；中裂片锐尖，侧裂片钝尖，各裂片的边缘具钝尖锯齿；上面深绿色，下面淡绿色，主脉和侧脉下面较上面显著；叶柄绿色或紫绿色。伞房花序多花；花杂性，雄花与两性花同株；萼片5枚，卵形，黄绿色，外侧近边缘被长柔毛；花瓣5，白色，长圆状卵形，较长于萼片；雄蕊8枚，与花瓣近等长，花丝无毛，花药黄色；子房密被长柔毛；花柱顶端2裂，柱头平展或反卷。果实黄绿色，翅连同小坚果长2.5～3厘米，张开近于直立或成锐角。小坚果嫩时被长柔毛，脉纹显著。花期5

茶条槭

月，果期 10 月。

本区分布广。生于丛林中。果实含油 11.5%，可榨油制皂；树皮含纤维素 57%，可用于造纸、人造棉的原料；树皮、叶、果实与根皮含鞣质 5.6%～13.44%，可提制栲胶；叶、芽可药用，具清热明目之功效。

葛萝槭 *Acer grosseri* Pax

落叶乔木。树皮光滑，淡褐色。小枝细瘦，当年生枝绿色或紫绿色，多年生枝灰黄色。叶纸质，卵形，长 7～9 厘米，宽 5～6 厘米，边缘具尖锐的重锯齿，基部近心脏形，5 裂；中裂片三角形，先端有短尖尾，侧裂片和基部的裂片钝尖，或不发育；上面深绿色，下面淡绿色，嫩时在叶脉基部被有淡黄色丛毛；叶柄长 2～3 厘米，细瘦。花淡黄绿色，单性，雌雄异株，成下垂的总状花序；花梗长 3～4 毫米；萼片 5 枚，长圆状卵形，先端钝尖，长 3 毫米，宽 1.5 毫米；花瓣 5，倒卵形，长 3 毫米，宽 2 毫米；雄蕊 8 枚，长 2 毫米，在雌花中不发育；花盘位于雄蕊的内侧；子房紫色，在雄花中不发育。翅果嫩时淡紫色，成熟后黄褐色，翅连同小坚果长 2.0～2.5 厘米，宽 5 毫米，张开成钝角或近于水平。小坚果长 7 毫米，宽 4 毫米，略扁平。花期 4 月，果期 9 月。

产本区富县张村驿镇、直罗镇，耀州区。生于山坡、山梁疏林中。枝、叶可药用，具清热解毒、降压明目、止痛之功效。

葛萝槭

色木槭 *Acer mono* Maxim.

落叶乔木。树皮纵裂，灰色。当年生枝绿色，多年生枝灰色，具圆形皮孔。冬芽近球形，鳞片卵形，覆瓦状排列，边缘具纤毛。叶纸质，近椭圆形，宽 9～11 厘米，长 6～8 厘米，常 5 裂；裂片卵形，基部截形或近心形，先端锐尖，全缘，凹缺深达叶片中部，叶脉上或脉腋被黄色短柔毛；主脉 5 条，下面凸起，侧脉不显著；叶柄有乳汁。花多数，杂性，雄花与两性花同株，顶生圆锥状伞房花序，总花梗长 1～2 厘米；花梗细，长 1 厘米；萼片 5 枚，黄绿色，长圆形；花瓣 5，淡白色，椭圆形或椭圆倒卵形；雄蕊 8 枚，比花瓣短，花药黄色，椭圆形；子房在雄花中不发育，花柱短，柱头 2 裂，反卷。翅果幼时紫绿色，成熟时淡黄色，长 2～2.5 厘米，张开成锐角或近于钝角。小坚果扁状，长 1～1.3 厘米，宽 5～8 毫米。花期 5 月，果期 9 月。

本区公园、路旁有栽培，又称五角槭、五角枫。树皮含纤维素 56.62%，可作人造棉及造纸原料；种子榨油，可供工业用或食用；枝、叶可药用，具祛风除湿、活血逐瘀之功效。

色木槭

细裂槭 *Acer stenolobum* Rehd.

落叶小乔木，高约 5 米。当年生枝淡紫绿色，多年生枝浅褐色，皮孔稀少。冬芽卵圆形，长 2～4 毫米，鳞片复叠，边缘纤毛状。单叶，长 3～5 厘米，宽 3～6 厘米，基部近截形，深 3 裂，裂片长圆状披针形，中段以上有 2～3 枚粗锯齿，中裂片直伸，侧裂片平展，裂片凹缺近直角，脉腋有丛毛，主脉 3 条，侧脉 8～9 对，均在下面显著；叶柄无乳汁，长 3～6 厘米，淡紫色，上面有浅沟。伞房花序多花，生于着 4 叶的小枝顶端；花杂性，雄花与两性花同株；萼片 5 枚，卵形，长 1.5～2 毫米，边缘或先端有纤毛；花瓣 5，长圆形，与萼片近等长；雄蕊 5 枚，雄花的花丝较萼片约长 2 倍，两性花的与萼片近

细裂槭

等长，花药卵圆形；两性花的子房有疏柔毛，花柱2裂达中段，柱头反卷，雄花的雄蕊不发育。翅果幼时淡绿色，成熟后淡黄色，翅近于长圆形，宽8～10毫米，连同小坚果长2～2.5厘米，张开成钝角或近直角。小坚果凸起，近卵圆形或球形，直径约6毫米。花期4月，果期9月。

本区分布广。生于较湿润的山坡或沟畔的杂木林中。

大叶细裂槭 **Acer stenolobum** Rehd. var. **megalophyllum** Fang et Wu

与原种的区别：叶较大，长7～8厘米，宽10～12厘米，叶的裂片宽1.5～1.8厘米，翅果较大，长2.5～2.8厘米，张开成锐角或近于直角。

产本区富县直罗镇。生于较湿润的山坡或沟畔的灌木林中或杂木林下。

元宝槭 **Acer truncatum** Bunge

落叶乔木，高8～10米。树皮灰褐色，深纵裂。当年生枝绿色，多年生枝灰褐色，具圆形皮孔。冬芽卵圆形，鳞片锐尖，覆瓦状排列，外侧被短柔毛。单叶，长5～10厘米，宽8～12厘米，常5裂，基部截形；裂片三角状卵形，先端锐尖，全缘；裂片上面深绿色，下面淡绿色，幼时脉腋被丛毛；主脉5条，下面微凸起；侧脉上下明显；叶柄长3～5厘米，有乳汁。花杂性，雄花与两性花同株，伞房花序生小枝顶端；总花梗长1～2厘米；花梗长约1厘米；萼片5枚，黄绿色，长圆形，长4～5毫米；花瓣5，淡黄色，长圆状倒卵形，长5～7毫米；雄蕊8枚，着生花盘内缘，花丝无毛，花药黄色；花柱短，长1毫米，2裂，柱头反卷。翅果幼时淡绿色，成熟时淡黄色或淡褐色，总果梗长1～2厘米。小坚果扁状，长1.3～1.8厘米，宽1～1.2厘米；翅两侧平行，宽8毫米，与小坚果等长，张开成锐角或钝角。花期4月，果期8月。

本区公园、庭院、路旁有栽培，为观赏树木。种仁含油50%，可供食用或工业用；根皮可药用，具祛风除湿之功效。

元宝槭

88 漆树科 Anacardiaceae

毛黄栌 **Cotinus coggygria** Scop. var. **pubescens** Engl.

落叶灌木，高3～5米。单叶互生，多为阔椭圆形，稀圆形，长3～8厘米，宽2.5～6厘米，先端圆形或微凹，基部圆形或阔楔形，全缘，叶背尤其沿脉上密被柔毛，侧脉6～11对，先端常叉开；叶柄短，长1.5厘米，密被柔毛。大型圆锥花序顶生，无毛或近无毛；花杂性，径约3毫米；花梗长7～10毫米；花萼无毛，裂片卵状三角形，长约1.2毫米，宽约0.8毫米；萼片5枚，披针形；花瓣5，卵形或卵状披针形，长2～2.5毫米，宽约1毫米，无毛；雄蕊5枚，长约1.5毫米，花药卵形，与花丝等长，花盘5裂，紫褐色；子房近球形，径约0.5毫米，花柱3，分离，不等长。果穗长5～20厘米，有多数不孕花的细长花梗宿存，成紫绿色羽毛状。核果肾形，长约4.5毫米，宽约2.5毫米，无毛。花期4月，果期5～6月。

本区富县直罗镇、张家湾镇可见。生于向阳山坡林中。

毛黄栌

黄连木 **Pistacia chinensis** Bunge

落叶乔木，高达 20 米。树干扭曲，树皮暗褐色，鳞片状剥落。幼枝灰棕色，具小皮孔，疏被微柔毛。奇数羽状复叶互生，有小叶 5～6 对，叶轴具条纹，与叶柄微被柔毛；小叶对生，披针形，长 5～10 厘米，宽 1.5～2.5 厘米，两面沿脉被卷曲柔毛；小叶柄长 1～2 毫米。花单性异株，圆锥花序腋生，雄花序紧密，长 6～7 厘米，雌花序疏松，长 15～20 厘米，均微被柔毛；花小；花梗长约 1 毫米，微被柔毛；苞片披针形，内凹，长 1.5～2 毫米，外面微被柔毛，边缘具睫毛；雄花花被片 2～4 枚，披针形，长 1～1.5 毫米，边缘具睫毛，雄蕊 3～5 枚，花丝极短，花药长约 2 毫米；雌花花被片 7～9 枚，外面 2～4 枚披针形，外被柔毛，边缘具睫毛，里面 5 枚卵形，边缘具睫毛，子房球形，径约 0.5 毫米，花柱极短，柱头 3，红色肉质。核果倒卵状球形，径约 5 毫米，成熟时紫红色，先端细尖。花期 3～4 月，果期 9～10 月。

产本区富县直罗镇。生于山坡杂木林中。种子含油 42.26%，可供工业用；叶含鞣质 10.81%，可提制栲胶；叶芽、树皮可药用，具清热解毒之功效。

黄连木

盐肤木 **Rhus chinensis** Mill.

落叶小乔木。小枝棕褐色，被锈色柔毛。奇数羽状复叶有小叶 3～6 对，叶轴具宽的叶状翅，叶轴和叶柄密被锈色柔毛；小叶无柄，卵形或长圆形，长 6～12 厘米，宽 3～7 厘米，先端急尖，基部楔形或圆形，边缘具粗锯齿，叶面沿中脉疏被柔毛，叶背被白粉和锈色柔毛。圆锥花序顶生，雄花序长，密被锈色柔毛；花白色；花梗长约 1 毫米，被微柔毛；雄花花萼外被微柔毛，裂片边缘具睫毛，花瓣倒卵状长圆形，长约 2 毫米，雄蕊伸出，花丝线形，花药卵形；雌花花萼裂片短，外被微柔毛，边缘具睫毛，花瓣椭圆状卵形，长约 1.6 毫米，边缘具睫毛，里面被柔毛，雄蕊极短，心皮 3 枚，子房 1 室，密被白柔毛，花柱 3，柱头头状。核果球形，径 4～5 毫米，被具节柔毛和腺毛，红色。果核径 3～4 毫米。花期 8～9 月，果期 10 月。

产本区富县张村驿镇。生于山坡、沟谷疏林中。五倍子蚜虫寄主植物；虫瘿含鞣质 50%～70%；果实含油 12.9%～20.8%；虫瘿果实、根、叶、花可药用，具清热解毒、舒筋活血、生津润肺、散瘀止血、涩肠止泻之功效。

盐肤木

青麸杨 **Rhus potaninii** Maxim.

落叶乔木，高 5～8 米。树皮灰褐色。小枝无毛。奇数羽状复叶有小叶 3～5 对，叶轴无翅，被微柔毛；小叶卵状长圆形或长圆状披针形，长 5～10 厘米，宽 2～4 厘米，先端渐尖，基部偏斜，全缘，两面沿中脉被微柔毛，小叶具短柄。圆锥花序长 10～20 厘米，被微柔毛；花梗长约 1 毫米，被微柔毛；花白色，径 2.5～3 毫米；苞片钻形，长约 1 毫米，被微柔毛；花萼外面被微柔毛，裂片卵形，长约 1 毫米，边缘具细睫毛；花瓣卵形或卵状长圆形，长 1.5～2 毫米，宽约 1 毫米，两面被微柔毛，边缘具细睫毛，开花时先端外卷；花丝线形，长约 2 毫米，在雌花中较短，花药卵形；花盘厚，无毛；子房球形，径约 0.7 毫米，密被白色绒毛。核果近球形，略压扁，径 3～4 毫米，密被具节柔毛和腺毛，成熟时红色。花期 8～9 月，果期 10 月。

青麸杨

本区分布广，俗称五倍子。生于山坡疏林或灌丛中。五倍子蚜虫寄主植物；虫瘿含鞣质 60%～80%；种子含油 23.51%；虫瘿、根可药用，具清热解毒、敛肺降火、涩肠止泻、敛汗、祛风湿、散瘀血之功效。

火炬树 Rhus typhina L.

落叶小乔木，高达 12m。小枝密生灰色茸毛。奇数羽状复叶，小叶 19～23（11～31），长椭圆状至披针形，长 5～13cm，缘有锯齿，先端长渐尖，基部圆形或宽楔形，上面深绿色，下面苍白色，两面有茸毛，老时脱落，叶轴无翅。圆锥花序顶生、密生茸毛，花淡绿色，雌花花柱有红色刺毛。核果深红色，密生绒毛，花柱宿存、密集成火炬形。花期 6～7 月，果期 8～9 月。

本区公园、庭院、路旁有栽培，为观赏树木。枝、叶含水率分别为 30%、62%，具防火作用；雌花序、果序、树皮、叶含单宁，是提取鞣酸的原料；果实含柠檬酸和维生素 C，可作饮料；种子含油蜡，可制肥皂和蜡烛。

火炬树

漆 Toxicodendron vernicifluum (Stokes) F. A. Barkl.

落叶乔木，高达 20 米。树皮灰白色，不规则纵裂。幼枝被棕黄色柔毛，具突起的皮孔。顶芽大，被棕黄色绒毛。奇数羽状复叶互生，螺旋状排列，有小叶 4～6 对，叶轴和叶柄被柔毛，近基部膨大；小叶卵形或卵状椭圆形，先端急尖或渐尖，基部偏斜，全缘，叶面沿中脉被微柔毛，叶背沿脉被黄色柔毛；小叶柄具槽，被柔毛。圆锥花序与叶近等长，被灰黄色微柔毛；花黄绿色；雄花花梗纤细，雌花花梗短粗；花萼裂片卵形，先端钝；花瓣长圆形，具褐色羽状脉纹；雄蕊长约 2.5 毫米，花丝线形，与花药等长，在雌花中较短，花药长圆形，花盘 5 浅裂；子房球形，花柱 3。果序下垂，核果肾形或椭圆形，略压扁，先端锐尖，基部截形，外果皮黄色，具光泽，成熟后不裂，中果皮蜡质，具树脂道条纹。果核棕色，与果同形，坚硬。花期 5～6 月，果期 7～10 月。

本区多见。生于山坡、沟谷林内。树干含树脂，可割取生漆；果肉、种子含油，可用于制油墨、肥皂；树脂可药用，具通经、止血、驱虫、镇咳之功效。

漆

89 苦木科 Simaroubaceae

臭椿 Ailanthus altissima (Mill.) Swingle

落叶乔木，高可达 20 余米。树皮平滑而有直纹。嫩枝有髓，幼时被黄色柔毛。奇数羽状复叶，长 40～60 厘米，有小叶 13～27；小叶对生或近对生，纸质，卵状披针形，长 7～13 厘米，宽 2.5～4 厘米，先端长渐尖，基部偏斜，截形或稍圆，两侧各具 1 或 2 个粗锯齿，齿背有腺体 1 个，叶面深绿色，背面灰绿色，揉碎后具臭味。圆锥花序长 10～30 厘米；花淡绿色；花梗长 1～2.5 毫米；萼片 5 枚，覆瓦状排列，裂片长 0.5～1 毫米；花瓣 5，长 2～2.5 毫米，基部两侧被硬粗毛；雄蕊 10 枚，花丝基部密被硬粗毛，雄花中的花丝长于花瓣，雌花中的花丝短于花瓣，花药长圆形，长约 1 毫米；心皮 5 枚，花柱黏合，柱头 5 裂。翅果长椭圆形，长 3～4.5 厘米，宽 1～1.2 厘米。种子位于翅的中间，扁圆形。花期 4～5 月，果期 8～10 月。

本区分布广。生于黄土丘陵、石质山地。木纤维长，是造纸的优质原料；果实含油 30%～37%，可作精密仪器的润滑油；根皮、枝皮、果实、叶可药用，具清热利湿、涩肠、止血、活血祛风、杀虫之功效。

臭椿

苦树 **Picrasma quassioides** (D. Don) Benn.

落叶乔木，高达10余米。树皮紫褐色，平滑，有灰色斑纹，全株有苦味。叶互生，奇数羽状复叶，长15～30厘米；小叶9～15，卵状披针形或广卵形，边缘具粗锯齿，先端渐尖，基部楔形，除顶生叶外，其余小叶基部均不对称，叶背幼时沿脉有柔毛；托叶披针形，早落。花雌雄异株，组成腋生复聚伞花序，花序轴密被黄褐色微柔毛；萼片小，通常5枚，卵形或长卵形，外面被黄褐色微柔毛，覆瓦状排列；花瓣与萼片同数，卵形或阔卵形，两面中脉附近有微柔毛；雄花中雄蕊长为花瓣的2倍，与萼片对生，雌花中雄蕊短于花瓣；花盘4～5裂；心皮2～5枚，分离，每心皮有1颗胚珠。核果成熟后蓝绿色，长6～8毫米，宽5～7毫米，萼宿存。花期4～5月，果期6～9月。

产本区黄陵县双龙镇，耀州区。生于山地杂木林中。种子含油24.3%～30.5%；根皮、茎皮、叶及木材有毒；根皮、茎皮可药用，具清热燥湿、解毒杀虫之功效。

苦树

90 楝科 Meliaceae

香椿 **Toona sinensis** (A. Juss.) Roem.

落叶乔木。树皮粗糙，深褐色，片状脱落。叶具长柄，偶数羽状复叶，长30～50厘米；小叶16～20，对生或互生，卵状披针形或长椭圆形，长9～15厘米，宽2.5～4厘米，先端尾尖，基部一侧圆形，另一侧楔形，边全缘或有疏离的小锯齿，背面常呈粉绿色，侧脉每边18～24条，与中脉几成直角开出，背面略凸起；小叶柄长5～10毫米。圆锥花序与叶等长，疏被锈色短柔毛，小聚伞花序生于短的小枝上；花长4～5毫米，具短花梗；花萼5裂齿，外被柔毛与睫毛；花瓣5，白色，长圆形，长4～5毫米，宽2～3毫米；雄蕊10枚，5枚能育，5枚退化；花盘近念珠状；子房圆锥形，有5条细沟纹，每室有胚珠8颗，花柱比子房长，柱头盘状。蒴果狭椭圆形，长2～3.5厘米，深褐色，有小而苍白色的皮孔，果瓣薄。种子基部钝，上端有膜质长翅，下端无翅。花期6～8月，果期10～12月。

本区有栽培。幼芽嫩叶可供蔬食；植株可药用；树皮、根皮的内层皮可除热燥湿、涩肠、止血、杀虫；叶可消炎、解毒、杀虫；果实可祛风散寒、止痛。

香椿

91 芸香科 Rutaceae

臭檀吴萸 **Evodia daniellii** (Benn.) Hemsl.

落叶乔木，高达20米。奇数羽状复叶，有小叶5～11，小叶阔卵形，长6～15厘米，宽3～7厘米，顶端长渐尖，基部圆形或阔楔形，叶缘有细钝裂齿，叶面中脉被疏短毛，叶背中脉两侧被长柔毛或仅脉腋有丛毛，幼叶时两面被疏柔毛；小叶柄长2～6毫米。伞房状聚伞花序，花序轴及分枝被灰白色或棕黄色柔毛；萼片及花瓣均5枚；萼片卵形，长不及1毫米；花瓣长约3毫米；雄花的退化雌蕊圆锥状，顶部4～5裂，裂片被毛；雌花的退化雄蕊约为子房长的1/4，鳞片状。分果瓣紫红色，干后变淡黄色或淡棕色，长5～6毫米，两侧面被疏短毛，顶端有长1～2.5毫米的芒尖，内、外果皮均

臭檀吴萸

较薄，每分果瓣有2粒种子。种子卵形，一端稍尖，长3～4毫米，宽约3毫米，褐黑色，有光泽，种脐线状纵贯种子的腹面。花期6～8月，果期9～11月。

产本区富县直罗镇。生于山脚平地及山坡向阳处。种子含油39.7%，可供制肥皂和油漆等用；果实可药用，具止痛、开郁之功效。

花椒 Zanthoxylum bungeanum Maxim.

落叶小乔木，高3～7米。茎干有刺常早落。枝有短刺，小枝上的刺基部宽而扁，长三角形，当年生枝被短柔毛。叶有小叶5～13，叶轴有狭窄的叶翼；小叶对生，无柄，卵形或椭圆形，顶部的较大，近基部的有时圆形，长2～7厘米，宽1～3.5厘米，叶缘有细裂齿，齿缝有油点；叶背基部中脉两侧有丛毛或小叶两面均被柔毛，叶背干后常有红褐色斑纹。花序顶生，花序轴及花梗密被短柔毛或无毛；花被片6～8枚，黄绿色，形状及大小近相同；雄花的雄蕊5～8枚；退化雌蕊顶端叉状浅裂；雌花的雄蕊多不育，有心皮3或2枚，花柱背弯。果紫红色，单个分果瓣径4～5毫米，散生凸起的油点。种子黑色，长3.5～4.5毫米。花期4～5月，果期8～9月或10月。

产本区黄陵县，耀州区，亦有栽培。生于山坡杂木林中。果实、叶可作调料；种子含油24.4%～26.7%；果实含芳香油4%～9%，可调配香精或药用；果实、种子可药用，具温中止痛、杀虫止痒、行水消肿之功效。

花椒

92 蒺藜科 Zygophyllaceae

骆驼蓬 Peganum harmala L.

多年生草本，高30～70厘米，无毛。根多数，粗达2厘米。茎直立或开展，由基部多分枝。叶互生，卵形，全裂为3～5条形或披针状条形裂片，裂片长1～3.5厘米，宽1.5～3毫米。花单生枝端，与叶对生；萼片5枚，裂片条形，长1.5～2厘米，有时仅顶端分裂；花瓣黄白色，倒卵状矩圆形，长1.5～2厘米，宽6～9毫米；雄蕊15枚，花丝近基部宽展；子房3室，花柱3。蒴果近球形。种子三棱形，稍弯，黑褐色、表面被小瘤状突起。花期5～6月，果期7～9月。

产本区富县直罗镇、张家湾镇。生于荒地、低山坡或河滩沙地。种子可作红色染料，含油19.5%，榨油可供轻工业用；全草有毒，可作杀虫剂；叶揉碎能代肥皂用；全草及种子可入药，具宣肺气、祛风湿、消肿毒之功效。

骆驼蓬

蒺藜 Tribulus terrester L.

一年生草本。茎平卧，无毛，被长柔毛或长硬毛，枝长20～60厘米。偶数羽状复叶，长1.5～5厘米；小叶对生，3～8对，矩圆形或斜短圆形，长5～10毫米，宽2～5毫米，先端锐尖或钝，基部稍偏斜，被柔毛，全缘。花腋生，黄色；花梗短于叶；萼片5枚，宿存；花瓣5；雄蕊10枚，生于花盘基部，基部有鳞片状腺体；子房5棱，柱头5裂，每室3～4胚珠。果有分果瓣5，果梗长4～6毫米，无毛或被毛，中部边缘有锐刺2枚，下部常有小锐刺2枚，其余部位常有小瘤体。花期5～8月，果期6～9月。

本区分布广。生于沙地、荒地、山坡、居民点附近。果实含脂肪油3.5%，可作润滑剂；全草有毒，嫩芽毒性较大；果可入药，具散风、平肝、明目、行血之功效。

蒺藜

93 酢浆草科 Oxalidaceae

酢浆草 Oxalis corniculata L.

多年生草本，高10～35厘米，全株被柔毛。茎多分枝，直立或匍匐，节上生根，被疏柔毛。叶基生或茎上互生；托叶小，边缘密被长柔毛，基部与叶柄合生；叶柄长2～6.5厘米，被柔毛，基部具关节；小叶3，无柄，倒心形，长4～16毫米，宽4～22毫米，先端凹入，两面被柔毛。花单生或数朵集为伞形花序，腋生，总花梗淡红色或黄色，与叶近等长；花梗长4～15毫米；小苞片2枚，披针形，长2.5～4毫米；萼片5枚，披针形，长3～5毫米，背面和边缘被柔毛；花瓣5，黄色，长圆状倒卵形，长6～8毫米，宽4～5毫米；雄蕊10枚，花丝白色半透明，基部合生，长、短相间；子房5室，被短伏毛，花柱5，柱头头状。蒴果长圆柱形，长1～2.5厘米，5棱，被短伏毛。种子长卵形，长1～1.5毫米，褐色或红棕色，具横向肋状网纹。花果期2～9月。

本区分布广。生于山坡草地、路边、田边、荒地等。茎叶含草酸，可用以擦铜器；全草有毒，牛羊过食可中毒致死；全草可药用，具清热解毒、利尿、凉血、消肿、散瘀止痛之功效。

酢浆草

94 牻牛儿苗科 Geraniaceae

牻牛儿苗 Erodium stephanianum Willd.

多年生草本，高15～50厘米。直根较粗壮，少分枝。茎多数，仰卧或蔓生，被柔毛。叶对生；托叶三角状披针形，被疏柔毛，边缘具缘毛；基生叶和茎下部叶具长柄，柄长为叶片的1.5～2倍，被柔毛；叶片轮廓卵形或三角状卵形，基部心形，长5～10厘米，宽3～5厘米，二回羽状深裂，小裂片卵状条形，全缘或具疏齿，表面被疏伏毛，背面被疏柔毛，沿脉被毛较密。伞形花序腋生，长于叶，总花梗被柔毛，每梗具2～5花；花梗与总花梗相似，等于或稍长于花，上部向上弯曲；苞片狭披针形，分离；萼片矩圆状卵形，长6～8毫米，宽2～3毫米，先端具长芒，被长糙毛；花瓣紫红色，倒卵形，等于或稍长于萼片，先端圆形或微凹；雄蕊稍长于萼片，花丝紫色，被柔毛；雌蕊被糙毛，花柱紫红色。蒴果长约4厘米，密被短糙毛。种子褐色，具斑点。花期6～8月，果期8～9月。

本区分布广。生于干旱山坡、农田边、河滩地和路边荒地等。茎叶含鞣质14.46%，可提制栲胶；地上部分可药用，具祛风湿、通经活血、清热解毒之功效。

牻牛儿苗

粗根老鹳草 Geranium dahuricum DC.

多年生草本，高20～60厘米。根茎短粗，具簇生纺锤形块根。茎多数，具棱槽，假二叉状分枝，被疏短伏毛。叶基生和茎上对生；托叶披针形或卵形，长6～8毫米，宽2～3毫米，外被疏柔毛；基生叶和茎下部叶具长柄，柄长为叶片的3～4倍，密被短伏毛，最上部叶几无柄；叶片长3～4厘米，宽5～6厘米，掌状7深裂近基部，裂片羽状深裂，小裂片披针状条形，全缘，两面被毛。花序腋生和顶生，长于叶，密被柔毛，总花梗具2花；花梗长约为花的2倍，花期、果期下弯；苞片披针形，长4～9毫米，宽约2毫米；萼片卵状椭圆形，长5～7毫米，宽约3毫米，先端具短尖头，背面和边缘被

粗根老鹳草

长柔毛；花瓣紫红色，倒长卵形，长约为萼片的1.5倍，密被白色柔毛；雄蕊短于萼片，花丝棕色，被睫毛，花药棕色；雌蕊密被伏毛。种子肾形，具微凹小点。花期7～8月，果期8～9月。

产本区富县张村驿镇、直罗镇。生于山坡草丛、荒地、林缘等。根含鞣质20.98%，可提制栲胶。

鼠掌老鹳草 Geranium sibiricum L.

一年生或多年生草本，高30～70厘米。根直，分枝少。茎仰卧或近直立，多分枝，具棱槽，疏被柔毛。叶对生；托叶披针形，棕褐色，长8～12厘米，基部抱茎，外被长柔毛；基生叶和茎下部叶具长柄，柄长为叶片的2～3倍；下部叶片肾状五角形，长3～6厘米，宽4～8厘米，掌状5深裂，裂片中部以上齿状羽裂或齿状深缺刻，两面被疏伏毛；上部叶片具短柄，3～5裂。总花梗丝状，单生于叶腋，长于叶，被柔毛，具1花或2花；苞片对生，棕褐色，生花梗中部或基部；萼片卵状椭圆形或卵状披针形，长约5毫米，先端具短尖头，背面沿脉被疏柔毛；花瓣倒卵形，淡紫色或白色，等于或稍长于萼片，先端微凹，基部具短爪；花丝扩大成披针形，具缘毛；花柱不明显，分枝长约1毫米。蒴果长15～18毫米，被疏柔毛，果梗下垂。种子肾状椭圆形，黑色，长约2毫米，宽约1毫米。花期6～7月，果期8～9月。

本区分布广。生于林缘、灌丛、河谷草丛或荒地。茎叶含鞣质14.64%；全草可入药，具祛风、活血、清热解毒之功效。

鼠掌老鹳草

天竺葵 Pelargonium hortorum Bailey

多年生草本，高30～60厘米。茎直立，基部木质化，上部肉质，多分枝或不分枝，具明显的节，密被短柔毛，具浓烈鱼腥味。叶互生；托叶宽三角形或卵形，长7～15毫米，被柔毛和腺毛；叶片圆形或肾形，直径3～7厘米，基部心形，边缘波状浅裂，具圆形齿，两面被透明短柔毛，表面叶缘以内有暗红色马蹄形环纹；叶柄长3～10厘米，被细柔毛和腺毛。伞形花序腋生，具多花，总花梗长于叶，被短柔毛；花梗3～4厘米，被柔毛和腺毛，芽期下垂，花期直立；总苞片数枚，宽卵形；萼片狭披针形，长8～10毫米，外面密被腺毛和长柔毛；花瓣红色、橙红色、粉红色或白色，宽倒卵形，长12～15毫米，宽6～8毫米，先端圆形，基部具短爪，下面3枚通常较大；子房密被短柔毛。蒴果长约3厘米，被柔毛。花期5～7月，果期6～9月。

本区花圃、庭院多有栽培，供观赏；原产非洲南部。花可药用，具清热消炎之功效。

天竺葵

95 凤仙花科 Balsaminaceae

凤仙花 Impatiens balsamina L.

一年生草本，高60～100厘米。茎肉质，不分枝，下部节常膨大。叶互生，最下部有时对生；叶片披针形或狭椭圆形，长4～12厘米，宽1.5～3厘米，先端尖，基部楔形，有数对无柄的黑色腺体，边缘有锐锯齿，侧脉4～7对；叶柄长1～3厘米，上面有浅沟，两侧具数对具柄的腺体。花单生或2～3朵簇生于叶腋，白色、粉红色或紫色，单瓣或重瓣；花梗密被柔毛；苞片线形；侧生萼片2枚，卵形或卵状披针形，长2～3毫米，唇瓣深舟状，长13～19毫米，宽4～8毫米，被柔毛，基部成长1～2.5厘米内弯的距；旗瓣圆形，先端微凹，背面具狭龙骨状突起，顶端具小尖，翼瓣具

凤仙花

短柄，2 裂，下裂片小，上裂片先端 2 浅裂，外缘具小耳；雄蕊 5 枚，花丝线形，花药卵球形；子房纺锤形，密被柔毛。蒴果纺锤形，长 10～20 毫米；两端尖，密被柔毛。种子多数，圆球形，直径 1.5～3 毫米，黑褐色。花期 7～10 月。

本区各地庭园广泛栽培，为观赏花卉，俗称指甲花。块根有小毒；全草、种子可入药，具活血散瘀、利尿解毒、消肿止痛之功效。

水金凤 **Impatiens noli-tangere** L.

一年生草本，高 40～70 厘米。茎肉质，上部多分枝，下部节膨大。叶互生；叶片卵形或卵状椭圆形，长 3～8 厘米，宽 1.5～4 厘米，先端钝，基部圆钝或宽楔形，边缘有粗圆状齿，齿端具小尖；叶柄纤细，长 2～5 厘米，最上部的近无柄。总状花序具 2～4 花；花黄色；花梗长 1.5～2 毫米，中上部有 1 枚苞片；苞片草质，披针形，长 3～5 毫米，宿存；侧生 2 枚萼片卵形，长 5～6 毫米，先端急尖；旗瓣圆形，直径约 10 毫米，背面具鸡冠状突起，顶端具短喙尖；翼瓣无柄，长 20～25 毫米，2 裂，下部裂片小，长圆形，上部裂片宽斧形，近基部散生橙红色斑点，外缘近基部具小耳；唇瓣宽漏斗状，喉部散生橙红色斑点，基部渐狭成长 10～15 毫米内弯的距；雄蕊 5 枚，花丝线形，上部稍膨大，花药卵球形，顶端尖；子房纺锤形，具短喙尖。蒴果线状圆柱形，长 1.5～2.5 厘米。种子多数，长圆球形，长 3～4 毫米，褐色，光滑。花期 7～8 月，果期 8～10 月。

本区分布广，俗称辉菜花。生于山脚林缘草地或沟边。根及全草可药用，具活血调经、舒筋活络之功效。

水金凤

苏丹凤仙花 **Impatiens wallerana** Hook. f.

多年生草本，高 30～70 厘米。茎肉质，绿色或淡红色，不分枝或分枝。叶互生或上部螺旋状排列，具柄；叶片宽椭圆形至长圆状椭圆形，顶端尖，基部楔形，狭成长 1.5～6 厘米的叶柄，沿叶柄具 1～2 具柄腺体，边缘具圆齿状小齿，齿端具小尖，侧脉 5～8 对。总花梗生于茎、枝上部叶腋，具 2 花，稀具 3～5 花；花大小及颜色多变化；花梗细，基部具苞片；苞片线状披针形，长约 2 毫米，顶端尖；侧生萼片 2 枚，淡绿色或白色，卵状披针形或线状披针形；旗瓣宽倒心形或倒卵形，顶端微凹，背面具窄鸡冠状突起，顶端具短尖；翼瓣无柄，2 裂，基部裂片与上部裂片同形，倒卵形或倒卵状匙形，且近等大，上部裂片全缘或微凹；唇瓣浅舟状，基部急收缩成线状内弯的细距；子房纺锤状。蒴果纺锤形。花期 6～10 月。

本区花房、室内广泛栽培，俗称玻璃翠，供观赏。是一种常见的盆栽花卉。

苏丹凤仙花

96 五加科 Araliaceae

短柄五加 **Acanthopanax brachypus** Harms

落叶灌木，高 1～2 米。枝无刺，或节上有刺，刺短而尖，下向。叶有小叶 3～5；叶柄甚短，长仅 2～4 毫米；小叶片纸质，倒卵形至倒卵状长圆形，长 3～6 厘米，宽 1～2.5 厘米，先端圆形或短尖，基部狭尖，两面均无毛，边缘全缘，侧脉 3～5 对，上面不甚明显，下面隆起，明显，网脉在上面略下陷，下面不明显；无小叶柄

短柄五加

或仅有长3毫米的小叶柄。伞形花序单生或2～4个组成顶生短圆锥花序，直径1～1.5厘米，有花多数；总花梗长1～2厘米，花后延长，无毛；花淡绿色；花梗长1～1.5厘米，无毛；苞片卵形，紫色，长约1毫米，先端丛生锈毛，边缘疏生纤毛；萼有短柔毛，边缘有5小齿；花瓣5，卵形，先端尖，长约2毫米，开花时反曲；雄蕊5枚，花丝长约2毫米；子房5室；花柱全部合生成柱状，长约0.8毫米。果实近球形，有5深棱，长约5毫米，宿存花柱长约2毫米。花期8月。

产本区富县，黄陵县，宜君县。生于灌木林中或向阳山坡上。茎可药用，具益气健脾、补肾安神之功效。

刺五加 Acanthopanax senticosus (Rupr. et Maxim.) Harms

落叶灌木，高1～6米。分枝多，一年生、二年生的枝通常密生刺；刺直而细长，针状，下向，基部不膨大，脱落后遗留圆形刺痕。叶有小叶5，稀3；叶柄疏生细刺；小叶片纸质，椭圆状倒卵形或长圆形，先端渐尖，基部阔楔形，上面深绿色，脉上有粗毛，下面淡绿色，脉上有短柔毛，边缘有锐利重锯齿，侧脉6～7对，网脉不明显；小叶柄有棕色短柔毛或细刺。伞形花序单个顶生，或2～6个组成稀疏的圆锥花序，有花多数；总花梗无毛；花紫黄色；花梗无毛或基部略有毛；萼无毛，边缘近全缘或有不明显的5小齿；花瓣5，卵形；雄蕊5枚；子房5室，花柱全部合生成柱状。果实球形或卵球形，有5棱，黑色，宿存花柱长1.5～1.8毫米。花期6～7月，果期8～10月。

产本区富县，黄陵县，宜君县。为国家Ⅱ级重点保护野生植物。生于林下或灌丛中。种子可榨油，可制肥皂用；根及根状茎可药用，具益气健脾、补肾安神之功效。

刺五加

刺楸 Kalopanax septemlobus (Thunb.) Koidz.

落叶乔木，高达10米。树皮灰棕色。小枝淡黄棕色，散生粗刺；刺长5～6毫米，基部宽阔扁平，宽6～7毫米。叶片纸质，长枝上互生，短枝上簇生，近圆形，直径9～25厘米，掌状5～7浅裂，裂片阔三角状卵形，壮枝上裂片长超过全叶片的1/2，先端渐尖，基部心形，幼时疏生短柔毛，边缘有细锯齿，主脉5～7条；叶柄细长，长8～50厘米。圆锥花序大，长15～25厘米，直径20～30厘米；伞形花序直径1～2.5厘米，有花多数；总花梗细长，长2～3.5厘米；花白色或淡绿黄色；花梗细长，无关节，长5～12毫米；萼长约1毫米，边缘有5小齿；花瓣5，三角状卵形，长约1.5毫米；雄蕊5枚；花丝长3～4毫米；子房2室，花盘隆起；花柱合生成柱状，柱头离生。果实球形，直径约5毫米，蓝黑色；宿存花柱长2毫米。花期7～10月，果期9～12月。

产本区黄陵县双龙镇、店头镇。生于向阳山坡灌木林中和林缘。种子含油38%，可供制肥皂；树皮含鞣质20%～30%，叶含鞣质13%；根有毒；根皮及枝皮可入药，具清热祛痰、凉血、收敛镇痛、祛风除湿、排脓生肌、解毒之功效。

刺楸

深裂刺楸 Kalopanax septemlobus (Thunb.) Koidz. var. maximowiczi (V. Houtte) Hand.-Mazz.

与原变种的区别：叶片分裂较深，长达全叶片的3/4，裂片长圆状披针形，先端长渐尖，下面密生长柔毛，脉上更密。

产本区黄陵县双龙镇。生境与功用同原变种。

深裂刺楸

97 伞形科 Umbelliferae

旱芹 **Apium graveolens** L.

二年生或多年生草本，高 15～150 厘米，有香气。根圆锥形，褐色。茎直立，光滑，有棱角和直槽。基生叶叶柄长 2～20 厘米，基部扩大成鞘；叶片长圆形至倒卵形，长 7～18 厘米，宽 3.5～8 厘米，3 深裂或 3 全裂，裂片近菱形，边缘有圆锯齿或锯齿，叶脉隆起；茎生叶有短柄，阔三角形，裂为 3 小叶，小叶倒卵形，上部边缘疏生钝锯齿至缺刻。复伞形花序顶生或与叶对生；伞辐 3～16，长 0.5～2.5 厘米；小伞形花序有花 7～29 朵，花柄长 1～1.5 毫米，萼齿小；花瓣白色，圆卵形，长约 1 毫米，宽 0.8 毫米，顶端有内折的小舌片；花丝与花瓣近等长，花药卵圆形，长约 0.4 毫米；花柱基扁，花柱成熟时长约 0.2 毫米，向外反曲。分生果圆形或长椭圆形，长约 1.5 毫米，宽 1.5～2 毫米，果棱尖锐，合生面略收缩；每棱槽内有油管 1，合生面有油管 2，胚乳腹面平直。花期 4～7 月。

本区有栽培，俗称芹菜。可作蔬菜；干果含芳香油 1%～2%，可作调和香精；种子含油 17%，可供制肥皂；全草、果可入药，具清热止咳、平肝、祛风利湿、健胃、利尿、降压之功效。

旱芹

北柴胡 **Bupleurum chinense** DC.

多年生草本，高 50～85 厘米。主根粗大，棕褐色。茎单一或数茎，表面有细纵槽纹，上部多回分枝。基生叶倒披针形或狭椭圆形，长 4～7 厘米，宽 6～8 毫米，顶端渐尖，基部收缩成柄，早枯落；茎中部叶倒披针形，长 4～12 厘米，宽 6～18 毫米，顶端渐尖，有短芒尖头，基部收缩成叶鞘抱茎，脉 7～9，叶背面有白霜；茎顶部叶同形，更小。复伞形花序多，组成疏松的圆锥状；总苞片 2～3 枚，甚小，狭披针形，长 1～5 毫米，宽 0.5～1 毫米，常 3 脉；伞辐 3～8，不等长，长 1～3 厘米；小总苞片 5 枚，披针形，长 3～3.5 毫米，宽 0.6～1 毫米，3 脉，向叶背凸出；小伞直径 4～6 毫米，花 5～10 朵；花柄长 1 毫米；花径 1.2～1.8 毫米；花瓣鲜黄色，中肋隆起，小舌片矩圆形，顶端 2 浅裂；花柱基深黄色，宽于子房。果广椭圆形，棕色，两侧略扁，长约 3 毫米，宽约 2 毫米，棱狭翼状，淡棕色，每棱槽有油管 3，合生面 4。花期 7～9 月，果期 8～10 月。

本区分布广。生于山坡草丛或灌丛中。果实含脂肪油 11.2%；根可入药，具和解表里、疏肝、升阳、解热、镇痛之功效。

北柴胡

紫花大叶柴胡 **Bupleurum longiradiatum** Turcz. var. **porphyranthum** Shan et Y. Li

多年生草本，高 80～150 厘米。根茎弯曲，黄棕色，密生环节上多须根。茎单一或 2～3，有槽纹，多分枝。叶质地较薄；基生叶广卵形至椭圆形或披针形，基部楔形，或成有翼的长叶柄，至叶鞘抱茎，叶片长 8～17 厘米，宽 2.5～5 厘米，9～11 脉；叶柄带紫色，长 8～12 厘米；茎中部叶无柄，卵形或狭卵形，7～9 脉；茎上部叶渐小，卵形或广披针形，9～11 脉，抱茎。伞形花序多数，花序梗长 3～10 厘米；伞辐常 4～6，长 25～55 毫米；总苞片 1～5 枚，黄绿色，披针形，3～7 脉；小总苞片 5～6 枚，等大，广披针形，长 2～5 毫米，宽 0.7～1.5 毫米，3～5 脉；小伞形花序有花 5～16 朵，花深黄色，花柄在花期长 8～10 毫米，果时长 14～18 毫米；花瓣扁圆形，深紫色，长达花瓣之半，顶端 2 裂，裂口三角形；花柱黄色，基部暗紫色，肥

紫花大叶柴胡

厚，直径超过子房，花柱很长。果实长圆形，暗紫褐色，长4.5～6毫米，宽2.8～3.3毫米。分生果槽内有油管3～4，合生面有油管4～6。花期8～9月，果期9～10月。

产本区富县直罗镇。生于山坡林下或阴湿山沟。根可入药，具解表疏肝、解热镇痛之功效。

红柴胡 Bupleurum scorzonerifolium Willd.

多年生草本，高30～60厘米。主根圆锥形，深红棕色，上端有横环纹，下部有纵纹。茎单一或2～3，基部有细纵槽纹，茎上部多回分枝，“之”字形弯曲。叶细线形，基生叶具柄，其他均无柄，叶长6～16厘米，宽2～7毫米，质厚，常对折或内卷，3～5脉，叶缘白色，骨质，上部叶小，同形。伞形花序腋生，花序多；伞辐4～6，弧形弯曲；总苞片1～3枚，极细小，针形，长1～5毫米，宽0.5～1毫米，1～3脉，常早落；小伞形花序直径4～6毫米，小总苞片5枚，线状披针形，长2.5～4毫米，宽0.5～1毫米；小伞形花序有花9～11朵，花柄长1～1.5毫米；花瓣黄色，舌片几为花瓣之半，顶端2浅裂；花柱基厚垫状，宽于子房，深黄色，柱头向两侧弯曲；子房主棱明显，表面有白霜。果广椭圆形，长2.5毫米，宽2毫米，深褐色，棱粗钝凸出，每棱槽中有油管5～6，合生面有油管4～6。花期7～8月，果期8～9月。

产本区富县，黄陵县，耀州区，又称狭叶柴胡。生于干燥的向阳山坡、灌木林边缘。根可药用，具疏风退热、舒肝、升阳之功效。

红柴胡

田葛缕子 Carum buriaticum Turcz.

多年生草本，高50～80厘米。根圆柱形，长达18厘米，直径0.5～2厘米。茎通常单生，稀2～5，基部有叶鞘纤维残留物，自茎中下部以上分枝。基生叶及茎下部叶有柄，长6～10厘米，叶片长圆状卵形或披针形，长8～15厘米，宽5～10厘米，三至四回羽状分裂，末回裂片线形，长2～5毫米，宽0.5～1毫米；茎上部叶通常二回羽状分裂，末回裂片细线形，长5～10毫米，宽约0.5毫米。总苞片2～4枚，线形或线状披针形；伞辐10～15，长2～5厘米；小总苞片5～8枚，披针形；小伞形花序有花10～30朵，无萼齿；花瓣白色。果实长卵形，长3～4毫米，宽1.5～2毫米，每棱槽内有油管1，合生面有油管2。花果期5～10月。

产本区富县，耀州区。生于田边、路旁、河岸、林下及山地草丛中。根、果实可药用，具驱风、行气散寒、消食健胃、镇吐、驱虫之功效。

田葛缕子

葛缕子 Carum carvi L.

多年生草本，高30～70厘米。根圆柱形，长4～25厘米，径5～10毫米，表皮棕褐色。茎通常单生，稀2～8。基生叶及茎下部叶的叶柄与叶片近等长，或略短于叶片，叶片长圆状披针形，长5～10厘米，宽2～3厘米，二至三回羽状分裂，末回裂片线形或线状披针形，长3～5毫米，宽约1毫米，茎中上部叶与基生叶同形，较小，无柄或有短柄。无总苞片，稀1～3枚，线形；伞辐5～10，极不等长，长1～4厘米，无小总苞片或偶有1～3枚，线形；小伞形花序有花5～15朵，花杂性，无萼齿，花瓣白色，或带淡红色，花柄不等长，花柱长约为花柱基的2倍。果实长卵形，长4～5毫米，宽约2毫米，成熟后黄褐色，果棱明显，每棱槽内有油管1，合生面有油管2。花果期5～8月。

葛缕子

产本区富县直罗镇。生于河滩或山坡草丛中。果实含芳香油3%～7%；果实、根可药用，具驱风理气、芳香健胃、除湿止痛、祛风发表之功效。

蛇床 Cnidium monnieri (L.) Cusson

一年生草本，高10～60厘米。根圆锥状，细长。茎直立或斜上，多分枝，中空，表面具条棱，粗糙。下部叶具短柄，叶鞘短宽，上部叶柄全部鞘状；叶片卵形至三角状卵形，长3～8厘米，宽2～5厘米，二至三回三出羽状全裂，羽片卵形至卵状披针形，长1～3厘米，宽0.5～1厘米，末回裂片线形，长3～10毫米，宽1～1.5毫米，具小尖头，边缘及脉上粗糙。复伞形花序直径2～3厘米；总苞片6～10枚，线形，长约5毫米，边缘具细睫毛；伞辐8～20，不等长，长0.5～2厘米，棱上粗糙；小总苞片多数，线形，长3～5毫米，边缘具细睫毛；小伞形花序具花15～20朵，萼齿无，花瓣白色，先端具内折小舌片，花柱基隆起，花柱长1～1.5毫米，向下反曲。分生果长圆状，长1.5～3毫米，宽1～2毫米，主棱5，均扩大成翅；每棱槽内有油管1，合生面有油管2。花期4～7月，果期6～10月。

产本区黄陵县店头镇、双龙镇，宜君县。生于路旁、草地及河边湿地。果实含挥发油1.3%，可药用，具兴奋强壮、祛风燥湿、杀虫之功效。

蛇床

芫荽 Coriandrum sativum L.

一年生或二年生草本，有强烈气味，高20～100厘米。根纺锤形，有多数支根。茎圆柱形，直立，多分枝，有条纹。基生叶有柄，柄长2～8厘米；叶片一或二回羽状全裂，羽片广卵形，长1～2厘米，宽1～1.5厘米，边缘有钝锯齿、缺刻或深裂，上部茎生叶三至多回羽状分裂，末回裂片狭线形，长5～10毫米，宽0.5～1毫米，顶端钝，全缘。伞形花序顶生或与叶对生，花序梗长2～8厘米；伞辐3～7；小总苞片2～5枚，线形，全缘；小伞形花序有孕花3～9朵，花白色或带淡紫色；萼齿大小不等，小的卵状三角形，大的长卵形；花瓣倒卵形，长1～1.2毫米，宽约1毫米，顶端有内凹的小舌片，辐射瓣长2～3.5毫米，宽1～2毫米，全缘，有3～5脉；花丝长1～2毫米，花药卵形，长约0.7毫米；花柱幼时直立，果熟时向外反曲。果实圆球形，主棱及相邻的次棱明显；油管不明显。花果期4～11月。

本区广泛栽培，俗称香菜。茎叶可作蔬菜和调香料；果实可提芳香油；种子含油约20%；果可入药，具驱风、透疹、健胃、祛痰之功效。

芫荽

野胡萝卜 Daucus carota L.

二年生草本，高15～120厘米。茎单生，全体有白色粗硬毛。基生叶薄膜质，长圆形，二至三回羽状全裂，末回裂片线形或披针形，长2～15毫米，宽0.5～4毫米，顶端尖锐，有小尖头，光滑或有糙硬毛；叶柄长3～12厘米；茎生叶近无柄，有叶鞘，末回裂片小或细长。复伞形花序，花序梗长10～55厘米，有糙硬毛；总苞有多数苞片，呈叶状，羽状分裂，少有不裂的，裂片线形，长3～30毫米；伞辐多数，长2～7.5厘米，结果时外缘的伞辐向内弯曲；小总苞片5～7枚，线形，不分裂或2～3裂，边缘膜质，具纤毛；花通常白色，有时带淡红色；花柄不等长，长3～10毫米。果实圆卵形，长3～4毫米，宽2毫米，棱上有白色刺毛。花期5～7月。

野胡萝卜

本区分布广。生于山坡路旁、旷野或田间。果实含挥发油 2%；果实有小毒，全草及果实可药用，具杀虫消积、解烟毒、消肿、消气、化痰之功效。

胡萝卜 **Daucus carota** L. var. **sativa** Hoffm.

与原变种的区别：根肉质，长圆锥形，粗肥，呈红色或黄色。

本区广泛栽培。块根作蔬菜食用，含糖 3.0%～15.0%；果实含芳香油 0.4%～0.8%；种子含挥发油 1.6%，可供药用；根可入药，具补中下气、安五脏、助消化等功效。

胡萝卜

茴香 **Foeniculum vulgare** Mill.

多年生草本，高 0.4～2 米。茎直立，光滑，灰绿色或苍白色，多分枝。较下部的茎生叶柄长 5～15 厘米，中部或上部的叶柄部分或全部成鞘状，叶鞘边缘膜质；叶片轮廓为阔三角形，长 4～30 厘米，宽 5～40 厘米，四至五回羽状全裂，末回裂片线形，长 1～6 厘米，宽约 1 毫米。复伞形花序顶生与侧生，花序梗长 2～25 厘米；伞辐 6～29，不等长，长 1.5～10 厘米；小伞形花序有花 14～39 朵；花柄纤细，不等长；无萼齿；花瓣黄色，倒卵形或近倒卵圆形，长约 1 毫米，先端有内折的小舌片，中脉 1 条；花丝略长于花瓣，花药卵圆形，淡黄色；花柱基圆锥形，花柱极短，向外叉开或贴伏在花柱基上。果实长圆形，长 4～6 毫米，宽 1.5～2.2 毫米，主棱 5 条，尖锐；每棱槽内有油管 1，合生面油管 2；胚乳腹面近平直或微凹。花期 5～6 月，果期 7～9 月。

本区有栽培，又称小茴香。嫩叶可作蔬菜食用或调味用；果实含脂肪油 18%；茎叶含芳香油 0.3%，干果含芳香油 3%～4%，可作食品和化妆品调香料；全草可入药，具驱风祛痰、散寒、健胃、止痛、温肾和中之功效。

茴香

独活 **Heracleum hemsleyanum** Diels

多年生草本，高 1～1.5 米。根圆锥形，淡黄色。茎单一，圆筒形，有纵沟纹和沟槽。叶膜质，茎下部叶一至二回羽状分裂，有 3～5 裂片，被稀疏的刺毛，顶端裂片广卵形，3 分裂，长 8～13 厘米，两侧小叶较小，近卵圆形，3 浅裂，边缘有锯齿和短凸尖；茎上部叶卵形，3 浅裂至 3 深裂，长 3～8 厘米，宽 8～10 厘米，边缘有锯齿。复伞形花序顶生和侧生，花序梗长 22～30 厘米；总苞片少数，长披针形，长 1～2 厘米，宽约 1 毫米；伞辐 16～18，不等长，长 2～7 厘米，有稀疏的柔毛；小总苞片 5～8 枚，线状披针形，长 2～3.5 厘米，宽 1～2 毫米，被有柔毛；每小伞形花序有花约 20 朵，花柄细长；萼齿不显；花瓣白色，二型；花柱基短圆锥形，花柱较短，柱头头状。果实近圆形，长 6～7 毫米，背棱和中棱丝线状，侧棱有翅；棱槽中有油管 1，棒状，棕色，长为分生果长度的一半，合生面有油管 2。花期 5～7 月，果期 8～9 月。

产本区黄陵县双龙镇。生于山坡阴湿的灌丛林下。根可药用，具祛风止痛之功效。

独活

藁本 **Ligusticum sinense** Oliv.

多年生草本，高达 1 米。根茎具膨大结节。茎圆柱形，中空，具条纹。基生叶柄长达 20 厘米；叶片宽三角形，长 10～15 厘米，宽 15～18 厘米，二回三出羽状全裂；第一回羽片长圆状卵形，长 6～10 厘米，宽 5～7 厘米，下部羽片具柄，柄长 3～5 厘米；小羽片卵形，长约 3 厘米，宽约 2 厘米，边缘齿状浅裂，具小尖头，顶生小羽片先端渐尖；茎中部叶较大，上部叶简化。复伞形花序顶生或侧生；花白色，花柄粗糙；总苞片 6～10 枚，线形，长约 6 毫米；伞辐 14～30，长达 5 厘米，四棱形，粗糙；小总苞片 10 枚，线形，长 3～4 毫米；萼齿不明显；花瓣倒卵形，先端微凹，具内折小尖头；花柱长，基隆起，向下反曲。分生果幼嫩时宽卵形，两侧扁压，成熟时长圆状卵形，背腹扁压，长 4 毫米，宽 2～2.5 毫米，背棱突起，侧棱略扩大呈翅状；背棱槽内有油管 1～3，侧棱槽内有油管 3，合生面有油管 4～6。花期 8～9 月，果期 10 月。

产本区富县直罗镇。生于林缘或沟边草丛中。根、茎含芳香油 0.3%～0.65%；根茎可药用，具祛风除湿、散寒止痛之功效。

藁本

水芹 **Oenanthe javanica** (Bl.) DC.

多年生草本，高 15～80 厘米。茎直立。基生叶有柄，柄长达 10 厘米，基部有叶鞘；叶片三角形，一至二回羽状分裂，末回裂片卵形至菱状披针形，长 2～5 厘米，宽 1～2 厘米，边缘有锯齿；茎上部叶无柄，裂片和基生叶的裂片相似，较小。复伞形花序顶生，花序梗长 2～16 厘米；无总苞；伞辐 6～16，不等长，直立和展开；小总苞片 2～8 枚，线形，长 2～4 毫米；小伞形花序有花 20 余朵，花柄长 2～4 毫米；萼齿线状披针形，长与花柱几相等；花瓣白色，倒卵形，长 1 毫米，宽 0.7 毫米，有一内折小舌片；花柱基圆锥形，花柱直立或两侧分开，长 2 毫米。果实近四角状椭圆形，长 2.5～3 毫米，宽 2 毫米，侧棱较背棱和中棱隆起，木栓质；棱槽内有油管 1，合生面有油管 2。花期 6～7 月，果期 8～9 月。

本区分布广。生于湿润地、池沼或水沟旁。茎叶可作蔬菜食用；全草、根可入药，具清热解毒、利尿、止血、降压之功效。

水芹

前胡 **Peucedanum praeruptorum** Dunn

多年生草本，高 0.6～1 米。根颈灰褐色，圆锥形。茎圆柱形，上部分枝有短毛，髓充实。基生叶叶柄长 5～15 厘米，有叶鞘；茎中部叶片宽卵形，二至三回三出羽状分裂；一回羽片柄长 3.5～6 厘米，末回裂片菱状倒卵形，长 1.5～7 厘米，宽 1.2～5 厘米，先端渐尖，基部楔形至截形，近无柄，边缘具 3～4 粗或圆锯齿；茎下部叶具短柄，与中部叶相似；上部叶无柄，三出分裂，裂片狭窄。复伞形花序多数，顶生或侧生，花序梗上端多短毛；总苞片无或 1 至数枚，线形；伞辐 6～15，内侧有短毛；小总苞片 8～12 枚，卵状披针形，比花柄长，有短糙毛；小伞形花序有花 15～20 朵；花瓣卵形，小舌片白色；花柱短，弯曲，圆锥形。果实卵圆形，长 3～4 毫米，宽 2～3 毫米，棕色，有稀疏短毛，背棱稍突起，侧棱翅状；棱槽内有油管 3～5，合生面有油管 6～10；胚乳腹面平直。花期 8～9 月，果期 10～11 月。

产本区富县直罗镇，又称白花前胡。生于山坡林缘或路旁草丛中。全草有毒；根可入药，具解热祛痰、感冒咳嗽、支气管炎、疖肿之功效。

前胡

羊红膻 **Pimpinella thellungiana** Wolff

多年生草本，高 30～80 厘米。根长圆锥形。茎直立，有细条纹，密被短柔毛，上部分枝少。基生叶和茎下部叶有柄，长5～20厘米，被短柔毛；叶片卵状长圆形，长4～17厘米，宽2～6厘米，一回羽状分裂，小羽片3～5对，近无柄，卵形或卵状披针形，长1～4厘米，宽0.5～2厘米，基部楔形或钝圆，边缘有缺刻状齿或近于羽状条裂，表面有稀疏柔毛，背面和叶轴密被柔毛；茎中部叶较基生叶小，叶柄稍短，叶片与基生叶相似，末回裂片线形；茎上部叶较小，无柄，叶鞘长卵形；叶片羽状分裂，羽片2～3对，或3裂，裂片线形。无总苞片和小总苞片；伞辐10～20，长2～3厘米，不等长；小伞形花序有花10～25朵；无萼齿；花瓣白色，卵形或倒卵形，基部楔形，顶端凹陷，有内折的小舌片；花柱基圆锥形，长约为花柱的一半。果实长卵形，长约3毫米，宽约2毫米，果棱线形；棱槽内有油管3，合生面有油管4～6；胚乳腹面平直。花果期6～9月。

产本区黄陵县双龙镇，宜君县。生于河边、山坡草丛和灌丛中。根及全草可药用，具温中散寒之功效。

羊红膻

变豆菜 Sanicula chinensis Bunge

多年生草本，高达1米。根状茎粗短。茎直立，有纵沟纹，上部叉式分枝。基生叶少，近圆形至圆心形，常3裂，中裂片倒卵形，基部近楔形，主脉1，近无柄，两侧裂片常各有1深裂，所有裂片边缘有重锯齿；叶柄长7～30厘米，基部有透明的膜质鞘；茎生叶逐渐变小，近无柄，常3裂。花序二至三回叉式分枝，侧枝长，中间分枝较短；总苞片叶状，常3深裂；伞形花序2～3出；小总苞片8～10枚，卵状披针形或线形，长1.5～2毫米，宽约1毫米；小伞形花序有花6～10朵，雄花3～7朵，稍短于两性花；萼齿窄线形，长约1.2毫米；花瓣白色，倒卵形，长1毫米，宽0.5毫米，顶端内折；花丝与萼齿近等长；两性花3～4朵，无柄，萼齿和花瓣的形状、大小同雄花；花柱与萼齿同长。果实圆卵形，长4～5毫米，宽3～4毫米，顶端成喙状突出，皮刺直立，顶端钩状，基部膨大；油管5，合生面通常2，大而显著。花果期4～10月。

产本区富县直罗镇。生于阴湿的山坡路旁或溪边草丛中。全草可药用，具清热解毒、杀虫之功效。

变豆菜

防风 Saposhnikovia divaricata (Turcz.) Schischk.

多年生草本，高30～80厘米。根粗壮，长圆柱形，分歧，淡黄棕色，根头处被环纹。茎单生，自基部分枝多，与主茎近于等长，有细棱。基生叶丛生，有扁长叶柄，基部有宽叶鞘；叶片卵形或长圆形，长14～35厘米，宽6～8厘米，二回或近于三回羽状分裂，第一回裂片卵形或长圆形，有柄，第二回裂片下部具短柄，末回裂片狭楔形，长2.5～5厘米，宽1～2.5厘米；茎生叶与基生叶相似，但较小，顶生叶简化，有宽叶鞘。复伞形花序多数，生于茎和分枝顶端，花序梗长2～5厘米；伞辐5～7，长3～5厘米；小伞形花序有花4～10朵；无总苞片；小总苞片4～6枚，线形或披针形，先端长约3毫米，萼齿短三角形；花瓣倒卵形，白色，长约1.5毫米，先端微凹，具内折小舌片。双悬果狭圆形，长4～5毫米，宽2～3毫米，幼时有疣状突起；棱槽内有油管1，合生面有油管2；胚乳腹面平坦。花期8～9月，果期9～10月。

产本区富县，黄陵县，宜君县。生于草原、丘陵、多砾石山坡。根及全草可入药，具祛风发表、去湿、散风、止痛之功效。

防风

迷果芹 Sphallerocarpus gracilis (Bess.) K.-Pol.

多年生草本，高 50～120 厘米。根块状或圆锥形。茎圆形，多分枝，有细条纹，下部密被白毛。基生叶早落；茎生叶二至三回羽状分裂，二回羽片卵形或卵状披针形，长 1.5～2.5 厘米，宽 0.5～1 厘米，顶端长尖，基部近无柄；末回裂片边缘羽状缺刻或裂齿，背面无毛或疏生柔毛；叶柄长 1～7 厘米，基部有阔叶鞘，鞘棕褐色，被白色柔毛，脉 7～11 条。复伞形花序顶生和侧生；伞辐 6～13，不等长，有毛或无；小总苞片 5 枚，长卵形至广披针形，长 1.5～2.5 毫米，宽 1～2 毫米，向下反曲，边缘膜质，有毛；小伞形花序有花 15～25 朵；花柄不等长；萼齿细小；花瓣倒卵形，长约 1.2 毫米，宽 1 毫米，顶端有内折小舌片；花丝与花瓣等长，花药卵圆形，长约 0.5 毫米。果实椭圆状长圆形，长 4～7 毫米，宽 1.5～2 毫米，背部有 5 条突起的棱，棱槽内有油管 2～3，合生面有油管 4～6；胚乳腹面内凹。花果期 7～10 月。

产本区富县直罗镇。生于山坡路旁、村庄附近、菜园地及荒草地上。

迷果芹

小窃衣 Torilis japonica (Houtt.) DC.

一年生或多年生草本，高 20～110 厘米，全株有贴生短刺毛。主根细长，棕黄色。茎单生，有纵条纹。叶片长卵形，一至二回羽状分裂，第一回羽片卵状披针形，长 2～6 厘米，宽 1～2.5 厘米，先端渐窄，边缘羽状深裂至全缘，有 0.5～2 厘米长的短柄；末回裂片披针形至长圆形，边缘有条裂状的粗齿至缺刻或分裂。复伞形花序顶生或腋生，总花梗长 3～23 厘米；总苞片 3～6 枚，长 0.5～2 厘米，条形；伞辐 4～12，长 1～3 厘米；小总苞片 5～8 枚，钻形，长 2～4 毫米，宽 0.5～1.5 毫米；小伞形花序有花 4～12 朵，花柄长 1～4 毫米；萼齿细小，三角形；花瓣白色，倒圆卵形，长与宽均 0.8～1.2 毫米；花丝长约 1 毫米，花药圆卵形，长约 0.2 毫米；花柱幼时直立，果熟时向外反曲。双悬果圆卵形，长 1.5～4 毫米，宽 1.5～2.5 毫米，有内弯或呈钩状的皮刺。花果期 4～10 月。

产本区富县，黄陵县，宜君县，又称破子草。生于林缘、路旁、河边草丛中。果实可药用，有小毒，具活血消肿、收敛、杀虫之功效。

小窃衣

窃衣 Torilis scabra (Thunb.) DC.

一年生或多年生草本，高 10～70cm，全株有短硬毛。根圆锥形。茎直立，有分枝，具细直纹和刺毛。叶有柄，柄有鞘；叶片近膜质，卵形，一至二回羽状分裂或多裂，第一回羽片卵状披针形，边缘羽状深裂，有短柄，末回裂片披针形至长圆形，长 2～10 毫米，宽 2～5 毫米，边缘有条裂状粗齿至缺刻。复伞形花序顶生或腋生，花序梗长 2～8 厘米；总苞片常无，很少有 1 钻形或线形的苞片，小总苞片 5～8 枚，钻形或线形；伞辐 2～4，长 1～5 厘米，有纵棱及粗毛，小伞形花序有花 4～12 朵，花白色，萼齿三角状披针形；花瓣倒圆卵形，先端内折；花柱基圆锥形，花柱短，反曲，心皮柄顶端 2 浅裂。果实长圆形，长 4～7 毫米，宽 2～3 毫米，棱间有皮刺，皮刺基部粗糙；胚乳腹面凹陷，在每一棱下方有油管 1，合生面有油管 2。花果期 4～11 月。

产本区富县直罗镇。生于山坡路旁、河边及空旷草地上。果实含脂肪油 10%、挥发油 1.4%；果实或全草可药用，具杀虫止泻、收湿止痒之功效。

窃衣

98 龙胆科 Gentianaceae

达乌里秦艽 Gentiana dahurica Fisch.

达乌里秦艽

多年生草本，高10～25厘米。根圆锥形，向左扭，须根多。茎丛生，黄绿色或紫红色，圆形光滑。莲座丛叶披针形或线状椭圆形，长5～15厘米，宽0.8～1.4厘米，先端渐尖，基部渐狭，边缘粗糙，叶脉3～5条，下面突起；叶柄扁，长2～4厘米，包于纤维状叶鞘中；茎生叶少，线状披针形至线形，长2～5厘米，宽0.2～0.4厘米，叶脉1～3条，叶柄宽，叶向上渐小，柄愈短。聚伞花序顶生及腋生；花梗黄绿色或紫红色，总花梗长达5.5厘米，小花梗长至3厘米；花萼筒黄绿色或带紫红色，长7～10毫米，不裂；花冠深蓝色，筒形或漏斗形，长3.5～4.5厘米，裂片卵形，长5～7毫米；雄蕊着生冠筒中下部，花丝钻形，长1～1.2厘米，花药矩圆形，长2～3毫米；子房无柄，花柱线形，柱头2裂。蒴果内藏，无柄，狭椭圆形，长2.5～3厘米。种子淡褐色，有光泽，矩圆形，长1.3～1.5毫米，表面有细网纹。花果期7～9月。

产本区富县张家湾镇，印台区，旬邑县，又称达乌里龙胆、小秦艽。生于向阳山坡干草地。根、花可入药，具祛风湿、退虚热、止咳、止痛、解毒之功效。

秦艽 Gentiana macrophylla Pall.

秦艽

多年生草本，高30～60厘米，全株光滑无毛。须根多条，扭结成圆柱形的根。茎少数丛生，黄绿色或上部带紫红色，近圆形；莲座丛叶卵状椭圆形或狭椭圆形，基部渐狭，叶脉5～7条，在下面突起，叶柄宽，包于纤维状叶鞘中；茎生叶小，椭圆状披针形，比莲座叶小，基部钝，叶脉3～5条，在下面突起。花多数，无花梗，簇生枝顶呈头状或腋生作轮状，长2.5～4厘米；花萼筒黄绿色或带紫色，一侧开裂呈佛焰苞状，先端截形或圆形，萼齿4～5个，锥形；花冠筒黄绿色，冠檐蓝色或蓝紫色，壶形，长1.8～2厘米，裂片卵形，先端钝或钝圆，全缘，褶整齐，三角形；雄蕊着生冠筒中下部，花丝钻形，花药矩圆形；子房无柄，花柱线形，柱头2裂，裂片矩圆形。蒴果内藏或先端外露，无柄，卵状椭圆形。种子红褐色，有光泽，矩圆形，表面具细网纹。花果期7～10月。

产本区富县，黄陵县，宜君县，耀州区。生于河滩、路旁、水沟边、山坡草地及林缘。根可入药，具散风除湿、清热利尿、舒筋止痛之功效。

鳞叶龙胆 Gentiana squarrosa Ledeb.

鳞叶龙胆

一年生草本，高2～8厘米。茎黄绿色或紫红色，密被乳突，自基部起多分枝。叶先端具小尖头，基部渐狭，边缘厚软骨质，密生乳突，两面光滑，中脉白色在下面突起，密生乳突，叶柄白色，边缘具睫毛，背面具乳突，连合成短筒；基生叶大，长6～10毫米，宽5～9毫米；茎生叶小，长4～7毫米，宽1.7～3毫米。花多数，单生小枝顶端；花梗黄绿色或紫红色，密被乳突，长2～8毫米；花萼长5～8毫米，外具乳突与条纹，裂片反折，叶状，卵圆形，先端具小尖头，基部成爪，边缘厚软骨质，密生乳突；花冠蓝色，筒状漏斗形，长7～10毫米，裂片长1.5～2毫米，褶长1～1.2毫米；雄蕊着冠筒中部，花丝丝状，花药矩圆形；子房基部成柄，花柱柱状，连柱头长1～1.5毫米，柱头2裂。蒴果倒卵状矩圆形，长3.5～5.5毫米，先端有宽翅，两侧有狭翅，基部成柄，长至8毫米。种子黑褐色，椭圆形或矩圆形，表面有细网纹。花果期4～9月。

产本区富县张村驿镇、直罗镇，又称石龙胆。生于山坡、山谷、荒地、灌丛中。

笔龙胆 **Gentiana zollingeri** Fawcett

一年生草本，高3～6厘米。茎直立，紫红色，光滑。叶卵圆形或卵圆状匙形，先端具小尖头，边缘软骨质，平滑或有细乳突，叶脉1～3条，两面明显，中脉在下面突起，叶柄光滑；有时最上部叶狭窄，披针形或狭椭圆形，先端有短小尖头，边缘膜质，宽，有细乳突，中脉在下面突起；基生叶与茎生叶相似而较小；茎生叶覆瓦状排列，疏离。花多数，单生小枝顶端，呈伞房状；花梗紫色；花萼漏斗形，裂片狭三角形或卵状椭圆形，先端具短尖头，边缘膜质，平滑，中脉在背面突起，弯缺截形；花冠淡蓝色，外具条纹，漏斗形，裂片卵形，先端钝，褶卵形或宽矩圆形，浅2裂或有细齿；雄蕊着生冠筒中部，整齐，花丝钻形，花药矩圆形；子房椭圆形，花柱线形，柱头2裂，裂片矩圆形。蒴果外露或内藏，倒卵状矩圆形，先端圆形，具宽翅，两侧有狭翅。种子褐色，椭圆形，表面具细网纹。花果期4～6月。

产本区富县张村驿镇。生于山坡灌丛中、杂木林下。全草可药用，具清热解毒、消肿之功效。

笔龙胆

椭圆叶花锚 **Halenia elliptica** D. Don

一年生草本。根具分枝，黄褐色。茎直立，四棱形，上部具分枝。基生叶椭圆形，有时略呈圆形，先端圆形或急尖呈钝头，基部渐狭呈宽楔形，全缘，具宽扁的柄，柄长1～1.5厘米，叶脉3条；茎生叶卵形、椭圆形、长椭圆形或卵状披针形，先端圆钝或急尖，基部圆形或宽楔形，全缘，叶脉5条，无柄或茎下部叶具极短而宽扁的柄，抱茎。聚伞花序腋生和顶生；花4数；花梗长短不相等；花萼裂片椭圆形或卵形，先端通常渐尖，常具小尖头，具3脉；花冠蓝色或紫色，花冠筒长约2毫米，裂片卵圆形或椭圆形，先端具小尖头，距长5～6毫米，向外水平开展；雄蕊内藏，花丝长3～5毫米，花药卵圆形；子房卵形，花柱极短，柱头2裂。蒴果宽卵形，上部渐狭，淡褐色。种子褐色，椭圆形或近圆形。花果期7～9月。

产本区富县张家湾镇。生于山坡草地、山谷水沟边。全草可入药，具清热利湿、平肝利胆之功效。

椭圆叶花锚

翼萼蔓 **Pterygocalyx volubilis** Maxim.

一年生草本。茎缠绕、蔓生，有细条棱，常不分枝。叶质薄，披针形至狭披针形，长3～7厘米，宽0.5～1.5厘米，先端渐尖，基部宽楔形，全缘，叶脉1～3条，中脉下面明显，叶柄宽扁，长2～4毫米，宽1～1.5毫米，基部抱茎。花腋生或顶生，1～3朵，单生，具披针形苞片或无；花梗纤细，常比叶短，长0.3～5厘米；花萼膜质，钟形，萼筒长1厘米，沿脉具4个宽翅，翅宽1～2毫米，裂片披针形，长4～7毫米，宽约1毫米；花冠蓝色，冠筒长1.1～1.5厘米，裂片矩圆形，长约8毫米，宽3毫米，先端圆形；雄蕊着生于花冠筒中部，花丝丝状，长约5毫米，花药卵形，长约2毫米；子房椭圆形，长约8毫米，宽约2.5毫米，具短柄，花柱短，长约2毫米，柱头2裂，呈扇形，先端鸡冠状。蒴果椭圆形，长约1.5厘米，宽约0.5厘米，具短柄，柄长约5毫米。种子褐色，椭圆形，长约1毫米，宽约0.7毫米，具宽翅，表面具蜂窝状网纹。花果期8～9月。

产本区黄陵县腰坪乡。生于山坡林下及林缘草丛中。全草可药用，用于治疗肺痨。

翼萼蔓

99 夹竹桃科 Apocynaceae

罗布麻 Apocynum venetum L.

落叶半灌木，具乳汁。枝条对生或互生，中空，紫红色或淡红色。叶对生，椭圆状披针形，顶端具短尖头，基部急尖至钝，边缘具细牙齿；叶脉纤细，侧脉每边10～15条；叶柄长3～6毫米，具腺体。圆锥状聚伞花序，顶生或腋生；花梗被短柔毛；苞片披针形；小苞片长1～5毫米，宽0.5毫米；花萼5深裂，两面被短柔毛；花冠紫红色或粉红色，两面密被颗粒状突起，裂片与冠筒近等长，内外具3条紫红色脉纹；雄蕊着生于花冠筒基部，花丝短，密被白茸毛，花药箭头状，基部具耳；雌蕊长2～2.5毫米，子房由2枚离生心皮所组成，被白色茸毛，花柱短，柱头2裂；花盘环状，肉质，顶端5裂，基部合生。蓇葖果2，平行或叉生，圆筒形，外果皮棕色，有纵纹。种子长圆形，黄褐色，顶端有一簇白色种毛。花期4～9月，果期7～10月。

产本区黄陵县双龙镇，俗称红麻。生于河岸山坡草丛。茎皮纤维为高级原料；叶含胶量达4%～5%，可作轮胎原料；嫩叶民间可当茶用；根、叶可供药用，具清火、降压、强心、利尿之功效。

罗布麻

夹竹桃 Nerium indicum Mill.

常绿灌木，高达5米。枝条含乳汁；嫩枝具棱，被微毛。叶3～4枚轮生或对生，披针形，顶端急尖，基部楔形，叶缘反卷，幼时被微毛；中脉上凹下凸，侧脉密而平行，达叶缘；叶柄扁平，幼时被微毛，内具腺体。聚伞花序顶生，总花梗被微毛；苞片披针形；花萼5深裂，红色，披针形，内具腺体；花冠筒圆筒形，内被长柔毛；花冠深红色或粉红色，栽培有白色或黄色，喉部具5片副花冠，顶端撕裂呈线形，冠裂片倒卵形；雄蕊着生在花冠筒中部以上，花丝短，被长柔毛，花药箭头状，与柱头连生，基部具耳，药隔呈丝状，被柔毛；花柱丝状，柱头近球形，顶端凸尖；心皮2枚，被柔毛，子房上位，胚珠多数。蓇葖2，长圆形，具细纵条纹。种子长圆形，褐色，种皮被短柔毛，顶端具绢质种毛；种毛长约1厘米。花期长，夏秋最盛，果期冬春季。

本区有栽培，作观赏。茎皮纤维为优良混纺原料；种子含油58.5%，可供制润滑油；全株毒性极强；叶、茎皮可药用，具强心镇痛、利尿、祛瘀、定喘之功效。

夹竹桃

100 萝藦科 Asclepiadaceae

牛皮消 Cynanchum auriculatum Royle ex Wight

蔓性半灌木。宿根肥厚，呈块状。茎圆形，被微柔毛。叶对生，膜质，被微毛，宽卵形至卵状长圆形，长4～12厘米，宽4～10厘米，顶端短渐尖，基部心形。聚伞花序伞房状，着花30朵；花萼裂片卵状长圆形；花冠白色，辐状，裂片反折，内面具疏柔毛；副花冠浅杯状，裂片椭圆形，肉质，钝头，在每裂片内面的中部有1个三角形的舌状鳞片；花粉块每室1个，下垂；柱头圆锥状，顶端2裂。蓇葖双生，披针形，长8厘米，直径1厘米。种子卵状椭圆形；种毛白色绢质。花期6～9月，果期7～11月。

产本区富县直罗镇。生于山坡林缘、路旁灌丛中、河流或沟边潮湿地。带根全草有小毒，可药用，具解毒消肿、健胃消积之功效；外用于治疗毒蛇咬伤、疔疮。

牛皮消

白首乌 *Cynanchum bungei* Dcne.

攀援性半灌木。块根粗壮。茎纤细而韧，被微毛。叶对生，戟形，长3～8厘米，基部宽1～5厘米，顶端渐尖，基部心形，两面被粗硬毛，以叶面较密，侧脉约6对。伞形聚伞花序腋生，比叶为短；花萼裂片披针形，基部内面腺体通常没有或少数；花冠白色，裂片长圆形；副花冠5深裂，裂片呈披针形，内面中间有舌状片；花粉块每室1个，下垂；柱头基部五角状，顶端全缘。蓇葖单生或双生，披针形，无毛，向端部渐尖，长9厘米，直径1厘米。种子卵形，长1厘米，直径5毫米；种毛白色绢质，长4厘米。花期6～7月，果期7～10月。

产本区富县直罗镇，耀州区。生于山坡、路边的灌丛中或岩石隙缝中。块根可药用，具补肝益肾、强筋壮骨之功效。

白首乌

鹅绒藤 *Cynanchum chinense* R. Br.

缠绕草本，全株被短柔毛。主根圆柱状，长约20厘米，直径约5毫米，干后灰黄色。叶对生，薄纸质，宽三角状心形，长4～9厘米，宽4～7厘米，顶端锐尖，基部心形，叶面深绿色，叶背苍白色，两面均被短柔毛，脉上较密；侧脉约10对，在叶背略为隆起。伞形聚伞花序腋生，两歧，着花约20朵；花萼外面被柔毛；花冠白色，裂片长圆状披针形；副花冠二型，杯状，上端裂成10个丝状体，分为两轮，外轮约与花冠裂片等长，内轮略短；花粉块每室1个，下垂；花柱头略为突起，顶端2裂。蓇葖双生或仅有1个发育，细圆柱状，向端部渐尖，长11厘米，直径5毫米。种子长圆形；种毛白色绢质。花期6～8月，果期8～10月。

产本区富县，黄陵县，印台区。生于山坡向阳灌木丛中或路旁、河畔、田埂边。茎中的白色浆乳汁及根可药用，具清热解毒、消积健胃、利水消肿之功效。

鹅绒藤

竹灵消 *Cynanchum inamoenum* (Maxim.) Loes.

直立草本，基部分枝甚多。根须状。茎干后中空，被单列柔毛。叶薄膜质，广卵形，长4～5厘米，宽1.5～4厘米，顶端急尖，基部近心形，在脉上近无毛或仅被微毛，有边毛；侧脉约5对。伞形聚伞花序，近顶部互生，着花8～10朵；花黄色，长和直径约3毫米；花萼裂片披针形，急尖，近无毛；花冠辐状，无毛，裂片卵状长圆形，钝头；副花冠较厚，裂片三角形，短急尖；花药在顶端具1圆形的膜片；花粉块每室1个，下垂，花粉块柄短，近平行，着粉腺近椭圆形；柱头扁平。蓇葖双生，稀单生，狭披针形，向端部长渐尖，长6厘米，直径5毫米。花期5～7月，果期7～10月。

本区富县张家湾镇、直罗镇，耀州区。生于山地疏林、灌丛中或山坡草地上。全株有毒，根的毒性较强；根、茎可药用，具补肾、健脾、化毒之功效。

竹灵消

徐长卿 *Cynanchum paniculatum* (Bunge) Kitagawa

多年生直立草本，高约1米。根须状，多至50余条。茎不分枝，稀从根部发生几条，无毛或被微生。叶对生，纸质，披针形至线形，长5～13厘米，宽5～15毫米（最大达13厘米×1.5厘米），两端锐尖，两面无毛或叶面具疏柔毛，叶缘有边毛；侧脉不明显；叶柄长约3毫米，圆锥状聚伞花序生于顶端的叶腋内，长达7厘米，着花10余朵；花萼内的腺体或有或无；花冠黄绿色，近辐状，裂片长达4毫米，宽3毫米；副花冠裂片5，基部增厚，顶端钝；花粉块每室

1个，下垂；子房椭圆形，柱头五角形，顶端略为突起。蓇葖单生，披针形，长6厘米，直径6毫米，向端部长渐尖。种子长圆形，长3毫米；种毛白色绢质，长1厘米。花期5～7月，果期9～12月。

产本区黄陵县双龙镇。生于向阳山坡及草丛中。根及根茎可药用，具祛风止痛、解毒消肿、温经通络之功效。

徐长卿

地梢瓜 Cynanchum thesioides (Freyn) K. Schum.

直立半灌木。地下茎单轴横生。茎自基部多分枝。叶对生或近对生，线形，长3～5厘米，宽2～5毫米，叶背中脉隆起。伞形聚伞花序腋生；花萼外面被柔毛；花冠绿白色；副花冠杯状，裂片三角状披针形，渐尖，高过药隔的膜片。蓇葖纺锤形，先端渐尖，中部膨大，长5～6厘米，直径2厘米。种子扁平，暗褐色，长8毫米；种毛白色绢质，长2厘米。花期5～8月，果期8～10月。

本区分布广。生于山坡、干旱山谷、荒地、田边等处。全株含橡胶1.5%、树脂3.6%，可作工业原料；幼果可食；全草及果实可药用，具补肺气、清热降火、生津止渴、消炎止痛之功效。

地梢瓜

萝藦 Metaplexis japonica (Thunb.) Makino

多年生草质藤本，具乳汁。茎圆柱状，有纵条纹，幼时密被短柔毛。叶膜质，卵状心形，顶端短渐尖，基部心形，叶耳圆形，叶面绿色，叶背面粉绿色，幼时被微毛；侧脉每边10～12条；叶柄顶端具丛生腺体。总状聚伞花序腋生或腋外生，总花梗长，被短柔毛；花梗被短柔毛，着花13～15朵；小苞片膜质，披针形，顶端渐尖；花萼裂片披针形，外面被微毛；花冠白色，有淡紫红色斑纹，花冠裂片披针形，顶端反折，基部向左覆盖，内面被柔毛；副花冠环状，着生于合蕊冠上，短5裂，裂片兜状；雄蕊连生成圆锥状，花药顶端具白色膜片；花粉块卵圆形，下垂；子房无毛，柱头成一长喙，顶端2裂。蓇葖果叉生，纺锤形，平滑无毛，顶端尖，基部膨大。种子扁平，卵圆形，有膜质边缘，褐色，顶端具白色绢质种毛；种毛长1.5厘米。花期7～8月，果期9～12月。

产本区富县，黄陵县，宜君县。生于林边荒地、河边、路旁灌丛中。茎皮纤维可造人造棉；全草可药用，具补益精气、通乳、解毒之功效。

萝藦

杠柳 Periploca sepium Bunge

落叶灌木，具乳汁，除花外全株无毛。主根圆柱状，外皮灰棕色，内皮浅黄色。小枝常对生，有细条纹，具皮孔。叶卵状长圆形，顶端渐尖，基部楔形；中脉上平下凸，侧脉每边20～25条。聚伞花序腋生，着花数朵；花萼裂片卵圆形，顶端钝，里面基部有10个小腺体；花冠紫红色，花冠筒短，裂片长圆状披针形，中间呈纺锤形，反折，里面被长柔毛；副花冠环状，10裂，其中5裂丝状被短柔毛，顶端向内弯；雄蕊着生在副花冠内，并与其合生，花药彼此粘连并包围着柱头，背面被长柔毛；心皮离生，有胚珠多个，柱头盘状；花粉器匙形，粘盘粘连在柱头上。蓇葖2，圆柱状，具纵条纹。种子长圆形，长约7毫米，宽约1毫米，黑褐色，顶端具白色绢质种毛；种毛长3厘米。花期5～6月，果期7～9月。

本区分布广。生于低山丘的林缘、沟坡、河边沙质地等。根皮有毒；茎皮含纤维25.2%～32.7%，可制绳、造纸和人造棉；种子含油10%；茎叶乳汁含弹性橡胶；根皮、茎皮可药用，具祛风湿、壮筋骨之功效。

杠柳

101 茄科 Solanaceae

辣椒 Capsicum annuum L.

一年生或有限多年生植物，高 40～80 厘米。茎近无毛或微生柔毛，分枝稍“之”字形折曲。叶互生，枝顶端节不伸长而成双生或簇生状，矩圆状卵形、卵形或卵状披针形，长 4～13 厘米，宽 1.5～4 厘米，全缘，顶端短渐尖或急尖，基部狭楔形；叶柄长 4～7 厘米。花单生，俯垂；花萼杯状，不显著 5 齿；花冠白色，裂片卵形；花药灰紫色。果梗较粗壮，俯垂；果实长指状，顶端渐尖且常弯曲，未成熟时绿色，成熟后成红色、橙色或紫红色，味辣。种子扁肾形，长 3～5 毫米，淡黄色。花果期 5～11 月。

本区多栽培。为重要的蔬菜和调味品。全草可药用，具温中散寒、除风发汗、去冷癖、活血消肿、行痰逐湿之功效。

辣椒

朝天椒 Capsicum annuum L. var. conoides (Mill.) Irish

植物体多二歧分枝。叶长 4～7 厘米，卵形。花常单生于二分叉间；花梗直立，花稍俯垂，花冠白色或带紫色。果梗及果实均直立，果实较小，圆锥状，长 1.5（～3）厘米，成熟后红色或紫色，味极辣。

本区多栽培。为重要的蔬菜和调味品。

朝天椒

菜椒 Capsicum annuum L. var. grossum (L.) Sendt.

植物体粗壮而高大。叶矩圆形或卵形，长 10～13 厘米。果梗直立或俯垂，果实大型，近球状、圆柱状或扁球状，多纵沟，顶端截形或稍内陷，基部截形且常稍向内凹入，味不辣而略带甜或稍带辣味。

本区多栽培，又称灯笼椒，俗称菜辣子。为重要的蔬菜和调味品。

菜椒

曼陀罗 Datura stramonium L.

草本或半灌木状，高 0.5～1.5 米。茎粗壮，圆柱状，淡绿色或带紫色，下部木质化。叶广卵形，顶端渐尖，基部不对称楔形，边缘有波状浅裂或牙齿，侧脉每边 3～5 条，直达顶端。花单生于枝杈间或叶腋，有短梗；花萼筒状，有 5 棱角，顶端紧围花冠筒，5 浅裂，裂片三角形，花后自近基部断裂，宿存部分随果实而增大并向外反折；花冠漏斗状，下部带绿色，上部白色或淡紫色，檐部 5 浅裂，裂片有短尖头；雄蕊不伸出花冠，花丝长约 3 厘米，花药长约 4 毫米；子房密生柔针毛，花柱长约 6 厘米。蒴果卵状，表面有坚硬针刺，成熟后淡黄色，规则 4 瓣裂。种子卵圆形，稍扁，长约 4 毫米，黑色。花期 6～10 月，果期 7～11 月。

本区广布。生于住宅旁、路边或草地上。种子含油 11.9%～22.7%，油可制肥皂；全草有毒，果实毒性较大；全草可药用，具镇痉、镇静、镇痛、麻醉之功效。

曼陀罗

小天仙子 Hyoscyamus bohemicus F. W. Schmidt

一年生草本，高 15～70 厘米，全株被腺毛。根细瘦，木质。茎常不分枝。叶全部茎生，卵形或椭圆形，顶端急尖或钝，边缘每边有 1～3 不对称排列的波状牙齿，上面近无毛或沿叶脉有疏柔毛，下面生腺毛，长3～8厘米，宽1.5～5厘米，开花部分的叶无柄，基部半抱茎或宽楔形，茎下部的叶有柄。花单生于叶腋，在茎上端则单生于苞状叶腋内而聚集成顶生蝎尾式总状花序；花萼被腺毛和长柔毛，长约1.2厘米，果时呈坛状，长约2厘米，顶端直径约1.2厘米；花冠钟状，长2～2.5厘米，直径1.5～2厘米，黄色而脉纹紫堇色，有时白色而仅喉部黄色。蒴果卵圆状，直径约1厘米。种子长1.5毫米左右，黄棕色。花果期6～8月。

产本区富县直罗镇。生于山坡、路旁及河岸沙质地。全草有毒，根含量最高，开花时叶含量最高；根、叶及种子可药用，具解痉、止痛、安神、杀虫之功效。

小天仙子

天仙子 Hyoscyamus niger L.

二年生草本，高达1米，全体被腺毛和长柔毛。根粗壮，肉质，后变纤维质。一年生茎极短，第二年茎长而分枝。基生叶莲座状丛生，长矩圆形，边缘有粗牙齿或羽状浅裂，有宽扁的翼状叶柄，基部半抱茎；茎生叶互生，长4～10厘米，宽2～6厘米，卵形或三角状卵形，无叶柄而基部半抱茎，边缘羽状裂；茎顶端叶浅波状，裂片三角形，两面被腺毛，沿叶脉有柔毛。花单生于叶腋，在茎上端聚集成穗状聚伞花序，近无梗；花萼筒状钟形，长约1.5厘米，被腺毛和柔毛，5浅裂，裂片大小不等，顶端针刺状，基部圆形，有10条纵肋；花冠钟状，黄色而脉纹紫堇色；雄蕊5枚，伸出花冠；子房近球形，径约3毫米。蒴果卵圆状。种子近圆盘形，淡黄棕色。花果期夏季。

本区分布广，俗称野大烟。生于山坡、路旁、住宅区等。全草有毒，根毒性大，花期叶毒性大；种子含油36.9%，可制肥皂；种子、根及叶可药用，具解痉、止痛、安神、杀虫之功效。

天仙子

枸杞 Lycium chinense Mill.

落叶灌木。多分枝，枝条弓状弯曲，淡灰色，有纵条纹，棘刺长0.5～2厘米，小枝顶端成棘刺状。叶纸质，单叶互生或2～4枚簇生，卵形至卵状披针形，顶端急尖，基部楔形；叶柄长0.4～1厘米。花在长枝上单生或双生于叶腋，在短枝上则同叶簇生；花梗长1～2厘米；花萼长3～4毫米，3中裂或4～5裂齿，裂片稀被缘毛；花冠漏斗状，淡紫色，稍短于檐部裂片，5深裂，裂片卵形，顶端圆钝，边缘有缘毛，基部具耳；雄蕊较花冠短，花丝在近基部处密生一圈绒毛，花冠筒内壁亦密生一环绒毛；花柱稍伸出雄蕊，上端弓弯，柱头绿色。浆果红色，卵状，顶端尖或钝。种子扁肾脏形，黄色。花果期6～11月。

本区分布广。生于山坡、荒地、丘陵地、盐碱地、路旁及村边宅旁。果实含红色素、黄色素，可用于食品着色；种子含油19.1%～30.3%，可制润滑油或食用油；果实、根皮及叶可药用，具滋肾益精、润肺、补肝明目、清热凉血、止咳、祛风之功效。

枸杞

番茄 Lycopersicon esculentum Mill.

一年生草本，高0.6～2米，全体生黏质腺毛，有强烈气味。茎易倒伏。叶羽状复叶或羽状深裂，长10～40厘米，小叶极不规则，大小不等，常5～9枚，卵形或矩圆形，长5～7厘米，边缘有不规则锯齿或裂片。花序总梗长2～5厘米，常3～7朵花；花梗长1～1.5厘米；花萼辐状，裂片披针形，果时宿存；花冠辐状，直径约2厘米，黄色。浆果扁球状或近球状，肉质而多汁液，橘黄色或鲜红色，光滑。种子黄色。花果期夏秋季。

本区广泛栽培，原产南美洲，俗称洋柿子，又称西红柿。果实为

番茄

蔬菜和水果，可入药，具生津止渴、健胃消食之功效。

烟草 Nicotiana tabacum L.

一年生或有限多年生草本，全体被腺毛。根粗壮。茎高 0.7～2 米，基部稍木质化。叶矩圆状披针形、披针形、矩圆形或卵形，顶端渐尖，基部渐狭至茎成耳状而半抱茎，长 10～30（～70）厘米，宽 8～15（～30）厘米，柄不明显或成翅状柄。花序顶生，圆锥状，多花；花梗长 5～20 毫米；花萼筒状或筒状钟形，长 20～25 毫米，裂片三角状披针形，长短不等；花冠漏斗状，淡红色，筒部色更淡，稍弓曲，长 3.5～5 厘米，檐部宽 1～1.5 厘米，裂片急尖；雄蕊中 1 枚显著较其余 4 枚短，不伸出花冠喉部，花丝基部有毛。蒴果卵状或矩圆状，长约等于宿存萼。种子圆形或宽矩圆形，径约 0.5 毫米，褐色。花期 6～8 月，果期 7～9 月。

本区广为栽培。作烟草工业的原料；全草有毒，叶毒性最大；种子含油 29.4%～41.2%，可工业用；全草可药用，具行气止痛、麻醉、发汗、镇静、催吐、解毒、杀虫之功效。

烟草

碧冬茄 Petunia hybrida Vilm.

一年生草本，高 30～60 厘米，全体生腺毛。叶有短柄或近无柄，卵形，顶端急尖，基部阔楔形或楔形，全缘，长 3～8 厘米，宽 1.5～4.5 厘米，侧脉不显著，每边 5～7 条。花单生于叶腋；花梗长 3～5 厘米；花萼 5 深裂，裂片条形，长 1～1.5 厘米，宽约 3.5 毫米，顶端钝，果时宿存；花冠白色或紫堇色，有各式条纹，漏斗状，长 5～7 厘米，筒部向上渐扩大，檐部开展，有折襞，5 浅裂；雄蕊 4 长 1 短；花柱稍超过雄蕊。蒴果圆锥状，长约 1 厘米，2 瓣裂，各裂瓣顶端又 2 浅裂。种子极小，近球形，直径约 0.5 毫米，褐色。花期 5～7 月。

本区公园、庭院、室内多栽培，又称矮牵牛。供观赏，株型、花型和花色多变。种子可入药，具行气、杀虫之功效。

碧冬茄

酸浆 Physalis alkekengi L.

多年生草本。基部常匍匐生根。茎基部略木质，分枝稀疏或不分枝，被柔毛，幼嫩部分较密。叶长卵形至阔卵形，顶端渐尖，基部不对称狭楔形，下延至叶柄，全缘而波状或有粗牙齿，两面被柔毛，沿叶脉较密。花梗开花时直立，后向下弯曲，密生柔毛而果时不脱落；花萼阔钟状，密生柔毛，萼齿三角形，边缘有硬毛；花冠辐状，白色，裂片开展，阔而短，顶端骤然狭窄成三角形尖头，外面有短柔毛，边缘有缘毛；雄蕊及花柱均较花冠为短。浆果球状，橙红色，柔软多汁；果梗多少被宿存柔毛；果萼卵状，薄革质，网脉显著，有 10 纵肋，橙色或火红色，被宿存的柔毛，顶端闭合，基部凹陷。种子肾脏形，淡黄色。花期 5～9 月，果期 6～10 月。

本区分布广，俗称灯笼草。生于空旷地、山坡湿润地及沟谷河岸。全草有毒，根毒性较大；种子含油脂 6.28%；全草可药用，具清热解毒、行气、止痛、消肿之功效。

酸浆

茄 Solanum melongena L.

草本至亚灌木，高达 1 米。小枝、叶柄及花梗均被 6～8 分枝的星状绒毛，小枝紫色，幼时被短星状绒毛。叶卵形至长圆状卵形，长 8～18 厘米，宽 5～11 厘米，先端钝，基部不相等，边缘浅或深波状圆裂，上面被 3～7 分枝短星状绒毛，下面密被 7～8 分枝

茄

长星状绒毛，侧脉每边4～5条，上面疏被星状绒毛，下面较密，中脉毛被与侧脉的相同，叶柄长2～4.5厘米。能孕花单生，花柄长1～1.8厘米，毛被较密；不孕花蝎尾状与能孕花并出；萼钟形，直径约2.5厘米，外面密被与花梗相似的星状绒毛及小皮刺，皮刺长约3毫米，萼裂片披针形，里面疏被星状绒毛；花冠辐状，外面密被星状毛；花冠筒长约2毫米，冠檐长约2.1厘米，裂片三角形，长约1厘米；花丝长约2.5毫米，花药长约7.5毫米；子房圆形，顶端密被星状毛，花柱长4～7毫米，中部以下被星状绒毛，柱头浅裂。花期6～9月，果期7～10月。

本区多栽培。果实为蔬菜；果实、叶有毒；种子含油16.8%；果实、根、叶及花可药用，具祛风散寒、清热活血、消肿止痛、杀虫、止痒、利尿之功效。

龙葵

龙葵 Solanum nigrum L.

一年生直立草本，高0.25～1米。茎无棱或棱不明显，绿色或紫色，近无毛或被微柔毛。叶卵形，先端短尖，基部楔形至阔楔形而下延至叶柄，全缘或每边具不规则的波状粗齿，光滑或两面均被稀疏短柔毛，叶脉每边5～6条；叶柄长1～2厘米。蝎尾状花序腋外生，由3～6花组成，总花梗长1～2.5厘米；花梗长约5毫米，近无毛或具短柔毛；萼小，浅杯状，齿卵圆形，先端圆，基部两齿间连接处成角度；花冠白色，筒部隐于萼内，冠檐5深裂，裂片卵圆形；花丝短，花药黄色，约为花丝长的4倍，顶孔向内；子房卵形，花柱长约1.5毫米，中部以下被白色绒毛，柱头小，头状。浆果球形，熟时黑色。种子多数，近卵形，两侧压扁。花果期6～9月。

本区分布广。喜生于田边、荒地及村庄附近。全株有毒，未熟果实毒性较大；全草可药用，具清热解毒、利水消肿、止血之功效。

青杞

青杞 Solanum septemlobum Bunge

草本或灌木状，直立。茎具棱角，被白色具节弯卷的短柔毛至近于无毛。叶互生，卵形，先端钝，基部楔形，通常7裂，有时5～6裂或上部的近全缘，裂片卵状长圆形至披针形，全缘或具尖齿，两面均疏被短柔毛，在中脉，侧脉及边缘上较密；叶柄被有与茎相似的毛被。二歧聚伞花序，顶生或腋外生，总花梗具微柔毛或近无毛；花梗纤细，近无毛，基部具关节；萼小，杯状，外面被疏柔毛，5裂，萼齿三角形；花冠青紫色，花冠筒隐于萼内，冠檐先端深5裂，裂片长圆形，开放时常向外反折；花丝长不及1毫米，花药黄色，长圆形，顶孔向内；子房卵形，花柱丝状，柱头头状，绿色。浆果近球状，熟时红色。种子扁圆形。花期夏秋间，果熟期秋末冬初。

产本区富县，黄陵县，耀州区。喜生于田边、荒地、村庄附近及山坡向阳处。果实有毒；全草及果实可药用，具清热解毒之功效。

阳芋

阳芋 Solanum tuberosum L.

草本，高30～80厘米，无毛或被疏柔毛。地下茎块状，扁圆形或长圆形，外皮白色、淡红色或紫色。叶为奇数羽状复叶，小叶大小相间，长10～20厘米；叶柄长2.5～5厘米；小叶6～8对，卵形至长圆形，大者长可达6厘米，宽达3.2厘米，小者长宽均不及1厘米，先端尖，基部不相等，全缘，两面被白色疏柔毛，侧脉每边6～7条，小叶柄长1～8毫米。伞房花序顶生，后侧生，花白色或蓝紫色；萼钟形，直径约1厘米，外被疏柔毛，5裂，裂片披针形，先端长渐尖；花冠辐状，直径2.5～3厘米，花冠筒隐于萼内，长约2毫米，冠檐长约 1.5 厘米，裂片 5，三角形，长约 5 毫米；雄蕊长约 6 毫米，花药长为花丝长的 5 倍；子房卵圆形，花柱长约 8 毫米，柱头头状。浆果圆球状，光滑，直径约 1.5 厘米。花期夏季。

本区多栽培，又称马铃薯，俗称洋芋、土豆。为重要蔬菜。含 18 种氨基酸；块茎含淀粉 18.5%，可食用或工业用；全株有毒，未成熟、发芽的块茎和果实毒性较大；块茎、叶可药用，具补气、健脾、消炎之功效。

打碗花

藤长苗

田旋花

102 旋花科 Convolvulaceae

打碗花 Calystegia hederacea Wall.

一年生草本，植株矮小，高 8～30 厘米。常自基部分枝，具细长白色的根。茎细，平卧，有细棱。基部叶片长圆形，顶端圆，基部戟形，上部叶片 3 裂，中裂片长圆形或长圆状披针形，侧裂片近三角形，全缘或 2～3 裂，叶片基部心形或戟形；叶柄长 1～5 厘米。花腋生，1 朵；花梗长于叶柄，有细棱；苞片宽卵形，顶端钝或锐尖至渐尖；萼片长圆形，顶端钝，具小短尖头，内萼片稍短；花冠淡紫色或淡红色，钟状，冠檐近截形或微裂；雄蕊近等长，花丝基部扩大，贴生花冠管基部，被小鳞毛；子房无毛，柱头 2 裂，裂片长圆形，扁平。蒴果卵球形，宿存萼片与之近等长或稍短。种子黑褐色，表面有小疣。花期 5～6 月。

本区分布广。为农田、荒地、路旁常见的杂草。根、茎含淀粉 10%～17%，淀粉可酿酒、制作饴糖；全草可入药，具调经活血、滋阴补虚之功效。

藤长苗 Calystegia pellita (Ledeb.) G. Don

多年生草本。根细长。茎缠绕或下部直立，有细棱，密被灰白色或黄褐色长柔毛。叶长圆形或长圆状线形，长 4～10 厘米，宽 0.5～2.5 厘米，顶端钝圆或锐尖，具小短尖头，基部圆形、截形或微呈戟形，全缘，两面被柔毛，背面沿中脉密被长柔毛，叶脉在背面稍突起；叶柄长 0.2～1.5 厘米，毛被同茎。花腋生，单一；花梗短于叶，密被柔毛；苞片卵形，长 1.5～2.2 厘米，顶端钝，具短尖头，外面密被褐黄色短柔毛，具有如叶脉的中脉和侧脉；萼片近相等，长 0.9～1.2 厘米，长圆状卵形，具黄褐色缘毛；花冠淡红色，漏斗状，长 4～5 厘米，冠檐顶端被黄褐色短柔毛；雄蕊花丝基部扩大，被小鳞毛；子房 2 室，每室 2 胚珠，柱头 2 裂，裂片长圆形，扁平。蒴果近球形，径约 6 毫米。种子卵圆形，无毛。花期 6～8 月。

本区分布广。生于路边、田边杂草中或山坡草丛。全草可药用，具益气利尿、强筋壮骨、活血祛瘀之功效。

田旋花 Convolvulus arvensis L.

多年生草本。根状茎横走；茎平卧或缠绕，有条纹及棱角。叶卵状长圆形至披针形，先端钝或具小短尖头，基部大多戟形，或箭形及心形，全缘或 3 裂，侧裂片展开，微尖，中裂片卵状椭圆形，狭三角形或披针状长圆形，微尖或近圆；叶柄较叶片短；叶脉羽状，基部掌状。花序腋生，总梗长 3～8 厘米，花梗比花萼长得多；苞片 2 枚，线形；萼片有毛，稍不等，2 枚外萼片稍短，长圆状椭圆形，钝，具短缘毛，内萼片近圆形，钝或稍凹，或多或少具小短尖头，边缘膜质；花冠宽漏斗形，白色或粉红色，5 浅裂；雄蕊 5 枚，稍不等长，较花冠短一半，花丝基部扩大，具小鳞毛；雌蕊较雄蕊稍长，子房有毛，2室，每室2胚珠，柱头2，线形。蒴果卵状球形，无毛。种子4粒，卵圆形，无毛，暗褐色或黑色。花期6～8月。

本区分布广。生于耕地及荒坡草地中。全草可入药，具调经活血、滋阴补虚、祛风止痒、止痛之功效。

番薯 **Ipomoea batatas** (L.) Lam.

一年生草本。块根圆形、椭圆形或纺锤形。茎平卧，偶有缠绕，多分枝，圆柱形，绿色或紫色，近无毛，茎节易生不定根。叶片宽卵形，长4～13厘米，宽3～13厘米，全缘或3～5裂，裂片宽卵形或三角状卵形，基部心形或近平截，顶端渐尖，两面疏被柔毛，顶叶的颜色为品种的特征之一；叶柄长2.5～20厘米，被疏柔毛或无毛。聚伞花序腋生，花序梗长2～10.5厘米，无毛或被疏柔毛；花梗长2～10毫米；苞片小，披针形，长2～4毫米，顶端芒尖或骤尖，早落；萼片长圆形或椭圆形，外萼片长7～10毫米，内萼片长8～11毫米，顶端成芒尖状；花冠粉红色、白色或紫色，钟状或漏斗状，长3～4厘米；雄蕊及花柱内藏，花丝基部被毛；子房2～4室，被毛或无毛。蒴果卵形或扁圆形，有假隔膜分为4室。种子1～4粒，通常2粒，无毛。花期8～9月。

本区多栽培，俗称红薯。块茎为重要蔬菜，含淀粉29%、糖29%，可食用、酿酒或制饴糖；茎蔓含纤维49.3%，可用于造纸；块根、茎叶可入药，具滋补和血、益气生津、宽肠胃、通便秘之功效。

番薯

圆叶牵牛 **Pharbitis purpurea** (L.) Voisgt

一年生缠绕草本。茎上被倒向的短柔毛与长硬毛。叶圆心形或宽卵状心形，长4～18厘米，宽3.5～16.5厘米，基部圆形或心形，顶端锐尖、骤尖或渐尖，常全缘，两面被刚伏毛；叶柄长2～12厘米，毛被与茎同。伞形聚伞花序腋生，单一或2～5朵着生于花序梗顶端，花序梗比叶柄短或近等长，长4～12厘米，毛被与茎相同；花梗长1.2～1.5厘米，被倒向短柔毛及长硬毛；苞片线形，长6～7毫米，被开展的长硬毛；萼片近等长，长1.1～1.6厘米，外面3枚长椭圆形，里面2枚线状披针形，被开展的硬毛；花冠漏斗状，长4～6厘米，紫红色、红色或白色，花冠管白色；雄蕊与花柱内藏；雄蕊不等长，花丝基部被柔毛；子房3室，每室2胚珠，柱头头状；花盘环状。蒴果近球形，直径9～10毫米，3瓣裂。种子卵状三棱形，长约5毫米，黑褐色或米黄色，被极短毛。花期7～10月，果期9～11月。

本区栽培或沦为野生。生于田边、路边、宅旁或山谷林内。种子可药用，具泻水、下气、杀虫之功效。

圆叶牵牛

103 菟丝子科 Cuscutaceae

菟丝子 **Cuscuta chinensis** Lam.

一年生寄生缠绕草本。茎缠绕，黄色，纤细，直径约1毫米，无叶。花序侧生，少花或多花簇生成小伞形或小团伞花序，近于无总花序梗；花梗稍粗壮，长仅1毫米许；苞片及小苞片小，鳞片状；花萼杯状，中部以下连合，裂片三角状，长约1.5毫米，顶端钝；花冠白色，壶形，长约3毫米，裂片三角状卵形，顶端锐尖或钝，向外反折，宿存；雄蕊着生花冠裂片弯缺微下处；鳞片长圆形，

菟丝子

边缘长流苏状；子房近球形，花柱 2，等长或不等长，柱头球形。蒴果球形，直径约 3 毫米，几乎全为宿存的花冠所包围，成熟时整齐地周裂。种子 2～49 粒，淡褐色，卵形，长约 1 毫米，表面粗糙。花期 7～8 月。

本区富县多见。生于田边、山坡阳处、路边灌丛，常寄生于豆科、菊科、蒺藜科等植物上。种子可药用，具补肝肾、养血、润燥、益精髓、明目之功效。

金灯藤 **Cuscuta japonica** Choisy

一年生寄生缠绕草本。茎较粗壮，肉质，直径 1～2 毫米，黄色，带紫红色瘤状斑点，多分枝，无叶。花无柄，成穗状花序，长达 3 厘米，基部多分枝；苞片及小苞片鳞片状，卵圆形，长约 2 毫米，顶端尖，全缘，沿背部增厚；花萼碗状，肉质，长约 2 毫米，5 裂几达基部，裂片卵圆形或近圆形，近相等，顶端尖，背面有紫红色瘤状突起；花冠钟状，淡红色或绿白色，长 3～5 毫米，顶端 5 浅裂，裂片卵状三角形，钝，直立，短于花冠筒 2～2.5 倍；雄蕊 5 枚，着生于花冠喉部裂片之间，花丝近无，花药卵圆形，黄色；鳞片 5，长圆形，边缘流苏状，着生于花冠筒基部；子房球状，平滑，2 室，花柱细长，合生为 1，与子房等长或稍长，柱头 2 裂。蒴果卵圆形，长约 5 毫米，近基部周裂。种子 1～2 粒，光滑，长 2～2.5 毫米，褐色。花期 8 月，果期 9 月。

产本区富县张村驿镇，宜君县，又称日本菟丝子，俗称大菟丝子。寄生于草本或灌木上。种子可入药，具补肝肾、养血、润燥、益精髓、明目之功效。

金灯藤

104 花荵科 Polemoniaceae

中华花荵 **Polemonium coeruleum** L. var. **chinense** Brand

多年生草本。根匍匐，圆柱状，多纤维状须根。茎直立，高 0.5～1 米，无毛或被疏柔毛。羽状复叶互生，茎下部叶长达 20 多厘米，茎上部叶长 7～14 厘米，小叶互生，11～21 片，长卵形至披针形，长 1.5～4 厘米，宽 0.5～1.4 厘米，顶端锐尖，基部近圆形，全缘，两面有疏柔毛，小叶无柄；叶柄长 1.5～8 厘米，下部者长，上部具短叶柄或无柄，与叶轴同被疏柔毛。聚伞圆锥花序顶生或上部腋生，花较小；花梗长 3～5 毫米，连同总梗密生腺毛；花萼钟状，长 5～8 毫米，被腺毛，裂片长卵形至卵状披针形，顶端锐尖或钝头，与萼筒近等长；花冠紫蓝色，钟状，长约 1 厘米；裂片倒卵形，顶端圆，边缘有缘毛；雄蕊着生于花冠筒底部，伸出花冠外，花丝基部簇生黄白色柔毛，花药卵圆形；子房球形，柱头伸出花冠外。蒴果卵形，长 5～7 毫米。种子褐色，纺锤形，长 3～3.5 毫米。花期 5～6 月。

产本区富县直罗镇。生于河边、沟边潮湿草丛或路旁杂草间。

中华花荵

105 紫草科 Boraginaceae

斑种草 **Bothriospermum chinense** Bge.

一年生草本，高 20～30 厘米，密生硬毛。直根细长，不分枝。茎数条丛生，直立或斜升，中部以上分枝或不分枝。基生叶及茎下部叶具长柄，匙形或倒披针形，长 3～6 厘米，宽 1～1.5 厘米，

斑种草

先端圆钝，基部渐狭为叶柄，边缘皱波状或近全缘，两面被长硬毛及伏毛，茎中部及上部叶无柄，长圆形或狭长圆形，长1.5～2.5 厘米，宽 0.5～1 厘米，先端尖，基部楔形，上面被硬毛，下面被硬毛及伏毛。花序长 5～15 厘米，具苞片；花梗长2～3 毫米，果期伸长；苞片卵形或狭卵形；花萼长 2.5～4 毫米，外面密生硬毛及短伏毛，裂片披针形，裂至近基部；花冠淡蓝色，长 3.5～4 毫米，檐部直径 4～5 毫米，裂片圆形，长、宽约 1 毫米，喉部有深 2 裂的附属物；花丝极短，着生花冠筒近基部处，花药卵圆形或长圆形，长约 0.7 毫米；花柱短，长约花萼 1/2。小坚果肾形，长约 2.5 毫米，有网状皱折及稠密的粒状突起，腹面有椭圆形的横凹陷。花期 4～6 月。

本区可见。生于荒野路边、山坡草丛及松林下。全草可药用，具解毒消肿、利湿止痒之功效。

狭苞斑种草

狭苞斑种草 **Bothriospermum kusnezowii** Bge.

一年生草本，高 15～40 厘米。茎数条丛生，被硬毛及短伏毛，下部多分枝。基生叶莲座状、倒披针形或匙形，长 4～7 厘米，宽0.5～1 厘米，先端钝，基部狭成柄，边缘有波状小齿，两面疏生硬毛及伏毛；茎生叶无柄，长圆形或线状披针形，长 2～5 厘米，宽0.5～1 厘米。花序长 5～20 厘米，具苞片；花梗长 1～2.5 毫米，果期增长；苞片线形，长 1.5～3 厘米，宽 2～5 毫米，密生硬毛及伏毛；花萼长 2～3 毫米，果期增大，外密生短硬毛，内被伏毛，深裂，裂片线状披针形；花冠蓝色或紫色，钟状，长 3.5～4 毫米，檐部径约 5 毫米，裂片圆形，有网脉，喉部有 5 个高约 0.7 毫米梯形附属物，先端 2 浅裂；花丝极短，着生花筒基部处，花药卵圆形，长 0.7 毫米；花柱短，长约花萼 1/2，柱头头状。小坚果椭圆形，长 2～2.5 毫米，密生疣状突起，腹面的环状凹陷圆形，增厚的边缘全缘。花果期 5～7 月。

产本区富县直罗镇，耀州区。生于山坡道旁及山谷林缘。全草可药用，具解毒消肿、利湿止痒之功效。

大果琉璃草

大果琉璃草 **Cynoglossum divaricatum** Steph. ex Lehm.

多年生草本，高 25～100 厘米。具红褐色粗壮直根。茎直立，中空，具肋棱，上部分枝，被柔毛。基生叶和茎下部叶长圆状披针形，长 7～15 厘米，宽 2～4 厘米，先端钝或渐尖，基部渐狭成柄，灰绿色，上下密被短柔毛；茎中部及上部叶无柄，狭披针形，被短柔毛。圆锥花序顶生及腋生，长约 10 厘米；花梗细弱，长 3～10 毫米，果期长 2～4 厘米，密被柔毛；苞片狭披针形；花萼长 2～3 毫米，外面密生短柔毛，裂片卵形或卵状披针形，向下反折；花冠蓝紫色，长约 3 毫米，檐部直径 3～5 毫米，裂至 1/3 处，裂片卵圆形，先端微凹，喉部有 5 个梯形附属物，附属物长约 0.5 毫米；花药卵球形，长约 0.6 毫米，着生花冠筒中上部；花柱肥厚，扁平。小坚果卵形，长 4.5～6 毫米，宽约 5 毫米，密生锚状刺，背面平，腹面有卵圆形的着生面。花期 6～7 月，果实 8 月成熟。

产本区富县直罗镇。生于干旱山坡、草地、石滩及路边。根、果实可入药，具清热解毒、收敛止泻之功效。

鹤虱

鹤虱 **Lappula myosotis** V. Wolf

一年生或二年生草本。茎直立，高 30～60 厘米，中部以上多分枝，密被白色短糙毛。基生叶长圆状匙形，全缘，先端钝，基部渐狭成长柄，长达 7 厘米，宽 3～9 毫米，两面密被长糙毛；茎生叶较短而狭，披针形或线形，先端尖，基部渐狭，无叶柄。花序在花期短，果期伸长，长 10～17 厘米；花梗果期伸长，长约 3 毫米，直立而被毛；苞片线形，较果实稍长；花萼 5 深裂，几达基部，裂片线形，花期长 2～3 毫米，果期长约 5 毫米；花冠淡蓝色，漏斗状至钟状，长约 4 毫米，檐部直径 3～4 毫米，裂片长圆状卵形，喉部附属物梯形。小坚果卵状，长 3～4 毫米，有颗粒状疣突，边缘有 2 行锚状刺，内行刺长 1.5～2 毫米，外行刺短，直立。花果期 6～9 月。

产本区富县直罗镇、张家湾镇。生于山坡草地等处。果实可入药，具消积杀虫之功效。

田紫草

田紫草 Lithospermum arvense L.

一年生草本。根稍含紫色物质。茎通常单一，高 15～35 厘米，自基部或仅上部分枝有短糙伏毛。叶无柄，倒披针形至线形，长 2～4 厘米，宽 3～7 毫米，先端急尖，两面均有短糙伏毛。聚伞花序生枝上部，长可达 10 厘米，苞片与叶同形而较小；花序排列稀疏，有短花梗；花萼裂片线形，长 4～5.5 毫米，通常直立，两面均有短伏毛，果期长可达 11 毫米且基部稍硬化；花冠高脚碟状，白色，有时蓝色或淡蓝色，筒部长约 4 毫米，外面稍有毛，檐部长约为筒部的一半，裂片卵形或长圆形，直立或稍开展，长约 1.5 毫米，稍不等大，喉部无附属物，但有 5 条延伸到筒部的毛带；雄蕊着生花冠筒下部，花药长约 1 毫米；花柱长 1.5～2 毫米，柱头头状。小坚果三角状卵球形，长约 3 毫米，灰褐色，有疣状突起。花果期 4～8 月。

产本区富县，耀州区，又称麦家公。生于丘陵、低山草坡或田边。果实可药用，具温中健胃、消肿止痛之功效。

紫草

紫草 Lithospermum erythrorhizon Sieb. et Zucc.

多年生草本。根富含紫色物质。茎常 1～3 条，直立，高 40～90 厘米，有贴伏和开展的短糙伏毛，上部有分枝，枝斜升并常稍弯曲。叶无柄，卵状披针形至宽披针形，长 3～8 厘米，宽 7～17 毫米，先端渐尖，基部渐狭，两面有短糙伏毛，脉在叶下面凸起，沿脉有较密的糙伏毛。花序生茎和枝上部，长 2～6 厘米，果期延长；苞片与叶同形而较小；花萼裂片线形，长约 4 毫米，果期达 9 毫米，背面有短糙伏毛；花冠白色，长 7～9 毫米，外面稍有毛，筒部长约 4 毫米，檐部与筒部近等长，裂片宽卵形，长 2.5～3 毫米，开展，全缘或微波状，先端微凹，喉部附属物半球形，无毛；雄蕊着生花冠筒中上部，花丝长约 0.4 毫米，花药长 1～1.2 毫米；花柱长 2.2～2.5 毫米，柱头头状。小坚果卵球形，乳白色或淡黄褐色，长约 3.5 毫米，平滑，有光泽，腹面中线凹陷呈纵沟。花果期 6～9 月。

产本区富县张村驿镇。生于山坡草地。根可药用，具清热凉血、解毒消肿之功效。

狼紫草

狼紫草 Lycopsis orientalis L.

一年生草本。茎高 10～40 厘米，常自下部分枝，有开展的稀疏长硬毛。基生叶和茎下部叶有柄，其余无柄，倒披针形至线状长圆形，长 4～14 厘米，宽 1.2～3 厘米，两面疏生硬毛，边缘有微波状小牙齿。花序花期短，花后逐渐伸长达 25 厘米；花梗长约 2 毫米，果期伸长可达 1.5 厘米；苞片比叶小，卵形至线状披针形；花萼长约 7 毫米，5 裂至基部，有半贴伏的硬毛，裂片钻形，稍不等长，果期增大，星状开展；花冠蓝紫色，有时紫红色，长约7毫米，无毛，筒下部稍膝曲，裂片开展，宽稍大于长，附属物疣状至鳞片状，密生短毛；雄蕊着生花冠筒中部之下，花丝极短，花药长约1毫米；花柱长约2.5毫米，柱头球形，2裂。小坚果肾形，淡褐色，长3～3.5毫米，宽约2毫米，表面有网状皱纹和小疣点，着生面碗状，边缘无齿。种子褐色，子叶狭长卵形，肥厚，胚根在上方。花期4月，果期4～5月。

产本区富县直罗镇。生于山坡、河滩、田边等处。种子富含油脂，可榨油供食用；叶可药用，具消炎止痛之功效。

紫筒草 **Stenosolenium saxatiles** (Pall.) Turcz.

多年生草本。根细锥形，根皮紫褐色，稍含紫红色物质。茎通常数条，直立或斜升，高10～25厘米，不分枝或上部有少数分枝，密生开展的长硬毛和短伏毛。基生叶和下部叶匙状线形或倒披针状线形，近花序的叶披针状线形，长1.5～4.5厘米，宽3～8毫米，两面密生硬毛，先端钝或微钝，无柄。花序顶生，逐渐延长，密生硬毛；花具长约1毫米的短花梗；苞片叶状；花萼长约7毫米，密生长硬毛，裂片钻形，果期直立，基部包围果实；花冠蓝紫色、紫色或白色，长1～1.4厘米，外面有稀疏短伏毛，花冠筒细，明显较檐部长，通常稍弧曲，檐部直径5～7毫米，裂片开展；雄蕊螺旋状着生花冠筒中部之上，内藏；花柱长约为花冠筒的1/2，先端2裂，柱头球形。小坚果的短柄长约0.5毫米，着生面居短柄的底面。花果期5～9月。

产本区富县张家湾镇。生于山坡草丛或灌丛处。全草可药用，具祛风除湿之功效。

钝萼附地菜 **Trigonotis amblyosepala** Nakai et Kitag.

一年生或二年生草本。茎丛生，高7～40厘米，被短伏毛。基生叶密，有长柄，叶片匙形或狭椭圆形；茎下部叶似基生叶，长1～2.5厘米，宽0.5～1厘米，先端圆钝，基部楔形，两面被短伏毛，有短柄；茎上部叶短而狭，几无柄。花序生于茎顶端，长达20厘米，只在基部具数个叶状苞片；花梗细弱，花期长3～5毫米，果期长达10毫米；花萼5深裂，裂片倒卵状长圆形或狭匙形；花冠蓝色，筒长约1.5毫米，檐部直径3.5～4毫米，裂片宽倒卵形，平展，先端圆钝，喉部附属物5，黄色；花药椭圆形，黄色，先端具短尖；子房4裂，花柱短，长约0.6毫米，顶端头状。小坚果4，直立，斜三棱锥状四面体形，有短毛，背面呈三角状卵形，先端尖，具3锐棱，腹面的2个侧面近等大，基底面较小且略凸起，内侧具短柄，柄较粗，向一侧弯曲。早春开花，花果期较长。

产本区富县直罗镇。生于低山坡草地、灌丛或田间、荒野。全草可药用，具清热、消炎、止痛、止痢之功效。

附地菜 **Trigonotis peduncularis** (Trev.) Benth. ex Baker et Moore

一年生或二年生草本。茎多条丛生，铺散，高5～30厘米，基部多分枝，被短糙伏毛。基生叶莲座状，有叶柄，叶片匙形，长2～5厘米，先端圆钝，基部楔形或渐狭，两面被糙伏毛；茎上部叶长圆形或椭圆形，近无柄。花序生茎顶，幼时卷曲，后渐次伸长，长5～20厘米，基部具2～3枚叶状苞片；花梗短，后伸长，长3～5毫米，顶端与花萼连接部分变粗呈棒状；花萼裂片卵形，

紫筒草

钝萼附地菜

附地菜

长 1～3 毫米，先端急尖；花冠淡蓝色或粉色，筒部短，檐部直径 1.5～2.5 毫米，裂片平展，倒卵形，先端圆钝，喉部附属物 5，白色或带黄色；花药卵形，长 0.3 毫米，先端具短尖。小坚果 4，斜三棱锥状四面体形，长 0.8～1 毫米，有短毛或平滑无毛，背面三角状卵形，具 3 锐棱，腹面的 2 个侧面近等大而基底面略小，凸起，具短柄，柄长约 1 毫米，向一侧弯曲。早春开花，花期甚长。

本区分布广。生于丘陵草地、林缘、田间及荒地。全草可入药，具温中健胃、消肿止痛、止血之功效。

106 马鞭草科 Verbenaceae

莸 Caryopteris divaricata (S. et Z.) Maxim.

多年生草本，高约 80（～130）厘米。茎方形，疏被柔毛或无毛。叶片膜质，卵圆形、卵状披针形至长圆形，长 2～14 厘米，宽 1.2～5 厘米，顶端渐尖至尾尖，基部近圆形或楔形，下延成翼，边缘具粗齿，两面疏生柔毛或背面的毛较密，侧脉 3～5 对；叶柄长 0.5～2 厘米。二歧聚伞花序腋生，花序梗长 2～3（～10）厘米，疏被柔毛；苞片披针形至线形；花萼杯状，外面被柔毛，长 2～4 毫米，结果时增大近 1 倍，顶端 5 浅裂，裂齿三角形，长 0.6～1 毫米；花冠紫色或红色，长 1～2 厘米，外面被疏毛，喉部疏生柔毛，顶端 5 裂，裂片全缘，下唇中裂片较大，花冠管长 1～1.5 厘米；雄蕊 4 枚，与花柱均伸出花冠管外；子房无毛，有或无腺点。蒴果黑棕色，4 瓣裂，无毛，无翅，有网纹。花期 7～8 月，果期 8～9 月。

产本区富县张村驿镇，又称单花莸。生于阴湿山坡或水沟边。全株可药用，具消食理气、祛风湿、活血止痛之功效。

莸

光果莸 Caryopteris tangutica Maxim.

落叶直立灌木，高 0.5～2 米。嫩枝密生灰白色绒毛。叶片披针形至卵状披针形，长 2～5.5 厘米，宽 0.5～2 厘米，顶端钝或渐尖，基部圆形或楔形，边缘常具深锯齿，锯齿深达叶面 1/3～1/2 处，表面绿色，疏被柔毛，背面密生灰白色茸毛，侧脉 5～8 对，在叶背凸出明显，在表面常微凹；叶柄长 0.4～1 厘米。聚伞花序紧密呈头状，腋生和顶生，无苞片和小苞片；花萼长约 2.5 毫米，果萼长约 6 毫米，外面密生柔毛，顶端 5 裂，分裂达中部以下，裂片披针形，结果时花萼增大；花冠蓝紫色，二唇形，下唇中裂片较大，边缘呈流苏状，花冠管长 5～7 毫米；雄蕊 4 枚，与花柱同伸出花冠管外；子房无毛，柱头 2 裂。蒴果倒卵圆状球形，无毛，长约 5 毫米，宽约 4 毫米，果瓣具宽翅。花期 7～9 月，果期 9～10 月。

产本区富县直罗镇。生于干燥山坡。全株可药用，具调经活血、祛风湿之功效。

光果莸

三花莸 Caryopteris terniflora Maxim.

落叶直立亚灌木，常自基部即分枝，高 15～60 厘米。茎方形，密生灰白色向下弯曲柔毛。叶片纸质，卵圆形至长卵形，长 1.5～4 厘米，宽 1～3 厘米，顶端尖，基部阔楔形至圆形，两面具柔毛和腺点，以背面较密，边缘具规则钝齿，侧脉 3～6 对；叶柄长 0.2～1.5 厘米，被柔毛。聚伞花序腋生，花序梗长 1～3 厘米，通常 3 花，偶有 1 或 5 花；花梗长 3～6 毫米；苞片细小，锥形；花萼钟状，长 8～9 毫米，两面有柔毛和腺点，5 裂，裂片披针形；花冠紫红色或淡红色，

三花莸

长1.1～1.8厘米，外面疏被柔毛和腺点，顶端5裂，二唇形，裂片全缘，下唇中裂片较大，圆形；雄蕊4枚，与花柱均伸出花冠管外；子房顶端被柔毛，花柱长过雄蕊。蒴果成熟后四瓣裂，果瓣倒卵状舟形，无翅，表面明显凹凸成网纹，密被糙毛。花果期6～9月。

产本区富县直罗镇。生于山坡、平地草丛中。全株可药用，具清热解毒、祛风除湿、消肿止痛之功效。

透骨草 **Phryma leptostachya** L. subsp. **asiatica** (Hara) Kitamura

多年生草本，高30～100厘米。茎四棱形，绿色或淡紫色，被柔毛。叶对生，卵状长圆形或卵状披针形，长3～16厘米，宽1～8厘米，先端渐尖，基部楔形、圆形或截形，边缘有3～5钝锯齿，两面被柔毛；侧脉每边4～6条；叶柄长0.5～4厘米，被柔毛。穗状花序顶生，被柔毛，花序梗长3～20厘米；花对生或互生，具短梗；苞片钻形至线形，长1～2.5毫米，小苞片2枚，较小；花萼筒状，长2.5～3.2毫米，有5纵棱，外被柔毛，萼齿直立，上萼齿3，先端钩状，下萼齿2；花冠漏斗状，长6.5～7.5毫米，蓝紫色或淡红色，内被柔毛；檐部二唇形，上唇2裂，下唇3裂，中裂片较大；雄蕊4枚，花丝2枚较长，花药肾状圆形；雌蕊无毛，子房长圆状披针形，柱头二唇形，下唇较长。瘦果狭椭圆形，包于宿存花萼内，反折。种子1粒，种皮与果皮合生。花期6～10月，果期8～12月。

产本区富县张村驿镇、直罗镇，黄陵县双龙镇。生于阴湿山坡或林下。全草有毒，根毒性较大；民间全草可入药，治感冒、跌打损伤，或煎水灭蝇蛆和菜青虫。

透骨草

荆条 **Vitex negundo** L. var. **heterophylla** (Franch.) Rehd.

落叶灌木或小乔木。小枝四棱形，密生灰白色绒毛。掌状复叶，小叶5，少有3；小叶长圆状披针形至披针形，顶端渐尖，基部楔形，边缘有缺刻状锯齿，浅裂以至深裂，背面密被灰白色绒毛；中间小叶长4～13厘米，宽1～4厘米，两侧小叶依次递小，若具5小叶时，中间3片小叶有柄，最外侧的2片小叶无柄或近无柄。聚伞花序排成圆锥花序，顶生，长10～27厘米，花序梗密生灰白色绒毛；花萼钟状，顶端有5裂齿，外有灰白色绒毛；花冠淡紫色，外有微柔毛，顶端5裂，二唇形；雄蕊伸出花冠管外；子房近无毛。核果近球形，径约2毫米；宿萼接近果实的长度。花期4～6月，果期7～10月。

本区分布广。生于干旱山坡、路旁灌丛中或疏林下。茎皮可作造纸及人造棉原料；花和枝叶可提取芳香油；全株及叶、根可药用，具清热解表、祛痰止咳、化湿截疟、祛风湿、镇痛之功效。

荆条

107 唇形科 Labiatae

藿香 **Agastache rugosa** (Fisch. et Mey.) O. Ktze.

多年生草本。茎直立，四棱形，上部被极短细毛。叶心状卵形至长圆状披针形，向上渐小，先端长渐尖，基部心形，边缘具粗齿，纸质，被微柔毛及点状腺体。轮伞花序多花，组成顶生密集的圆筒形穗状花序；轮伞花序具短梗，被柔毛；苞叶披针状线形，苞片与之相似，较小；花萼管状倒圆锥形，被微柔毛及黄色小腺体，萼齿三角状披针形，后3齿长，前2齿稍短；花冠淡紫蓝色，外被微柔毛，冠檐二唇形，上唇直伸，先端微缺，下唇3裂，中裂片较宽大，边缘波状，基

藿香

部宽，侧裂片半圆形；雄蕊伸出花冠，花丝细，扁平；花柱与雄蕊近等长，丝状，先端相等的 2 裂；花盘厚环状；子房裂片顶部具绒毛。成熟小坚果卵状长圆形，腹面具棱，先端具短硬毛，褐色。花期 6～9 月，果期 9～11 月。

本区多为栽培或逸生。茎叶含芳香油 0.2%～0.5%，可供药用或为芳香油原料；地上部分可药用，具祛暑解表、化湿和中、理气开胃之功效。

筋骨草 **Ajuga ciliata** Bunge

多年生草本，高 25～40 厘米。根膨大。茎四棱形，紫红色或绿紫色，幼时被长柔毛。叶片卵状椭圆形至狭椭圆形，长 4～7.5 厘米，宽 3.2～4 厘米，先端钝或急尖，基部楔形，边缘具重齿，具缘毛，上下被糙伏毛，侧脉与中脉上凹下凸；叶柄绿黄色或紫红色，基部抱茎，被柔毛。穗状聚伞花序顶生，长 5～10 厘米，由多数轮伞花序组成；花梗短；苞叶叶状，紫红色，卵形，下脉被疏柔毛，边缘具缘毛；花萼漏斗状钟形，齿外被长柔毛和缘毛，具 10 脉，萼齿 5，长三角形；花冠紫色，具蓝色条纹，冠筒长，外被柔毛，基部具毛环，冠檐二唇形，上唇短，下唇增大伸长，3 裂，中裂片倒心形，侧裂片线状长圆形；雄蕊 4 枚，2 强，花丝粗壮；花柱长于雄蕊，先端 2 裂；子房无毛。小坚果长圆状，背部具网状皱纹，腹部中间隆起，果脐大。花期 4～8 月，果期 7～9 月。

产本区富县张村驿镇、直罗镇，宜君县，耀州区。生于溪旁、林下湿润处及路旁草丛中。全草可药用，具止咳化痰、清热凉血、消肿、解毒之功效。

筋骨草

水棘针 **Amethystea caerulea** L.

一年生草本，高 0.3～1 米。茎四棱形，紫色或紫绿色，被柔毛。叶片三角形或近卵形，3～5 裂，裂片披针形，边缘具重锯齿，中裂片长 2.5～4.7 厘米，宽 0.8～1.5 厘米，无柄，侧裂片小，几无柄，基部下延，叶片上面被微柔毛，中肋明显；叶柄长 0.7～2 厘米，紫色或紫绿色，有沟，具狭翅，被长硬毛。花序由聚伞花序所组成的圆锥花序；花梗长 1～2.5 毫米，与总梗被疏腺毛；苞叶与茎叶同形，较小；小苞片线形，长约 1 毫米，具缘毛；花萼钟形，长约 2 毫米，外被乳头状突起及腺毛，具 10 脉，5 脉隆起，萼齿 5，长约 1 毫米，边缘具缘毛，果时增大；花冠蓝色或紫蓝色，冠檐二唇形，外被腺毛，上唇 2 裂，下唇略大，3 裂，中裂片近圆形；雄蕊 4 枚，花丝细弱，伸出雄蕊约 1/2，花药 2 室，室叉开，成熟后贯通为 1 室；花柱先端 2 裂，后裂片短。小坚果倒卵状三棱形，背面具网状皱纹，腹面具棱，合生面大，达果长 1/2 以上。花期 8～9 月，果期 9～10 月。

本区分布广。生于田边、河岸沙地或路边草丛。

水棘针

风车草 **Clinopodium urticifolium** (Hance) C. Y. Wu et Hsuan

多年生草本。茎钝四棱形，具细条纹，带紫红色，疏被向下的硬毛。叶卵圆形、卵状长圆形，先端钝或急尖，基部近平截，边缘锯齿状，上面被硬毛，下面沿脉被具节疏柔毛，侧脉 6～7 对，下面明显隆起；叶柄向上渐短，腹凹背凸，密被具节疏柔毛。轮伞花序多花，半球形；苞片叶状，线形，紫红色，明显具肋，被白色缘毛；总梗及序轴密被柔毛；花萼狭管状，上部紫红色，13 脉，外面沿脉被白色纤毛，其余被腺微柔毛，上唇 3 齿，长三角形，先端具短芒尖，下唇

风车草

2齿，稍长，先端芒尖；花冠紫红色，外被微柔毛，下唇内喉部具2列毛茸，冠筒伸出，冠檐二唇形，上唇先端微缺，下唇3裂，中裂片稍大；雄蕊4枚，前对长，花药2室；花柱微露出，先端不等2浅裂，裂片扁平；花盘平顶；子房无毛。小坚果倒卵形，褐色，无毛。花期6～8月，果期8～10月。

产本区富县，黄陵县，宜君县，又称麻叶风轮菜。生于山坡草地、路旁、疏林下。全草可药用，具疏风清热、解毒止痢、活血止血之功效。

香青兰

香青兰 Dracocephalum moldavica L.

一年生草本，高22～40厘米。直根圆柱形。茎中部以下分枝，被倒向毛，带紫色。叶草质，基生叶卵圆状三角形，边缘具疏圆齿，柄长；下部茎生叶与基生叶相似，中部以上者具短柄，叶片披针形至线状披针形，先端钝，基部圆形或宽楔形，脉上疏被毛及黄色腺点，边缘具牙齿，或基部成小裂片状，深裂，具长刺。轮伞花序生茎或枝上部，具4花；花梗长3～5毫米；苞片长圆形，疏被毛，每侧具2～3小齿，齿具长刺；花萼被腺点及毛，脉带紫色，2裂近中部，上唇3浅裂，三角状卵形，下唇2深裂，披针形；花冠淡蓝紫色，外被白色柔毛，冠檐二唇形，上唇先端微凹，下唇3裂，中裂片2裂，具深紫色斑点，有短柄，柄上有2突起；雄蕊伸出，花丝先端尖，花药叉开；花柱端2等裂。小坚果长约2.5毫米，长圆形，顶平截，光滑。花果期7～8月。

本区富县直罗镇、张家湾镇。生于干燥山地、多石处。全株含芳香油0.1%～0.17%，可供食用香精和药用；全草可药用，具解表、清热、止痛之功效。

香薷

香薷 Elsholtzia ciliata (Thunb.) Hyland.

一年生草本。须根密集。茎高达1.3米，被倒向疏柔毛，钝四棱形。叶椭圆状披针形，长3～9厘米，先端渐尖，基部楔状下延成狭翅，边缘具锯齿，上面疏被硬毛，下面沿脉疏被硬毛，并散布橙色腺点，侧脉6～7对；叶柄长0.5～3.5厘米，具狭翅，疏被硬毛。穗状花序由多花的轮伞花序组成；苞片宽卵圆形，长宽约3毫米，先端具长2毫米突尖，外面疏被橙色腺点，边缘具缘毛；花梗长1.2毫米，序轴密被柔毛；花萼钟形，长1.5毫米，外被柔毛，萼齿5，三角形，前2齿较长，先端具针状尖头，边缘具缘毛；花冠淡紫色，外被柔毛，喉部被柔毛，冠檐二唇形，下唇3裂；雄蕊4枚，前对较长，花丝无毛，花药紫黑色；花柱先端2浅裂。小坚果长圆形，长约1毫米，棕黄色，光滑。花期7～10月，果期10月。

产本区富县，黄陵县，宜君县。种子含脂肪油38%；全草含挥发油，鲜茎叶含挥发油0.26%～0.59%，干茎叶含挥发油0.8%～2.0%；全草可入药，具发汗解暑、行水散湿、温胃调中之功效。

活血丹

活血丹 Glechoma longituba (Nakai) Kupr.

多年生草本。具匍匐茎，逐节生根。茎高10～24厘米，四棱形，基部紫红色，幼时被长柔毛。叶心形或近肾形，先端钝，基部心形，边缘具圆齿；上面疏被粗伏毛，下面带紫色，脉隆起，被柔毛或硬毛；叶柄长为叶片的1～2倍，被长柔毛。轮伞花序常2花；苞片刺芒状；花萼管状，长9毫米以上，内外被柔毛，齿5，上唇3齿较长，先端芒状，边缘具缘毛；花冠淡蓝色至紫色，冠筒上部膨大成钟形，有长短两型，外面被长柔毛，下唇内喉部被柔毛；冠檐二唇形，上唇 2 裂，下唇 3 裂，中裂片最大，肾形，先端凹；雄蕊 4 枚，后对较长；花药卵形，2 室；子房 4 裂；花盘前方膨大；花柱细长，2 裂。小坚果深褐色，长圆状卵形，顶端圆，基部三棱形。花期 4～5 月，果期 5～6 月。

产本区富县，黄陵县，耀州区。生于林缘、疏林下、草地等阴湿处。全草含芳香油，可供食用香精、医药用；地上部分可药用，具利湿通淋、清热解毒、散瘀消肿之功效。

夏至草 **Lagopsis supina** (Steph. ex Willd.) Ik.-Gal. ex Knorr.

多年生草本。主根圆锥形。茎四棱形，具沟槽，带紫红色，密被柔毛，基部分枝。叶轮廓为圆形，先端圆形，基部心形，3 深裂，裂片有圆齿，叶上面疏生微柔毛，下面沿脉被长柔毛，余部具腺点，边缘具纤毛，脉掌状，3～5 出；基生叶柄长 2～3 厘米，上部叶的较短，扁平。轮伞花序疏花；小苞片短于萼筒，弯曲，刺状，密被柔毛；花萼管状钟形，外密被柔毛，脉 5，凸出，齿 5，不等大，三角形，先端刺尖，边缘有纤毛；花冠白色或粉红色，伸出萼筒，外面被长柔毛，内面被微柔毛，花丝基部被短柔毛；冠筒长约 5 毫米；冠檐二唇形，上唇比下唇长，长圆形，全缘，下唇 3 浅裂；雄蕊 4 枚，着生于冠筒中部稍下，后对较短；花药卵圆形，2 室；花柱先端 2 浅裂；花盘平顶。小坚果长卵形，褐色，有鳞秕。花期 3～4 月，果期 5～6 月。

本区分布广。生于路旁、山坡草地。地上部分有小毒；全草可药用，具活血、调经之功效。

夏至草

益母草 **Leonurus artemisia** (Laur.) S. Y. Hu

一年生或二年生草本。茎高 30～120 厘米，四棱形，被糙伏毛，多分枝。叶型多变，茎下部叶卵形，基部叶宽楔形，掌状 3 深裂，裂片再分裂，小裂片宽 3 毫米以上，上面有糙伏毛，下面被疏柔毛及腺点，叶脉突出，叶柄长 2～3 厘米，被糙伏毛；中部叶菱形，较小，3 裂，叶柄长 0.5～2 厘米；花序最上部的苞叶线形，全缘或具稀牙齿。轮伞花序腋生，具 8～15 花；无花梗；小苞片刺状，被柔毛；花萼管状钟形，内外有柔毛，5 脉，齿 5，前 2 齿靠合，后 3 齿较短，近等长，先端刺尖；花冠粉红色至淡紫红色，长 1～1.2 厘米，外被柔毛，冠筒内有鳞毛毛环，冠檐二唇形，上唇内凹，边缘具纤毛，下唇内基部被鳞状毛，3 裂；雄蕊 4 枚，前对较长，花丝丝状，被鳞状毛，花药 2 室；花柱先端 2 浅裂；子房褐色。小坚果长圆状三棱形，长 2.5 毫米，淡褐色，光滑。花期 6～9 月，果期 9～10 月。

产本区富县，黄陵县，宜君县，耀州区。生于疏林下、林缘或撂荒地。小坚果含油 37.02%；全草可入药，具活血、祛淤、调经、消水之功效。

益母草

细叶益母草 **Leonurus sibiricus** L.

一年生或二年生草本。主根圆锥形。茎直立，高 20～80 厘米，四棱形，有糙伏毛，不分枝或上部分枝。茎下部叶早落，中部叶掌状 3 全裂，裂片再羽状 3 裂成线状小裂片，小裂片宽 1～3 毫米，上下疏被糙伏毛，叶脉凸起，叶柄纤细，被糙伏毛；苞叶近菱形，3 全裂，中裂片再 3 裂，小裂片线形，宽 1～2 毫米。轮伞花序腋生，组成长穗状；花梗无；小苞片刺状，比萼筒短，被糙伏毛；花萼管状钟形，外部密被柔毛，脉 5，齿 5，具刺尖；花冠粉红色至紫红色，长约 1.8 厘米，内有鳞毛状毛环，冠檐二唇形，上唇长约 1 厘米，外密

细叶益母草

被长柔毛，下唇长约0.7厘米，外疏被长柔毛，3裂；雄蕊4枚，前对较长，花丝丝状，中部被鳞状毛，花药卵圆形，2室；花柱先端2浅裂；花盘平顶；子房褐色。小坚果长圆状三棱形，长2.5毫米，顶端截平，基部楔形，褐色。花期7～9月，果期9月。

产本区富县张村驿镇，宜君县。生于石质及砂质草地上。小坚果含油34.1%；全草可药用，具活血、祛淤、调经、消水之功效。

地笋 **Lycopus lucidus** Turcz.

多年生草本，高0.6～1.7米。根茎具节，呈圆柱形。茎四棱形具槽，节上带紫红色。叶近无柄，长圆状披针形，长4～8厘米，宽1.2～2.5厘米，先端渐尖，基部渐狭，边缘具锐尖锯齿，下面具凹陷的腺点，侧脉6～7对，与中脉在下面突出。轮伞花序腋生，无梗，多花密集；小苞片卵圆形至披针形，先端刺尖，外方者长，具3脉，内方者短，具1脉，边缘均具纤毛；花萼钟形，长3毫米，具10～13脉，外面具腺点，萼齿5，长2毫米，具刺尖头，边缘具小缘毛；花冠白色，长5毫米，外冠檐具腺点，喉部内具白色短柔毛，冠筒长约3毫米，冠檐二唇形，上唇近圆形，下唇3裂；雄蕊4枚，花丝丝状，前对能育，超出花冠，花药2室；花柱伸出花冠，先端2浅裂；花盘平顶。小坚果倒卵圆状四边形，长1.6毫米，宽1.2毫米，褐色，腹面具稜，有腺点。花期6～9月，果期8～11月。

产本区富县直罗镇，黄陵县双龙镇，又称地瓜儿苗，亦有栽培。生于水边、沟边等潮湿处。根茎可食，并可入药，具活血化瘀、行水消肿之功效。

地笋

薄荷 **Mentha haplocalyx** Briq.

多年生草本。茎直立，高30～60厘米，锐四棱形，具四槽，上部被倒向柔毛，下部沿棱被柔毛，多分枝。叶片长圆状披针形，长3～6厘米，宽0.8～3厘米，先端锐尖，基部楔形至近圆形，边缘疏生锯齿，侧脉5～6对，沿脉密生柔毛；叶柄长2～10毫米，腹凹背凸，被柔毛。轮伞花序腋生，轮廓球形，苞叶与叶同形；花梗纤细，长2.5毫米，近无毛；花萼管状钟形，长约2.5毫米，外被柔毛及腺点，10脉，萼齿5，先端长锐尖，长1毫米；花冠淡紫色，长4毫米，外面略被柔毛，里面在喉部下被柔毛，冠檐4裂，上裂片先端2裂，较大，其余3裂片近等大，先端钝；雄蕊4枚，前对较长，长约5毫米，伸出花冠外，花丝丝状，花药卵圆形，2室；花柱略超雄蕊，先端2浅裂，裂片钻形；花盘平顶。小坚果卵珠形，黄褐色，具小腺窝。花期7～9月，果期10月。

本区分布广。生于阴湿地。小坚果含油22.3%；茎叶含挥发油，鲜茎叶含挥发油0.8%～1.0%，干品含挥发油1.3%～2.0%，可用于糖果、饮料、牙膏及医药制品等；全草可药用，具疏风散热、解毒之功效。

薄荷

荆芥 **Nepeta cataria** L.

多年生植物。茎多分枝，高40～150厘米，四棱形，被白色短柔毛。叶卵状至三角状心形，长2.5～7厘米，宽2.1～4.7厘米，先端钝至锐尖，基部心形至截形，边缘具粗圆齿或牙齿，上面黄绿色，被短硬毛，下面灰白色，被短柔毛，侧脉3～4对，上凹下凸；叶柄细弱，长0.7～3厘米。花序聚伞状，下部的腋生，上部的顶生；苞叶叶状，苞片、小苞片钻形，细小；花萼花时管状，长约6毫米，外被柔毛，萼齿内被疏硬毛，长1.5～2毫米，花后增大成瓮状，纵肋明显；花

荆芥

冠白色，下唇有紫点，外被柔毛，里面喉部被短柔毛，长约7.5毫米，冠筒极细，冠檐二唇形，上唇短，下唇3裂，中裂片凹陷，边缘具粗牙齿，被柔毛；雄蕊内藏，花丝扁平；花柱先端2等裂；花盘杯状，裂片明显，子房无毛。小坚果卵形，三棱状，光滑，灰褐色，长约1.7毫米，径约1毫米。花期7～9月，果期9～10月。

本区分布广。生于路旁草丛或灌丛中。全草可药用，具祛风发汗、解热、透疹、散瘀消肿、止血、止痛之功效。

糙苏 **Phlomis umbrosa** Turcz.

多年生草本。须根肉质。茎高50～150厘米，多分枝，四棱形，疏被向下硬毛或星状柔毛，带紫红色。叶近圆形或卵状长圆形，长5.2～12厘米，宽2.5～12厘米，先端急尖，基部浅心形，边缘具锯齿或圆齿，两面被柔毛及星状柔毛；叶柄长1～12厘米，密被短硬毛；苞叶卵形，长1～3.5厘米，宽0.6～2厘米，边缘具粗牙齿，毛被同茎叶，柄短。轮伞花序4～8花，具总梗；苞片钻形，紫红色，被星状柔毛；花萼管状，长约10毫米，外被星状柔毛，5齿，齿端具小刺尖，边缘被丛毛；花冠粉红色，下唇具红色斑点，长约1.7厘米，冠筒外被柔毛，里面具毛环，冠檐二唇形，上唇长约7毫米，外面被柔毛，里面被髯毛，下唇短，外密被柔毛，3圆裂，中裂片较大；雄蕊内藏，花丝基部无附属器；花柱具不等的裂片。小坚果无毛。花期6～9月，果期9月。

产本区富县，黄陵县，宜君县。生于沟谷、疏林下或山坡草丛。种子含油20.34%；全草含挥发油；根及全草可药用，具祛风活络、强筋壮骨、消肿生肌、续筋接骨之功效。

丹参 **Salvia miltiorrhiza** Bunge

多年生草本。根肥厚肉质，外红内白。茎高40～80厘米，四棱形，具槽，密被长柔毛，多分枝。奇数羽状复叶，叶柄密被长柔毛，小叶3～7，长1.5～8厘米，宽1～4厘米，卵圆形至宽披针形，先端锐尖，基部圆或偏斜，边缘具圆齿，两面被柔毛；小叶柄与叶轴密被长柔毛。轮伞花序6至多花，组成具长梗的顶生或腋生总状花序；苞片披针形，先端渐尖，基部楔形，全缘；花梗长3～4毫米，序轴密被长柔毛或腺毛；花萼钟形，紫色，外被长柔毛及腺柔毛，里面密被长硬毛，具11脉，上唇先端具3个小尖头，下唇2深裂成齿；花冠紫蓝色，长2～2.7厘米，外被柔毛，内有毛环，冠筒比冠檐短，冠檐二唇形，上唇长，镰刀状，先端微缺，下唇短，3裂，中裂片先端2裂；能育雄蕊2枚，花丝关节处被柔毛；退化雄蕊线形；花柱长达40毫米，先端2裂。小坚果黑色，椭圆形，长约3.2厘米，直径1.5毫米。花期4～8月，花后见果。

产本区富县直罗镇，宜君县。生于山坡草丛。根状茎可药用，具祛瘀止痛、活血通经、清心除烦之功效。

一串红 **Salvia splendens** Ker-Gawl.

亚灌木状草本，高达90厘米。茎四棱形，具浅槽。单叶茎生，卵圆形或三角状卵圆形，长2.5～7厘米，宽2～4.5厘米，先端渐尖，基部截形或圆形，边缘具锯齿，下面具腺点；叶柄长3～4.5厘米。轮伞花序2～6花，花序长达20厘米；花梗长4～7毫米，密被染红的具腺柔毛，花序轴被微柔毛；苞片大，卵圆形，红色，先端尾状渐尖；花萼钟形，红色，花后达2厘米，外面沿脉被染红的具腺柔毛，里面上部被硬伏毛，二唇形，上唇先端具3枚小尖头，下唇比上

糙苏

丹参

一串红

唇长，深 2 裂；花冠红色，长 4～4.2 厘米，外被微柔毛，冠筒筒状，冠檐二唇形，上唇先端微缺，下唇比上唇短，3 裂，中裂片短；能育雄蕊 2 枚，花丝长约 5 毫米，药隔长约 1.3 厘米，上下臂近等长，下臂粗大外弯，退化雄蕊短小；花柱与花冠近相等，先端不等 2 裂；花盘等大。小坚果椭圆形，长约 3.5 毫米，暗褐色，顶端具突起，边缘或棱具狭翅，光滑。花期 3～10 月。

本区公园、庭院与室内多栽培，作观赏用。小坚果含油 28.3%；全草可药用，具消肿解毒、凉血之功效。

黄鼠狼花

黄鼠狼花 **Salvia tricuspis** Franch.

一年生或二年生草本。茎直立，四棱形，被柔毛，多分枝。叶三角状戟形或箭形，长 3～12 厘米，宽 2.2～12 厘米，先端渐尖，基部心形，基片卵圆形，锐尖，向两侧平伸，边缘具圆齿，两面被柔毛；叶柄长 1～11 厘米，被疏柔毛。轮伞花序 2 花，腋生或顶生，排列成总状圆锥花序；花梗长约 4 毫米，与花序轴被柔毛；苞片狭披针形，长 3～9 毫米，被柔毛；花萼钟形，长 9～11 毫米，内外被毛，二唇形，上唇先端有 3 个聚合的短尖头，下唇半裂成三角形二齿；花冠黄色，长 21～23 毫米，外被疏柔毛，里面有毛环与柔毛，冠筒长约 15 毫米，冠檐二唇形，下唇较短，3 裂；能育雄蕊 2 枚，外伸，花丝扁平，长约 5 毫米，药隔弧形，上臂稍长，下臂横生药室，室先端连合；退化雄蕊小，顶端增大；花柱伸出，先端 2 浅裂；花盘前方膨大。小坚果倒卵圆形，长 3 毫米，宽 2 毫米，褐色，光滑。花期 7～9 月，果期 9～10 月。

产本区富县张家湾镇。生于河岸、沟边草地。

黄芩

黄芩 **Scutellaria baicalensis** Georgi

多年生草本。根茎肥厚肉质。茎高 30～90 厘米，钝四棱形，绿色或带紫色，多分枝。叶披针形至线状披针形，长 1.5～4.5 厘米，宽 0.5～1.2 厘米，顶端钝，基部圆形，全缘，下面密被腺点，侧脉 4 对，上凹下凸；叶柄长约 2 毫米，腹凹背凸，被微柔毛。总状花序顶生，聚成圆锥花序；花梗与序轴被柔毛；苞片下部者似叶，上部者较小，卵圆状披针形；花萼花期长 4 毫米，果期 5 毫米，盾片花期高 1.5 毫米，果期 5 毫米，外面密被柔毛，萼缘被柔毛；花冠紫色、紫红色至蓝色，长 2.3～3 厘米，内外被柔毛；冠檐二唇形，上唇先端微缺，下唇中裂片三角状卵圆形；雄蕊 4 枚，前对较长，具半药，后对较短，具全药，药室裂口具白色髯毛，背部具泡状毛，花丝扁平，被柔毛；子房褐色，具柄，4 裂，花柱微裂。小坚果卵球形，黑褐色，具瘤，腹面具果脐。花期 7～8 月，果期 8～9 月。

本区分布广。生于向阳坡草地、撂荒地上。茎秆可提芳香油；根可提制黄色素，用于染布；根可药用，具清热燥湿、泻火解毒、止血、安胎之功效。

并头黄芩

并头黄芩 **Scutellaria scordifolia** Fisch. ex Schrenk.

多年生草本。根茎节上生须根。茎直立，四棱形，基部带紫色，棱上疏被柔毛，不分枝。叶柄近无，腹凹背凸，被柔毛；叶片三角状狭卵形，宽在 0.7 厘米以上，先端钝，基部近截形，边缘具浅锐牙齿，下面沿脉疏被柔毛，具多数凹腺点，侧脉约 3 对，上凹下凸。花对生于茎上部叶腋内，长 2 厘米以上，偏向一侧；苞叶与茎叶同形，具柄；花梗被短柔毛，近基部有一对长约 1 毫米的针状小苞片；花萼上具盾片，被短柔毛；花冠蓝紫色，外面被短柔毛；冠筒基部浅囊状膝曲，喉部宽达 6.5 毫米；冠檐二唇形，上唇盔状，内凹，下唇中裂片圆状卵圆形，2 侧裂片卵圆形；雄蕊 4 枚，内藏，前对较长，具能育半药，后对较短，具全药，药室裂口具髯毛，花丝扁平，被疏柔毛；子房具柄，等大 4 裂，花柱细长，先端微裂；花盘前方隆起。小坚果黑色，椭圆形，具瘤状突起。花期 6～8 月，果期 8～9 月。

产本区富县直罗镇、张村驿镇。生于山坡草地、荒地、林缘。全草可药用，具清热、消肿之功效。

甘露子

甘露子 Stachys sieboldii Miq.

多年生草本，高 30～120 厘米。根茎白色，有念珠状或螺蛳形的肥大块茎。茎直立，四棱形，在棱及节上有硬毛。叶卵圆形，长 3～12 厘米，宽 1.5～6 厘米，先端锐尖，基部近平截，边缘有圆齿状锯齿，上面被硬毛；侧脉 4～5 对，下面显著；叶柄长 1～3 厘米，腹凹背平，被硬毛；苞叶向上渐小，均无柄。轮伞花序常 6 花，组成顶生穗状花序；花梗极短，被柔毛；小苞片线形，长约 1 毫米，被柔毛；花萼狭钟形，连齿长 9 毫米，外被柔毛，10 脉，齿 5，三角形，先端具刺尖头；花冠粉红色至紫红色，下唇有紫斑，长约 1.3 厘米，冠筒筒状，长约 9 毫米，毛环上方囊状膨大，外伸出部分被柔毛，内被毛环，冠檐二唇形，上唇短，外被柔毛，下唇外疏被柔毛，3 裂，中裂片较大；雄蕊 4 枚，前对较长，花丝先端膨大，被柔毛，花药卵圆形，2 室，纵裂；花柱长于雄蕊，先端 2 浅裂。小坚果卵珠形，径约 1.5 厘米，黑褐色，具小瘤。花期 7～8 月，果期 9 月。

本区多栽培，俗称地蚕、地溜子。地下块茎可供食用，或作酱菜或泡菜。

百里香

百里香 Thymus mongolicus (Ronniger) Ronn.

落叶半灌木。茎多数，匍匐或斜升。不育枝被短柔毛；花枝高 2～10 厘米，在花序下密被疏柔毛，下部毛变短而疏，具 2～4 对叶。叶卵圆形，长 4～10 毫米，宽 2～4.5 毫米，先端钝或稍锐尖，基部楔形或渐狭，全缘或稀有 1～2 对小锯齿，侧脉 2～3 对，下面具腺点，叶柄明显，长约为叶片 1/2，上部叶柄较短；苞叶与叶同形，边缘具缘毛。花序头状，多花或少花；花梗短；花萼管状钟形或狭钟形，长 4～4.5 毫米，下部被疏柔毛，下唇较上唇长，上唇齿短，三角形，具缘毛或无毛；花冠紫红色、紫色或淡紫色、粉红色，长 6.5～8 毫米，被疏短柔毛，冠筒伸长，长 4～5 毫米，向上稍增大。小坚果近圆形或卵圆形，压扁状，光滑。花期 7～8 月。

产本区富县，旬邑县，又称地椒。生于多石山地杂草丛中。花期枝叶含粗蛋白 9.17%、粗脂肪 6.61%、粗纤维 22.45%，是优良饲料；全草含挥发油 0.8%～1.33%，可供药用或调配香料；全草可药用，具温中散寒、解表、驱风止痛之功效。

108 车前科 Plantaginaceae

车前

车前 Plantago asiatica L.

二年生或多年生草本。须根多数。叶基生呈莲座状，平卧、斜展或直立；叶片纸质，宽卵形至宽椭圆形，先端钝圆至急尖，边缘波状、全缘或有锯齿，基部宽楔形，两面疏生柔毛；脉 5～7 条；叶柄具凹槽，基部扩大成鞘，疏生柔毛。花序 3～10 个，直立；花序梗有纵条纹，疏生白色柔毛；穗状花序圆柱状；花具短梗；苞片狭卵状三角形；花萼长2～3毫米，萼片先端钝圆或钝尖，龙骨突不延至顶端，较宽，前对萼片椭圆形，两侧萼片不对称，后对萼片宽倒卵状椭圆形；花冠白色，冠筒与萼片约等长，裂片狭三角形，先端渐尖或急尖，具中脉；雄蕊着生冠筒内近基部，与花柱外伸，花药长1～1.2毫米，顶端具三角形突起，白色；胚珠7～15。蒴果纺锤状卵形、卵球形，周裂。种子5～6粒，长1.3～2毫米，卵状椭圆形，具角，黑褐色至黑色，背腹面微隆起。花期4～8月，果期6～9月。

本区分布广。生于草地、沟边、河岸湿地、田边、路旁或村边空旷处。全草和种子可药用，具清热利尿、镇咳祛痰、平喘、止泻之功效。

平车前 **Plantago depressa** Willd.

一年生或二年生草本。直根长，具多数侧根。根茎短。叶基生呈莲座状，平卧、斜展或直立；叶片纸质，椭圆形至卵状披针形，长3～12厘米，宽1～3.5厘米，先端急尖，边缘具浅波状钝齿或牙齿，基部宽楔形至狭楔形，下延至叶柄，脉5～7条，上凹下凸，两面疏被白色短柔毛；叶柄基部扩大成鞘状。花序3至10余个，花序梗有纵条纹，疏被白色短柔毛；穗状花序细圆柱状，长6～12厘米；苞片三角状卵形，先端无芒状尖，近等长于花，龙骨突宽厚，宽于两侧片；花萼无毛，龙骨突宽厚，不延至顶端；花冠白色，冠筒无横皱，近等长于萼片，裂片长0.5～1毫米；雄蕊白色，干后变褐色，同花柱明显外伸，花药卵状椭圆形，先端具宽三角状小突起；胚珠5。蒴果卵状椭圆形，长4～5毫米，周裂。种子4～5粒，椭圆形，腹面平坦，长1.2～1.8毫米，黄褐色至黑色。花期5～7月，果期7～9月。

本区分布广。生于草地、河滩、沟边、田间及路旁。种子可药用，具利水、清热、止泻、明目之功效。

平车前

大车前 **Plantago major** L.

二年生或多年生草本。根须状。根茎粗短。叶基生呈莲座状，平卧、斜展或直立；叶片草质或纸质，宽卵形至宽椭圆形，长5～22厘米，宽4～16厘米，先端钝尖或急尖，边缘波状，疏生牙齿或近全缘，两面近无毛，脉3～7条；叶柄基部鞘状，被毛。穗状花序细圆柱状，1至数个，花序梗直立，有纵条纹，被柔毛；花无梗；苞片宽卵状三角形，长宽近相等，龙骨突宽厚；花萼长1.5～2.5毫米，萼片先端圆形，龙骨突不达顶端，前对椭圆形，后对近圆形；花冠白色，冠筒与萼片近等长，裂片披针形至狭卵形；雄蕊与花柱明显外伸，花丝白色，干后不变黑，花药椭圆形，初为淡紫色，干后变褐色；胚珠12至40余个。蒴果近球形，周裂。种子12～24粒，长0.8～1.2毫米，卵形或菱形，具角，腹面近平坦，黄褐色。花期6～8月，果期7～9月。

本区分布广。生于河滩、沟边、路旁、田边或荒地。种子可药用，具利水、清热、止泻、明目之功效。

大车前

109 醉鱼草科 Buddlejaceae

互叶醉鱼草 **Buddleja alternifolia** Maxim.

落叶灌木，高1～4米。长枝对生或互生，短枝簇生，被星状绒毛；小枝四棱形。叶在长枝上互生，披针形，顶端急尖或钝，基

互叶醉鱼草

部楔形，全缘或有波状齿，上面幼时被灰白色绒毛，下面密被灰白色绒毛；花枝或短枝上的叶小，簇生，椭圆形或倒卵形，顶端圆钝，基部楔形，全缘兼有波状齿，被灰白色绒毛；叶柄长1～2毫米。花多数组成簇生状或圆锥状聚伞花序；花序较短，密集，生于二年生枝条上；花芳香；花梗长3毫米；花萼钟状，具四棱，外面密被灰白色星状绒毛和腺毛，裂片三角状披针形，内被腺毛；花冠紫蓝色，外被星状毛，花冠管喉部被腺毛；雄蕊着生花冠管中部，花丝极短，花药长圆形，顶端急尖，基部心形；子房长卵形，柱头卵状。葫果椭圆状。种子多粒，狭长圆形，灰褐色，周边有短翅。花期5～7月，果期7～10月。

产本区富县，黄陵县，俗称白杞梢。生于干旱山坡或河畔灌丛中。叶、花有小毒，可药用，具祛风除湿、止咳化痰、散瘀、杀虫之功效。

大叶醉鱼草 **Buddleja davidii** Franch.

落叶灌木，高1～5米。小枝下弯，略呈四棱形；幼枝、叶片下面、叶柄和花序均密被灰白色星状短绒毛。叶对生，狭卵形至卵状披针形，长1～20厘米，宽0.3～7.5厘米，顶端渐尖，基部宽楔形，边缘具细锯齿，上面初被星状柔毛，侧脉每边9～14条，上平下凸；叶柄长1～5毫米；柄间有2枚托叶，或早落。总状或圆锥状聚伞花序顶生，长4～30厘米；花梗长0.5～5毫米；小苞片线状披针形；花萼钟状，外初被星状绒毛，花萼裂片披针形；花冠淡紫色，后变黄白色，喉部橙黄色，长7.5～14毫米，外初被星状毛及鳞片，花冠管长6～11毫米，内被星状柔毛，花冠裂片近圆形，长和宽1.5～3毫米；雄蕊着花冠管内壁中部，花丝短，花药长0.8～1.2毫米，基部心形；子房长1.5～2毫米，花柱长0.5～1.5毫米，柱头棍棒状。蒴果狭椭圆形，2瓣裂，淡褐色，基部有宿存花萼。种子长椭圆形，长2～4毫米，直径约0.5毫米，两端具尖翅。花期5～10月，果期9～12月。

产本区富县直罗镇。生于山坡、沟边灌木丛中。根皮、树叶有毒，可药用，具祛风散寒、活血止痛之功效。

大叶醉鱼草

110 木犀科 Oleaceae

流苏树 **Chionanthus retusus** Lindl. et Paxt.

落叶乔木，高达20米。小枝灰褐色，幼枝淡黄色或褐色，被柔毛。叶片长圆形或圆形，长3～12厘米，宽2～6.5厘米，先端圆钝，基部圆形至楔形，全缘或有小锯齿，叶缘具睫毛，上面沿脉被长柔毛，下面密被长柔毛，老时下面沿脉密被长柔毛，中脉上凹下凸，侧脉3～5对；叶柄长0.5～2厘米，密被黄色卷曲柔毛。聚伞状圆锥花序顶生，长3～12厘米，近无毛；花长1.2～2.5厘米，单性而雌雄异株或为两性花；花梗长0.5～2厘米，纤细；苞片线形，长2～10毫米，疏被柔毛；花萼4深裂，裂片尖三角形；花冠白色，4深裂，裂片线状倒披针形，长1.5～2.5厘米，宽0.5～3.5毫米，花冠管短，长1.5～4毫米；雄蕊藏于管内或稍伸出，花丝长在0.5毫米之下，花药长卵形，长1.5～2毫米，药隔突出；子房卵形，长1.5～2毫米，柱头球形，稍2裂。果椭圆形，被白粉，长1～1.5厘米，径6～10毫米，呈蓝黑色或黑色。花期3～6月，果期6～11月。

产本区黄陵县双龙镇。生于山坡混交林中或灌丛中。种子含油12.0%；叶可药用，具清热、止泻之功效。

流苏树

连翘 Forsythia suspensa (Thunb.) Vahl

落叶灌木。枝开展或下垂，棕色、棕褐色或淡黄褐色，小枝土黄色或灰褐色，略呈四棱形，疏生皮孔，节间中空，节部具实心髓。叶通常为单叶，或3裂至三出复叶，叶片卵形、宽卵形或椭圆状卵形至椭圆形，先端锐尖，基部圆形、宽楔形至楔形，叶缘除基部外具锐锯齿或粗锯齿，上面深绿色，下面淡黄绿色，两面无毛；叶柄无毛。花通常单生或2至数朵着生于叶腋，先于叶开放；花梗长5～6毫米；花萼绿色，裂片长圆形或长圆状椭圆形，先端钝或锐尖，边缘具睫毛，与花冠管近等长；花冠黄色，裂片倒卵状长圆形或长圆形；在雌蕊长5～7毫米花中，雄蕊长3～5毫米，在雄蕊长6～7毫米的花中，雌蕊长约3毫米。果卵球形、卵状椭圆形或长椭圆形，先端喙状渐尖，表面疏生皮孔；果梗长0.7～1.5厘米。花期3～4月，果期7～9月。

产本区富县，宜君县。生于山坡灌丛、林下或草丛中。种子含油25.2%～39.2%，油可供制肥皂、化妆品、绝缘漆及润滑油等；果实可药用，具清热解毒、消肿散结之功效。

连翘

白蜡树 Fraxinus chinensis Roxb.

落叶乔木，高10～12米。树皮灰褐色，纵裂。小枝黄褐色，粗糙，皮孔不明显。芽阔卵形或圆锥形，被棕色柔毛或腺毛。羽状复叶长15～25厘米；叶柄长4～6厘米，基部不增厚；叶轴具浅沟，初时疏被柔毛；小叶5～7枚，卵形至披针形，小叶近等大，先端锐尖至渐尖，基部钝圆或楔形，叶缘具整齐锯齿，下面中脉两侧被白色长柔毛，侧脉8～10对，下面凸起；小叶柄长3～5毫米。圆锥花序顶生，长8～10厘米；花序梗长2～4厘米，近无毛，光滑；花雌雄异株；雄花密集，花萼小，钟状，长约1毫米，无花冠，花药与花丝近等长；雌花疏离，花萼大，桶状，长2～3毫米，4浅裂，花柱细长，柱头2裂。翅果匙形，长3～4厘米，宽4～6毫米，呈犁头状。坚果圆柱形，长约1.5厘米，宿存萼紧贴基部，一侧开口深裂。花期4～5月，果期7～9月。

产本区富县，黄陵县。生于山地杂木林中。树皮、叶、花可药用，具清热燥湿、收敛、明目、调经止血、生肌、止咳定喘之功效。

白蜡树

大叶梣 Fraxinus rhynchophylla Hance

落叶乔木，高12～15米。树皮灰褐色。当年生枝淡黄色，二年生枝暗褐色，皮孔散生。冬芽黑褐色，内侧密被棕色曲柔毛。羽状复叶长15～35厘米；叶柄长4～9厘米，叶轴具浅沟，小叶着生处具关节；小叶3～5枚，阔卵形或卵状披针形，长3～11厘米，宽2～6厘米，先端渐尖，基部钝圆至心形，叶缘具粗锯齿；中脉脉腋被白色柔毛；小叶柄长0.2～1.5厘米，具深槽。圆锥花序顶生，与叶同时开放，花序梗长约2厘米；花梗长约5毫米；苞片长披针形，长约5毫米；雄花与两性花异株；花萼浅杯状，萼齿革质；无花冠；两性花具雄蕊2枚，长约4毫米，花药椭圆形，长约3毫米，花丝长约1毫米，雌蕊具短花柱，柱头2叉深裂；雄花花萼小，花丝长达3毫米。翅果线形，长约3.5厘米，宽约5毫米，先端钝圆或急尖，翅下延至坚果中部。坚果长约1厘米，略隆起，具宿存萼。花期4～5月，果期9～10月。

产本区富县直罗镇，又称大叶白蜡树、花曲柳。生于山坡杂木林中。种子含油15.8%；树皮可入药，具健胃收敛之功效。

大叶梣

尖叶梣 **Fraxinus szaboana** Lingelsh.

落叶小乔木，高 3～8 米。树皮灰色。小枝黄色，近无毛，皮孔小而凸起，棕色，椭圆形。冬芽大，尖圆锥形，外侧密被黄褐色茸毛和白色腺毛，内侧密被棕色曲柔毛。羽状复叶长 12～20 厘米；叶柄长 3～5 厘米，基部膨大，嫩时有成簇棕色曲柔毛；叶轴上面具窄沟，小叶着生处具关节，被细柔毛；小叶 3～7 枚，卵状披针形，长 4.5～9 厘米，宽 2～4 厘米，顶生小叶较大，先端长渐尖，基部楔形，叶缘具锐锯齿，下面中脉两侧被淡黄色或白色柔毛，侧脉 6～8 对，上平下凸；小叶近无柄。圆锥花序顶生，花序梗长 1.5～2 厘米，被疏散长柔毛，皮孔不明显；雄花和两性花异株；花萼杯状，萼齿三角形尖头；无花冠；花柱短，柱头 2 叉裂。翅果匙形，中上部最宽，翅下延至坚果中部，坚果长约 1.2 厘米，脉棱细直；宿存萼齿整齐，与坚果基部疏离。花期 4～5 月，果期 7～9 月。

本区公园、路旁有栽培，又称尖叶白蜡树，供观赏。树皮可供药用，具清热燥湿、收涩止痢、止带、明目之功效。

尖叶梣

黄素馨 **Jasminum floridum** Bunge subsp. **giraldii** (Diels) Miao

直立或攀援灌木，高 0.4～3 米。小枝褐色，幼枝草绿色，扭曲，四棱，被短柔毛。叶互生，复叶，小叶 3 或 5 枚，卵形至椭圆形，长 1～4 厘米，宽 0.5～1.8 厘米，下面灰白色，密被白色长柔毛；先端急尖，具小尖头，基部楔形或圆形，中脉上凹下凸，侧脉不明显；顶生小叶片大，具小叶柄，长 0.2～1.2 厘米，侧生小叶片近无柄；单叶常为宽卵形或近圆形，长 1～2.5 厘米，宽 0.5～2 厘米。聚伞花序顶生，有花 3～25 朵；花梗缺或长达 2 厘米；苞片锥形，长 3～7 毫米；花萼具 5 条突起的肋，疏被短柔毛，萼管长 1～2 毫米，裂片锥状线形，长 1～3 毫米；花冠黄色，近漏斗状，花冠管长 0.9～1.5 厘米，裂片卵形，长 4～8 毫米，宽 3～5 毫米，先端锐尖，边缘具纤毛。果长圆形或球形，长 5～10 毫米，径 5～10 毫米，成熟时呈黑色。花期 5～10 月，果期 8～11 月。

产本区富县直罗镇，宜君县，耀州区。生于山谷、灌木林中。根可药用，具活血散瘀、生肌、收敛之功效。

黄素馨

迎春花 **Jasminum nudiflorum** Lindl.

落叶灌木，直立或匍匐，高 0.3～5 米。枝条下垂，稍扭曲，光滑无毛，小枝四棱形，棱上多少具狭翼。叶对生，三出复叶，小枝基部常具单叶；叶轴具狭翼，叶柄无毛；叶片和小叶片幼时两面稍被毛，老时仅叶缘具睫毛；小叶片卵形、长卵形或椭圆形、狭椭圆形，稀倒卵形，先端锐尖或钝，具短尖头，基部楔形，叶缘反卷，中脉在上面微凹入，下面凸起，侧脉不明显；顶生小叶片较大，无柄或基部延伸成短柄，侧生小叶片无柄；单叶为卵形或椭圆形，有时近圆形。花单生于去年生小枝的叶腋，稀生于小枝顶端；花梗长 2～3 毫米；苞片小叶状，披针形、卵形或椭圆形；花萼绿色，裂片 5～6 枚，窄披针形，先端锐尖；花冠黄色，径 2～2.5 厘米，花冠管长 0.8～2 厘米，基部直径 1.5～2 毫米，向上渐扩大，裂片 5～6 枚，长圆形或椭圆形，长 0.8～1.3 厘米，宽 3～6 毫米，先端锐尖或圆钝。花期 3 月。

本区公园、庭院、路旁有栽培，供观赏。叶、花可药用，具活血解毒、消肿止痛、发汗、解热利尿之功效。

迎春花

紫丁香 **Syringa oblata** Lindl.

落叶灌木或小乔木，高可达 5 米。树皮灰褐色或灰色。小枝较粗，疏生皮孔。小枝、花序轴、花梗、苞片、花萼、幼叶两面及叶柄均无毛而密被腺毛。叶片革质或厚纸质，卵圆形至肾形，宽常大于长，先端短凸尖至长渐尖或锐尖，基部心形、截形至近圆形，或宽楔形，上面深绿色，下面淡绿色；萌枝上叶片常呈长卵形，先端渐尖，基部截形至宽楔形；叶柄长 1～3 厘米。圆锥花序直立，由侧芽抽生，近球形或长圆形；花梗长 0.5～3 毫米；花萼长约 3 毫米，萼齿渐尖、锐尖或钝；花冠紫色，长 1.1～2 厘米，花冠管圆柱形，长 0.8～1.7 厘米，裂片呈直角开展，卵圆形、椭圆形至倒卵圆形，先端内弯略呈兜状或不内弯；花药黄色，位于距花冠管喉部 0～4 毫米处。果倒卵状椭圆形、卵形至长椭圆形，先端长渐尖，光滑。花期 4～5 月，果期 6～10 月。

本区分布广，又称华北紫丁香。生于山坡丛林、山沟溪边。树皮、叶可药用，具清热燥湿、止咳定喘、解毒、止痢之功效。

紫丁香

白丁香 **Syringa oblata** Lindl. var. **alba** Hort. ex Rehd.

与原变种的区别：叶片较小，基部通常为截形、圆楔形至近圆形或近心形。花白色。

本区公园、庭园广为栽培，供观赏。树皮、茎枝可入药，具消炎、镇咳、利水之功效。

白丁香

毛紫丁香 **Syringa oblata** Lindl. var. **giraldii** (Lemoine) Rehd.

与原变种的区别：小枝、花序和花梗除具腺毛外，被微柔毛或短柔毛，或无毛。叶片基部通常为宽楔形、近圆形至截形或近心形，上面除有腺毛外，被短柔毛或无毛，下面被短柔毛或柔毛，有时老时脱落；叶柄被短柔毛、柔毛或无毛。花期 5 月，果期 7～9 月。

产本区富县直罗镇，又称紫萼丁香。生于山坡林下或灌丛中。

毛紫丁香

北京丁香 **Syringa pekinensis** Rupr.

落叶灌木或小乔木，高 2～5 米。树皮褐色，纵裂。小枝带红褐色，细长，具显著皮孔，萌枝被柔毛。叶片纸质，卵形至近圆形，长 2.5～10 厘米，宽 2～6 厘米，先端长渐尖、骤尖、短渐尖至锐尖，基部圆形、截形至近心形或楔形，上面深绿色，干时略呈褐色，无毛，侧脉平，下面灰绿色，无毛，稀被短柔毛，侧脉平或略凸起；叶柄长 1.5～3 厘米，无毛，稀有被短柔毛。花序由 1 对或 2 至多对侧芽抽生，长 5～20 厘米，宽 3～18 厘米，栽培的更长而宽；花序轴、花梗、花萼无毛；花序轴散生皮孔；花梗长 0～1 毫米；花萼长 1～1.5 毫米，截形或具浅齿；花冠白色，呈辐状，长 3～4 毫米，花冠管与花萼近等长或略长，裂片卵形或长椭圆形，长 1.5～2.5 毫米，先端锐尖或钝，或略呈兜状；花丝略短于或稍长于裂片，花药黄色，长圆形，长约 1.5 毫米。果长椭圆形至披针形，长 1.5～2.5 厘米，先端锐尖至长渐尖，光滑，稀疏生皮孔。花期 5～8 月，果期 8～10 月。

本区公园、庭院、路旁广为栽培，供观赏。

北京丁香

暴马丁香 **Syringa reticulata** (Blume) Hara var. **amurensis** (Rupr.) Pringle

落叶小乔木，高 4～10 米。树皮紫灰褐色，具细裂纹。当年生枝绿色或略带紫晕，疏生皮孔，二年生枝棕褐色，具较密皮孔。叶片厚纸质，宽卵形至椭圆状卵形，先端短尾尖至尾状渐尖，基部圆形或楔形至截形，上面侧脉和细脉凹入使叶面呈皱缩，下面中脉和侧脉凸起；叶柄无毛。圆锥花序由1至多对着生于同一枝条上的侧芽抽生；花序轴、花梗和花萼均无毛；花序轴具皮孔；花梗长0～2毫米；花萼长1.5～2毫米，萼齿钝或凸尖；花冠白色，呈辐状，花冠管长约1.5毫米，裂片卵形，先端锐尖；花丝与花冠裂片近等长，花药黄色。果长椭圆形，先端常钝，光滑或具细小皮孔。花期6～7月，果期8～10月。

本区分布广。生于山坡灌丛或林边、草地、沟边。花的浸膏可调制各种香精，是价值高的天然香料；种子含油28.6%；树皮含鞣质5.72%，叶含鞣质19.59%；树皮及茎枝可入药，具消炎、镇咳、利水之功效。

暴马丁香

111 玄参科 Scrophulariaceae

小米草 **Euphrasia pectinata** Ten.

植株直立，高10～30（～45）厘米。不分枝或下部分枝，被白色柔毛。叶与苞叶无柄，卵形至卵圆形，长5～20毫米，基部楔形，每边有数枚稍钝、急尖的锯齿，两面脉上及叶缘多少被刚毛，无腺毛。花序长3～15厘米，初花期短而花密集，逐渐伸长至果期果疏离；花萼管状，长5～7毫米，被刚毛，裂片狭三角形，渐尖；花冠白色或淡紫色，背面长5～10毫米，外面被柔毛，背部较密，其余部分较疏，下唇比上唇长约1毫米，下唇裂片顶端明显凹缺；花药棕色。蒴果长矩圆状，长4～8毫米。种子白色，长1毫米。花期6～9月。

产本区富县直罗镇。生于阴坡草地、近水边及灌丛中。全草可药用，具清热、除烦、利尿之功效。

小米草

柳穿鱼 **Linaria vulgaris** Mill. subsp. **sinensis** (Bebeaux) Hong

多年生草本，植株高20～80厘米，茎叶无毛。茎直立，常在上部分枝。叶通常多数而互生，少下部的轮生，上部的互生，更少全部叶都成4枚轮生的，条形，常单脉，少3脉，长2～6厘米，宽2～4（～10）毫米。总状花序，花期短而花密集，果期伸长而果疏离，花序轴及花梗无毛或有少数短腺毛；花梗长2～8毫米；苞片条形至狭披针形，超过花梗；花萼裂片披针形，长约4毫米，宽1～1.5毫米，外面无毛，内面多少被腺毛；花冠黄色，除去距长10～15毫米，上唇长于下唇，裂片长2毫米，卵形，下唇侧裂片卵圆形，宽3～4毫米，中裂片舌状，距稍弯曲，长10～15毫米。蒴果卵球状，长约8毫米。种子盘状，边缘有宽翅，成熟时中央常有瘤状突起。花期6～9月。

产本区富县直罗镇，宜君县，印台区。生于山坡、路边、田边草地中。全草可药用，具清热解毒、散瘀消肿之功效。

柳穿鱼

通泉草 **Mazus japonicus** (Thunb.) O. Kuntze

一年生草本，高3～30厘米。主根伸长，须根纤细，多数。茎1～5枝或有时更多，上升或倾卧状上升，着地部分节上常生出不定根，分枝多而披散。基生叶少或多数，倒卵状匙形至卵状倒披针形，膜质至薄纸质，长2～6厘米，顶端全缘或有疏齿，基部楔形，下延成带翅的叶柄，边缘具粗齿或基部有1～2片浅羽裂；茎生叶对生或互生，与基生叶相似或近等大。总状花序顶生，常在近基部即生花，常3～20朵，花稀疏；花梗在果期长达10毫米，上部的较短；花萼钟状，花期长约6毫米，果期增大，萼片与萼筒近等长，卵形，端急尖，脉不明显；花冠白色、紫色或蓝色，长约10毫米，上唇裂片卵状三角形，下唇中裂片较小，稍突出，倒卵圆形；子房无毛。蒴果球形。种子小而多数，黄色，种皮上有不规则的网纹。花果期4～10月。

产本区富县直罗镇。生于湿润的草坡、沟边、路旁及林缘。全草可药用，具消炎、解毒之功效。

通泉草

山罗花 **Melampyrum roseum** Maxim.

直立草本，植株全体疏被鳞片状短毛，有时茎上还有两列多细胞柔毛。茎通常多分枝，少不分枝，近于四棱形，高15～80厘米。叶柄长约5毫米，叶片披针形至卵状披针形，顶端渐尖，基部圆钝或楔形，长2～8厘米，宽0.8～3厘米；苞叶绿色，仅基部具尖齿至整个边缘具多条刺毛状长齿，较少几乎全缘的，顶端急尖至长渐尖。花萼长约4毫米，常被糙毛，脉上常生多细胞柔毛，萼齿长三角形至钻状三角形，生有短睫毛；花冠紫色、紫红色或红色，长15～20毫米，筒部长为檐部长的2倍左右，上唇内面密被须毛。蒴果卵状渐尖，长8～10毫米，直或顶端稍向前偏，被鳞片状毛，少无毛的。种子黑色，长3毫米。花期夏秋季。

产本区富县直罗镇、张村驿镇，黄陵县。生于山坡灌丛及草丛中。根清凉，可代茶；全草可药用，具清热解毒之功效。

山罗花

沟酸浆 **Mimulus tenellus** Bunge

多年生草本，柔弱，常铺散状，无毛。茎长可达40厘米，多分枝，下部匍匐生根，四方形，角处具窄翅。叶卵形、卵状三角形至卵状矩圆形，长1～3厘米，宽4～15毫米，顶端急尖，基部截形，边缘具明显的疏锯齿，羽状脉，叶柄细长，与叶片等长或较短，偶被柔毛。花单生叶腋，花梗与叶柄近等长，明显较叶短；花萼圆筒形，长约5毫米，果期肿胀成囊泡状，增大近1倍，沿肋偶被绒毛，或有时稍具窄翅，萼口平截，萼齿5，细小，刺状；花冠较萼长1.5倍，漏斗状，黄色，喉部有红色斑点；唇短，端圆形，竖直，沿喉部被密的髯毛。雄蕊同花柱无毛，内藏。蒴果椭圆形，较萼稍短。种子卵圆形，具细微的乳头状突起。花果期6～9月。

产本区富县直罗镇。生于水边、林下湿地。茎叶可食。

沟酸浆

毛泡桐 **Paulownia tomentosa** (Thunb.) Steud.

乔木高达20米，树冠宽大伞形。树皮褐灰色。小枝有明显皮孔，幼时常具黏质短腺毛。叶片心脏形，顶端锐尖头，全缘或波状浅裂，上面毛稀疏，下面毛密或较疏，新枝上的叶较大，其毛常不分枝，有时具黏质腺毛；叶柄常有黏质短腺毛。花序枝的侧枝不发达，故花序为金字塔形或狭圆锥形，长一般在50厘米以下，小聚伞花序的总花梗长1～2厘米，几与花梗等长，具花3～5朵；萼浅钟形，外面绒毛不脱落，分裂至中部或裂过中部，萼齿卵状长圆形，在花中锐头或稍钝头至果中钝头；花冠紫色，漏斗状钟形，在离管基部约5毫米处弓曲，向上突然膨大，外面有腺毛，内面几无毛，檐部二唇形；雄蕊长达2.5厘米；子房卵圆形，有腺毛，花柱短于雄蕊。蒴果卵圆形，幼时密生黏质腺毛，宿萼不反卷，果皮厚约1毫米。

毛泡桐

种子连翅长 2.5～4 毫米。花期 4～5 月，果期 8～9 月。

本区公园、庭院、路旁有栽培。全株可药用，具祛痰、止咳、平喘、清热解毒、消肿止痛之功效。

藓生马先蒿 Pedicularis muscicola Maxim.

多年生草本，干时变黑，多毛。根茎粗，有分枝，端有宿存鳞片。茎丛生，中间者直立，长达 25 厘米，常成密丛。叶有柄，疏被长毛；叶片椭圆形至披针形，羽状全裂，裂片互生，每边 4～9 枚，有小柄，卵形至披针形，有重锯齿，齿凸尖，上面有疏短毛，沿中肋有密细毛。花腋生；花梗短，密被白色长毛；萼圆筒形，前方不裂，主脉 5 条，上有长毛，齿 5 枚，略相等，基部三角形而连于萼管，均全缘，近端处膨大卵形；花冠玫瑰色，管长 4～7.5 厘米，外有毛，盔直立部分很短，基部向左扭折，前方渐细为卷曲或“S”形的长喙，喙反向上方卷曲，下唇极大，宽达 2 厘米，侧裂宽达 1 厘米，中裂较狭，长圆形，长约 8 毫米，宽 6.5 毫米，钝头；花丝两对均无毛；花柱稍伸出于喙端。蒴果稍扁平，偏卵形，长 1 厘米，宽 7 毫米，为宿萼所包。花期 5～7 月，果期 8 月。

产本区黄陵县，耀州区。生于杂木林下及阴湿处。为中国特有种。全草可药用，具补元气、生津安神、强心之功效。

藓生马先蒿

返顾马先蒿 Pedicularis resupinata L.

多年生草本，高 30～70 厘米，干时不变黑色。根丛生，纤维状，长达 10 厘米。茎单出，上部多分枝，中空，方形有棱，近无毛。叶密生，互生或对生，叶柄短，长 2～12 毫米，上部叶近无柄；叶片卵形至长圆状披针形，顶端渐狭，基部广楔形或圆形，边缘有钝圆重齿，齿上有胼胝或刺状尖头，反卷，长 25～55 毫米，宽 10～20 毫米，渐上渐小变为苞片，两面近无毛；苞片无柄。花单生于茎端叶腋中，近无梗；萼长 6～9 毫米，长卵圆形，前方深裂，齿 2 枚；花冠长 20～25 毫米，淡紫红色，管长 12～15 毫米，自基部向右扭旋，使下唇及盔部反向，盔 2 次弓曲，第 1 次向前方含有雄蕊的部分，背部有毛，第 2 次形成长约 3 毫米的短喙，下唇稍长于盔，3 裂，中裂小，向前凸出，广卵形；雄蕊花丝前对有毛；柱头伸出喙端。蒴果长圆状披针形，长 11～16 毫米，稍长于萼。花期 6～8 月，果期 7～9 月。

本区分布广。生于湿润草地及林缘。根或茎叶可药用，具祛风、胜湿、利水之功效。

返顾马先蒿

穗花马先蒿 Pedicularis spicata Pall.

一年生草本，下部木质化。根圆锥形，木质化。茎上部分枝，4 条轮生，中空，四棱状，沿棱有毛线 4 条，节上毛密。基生叶莲座状，较茎叶小，椭圆状长圆形，两面被毛，羽状深裂；茎生叶 4 枚轮生，柄短，扁平有狭翅，被毛，叶披针状线形，长达 7 厘米，宽达 15 毫米，上面疏被白毛，下面脉上有较长白毛，缘边羽状浅裂至深裂，裂片 6～18 枚，具刺尖锯齿，多胼胝。穗状花序顶生，长达 12 厘米；苞片下部者叶状，中上部者有长尖头，长于萼，有长白毛，齿有胼胝；萼钟形，透明，主脉 5 条，次脉 2～4 条，萼齿 3 枚，两两结合成一大齿；花冠红色，长 12～18 毫米，冠管下段长约 3 毫米，上段 6～7 毫米；花盔长 3～4 毫米，额高凸，下唇长 6～10 毫米，中裂较小；雄蕊花丝 1 对有毛；柱头稍伸出。蒴果长 7 毫米，宽 4 毫米，歪卵形，前半部弓曲，端有刺尖。种子

穗花马先蒿

长达2毫米，脐点和两腹面凹陷，端有尖，具蜂窝状网纹。花期7～9月，果期8～10月。

产本区黄陵县双龙镇。生于山坡草地、溪流旁及灌丛中。

红纹马先蒿 Pedicularis striata Pall.

多年生草本，高达1米，干时不变黑。根粗壮，有分枝。茎常单出，初密被短卷毛。叶互生，基生者成丛，茎叶多，渐上渐小，至花序中变为苞片，叶片披针形，羽状深裂至全裂，中肋两旁常有翅，裂片线形，边缘有浅锯齿，齿有胼胝，叶柄较短。花序穗状，稠密，果时稍疏，轴被密毛；苞片三角形，下部者叶状有齿，上部者全缘，短于花；萼钟形，被疏毛，齿5枚，不相等，后方1枚较短，侧生者两两结合成2裂的大齿，缘有卷曲之毛；花冠黄色，具绛红色的脉纹，管向右扭旋，其长等于盔，盔镰形弯曲，端部下缘具2齿，下唇张开，稍短于盔，3浅裂，中裂宽过于长；花丝有1对被毛。蒴果卵圆形，两室相等，稍扁平，有短凸尖，约含种子16粒。种子极小，近扁平，长圆形，黑色。花期6～7月，果期7～8月。

产本区富县张村驿镇，旬邑县。生于山梁草丛中及疏林下。全草可药用，具温肾壮阳、利水消肿之功效。

红纹马先蒿

地黄 Rehmannia glutinosa (Gaetn.) Libosch. ex Fisch. et Mey.

多年生草本，高10～30厘米，密被灰白色多细胞长柔毛和腺毛。根状茎肉质，鲜时黄色；茎紫红色。叶在茎基部成莲座状，向上则缩小成苞片，在茎上互生；叶片卵形至长椭圆形，下面略带紫色或紫红色，边缘具圆齿；基部渐狭成柄，叶脉上凹下凸。花梗长0.5～3厘米，弯曲；萼密被多细胞长柔毛和白色长毛，具10条脉；萼齿5枚，矩圆状披针形或三角形；花冠长3～4.5厘米；花冠筒弓曲，外面紫红色，被多细胞长柔毛；花冠裂片5枚，里面黄紫色，外面紫红色，两面均被多细胞长柔毛；雄蕊4枚；药室矩圆形，基部叉开，而使两药室常排成一直线；子房幼时2室，老时成1室，花柱顶部扩大成2枚片状柱头。蒴果卵形至长卵形，长1～1.5厘米。花果期4～7月。

产本区富县，黄陵县，耀州区。生于砂质壤土、荒山坡、山脚、路旁等处。全草有毒；根状茎、叶、花、种子可药用，具清热凉血、滋阴生津、养血之功效。

地黄

阴行草 Siphonostegia chinensis Benth.

一年生草本，密被锈色短毛。主根木质，须根多数。茎多单条，中空，密被无腺短毛。叶对生，近无柄，基部下延，厚纸质，广卵形，两面密被短毛，边缘二回羽状全裂，裂片线形，锐尖头，全缘。花对生于茎枝上部，成总状花序；花梗短，密被短毛，有1对线形小苞片；苞片叶状，较萼短，羽状深裂，密被短毛；花萼管长，密被短毛，10条主脉凸出，齿5枚，密被短毛，线状披针形；花冠上唇红紫色，下唇黄色，外面密被长纤毛，里面被短毛，花管顶端膨大，上唇镰状弓曲，顶端有1对短齿，背部密被特长纤毛；下唇顶端3裂，裂片端具小凸尖；雄蕊2强，着生花管中上部，花药2室，纵裂；子房长卵形，柱头头状。蒴果被包于宿存萼内，顶端有短尖头，黑褐色，并有10条纵沟。种子黑色，长卵圆形，种皮成网眼，纵凸中有1条龙骨状半透明翅。花期6～8月。

产本区富县直罗镇、张村驿镇，宜君县。生于山坡或草地。全草含挥发油0.45%，可药用，具清热利湿、活血祛瘀之功效。

阴行草

北水苦荬 **Veronica anagallis-aquatica** L.

多年生草本，通常全体无毛，极少在花序轴、花梗、花萼和蒴果上有几根腺毛。根状茎斜走；茎直立或基部倾斜，不分枝或分枝，高10～100厘米。叶无柄，上部的半抱茎，多为椭圆形或长卵形，少为卵状矩圆形，长2～10厘米，宽1～3.5厘米，全缘或有疏而小的锯齿。花序比叶长，多花；花梗与苞片近等长，上升，与花序轴成锐角，果期弯曲向上，使蒴果靠近花序轴，花序通常不宽于1厘米；花萼裂片卵状披针形，急尖，长约3毫米，果期直立或叉开，不紧贴蒴果；花冠浅蓝色、浅紫色或白色，直径4～5毫米，裂片宽卵形；雄蕊短于花冠。蒴果近圆形，长宽近相等，几乎与萼等长，顶端圆钝而微凹；花柱长约2毫米。花期4～9月。

本区分布广，果常因昆虫寄生而异常肿胀，中药称为仙桃草。生于水边、沼地及湿润地。嫩苗可食；根及带虫瘿的全草可药用，具清热解毒、利湿、止血化瘀之功效。

北水苦荬

婆婆纳 **Veronica didyma** Tenore

铺散多分枝草本，多少被长柔毛，高10～25厘米。叶仅2～4对（腋间有花的为苞片），具3～6毫米长的短柄，叶片心形至卵形，长5～10毫米，宽6～7毫米，每边有2～4个深刻的钝齿，两面被白色长柔毛。总状花序很长；花梗比苞片略短；苞片叶状，下部的对生或全部互生；花萼裂片卵形，顶端急尖，果期稍增大，三出脉，疏被短硬毛；花冠淡紫色、蓝色、粉色或白色，直径4～5毫米，裂片圆形至卵形；雄蕊比花冠短。蒴果近于肾形，密被腺毛，略短于花萼，宽4～5毫米，凹口约为90°角，裂片顶端圆，脉不明显，宿存的花柱与凹口齐或略过之。种子背面具横纹，长约1.5毫米。花期3～10月。

本区分布广。生于村旁、房侧及荒地。茎叶味甜，可食；全草可药用，具补肾壮阳、凉血、止血、理气止痛之功效。

婆婆纳

水蔓菁 **Veronica linariifolia** Pall. ex Link subsp. **dilatata** (Nakai et Kitagawa) D. Y. Hong

多年生草本。根状茎短。茎直立，单生，少2枝丛生，常不分枝，高30～80厘米，通常有白色而多卷曲的柔毛。叶几乎完全对生，至少茎下部的对生。叶片宽条形至卵圆形，长2～6厘米，宽0.5～2厘米，下端全缘而中上端边缘有三角状锯齿，极少整片叶全缘的，两面无毛或被白色柔毛。总状花序单支或数支复出，长穗状；花梗长2～4毫米，被柔毛；花冠蓝色、紫色，少白色，长5～6毫米，筒部长约2毫米，后方裂片卵圆形，其余3枚卵形；花丝无毛，伸出花冠。蒴果长2～3.5毫米，宽2～3.5毫米。花期6～9月。

产本区富县，黄陵县。生于山坡草地或疏林下。幼苗可食；全草可药用，具祛风湿、清肺化痰、止咳、解毒止痛之功效。

水蔓菁

水苦荬 **Veronica undulata** Wall.

多年生草本，高10～60厘米。茎、花序轴、花萼和蒴果上多少有大头针状腺毛。根状茎斜走；茎直立或基部倾斜，不分枝或分枝。叶无柄，上部的半抱茎，多为椭圆形或长卵形，有时为条状披针形，长2～10厘米，宽1～3.5厘米，叶缘有尖锯齿。花序比叶长，多花；花梗与苞片近等长，上升，果期挺直，横叉开，与花序轴几乎成直角，花序宽可达1.5厘米；花萼裂片卵状披针形，急尖，长约3毫米，果期直立或叉开，不紧贴蒴果；花冠浅蓝色、浅紫色或白色，直径 4～5 毫米，裂片宽卵形；雄蕊短于花冠。蒴果近圆形，长宽近相等，几乎与萼等长，顶端圆钝而微凹，长 1～1.5 毫米。花期 7～9 月。

产本区富县直罗镇。生于河岸草丛或灌丛中。幼苗可食；全草可药用，具通经、止血、止痛之功效。

水苦荬

腹水草 Veronicastrum stenostachyum (Hemsl.) Yamazaki.

根状茎短而横走。茎圆柱状，有条棱，多弓曲，顶端着地生根，少近直立而顶端生花序，长可达 1 米余，无毛。叶互生，具短柄，叶片纸质至厚纸质，长卵形至披针形，长 7～20 厘米，宽 2～7 厘米，顶端长渐尖，边缘为具突尖的细锯齿，下面无毛，上面仅主脉上有短毛，少全面具短毛。花序腋生，有时顶生于侧枝上，也有兼生于茎顶端的，长 2～8 厘米，花序轴多少被短毛；苞片和花萼裂片通常短于花冠，少有近等长的，多少有短睫毛；花冠白色、紫色或紫红色，长 5～6 毫米，裂片近于正三角形，长不及 1 毫米。蒴果卵状。种子小，具网纹。花期 7 月。

产本区富县直罗镇。生于沟谷灌丛中、林下及阴湿处。可药用，对血吸虫病引起的腹水有一定疗效。

腹水草

112 列当科 Orobanchaceae

列当 Orobanche coerulescens Steph.

寄生草本，株高 15～40 厘米，全株密被蛛丝状长绵毛。茎直立，不分枝，具条纹，基部稍膨大。叶干后黄褐色，茎下部较密集，卵状披针形，长 1.5～2 厘米，宽 5～7 毫米，连同苞片和花萼外密被蛛丝状长绵毛。穗状花序花多数，长 10～20 厘米；苞片与叶同形并近等大，先端尾状渐尖；花萼长 1.2～1.5 厘米，2 深裂近基部，裂片再 2 浅裂，小裂片狭披针形，长 3～5 毫米；花冠深蓝色、蓝紫色或淡紫色，长 2～2.5 厘米；上唇 2 浅裂，下唇 3 裂，裂片近圆形，中间的较大，顶端钝圆，边缘具小圆齿；雄蕊 4 枚，花丝着生于筒中部，长 1～1.2 厘米，被长柔毛，花药卵形，长约 2 毫米；雌蕊长 1.5～1.7 厘米，子房椭圆状，花柱与花丝近等长，柱头 2 浅裂。蒴果卵状长圆形，干后深褐色，长约 1 厘米，直径 0.4 厘米。种子干后黑褐色，椭圆形或长卵形，长约 0.3 毫米，直径 0.15 毫米，表面具网状纹饰，网眼底部具蜂巢状凹点。花期 4～7 月，果期 7～9 月。

产本区富县，宜君县，耀州区。寄生于蒿属植物的根上。全草可药用，具补肝肾、强筋之功效。

列当

黄花列当 Orobanche pycnostachya Hance

寄生草本，株高 10～50 厘米，全株密被腺毛。茎直立单一，基部膨大。叶卵状披针形或披针形，长 1～2.5 厘米，宽 4～8 毫米，连同苞片、花萼裂片和花冠裂片外面密被腺毛。花序穗状，长 8～20 厘米，花多数；苞片卵状披针形，长 1.6～4.8 厘米，宽 4～6 毫米，先端渐尖；花萼长 1.2～1.5 厘米，2 深裂，裂片再 2 裂，小裂片狭披针形，不等长；花冠黄色，长 2～3 厘米，近中部缢缩，向上稍增大；上唇 2 浅裂，下唇较长，3 裂，中裂片较大，全部裂片近圆形，边缘波状或具小圆齿；雄蕊 4 枚，花丝生于距基部 5～7 毫米处，长 1.2～1.4 厘米，基部疏被腺毛，花药长卵形，缝线被长柔毛；子房长圆状椭圆形，花柱长约 1.5 厘米，疏被腺毛，柱头 2 浅裂。蒴果长圆形，深褐色，长约1厘米，直径3～4毫米。种子黑褐色，长圆形，长0.35～0.38毫米，直径0.27毫米，表面具网状，网底具蜂巢状凹点。花期4～6月，果期6～8月。

产本区富县张家湾镇、直罗镇。寄生于蒿属植物根上，生于山坡草丛中。全草可药用，具补肝肾、强筋骨之功效。

黄花列当

113 胡麻科 Pedaliaceae

芝麻 Sesamum indicum L.

一年生直立草本，高60～150厘米，分枝或不分枝，中空或具有白色髓部，微有毛。叶矩圆形或卵形，长3～10厘米，宽2.5～4厘米，下部叶常掌状3裂，中部叶有齿缺，上部叶近全缘；叶柄长1～5厘米。花单生或2～3朵同生于叶腋内；花萼裂片披针形，长5～8毫米，宽1.6～3.5毫米，被柔毛；花冠长2.5～3厘米，筒状，直径1～1.5厘米，长2～3.5厘米，白色而常有紫红色或黄色的彩晕；雄蕊4枚，内藏；子房上位，4室，被柔毛。蒴果矩圆形，长2～3厘米，直径6～12毫米，有纵棱，直立，被毛，分裂至中部或至基部。种子有黑白之分。花期夏末秋初。

本区有栽培，又称胡麻。种子含油55%，可榨油，供食用；黑芝麻地上部分可药用，具补肝肾、益精血、润肠燥、通乳、益气、补脑髓、坚筋骨、活血、清热解毒等功效。

芝麻

114 紫葳科 Bignoniaceae

楸 Catalpa bungei C. A. Mey.

落叶小乔木，高8～12米。叶三角状卵形或卵状长圆形，长6～15厘米，宽达8厘米，顶端长渐尖，基部截形、阔楔形或心形，有时基部具1～2齿，叶面深绿色，叶背面无毛；叶柄长2～8厘米。顶生伞房状总状花序，有花2～12朵；花萼蕾时圆球形，2唇开裂，顶端有2尖齿；花冠淡红色，内面具2黄色条纹及暗紫色斑点，长3～3.5厘米。蒴果线形，长25～45厘米，宽约6毫米。种子狭长椭圆形，长约1厘米，宽约2厘米，两端生长毛。花期5～6月，果期6～10月。

产本区黄陵县双龙镇，又称楸树，公园、庭院亦有栽培，作观赏树。生于山坡杂木林中。根皮、树皮、花、叶、果实及种子可药用，具清热解毒、散淤消肿、排脓生肌、利尿之功效。

楸

灰楸 Catalpa fargesii Bur.

落叶乔木，高达25米。幼枝、花序、叶柄均有分枝毛。叶厚纸质，卵形或三角状心形，长13～20厘米，宽10～13厘米，顶端渐尖，基部截形或微心形，侧脉4～5对，基部有3出脉，叶幼时表面微有分枝毛，背面较密，以后变无毛；叶柄长3～10厘米。顶生伞房状总状花序，有花7～15朵；花萼2裂近基部，裂片卵圆形；花冠淡红色至淡紫色，内面具紫色斑点，钟状，长约3.2厘米；雄蕊2枚，内藏，退化雄蕊3枚，花丝着生于花冠基部，花药广歧，长3～4毫米；花柱丝形，细长，长约2.5厘米，柱头2裂，子房2室，胚珠多数。蒴果细圆柱形，下垂，长55～80厘米，果爿革质，2裂。种子椭圆状线形，薄膜质，两端具丝状种毛，连毛长5～6厘米。花期3～5月，果期6～11月。

灰楸

本区公园、庭院有栽培，又称楸树。作观赏树、行道树。嫩叶、花可作蔬食或饲料；树皮、果实可药用，具清热、止痛、消肿、利尿之功效。

角蒿 **Incarvillea sinensis** Lam.

一年生至多年生草本，具分枝的茎。根近木质而分枝。叶互生，不聚生于茎的基部，二至三回羽状细裂，形态多变异，长4～6厘米，小叶不规则细裂，末回裂片线状披针形，具细齿或全缘。顶生总状花序，疏散；花梗长1～5毫米；小苞片绿色，线形；花萼钟状，绿色带紫红色，萼齿钻状，萼齿间皱褶2浅裂；花冠淡玫瑰色或粉红色，有时带紫色，钟状漏斗形，基部收缩成细筒，花冠裂片圆形；雄蕊4枚，2强，着生于花冠筒近基部，花药成对靠合；花柱淡黄色。蒴果淡绿色，细圆柱形，顶端尾状渐尖。种子扁圆形，细小，四周具透明的膜质翅，顶端具缺刻。花期5～9月，果期10～11月。

本区分布广。生于山坡、田野及疏林中。全草有小毒，可药用，具散风祛湿之功效。

角蒿

黄花角蒿 **Incarvillea sinensis** Lam. var. **przewalskii** (Batalin) C. Y. Wu et W. C. Yin

本变种与角蒿极近似，但花淡黄色，叶及毛被形态多变异而不同。花期7～9月。

产本区富县直罗镇。生于山坡草地。根可入药，具滋补之功效。

黄花角蒿

115 桔梗科 Campanulaceae

石沙参 **Adenophora polyantha** Nakai

多年生草本植物。根纺锤状圆柱形。茎1至数枝发自一条茎基上，常不分枝，高20～100厘米，无毛或有各种疏密程度的短毛。基生叶叶片心状肾形，边缘具不规则粗锯齿，基部沿叶柄下延；茎生叶完全无柄，卵形至披针形，极少为披针状条形，边缘具疏离而三角形的尖锯齿或几乎为刺状的齿，无毛或疏生短毛。花序常不分枝而成假总状花序，或有短的分枝而组成狭圆锥花序；花梗短，长一般不超过1厘米；花萼通常各式被毛，筒部倒圆锥状，裂片狭三角状披针形；花冠紫色或深蓝色，钟状，喉部常稍稍收缢，裂片短，不超过全长1/4，常先直而后反折；花盘筒状，常疏被细柔毛；花柱常稍稍伸出花冠，有时在花大时与花冠近等长。蒴果卵状椭圆形。种子黄棕色，卵状椭圆形，稍扁，有1条带翅的棱。花期8～10月。

产本区富县直罗镇。生于阳坡开旷草地。根可入药，具清热养阴、润肺止咳之功效。

石沙参

泡沙参 **Adenophora potaninii** Korsh.

多年生草本，有白色乳汁。根胡萝卜形。茎高30～100厘米，不分枝，被倒生短硬毛。茎生叶互生，中上部叶无柄，卵状椭圆形或矩圆形，长2～7厘米，宽0.5～3厘米，基部钝或楔形，每边具2至数个粗大齿，两面有短毛。花序基部有分枝，成圆锥花序，长达40厘米；花梗短，长不逾1厘米；花萼无毛，裂片5，狭三角状钻形，长3～7毫米，边缘有1对细长齿；花冠钟状，紫色或蓝紫色，长1.5～2.5厘米，5浅裂，裂片卵状三角形，长5～8毫米；花盘筒状，长 2～2.6 毫米；雄蕊 5 枚，花丝下部变宽，边缘有密柔毛；子房下位，花柱与花冠近等长。蒴果球状椭圆形，长约 8 毫米，直径 4～5 毫米。种子棕黄色，长椭圆状，有 1 条翅状棱，长 1.4 毫米。花期 7～10 月，果期 10～11 月。

产本区富县直罗镇，宜君县。生于山坡草地或林缘。根含淀粉 28%，可酿酒，可药用，具清热养阴、润肺止咳之功效。

紫斑风铃草 **Campanula punctata** Lam.

多年生草本，全体被刚毛，具细长而横走的根状茎。茎直立，粗壮，高 20～100 厘米，通常在上部分枝。基生叶具长柄，叶片心状卵形；茎生叶下部的有带翅的长柄，上部的无柄，三角状卵形至披针形，边缘具不整齐钝齿。花顶生于主茎及分枝顶端，下垂；花萼裂片长三角形，裂片间有一个卵形至卵状披针形而反折的附属物，它的边缘有芒状长刺毛；花冠白色，带紫斑，筒状钟形，长 3～6.5 厘米，裂片有睫毛。蒴果半球状倒锥形，脉很明显。种子灰褐色，矩圆状，稍扁，长约 1 毫米。花期 6～9 月。

产本区富县直罗镇，耀州区。生于山地林中、灌丛及草地。全草可入药，具清热解毒、止痛之功效。

党参 **Codonopsis pilosula** (Franch.) Nannf.

多年生草本。根肥大呈纺锤状圆柱形，表面灰黄色，上端有细密环纹，肉质。茎缠绕，具叶，不育或先端着花，黄绿色或黄白色。叶在主茎及侧枝上互生，小枝上近对生，叶柄有疏短刺毛，叶片卵形或狭卵形，端钝或微尖，基部近心形，边缘具波状钝锯齿，分枝上叶片渐狭窄，两面疏或密被贴伏的长硬毛或柔毛。花单生于枝端，与叶柄互生或近对生，有梗；花萼贴生子房中部，筒部半球状，裂片宽披针形或狭矩圆形，顶端钝或微尖，微波状或近全缘，其间湾缺尖狭；花冠上位，阔钟状，长 1.8～2.3 厘米，直径 1.8～2.5 厘米，黄绿色，内有明显紫斑，浅裂，裂片正三角形，端尖，全缘；花丝基部微扩大，花药长形；柱头有白色刺毛。蒴果下部半球状，上部短圆锥状。种子多数，卵形，无翼，细小，棕黄色，光滑无毛。花果期 7～10 月。

产本区富县直罗镇，宜君县。生于山坡林下及灌丛中。根含淀粉 23.6%，可入药，具生津强壮、补脾益气之功效。

116 茜草科 Rubiaceae

猪殃殃 **Galium aparine** L. var. **tenerum** (Gren. et Godr.) Rchb.

多枝、蔓生，植株矮小，柔弱。茎有 4 棱角；棱上、叶缘、叶脉上均有倒生的小刺毛。叶纸质或近膜质，6～8 片轮生，稀为 4～5 片，带状倒披针形或长圆状倒披针形，长 1～5.5 厘米，宽 1～7 毫米，顶端有针状凸尖头，基部渐狭，两面常有紧贴的刺状毛，常萎软状，干时常卷缩，1 脉，近无柄。花序常单生；花小，4 数，有纤细的花梗；花萼被钩毛，萼檐近截平；花冠黄绿色或白色，辐状，裂片长圆形，长不及 1 毫米，镊合状排列；子房被毛，花柱 2 裂至中部，柱头头状。果干燥，有 1 或 2 个近球状的分果爿，直径达 5.5 毫米，肿胀，密被钩毛，果柄直，长可达 2.5 厘米，较粗，每爿有 1 粒平凸的种子。花期 3～7 月，果期 4～9 月。

泡沙参

紫斑风铃草

党参

产本区富县直罗镇。生于旷野、沟边、林缘、草地。全草可药用，具清热解毒、活血通络、消肿止痛之功效。

猪殃殃

东北猪殃殃 **Galium davuricum** Turcz. ex Ledeb. var. **manshuricum** (Kitagawa) Hara

多年生草本，高30～70厘米。根干时微红色。茎直立，柔弱纤细，在上部多分枝，具4角棱，在节上有倒向的刚毛。叶纸质，5～6片轮生，长圆形或倒卵状长圆形，长1.1～4厘米，宽2～9毫米，顶端渐尖、具硬尖或急短渐尖，基部渐狭，边缘有倒向的刚毛，两面常无毛，具1中脉；叶柄长约1毫米或近无柄。伞房状的聚伞花序顶生和生于上部叶腋，花序疏而广展，无毛，常2～3歧分枝；总花梗毛发状，伸长，在果时常极叉开，长约2厘米；花多数，小，直径3～4毫米；花梗纤细，毛发状，长1～2.5毫米，果时可长达10毫米，稍弯；苞片和小苞片匙状狭长圆形；花冠白色，辐状，开展，花冠裂片4，卵状椭圆形，顶端急尖或稍急尖，长约1毫米；雄蕊4枚，短，花丝丝状，较花药长；花柱2，柱头头状。果密被紧贴的钩状刚毛，果爿广椭圆形或近肾形，直径约2毫米，单生或双生；果柄纤细。花期6月，果期10月。

产本区黄陵县双龙镇。生于山谷、沟边的林下或草地上。

东北猪殃殃

林猪殃殃 **Galium paradoxum** Maxim.

多年生草本，高4～25厘米。有红色丝状根。茎柔弱，直立，常不分枝。叶膜质，4片轮生，其中2片较大，其余常缩小为托叶状，卵形或近圆形至卵状披针形，长0.7～3厘米，宽0.5～2.3厘米，顶端短尖或钝圆而有小凸尖，基部钝圆而急剧下延成柄，两面有倒伏的刺状硬毛，边上有小刺毛，羽状脉，侧脉常2对，不很明显；叶柄长短不一，下部的最长，与叶片近等长，上部渐短，最上部的长2～3毫米，常无毛。聚伞花序顶生或生于上部叶腋，三歧分枝，每分枝有1～2朵花；花小；花梗长1～3毫米；花萼密被黄棕色钩毛；花冠白色，辐状，直径2.5～3毫米，裂片卵形，长约1.3毫米，宽约1毫米；花柱长约0.7毫米，顶端2裂。果爿单生或双生，近球形，直径1.5～2毫米，密被黄棕色钩毛；果柄长1.5～8毫米。花期5～8月，果期6～9月。

产本区富县直罗镇。生于山谷阴湿地、水边草地。全草可药用，具清热解毒、利尿、止血、消食之功效。

林猪殃殃

山猪殃殃 **Galium pseudoasprellum** Makino

多年生草本，常攀缘，长达2.5米。根稠密。茎柔弱纤细，附于其他植物上，分枝，具4角棱，在棱上有倒向小刺。叶纸质，6片轮生，或4～5片，线状披针形或狭长圆形，长0.7～4厘米，宽3～11毫米，顶端具短硬尖，基部急渐狭，边缘和下面中脉上有倒向小刺毛，在上面和中脉上有向上糙硬毛，1脉；叶柄近无。聚伞花序腋生或顶生，多数，疏散，2～3次分歧；总花梗纤细而稍长；花小，直径1.8～3毫米；花梗毛发状，比花长，果时叉开；苞片或小苞片对生，线形或披针形，短于总花梗或花梗，小苞片微小；花冠淡绿色或白色，辐状，4裂，裂片三角形，顶端具喙；雄蕊短；花柱2裂，长约1毫米，柱头头状，子房有钩状硬毛。果直径约2毫米，有开展的钩状硬毛，分果爿椭圆状长圆形，单生或双生；果柄纤细，常叉开。花期6～9月，果期7～11月。

产本区富县直罗镇。生于沟边、山地林下、灌丛或草地。

山猪殃殃

蓬子菜 Galium verum L.

多年生草本，基部稍木质，高 25～45 厘米。茎有 4 角棱，被短柔毛或秕糠状毛。叶纸质，6～10 片轮生，线形，通常长 1.5～3 厘米，宽 1～1.5 毫米，顶端短尖，边缘极反卷，常卷成管状，上面无毛，稍有光泽，下面有短柔毛，稍苍白，干时常变黑色，1 脉，无柄。聚伞花序顶生和腋生，较大，多花，通常在枝顶结成带叶的长可达 15 厘米、宽可达 12 厘米的圆锥花序；总花梗密被短柔毛；花小，稠密；花梗有疏短柔毛或无毛，长 1～2.5 毫米；萼管无毛；花冠黄色，辐状，无毛，直径约 3 毫米，花冠裂片卵形或长圆形，顶端稍钝，长约 1.5 毫米；花丝长约 0.6 毫米，花药黄色；花柱长约 0.7 毫米，顶部 2 裂。果小，果爿双生，近球状，直径约 2 毫米，无毛。花期 4～8 月，果期 5～10 月。

产本区富县，黄陵县，宜君县，旬邑县。生于山地、河滩、沟边草地及灌丛中。茎可提取红色染料；全草及根可药用，具活血祛瘀、清热解毒、止痒、利尿、通经之功效。

蓬子菜

粗糙蓬子菜 Galium verum L. var. trachyphyllum Wallr.

本变种与蓬子菜不同的是：叶上面被毛，粗糙。花期 5～8 月，果期 8～9 月。

产本区富县直罗镇。生境与用途同原变种。

茜草 Rubia cordifolia L.

草质攀援藤木，长通常 1.5～3.5 米。根状茎和其节上的须根均红色。茎数至多条，从根状茎的节上发出，细长，方柱形，有 4 棱，棱上生倒生皮刺，中部以上多分枝。叶通常 4 片轮生，纸质，披针形或长圆状披针形，长 0.7～3.5 厘米，顶端渐尖，有时钝尖，基部心形，边缘有齿状皮刺，两面粗糙，脉上有微小皮刺；基出脉 3 条，极少外侧有 1 对很小的基出脉；叶柄长通常 1～2.5 厘米，有倒生皮刺。聚伞花序腋生和顶生，多回分枝，有花 10 余朵至数十朵，花序和分枝均细瘦，有微小皮刺；花冠淡黄色，干时淡褐色，盛开时花冠檐部直径 3～3.5 毫米，花冠裂片近卵形，微伸展，长约 1.5 毫米，外面无毛。果球形，直径通常 4～5 毫米，成熟时橘黄色。花期 8～9 月，果期 10～11 月。

本区分布广。常生于疏林、林缘、灌丛或草地上。根、茎叶可药用，具凉血、止血、活血祛瘀、通经活络之功效。

茜草

卵叶茜草 Rubia ovatifolia Z. Y. Zhang

多年生攀援草本，长 1～2 米。茎、枝纤细，有 4 棱。叶 4 片轮生，薄纸质，卵状心形至圆心形，长 4～8 厘米，宽 2～5 厘米，顶端尾状渐尖，基部深心形，边缘有皮刺状缘毛，两面近无毛；基出脉 5～7 条，纤细；叶柄细长，长 2.5～6 厘米。聚伞花序排成疏花圆锥花序，腋生和顶生，常比叶短，花序轴和分枝均纤细，有直线棱；小苞片线形或披针状线形，长 2～3.5 毫米，渐尖，近无毛；萼管近扁球形，微 2 裂，宽约 1 毫米，近无毛；花冠淡黄色或绿黄色，冠管长 0.8～1 毫米，裂片 5，反折，卵形，长约 1.4 毫米，顶端长尾尖，外面近无毛，里面覆有许多微小颗粒；雄蕊 5 枚，生冠管口部，花丝和花药长约 0.4 毫米。浆果球形，直径 6～8 毫米，成熟时黑色。花期 7 月，果期 10～11 月。

产本区富县直罗镇。生于山地疏林或灌丛中。根及茎可药用，具清热解毒、利尿、消肿、退黄、止血之功效。

卵叶茜草

117 忍冬科 Caprifoliaceae

南方六道木 Abelia dielsii (Graebn.) Rehd.

落叶灌木，高 2～3 米。当年生小枝红褐色，老枝灰白色。叶长卵形、倒卵形至披针形，长 3～8 厘米，宽 0.5～3 厘米，嫩时上面疏生柔毛，下面叶脉基部被白色粗硬毛，顶端尖或长渐尖，基部楔形、宽楔形或钝，全缘或有 1～6 对齿牙，具缘毛；叶柄长 4～7 毫米，基部膨大，散生硬毛。花 2 朵生于侧枝顶部叶腋，总花梗长 1.2 厘米；花梗近无；苞片 3 枚，型小而有纤毛，中央 1 枚长 6 毫米，侧生者长 1 毫米；萼筒长约 8 毫米，散生硬毛，萼檐 4 裂，裂片卵状披针形或倒卵形，顶端钝圆，基部楔形；花冠白色，后变浅黄色，4 裂，裂片圆，长为筒的 1/5～1/3，筒内有短柔毛；雄蕊 4 枚，2 强，内藏，花丝短；花柱细长，与花冠等长，柱头头状，不伸出花冠筒外。果实长 1～1.5 厘米。种子柱状。花期 4～6 月，果熟期 8～9 月。

产本区富县直罗镇，印台区，耀州区。生于山坡灌丛、林下及沟边。果实可药用，具清热利湿、解毒、止痛之功效。

南方六道木

北京忍冬 Lonicera elisae Franch.

落叶灌木，高达 2 米多。幼枝无毛或连同叶柄和总花梗均被短糙毛、刚毛和腺毛，二年生小枝有深色小瘤状突起。冬芽近卵圆形，有数对亮褐色、圆卵形外鳞片。叶纸质，卵状椭圆形至卵状披针形，长 5～9 厘米，顶端尖；两面被短硬伏毛，下面被较密的绢丝状糙毛；叶柄长 3～7 毫米。花与叶同时开放，总花梗出自二年生小枝顶端苞腋，长 0.5～2.8 厘米；苞片宽卵形至卵状披针形，长 7～10 毫米，下面被小刚毛；相邻两萼筒分离，有腺毛和刚毛，萼檐长 1～2 毫米，有钝齿，其中 1 枚较长，有硬毛及腺缘毛或无毛；花冠白色或带粉红色，长漏斗状，长 1.5～2 厘米，外被糙毛或无毛，筒细长，基部有浅囊，裂片长约为筒的 1/3；雄蕊不高出花冠裂片；花柱稍伸出。果实红色，椭圆形，长 10 毫米，疏被腺毛和刚毛或无毛。种子淡黄褐色，稍扁，矩圆形或卵圆形，长 3.5～4 毫米，平滑。花期 3 月，果熟期 5 月。

产本区富县张村驿镇、直罗镇，俗称四月红、羊奶果。生于路旁、沟谷、山坡林下或灌丛中。果可食。

北京忍冬

葱皮忍冬 Lonicera ferdinandii Franch.

落叶灌木，高达 3 米。幼枝被刚毛、微毛和红褐色腺，老枝有乳状粗糙，壮枝的叶柄间有盘状托叶。冬芽叉开，有 1 对船形外鳞片，鳞片内密生白色棉絮状柔毛。叶纸质，卵形至卵状披针形，顶端尖，基部圆形、截形至浅心形，边缘有睫毛，上面疏生刚伏毛或近无毛，下面脉上、叶柄和总花梗都有刚伏毛和红褐色腺；叶柄和总花梗均极短。苞片大，叶状，披针形至卵形，毛被与叶同；小苞片合生成坛状壳斗，完全包被两萼筒，幼时外面密生糙毛，里面有长柔毛；萼齿三角形，顶端被睫毛；花冠白色，后变淡黄色，外密被刚伏毛、微毛及腺毛，里面有长柔毛，唇形，基部一侧肿大，上唇浅 4 裂，下唇细长反曲；花柱上部有柔毛。果实红色，卵圆形，长达 1 厘米，外包以撕裂的壳斗，内含 2～7 粒种子。种子椭圆形，长 6～7 毫米，扁平，密生小凹孔。花期 4 月下旬至 6 月，果熟期 9～10 月。

产本区富县，宜君县，耀州区，俗称烂皮袄。生于向阳山坡或灌丛中。茎纤维可制绳索、麻袋，亦可作造纸原料。

葱皮忍冬

樱桃忍冬 **Lonicera fragrantissima** Lindl. et Paxt. subsp. **phyllocarpa** (Maxim.) Hsu et H. J. Wang

落叶灌木，高达2米。小枝和叶柄或被短糙毛，老枝灰褐色。冬芽有1对顶端尖的外鳞片，将内鳞片盖没。叶厚纸质，卵状椭圆形、卵状披针形或椭圆形，长3～7厘米，顶端渐尖或急狭而凸尖，基部圆形或阔楔形，两面除被刚伏毛外，下面还夹杂短柔毛和短腺毛，边缘疏被硬睫毛；叶柄长2～5毫米。花先于叶开放，芳香，生于幼枝基部苞腋．总花梗长3～10毫米；苞片近条形，长为萼筒的2～4倍；相邻两萼筒连合至中部，长1.5～3毫米，萼檐近截形或微5裂；花冠白色或淡红色，长1～1.5厘米，外面近无毛，唇形，筒长4～5毫米，内面密生柔毛，基部有浅囊，上唇长7～8毫米，裂片达中部，下唇舌状，长8～10毫米，反曲；雄蕊内藏，花丝长短不一；花柱中部以下或仅基部有疏糙毛或无毛。果实鲜红色，矩圆形，长约1厘米，部分连合。种子褐色，稍扁，矩圆形，长约3.5毫米，有细凹点。花期3月，果熟期5月。

产本区富县张村驿镇、直罗镇，俗称四月红、羊奶果。生于向阳山坡林中、灌丛中或沟谷。果可鲜食。

樱桃忍冬

苦糖果 **Lonicera fragrantissima** Lindl. et Paxt. subsp. **standishii** (Carr.) Hsu et H. J. Wang

落叶灌木，高达2米。小枝和叶柄或具短糙毛，老枝灰褐色。冬芽有1对顶端尖的外鳞片，将内鳞片盖没。叶厚纸质，卵形、椭圆形或卵状披针形，长3～7厘米，顶端短尖，基部圆形或阔楔形，两面被刚伏毛及短腺毛，下面中脉被刚伏毛或下部和基部两侧夹杂短糙毛，边缘几无毛；叶柄长2～5毫米。花先叶开放，生于幼枝基部苞腋，总花梗长3～10毫米；苞片近条形，长为萼筒的2～4倍；相邻两萼筒连合至中部，长1.5～3毫米，萼檐近截形或微5裂；花冠白色或淡红色，长1～1.5厘米，唇形，筒长4～5毫米，里面密生柔毛，基部有浅囊，上唇长7～8毫米，裂片达中部，下唇舌状，长8～10毫米，反曲；雄蕊内藏，花丝长短不一；花柱下部疏生糙毛。果实鲜红色，矩圆形，长约1厘米，部分连合。种子褐色，稍扁，矩圆形，长约3.5毫米，有细凹点。花期3月，果熟期5～6月。

产本区富县张村驿镇、直罗镇，俗称四月红、羊奶果。生于向阳山坡林中、灌丛中或沟谷。果可鲜食；根、嫩枝及叶可药用，具祛风除湿、清热止痛之功效。

苦糖果

忍冬 **Lonicera japonica** Thunb.

半常绿藤本。幼枝红褐色，密被黄褐色硬糙毛、腺毛和短柔毛。叶纸质，卵形至矩圆状卵形，长3～6厘米，顶端尖或渐尖，基部近心形，有糙缘毛，小枝上部叶两面密被短糙毛；叶柄长4～8毫米，密被短柔毛。总花梗单生于小枝上部叶腋，与叶柄等长，下方者则长达2～4厘米，密被短柔毛与腺毛；苞片叶状，卵形至椭圆形，长2～3厘米，两面均有短柔毛；小苞片顶端圆形或截形，长约1毫米，有短糙毛和腺毛；萼筒长约2毫米，萼齿卵状三角形，顶端尖而有长毛，外面和边缘有密毛；花冠白色，基部呈微红，后变黄色，长3～4.5厘米，唇形，筒稍长于唇瓣，外被糙毛和长腺毛，上唇裂片顶端钝形，下唇带状而反曲；雄蕊和花柱均高出花冠。果实圆形，直径6～7毫米，熟时蓝黑色，有光泽。种子卵圆形或椭圆形，褐色，长约3毫米，中部有1凸起的脊，两侧有浅的横沟纹。花期4～6月，

忍冬

果熟期 10～11 月。

本区公园、庭院有栽培。茎叶、花蕾及果实可药用，具清热解毒、通经活络、凉血、化湿热之功效。

金银忍冬 **Lonicera maackii** (Rupr.) Maxim.

落叶灌木，高达 6 米。幼枝、叶两面脉上、叶柄、苞片、小苞片及萼檐外被短柔毛和微腺毛。冬芽小，卵圆形，有 5～6 对鳞片。叶纸质，通常卵状椭圆形至卵状披针形，长 5～8 厘米，顶端渐尖，基部宽楔形至圆形；叶柄长 2～6 毫米。花芳香，生于幼枝叶腋，总花梗长 1～2 毫米，短于叶柄；苞片条形，长 3～6 毫米；小苞片连合成对，长为萼筒的 1/2 至相等，顶端截形；相邻两萼筒分离，长约 2 毫米，萼檐钟状，为萼筒长的 2/3 至相等，萼齿宽三角形或披针形，不相等，顶尖，裂隙达萼檐中部；花冠先白色后变黄色，长约 2 厘米，外被短伏毛或无毛，唇形，筒长约为唇瓣的 1/2，内被柔毛；雄蕊与花柱长约为花冠的 2/3，花丝中部以下和花柱均有柔毛。果实暗红色，圆形，直径 5～6 毫米。种子具蜂窝状微小浅凹点。花期 5～6 月，果熟期 8～10 月。

本区分布广。生于林中或林缘、沟边灌丛中。茎皮可制人造棉；花可提取芳香油；种子油可制肥皂；根、茎、叶及花可药用，具解毒截疟、祛风、活血祛瘀、消肿之功效。

金银忍冬

毛药忍冬 **Lonicera serreana** Hand.-Mazz.

落叶灌木，高达 3 米。小枝紫褐色，有 2 纵列短柔毛，具白色、密实的髓。冬芽顶渐尖，外鳞片 2～3 对，披针形，具短缘毛。叶纸质，倒卵形至倒披针形，顶端钝或稍尖，基部楔形，长 1～3.5 厘米，两面被灰白色短柔毛；叶柄长 1～3 毫米，有短柔毛。总花梗单生于幼枝下方叶腋，有短柔毛或无毛；苞片卵状披针形或卵形，与萼筒近等长，有缘毛，外面中脉有短柔毛；小苞片 2 枚或无，圆卵形至倒卵形，长为萼筒的 1/3～2/3，具缘毛，外面疏生短柔毛；相邻两萼筒 1/2 至全部合生，长 2～2.5 毫米，萼檐杯状，长为萼筒的 1/2～3/5，萼齿短小，疏生短柔毛和短睫毛；花冠黄白色或淡粉红色，筒状，长 10～13 毫米，基部一侧肿大，裂片卵形，比花冠筒短；花药与花冠裂片等长，有短糙毛；花柱伸出，全部或仅中下部疏生糙毛。果实红色，圆形，直径 5～6 毫米。种子淡褐色，近卵圆形，长 2.5～3 毫米，有 4 条纵棱。花期 6 月下旬至 8 月上旬，果熟期 9～10 月。

产本区富县直罗镇。生于山坡、山谷的灌丛或林中。花蕾可药用，具清热解毒、截疟之功效。

毛药忍冬

盘叶忍冬 **Lonicera tragophylla** Hemsl.

落叶藤本。幼枝无毛。叶纸质，矩圆形或卵状矩圆形，长 5～12 厘米，顶端钝或稍尖，基部楔形，下面粉绿色，被短糙毛或中脉下部两侧密生淡黄色髯毛状短糙毛，中脉基部有时带紫红色，花序下方 1～2 对叶连合成近圆形或圆卵形的盘，盘两端钝形或具短尖头；叶柄很短或不存在。由 3 朵花组成的聚伞花序密集成头状花序生小枝顶端，共有 6～9 朵花；萼筒壶形，长约 3 毫米，萼齿小，三角形或卵形，顶钝；花冠黄色至橙黄色，上部外面略带红色，长 5～9 厘米，外面无毛，唇形，筒稍弓弯，长 2～3 倍于唇瓣，内面疏生柔毛；雄蕊着生于唇瓣基部，约与唇瓣等长，无毛；花柱伸出，无毛。果实成熟时由黄色转红黄色，最后变深红色，近圆形，直径约 1 厘米。花期 6～7 月，果熟期 9～10 月。

盘叶忍冬

产本区富县、宜君县。生于林下、灌丛中或河滩地。花蕾及带叶嫩枝可药用，具清热解毒、活血止痛、通络之功效。

桦叶荚蒾 Viburnum betulifolium Batal.

落叶灌木或小乔木，高可达7米。小枝紫褐色或黑褐色，散生圆形、凸起的小皮孔，近无毛。冬芽外面疏被毛。叶厚纸质，干后变黑色，宽卵形至菱状卵形或宽倒卵形，顶端急短渐尖，基部宽楔形至圆形，边缘离基1/3～1/2及以上具浅波状牙齿，下面中脉及侧脉被短伏毛，脉腋集聚簇状毛，侧脉5～7对；叶柄纤细，疏生长毛，近基部常有1对钻形小托叶。复伞式聚伞花序顶生或生于具1对叶的侧生短枝上，通常被黄褐色簇状短毛，总花梗果时可达3.5厘米，第1级辐射枝常7条，花生于第4～5级辐射枝上；萼筒有黄褐色腺点，疏被簇状短毛，萼齿小，宽卵状三角形，顶钝，有缘毛；花冠白色，辐状，裂片圆卵形，比筒长；雄蕊高出花冠，花药宽椭圆形；柱头高出萼齿。果实红色，近圆形。核扁，顶尖，有1～3条浅腹沟和2条深背沟。花期6～7月，果熟期9～10月。

产本区富县，黄陵县。生于山谷林中或山坡灌丛中。茎皮纤维可制绳索及造纸；根可药用，具调经、涩精之功效。

桦叶荚蒾

蒙古荚蒾 Viburnum mongolicum (Pall.) Rehd.

落叶灌木，高达2米。幼枝、叶下面、叶柄和花序均被簇状短毛，二年生小枝黄白色，浑圆，无毛。叶纸质，宽卵形至椭圆形，长2.5～5厘米，顶端尖或钝形，基部圆形或楔圆形，边缘有波状浅齿，齿顶具小突尖，上面被簇状或叉状毛，侧脉4～5对，近缘前分枝而互相网结，连同中脉上凹下凸；叶柄长4～10毫米。聚伞花序直径1.5～3.5厘米，具少数花，总花梗长5～15毫米，第1级辐射枝5条，花大部生于第1级辐射枝上；萼筒矩圆筒形，长3～5毫米，萼齿波状；花冠淡黄白色，筒状钟形，筒长5～7毫米，直径约3毫米，裂片长约1.5毫米；雄蕊与花冠等长，花药矩圆形。果实红色后变黑色，椭圆形，长约10毫米。核扁，长约8毫米，直径5～6毫米，有2条浅背沟和3条浅腹沟。花期5月，果熟期9月。

产本区富县张村驿镇、直罗镇。生于山坡疏林下。根、叶及果实可药用，具祛风活血、清热解毒、破瘀通经、健脾之功效。

蒙古荚蒾

鸡树条 Viburnum opulus L. var. calvescens (Rehd.) Hara

落叶灌木，高1.5～4米。小枝有棱，有凸起的皮孔，二年生枝带色。冬芽卵圆形，有柄，被2对合生的鳞片所包围，外鳞片1对，内鳞片基部合生成筒状。叶圆卵形或倒卵形，常3裂，具3出脉，基部圆形、截形或浅心形，裂片边缘具粗牙齿；小枝上部的叶较狭长，边缘疏生波状牙齿，或浅3裂；叶下面脉腋有簇状毛；叶柄长2～4厘米，有2～4枚长盘形腺体，基部有2钻形托叶。复伞式聚伞花序，第1级辐射枝6～8条，花生于第2～3级辐射枝上，花序周围有大型的不孕花；花梗极短；萼筒倒圆锥形，萼齿三角形；花冠白色，裂片近圆形，筒内被长柔毛；雄蕊长为花冠的1.5倍，花药紫红色；花柱不存，柱头2裂；不孕花白色，有长梗，裂片不等形。果实红色，近圆形。核扁，近圆形，灰白色，稍粗糙。花期5～6月，果熟期9～10月。

产本区富县直罗镇。生于沟谷疏林下或灌丛中。种子含油26%～28%，可制肥皂、润滑油；嫩枝叶、根、果实可药用，具通经活络、解毒止痒、活血消肿、止咳化痰之功效。

鸡树条

陕西荚蒾 Viburnum schensianum Maxim.

落叶灌木，高可达 3 米。幼枝、叶下面、叶柄及花序均被由黄白色簇状毛组成的绒毛。二年生小枝稍四角状，灰褐色，老枝圆筒形，散生圆形小皮孔。芽被锈褐色簇状毛。叶纸质，卵状椭圆形或近圆形，顶端钝或圆形，基部圆形，边缘有较密小尖齿，初时上面疏被叉状或簇状短毛，侧脉 5～7 对，近缘处网结或直伸至齿端，连同中脉上凹下凸；叶柄长 7～10 毫米。聚伞花序可达 9 厘米，总花梗长 1～1.5 厘米或很短，第 1 级辐射枝 4～5 条，长 1～2 厘米，中间者最短，花大部生于第 3 级分枝上；萼筒圆筒形，萼齿卵形，长约 1 毫米，顶钝；花冠白色，辐状，直径约 6 毫米，筒部长约 1 毫米，裂片圆卵形，长约 2 毫米；雄蕊与花冠等长，花药圆形，直径约 1 毫米。果实红色后变黑色，椭圆形，长约 8 毫米。核卵圆形，背部龟背状凸起，腹部有 3 条沟。花期 5～7 月，果熟期 8～9 月。

本区分布广。生于杂木林或山坡灌丛中。果实及全株可药用，具清热解毒、祛风消瘀、下气消食、活血之功效。

陕西荚蒾

锦带花 Weigela florida (Bunge) A. DC.

落叶灌木，高达 1～3 米。树皮灰色。幼枝稍四方形，有 2 列短柔毛。芽顶端尖，具 3～4 对鳞片，常光滑。叶矩圆形、椭圆形至倒卵状椭圆形，长 5～10 厘米，顶端渐尖，基部阔楔形至圆形，边缘有锯齿，上面疏生短柔毛，脉上毛较密，下面密生短柔毛或绒毛，具短柄至无柄。花单生或成聚伞花序生于侧生短枝的叶腋或枝顶；萼筒长圆柱形，疏被柔毛，萼齿长约 1 厘米，不等，深达萼檐中部；花冠紫红色或玫瑰红色，长 3～4 厘米，直径 2 厘米，外面疏生短柔毛，裂片不整齐，开展，内面浅红色；花丝短于花冠，花药黄色；子房上部的腺体黄绿色，花柱细长，柱头 2 裂。果实长 1.5～2.5 厘米，顶有短柄状喙，疏生柔毛。种子无翅。花期 4～6 月。

本区公园、庭院有栽培，供观赏。

锦带花

118 败酱科 Valerianaceae

墓头回 Patrinia heterophylla Bunge

多年生草本，高 15～100 厘米。根状茎较长；茎直立，被倒生微糙伏毛。基生叶丛生，具长柄，叶片边缘圆齿状缺刻，不分裂或羽状分裂至全裂，具 1～4 对侧裂片，顶生裂片常较大；茎生叶对生，下部叶常 2～3 对羽状全裂，中部叶常具 1～2 对侧裂片，顶生裂片最大，具圆齿，疏被短糙毛，叶柄上部叶较窄，近无柄。花黄色，组成顶生伞房状聚伞花序，被糙毛；总花梗下苞叶具 1 或 2 对线形裂片；萼齿 5，圆波状卵形；花冠钟形，冠筒基部一侧具浅囊，裂片 5，卵形或卵状椭圆形；雄蕊 4 枚，伸出，花丝 2 长 2 短，花药长圆形；花柱稍弯曲，柱头盾状或截头状。瘦果长圆形或倒卵形，顶端平截；翅状果苞倒卵形、倒卵状椭圆形，顶端钝圆，有时极浅 3 裂，或仅一侧有 1 浅裂，网状脉具 2 主脉。花期 7～9 月，果期 8～10 月。

本区分布广，又称异叶败酱。生于山地草丛中、路边、沙质土坡上。根或全草可药用，具发表散寒、燥湿理气、清热解毒、消肿生肌、止血、止带、截疟、抗癌之功效。

墓头回

岩败酱 **Patrinia rupestris** (Pall.) Juss.

多年生草本，高20～60厘米。根状茎长，有陈腐味；茎多数丛生，同花序梗被短糙毛。基生叶花时脱落；茎生叶长圆形，长3～7厘米，羽状深裂至全裂，具3～6对侧生裂片，裂片条形，疏具缺刻状钝齿或全缘，叶柄短，上部叶无柄。花密生，顶生伞房状聚伞花序具3～7级对生分枝，花序最下分枝处总苞叶羽状全裂，具3～5对条形裂片，上部分枝总苞叶较小；小苞片长1～1.6毫米，倒卵状长圆形；萼齿5；花冠黄色，漏斗状钟形，长3～4毫米，直径3～5毫米，花冠筒长约2毫米，基部一侧有囊肿，花冠裂片长圆形；近蜜囊2花丝有柔毛，另2花丝短，花药长圆形；花柱长2.2～3.3毫米，柱头盾头状，子房圆柱状。瘦果倒卵圆柱状，长2.4～2.6毫米，宽1.5～1.8毫米，集柄极短，与下面苞片贴生；翅状果苞长圆形，顶端浅3裂，长3.5～5.1毫米，宽3.5～3.6毫米，网脉具3条主脉。花期7～9月，果期8～10月。

产本区富县，黄陵县，宜君县。生于石质山坡、草地或灌丛中。根及全草含挥发油；全草可药用，具清热解毒、活血、排脓之功效。

岩败酱

糙叶败酱 **Patrinia rupestris** (Pall.) Juss. subsp. **scabra** (Bunge) H. J. Wang

与原亚种的主要区别：叶较坚挺；花冠较大，直径达5～6.5毫米，长6.5～7.5毫米；果苞较宽大，长达8毫米，宽6～8毫米，网脉常具2主脉，极少为3主脉。

产本区富县直罗镇。生于石质山坡草地或灌丛中。全草可药用，具清热解毒、消肿、生肌、止血、截疟之功效。

糙叶败酱

119 川续断科 Dipsacaceae

川续断 **Dipsacus asperoides** C. Y. Cheng et T. M. Ai

多年生草本，高达2米。主根圆柱形，黄褐色，稍肉质。茎中空，具6～8条棱，棱上疏生硬刺。基生叶稀疏丛生，琴状羽裂，顶裂片大，叶面被白色刺毛或乳头状刺毛，背面沿脉密被刺毛；叶柄长；茎生叶在中下部为羽状深裂，中裂片披针形，先端渐尖，边缘具疏粗锯齿，侧裂片2～4对，具长柄，向上叶柄渐短；上部叶披针形，不裂或基部3裂。头状花序球形，总花梗长达50厘米；总苞片5～7枚，叶状，披针形，被硬毛；小苞片倒卵形，被短柔毛，具喙尖，喙尖两侧密生刺毛；小总苞四棱倒卵柱状，每侧面具2条纵沟；花萼4棱，不裂或深裂，外面被短毛；花冠淡黄色或白色，顶端4裂，1裂片稍大，外面被短柔毛；雄蕊4枚，明显超出花冠，花丝扁平，花药椭圆形，紫色；子房下位，柱头短棒状。瘦果长倒卵柱状，包藏于小总苞内。花期7～9月，果期9～11月。

产本区富县直罗镇。生于沟谷草丛、林缘和田野路旁。根可入药，具补肝肾、强筋骨、接断损、活血去瘀、止痛之功效。

川续断

日本续断 **Dipsacus japonicus** Miq.

多年生草本，高1米以上。主根长圆锥状，黄褐色。茎中空，具4～6棱，棱上具钩刺。基生叶具长柄，叶片长椭圆形，分裂或不裂；茎生叶对生，叶片椭圆状卵形至长椭圆形，先端渐尖，基部楔形，长 8～20 厘米，宽 3～8 厘米，常 3～5 裂，顶端裂片最大，裂片基部下延成窄翅，边缘具粗齿或近全缘，上面被白色短毛，叶柄和叶背脉上均具疏钩刺和刺毛。头状花序顶生，圆球形，直径 1.5～3.2 厘米；总苞片线形，具白色刺毛；小苞片倒卵形，花期长达 9～11 毫米，顶端喙尖长 5～7 毫米，两侧具长刺毛；花萼盘状，4 裂，被白色柔毛；花冠管长 5～8 毫米，基部细管明显，4 裂，裂片不相等，外被白色柔毛；雄蕊 4 枚，稍伸出花冠外；子房下位，包于囊状小总苞内，小总苞具 4 棱，长 5～6 毫米，被白色短毛，顶端具 8 齿。瘦果长圆楔形。花期 8～9 月，果期 9～11 月。

产本区黄陵县腰坪乡，宜君县，耀州区。生于山坡、路旁和草坡。根可药用，具补肝肾、续筋骨、调血脉之功效。

日本续断

窄叶蓝盆花 **Scabiosa comosa** Fisch. ex Roem. et Schult.

多年生草本，高 30～80 厘米。根单一，棕褐色，里面白色。茎黄白色或带紫色，具棱，被柔毛。基生叶成丛，羽状全裂，裂片线形，叶柄长 3～6 厘米；茎生叶对生，长圆形，长 8～15 厘米，宽 4～5 厘米，一至二回狭羽状全裂，裂片线形，宽 1～1.5 毫米，顶端渐尖，基部成鞘抱茎，近无柄。头状花序单生或 3 出，近球形；总花梗长 10～25 厘米，近顶端密生纤毛；总苞 6～10 片，披针形，长 1～1.2 厘米，果时增长；小总苞倒圆锥形，淡黄白色，具 8 条肋棱，中棱密生柔毛，顶端具 8 凹穴，冠部带紫色或污白色，具 18～20 条脉，边缘牙齿状，脉上密生柔毛；花萼 5 裂，细长针状，棕黄色，上面疏生毛；花冠蓝紫色，外面密生柔毛，中央花冠筒状，先端 5 裂，边缘花二唇形，长达 2 厘米，上唇 2 裂较短，下唇 3 裂较长；雄蕊 4 枚，花丝外伸；花柱长 1 厘米，外伸，柱头头状。瘦果长圆形，长约 3 毫米，具 5 条棕色脉，顶端具宿存的萼刺。花期 7～8 月，果期 9 月。

产本区黄陵县腰坪乡、店头镇，宜君县，印台区。生于砂质地、山坡。花可药用，具清热泻火之功效。

窄叶蓝盆花

华北蓝盆花 **Scabiosa tschiliensis** Grün.

多年生草本。根粗壮，棕褐色。茎基部分枝，具白色卷伏毛。基生叶簇生，卵状披针形，有疏钝锯齿或浅裂片，两面疏生白色柔毛，叶柄较叶片长；茎生叶对生，羽状深裂至全裂，先端急尖，叶柄短或向上渐无柄，近上部叶羽状全裂，下面疏生柔毛。头状花序在茎上部成三出聚伞状；总花梗具浅纵沟，密生白色卷曲柔毛；总苞片 10～14 枚，披针形，具 3 脉，外面及边缘密生柔毛；花托苞片披针形，被柔毛；小总苞具 8 条肋，被白色长柔毛，顶端具 8 窝孔；花冠白色或紫色，边缘牙齿状，具 16～19 条棕褐色脉，脉上疏生柔毛；萼 5 裂，刚毛状，基部五角星状，疏被白色柔毛；边花花冠二唇形，蓝紫色，筒外密被白色柔毛，裂片 5，上唇 2，下唇 3，中裂片长；中央花筒状，裂片 5，近等长；雄蕊 4 枚，花药紫色；子房下位，花柱细长，柱头头状。瘦果椭圆形，长约 2 毫米。花期 7～8 月，果熟期 8～9 月。

产本区富县张村驿镇、直罗镇。生于山脚草丛及山坡草地和林缘。根、花可药用，具清热泻火之功效。

华北蓝盆花

120 菊科 Compositae

蓍 **Achillea millefolium** L.

多年生草本。茎直立，高 40～150 厘米，有条纹，被长柔毛。叶无柄，披针形，长 5～7 厘米，宽 1～1.5 厘米，二至三回羽状全裂，一回裂片多数，基部裂片间有 1 中间齿，末回裂片披针形至条形，长 0.5～1.5 毫米，宽 0.3～0.5 毫米，顶端具软骨质短尖，上面密生凹入的腺体，下面密被长柔毛；下部叶长 10～20 厘米，宽 1～2.5 厘米。头状花序密集成复伞房状；总苞矩圆形，长约 4 毫米，宽约 3 毫米，疏生柔毛；总苞片 3 层，覆瓦状排列，椭圆形至矩圆形，长 1.5～3 毫米，宽 1～1.3 毫米，边缘棕色或淡黄色；托片矩圆状椭圆形，背面散生黄色闪亮的腺点，上面被柔毛；边花 5 朵；舌片近圆形，白色、粉红色或淡紫红色，长 1.5～3 毫米，宽 2～2.5 毫米，顶端 2～3 齿；盘花两性，管状，黄色，5 裂齿，外面具腺点。瘦果矩圆形，长约 2 毫米，有狭的淡白色边肋，无冠状冠毛。花果期 7～9 月。

本区分布广，又称千叶蓍。生于河边湿地及路边草丛中。花含芳香油 1.85%，可药用或作香料原料；全草可药用，具解毒消肿、止血、止痛、发汗驱风之功效。

蓍

云南蓍 **Achillea wilsoniana** Heimerl ex Hand.-Mazz.

多年生草本。根状茎短；茎直立，高 35～100 厘米，中部以上被较密的长柔毛，有时上部分枝。叶无柄，下部叶在花期凋落，中部叶矩圆形，二回羽状全裂，一回裂片多，二回裂片少，下面的较大，上面的较短小，有单齿，齿端具白色软骨质小尖头，叶上面疏生柔毛和凹入的腺点，下面被较密的柔毛。头状花序多数，集成复伞房花序；总苞 3 层，覆瓦状排列，外层短，卵状披针形，顶端稍尖，中层卵状椭圆形，内层长椭圆形，顶端钝或圆形，有褐色膜质边缘，有凸起的中肋，被长柔毛；托片披针形，舟状，背部被少数腺点，上部疏生长柔毛；边花 6～8（～16）朵；舌片白色，偶有淡粉红色边缘，顶端具深或浅的 3 齿，管部与舌片近等长，翅状压扁，具少数腺点；管状花淡黄色或白色，管部压扁具腺点。瘦果矩圆状楔形，具翅。花果期 7～9 月。

产本区富县直罗镇。生于河边湿地或路边草丛中。全草有小毒，可药用，具解毒消肿、止血止痛、驱风发汗之功效。

云南蓍

和尚菜 **Adenocaulon himalaicum** Edgew.

一年生或多年生草本。根状茎匍匐，节上生多数纤维根；茎直立，高 30～100 厘米，中部以上分枝，分枝被绒毛。根生叶或茎下部叶花期凋落；下部茎叶肾形或圆肾形，长 3～8 厘米，宽 4～12 厘米，基部心形，顶端急尖或钝，边缘有波状大牙齿，齿端突尖，叶上面沿脉被柔毛，下面密被蛛丝状毛，基出 3 脉，叶柄长 5～17 厘米，宽 0.3～1 厘米，有狭或宽翼；中部茎叶三角状圆形，长 7～13 厘米，宽 8～14 厘米，向上叶渐小；最上部的叶长约 1 厘米，披针形或线状披针形，无柄，全缘。头状花序排成圆锥花序；花梗短，被白色绒毛，花后长 2～6 厘米，密被头状具柄腺毛；总苞半球形，宽 2.5～5 毫米，总苞片 5～7 枚，宽卵形，长 2～3.5 毫米，全缘，果期向外反曲；雌花白色，长 1.5 毫米，檐部比管部长；两性花淡白色，长 2 毫米，檐部短于管部 2 倍。瘦果棍棒状，长 6～8 毫米，被头状具柄的腺毛。花果期 6～11 月。

和尚菜

产本区富县直罗镇，又称腺梗菜。生于沟谷河岸、阴湿密林下。根状茎可药用，具止咳平喘、活血行瘀、利水消肿之功效。

疏生香青 Anaphalis sinica Hance var. remota Ling

多年生草本。根状茎木质，有细匍枝；茎直立，疏散丛生，高20～50厘米，被灰白色棉毛，有密生的叶。下部叶在花期枯萎；中部叶披针状或线状长圆形或线形，长4～9厘米，宽0.5～1.5厘米，基部下延成狭翅，边缘平，顶端有短小尖头，上部叶较小，全部叶上面被疏棉毛，下面被白色或黄白色密棉毛；有离基三出脉；莲座状叶被密棉毛。头状花序密集成复伞房状或多次复伞房状，花序梗细；总苞白色，钟状或近倒圆锥状，长4～5毫米，宽4～6毫米；总苞片6～7层，外层卵圆形，被蛛丝状毛，长2毫米，内层舌状长圆形，长约3.5毫米，顶端钝或圆形；最内层较狭，长椭圆形，有长的爪部；雄株的总苞片常较钝；雌株头状花序有多层雌花，中央有1～4朵雄花；雄株头状花托有缝状短毛，花序全部有雄花；花冠长2.8～3毫米，冠毛较花冠长；雄花冠毛上部宽扁，有锯齿。瘦果长0.7～1毫米，被小腺点。花期6～9月，果期8～10月。

产本区富县直罗镇。生于山脚灌丛、草地。

疏生香青

牛蒡 Arctium lappa L.

二年生草本，具肉质直根。茎直立，带紫红色或淡紫红色，有多数条棱，分枝多数，被乳突状短毛及棕黄色的小腺点。基生叶宽卵形，边缘具浅波状凹齿或齿尖，基部心形，叶柄有稀疏的短糙毛及黄色小腺点，下面被薄绒毛，有黄色小腺点；叶柄灰白色，被稠密的蛛丝状绒毛及黄色小腺点。头状花序多数，花序梗粗壮；总苞卵形或卵球形，总苞片多层，外层三角状，中内层披针状或线状钻形，全部苞近等长，顶端有软骨质钩刺；小花紫红色，花冠长1.4厘米，细管部长8毫米，檐部长6毫米，花冠裂片长约2毫米。瘦果倒长卵形，两侧压扁，浅褐色，有多数细脉纹；冠毛多层，浅褐色，刚毛糙毛状，不等长，基部不连合成环，分散脱落。花果期6～9月。

本区分布广。生于山坡、山谷、林缘、河边湿地、路旁或荒地。根含糖分25%；瘦果含脂肪油25%～30%；果实可药用，具疏散风热、利咽散结、解毒透疹之功效。

牛蒡

莳萝蒿 Artemisia anethoides Mattf.

一年生或二年生草本，有浓香气。主根单一，狭纺锤形，侧根多数。茎单生，淡红色，分枝多，被灰白色短柔毛。基生叶与茎下部叶长卵形或卵形，三回羽状全裂，小裂片狭线形，叶柄长，花期凋谢；中部叶宽卵形或卵形，二至三回羽状全裂，每侧裂片2～3枚，小裂片丝线形，近无柄，基部裂片半抱茎；上部叶与苞片叶3全裂，裂片狭线形；叶两面密被白色绒毛。头状花序近球形，具短梗，基部有狭线形小苞叶，在分枝上排成复总状花序；总苞片3～4层，外、中层椭圆形或披针形，背面密被白色短柔毛，具绿色中肋，内层长卵形；花序托具托毛；雌花3～6朵，花冠狭管状，花柱先端2叉，叉端锐尖；两性花8～16朵，花冠管状，花药先端附属物尖，长三角形，花柱与花冠近等长，先端2叉，叉端截形，叉口与叉端有睫毛。瘦果倒卵形，有不对称的冠状附属物。花果期6～10月。

产本区富县直罗镇。生于河边沙地、路旁及荒地。幼苗可药用，具清热利湿、利胆退黄之功效。

莳萝蒿

黄花蒿 Artemisia annua L.

一年生草本，有香气。根狭纺锤形。茎高1～2米，有纵棱，幼时绿色，后变褐色或红褐色，多分枝。叶纸质，茎下部叶宽卵形或三角状卵形，两面具白色腺点及凹点，三回羽状深裂，小裂片边缘具三角形深裂齿，裂齿中肋明显，中轴两侧有狭翅，叶柄基部有半抱茎的假托叶；中部叶二至三回栉齿状羽状深裂，小裂片栉齿状三角形，具短柄；上部叶与苞片叶一回栉齿状羽状深裂，近无柄。头状花序球形，有短梗，基部有线形小苞叶，在分枝上排成总状或复总状花序；总苞片3～4层，内层和外层近等长；花序托凸起，半球形；花深黄色，雌花10～18朵，花冠狭管状，檐部具2裂齿，外有腺点，花柱先端2叉；两性花10～30朵，花冠管状，花药附属物长三角形，花柱与花冠近等长，先端2叉，叉端有睫毛。瘦果小，椭圆状卵形，略扁。花果期8～11月。

本区分布广，俗称臭黄蒿。生于路旁、荒地、山坡、林缘等地。瘦果含脂肪油19.2%；全草含芳香油0.95%，可调香或药用，具消暑退热、抗疟之功效。

黄花蒿

艾 Artemisia argyi Levl. et Van.

多年生草本，有浓香气。主根明显，侧根多。茎单生，高80～150厘米，有纵棱，上部有短分枝，被灰色柔毛。叶厚纸质，上面被灰白色短柔毛和白色腺点，背面密被灰白色绒毛；基生叶具长柄；茎下部叶羽状深裂，每裂片有2～3枚小裂齿，叶柄长0.5～0.8厘米；中部叶一至二回羽状深裂，叶基部宽楔形，渐狭成短柄，叶脉明显；上部叶与苞片叶羽状半裂。头状花序椭圆形，近无梗，数枚在分枝上排成穗状花序；总苞片3～4层，外层小，背面密被灰白色绵毛，中层较长，背面被绵毛，内层质薄；花序托小；雌花6～10朵，花冠狭管状，檐部具2裂齿，紫色，花柱先端2叉；两性花8～12朵，花冠管状，外有腺点，檐部紫色，花药先端附属物尖，花柱与花冠近等长，先端2叉，叉端截形，有睫毛。瘦果长卵形或长圆形。花果期7～10月。

本区分布广。生于荒地、路旁、河边及山坡等地。茎叶含芳香油0.33%，可供驱虫、配香精、制香皂或药用；叶可入药，具理气血、逐寒湿、温经、止血、安胎之功效。

艾

茵陈蒿 Artemisia capillaris Thunb.

半灌木状草本，有浓香气。主根木质。有细营养枝。茎单生，红褐色或褐色，上部分枝多；茎、枝初时密被灰白色柔毛。基生叶成莲座状；基生叶、茎下部叶两面被棕黄色柔毛，叶卵圆形或卵状椭圆形，二至三回羽状全裂，裂片再3～5全裂，小裂片狭线形，叶柄长3～7毫米；中部叶宽卵形，二回羽状全裂，小裂片近无毛，顶端微尖，基部常半抱茎，近无柄；上部叶与苞片叶羽状5全裂或3全裂，基部半抱茎。头状花序卵球形，有短梗及线形的小苞叶，常排成复总状花序；总苞片3～4层，外层背面淡黄色，有绿色中肋，中层和内层椭圆形，近膜质；花序托小，凸起；雌花6～10朵，花冠狭管状，檐部具2裂齿，花柱先端2叉；两性花3～7朵，花冠管状，花药先端附属物尖，花柱短，上端棒状，2裂，不叉开。瘦果长圆形或长卵形。花果期7～10月。

本区分布广，俗称黄蒿。生于村庄空地、路旁及山坡荒地等处。幼嫩茎叶可入药，具清热、利湿、退黄之功效。

茵陈蒿

青蒿 Artemisia carvifolia Buch.-Ham. ex Roxb.

一年生草本，有香气。主根单一，侧根少。茎单生，高30～150厘米，上部多分枝，有纵纹。叶两面青绿色，纸质；基生叶与茎下部叶三回栉齿状羽状分裂，叶柄长，花期凋谢；中部叶长5～15厘米，宽2～5.5厘米，二回栉齿状羽状分裂，第一回全裂，每侧裂片4～6枚，每裂片具多枚长三角形栉齿，两侧有1～3枚小裂齿，中轴与裂片羽轴有小锯齿，叶柄长0.5～1厘米，基部有半抱茎的假托叶；上部叶与苞片叶一回栉齿状羽状分裂，无柄。头状花序半球形，具短梗，下垂，基部有线形小苞叶，在茎上组成圆锥花序；总苞片3～4层，外层狭小，长卵形，背面有小白点，中层稍大，宽卵形；花序托球形；花淡黄色；雌花10～20朵，花冠狭管状，檐部具2裂齿，花柱伸出花冠管外，先端2叉；两性花30～40朵，花冠管状，花药线形，附属物长三角形，花柱与花冠近等长，顶端2叉，叉端有睫毛。瘦果长圆形至椭圆形。花果期6～9月。

产本区富县直罗镇，俗称香蒿。生于河岸、山谷、路旁等地。全草可药用，具清热凉血、退蒸解暑、祛风止痒之功效。

青蒿

牛尾蒿 Artemisia dubia Wall. ex Bess.

半灌木状草本。主根木质，侧根多。茎丛生，高80～120厘米，纵棱明显，紫褐色或绿褐色，分枝多；茎、枝幼时被柔毛。叶纸质，叶面微被柔毛，背面毛密；基生叶与茎下部叶大，羽状5深裂，无柄，花期凋谢；中部叶卵形，长5～12厘米，宽3～7厘米，羽状5深裂，裂片椭圆状披针形至披针形，长3～8厘米，宽5～12毫米，先端尖，全缘，基部楔形成柄状，有小型披针形假托叶；上部叶与苞片叶指状3深裂或不分裂。头状花序多数，宽卵球形，直径1.5～2毫米，近无梗，基部有小苞叶，在小枝上排成穗状花序至复总状花序；总苞片3～4层，外层略短小，外层和中层卵形，背面有中肋，边膜质，内层半膜质；雌花6～8朵，花冠狭小，圆锥形，檐部具2裂齿，花柱伸出花冠外甚长，前端2叉；两性花2～10朵，不孕育，花冠管状，花药线形，先端附属物尖，长三角形，基部圆钝，花柱短，先端膨大，2裂，不叉开。瘦果小，长圆形或倒卵形。花果期8～10月。

产本区富县直罗镇，耀州区。生于干旱山坡、疏林下及林缘。

牛尾蒿

华北米蒿 Artemisia giraldii Pamp.

半灌木状草本。主根明显，侧根多。茎成小丛，高50～80厘米，具纵棱，分枝多，幼时微被柔毛。叶纸质，灰绿色，叶面疏被灰白色柔毛，背面初时密被灰白色蛛丝状柔毛；茎下部叶指状3～5深裂，裂片披针形，具短柄；中部叶长2～3厘米，宽0.8～1.5厘米，指状3深裂，裂片线形，长1～2厘米，宽1～2毫米，叶基部渐狭成短柄状；上部叶与苞片叶3深裂或不分裂，裂片线形。头状花序多数，宽卵形，直径1.5～2毫米，近无梗，有小苞叶，在分枝上排成穗状花序式的总状花序；总苞片3～4层，外层短小，外层和中层卵形，有中肋，边缘宽膜质，内层长椭圆形，半膜质；雌花4～8朵，花冠狭管状，檐部具2裂齿，花柱伸出花冠外，先端2叉；两性花5～7朵，不育，花冠管状，檐部黄色或红色，花药线形，先端附属物长三角形，基部圆钝，花柱短，先端棒状，不叉开，退化子房不明显。瘦果倒卵形。花果期7～10月。

产本区富县直罗镇，俗称艾蒿。生于山坡、路旁或林中空地。全

华北米蒿

草可入药，具清热、解毒、利肺之功效。

细裂叶莲蒿

细裂叶莲蒿 **Artemisia gmelinii** Web. ex Stechm.

半灌木状草本。主根木质。根状茎有多数木质营养枝；茎丛生，紫红色，初时被灰白色绒毛。叶上面初时被灰白色柔毛，暗绿色，背面密被灰色柔毛；茎下部、中部与营养枝叶二至三回栉齿状的羽状分裂，一至二回为羽状全裂；上部叶一至二回栉齿状的羽状分裂；苞片叶呈栉齿状羽状分裂或不分裂。头状花序近球形，近无梗，密集着生茎端或分枝端排成总状花序；总苞片 3～4 层，外层背面有灰白色柔毛或近无毛，内层半球形；雌花 10～12 朵，花冠狭圆锥状，背面有腺点，花柱线形，先端 2 叉；两性花 40～60 朵，花冠管状，背面微被腺点，花药线形，上端附属物尖，花柱与花冠近等长，先端 2 叉，叉端有睫毛。瘦果长圆形，果壁上有细纵纹。花果期 8～10 月。

本区分布广。生于山坡、草地、砾质阶地、滩地等处。全草可药用，具清热解毒、凉血止血之功效。

五月艾

五月艾 **Artemisia indices** Willd.

半灌木状草本，有浓香气。茎常单生，褐色，有纵棱，分枝多，初时微有短柔毛。叶上面初时被灰白色或淡灰黄色绒毛，背面密被灰白色蛛丝状绒毛；基生叶与茎下部叶（一至）二回大头羽状深裂，每侧裂片 3～4 枚，基部裂片渐小，第二回为深或浅裂齿或为粗锯齿；中部叶卵形或椭圆形，长 5～8 厘米，宽 3～5 厘米，一（至二）回羽状全裂或为大头羽状深裂，每侧裂片 3（～4）枚，裂片不再分裂或有 1～2 枚深或浅裂齿；上部叶羽状全裂，每侧裂片 2（～3）枚，苞片叶 3 全裂或不分裂，披针形。头状花序卵形至宽卵形，多数，直径 2～2.5 毫米，具短梗及小苞叶，在茎上组成开展的圆锥花序；总苞片 3～4 层，外层略小，背面初时微被灰白色绒毛；雌花 4～8 朵，檐部紫红色，具 2～3 裂齿，花柱伸出花冠外，先端 2 叉；两性花 8～12 朵，檐部紫色，花柱略比花冠长，先端 2 叉，并有睫毛。瘦果长圆形或倒卵形。花果期 8～10 月。

产富县，黄陵县，宜君县。生于海拔 930～1180 米的山坡、田边荒地。叶可入药，具调经止血、安胎止崩、散寒除湿之功效。

柳叶蒿

柳叶蒿 **Artemisia integrifolia** L.

多年生草本。主根明显，侧根多。茎单生，高 50～120 厘米，紫褐色，具纵棱，中部以上有分枝；茎、枝被蛛丝状毛。叶无柄，不分裂，全缘或具锯齿，上面初被柔毛，背面密被绒毛；基生叶与茎下部叶狭卵形，边缘有深裂齿；中部叶长椭圆形至线状披针形，长 4～7 厘米，宽 1.5～2.5 厘米，先端锐尖，边缘具 1～3 裂齿或锯齿，基部楔形，渐狭成柄状，有假托叶；上部叶小，椭圆形或披针形，全缘。头状花序椭圆形，直径 3～4 毫米，近无梗，有披针形小苞叶，在茎上组成圆锥花序；总苞片 3～4 层，覆瓦状排列，外层略小，卵形，中层卵形，背面被蛛丝状柔毛，褐色或红褐色，内层长卵形，背面近无毛；雌花 10～15 朵，花冠狭管状，檐部具 2 裂齿，花柱伸出花冠外，先端 2 叉；两性花 20～30 朵，花冠管状，檐部外反，花药先端附属物尖，长三角形，基部有短尖头，花柱与花冠等长，先端 2 叉，叉端扇形并有睫毛。瘦果倒卵形或长圆形。花果期 8～10 月。

产本区黄陵县双龙镇。生于林缘、河边草地及灌丛中。

牡蒿 **Artemisia japonica** Thunb.

多年生草本，有香气。主根明显，侧根多。根状茎具多条营养枝；茎单生，高 50～130 厘米，有纵棱，紫褐色或褐色，上半部分枝；茎、枝初被柔毛。叶纸质，两面初被柔毛；基生叶与茎下部叶羽状深裂或半裂，裂片上端有缺齿，具短柄，花期凋谢；中部叶上端有 3～5 枚浅裂片或深裂片，每裂片上端有 2～3 小锯齿，叶基部楔形，有假托叶；苞片叶先端不分裂。头状花序多数，近无梗，基部具线形小苞叶，在分枝上排成穗状花序，在茎上组成圆锥花序；总苞片 3～4 层，外层略小，外层和中层中肋绿色，边膜质，内层半膜质；雌花 3～8 朵，花冠狭圆锥状，檐部具 2～3 裂齿，花柱先端 2 叉，叉端尖；两性花 5～10 朵，不孕育，花冠管状，花药线形，先端附属物尖，长三角形，花柱短，先端稍膨大，2 裂，不叉开。瘦果小，倒卵形。花果期 7～10 月。

产本区富县，黄陵县，宜君县，俗称油蒿。生于林缘、疏林下及路旁等处。茎叶含芳香油 0.33%，可供化工用；根及全草可入药，具清热解毒、祛气湿、止血、解暑之功效。

牡蒿

狭裂白蒿 **Artemisia kanashiroi** Kitam.

多年生草本。主根细长，侧根多。茎高 25～60 厘米，具细纵棱，分枝明显；茎、枝初时密被蛛丝状绒毛。叶上面疏被短柔毛及白色腺点，背面密被蛛丝状绒毛；基生叶与茎下部叶一至二回羽状分裂，一回全裂，每侧裂片 2～3 枚，宽 3～8 毫米，二回深裂或全裂，每侧裂片 1～2 枚，小裂片先端钝尖，宽 1～2.5 毫米；中部叶长、宽相等，上面疏被柔毛，背面被厚绒毛或蛛丝状毛，一回羽状全裂，每侧裂片 2～3 枚，裂片线形，宽 1～2 毫米，叶柄长 0.5～3 厘米；上部叶 3～5 全裂，无柄；苞片叶 3 全裂或不裂。头状花序直径 2～3 毫米，无梗，具小苞叶，在茎上组成圆锥花序；总苞片 3～4 层，外层短小，外层和中层背面密被蛛丝状厚绒毛；雌花 3～6 朵，花冠狭管状，檐部具 2 裂齿，花柱伸出冠外，顶端 2 叉；两性花 6～10 朵，花冠管状，檐部紫色，花药附属物长三角形，花柱与花冠近等长，先端 2 叉，叉端具睫毛。瘦果长圆形。花果期 8～10 月。

产本区黄陵县，宜君县，印台区。生于田边、路旁、山坡等处。全草治疗虫病，可收敛湿疹外渗之黄水。

狭裂白蒿

白苞蒿 **Artemisia lactiflora** Wall. ex DC.

多年生草本。主根明显，侧根细长。根状茎短；茎常单生，直立，绿褐色，有纵棱；上半部具着生头状花序的分枝；茎、枝初时微被白色的蛛丝状柔毛。叶薄纸质，初时有稀疏柔毛；基生叶与茎下部叶一至二回羽状全裂，具长叶柄，花期叶多凋谢；中部叶一至二回羽状全裂，每侧裂片 3～4 枚，先端渐尖，边缘有锯齿，叶柄长 2～5 厘米，基部具假托叶；上部叶与苞片叶略小，羽状深裂，边缘有小裂齿或锯齿。头状花序长圆形，无梗，基部无小苞叶，在小枝上排成密穗状花序；总苞片 3～4 层，外层略短小，中、内层长圆形；雌花 3～6 朵，花冠狭管状，檐部具 2 裂齿，花柱细长，先端 2 叉；两性花 4～10 朵，花冠管状，花药椭圆形，先端附属物尖，长三角形，基部圆钝，花柱近与花冠等长，先端 2 叉，叉端有睫毛。瘦果倒卵形或倒卵状长圆形。花果期 8～11 月。

产本区富县张村驿镇。生于沟谷湿润地。全草含挥发油，可药用，具理气、活血调经、利湿、解毒消肿之功效。

白苞蒿

野艾蒿 **Artemisia lavandulifolia** DC.

多年生草本，有香气。主根明显。根状茎具营养枝；茎少数，具纵棱，分枝多；茎、枝被柔毛。叶纸质，上面具白色腺点及小凹点，初时被柔毛，背面密被绵毛；基生叶与茎下部叶二回羽状全裂，具长柄，花期萎谢；中部叶二回羽状全裂，每侧有裂片2～3枚，每裂片具2～3枚披针形小裂片，叶柄长1～2厘米，基部有羽状分裂的假托叶；上部叶羽状全裂，近无柄；苞片叶3全裂。头状花序近无梗，具小苞叶，在分枝上部排成密穗状花序；总苞片3～4层，外层略小，外层和中层背面疏被柔毛，花序托小，凸起；雌花4～9朵，花冠狭管状，檐部具2裂齿，紫红色，花柱线形，先端2叉；两性花10～20朵，花冠管状，檐部紫红色；花药线形，先端附属物尖，长三角形，基部具短尖头，花柱与花冠等长，先端2叉，叉端扇形。瘦果长卵形或倒卵形。花果期8～10月。

产本区富县，印台区，耀州区。生于路旁、山坡及河边草地。叶含芳香油0.05%～0.2%，可供调配香精、香皂用；叶可入药，具散寒、止痛、止血之功效。

野艾蒿

蒙古蒿 **Artemisia mongolica** (Fisch. ex Bess.) Nakai

多年生草本。侧根多。茎少数或单生，高40～120厘米，具纵棱，分枝多；茎、枝初密被蛛丝状柔毛。营养枝少。叶纸质，初被蛛丝状柔毛，背面密被蛛丝状绒毛；下部叶二回羽状全裂或深裂，叶柄长，两侧有小裂齿；中部叶二回羽状分裂，第一回全裂，每侧裂片2～3枚，裂片再次羽状全裂，小裂片披针形，基部渐狭成柄，叶柄长0.5～2厘米，基部有假托叶；上部叶与苞片叶羽状全裂，裂片披针形，无柄。头状花序多数，无梗，有线形小苞叶，在茎上组成圆锥花序；总苞片3～4层，外层和中层背面密被蛛丝状柔毛，外层较小；雌花5～10朵，花冠狭管状，檐部具2裂齿，紫色，花柱端2叉，反卷，叉端尖；两性花8～15朵，花冠管状，背面具小腺点，檐部紫红色，花药线形，附属物长三角形，花柱与花冠近等长，先端2叉，叉端有睫毛。瘦果小，长圆状倒卵形。花果期8～10月。

本区均有分布。生于山坡及河岸边。茎叶含芳香油0.27%，可供化工用；全草可入药，具温经止血、散寒祛湿之功效。

蒙古蒿

灰苞蒿 **Artemisia roxburghiana** Bess.

半灌木状草本。主根明显，侧根多。茎少或单生，高达110厘米，紫红色，具纵棱，分枝多；茎、枝被蛛丝状柔毛。叶卵形，上面初时微被柔毛，背面密被蛛丝状绒毛；下部叶二回羽状深裂，具长柄；中部叶二回羽状全裂，每侧裂片3或4枚，中部裂片再羽状全裂或深裂，小裂片披针形，先端锐尖，叶柄长1.5～2厘米，基部有半抱茎假托叶；上部叶一回羽状全裂，近无柄；苞片叶3～5全裂或不分裂，线状披针形，无柄，基部有假托叶。头状花序多数，卵形，直径2～3毫米，近无梗，基部有小苞叶，在茎上组成圆锥花序；总苞片3～4层，灰绿色，外层短小，各层背面被灰白色蛛丝状绒毛；雌花5～7朵，花冠狭管状，檐部紫色，具2裂齿，花柱伸出花冠外，先端2叉；两性花10～20朵，花冠管状，檐部紫色或黄色，花药先端附属物长三角形，花柱与花冠近等长，先端2叉，叉端有睫毛。瘦果小，倒卵形。花果期8～10月。

产本区富县直罗镇。生于干旱河谷及路旁草丛中。全草可药用，具清热解毒、除湿、止血之功效。

灰苞蒿

白莲蒿 Artemisia sacrorum Ledeb.

半灌木状草本。根木质，垂直。茎多数，褐色或灰褐色，具纵棱；茎、枝初时被微柔毛，有白色腺点。茎下部与中部叶二至三回栉齿状羽状分裂，第一回全裂，每侧有裂片3～5枚，每裂片再次羽状全裂，叶中轴两侧具4～7枚栉齿，叶柄长1～5厘米，基部有小型栉齿状分裂的假托叶；上部叶一至二回栉齿状羽状分裂，近无柄；苞片叶栉齿状羽状分裂。头状花序近球形，具短梗，在分枝上排成穗状花序式的总状花序；总苞片3～4层，外层总苞片初时密被灰白色短柔毛；雌花10～12朵，花冠狭管状，檐部具2裂齿，花柱线形，先端2叉，叉端锐尖；两性花20～40朵，花冠管状，花药上端附属物尖，长三角形，花柱与花冠管近等长，先端2叉，叉端有短睫毛。瘦果狭圆锥形。花果期8～10月。

产本区富县，又称铁杆蒿。生于山坡、林缘、灌丛地及岩石裸露地等。茎叶含芳香油0.35%～0.55%，可供化工用；全草可药用，具清热解毒、利湿祛风、止血止痛之功效。

白莲蒿

灰莲蒿 Artemisia sacrorum Ledeb. var. incana (Bess.) Y. R. Ling

与原变种的区别：叶面初时被灰白色短柔毛，后毛脱落，背面密被灰白色短柔毛。

产地、生境及功用同原变种。

灰莲蒿

猪毛蒿 Artemisia scoparia Waldst. et Kit.

多年生草本，高20厘米以上，有浓香气。主根狭纺锤形。茎红褐色，有纵纹，常自下部开始分枝；茎、枝幼时被灰白色绢质柔毛。基生叶与营养枝叶两面被灰白色绢质柔毛，二至三回羽状全裂，具长柄；茎下部叶初时两面密被短柔毛，二至三回羽状全裂，小裂片具1～2枚小裂齿，叶柄长2～4厘米；中部叶初时被灰白色或灰黄色绢质短柔毛；叶一至二回羽状全裂，每侧具裂片2～3枚，小裂片丝线形；茎上部叶及苞片叶3～5全裂或不分裂。头状花序近球形，直径1.5～2毫米，梗极短，基部有线形小苞叶，在分枝上排成复总状花序；总苞片3～4层，外层卵形，中层和内层长卵形；花序托凸起；雌花5～7朵，花冠狭圆锥状，冠檐具2裂齿，花柱先端2叉，叉端尖；两性花4～10朵，花冠管状，花药先端附属物尖，长三角形，花柱短，先端膨大2裂，不叉开。瘦果倒卵形，褐色。花果期7～10月。

本区分布广。生于山坡、旷野、路旁等。茎叶含芳香油0.27%，可供化工用；幼茎叶可药用，具清热利湿、利胆退黄之功效。

猪毛蒿

大籽蒿 Artemisia sieversiana Ehrhart ex Willd.

一年生或二年生草本。主根单一，狭纺锤形。茎单生，纵棱明显，分枝多；茎、枝被灰白色微柔毛。茎下部与中部叶两面被微柔毛，二至三回羽状全裂，每侧裂片2～3枚，裂片再不规则羽状深裂，基部侧裂片第3次分裂，小裂片线形，宽1～2毫米，边缘有缺齿，叶柄长2～4厘米，基部有羽状分裂的假托叶；上部叶及苞片叶羽状全裂或不分裂，无柄。头状花序大，多数，具短梗，基部有线形小苞叶，在分枝上排成总状花序；总苞片3～4层，近等长，外层和中层背面被灰白色微柔毛；花序托凸起，半球形，有白色托毛；雌花2层，20～30朵，花冠狭圆锥状，檐部具3～4裂齿，花柱先端2叉，叉端钝尖；两性花多层，80～120 朵，花冠管状，花药上端附属物尖，长三角形，基部有短尖头，花柱与花冠等长，先端叉开，叉端有睫毛。瘦果长圆形。花果期 7～10 月。

产本区富县，宜君县，印台区。生于路旁、荒地、河滩或林缘等。种子含油 19.4%，可供食用或工业用；全草含芳香油约 0.37%，可供化工用；全草及花蕾可药用，具清热解毒、消炎止痛之功效。

大籽蒿

阴地蒿 Artemisia sylvatica Maxim.

多年生草本，有香气。主根垂直。茎少或单生，有纵纹；中部以上分枝；茎、枝初时微被柔毛。叶薄纸质，初时叶面微被柔毛和白色腺点，背面被灰白色蛛丝状绒毛；茎下部叶具长柄，二回羽状深裂；中部叶具柄，一至二回羽状深裂，每侧裂片 2～3 枚，裂片再次 3～5 深裂，小裂片边缘常有疏锯齿，叶柄长 2～4 厘米，基部有假托叶；上部叶小，有短柄，羽状深裂或近全裂；苞片叶 3～5 深裂，裂片线状披针形。头状花序多数，具短梗及细小、线形的小苞叶，在小枝上排成穗状花序式的总状花序；总苞片 3～4 层，外层略小，背面初时微被蛛丝状毛；雌花 4～7 朵，花冠狭管状，花柱伸出花冠外，先端 2 叉，叉端尖；两性花 8～14 朵，花冠管状，外有腺点，花药线形，先端附属物尖，长三角形，基部圆钝，花柱与花冠近等长，先端 2 叉，叉端截形，有睫毛。瘦果小，狭卵形或狭倒卵形。花果期 9～10 月。

产本区富县张村驿镇、直罗镇。生于湿润的沟谷、林缘或灌丛处。全草可药用，具调经活血、止血止痛之功效。

阴地蒿

毛莲蒿 Artemisia vestita Wall. ex Bess.

半灌木状草本，有浓香味。根状茎木质，具营养枝；茎丛生，分枝多，紫红色，被蛛丝状柔毛。叶面有小凹穴，两面被绒毛；茎下部与中部叶卵形，二回栉齿状羽状分裂，第一回全裂或深裂，每侧裂片 4～6 枚，第二回深裂，小裂片边缘具数枚栉齿状深裂齿，长 1～2 毫米，宽 0.2～0.5 毫米，中轴两侧有栉齿状小裂片，叶柄长 0.8～2 厘米，基部有假托叶；上部叶小，栉齿状羽状深裂或浅裂；苞片叶披针形，边缘有栉齿。头状花序近球形，直径 2.5～4 毫米，近无梗，基部有线形小苞叶，在分枝上排成总状花序；总苞片 3～4 层，内层和外层近等长，外层背面被柔毛，中肋明显；花序托小，凸起；雌花 6～10 朵，花冠狭管状，檐部具 2 裂齿，花柱伸出花冠外，先端 2 叉，外弯；两性花 13～20 朵，花冠管状，花药线形，附属物长三角形，基部钝，花柱与花冠管近等长，先端 2 叉，叉端截形。瘦果长圆形或倒卵状椭圆形。花果期 8～11 月。

产本区富县直罗镇。生于山坡草地、灌丛或林缘处。全草可药用，具清虚热、健胃、驱风止痒之功效。

毛莲蒿

三脉紫菀 Aster ageratoides Turcz.

多年生草本。根状茎粗壮；茎直立，有棱及沟，被柔毛或粗毛。下部叶在花期枯落，叶片宽卵圆形，急狭成长柄；中部叶椭圆形，中部以上具宽翅的柄，顶端渐尖，边缘有 3～7 对锯齿；上部叶渐小，有浅齿或全缘，上面被短糙毛，下面被短柔毛常有腺点，有离基三出脉，网脉常显明。头状花序排列成伞房状，花序梗长 0.5～3 厘米；总苞倒锥状或半球状；总苞片 3 层，覆瓦状排列，下部近革质或干膜质，外长内短，有短缘毛；舌状花 10 余朵，管部长 2 毫米，舌片线状长圆形，紫色、浅红色或白色，管状花黄色，管部长1.5毫米，裂片长1～2毫米；花柱附片长达1毫米；冠毛浅红褐色或污白色。瘦果倒卵状长圆形，灰褐色，有边肋，一面常有肋，被短粗毛。花果期7～12月。

产本区富县张村驿镇。生于山坡灌丛、林缘及疏林下。全草可药用，具疏风、清热解毒、祛痰镇咳、利尿、止血之功效。

紫菀 **Aster tataricus** L. f.

多年生草本。根状茎斜升；茎直立，粗壮，基部有枯叶残片且有不定根，具棱及沟，被疏粗毛。基部叶在花期枯落，长圆状，下半部渐狭成长柄；下部叶匙状长圆形，较小，下部渐狭成具宽翅的柄，边缘除顶部外有密锯齿；中部叶长圆形，无柄，全缘或有浅齿，上部叶狭小；全部叶上面被短糙毛，下面沿脉被短粗毛；中脉粗壮，与5～10对侧脉在下面突起。头状花序多数，在茎和枝端排成复伞房状，花序梗长，有线形苞叶；总苞半球形，总苞片3层，外短内长，顶端尖或圆形，外层被密短毛，内层边缘带紫红色；舌状花20余朵；管部长3毫米，舌片蓝紫色，有4至多脉；管状花稍有毛，裂片长1.5毫米；花柱附片披针形，长0.5毫米。瘦果倒卵状长圆形，紫褐色，两面各有1或3脉，上部被疏粗毛；冠毛污白色或带红色，有多数不等长的糙毛。花期7～9月，果期8～10月。

产本区富县直罗镇、张村驿镇。生于山脚草丛、路旁及林缘。根及根状茎可药用，具润肺、化痰止咳、利尿之功效。

苍术 **Atractylodes lancea** (Thunb.) DC.

多年生草本。根状茎常呈疙瘩状，不定根多数；茎直立，单生或簇生，下部或中部以下常紫红色，全部茎枝被稀疏蛛丝状毛。基部叶花期脱落；下部茎叶羽状深裂或半裂，几无柄，半抱茎，顶裂片与侧裂片不等形，侧裂片1～2对，椭圆形或长椭圆形；上部茎叶不分裂；中部茎叶倒卵形，基部楔状，渐狭成叶柄；全部叶质地硬，无毛，边缘有针刺状缘毛或重刺齿。头状花序单生茎枝顶端；总苞钟状，苞叶针刺状羽状全裂或深裂；总苞片5～7层，覆瓦状排列，最外层卵形至卵状披针形；中层长卵形至长椭圆形；内层线状长椭圆形，全部苞片顶端钝或圆形，边缘有稀疏蛛丝毛，中内层或内层苞片上有时变红紫色；小花白色。瘦果倒卵圆状，被稠密的白色长直毛；冠毛刚毛褐色或污白色，羽毛状，基部连合成环。花果期6～10月。

本区分布广。生于山坡草地、林下、灌丛及岩缝隙中。根、茎含挥发油5%～9%，可药用；根状茎可入药，具健脾燥湿、发汗、祛风湿、明目之功效。

雏菊 **Bellis perennis** L.

多年生或一年生葶状草本，高10厘米左右。叶基生，匙形，顶端圆钝，基部渐狭成柄，上半部边缘有疏钝齿或波状齿。头状花序单生，直径2.5～3.5厘米，花葶被毛；总苞半球形或宽钟形；总苞片近2层，稍不等长，长椭圆形，顶端钝，外面被柔毛；舌状花1层，雌性，舌片白色带粉红色，开展，全缘或有2～3齿，管状花多数，两性，均能结实。瘦果倒卵形，扁平，有边脉，被细毛，无冠毛。

本区公园、庭院、室内有栽培。为花坛观赏植物。

三脉紫菀

紫菀

苍术

雏菊

柳叶鬼针草 Bidens cernua L.

一年生草本，高 10～90 厘米。茎直立，近圆柱形，麦秆色或带紫色，无毛或嫩枝上有疏毛。叶对生，常无柄，披针形至条状披针形，长 3～14 厘米，宽 5～30 毫米，先端渐尖，中部以下渐狭，基部半抱茎，边缘具疏锯齿，两面稍粗糙。头状花序单生茎、枝端，直径 1～2 厘米，花时下垂，花序梗较长；总苞盘状，外层苞片 5～8 枚，条状披针形，长 1.5～3 厘米，叶状，内层苞片膜质，长椭圆形或倒卵形，花时长 6～8 毫米，背面有黑色条纹，具黄色边缘；托片条状披针形，约与瘦果等长，透明，先端带黄色，背面有数条褐色纵条纹；舌状花中性，舌片黄色，卵状椭圆形，长 8～12 毫米，宽 3～5 毫米，先端锐尖或有 2～3 小齿，盘花两性，筒状，长约 3 毫米，花冠管细窄，长约 1.5 毫米，冠檐扩大呈壶状，顶端 5 裂齿。瘦果狭楔形，长 5～6.5 毫米，具 4 棱，棱上有倒刺毛，顶端芒刺 4 枚，长 2～3 毫米，有倒刺毛。花期 8～9 月，果期 9～10 月。

产本区富县直罗镇。生于河岸及池塘边缘。全草含鞣质 4.5%～5.8%，可药用，具清热解毒、散瘀消肿之功效。

柳叶鬼针草

小花鬼针草 Bidens parviflora Willd.

一年生草本。茎高 20～90 厘米，下部圆柱形，有纵条纹，中上部钝四方形。叶对生，柄长 2～3 厘米，背面微凸，腹面有沟槽，槽内及边缘有疏柔毛；叶片长 6～10 厘米，二至三回羽状分裂，第一次分裂深达中肋，裂片再次羽状分裂，小裂片具 1～2 个粗齿或第三回羽裂，最后一次裂片条形，先端锐尖，边缘稍向上反卷，上面被短柔毛，下面沿叶脉被稀疏柔毛。头状花序单生茎、枝端，具长梗；总苞筒状，基部被柔毛，外层苞片 4～5 枚，草质，条状披针形，长约 5 毫米，边缘被疏柔毛，果时长 8～15 毫米，内层苞片常 1 枚，托片状；托片长椭圆状披针形，花时长 6～7 毫米，膜质，具狭而透明的边缘，果时长 10～13 毫米；无舌状花，盘花两性，6～12 朵，花冠筒状，长 4 毫米，冠檐 4 裂齿。瘦果条形，略具 4 棱，长 13～16 厘米，宽 1 毫米，两端渐狭，有小刚毛，顶端芒刺 2 枚，长 2～3.5 毫米，有倒刺毛。花期 8～9 月，果期 9～10 月。

产本区富县，宜君县。生于路边荒地、林下及水沟边。全草可药用，具清热解毒、活血散瘀之功效。

小花鬼针草

金盏花 Calendula officinalis L.

一年生草本，高 20～75 厘米。茎基部分枝，绿色，被腺状柔毛。基生叶长圆状倒卵形或匙形，长 15～20 厘米，全缘或具疏细齿，具柄；茎生叶长圆状披针形或长圆状倒卵形，无柄，长 5～15 厘米，宽 1～3 厘米，顶端钝，稀急尖，边缘波状具不明显的细齿，基部多少抱茎。头状花序单生茎枝端，直径 4～5 厘米；总苞片 1～2 层，披针形或长圆状披针形，外层稍长于内层，顶端渐尖；小花黄色或橙黄色，长于总苞的 2 倍，舌片宽达 4～5 毫米；管状花檐部具三角状披针形裂片。瘦果全部弯曲，淡黄色或淡褐色，外层的瘦果大半内弯，外面常具小针刺，顶端具喙，两侧具翅，脊部具规则的横折皱。花期 4～9 月，果期 6～10 月。

本区庭院、公园多栽培。花美丽鲜艳，为装饰花圃、花坛的理想花卉，供观赏。

金盏花

翠菊 Callistephus chinensis (L.) Nees

一年生或二年生草本，高 20～100 厘米。茎单生，有纵棱，被白色糙毛。下部茎叶花期脱落或生存；中部茎叶卵形、菱状卵形、匙形或近圆形，长 2.5～6 厘米，宽 2～4 厘米，顶端渐尖，基部截形、楔形或圆形，边缘有粗锯齿，两面被稀疏短硬毛，叶柄长 2～4 厘米，被白色短硬毛，有狭翼；上部茎叶渐小。头状花序单生于茎枝顶端，直径 6～8 厘米，有长花序梗；总苞半球形，宽 2～5 厘米，总苞片 3 层，近等长，外层长椭圆状披针形或匙形，长 1～2.4 厘米，宽 2～4 毫米，顶端钝，边缘有白色长睫毛，中层匙形，较短，染紫色，内层苞片长椭圆形，半透明；雌花 1 层或多层，红色、淡红色、蓝色、黄色或淡蓝紫色，舌片长 2.5～3.5 厘米，宽 2～7 毫米；两性花花冠黄色，檐部长 4～7 毫米，管部长 1～1.5 毫米。瘦果长椭圆状倒披针形，稍扁，长 3～3.5 毫米，中部以上被柔毛；外层冠毛宿存，内层冠毛雪白色，长 3～4.5 毫米，顶端渐尖，易脱落。花果期 5～10 月。

本区花园、庭院及公共场所有栽培，供观赏。叶、花序可入药，具清热凉血之功效。

翠菊

节毛飞廉 Carduus acanthoides L.

二年生或多年生草本，高 20～100 厘米。茎单生，有条棱，被多细胞长节毛。叶由下至上渐小，同形并等样分裂；茎基部及下部叶长椭圆形或长倒披针形，长 6～29 厘米，宽 2～7 厘米，羽状浅裂、深裂或全裂，侧裂片 6～12 对，边缘有刺齿，齿顶和齿缘有黄白色针刺，齿顶针刺长达 3 毫米；头状花下的一叶宽线形，基部下延成茎翼；全部茎叶沿脉有多细胞长节毛，茎翼齿裂，有长达 3 毫米的针刺。头状花序 3～5 个集生枝端；总苞卵形，直径 1.5～2 厘米，总苞片多层，覆瓦状排列，向内层渐长，最外层线形，长约 7 毫米，宽约 1 毫米，中外层顶端有长 1～2 毫米的褐色针刺，全部苞片常无毛；小花红紫色，长 1.7 厘米，檐部长 9 毫米，5 深裂，裂片线形，细管部长 8 毫米。瘦果长椭圆形，长 4 毫米，浅褐色，有横皱纹，基底着生面平，顶端截形，果缘无裂齿；冠毛白色或带褐色，向内层渐长，刚毛锯齿状，长达 1.5 厘米，顶端扩大。花果期 5～10 月。

产本区黄陵县店头镇。生于山坡草地、林缘灌丛中、山沟或田边。

节毛飞廉

烟管头草 Carpesium cernuum L.

多年生草本。茎高 50～100 厘米，下部密被白色长柔毛及卷曲的短柔毛，上部被疏柔毛，有纵条纹，多分枝。基生叶于花前凋萎；茎下部叶较大，具长柄，柄下部具狭翅，叶片长椭圆形，长 6～12 厘米，宽 4～6 厘米，先端锐尖，基部渐狭下延，上面被倒伏柔毛，下面被白色长柔毛，中肋及叶柄上密集成绒毛状，两面有腺点，边缘具胼胝尖的锯齿；中部叶椭圆形，先端渐尖，基部楔形，具短柄，上部叶渐小，近全缘。头状花序单生顶端，花时下垂；苞叶多枚，大小不等，长 2～5 厘米，具短柄，密被柔毛及腺点；总苞壳斗状，直径 1～2 厘米，长 7～8 毫米；苞片 4 层，外层叶状，披针形，与内层等长，密被长柔毛，先端钝，中层及内层狭矩圆形至条形，先端钝，有微齿；雌花狭筒状，长约 1.5 毫米，中部较宽，两性花筒状，向上增宽，冠檐具 5 裂齿。瘦果长 4～4.5 毫米。花期 7～8 月。

产本区富县，黄陵县，宜君县。生于山坡、沟边草丛或灌丛等处。全草有小毒，可药用，具清热解毒，消肿止痛之功效。

烟管头草

大花金挖耳 **Carpesium macrocephalum** Franch. et Sav.

多年生草本。茎高60～140厘米，有纵条纹，被卷曲短柔毛，中上部分枝。基生叶花前枯萎；茎下部叶大，柄长15～18厘米，具狭翅，叶片广卵形至椭圆形，长15～20厘米，宽10～15厘米，先端锐尖，基部楔形下延，边缘具粗大的重牙齿，齿端有腺体状胼胝，两面被短柔毛；中部叶椭圆形，先端锐尖，中部以下渐狭，无柄，基部略呈耳状，半抱茎；上部叶长圆状披针形，两端渐狭。头状花序单生顶端，花时下垂；苞叶多枚，椭圆形至披针形，长2～7厘米，叶状，边缘有锯齿；总苞盘状，直径2.5～3.5厘米，外层苞片叶状，披针形，长1.5～2厘米，宽5～9毫米，先端锐尖，两面密被短柔毛，中层稍短，长圆状条形，先端锐尖，被柔毛，内层匙状条形。两性花筒状，长4～5毫米，冠檐具5裂齿，花药基部箭形，具撕裂状的长尾，雌花较短，长3～3.5毫米。瘦果长5～6毫米。花期8月。

产本区富县直罗镇、张村驿镇。生于山坡灌丛及林缘。花及果实可提取芳香油；全草可入药，具凉血、散淤、止血之功效。

大花金挖耳

矢车菊 **Centaurea adpressa** Ldb.

一年生或二年生草本，高30～70厘米。茎直立，自中部分枝，被蛛丝状卷毛。基生叶及下部茎叶长椭圆状倒披针形或披针形，全缘或疏锯齿至大头羽状分裂，侧裂片1～3对，边缘有小锯齿；中部茎叶线形，长4～9厘米，宽4～8毫米，无叶柄，全缘；上部茎叶与中部茎叶同形，但渐小；全部茎叶两面异色，上面被稀疏蛛丝毛，下面被薄绒毛。头状花序多数，在茎枝顶端排成伞房花序；总苞椭圆状，直径1～1.5厘米，有稀疏蛛丝毛；总苞片约7层，由外向内椭圆形、长椭圆形；全部苞片顶端有浅褐色或白色的附属物，中外层附属物较大，全部附属物沿苞片下延，边缘流苏状锯齿；边花增大，长于中央盘花，蓝色、白色、红色或紫色，檐部具5～8裂，盘花浅蓝色或红色。瘦果椭圆形，长3毫米，宽1.5毫米，有细条纹，被稀疏白色柔毛；冠毛白色或土红色，2列，外列多层，向内层渐长，长达3毫米，内列1层，极短；全部冠毛刚毛毛状。花果期2～8月。

本区公园、花园、庭院及校园普遍栽培，供观赏。

矢车菊

蓟 **Cirsium japonicum** Fisch. ex DC.

多年生草本。块根纺锤状或萝卜状。茎直立，高30～80厘米，有条棱，被稠密多细胞长节毛。基生叶较大，卵形或椭圆形，羽状深裂，基部成翼柄，柄翼边缘有针刺及刺齿；侧裂片6～12对，中部裂片较大，边缘有小锯齿，齿顶针刺长达6毫米，齿缘针刺小而密；自基部向上的叶渐小，无柄，基部扩大半抱茎；全部茎叶两面沿脉有多细胞节毛。头状花序直立；总苞钟状，直径3厘米，总苞片约6层，覆瓦状排列，向内层渐长；外层与中层卵状三角形，长0.8～1.3厘米，宽3～3.5毫米，顶端有针刺；内层披针形，长1.5～2厘米，宽2～3毫米，顶端呈软针刺状；全部苞片外面有微糙毛并沿中肋有黏腺；小花红色或紫色，长2.1厘米，檐部长1.2厘米，不等5浅裂，细管部长9毫米。瘦果压扁，顶端斜截形。冠毛浅褐色，多层，基部连合成环；冠毛刚毛长羽毛状，长达2厘米，内层向顶端纺锤状扩大。花果期4～11月。

产本区富县，又称大蓟。生于多种环境，适应性强。根及全草可药用，具凉血止血、散瘀消肿之功效。

蓟

刺儿菜 Cirsium setosum (Willd.) MB.

多年生草本。茎直立，高 30～80 厘米，上部有分枝。基生叶和中部茎叶椭圆形、椭圆状倒披针形，顶端钝或圆形，基部楔形，常无叶柄，长 7～15 厘米，宽 1.5～10 厘米，上部茎叶渐小，叶缘有细密的针刺，齿顶针刺大小不等，长达 3.5 毫米；全部茎叶两面同色，下面被稀疏或稠密的绒毛而呈现灰色。头状花序单生茎端；总苞卵形、长卵形或卵圆形，直径 1.5～2 厘米；总苞片约 6 层，覆瓦状排列，向内层渐长，外层与中层包括顶端针刺长 5～8 毫米；内层及最内层长 1.1～2 厘米，渐尖，针刺短；小花紫红色或白色，雌花花冠长 2.4 厘米，檐部长 6 毫米，细管部长 18 毫米，两性花花冠长 1.8 厘米，檐部长 6 毫米，细管部长 1.2 毫米。瘦果淡黄色，椭圆形，压扁，长 3 毫米，宽 1.5 毫米，顶端斜截形；冠毛污白色，多层，整体脱落；冠毛刚毛长羽毛状，长 3.5 厘米，顶端渐细。花果期 5～9 月。

本区分布广，又称小蓟。生于山坡、河旁或荒地、田间。全草可药用，具凉血、止血、行瘀消肿之功效。

刺儿菜

小蓬草 Conyza canadensis (L.) Cronq.

一年生草本。根纺锤状，具纤维状根。茎直立，高 50～160 厘米，圆柱状，有条纹，疏被长硬毛，上部分枝。叶密集，基部叶花期枯萎，下部叶倒披针形，长 6～10 厘米，宽 1～1.5 厘米，顶端尖或渐尖，基部渐狭成柄，边缘具疏锯齿，中部和上部叶较小，线状披针形或线形，近无柄，全缘或少有具 1～2 齿，两面或仅上面被疏短毛，边缘常被硬缘毛。头状花序多数，径 3～4 毫米，排列成顶生的大圆锥花序，花序梗长 5～10 毫米；总苞近圆柱状，长 2.5～4 毫米；总苞片 2～3 层，线状披针形或线形，外层约短于内层之半，背面被疏毛，内层长 3～3.5 毫米，宽约 0.3 毫米；花托平，径 2～2.5 毫米；雌花多数，舌状，白色，长 2.5～3.5 毫米，舌片小，线形，顶端具 2 个钝小齿；两性花淡黄色，花冠管状，长 2.5～3 毫米，上端具 4 或 5 裂齿，并有疏微毛。瘦果线状披针形，长 1.2～1.5 毫米，扁压，被贴微毛；冠毛污白色，1 层，糙毛状，长 2.5～3 毫米。花期 5～9 月。

本区分布广。生于旷野、荒地和路旁。全草可入药，具清热解毒、消炎止血、祛风湿之功效。

小蓬草

秋英 Cosmos bipinnata Cav.

一年生或多年生草本，高 1～2 米。根纺锤状，多须根，或近茎基部有不定根。茎无毛或稍被柔毛。叶二次羽状深裂，裂片线形或丝状线形。头状花序单生，径 3～6 厘米，花序梗长 6～18 厘米；总苞片外层披针形或线状披针形，近革质，淡绿色，具深紫色条纹，上端长狭尖，较内层与内层等长，长 10～15 毫米，内层椭圆状卵形，膜质；托片平展，上端成丝状，与瘦果近等长；舌状花紫红色，粉红色或白色；舌片椭圆状倒卵形，长 2～3 厘米，宽 1.2～1.8 厘米，有 3～5 钝齿；管状花黄色，长 6～8 毫米，管部短，上部圆柱形，有披针状裂片；花柱具短突尖的附器。瘦果黑紫色，长 8～12 毫米，无毛，上端具长喙，有 2～3 尖刺。花期 6～8 月，果期 9～10 月。

本区公园、庭院、路旁有栽培，在路旁、田埂、溪岸也常自生。又称波斯菊、格桑花。为著名的观赏植物。瘦果含脂肪油 22.6%；花序、种子或全草可入药，具清热解毒、明目化湿之功效。

秋英

大丽花 **Dahlia pinnata** Cav.

多年生草本，有巨大棒状块根。茎直立，多分枝，高 1.5～2 米，粗壮。叶一至三回羽状全裂，上部叶有时不分裂，裂片卵形或长圆状卵形，下面灰绿色，两面无毛。头状花序大，有长花序梗，常下垂，宽 6～12 厘米；总苞片外层约 5 枚，卵状椭圆形，叶质，内层膜质，椭圆状披针形；舌状花 1 层，白色、红色或紫色，常卵形，顶端有不明显的 3 齿，或全缘；管状花黄色，有时在栽培种全部为舌状花。瘦果长圆形，长 9～12 毫米，宽 3～4 毫米，黑色，扁平，有 2 个不明显的齿。花期 6～12 月，果期 9～10 月。

本区公园、庭院有栽培。品种多，有单瓣、细瓣、菊花状、牡丹花状、球状等类型。根内含菊糖，在医药上有与葡萄糖同样的功效；根药用，具清热解毒、消肿之功效。

大丽花

甘菊 **Dendranthema lavandulifolium** (Fisch. ex Trautv.) Ling et Shih

多年生草本，高 0.3～1.5 米。有地下匍匐茎；茎直立，自中部以上多分枝，被柔毛。基部和下部叶花期脱落；中部叶卵形或椭圆状卵形，长 2～5 厘米，宽 1.5～4.5 厘米，二回羽状分裂，一回全裂，侧裂片 2～3 对；二回半裂或浅裂；最上部叶或接花序下部的叶羽裂；全部叶两面同色，被柔毛；中部茎叶叶柄长 0.5～1 厘米，柄基有分裂的叶耳。头状花序直径 10～15 毫米，在茎枝顶端排成复伞房花序；总苞碟形，直径 5～7 毫米；总苞片约 5 层，外层线形或线状长圆形，长 2.5 毫米；中内层卵形、长椭圆形至倒披针形；全部苞片顶端圆形，边缘白色或浅褐色膜质；舌状花黄色，舌片椭圆形，长 5～7.5 毫米，全缘或 2～3 裂齿。瘦果长 1.2～1.5 毫米。花果期 5～11 月。

本区分布广。生于山坡草地、灌丛、河边、田边及路旁。全草药用，具清热解毒、疏肝明目、降血压之功效。

甘菊

砂蓝刺头 **Echinops gmelini** Turcz.

一年生草本，高 10～60 厘米。根直，圆锥形。茎单生，淡黄色，分枝或不分枝，被头状具柄的腺毛。下部茎叶线形或线状披针形，长 3～9 厘米，宽 0.5～1.5 厘米，基部抱茎，边缘具刺齿；中上部茎叶与下部茎叶同形，渐小；全部叶薄纸质，两面绿色，被蛛丝状毛及头状具柄的腺点。复头状花序单生顶端，直径 2～3 厘米；头状花序长 1.2～1.4 厘米；基毛白色，不等长，长约 1 厘米；苞片 16～20 枚，外层浅褐色，外密被短糙毛，边缘具羽毛状短缘毛，顶端刺芒状长渐尖，爪基部有蛛丝状毛，中部有长 5 毫米的缘毛；中层长 1.3 厘米，外被糙毛与蛛丝状毛，边缘糙毛状或羽毛状；内层比中层短，顶端芒刺裂，中间的芒刺裂较长，外面被蛛丝状毛；小花蓝色或白色，花冠 5 深裂，裂片线形，花冠管无腺点。瘦果倒圆锥形，长约 5 毫米，密被淡黄棕色直毛，遮盖冠毛；冠毛量杯状，长 1 毫米，膜片线形，边缘糙毛状，仅基部结合。花果期 6～9 月。

产本区富县直罗镇。生于山坡砾石地、荒草地或河滩沙地。

砂蓝刺头

飞蓬 **Erigeron acer** L.

二年生草本，高 5～60 厘米。茎单生，直立，下部有分枝，绿色或紫色，具条纹，密被硬长毛，在头状花序下部常被具柄腺毛。基部叶密，倒披针形，长 1.5～10 厘米，宽 0.3～1.2 厘米，顶端钝，基部渐狭成长柄，全缘；中上部叶披针形，较短小，无柄，顶端急尖；最上部叶极小，线形，具1脉；全部叶两面被硬长毛。头状花序多数，在茎枝端排成圆锥花序；总苞半球形，总苞片3层，线状披针形，绿色或紫色，顶端尖，背面密被长硬毛，杂有具柄的腺毛，内层常短于花盘，长5～7毫米，宽0.5～0.8毫米，边缘膜质；雌花外层的舌状，长5～7毫米，舌片淡红紫色，宽约0.25毫米，内层的细管状，无色，长3～3.5毫米，花柱与舌片同色；两性花管状，黄色，长4～5毫米，上部被微毛，檐部圆柱形，裂片无毛。瘦果长圆状披针形，长约1.8毫米，宽0.4毫米，扁压，被短毛；冠毛2层，白色，刚毛状，外层极短，内层长5～6毫米。花期7～9月。

产本区富县直罗镇。生于山坡草地及林缘。全草可药用，主治外感发热。

飞蓬

长茎飞蓬 **Erigeron elongatus** Ledeb.

二年生或多年生草本。根状茎木质，有分枝。茎高10～50厘米，上部有分枝，枝紫色，密被短毛与长硬毛。叶全缘，绿色或叶柄紫色，边缘有长节毛；基部叶密，莲座状；与下部叶倒披针形，长1～10厘米，宽0.1～1.1厘米，顶端钝，基部狭成长叶柄，中部和上部叶无柄，较小，长圆形或披针形，顶端尖。头状花少，顶生，成伞房状或伞房状圆锥花序，下方有具柄腺毛或长硬毛；总苞半球形，总苞片3层，外层短于内层之半，线状披针形，紫红色，背面密被具柄的腺毛与长节毛，内层长4.5～8毫米，宽0.5～1毫米；雌花外层舌状，长6～8毫米，管部被疏微毛，舌片淡红色或淡紫色，内层细管状，被微毛，花柱伸出管部，与舌片同色；两性花管状，黄色，长3.5～5毫米，管部被疏毛，裂片暗紫色。瘦果长圆状披针形，长2～2.5毫米，宽0.5毫米，密被短毛；冠毛白色，2层，刚毛状，外层极短，内层长4.5～6毫米。花期7～9月。

产本区富县直罗镇。生于山坡草地。全草可药用，具解毒、消肿、活血之功效。

长茎飞蓬

白头婆 **Eupatorium japonicum** Thunb.

多年生草本，高50～200厘米。根茎短，有多数侧根。茎直立，中下部或全部淡紫红色，全部茎枝被白色短柔毛，花期毛稀疏。叶对生，柄长1～2厘米；中部茎叶椭圆形至披针形，长6～20厘米，宽2～6.5厘米，基部楔形，顶端渐尖，羽状脉，侧脉约7对，在下面突起；上下部的叶与中部叶同形，渐小；基部叶花期枯萎；全部茎叶两面粗涩，被柔毛及黄色腺点，沿脉及叶柄的毛较密，边缘有粗锯齿。头状花序在茎顶或枝端排成伞房花序；总苞钟状，长5～6毫米，含5朵小花；总苞片覆瓦状排列，3层，外层极短，长1～2毫米，披针形；中层及内层苞片渐长，长椭圆形；全部苞片绿色或带紫红色，顶端钝或圆形；花白色或带红紫色与粉红色，花冠长5毫米，外面有黄色腺点。瘦果淡黑褐色，椭圆状，长3.5毫米，5棱，被黄色腺点；冠毛白色，长约5毫米。花果期6～11月。

产本区富县直罗镇，又称泽兰。生于水湿地及河岸水旁。茎叶可入药，具利尿、活血通经之功效。

白头婆

林泽兰 **Eupatorium lindleyanum** DC.

多年生草本，高30～150厘米。根茎短，有多数细根。茎直立，下部及中部红色或淡紫红色，自基部分枝；全部茎枝密被白色柔毛。下部茎叶花期脱落；中部茎叶长椭圆状披针形，长3～12厘米，宽0.5～3厘米，不分裂或3全裂，基部楔形，顶端急尖，两

林泽兰

面粗糙，被白色粗毛及黄色腺点；自中部向上的叶渐小；全部茎叶基出3脉，边缘有深或浅犬齿，几无柄。头状花序多数在茎顶排成伞房花序；花序枝及花梗紫红色或绿色，被白色短柔毛；总苞钟状，含5朵小花；总苞片覆瓦状排列，约3层；外层苞片短，披针形，中层及内层渐长，长椭圆形；全部苞片绿色或紫红色，顶端急尖；花粉红色或淡紫红色，花冠长4.5毫米，外面散生黄色腺点。瘦果黑褐色，长3毫米，椭圆状，5棱，散生黄色腺点；冠毛白色，与花冠等长。花果期5～12月。

产本区富县，宜君县。生于山谷水湿地、林下湿地。根或全草可药用，具祛痰定喘、降压、解表退热、和中化湿之功效。

大丁草

大丁草 Gerbera anandria (L.) Sch.-Bip.

多年生草本，春秋二型。春型者根簇生，略肉质。叶基生，莲座状，倒卵状长圆形，长2～6厘米，宽1～3厘米，顶端圆钝，具尖头，基部渐狭、钝、截平或有时为浅心形，边缘具齿、深波状或琴状羽裂，被蛛丝状毛，下面密；侧脉4～6对；叶柄长2～4厘米或更长，被白色绵毛；苞叶线形，常被毛。头状花序单生花葶之顶，直径10～15毫米；总苞花期略短于冠毛；总苞片约3层，外层线形，长约4毫米，内层线状披针形，较长，二者顶端均钝，带紫红色，背部被绵毛；雌花花冠舌状，长10～12毫米，舌片长6～8毫米，带紫红色；花冠管长3～4毫米，无退化雄蕊；两性花花冠管状二唇形，外唇阔，顶端具3齿，内唇2裂丝状；花药基部具尖尾；花柱分枝长约1毫米。瘦果纺锤形，具纵棱，被白色粗毛，长5～6毫米；冠毛污白色，长5～7毫米。秋型者植株高，花葶长，叶片大，雌花管状二唇形，无舌片。花期春、秋二季。

本区分布广。生于沟谷疏林下或山坡草丛中。全草可入药，具清热解毒、利湿消肿、止咳止血之功效。

鼠麴草

鼠麴草 Gnaphalium affine D. Don

一年生草本。茎高10～40厘米，有沟纹，被白色厚棉毛。叶无柄，匙状倒披针形或倒卵状匙形，长5～7厘米，宽11～14毫米，基部渐狭，顶端圆，具刺尖头，两面被白色棉毛，叶脉1条。头状花序径2～3毫米，近无柄，在枝顶密集成伞房花序；花黄色至淡黄色；总苞钟形；总苞片2～3层，金黄色或柠檬黄色，外层倒卵形，背面基部被棉毛，顶端圆，基部渐狭，长约2毫米，内层长匙形，顶端钝，长2.5～3毫米；花托中央稍凹入；雌花多数，花冠细管状，长约2毫米，花冠顶端3裂齿；两性花较少，管状，长约3毫米，檐部具5浅裂，裂片三角状渐尖。瘦果倒卵形，长约0.5毫米，有乳头状突起；冠毛污白色，长约1.5毫米，基部连合成2束。花期1～4月，果期8～11月。

产本区富县张家湾镇。生于湿润草地、疏林下。茎叶可入药，具镇咳、祛痰、降血压之功效。

向日葵

向日葵 Helianthus annuus L.

一年生高大草本。茎高1～3米，粗壮，被白色粗硬毛。叶互生，心状卵圆形或卵圆形，顶端急尖或渐尖，有3基出脉，边缘有粗锯齿，两面被短糙毛，有长柄。头状花序极大，径10～30厘米，单生于茎端或枝端，常下倾；总苞片多层，叶质，覆瓦状排列，卵形至卵状披针形，顶端尾状渐尖，被长硬毛或纤毛；花托平或稍凸、有半膜质托片；舌状花多数，黄色，舌片开展，长圆状卵形或长圆形，不结实；管状花极多数，棕色或紫色，有披针形裂片，结果实。瘦果倒卵形或卵状长圆形，稍扁压，长 10～15 毫米，有细肋，常被白色短柔毛，上端有 2 个膜片状早落的冠毛。花期 7～9 月，果期 8～9 月。

本区有栽培，油料作物。种子含油 45.7%～49%，可供食用；茎皮含纤维 35%，可造纸；干舌状花含黄色素 40%，可用于食品饮料、化妆品着色；全草可药用，具滋阴、透疹、止痛、利水通淋、清热解毒、降血压、明目、催生之功效。

菊芋

菊芋 **Helianthus tuberosus** L.

多年生草本，高 1～3 米，有块状地下茎及纤维状根。茎直立，有分枝，被白色短糙毛或刚毛。叶对生或互生，有叶柄；下部叶卵圆形或卵状椭圆形，长 10～16 厘米，宽 3～6 厘米，基部宽楔形或圆形，顶端渐细尖，边缘有粗锯齿，有离基三出脉，上面被白色短粗毛，下面被柔毛，叶脉上有短硬毛；上部叶长椭圆形至阔披针形，基部渐狭，下延成短翅状，顶端渐尖。头状花序径 2～5 厘米，单生于枝端，有 1～2 个线状披针形的苞叶；总苞片多层，披针形，长 14～17 毫米，宽 2～3 毫米，背面被短伏毛，边缘被缘毛；托片长圆形，长 8 毫米，背面有肋，上端不等 3 浅裂；舌状花常 12～20 朵，舌片黄色，长椭圆形，长 1.7～3 厘米；管状花花冠黄色，长 6 毫米。瘦果楔形，上端有 2～4 个有毛的锥状扁芒。花期 8～9 月。

本区有栽培。块茎俗称“洋薑”，富含淀粉，可供食用；鲜茎、叶可制菊糖及酒精，菊糖是治疗糖尿病的良药；茎秆皮含纤维 44.05%，可造纸和制纤维板；块茎、茎叶可药用，具清热凉血、接骨之功效。

泥胡菜

泥胡菜 **Hemistepta lyrata** (Bunge) Bunge

一年生草本，高 30～100 厘米。茎单生，疏被蛛丝毛。叶大头羽状深裂，侧裂片 4～6 对，顶裂片大，裂片边缘具三角形锯齿；全部茎叶上面绿色，下面灰白色，被绒毛，基生叶及下部茎叶有长叶柄，柄基扩大抱茎，最上部茎叶无柄。头状花序在茎枝顶端排成疏松伞房花序；总苞宽钟状或半球形，直径 1.5～3 厘米；总苞片多层，覆瓦状排列，最外层长三角形，最内层线状长椭圆形，顶端染红色，中外层有鸡冠状突起的紫红色附片；小花紫色或红色，花冠长 1.4 厘米，檐部长 3 毫米，5 深裂，花冠裂片线形，细管部为细丝状，长 1.1 厘米。瘦果小，楔状或偏斜楔形，长 2.2 毫米，深褐色，有 13～16 条突起的尖细肋，具膜质果缘，基底着生面平或偏斜；冠毛异型，白色，2 层，外层羽毛状，长 1.3 厘米，基部连合成环；内层极短，鳞片状，3～9 个，着生一侧，宿存。花果期 3～8 月。

本区均有分布。生于山坡草地、林缘、荒地、田间、路旁等处。全草可药用，具清热解毒、消肿祛痰、止血、活血之功效。

阿尔泰狗娃花

阿尔泰狗娃花 **Heteropappus altaicus** (Willd.) Novopokr.

多年生草本。根横走或垂直。茎直立，高 20～60 厘米，被毛，上部具腺，有分枝。基部叶在花期枯萎；下部叶条形或矩圆状披针形，长 2.5～6 厘米，宽 0.7～1.5 厘米；上部叶渐狭小，条形；全部叶两面被粗毛或细毛，有腺点。头状花序直径 2～3.5 厘米，单生枝端排成伞房状；总苞半球形，径 0.8～1.8 厘米；总苞片 2～3 层，近等长，矩圆状披针形或条形，长 4～8 毫米，宽 0.6～1.8 毫米，顶端渐尖，被毛，有腺；舌状花约 20 朵，管部长 1.5～2.8 毫米，有微毛；舌片浅蓝紫色，矩圆状条形，长10～15毫米，宽1.5～2.5毫米；管状花长5～6毫米，管部长1.5～2.2毫米，裂片不等大，有疏毛。瘦果扁，倒卵状矩圆形，长2～2.8毫米，宽0.7～1.4毫米，灰绿色或浅褐色，被绢毛，上部有腺；冠毛污白色或红褐色，长4～6毫米，有微糙毛。花果期5～9月。

产本区富县直罗镇、张家湾镇。生于荒漠地、沙地及干旱山地。全草可药用，具清热降火、排脓之功效，根可散寒润肺、降气化痰、止咳利尿。

欧亚旋覆花

欧亚旋覆花 **Inula britanica** L.

多年生草本。根状茎短，横走或斜升；茎直立，高20～70厘米，基部有不定根，上部有分枝，被长柔毛，全部有叶。基部叶在花期枯萎，长椭圆形，下部渐狭成长柄；中部叶长椭圆形，长5～13厘米，基部宽大，无柄，心形或有耳，半抱茎，顶端尖，有浅齿，下面被密伏柔毛，有腺点；中脉和侧脉被较密的长柔毛；上部叶渐小。头状花序1～5个，生于茎枝端，径2.5～5厘米，花序梗长1～4厘米；总苞半球形，长达1厘米；总苞片4～5层，外层线状披针形，基部稍宽，被长柔毛，有腺点和缘毛，但最外层较长，反折，内层披针状线形；舌状花舌片线形，黄色，长10～20毫米；管状花花冠上部宽大，有三角披针形裂片；冠毛1层，白色，与管状花花冠约等长，有微糙毛。瘦果圆柱形，有浅沟，被短毛。花期7～9月，果期8～10月。

产本区富县张村驿镇。生于河岸、阴湿坡地或田埂。全草可药用，具平喘镇咳、消痰、行水、散风寒、镇痛消肿之功效。

旋覆花

旋覆花 **Inula japonica** Thunb.

多年生草本。根状茎短，有粗壮的须根。茎单生，直立，高30～70厘米，有细沟，被长伏毛，上部有分枝。基部叶较小，花期枯萎；中部叶长圆形或长圆状披针形，基部有圆形半抱茎的小耳，无柄，顶端稍尖，边缘有疏齿或全缘，上面有疏毛，下面有疏伏毛和腺点；脉有较密的长毛；上部叶渐狭小，线状披针形。头状花径3～4厘米，排列成疏散的伞房花序，花序梗细长；总苞半球形；总苞片约6层，线状披针形，近等长；外层背面有伏毛，具缘毛，内层有腺点和缘毛；舌状花黄色，较总苞长2～2.5倍；舌片线形，长10～13毫米；管状花花冠长约5毫米，有三角披针形裂片；冠毛1层，白色有微糙毛，与管状花近等长。瘦果长1～1.2毫米，圆柱形，有10条沟，顶端截形，被疏短毛。花期6～10月，果期9～11月。

产本区富县，黄陵县，宜君县。生于山坡路旁、湿润草地、河岸和田埂上。全草可药用，具散风寒、化痰饮、消肿毒、下气行水之功效。

中华小苦荬

中华小苦荬 **Ixeridium chinense** (Thunb.) Tzvel.

多年生草本，高5～47厘米。根垂直，常不分枝。茎直立单生或少数成簇生，上部伞房花序状分枝。基生叶长椭圆形、倒披针形，包括叶柄长2.5～15厘米，宽2～5.5厘米，顶端钝或急尖，基部渐狭成有翼的柄，全缘或羽状浅裂，侧裂片2～7对，长三角形，自中部向上的侧裂片渐小；茎生叶2～4枚，长披针形或长椭圆状披针形，全缘，顶端渐狭，基部扩大，耳状抱茎；全部叶两面无毛。头状花序在茎枝顶端排成伞房花序，舌状小花21～25朵；总苞圆柱状，长8～9毫米；总苞片3～4层，外层宽卵形，长1.5毫米，宽0.8毫米，顶端急尖，内层长椭圆状倒披针形，长8～9毫米，宽1～1.5毫米，顶端急尖；舌状小花黄色，干时带红色。瘦果褐色，长椭圆形，有 10 条高起的钝肋，肋上有小刺毛，顶端急尖成喙，喙细丝状，长 2.8 毫米；冠毛白色，微糙，长 5 毫米。花果期 1～10 月。

本区分布广，又称山苦荬、小苦苣。生于山坡、路旁、田野或河边草丛。全草可药用，具清热解毒、消肿排脓、凉血止血之功效。

抱茎小苦荬 **Ixeridium sonchifolium** (Maxim.) Shih

多年生草本，高 15～60 厘米。根垂直。根状茎极短；茎单生，直立，上部分枝。基生叶莲座状，匙形或长倒披针形，连翼柄长 3～15 厘米，宽 1～3 厘米，边缘有锯齿，顶端圆形或急尖，或大头羽状深裂，顶裂片大，侧裂片 3～7 对；中下部茎叶长椭圆形、匙状椭圆形或披针形，与基生叶近等大，羽状浅裂或半裂，基部心形或耳状抱茎；上部茎叶及接花序分枝处的叶心状披针形，全缘，顶端渐尖，基部心形或圆耳状抱茎。头状花序多或少，在茎枝顶端排成伞房花序或伞房圆锥花序，舌状小花约 17 枚；总苞圆柱形，长 5～6 毫米；总苞片 3 层，外层短，卵形或长卵形，长 1～3 毫米，宽 0.3～0.5 毫米，内层长披针形，长 5～6 毫米，宽 1 毫米；舌状小花黄色。瘦果黑色，纺锤形，长 2 毫米，宽 0.5 毫米，有 10 条隆起的钝肋，上部沿肋有小刺毛，向上渐尖成喙，喙细丝状，长 0.8 毫米；冠毛白色，糙毛状，长 3 毫米。花果期 3～5 月。

本区分布广。生于山坡、路旁、河滩地或庭院旁。全草可入药，具清热解毒、凉血、活血之功效。

抱茎小苦荬

苦荬菜 **Ixeris polycephala** Cass.

一年生草本。根垂直直伸，须根多。茎直立，高 10～80 厘米，上部分枝。基生叶花期生存，线形或线状披针形，包括叶柄长 7～12 厘米，顶端急尖，基部渐狭成柄；中下部茎叶披针形或线形，长 5～15 厘米，宽 1.5～2 厘米，顶端急尖，基部箭头状半抱茎，向上叶渐小；全部叶两面无毛，全缘。头状花序多数，在茎枝顶端排成伞房花序，花序梗细；总苞圆柱状，长 5～7 毫米，果期扩大成卵球形；总苞片 3 层，外层极小，卵形，长 0.5 毫米，宽 0.2 毫米，顶端急尖，内层卵状披针形，长 7 毫米，宽 2～3 毫米，顶端急尖或钝，外面有鸡冠状突起；舌状小花黄色，极少白色，10～25 枚。瘦果压扁，褐色，长椭圆形，长 2.5 毫米，宽 0.8 毫米，有 10 条隆起的尖翅肋，顶端急尖成长 1.5 毫米的喙，喙细丝状；冠毛白色，纤细，微糙，不等长，长达 4 毫米。花果期 3～6 月。

本区分布广。生于山坡林缘、灌丛、草地、田野路旁。全草可药用，具清热解毒、利湿消痞之功效。

苦荬菜

裂叶马兰 **Kalimeris incisa** (Fisch.) DC.

多年生草本。有根状茎；茎直立，高 60～120 厘米，有沟棱，无毛或疏生向上的白色短毛，上部分枝。叶纸质，下部叶在花期枯萎；中部叶长椭圆状披针形或披针形，长 6～10 厘米，宽 1.2～2.5 厘米，顶端渐尖，基部渐狭，无柄，边缘疏生缺刻状锯齿，边缘粗糙或有短刚毛，脉在下面凸起；上部分枝上的叶小，条状披针形，全缘。头状花序直径 2.5～3.5 厘米，单生枝端且排成伞房状；总苞半球形，径 10～12 毫米，总苞片 3 层，覆瓦状排列，有微毛，外层较短，长椭圆状披针形，长 3～4 毫米，急尖，内层长 4～5 毫米，顶端钝尖，边缘膜质；舌状花淡蓝紫色，管部长约 1.5 毫米；舌片长 1.5～1.8 厘米，宽 2～2.5 毫米；管状花黄色，长 3～4 毫米，管部长

裂叶马兰

1～1.3 毫米。瘦果倒卵形，长 3～3.5 毫米，淡绿褐色，扁而有浅色边肋或偶有 3 肋而果呈三棱形，被白色短毛；冠毛长 0.5～1.2 毫米，淡红色。花果期 7～9 月。

产本区富县张村驿镇、直罗镇。生于山坡草地、灌丛及湿草地。全草可药用，具消食、除湿热、利小便之功效。

马兰 **Kalimeris indica** (L.) Sch.-Bip.

多年生草本。根状茎有匍匐枝；茎直立，高 30～70 厘米，被短毛，具分枝。基部叶花期枯萎；茎部叶倒披针形或倒卵状矩圆形，长 3～6 厘米，宽 0.8～2 厘米，顶端钝或尖，基部渐狭成具翅的长柄，边缘有具小尖头的齿或羽状裂片；上部叶小，全缘，基部急狭无柄；全部叶薄质，两面或上面有疏微毛，边缘及下面沿脉有粗毛，中脉在下面凸起。头状花序单生于枝端排列成疏伞房状；总苞半球形，径 6～9 毫米，长 4～5 毫米；总苞片 2～3 层，覆瓦状排列；外层倒披针形，长 2 毫米，内层倒披针状矩圆形，长达 4 毫米，顶端钝或稍尖，边缘有缘毛；花托圆锥形；舌状花 1 层，15～20 朵，管部长 1.5～1.7 毫米；舌片浅紫色，长达 10 毫米，宽 1.5～2 毫米；管状花长 3.5 毫米，管部长 1.5 毫米，被短密毛。瘦果倒卵状矩圆形，极扁，褐色，边缘有厚肋，上部被腺及短柔毛；冠毛长 0.1～0.8 毫米，易脱落。花期 5～9 月，果期 8～10 月。

产本区富县，黄陵县，宜君县，印台区。生于山坡草地、灌丛及林间空地。根及全草可药用，具清热、凉血、解毒、利湿之功效。

马兰

蒙古马兰 **Kalimeris mongolica** (Franch.) Kitam.

多年生草本。茎直立，高 60～100 厘米，有沟纹，被向上的糙伏毛，上部分枝。叶纸质或近膜质，基部叶花期枯萎；中部及下部叶倒披针形或狭矩圆形，长 5～9 厘米，宽 2～4 厘米，羽状中裂，两面疏生短硬毛，边缘较密；裂片条状矩圆形，顶端钝，全缘；分枝上的叶条状披针形，长 1～2 厘米。头状花序单生于分枝顶端，直径 2.5～3.5 厘米；总苞半球形，径 1～1.5 厘米；总苞片 3 层，覆瓦状排列，椭圆形至倒卵形，长 5～7 毫米，宽 3～4 毫米，顶端钝，有白色或带紫红色的膜质缘；舌状花淡蓝色或白色，管部长 2 毫米，舌片长 2.2 厘米，宽 3.5 毫米；管状花黄色，长约 5 毫米，管部长 1.5 毫米。瘦果倒卵形，长约 3.5 毫米，宽约 2.5 毫米，黄褐色，有黄绿色边肋，扁或有 3 肋而果呈三棱形，边缘及表面疏生细短毛；冠毛淡红色，不等长，舌状花瘦果的冠毛长约 0.5 毫米，管状花瘦果的冠毛长 1～1.5 毫米。花果期 7～9 月。

产本区富县直罗镇、张村驿镇，宜君县。生于山坡草丛、田边等处。根及全草可药用，具清热解毒、利湿、凉血止血之功效。

蒙古马兰

山莴苣 **Lagedium sibiricum** (L.) Soják

多年生草本，高 50～130 厘米。根垂直直伸。茎直立，常单生，淡红紫色，上部分枝。中下部茎叶披针形，长 10～26 厘米，宽 2～3 厘米，顶端渐尖，基部收窄，无柄，心形、心状耳形或箭头状半抱茎，全缘或小尖头状微锯齿，向上叶渐小，与中下部茎叶同形；全部叶两面光滑无毛。头状花序含舌状小花约 20 枚，在茎枝顶端排成伞房花序或伞房圆锥花序，果期长 1.1 厘米；总苞片 3～4 层，常淡紫红色，中外层三角形，长 1～4 毫米，宽约 1 毫米，顶端急尖，内层长披针形，长 1.1 厘米，宽 1.5～2 毫米，顶端长渐尖；舌状小花蓝色或蓝紫色。瘦果长椭圆形，褐色，压扁，长约

山莴苣

4毫米，宽约1毫米，中部有4～7条线形或线状椭圆形的小肋，顶端短收窄，果颈长约1毫米，边缘加宽加厚成厚翅；冠毛白色，2层，冠毛刚毛纤细，锯齿状，不脱落。花果期7～9月。

本区分布广，俗称山苦菜。生于林缘、林下、河岸、水湿地。根或全草可药用，具消肿止血、清热解毒之功效。

薄雪火绒草 Leontopodium japonicum Miq.

多年生草本。根状茎分枝长；茎直立，高10～50厘米，基部稍木质，上部被白色薄茸毛，节间长1～2厘米。叶狭披针形，或下部叶倒卵圆状披针形，长2.5～5.5厘米，宽0.5～1.3厘米，基部急狭，无鞘部，顶端尖，有长尖头，边缘平或稍波状反折，上面有疏蛛丝状毛，下面被灰白色薄层密茸毛，3～5基出脉和侧脉在上面显明；下部叶较小，花期枯萎或凋落；苞叶多数，较茎上部叶短小，卵圆形或长圆形，顶端钝或稍尖，两面被灰白色密茸毛，排列成疏散的苞叶群。头状花序径3.5～4.5毫米，多数，较疏散；总苞钟形或半球形，被白色或灰白色密茸毛，长约4毫米；总苞片3层，顶端钝，露出毛茸之上；小花异形或雌雄异株；花冠长约3毫米；雄花花冠狭漏斗状，有披针形裂片；雌花花冠细管状；冠毛白色，基部稍浅红色；雄花冠有锯齿；雌花冠毛细丝状，下部有锯齿；不育子房有毛或无毛。瘦果有乳头状突起或短粗毛。花期6～9月，果期9～10月。

产本区黄陵县双龙镇，宜君县，印台区。生于干燥坡地和石砾地灌丛中、路旁。

薄雪火绒草

火绒草 Leontopodium leontopodioides (Willd.) Beauv.

多年生草本。地下茎粗壮，有多数簇生的花茎和根出条。花茎直立，高5～45厘米，被灰白色长柔毛，下部有较密、上部有较疏的叶，节间长5～20毫米。叶直立，线形或线状披针形，长2～4.5厘米，宽0.2～0.5厘米，顶端尖，基部宽，无鞘，无柄，全缘，上面被柔毛，下面密被灰白色棉毛；苞叶少，比上部叶短，较宽，长圆形或线形，顶端尖，基部渐狭，两面被白色茸毛，与花序等长，在雄株成苞叶群，在雌株直立。头状花序大，在雌株径7～10毫米，3～7个密集，有较长的花序梗而排列成伞房状；总苞半球形，长4～6毫米，被白色棉毛；总苞片约4层，无色或褐色，常狭尖，稍露出毛茸之上；小花雌雄异株；雄花花冠长3.5毫米，狭漏斗状，有小裂片；雌花花冠丝状，花后生长，长4.5～5毫米；冠毛白色；雄花冠毛稍粗厚，有锯齿或毛状齿；雌花冠毛细丝状，有微齿。瘦果有乳头状突起或密粗毛。花果期7～10月。

产本区富县。生于干旱坡地、石砾地。全草可药用，具清热凉血、益肾利水之功效。

火绒草

长叶火绒草 Leontopodium longifolium Ling

多年生草本。根状茎分枝短，有顶生的莲座状叶丛；花茎直立，高2～45厘米，被白色疏柔毛或密茸毛，节间短。基部叶狭长匙形，渐狭成宽柄状，近基部扩大成紫红色的长鞘部；中部叶直立，线形或舌状线形，长2～13厘米，宽1.5～9毫米，基部等宽，顶端急尖或近圆形，两面被较密的白色疏柔毛或密茸毛；下面中脉凸起，或有2条基出脉；苞叶多数，比上部叶短，较宽，卵圆披针形或线状披针形，基部急狭，两面被白色长柔毛状茸毛，成径2～6厘米的苞叶群。头状花序径6～9毫米，3～30个；总苞长约5毫米，被长柔毛；总苞片约3层，椭圆披针形，露出毛茸之上；

长叶火绒草

小花雌雄异株，花冠长约 4 毫米；雄花花冠管漏斗状，有三角形深裂片；雌花花冠管丝状，有披针形裂片；冠毛白色，较花冠长，基部有细锯齿；雄花冠毛有齿；雌花冠毛较细，上部全缘。瘦果无毛或有乳头状突起，或有短粗毛。花期 7～8 月。

产本区富县直罗镇。生于湿润草地、洼地、灌丛或岩石上。全草可药用，具清肺、化痰、止咳之功效。

绢茸火绒草 **Leontopodium smithianum** Hand.-Mazz.

多年生草本。根状茎粗短，有簇生的花茎和不育茎；茎高 10～45 厘米，被灰白色茸毛或绢状毛，有等距的叶；节间长 0.5～2 厘米。下部叶在花期枯萎；叶线状披针形，长 2～5.5 厘米，宽 0.4～0.8 厘米，顶端有尖头，基部渐狭或急狭，无柄，全缘，草质，上面被灰白色柔毛，下面被灰白色茸毛或绢状毛；苞叶 3～10 枚，长椭圆形或线状披针形，与茎上部叶同长，基部渐狭，顶端尖或稍钝，边缘反卷，两面被白色厚茸毛，较花序长 2～3 倍，排列成苞叶群。头状花序大，径 6～9 毫米，常 3～25 个密集成伞房状；总苞长 4～6 毫米，被白色密棉毛；总苞片 3～4 层，顶端无毛，浅或深褐色，尖或稍撕裂，露出毛茸之上；小花异型，有少数雄花，或雌雄异株；花冠长 3～4 毫米；雄花花冠管状漏斗状，有小裂片；雌花花冠丝状；冠毛白色，较花冠稍长；雄花冠毛上部有锯齿；雌花冠毛细丝状，下部有微齿。不育子房和瘦果有乳头状短粗毛。花期 6～8 月，果期 8～10 月。

产本区富县直罗镇。生于干燥山坡或台阶草地。

绢茸火绒草

掌叶橐吾 **Ligularia przewalskii** (Maxim.) Diels

多年生草本。根肉质。茎直立，高 30～130 厘米，光滑，基部被枯叶柄纤维。丛生叶与茎下部叶具柄，柄长达 50 厘米，光滑，基部具鞘，叶片轮廓卵形，长 4.5～10 厘米，宽 8～18 厘米，掌状 4～7 裂，裂片 3～7 深裂，中裂片二回 3 裂，小裂片边缘具条裂齿，两面光滑，叶脉掌状；茎中上部叶少而小，掌状分裂，有膨大的鞘。总状花序长达 48 厘米；花序梗长 3～4 毫米，光滑；苞片线状钻形；头状花序多数；小苞片缺；总苞狭筒形，长 7～11 毫米，宽 2～3 毫米，总苞片 4～6 枚，2 层，线状长圆形，宽约 2 毫米，先端钝圆，具褐色睫毛，背部光滑，边狭膜质；舌状花 2～3 朵，黄色，舌片线状长圆形，长达 17 毫米，宽 2～3 毫米，先端钝，透明，管部长 6～7 毫米；管状花 3 朵，远出于总苞之上，长 10～12 毫米，管部与檐部等长，花柱细长，冠毛紫褐色，长约 4 毫米，短于管部。瘦果长圆形，长约 5 毫米，先端狭缩，具短喙。花果期 6～10 月。

产本区富县，黄陵县，宜君县。生于河岸、沟谷林下及灌丛中。根及花序可药用，具润肺、止咳化痰、清热利湿、利胆退黄之功效。

掌叶橐吾

乳苣 **Mulgedium tataricum** (L.) DC.

多年生草本，高 15～60 厘米。根垂直。茎直立，有细条棱或条纹，光滑无毛。中下部茎叶长椭圆形，长 6～19 厘米，宽 2～6 厘米，基部渐狭成短柄，柄长 1～1.5 厘米，羽状浅裂或半裂，顶端钝或急尖，侧裂片 2～5 对，全部侧裂片半椭圆形或狭三角形，边缘有小尖头或锯齿，顶裂片披针形或长三角形，全缘；上部叶与中部叶同形，但渐小；全部叶两面光滑无毛。头状花序含 20 枚小花，在茎枝顶端成圆锥花序；总苞圆柱状，长 2 厘米，宽约 0.8 毫米；总苞片 4 层，中外层较小，卵形至披针状椭圆形，长 3～8 毫米，内层披针形或披

乳苣

针状椭圆形，长2厘米，全部苞片外面光滑无毛，带紫红色；舌状小花紫色，管部有白色短柔毛。瘦果长圆状披针形，压扁，灰黑色，长5毫米，宽约1毫米，每面有5～7条高起的纵肋，顶端渐尖成长1毫米的喙；冠毛2层，白色，长1厘米，微锯齿状，分散脱落。花果期6～9月。

本区富县多见，又称蒙山莴苣，俗称苦菜。生于路边草丛、田边或荒地。全草可药用，具清热解毒、利胆退黄之功效。

火媒草 **Olgaea leucopluylla** (Turcz.) Iljin

多年生草本，高15～80厘米。根粗壮，直伸。茎直立，灰白色，密被蛛丝状绒毛。基叶长椭圆形，柄短，被密厚绒毛，长12～20厘米，宽3～5厘米，或羽状浅裂；侧裂片7～10对，三角形，顶端及边缘有针刺，针刺长5～6毫米；茎叶与基叶同形，但较小；上部叶更小；全部茎叶两面灰白色，被蛛丝状绒毛，花期上面无毛，茎下延成茎翼，翼宽1.5～2厘米，下面被厚绒毛，边缘有刺齿，齿顶针刺长。头状花序单生茎枝顶，总苞钟状，径3～4厘米；总苞片多层，向内层渐长，宽2～3毫米；外层长三角形，中层披针形，内层线状长椭圆形，外面密被微糙毛；苞片顶端成针刺；小花紫色或白色，花冠长3.3厘米，外有腺点，檐部具5裂，裂片线形。瘦果长椭圆形，长10毫米，宽3毫米，浅黄色，有棕黑色色斑和10条肋棱及肋间条纹，边缘尖齿状；冠毛浅褐色，向内渐长；冠毛刚毛糙毛状，长达2.5厘米。花果期5～10月。

产本区富县直罗镇。生于草地、农田或水渠边。根及全草可药用，具破血行瘀、凉血、止血之功效。

火媒草

蝟菊 **Olgaea lomonosowii** (Trautv.) Iljin

多年生草本，高15～60厘米。根粗壮直伸。茎单生，有分枝，具条棱，灰白色，被密绒毛。基生叶长椭圆形，长8～20厘米，宽4～7厘米，羽状浅裂或深裂，基部渐狭成柄；侧裂片4～7对，半椭圆形或长卵形，边缘及顶端有针刺，刺长0.5～2毫米；下部叶与基生叶同形并等样分裂，向上渐小并渐不裂，无叶柄，边缘有锯齿，齿顶有针刺；茎叶沿茎下延成翼，茎翼宽1～2毫米，翼缘有针刺；全部叶草质，上面绿色，下面灰白色，被密绒毛。头状花序单生枝端，总苞钟状或半球形，被蛛丝毛，直径5～7厘米；总苞片多层，向内渐长，长0.8～3.5厘米，宽1～2毫米，线状长三角形，外层密被糙毛；苞片顶端针刺状长渐尖；小花紫色，花冠长3厘米，檐部等5裂，裂片线形。瘦果楔状倒卵形，长6毫米，宽3～3.5毫米，顶端截形，边缘浅波状，基底着生面偏斜。冠毛多层，褐色，向内渐长，长达2厘米，基部连合成环；冠毛刚毛糙毛状，向顶端渐细。花果期7～10月。

产本区富县张家湾镇，又称鳍蓟。生于山谷、山坡或河槽草丛中。

蝟菊

刺疙瘩 **Olgaea tangutica** Iljin

多年生草本，高20～90厘米。主根不显，不定根多数。茎单生，被蛛丝毛。基生叶线形或线状长椭圆形，宽达3厘米，羽状浅裂，基部渐狭成柄；侧裂片三角形，边缘2或3刺齿，齿顶针刺褐色；茎生叶与基生叶相同；顶部茎叶小，长三角形，边缘具针刺；茎叶两侧具翼，宽达1厘米，翼缘有刺齿；全茎叶及茎翼质地坚硬，革质，上面绿色，下面灰白色，密被绒毛。头状花序单生枝端，花序梗短；总苞钟状，绿色；总苞片多层，向内渐窄，宽1～1.5毫米，外层长三角

刺疙瘩

形，中层披针形，内层线形，外面密被糙毛；苞片顶端针刺状渐尖；小花紫色，花冠长 2.7 厘米，檐部 5 裂，裂片线形，长达 5 毫米，细管部长 1.7 厘米。瘦果长椭圆形，长 6 毫米，宽 2.2 毫米，淡黄白色，有棕色斑，边缘有尖齿。冠毛多层，褐色；冠毛刚毛糙毛状，长达 1.5 厘米，基部连合成环。花果期 6～9 月。

本区分布广，又称青海鳍蓟。生于山坡、河滩、荒地或农田中。全草可药用，具清热解毒、消肿、止血之功效。

毛连菜 Picris hieracioides L.

二年生草本，高 16～120 厘米。根垂直，粗壮。茎直立，上部分枝，有纵沟纹，被钩状分叉硬毛。基生叶花期枯萎脱落；下部茎叶长椭圆形或宽披针形，长 8～34 厘米，宽 0.5～6 厘米，先端渐尖，全缘或有锯齿，基部渐狭成翼柄；中上部茎叶披针形或线形，较下部小，无柄，基部半抱茎；全部茎叶两面被钩状分叉硬毛。头状花序多数，在茎枝顶端排成伞房花序或伞房圆锥花序，花序梗细长；总苞圆柱状钟形，长达 1.2 厘米，总苞片 3 层，外层线形，长 2～4 毫米，宽不足 1 毫米，内层线状披针形，长 10～12 毫米，宽约 2 毫米，边缘白色膜质；全部总苞片外面被硬毛和短柔毛；舌状小花黄色，冠筒被白色短柔毛。瘦果纺锤形，长约 3 毫米，棕褐色，有纵肋，肋上有横皱纹；冠毛白色，外层极短，糙毛状，内层长，羽毛状，长约 6 毫米。花果期 6～9 月。

产本区富县直罗镇、张村驿镇，宜君县。生于沟边、田间、撂荒地或沙滩地。全草可药用，具泻火解毒、祛瘀止痛、利小便、理肺止咳、化痰平喘、宽胸之功效。

毛连菜

多裂福王草 Prenanthes macrophylla Franch.

多年生草本，高 0.5～1.5 米。茎直立，单生，上部分枝，有多细胞节毛。中下部茎叶掌式羽状深裂，圆形或长圆形，长 8.5～29 厘米，宽 8～22 厘米，叶柄长 9～14 厘米，顶裂片较大，3 深裂或全裂，侧裂片常 1 对；二回侧裂片三角形，小裂片 2～3 对，下方的极小，呈耳状；全部侧裂片或二回裂片全缘或锯齿少，齿顶有小尖头；上部茎叶与中下部茎叶同形；花序分枝上的叶长椭圆形、披针形或线形，长 2.5～7 厘米，宽约 1.5 厘米，全缘或每侧有 1 大锯齿或锯齿 3 浅裂。头状花序多数，沿茎枝排成圆锥花序；总苞狭圆柱状；总苞片约 3 层，外层短，卵形或卵状三角形，长 1～2 毫米，宽 0.5～1 毫米，内层 5 枚，线状长披针形，长 1.2～1.4 厘米，宽 1 毫米，全部苞片外面有稀疏的短卷毛；舌状小花 5 朵，淡红紫色。瘦果圆柱状，长 4 毫米，棕色，有 5 条高纵肋，肋间有小肋；冠毛 2 层，土红色，长 6 毫米，细锯齿状。花果期 7～10 月。

产本区富县直罗镇、张家湾镇，又称大叶盘果菊。生于山坡草丛、山谷林下或潮湿地。

多裂福王草

福王草 Prenanthes tatarinowii Maxim.

多年生草本，高 0.5～1.5 米。茎直立，单生，上部分枝。中下部茎叶心形或卵状心形，长 8.5～14 厘米，宽 6.5～12 厘米，叶柄长 8.5～14 厘米，大头羽状分裂，顶裂片三角状戟形，长 5～15 厘米，宽 6～15 厘米，顶端渐尖，基部心形或戟形，边缘有不等大三角状锯齿，齿顶及齿缘有小尖头；向上茎叶渐小，同形并等样分裂；全部叶两面被短刚毛，叶柄有糙毛或多细胞节毛。头状花序含 5 枚舌状小花，沿茎枝排成圆锥状花序或总状花序；总苞狭圆柱状，

福王草

长1～1.1厘米，宽1～2毫米；总苞片3层，外层短小，卵形或长卵形，长1～2毫米，宽0.5～1毫米，顶端急尖，内层最长，5枚，线状长披针形或线形，长1厘米，宽1毫米，顶端钝，外面被稀疏短卷毛；舌状小花紫色、粉红色。瘦果线形或长椭圆状，长4.5毫米，紫褐色，顶端截形，无喙，有5条高纵肋；冠毛2～3层，细锯齿状，长达8毫米，土红色或褐色。花果期8～10月。

产本区富县直罗镇、张家湾镇。生于山谷、山坡林缘、草地或水旁潮湿地。

翅果菊 Pterocypsela indica (L.) Shih

一年生或二年生草本。根垂直，须根多数。茎直立单生，高0.4～2米，上部分枝。茎叶线形，中部茎叶长达21厘米，宽0.5～1厘米，全缘或有小尖头与锯齿，下部茎叶长13～22厘米，宽1.5～3厘米，边缘有疏尖齿，上部茎叶长15～20厘米，宽6～8厘米，边缘有三角形锯齿；全部茎叶顶端长渐急尖，基部楔形渐狭，无柄。头状花序果期卵球形，沿茎枝顶端排成圆锥花序或总状圆锥花序；总苞长1.5厘米，宽9毫米；总苞片4层，外层卵形，长3～3.5毫米，宽1.5～2毫米，顶端急尖或钝，中内层长披针形，长约1厘米，宽1～2毫米，顶端钝或圆形，全部苞片边缘染紫红色；舌状小花25朵，黄色。瘦果椭圆形，长3～5毫米，宽1.5～2毫米，黑色，压扁，边缘有宽翅，顶端成0.5～1.5毫米的喙，每面有1条纵脉纹；冠毛2层，白色，几单毛状，长8毫米。花果期4～11月。

产本区黄陵县双龙镇、店头镇。生于山坡林缘、灌丛中、水沟边或田间。根及全草可药用，具清热解毒、活血祛瘀之功效。

翅果菊

毛脉翅果菊 Pterocypsela raddeana (Maxim.) Shih

二年生草本。根有分枝。茎单生直立，高0.8～2米，上部分枝，中下部有稠密长柔毛。中下部茎叶大，羽状分裂或大头羽状深裂，长5～11厘米，宽2～8.5厘米，叶柄具翼，柄长4～10厘米，顶裂片大，三角状，顶端急尖，边缘有锯齿，侧裂片1～3对，椭圆形，顶端急尖，边缘有小齿，基部与叶轴融合；向上的叶渐小，卵形或卵状椭圆形，基部收窄成翼柄，全部叶两面沿脉有长柔毛。头状花序沿茎顶排成圆锥花序或伞房状圆锥花序，含15枚舌状花；总苞果期长约1厘米，宽约5毫米；总苞片4层，外层短，三角形，长1～1.8毫米，宽不足1毫米，顶端急尖，中内层披针形，长4～10毫米，宽1.2～1.8毫米，顶端钝，全部总苞片淡紫红色；舌状小花黄色，9～10枚。瘦果椭圆形，黑色，压扁，顶端成喙，每面有3条脉纹，边缘有翅；冠毛2层，白色，长6毫米，单毛状。花果期5～9月。

产本区黄陵县店头镇。生于山坡林缘、灌丛中或田间。根及全草可药用，具清热解毒、祛风除湿、镇痛、止咳化痰之功效。

毛脉翅果菊

草地风毛菊 Saussurea amara (L.) DC.

多年生草本。茎直立，高15～60厘米，无翼，被稀疏短柔毛，有分枝。基生叶与下部茎叶有柄，柄长2～4厘米，叶片披针状长椭圆形或长披针形，长4～18厘米，宽0.7～6厘米，顶端钝或急尖，基部楔形，全缘或有钝锯齿；中上部茎叶渐小，近无柄，椭圆形或披针形；全部叶两面绿色，被短柔毛及金黄色小腺点。头状花序在茎枝顶端排成伞房状或伞房圆锥花序；总苞钟状或圆柱形，直径8～12毫米；总苞片4层，外层披针形，长3～5毫米，宽1毫米，顶端急尖，

草地风毛菊

有细齿或3裂，被稀疏短柔毛，中层与内层线状长椭圆形或线形，长9毫米，宽1.5毫米，外面有白色稀疏短柔毛，顶端有紫红色圆形附片；小花淡紫色，长1.5厘米，细管部长9毫米，檐部长6毫米。瘦果长圆形，长3毫米，有4肋；冠毛白色，2层，外层糙毛状，长1毫米，内层羽毛状，长1.7厘米。花果期7～10月。

产本区富县直罗镇。生于荒地、山坡、河堤水边。

风毛菊 **Saussurea japonica** (Thunb.) DC.

二年生草本，高50～200厘米。根倒圆锥状，黑褐色，须根多。茎直立，极少有翼，被稀疏短柔毛及金黄色小腺点。基生叶与下部茎叶有叶柄，具狭翼，叶片椭圆形或长椭圆形，羽状深裂，侧裂片7～8对，中部侧裂片大，全部侧裂片顶端钝或圆形，全缘或有少数大锯齿，顶裂片较长，全缘或有大锯齿；中部茎叶渐小，有短柄；上部茎叶比花序分枝上的叶更小，羽状浅裂或不裂，无柄；两面有稠密的淡黄色小腺点。头状花序多数，在茎枝顶端排成伞房状，有小花梗；总苞圆柱状，被白色的蛛丝状毛；总苞片6层，外层长卵形，顶端微扩大，紫红色，中层与内层倒披针形或线形，顶端有扁圆形的紫红色附片，附片边缘有锯齿；小花紫色，细管部长6毫米，檐部长4～6毫米。瘦果深褐色，圆柱形；冠毛白色，2层，外层短，糙毛状，内层长，羽毛状。花果期6～11月。

本区分布广。生于山坡、山谷、林下、灌丛、荒坡等地。全草可药用，具祛风活血、散瘀止痛之功效。

风毛菊

蒙古风毛菊 **Saussurea mongolica** (Franch.) Franch.

多年生草本，高30～90厘米。根状茎斜升，颈部被残存叶柄。茎直立，有棱，上部分枝。下部茎叶有长达16厘米的柄，叶片卵状三角形或卵形，长5～20厘米，宽3～6厘米，顶端急尖，基部心形，羽状深裂或浅裂，上半部边缘有粗齿，侧裂片1～3对，长椭圆形，顶端急尖或钝，边缘有疏锯齿，中部与上部茎叶同形，等样分裂或有粗齿，全部叶两面绿色，疏被短糙毛。头状花序多数，在茎枝顶端成伞房花序或伞房圆锥花序；总苞长圆状，直径5～7毫米；总苞片5层，疏被蛛丝毛或短柔毛，外层卵形，长3.2毫米，宽1毫米，中层长卵形，长7～8毫米，宽2毫米，内层线形，长1厘米，宽2毫米，全部总苞片顶端有附属物；小花紫红色，长9毫米，细管部长5毫米，檐部长4毫米。瘦果圆柱状，褐色，长4毫米；冠毛2层，上部白色，下部淡褐色，外层糙毛状，长3毫米，内层羽毛状，长1厘米。花果期7～10月。

产本区富县直罗镇，又称华北风毛菊。生于山坡林下或灌丛中。全草可药用，具清热解毒、活血消肿之功效。

蒙古风毛菊

折苞风毛菊 **Saussurea recurvata** (Maxim.) Lipsch.

多年生草本，高40～80厘米。根状茎粗短，颈部被残存叶柄；茎直立单生，有棱，不分枝。基生叶及下部茎叶有长叶柄，叶柄有狭翼，长3～7厘米，叶片长三角状卵形或长卵形，长10～15厘米，宽2.5～6厘米，顶端渐尖，基部戟形或截形，羽状深裂或半裂，侧裂片多对，边缘具锯齿或小裂片；中部茎叶与下部茎叶相似，但较小，有短柄；上部茎叶渐小，无柄，叶片披针形，基部楔形，边缘全缘或有锯齿，全部叶上面绿色，下面灰绿色、被短柔毛。头状花序3～4个，在茎端密集成伞房花序，花序梗短；总苞钟状，径10～15毫米；总苞片5～7层，全缘；外层宽卵形，顶端常反折，中层卵状披针形，顶端

折苞风毛菊

有小尖头，内层线形，顶端紫色；小花紫色，长 1.2～1.5 厘米，花托有线状托片，托片宿存；细管部与檐部几等长，花药基部有缘毛和撕裂。瘦果圆柱状，长 5 毫米；冠毛 2 层，淡褐色，外层短，糙毛状，内层长，羽毛状。花果期 7～9 月。

产本区黄陵县双龙镇，又称弯苞风毛菊。生于林缘、灌丛或山坡草地。

乌苏里风毛菊

乌苏里风毛菊 Saussurea ussuriensis Maxim.

多年生草本，高 30～100 厘米。根状茎横走，具多数不定根；茎直立，有分枝，具纵棱，疏被短柔毛。基生叶及茎下部叶有长叶柄，柄长 3.5～6 厘米，叶片长 6～10 厘米，宽 2.5～6 厘米，卵形、三角形或椭圆形，顶端渐尖，基部心形或截形，边缘有锯齿或羽状浅裂，两面绿色，上面及边缘有糙毛和黑色腺点，下面近无毛；中部与上部茎叶渐变小，有短叶柄或无叶柄。头状花序在茎枝顶排成伞房花序，花梗短，有线形苞叶；总苞狭钟状，直径 5～8 毫米；总苞片 5～7 层，顶端及边缘带紫红色，全缘，被蛛丝毛，外层卵形，长 2.2 毫米，顶端短渐尖，有短尖头，中层长圆形，长 8 毫米，顶端短渐尖或钝，内层线形，长 1.4 厘米，顶端急尖；小花紫红色，长 10～12 毫米，花托有线状托片，托片宿存；细管部与檐部等长，花药基部有缘毛或撕裂。瘦果浅褐色，长 4～5 毫米；冠毛 2 层，白色，外层短，糙毛状，内层长，羽毛状。花果期 7～9 月。

产本区富县直罗镇。生于河岸边或山坡草地。根可药用，具祛寒、散瘀、镇痛之功效。

华北鸦葱

华北鸦葱 Scorzonera albicaulis Bunge

多年生草本，高达 120 厘米。根圆柱状，径达 1.8 厘米。茎单生或簇生，全部茎枝被绒毛，茎基被棕色残鞘。基生叶与茎生叶同形，线形或线状长椭圆形，宽 0.3～2 厘米，全缘，两面光滑无毛，3～5 出脉，基生叶基部鞘状扩大，抱茎。头状花序在茎枝顶成伞房花序；总苞圆柱状，花期直径 1 厘米，果期增大；总苞片约 5 层，外层三角状卵形或卵状披针形，长 5～8 毫米，宽约 4 毫米，中内层椭圆状披针形至宽线形；全部总苞片被薄柔毛，果期近无毛，顶端急尖或钝；舌状小花黄色。瘦果圆柱状，长 2.1 厘米，有隆起的纵肋，无脊瘤，向顶端渐细成喙状；冠毛污黄色，其中 3～5 根超长，长达 2.4 厘米，其余长达 1.8 厘米，冠毛多羽毛状，羽枝蛛丝毛状，上部为细锯齿状，基部连合成环，整体脱落。花果期 5～9 月。

产本区富县张家湾镇、直罗镇，黄陵县双龙镇，耀州区，又称笔管草。生于山坡杂木林下或林缘、灌丛中、荒地或田间。根可药用，具祛风除湿、理气活血之功效。

蒙古鸦葱

蒙古鸦葱 Scorzonera mongolica Maxim.

多年生草本，高 5～35 厘米。根垂直，圆柱状。茎多数，上部有分枝，灰绿色，光滑无毛；基部被鞘状残留。基生叶长椭圆形至线状披针形，长 2～10 厘米，宽 0.4～1.1 厘米，顶端渐尖，基部渐狭成柄，柄基鞘状扩大；茎生叶披针形至线状长椭圆形，与基生叶等宽或稍窄，顶端急尖或渐尖，基部楔形收窄，无柄，互生或对生；全部叶肉质，两面光滑无毛，灰绿色，离基 3 出脉。头状花序单生于茎端，舌状小花 19 朵；总苞狭圆柱状，宽约 0.6 毫米；总苞片 4～5 层，外层小，卵形，长 3～5 毫米，宽 2～5 毫米，顶端急尖，中层长椭圆形或披针形，长 1.2～1.8 厘米，宽 2.8～3.5 毫米，顶端钝或稍渐尖，内层线状披针形，长2厘米，宽2毫米；舌状小花黄色，稀白色。瘦果圆柱状，长5～7毫米，淡黄色，有多数高纵肋，无脊瘤，顶端疏被柔毛，成熟果无毛；冠毛白色，长2.2厘米，羽毛状，羽枝蛛丝毛状，纤细，顶端微锯齿状。花果期4～8月。

产本区富县直罗镇。生于盐碱河滩地。根可药用，具清热解毒、利尿、通乳之功效。

额河千里光 Senecio argunensis Turcz.

多年生草本。根状茎具多数纤维状根；茎单生，高30～80厘米，被蛛丝状柔毛。基生叶和下部茎叶羽状深裂，顶裂片狭小，花期凋落；中部茎叶无柄，卵状长圆形，长6～10厘米，宽3～6厘米，羽状全裂或深裂，顶裂片小，侧裂片约6对，狭披针形或线形，边缘具1～2齿或狭细裂，下面有疏蛛丝状毛，基部具狭耳；上部叶渐小，羽状分裂。头状花序排列成复伞房花序，花序梗长1～2.5厘米，被蛛丝状毛，有苞片和钻形小苞片；总苞近钟状，苞片约10枚，线形，长5～6毫米，宽6～7毫米；总苞片约13枚，宽1～1.5毫米，上端具髯毛，边缘绿色或紫色，背面被蛛丝毛；舌状花10～13朵，舌片黄色，长圆状线形，长8～9毫米，顶端有3细齿，具4脉；管状花多数，花冠黄色，长6毫米，花药基部有尖耳，附片卵状披针形，花柱分枝，顶端截形，有乳头状毛。瘦果圆柱形，长2.5毫米；冠毛长5.5毫米，淡白色。花期8～10月。

产本区富县直罗镇，又称羽叶千里光。生于山坡草地、疏林下。全草可药用，具清热解毒、活血止痛、生肌接骨之功效。

额河千里光

北千里光 Senecio dubitabilis C. Jeffrey et Y. L. Chen

一年生草本。茎单生，直立，高5～30厘米，有分枝。叶无柄，匙形、长圆状披针形至线形，长3～7厘米，宽0.3～2厘米，顶端钝至尖，羽状短细裂至全缘；下部叶基狭成柄状；中部叶基稍扩大成半抱茎的耳；上部叶较小，披针形至线形，有细齿或全缘。头状花序盘状，无舌状花，成顶生伞房花序，花序梗细，长1.5～4厘米，有1～2线状披针形小苞片；总苞狭钟状，长6～7毫米，宽2.5～5毫米，具外层苞片；苞片4～5枚，线状钻形，短而尖；总苞片约15枚，线形，宽0.5～1毫米，尖，上端具细髯毛，草质，边缘狭膜质，背面无毛；管状花多数，花冠黄色，长6～6.5毫米，管部长4～4.5毫米，檐部圆筒状，短于筒部；花药线形，长1毫米，基部有极短的钝耳；附片卵状披针形；花药颈部柱状；花柱分枝长0.6毫米，顶端截形，有乳头状毛。瘦果圆柱形，长3～3.5毫米，密被柔毛；冠毛白色，长7～7.5毫米。花期5～9月。

产本区富县直罗镇。生于砂石处、山坡草地、路旁等。

北千里光

林荫千里光 Senecio nemorensis L.

多年生草本。根状茎短粗，具多数纤维状根；茎单生或数个，粗壮直立，高达1米，被疏柔毛。基生叶和下部茎叶花期凋落；中部茎叶近无柄，披针形或长圆状披针形，长10～18厘米，宽2.5～4厘米，顶端渐尖，基部叶楔状渐狭或半抱茎，边缘具密锯齿，纸质，两面被短柔毛，侧脉7～9对；上部叶渐小，线状披针形至线形，无柄。头状花序具舌状花，排成复伞房花序，花序梗细，长1.5～3毫米，具3～4枚小苞片；小苞片线形，长5～10毫米，被疏柔毛；总苞圆柱形，长6～7毫米，宽4～5毫米，具外层苞片；苞片4～5枚，线形，短于总苞；总苞片12～18枚，长圆形，长6～7毫米，顶端渐尖，被褐色短

林荫千里光

柔毛；舌状花 8～10 朵，舌片黄色，线状长圆形，长 11～13 毫米，顶端有 3 齿，具 4 脉；管状花 15～16 朵，花冠黄色，长 8～9 毫米；花药长约 3 毫米，基部具耳；附片卵状披针形；花柱分枝长 1.3 毫米，被乳头状毛。瘦果圆柱形，长 4～5 毫米；冠毛白色，长 7～8 毫米。花期 6～12 月。

产本区富县直罗镇。生于疏林中、山坡或沟溪边。全草可药用，具清热解毒之功效。

麻花头

麻花头 **Serratula centauroides** L.

多年生草本，高 40～80 厘米。根状茎黑褐色；茎直立，上部少分枝，下部疏被节毛，基部被纤维状撕裂叶柄。基生叶及下部茎叶长椭圆形，长 8～12 厘米，宽 2～5 厘米，羽状深裂，叶柄长 3～9 厘米，侧裂片 5～8 对，裂片全缘或有锯齿，宽 4～8 毫米；中部叶近无柄，裂片全缘；上部叶小，5～7 羽状全缘；全部叶两面被多细胞节毛。头状花序单生茎枝顶端，花序梗长，无叶；总苞卵形或长卵形，直径 1.5～2 厘米，上部有收缢；总苞片 10～12 层，覆瓦状排列，向内层渐长，外层与中层三角形，长 4.5～8.5 毫米，宽 3～3.5 毫米，顶端有刺尖；内层及最内层椭圆形或披针形，长 1～2 厘米，宽 1～4 毫米，上部淡黄白色；小花红色或红紫色，花冠长 2.1 厘米，细管部长 9 毫米，花冠裂片长 7 毫米。瘦果楔状长椭圆形，褐色，有 4 条肋棱，长 5 毫米，宽 2 毫米；冠毛褐色或略带土红色，长达 7 毫米，糙毛状，分散脱落。花果期 6～9 月。

产本区富县，黄陵县。生于山坡林缘、草地、路旁或田间。全草可药用，具清热解毒、止血、止泻之功效。

豨莶

豨莶 **Siegesbeckia orientalis** L.

一年生草本。茎高 30～100 厘米，上部的分枝复二歧状，分枝被短柔毛。基部叶花期枯萎；中部叶三角状卵圆形或卵状披针形，长 4～10 厘米，宽 1.8～6.5 厘米，基部阔楔形，下延成具翼的柄，顶端渐尖，边缘有不规则的浅裂或粗齿，纸质，两面被毛，3 出基脉；上部叶渐小，卵状长圆形，近无柄。头状花序径 15～20 毫米，多数聚生枝端，排列成具叶的圆锥花序；花梗长 1.5～4 厘米，密生短柔毛；总苞阔钟状；总苞片 2 层，背面被紫褐色具柄的腺毛，外层 5～6 枚，线状匙形或匙形，长 8～11 毫米，宽约 1.2 毫米，内层卵状长圆形或卵圆形，长约 5 毫米，宽 1.5～2.2 毫米；花黄色；雌花花冠的管部长 0.7 毫米；两性管状花上端有 4～5 枚卵圆形裂片。瘦果倒卵圆形，有 4 棱，顶端有灰褐色环状突起，长 3～3.5 毫米，宽 1～1.5 毫米。花期 4～9 月，果期 6～11 月。

产本区富县，又称粘糊菜。生于荒草地、灌丛、林缘、疏林下及农田中。瘦果含油 28%；全草可入药，具祛风湿、利筋骨、解毒、镇痛、降血压之功效。

腺梗豨莶

腺梗豨莶 **Siegesbeckia pubescens** Makino

一年生草本，高 30～110 厘米。茎直立粗壮，上部多分枝，被灰白色长柔毛和糙毛，花梗和分枝的上部被紫褐色头状具柄的密腺毛和长柔毛。基部叶卵状披针形，花期枯萎；中部叶卵圆形或卵形，长 3.5～12 厘米，宽 1.8～6 厘米，先端渐尖，基部宽楔形，下延成具翼而长 1～3 厘米的柄，边缘有尖头状粗齿；上部叶渐小，披针形或卵状披针形；全部叶基出 3 脉，侧脉和网脉明显，两面被平伏短柔毛，沿脉有长柔毛。头状花序径 18～22 毫米，多数生于枝端，排成圆锥花序；花梗较长；总苞宽钟状；总苞片2层，叶质，背面密生紫褐色头状具柄腺毛，外层线状匙形或宽线形，长7～14毫米，内层卵状长圆形，长3.5毫米；舌状花花冠管部长1～1.2毫米，舌片先端2～3裂齿；两性管状花长约2.5毫米，冠檐钟状，先端4～5裂。瘦果倒卵圆形，4棱，顶端有环状突起。花期5～8月，果期6～10月。

产本区富县，黄陵县，宜君县，印台区。生于山坡、林缘、灌丛中、沟谷、溪边、耕地边等处。全草可入药，具解毒、镇痛、降血压之功效。

华蟹甲 **Sinacalia tangutica** (Maxim.) B. Nord.

多年生草本。根状茎块状；茎中空，高50～100厘米，幼时疏被蛛丝状毛，上部被褐色腺状柔毛。叶顶端具小尖，叶柄长3～6厘米，基部半抱茎，疏被短柔毛；下部叶花期脱落；中部叶厚纸质，卵形或卵状心形，长10～16厘米，羽状深裂，每边侧裂片3～4枚，边缘具数个小尖齿，基部截形或浅心形，上面被硬毛，下面沿脉被柔毛及蛛丝状毛，具羽状脉；上部叶具短柄。头状花序小，多数排成宽多分枝塔状复圆锥状，花序轴及梗被腺状柔毛；花序梗短，具2～3枚线形小苞片；总苞圆柱状，径1～1.5毫米，总苞片5枚，被微毛；舌状花2～3朵，黄色，舌片长13～14毫米，顶端有2小齿，具4条脉；管状花常4朵，花冠黄色，长8～9毫米，管部长2～2.5毫米；花药长圆形，基部具短尾，附片长圆状渐尖；花柱分枝弯曲，顶端钝，被乳头状微毛。瘦果圆柱形，长约3毫米，具肋；冠毛糙毛状，白色，长7～8毫米。花期7～9月。

产本区富县直罗镇。生于山坡草地、沟边或林缘。根状茎有小毒，可药用，具祛风、化痰、平肝之功效。

华蟹甲

苣荬菜 **Sonchus arvensis** L.

多年生草本。根垂直，有根状茎。茎直立，有细条纹，上部有分枝，分枝与花序梗密被头状具柄腺毛。基生叶与中下部茎叶倒披针形或长椭圆形，羽状深裂、半裂或浅裂，侧裂片2～5对，偏斜半椭圆形、偏斜三角形或耳状，顶裂片稍大；全部裂片边缘有小锯齿或无锯齿而有小尖头；上部茎叶及接花序分枝下的叶披针形或线钻形，小或极小；全部叶基部渐窄成翼柄，但中部以上叶无柄，基部圆耳状半抱茎，顶端急尖或钝，两面光滑无毛。头状花序在茎枝顶排成伞房花序；总苞钟状，基部有绒毛；总苞片3层，披针形，顶端长渐尖，外面沿中脉有1行头状具柄的腺毛；外层长4～6毫米，宽1～1.5毫米，中内层长达1.5厘米，宽3毫米；舌状小花多数，黄色。瘦果压扁，长椭圆形，每面有5条细肋，肋间有横皱纹；冠毛白色，长1.5厘米，基部连合成环。花果期1～9月。

本区分布广，俗称苦菜。生于山坡草地、村边路旁或河边砾石滩。种子含油31.5%；全草可药用，具清热解毒之功效。

苣荬菜

苦苣菜 **Sonchus oleraceus** L.

一年生或二年生草本。根圆锥状。茎直立单生，有纵条棱或条纹，光滑无毛。基生叶羽状深裂，长椭圆形或倒披针形，或大头羽状深裂，基部成翼柄；中下部茎叶羽状深裂，椭圆形或倒披针形，基部成翼柄，柄基圆耳状抱茎，裂片近等大，侧生裂片1～5对，顶端急尖，花序分枝下的叶披针形，顶端渐尖，基部半抱茎；全部叶或裂片边缘有不等的急尖锯齿。头状花序少数，在茎枝顶端排成伞房花序或

苦苣菜

总状花序，花序梗被头状具柄的腺毛；总苞宽钟状；总苞片3～4层，覆瓦状排列，向内层渐长；外层长披针形或长三角形，中内层长披针形至线状披针形；全部总苞片顶端长急尖；舌状小花多数，黄色。瘦果褐色，长椭圆形，长3毫米，宽不足1毫米，压扁，每面各有3条细脉，肋间有横皱纹，顶端无喙；冠毛白色，长7毫米，单毛状，彼此纠缠。花果期5～12月。

本区分布广。生于山坡草丛、田间、荒地或近水处。全草可药用，具清热解毒、祛风湿、利小便、安心神之功效。

漏芦 Stemmacantha uniflora (L.) Dittrich

多年生草本，高30～100厘米。根直。根状茎粗；茎簇生或单生，灰白色，被棉毛，基部被残存的叶柄。基生叶及下部茎叶椭圆形，羽状深裂或全裂，有长叶柄；侧裂片5～12对，椭圆形或倒披针形，边缘有锯齿，中部侧裂片稍大，最下部的侧裂片小耳状；中上部茎叶渐小，无柄或短柄；全部叶两面灰白色，被蛛丝毛及多细胞糙毛和黄色小腺点；叶柄灰白色，密被蛛丝状棉毛。头状花序单生茎顶；总苞半球形；总苞片约9层，覆瓦状排列，向内层渐长，顶端圆形，有浅褐色膜质附属物，外层三角形，中层椭圆形至披针形；全部小花两性，花冠紫红色，细管部长1.5厘米，花冠裂片长8毫米。瘦果3～4棱，楔状，顶端有具细尖齿的果缘，侧生着生面；冠毛褐色多层，向内层渐长，基部连合成环；冠毛刚毛糙毛状。花果期4～9月。

产本区富县，耀州区。生于山坡、丘陵地、疏林下。根状茎可药用，具清热解毒、消肿排脓、下乳、通筋脉之功效。

漏芦

兔儿伞 Syneilesis aconitifolia (Bge.) Maxim.

多年生草本。根状茎短，须根多；茎直立，高70～120厘米，紫褐色，具纵肋。叶通常2；下部叶具长柄，盾状圆形，径20～30厘米，掌状深裂；裂片7～9，每裂片再次2～3浅裂；小裂片宽4～8毫米，线状披针形，边缘具锐齿，顶端渐尖，初时密被蛛丝状绒毛，上面淡绿色，下面灰色，叶柄长10～16厘米，基部抱茎；中部叶较小，裂片4～5，叶柄长2～6厘米；余叶呈苞片状，披针形，近无柄。头状花序在茎端密集成复伞房状，花序梗长5～16毫米，具数枚线形小苞片；总苞筒状，长9～12毫米，基部有3～4枚小苞片；总苞片1层，5枚，长圆形；小花8～10朵，花冠淡粉白色，长10毫米，管部长3.5～4毫米，檐部窄钟状，5裂，花药变紫色，基部短箭形，花柱分枝扁，顶端钝，被微毛。瘦果圆柱形，长5～6毫米，具肋；冠毛污白色或变红色，糙毛状，长8～10毫米。花期6～7月，果期8～10月。

产本区富县，黄陵县，宜君县，耀州区。生于山坡草丛、林缘或沟谷阴湿处。根或全草可入药，具祛风除湿、解毒活血、消肿止痛之功效。

兔儿伞

万寿菊 Tagetes erecta L.

一年生草本，高50～150厘米。茎直立，粗壮，具纵细条棱，分枝向上平展。叶羽状分裂，长5～10厘米，宽4～8厘米，裂片长椭圆形或披针形，边缘具锐锯齿，上部叶裂片的齿端有长细芒；沿叶缘有少数腺体。头状花序单生，径5～8厘米，花序梗顶端棍棒状膨大；总苞长1.8～2厘米，宽1～1.5厘米，杯状，顶端具齿尖；舌状花黄色或暗橙色，长2.9厘米，舌片倒卵形，长1.4厘米，宽1.2厘米，基部收

万寿菊

缩成长爪，顶端微弯缺；管状花花冠黄色，长约9毫米，顶端具5裂齿。瘦果线形，基部缩小，黑色或褐色，长8～11毫米，被短微毛；冠毛有1～2个长芒和2～3个短而钝的鳞片。花期7～9月。

本区公园、路旁、庭园、居室有栽培，原产墨西哥，供观赏。花、根及叶可入药，具清热解毒、消肿、化痰止咳、平肝、祛风之功效。

孔雀草

孔雀草 **Tagetes patula** L.

一年生草本，高30～100厘米。茎直立，通常近基部分枝，分枝斜开展。叶羽状分裂，长2～9厘米，宽1.5～3厘米，裂片线状披针形，边缘有锯齿，齿端常有长细芒，齿的基部通常有1个腺体。头状花序单生，径3.5～4厘米，花序梗长5～6.5厘米，顶端稍增粗；总苞长1.5厘米，宽0.7厘米，长椭圆形，上端具锐齿，有腺点；舌状花金黄色或橙色，带有红色斑，舌片近圆形，长8～10毫米，宽6～7毫米，顶端微凹；管状花花冠黄色，长10～14毫米，与冠毛等长，具5裂齿。瘦果线形，基部缩小，长8～12毫米，黑色，被短柔毛；冠毛鳞片状，其中1～2个长芒状，2～3个短而钝。花期7～9月。

本区公园、庭园、路旁有栽培，又称小万寿菊，原产墨西哥，供观赏。全草可药用，具清热利湿、止咳之功效。

华蒲公英

华蒲公英 **Taraxacum borealisinense** Kitam.

多年生草本。根颈部有残存叶基。叶倒卵状披针形或狭披针形，长4～12厘米，宽6～20毫米，边缘叶羽状浅裂或全缘，具波状齿，内层叶倒向羽状深裂，顶裂片较大，长三角形或戟状三角形，每侧裂片3～7片，狭披针形或线状披针形，全缘或具小齿，叶柄和下面叶脉常紫色。花葶1至数个，高5～20厘米，长于叶，顶端被蛛丝状毛；头状花序直径20～25毫米；总苞小，长8～12毫米；总苞片3层，先端淡紫色，不增厚或微增厚，无角状突起；外层卵状披针形，淡绿色，花期直立或伏贴，有白色膜质边缘；内层披针形，长于外层约2倍；舌状花常黄色，边缘花舌片背面有紫色条纹，舌片长约8毫米，宽1～1.5毫米。瘦果倒卵状披针形，淡褐色，长3～4毫米，有刺状突起与钝小瘤，顶端具长约1毫米的喙基，喙纤细，长3～4.5毫米；冠毛白色，长5～6毫米。花果期6～8月。

本区富县多见。生于潮湿盐碱地或路旁草丛、村庄。全草可药用，具清热解毒、消肿散结、利尿通淋、止痛之功效。

毛柄蒲公英

毛柄蒲公英 **Taraxacum eriopodum** (D. Don) DC.

多年生小草本。叶倒披针形，羽状浅裂至半裂，侧裂片3～4对，稀不分裂；裂片钝三角形或线形，相互连接或稍有间距，平展或倒向，全缘，顶端裂片略宽，先端钝。花葶1至数个，和叶近等长，上部疏生淡褐色蛛丝状柔毛；头状花序直径30～40毫米；总苞钟形，总苞片干后墨绿色；外层总苞片伏贴，直立，披针形至卵状披针形，先端增厚或有较小的小角，无膜质边缘或具极狭的膜质边缘；内层总苞片暗绿色，常具红色边缘，先端增厚或具小角；舌状花黄色，边缘花舌片背面有暗紫色条纹，花柱和柱头干时黑色。瘦果淡麦秆黄色，上部1/3～1/2具小刺，顶端多少逐渐收缩为长约1毫米的圆锥形喙基；冠毛长5～7毫米，淡黄色。花果期6～8月。

产本区富县张村驿镇、直罗镇，印台区。生于山坡草地、河边湿地及田埂。

蒲公英 Taraxacum mongolicum Hand.-Mazz.

多年生草本。根圆柱状，黑褐色。全部叶根生，倒卵状披针形或长圆状披针形，长4～20厘米，宽1～5厘米，先端钝或尖，边缘具波状齿或羽状裂，顶端裂片较大，每侧裂片3～5片，裂片三角形，常具齿，基部渐狭成叶柄，叶柄及主脉带红紫色，被蛛丝状柔毛。花葶1至数个，与叶近等长，上部紫红色，密被蛛丝状长柔毛；头状花序单生花葶之上，直径30～40毫米；总苞钟状，长12～14毫米，淡绿色；总苞片2～3层，外层卵状披针形，长8～10毫米，宽1～2毫米，基部淡绿色，上部紫红色，先端具角状突起；内层线状披针形，长10～16毫米，宽2～3毫米，先端紫红色，具小角状突起；舌状花黄色，舌片长约8毫米，宽约1.5毫米，边缘花舌片背面具紫红色条纹，花药和柱头暗绿色。瘦果倒卵状披针形，暗褐色，上部具小刺，下部具成行小瘤，顶端成喙基，喙长6～10毫米，纤细；冠毛白色，长约6毫米。花期4～9月，果期5～10月。

本区分布广。生于山坡草地、路边、田野、河滩。全草可药用，具清热解毒、消肿散结、利尿通淋、止痛之功效。

蒲公英

狗舌草 Tephroseris kirilowii (Turcz. ex DC.) Holub

多年生草本。具多数纤维状根。茎常单生，近葶状，被密蛛丝状毛。基生叶莲座状，具短柄，长圆形或卵状长圆形，顶端钝，具小尖，基部楔状至渐狭成宽翅叶柄，两面被蛛丝状绒毛；茎叶少数，向上部渐小，下部叶倒披针形，钝至尖，无柄，基部半抱茎，上部叶披针形，苞片状，顶端尖。头状花序3～11个成伞房花序，花序梗长1.5～5厘米，密被蛛丝状绒毛，基部具苞片；总苞近圆柱状钟形，无外层苞片；总苞片18～20枚，披针形，顶端渐尖，具狭膜质边缘，外面被蛛丝状毛；舌状花13～15朵，长6～11毫米；管部长3～3.5毫米；舌片黄色，长圆形，顶端钝，具3细齿，4脉；管状花多数，花冠黄色，长约8毫米，管部长4毫米，檐部漏斗状，长1.2毫米，顶端具乳头状毛；花药长2.2毫米，附片卵状披针形；花柱分枝长约1毫米。瘦果圆柱形，密被糙毛；冠毛白色，长约6毫米。花期2～8月。

产本区富县，耀州区。生于山坡草地、荒地或疏林下。全草有小毒，可药用，具清热解毒、利水、杀虫之功效。

狗舌草

碱菀 Tripolium vulgare Nees

一年生草本。茎高30～50厘米，单生或数个丛生于根颈上，下部常带红色，上部有多少开展的分枝。基部叶在花期枯萎，下部叶条状或矩圆状披针形，长5～10厘米，宽0.5～1.2厘米，顶端尖，全缘或有具小尖头的疏锯齿；中部叶渐狭，无柄，上部叶渐小，苞叶状；全部叶无毛，肉质。头状花序排成伞房状，有长花序梗；总苞近管状，花后钟状，径约7毫米；总苞片2～3层，疏覆瓦状排列，绿色，边缘常红色，干后膜质，无毛，外层披针形或卵圆形，顶端钝，长2.5～3毫米，内层狭矩圆形，长约7毫米；舌状花1层，管部长3.5～4毫米；舌片长10～12毫米，宽2毫米；管状花长8～9毫米，管部长4～5毫米，裂片长1.5～2毫米。瘦果长2.5～3毫米，扁，有边肋，两面各有1脉，被疏毛；冠毛在花期长5毫米，花后增长，达14～16毫米，有多层极细的微糙毛。花果期8～12月。

产本区富县直罗镇，又称铁杆蒿。生于池塘、沼泽及盐碱地。

碱菀

款冬 **Tussilago farfara** L.

多年生草本。根状茎横生地下，褐色。早春花叶抽出数个花葶，高 5～10 厘米，密被白色茸毛，有鳞片状，互生的苞叶，苞叶淡紫色。头状花序单生顶端，直径 2.5～3 厘米，初时直立，花后下垂；总苞片 1～2 层，总苞钟状，结果时长 15～18 毫米，总苞片线形，顶端钝，常带紫色，被白色柔毛及脱毛，有时具黑色腺毛；边缘有多层雌花，花冠舌状，黄色，子房下位；柱头 2 裂；中央的两性花少数，花冠管状，顶端 5 裂；花药基部尾状；柱头头状，通常不结实。瘦果圆柱形，长 3～4 毫米；冠毛白色，长 10～15 毫米。后生出基生叶阔心形，具长叶柄，叶片长 3～12 厘米，宽 4～14 厘米，边缘有波状，顶端增厚的疏齿，掌状网脉，下面被密白色茸毛；叶柄长 5～15 厘米，被白色棉毛。花期 3～4 月，果期 4～5 月。

本区富县张村驿镇、直罗镇多见。生于山谷阴湿地或林下。花蕾可药用，具润肺下气、止咳化痰之功效。

款冬

苍耳 **Xanthium sibiricum** Patrin ex Widder

一年生草本。根纺锤状。茎直立，不分枝或少分枝，上部有纵沟，被灰白色糙伏毛。叶三角状卵形，近全缘或有 3～5 浅裂，顶端尖或钝，基部心形或截形，边缘有粗锯齿，3 基出脉，侧脉直达叶缘，脉上密被糙伏毛，上面绿色，下面苍白色，被糙伏毛；叶柄长 3～11 厘米。雄性头状花序球形，有或无花序梗；总苞片长圆状披针形，被短柔毛，花托柱状，托片长约 2 毫米，顶端尖，有微毛；花冠钟形，管部上端 5 宽裂；花药长圆状线形；雌性的头状花序椭圆形，外层总苞片小，披针形，长约 3 毫米，被短柔毛，内层总苞片呈囊状，绿色或带红褐色，外面有疏生的具钩状的刺，基部被柔毛，常有腺点；喙坚硬，锥形，上端略呈镰刀状，常不等长。瘦果 2，倒卵形。花期 7～8 月，果期 9～10 月。

本区富县多见。生于丘陵、荒野、路边、田边。全株有毒，果实毒性较大；种子含脂肪油 9.2%，可制油漆、油墨、肥皂及润滑油等；全草可药用，具破瘀生肌、清热解毒、解表、祛风散热、除湿、杀虫之功效。

苍耳

黄鹌菜 **Youngia japonica** (L.) DC.

一年生草本，高 10～100 厘米。根垂直，须根多数。茎直立，单生，顶端分枝，下部疏被皱波状毛。基生叶倒披针形或椭圆形，长 2.5～13 厘米，宽 1～4.5 厘米，大头羽状分裂，叶柄长 1～7 厘米，具柄翼，顶裂片卵形或倒卵形，顶端圆或急尖，边缘有锯齿，侧裂片 3～7 对，向下渐小，最下方耳状，全部侧裂片边缘有锯齿或小尖头；无茎叶或极少有 1 枚茎生叶，且与基生叶同形并等样分裂；全部叶及叶柄被皱波状柔毛。头状花序含 10～20 枚舌状小花，在茎枝顶端排成伞房花序，花序梗细；总苞圆柱状，长 4～5 毫米；总苞片 4 层，外层极短，宽卵形或宽形，长宽不足 0.6 毫米，顶端急尖，内层长 4～5 毫米，宽 1～1.3 毫米，披针形，顶端急尖，边缘白色宽膜质，内有贴伏短糙毛；舌状小花黄色，花冠管外有短柔毛。瘦果纺锤形，压扁，褐色，长 1.5～2 毫米，有 11～13 条纵肋，肋上有小刺毛；冠毛长 2.5～3.5 毫米，糙毛状。花果期 4～10 月。

产本区富县直罗镇。生于山谷及山沟林缘、林间草地。根或全草可药用，具清热解毒、利尿消肿、止痛之功效。

黄鹌菜

百日菊 **Zinnia elegans** Jacq.

一年生草本。茎直立，高 30～100 厘米，被糙毛或长硬毛。叶宽卵圆形或长圆状椭圆形，长 5～10 厘米，宽 2.5～5 厘米，基部心形抱茎，两面粗糙，下面密被短糙毛，基出 3 脉。头状花序径 5～6.5 厘米，单生枝端，无中空花序梗；总苞宽钟状；总苞片多层，宽卵形或卵状椭圆形，外层长约 5 毫米，内层长约 10 毫米，边缘黑色；托片上端有延伸的附片；附片紫红色，流苏状三角形；舌状花深红色、玫瑰色、紫堇色或白色，舌片倒卵圆形，先端 2～3 裂齿或全缘，上面被短毛，下面被长柔毛；管状花黄色或橙色，长 7～8 毫米，先端裂片卵状披针形，上面被黄褐色密茸毛。雌花瘦果倒卵圆形，长 6～7 毫米，宽 4～5 毫米，扁平，腹面正中和两侧各有 1 棱，顶端截形，基部狭窄，被密毛；管状花瘦果倒卵状楔形，长 7～8 毫米，宽 3.5～4 毫米，极扁，被疏毛，顶端有短齿。花期 6～9 月，果期 7～10 月。

本区公园、庭园、路旁有栽培，原产墨西哥，供观赏。全草可药用，具清热解毒之功效。

百日菊

121 泽泻科 Alismataceae

东方泽泻 **Alisma orientale** (Samuel.) Juz.

多年生水生或沼生草本。块茎直径 1～2 厘米。叶多数，宽披针形、椭圆形，长 3.5～11.5 厘米，宽 1.3～6.8 厘米，先端渐尖，基部近圆形或浅心形，叶脉 5～7 条，叶柄长 3.2～34 厘米，基部渐宽，边缘窄膜质。花葶高 35～90 厘米；花序长 20～70 厘米，具 3～9 轮分枝，每轮分枝 3～9 枚；花两性，花梗不等长；外轮花被片卵形，边缘窄膜质，具 5～7 脉，内轮花被片近圆形，比外轮大，白色、淡红色，边缘波状；花丝长 1～1.2 毫米，基部宽约 0.3 毫米，向上渐窄，花药黄绿色或黄色；花柱长约 0.5 毫米，直立，柱头长约为花柱的 1/5；花托在果期呈凹凸，高约 0.4 毫米。瘦果椭圆形，长 1.5～2 毫米，宽 1～1.2 毫米，背部具 1～2 条浅沟，腹部自果喙处凸起，呈膜质翅，两侧果皮半透明，果喙长约 0.5 毫米，自腹侧中上部伸出。种子紫红色，长约 1.1 毫米，宽约 0.8 毫米。花果期 5～9 月。

本区分布广。生于湖泊、水塘、沟渠、沼泽或湿地中。块茎含淀粉 23%；全株有毒，地下块茎毒性较大；块茎、叶、果实可药用，具清热、利水、渗湿、强阴补肾之功效。

东方泽泻

泽泻 **Alisma plantago-aquatica** L.

多年生水生或沼生草本。块茎直径 1～3.5 厘米。叶多数；沉水叶条形或披针形；挺水叶宽披针形、椭圆形至卵形，长 2～11 厘米，宽 1.3～7 厘米，先端渐尖，基部宽楔形、浅心形，叶脉 5 条，叶柄长 1.5～30 厘米，基部渐宽，边缘膜质。花葶高 78～100 厘米；花序长 15～50 厘米，具 3～8 轮分枝，每轮分枝 3～9 枚；花两性，花梗长 1～3.5 厘米；外轮花被片广卵形，长 2.5～3.5 毫米，宽 2～3 毫米，具 7 脉，边缘膜质，内轮花被片近圆形，远大于外轮，边缘具粗齿，白色、粉红色或浅紫色；花丝长 1.5～1.7 毫米，基部宽约 0.5 毫米，花药长约 1 毫米，椭圆形，黄色或淡绿色；心皮 17～23 枚，排列整齐，花柱直立，长 7～15 毫米，长于心皮，柱头短；花托平凸，高约 0.3 毫米，近圆形。瘦果椭圆形或近矩圆形，长约 2.5 毫米，宽约 1.5 毫米，

泽泻

背部具 1～2 条不明显浅沟，下部平，果喙自腹侧伸出，喙基部凸起，膜质。种子紫褐色，具凸起。花果期 5～10 月。

产本区富县直罗镇。生于河湾、溪流、水塘的浅水带、沟渠及低洼湿地。块茎可药用，具利水、渗湿、泄热之功效。

122 水鳖科 Hydrocharitaceae

黑藻 **Hydrilla verticillata** (L. f.) Royle

多年生沉水草本。茎圆柱形，表面具纵向细棱纹，质较脆。休眠芽长卵圆形；苞叶多数，螺旋状紧密排列，白色或淡黄绿色，狭披针形至披针形。叶 3～8 枚轮生，线形或长条形，长 7～17 毫米，宽 1～1.8 毫米，常具紫红色或黑色小斑点，先端锐尖，边缘锯齿明显，无柄，具腋生小鳞片；主脉 1 条，明显。花单性，雌雄同株或异株；雄佛焰苞近球形，绿色，表面具明显的纵棱纹，顶端具刺凸；雄花萼片 3 枚，白色，稍反卷，长约 2.3 毫米，宽约 0.7 毫米；花瓣 3，反折开展，白色或粉红色，长约 2 毫米，宽约 0.5 毫米；雄蕊 3 枚，花丝纤细，花药线形，2～4 室；花粉粒球形，直径可达 100 微米以上，表面具凸起的纹饰；雄花成熟后自佛焰苞内放出，漂浮于水面开花；雌佛焰苞管状，绿色；苞内雌花 1 朵。果实圆柱形，表面常有 2～9 个刺状凸起。种子 2～6 粒，茶褐色，两端尖。植物以休眠芽繁殖为主。花果期 5～10 月。

产本区富县张村驿镇，黄陵县店头镇。生于河流、鱼池等淡水中。全草可药用，具清热解毒、利尿祛湿之功效。

黑藻

123 水麦冬科 Juncaginaceae

水麦冬 **Triglochin palustre** L.

多年生湿生草本，植株弱小。根茎短，生有多数须根。叶全部基生，条形，长达 20 厘米，宽约 1 毫米，先端钝，基部具鞘，两侧鞘缘膜质，残存叶鞘纤维状。花葶细长，直立，圆柱形，无毛；总状花序，花排列较疏散，无苞片；花梗长约 2 毫米；花被片 6 枚，绿紫色，椭圆形或舟形，长 2～2.5 毫米；雄蕊 6 枚，近无花丝，花药卵形，长约 1.5 毫米，2 室；雌蕊由 3 枚合生心皮组成，柱头毛笔状。蒴果棒状条形，长约 6 毫米，直径约 1.5 毫米，成熟时自下至上呈 3 瓣开裂，仅顶部连合。花果期 6～10 月。

本区多见。生于咸湿地或浅水处。全草及果实可药用，具清热利湿、消肿止泻之功效。

水麦冬

124 眼子菜科 Potamogetonaceae

菹草 **Potamogeton crispus** L.

多年生沉水草本，具近圆柱形的根茎。茎稍扁，多分枝，近基部常匍匐地面，于节处生出疏或稍密的须根。叶条形，无柄，长 3～8 厘米，宽 3～10 毫米，先端钝圆，基部约 1 毫米与托叶合生，但不形成叶鞘，叶缘多少呈浅波状，具疏或稍密的细锯齿；叶脉 3～5 条，平行，顶端连接，中脉近基部两侧伴有通气组织形成的细纹，次级叶脉疏而明显可见；托叶薄膜质，长 5～10 毫米，早落；休

菹草

眠芽腋生，略似松果，长1～3厘米，革质叶左右2列密生，基部扩张，肥厚，坚硬，边缘具有细锯齿。穗状花序顶生，具花2～4轮，初时每轮2朵对生，穗轴伸长后常稍不对称；花序梗棒状，较茎细；花小，被片4，淡绿色；雌蕊4枚，基部合生。果实卵形，长约3.5毫米，果喙长可达2毫米，向后稍弯曲，背脊约1/2以下具齿牙。花果期4～7月。

本区多见。生于池塘、水沟、灌渠及河流中。为草食性鱼类的良好饵料。全草可药用，具清热利水、止血消肿之效。

眼子菜

眼子菜 Potamogeton distinctus A. Benn.

多年生水生草本。根茎发达，白色，多分枝，常于顶端形成纺锤状休眠芽体，并在节处生有稍密的须根；茎圆柱形，通常不分枝。浮水叶革质，披针形、宽披针形，先端尖，基部钝圆或楔形，具5～20厘米长的柄；叶脉多条，顶端连接；沉水叶草质，具柄，常早落；托叶膜质，顶端尖锐，呈鞘状抱茎。穗状花序顶生，具花多轮，开花时伸出水面，花后沉没水中；花序梗稍膨大，粗于茎，花时直立，花后自基部弯曲；花小，被片4，绿色；雌蕊2枚。果实宽倒卵形，背部明显3脊，中脊锐，侧脊稍钝，基部及上部各具2凸起，喙略下陷而斜伸。花果期5～10月。

产本区富县张村驿镇。生于池塘、水田和水沟等静水中。全草可药用，具清热、利水、止血、消肿、驱虫之功效。

菖蒲

125 天南星科 Araceae

菖蒲 Acorus calamus L.

多年生草本。肉质根多数，长5～6厘米，具须根。根茎横走，分枝，直径5～10毫米，外皮黄褐色，芳香。叶基生，基部两侧膜质叶鞘宽4～5毫米，向上渐狭，至叶长1/3处渐行消失、脱落；叶片剑状线形，长90～130厘米，中部宽1～2厘米，基部宽、对褶，中部以上渐狭，草质，绿色，光亮；中肋在两面均明显隆起，侧脉3～5对，平行，纤弱，大都伸延至叶尖。花序柄三棱形，长40～50厘米；叶状佛焰苞剑状线形，长30～40厘米；肉穗花序近直立，狭锥状圆柱形，长4.5～6.5厘米，直径6～12毫米；花黄绿色，花被片长约2.5毫米，宽约1毫米；花丝长2.5毫米，宽约1毫米；子房长圆柱形，长3毫米，粗1.25毫米。浆果长圆形，红色。花期6～9月。

产本区富县直罗镇。生于水边、沼泽湿地。根、茎含挥发油2.72%；全株有毒，根茎毒性较大；根茎可入药，具化痰、开窍、健脾、利湿之功效。

天南星

天南星 Arisaema heterophyllum Blume

多年生草本。块茎扁球形，有侧生芽眼。叶单一，叶柄圆柱形，长30～50厘米，下部3/4鞘筒状；叶片鸟足状分裂，裂片13～19，倒披针形或长圆形，中裂片无柄或具短柄，长3～15厘米，宽0.7～5.8厘米，比侧裂片短近1/2；侧裂片向外渐小，蝎尾状。花序柄长30～55厘米，从叶柄鞘筒内抽出；佛焰苞管部圆柱形，粉绿色，里面绿白色，喉部截形；檐部卵形或卵状披针形，下弯成盔状；肉穗花序两性和雄花序单性；下部雌花序长1～2.2厘米，上部雄花序长1.5～3.2厘米，雄花疏，多不育；单性雄花序长3～5厘米，粗3～5毫米，附属器基部粗5～11毫米，向上渐细长，长10～20厘米，至佛焰苞喉部外“之”字形上升；雄花具柄，花药2～4，白色，顶孔横裂；雌花球形，花柱明显，柱头小，胚珠3～4；浆果黄红色、红色，圆柱形，长约5毫米，内有棒头状种子1粒。种子黄色，具红色斑点。花期4～5月，果期7～9月。

产本区黄陵县双龙镇、店头镇。生于林下、灌丛或草地。块茎有毒；球茎含淀粉12%，可用于酿酒、工业糊料；块茎可药用，具祛痰、解痉、消肿毒之功效。

绿萝 Epipremnum aureum (Linden et Andre) Bunting

高大藤本。茎攀援，节间具纵槽，多分枝。枝悬垂，幼枝鞭状，细长，粗3～4毫米，节间长15～20厘米。叶柄长8～10厘米，两侧具鞘，达顶部；鞘革质，宿存，下部每侧宽近1厘米，向上渐狭；下部叶片大，长5～10厘米，上部的长6～8厘米，纸质，宽卵形，短渐尖，基部心形，宽6.5厘米；成熟枝上叶柄粗壮，长30～40厘米，基部稍扩大，上部关节长2.5～3厘米、稍肥厚，腹面具宽槽，叶鞘长，叶片薄革质，翠绿色，通常有多数不规则的纯黄色斑块，全缘，不等侧的卵形或卵状长圆形，先端短渐尖，基部深心形，长32～45厘米，宽24～36厘米，Ⅰ级侧脉8～9对，稍粗，两面略隆起，与强劲的中肋呈70°～80°锐角，其间Ⅱ级侧脉较纤细，细脉微弱，与Ⅰ、Ⅱ级侧脉网结。

本区庭院、居室多栽培，供观赏。绿萝有极强的空气净化功能，能吸收空气中的苯、甲醛等。

绿萝

半夏 Pinellia ternata (Thunb.) Breit

多年生草本。块茎圆球形，具须根。叶2～5枚，有时1枚；叶柄长15～20厘米，基部具鞘，鞘内、鞘部以上或叶片基部有直径3～5毫米的珠芽；幼苗叶片卵状心形至戟形，为全缘单叶，长2～3厘米，宽2～2.5厘米；老株叶片3全裂，裂片长圆状椭圆形或披针形，两头锐尖，中裂片长3～10厘米，宽1～3厘米；侧裂片稍短；全缘或具不明显的浅波状圆齿，侧脉8～10对，细脉网状密集，集合脉2圈。花序柄长25～30厘米，长于叶柄；佛焰苞绿色或绿白色，管部狭圆柱形，长1.5～2厘米；檐部长圆形，绿色，有时边缘青紫色，长4～5厘米，宽1.5厘米，钝或锐尖；肉穗花序：雌花序长2厘米，雄花序长5～7毫米，间隔3毫米；附属器绿色变青紫色，长6～10厘米，直立，有时“S”形弯曲。浆果卵圆形，黄绿色，先端渐狭为明显的花柱。花期5～7月，果8月成熟。

产本区富县直罗镇，黄陵县双龙镇、店头镇，宜君县，耀州区。生于沟谷、河边、田边等湿润草丛。块茎有毒，可入药，具燥湿化痰、降逆止呕、消痞散结之功效。

半夏

独角莲 Typhonium giganteum Engl.

多年生草本。块茎倒卵形，外被暗褐色鳞片，有7～8条环状节，颈部生多条须根。常一至二年生的有1叶，三至四年生的有3～4叶；叶柄圆柱形，长约60厘米，密生紫色斑点，中部以下具膜质叶鞘；叶片幼时内卷如角状，后展开，箭形，长15～45厘米，宽9～25厘米，基部箭状，叉开成70°的锐角；中肋背面隆起，侧脉7～8对。花序柄长15厘米；佛焰苞紫色，管部圆筒形，长约6厘米，粗3厘米；檐部卵形，展开，长达15厘米，先端渐尖弯曲；肉穗花序近无梗，长达14厘米，雌花序圆柱形，粗1.5厘米；中性花序粗约5毫米，下部棒状，中、上部钻形；雄花序长2厘

独角莲

米，粗 8 毫米；附属器紫色，圆柱形或棒状，长 2～6 厘米，粗 5 毫米，基部无柄；雄花无柄，药室卵圆形，顶孔开裂；雌花子房圆柱形，顶部截平，胚珠 2，柱头无柄，圆形。花期 6～8 月，果期 7～9 月。

产本区黄陵县双龙镇，富县直罗镇。生于阴湿山坡、林下或沟谷。块茎及全草可入药，具祛风痰、定惊、止痛解毒之功效，外用于治毒蛇咬伤、跌打损伤。

126 浮萍科 Lemnaceae

浮萍 Lemna minor L.

漂浮植物。根白色，长 3～4 厘米，根冠钝头，根鞘无翅。叶状体对称，表面绿色，背面浅黄色或绿白色或常为紫色，近圆形、倒卵形或倒卵状椭圆形，全缘，长 1.5～5 毫米，宽 2～3 毫米，上面稍凸起或沿中线隆起，脉 3 条，不明显，背面垂生丝状根 1 条，一侧具囊，新叶状体于囊内形成浮出，以极短的细柄与母体相连，随后脱落。雌花具弯生胚珠 1 枚。果实无翅，近陀螺状。种子具凸出的胚乳，并具 12～15 条纵肋。

本区均分布。生于水田、池沼或其他静水水域。为良好的饲料与草鱼饵料。全草可入药，具发汗透表、利水、宣散透疹、清热解毒之功效。

浮萍

紫萍 Spirodela polyrrhiza (L.) Schleid.

漂浮植物。叶状体扁平，阔倒卵形，长 5～8 毫米，宽 4～6 毫米，先端钝圆，表面绿色，背面紫色，具掌状脉 5～11 条，背面中央生 5～11 条根，根长 3～5 厘米，白绿色，根冠尖，脱落；根基附近的一侧囊内形成圆形新芽，萌发后，幼小叶状体渐从囊内浮出，由一细弱的柄与母体相连。花未见，据记载，肉穗花序有 2 朵雄花和 1 朵雌花。

本区均分布。生于水田、池沼或其他静水水域；常与浮萍形成覆盖水面的漂浮植物群落。可作猪饲料，鸭也喜食，为放养草鱼的良好饵料；全草可入药，具发汗、利尿之功效。

紫萍

127 鸭跖草科 Commelinaceae

鸭跖草 Commelina communis L.

一年生披散草本。茎匍匐生根，多分枝，长可达 1 米，下部无毛，上部被短毛。叶披针形至卵状披针形，长 3～9 厘米，宽 1.5～2 厘米。总苞片佛焰苞状，有 1.5～4 厘米的柄，与叶对生，折叠状，展开后为心形，顶端短急尖，基部心形，长 1.2～2.5 厘米，边缘常有硬毛。聚伞花序，下面一枝仅有花 1 朵，具长 8 毫米的梗，不孕；上面一枝具花 3～4 朵，具短梗，几乎不伸出佛焰苞；花梗花期长仅 3 毫米，果期弯曲，长不过 6 毫米；萼片膜质，长约 5 毫米，内面 2 枚常靠近或合生；花瓣深蓝色，内面 2 枚具爪，长近 1 厘米。蒴果椭圆形，长 5～7 毫米，2 室，2 爿裂，有种子 4 粒。种子长 2～3 毫米，棕黄色，一端平截、腹面平，有不规则窝孔。

产本区富县直罗镇，黄陵县店头镇、腰坪乡。生于沟谷、河岸及路旁湿地。全草可药用，具行水、清热解毒、凉血之功效。

鸭跖草

128 谷精草科 Eriocaulaceae

谷精草 **Eriocaulon buergerianum** Köern.

一年生草本。叶线形，丛生，具横格，长4～16厘米，中部宽2～5毫米，脉7～12条。花葶多数，长达25厘米，粗0.5毫米，扭转，具4～5棱；鞘状苞片长3～5厘米，口部斜裂；花序熟时近球形，长3～5毫米，宽4～5毫米；总苞片倒卵形至近圆形，禾秆色，长2～2.5毫米，宽1.5～1.8毫米，下部毛较长；总花托有密柔毛；苞片倒卵形至长倒卵形，长1.7～2.5毫米，宽0.9～1.6毫米，背面上部及顶端有白色短毛；雄花花萼佛焰苞状，3浅裂，长1.8～2.5毫米，背面及顶端有毛；花冠裂片3，近锥形，近等大，近顶处各有一黑色腺体与二细胞的白短毛；雄蕊6枚，花药黑色；雌花花萼合生，顶端3浅裂，长1.8～2.5毫米，背面及顶端有短毛，外侧裂口边缘有毛，下长上短；花瓣3枚，离生，扁棒形，肉质，顶端各具一黑色腺体及白短毛，里面有长柔毛；子房3室，花柱分枝3，短于花柱。种子矩圆状，长0.75～1毫米，表面具横格及“T”形突起。花果期7～12月。

产本区黄陵县双龙镇、店头镇。生于稻田、水边。带茎的花序可药用，具疏散风热、明目、退翳之功效。

谷精草

129 灯心草科 Juncaceae

灯心草 **Juncus effusus** L.

多年生草本，高27～90厘米。根状茎粗壮横走，具黄褐色须根；茎丛生，直立，圆柱形，淡绿色，具纵条纹，直径1.5～3毫米，茎内充满白色髓心。叶全部为低出叶，呈鞘状或鳞片状，长1～22厘米，基部红褐色至黑褐色；叶片退化为刺芒状。聚伞花序假侧生，含多花，排列紧密或疏散；总苞片圆柱形，生顶端，直立，长5～28厘米，顶端尖锐；小苞片2枚，宽卵形，膜质，顶端尖；花淡绿色；花被片线状披针形，长2～12.7毫米，宽约0.8毫米，顶端锐尖，背脊增厚突出，黄绿色，边缘膜质，外轮者稍长于内轮；雄蕊3枚，长约为花被片的2/3；花药长圆形，黄色，长约0.7毫米，稍短于花丝；雌蕊具3室子房；花柱极短，柱头3分叉，长约1毫米。蒴果长圆形或卵形，长约2.8毫米，顶端钝或微凹，黄褐色。种子卵状长圆形，长0.5～0.6毫米，黄褐色。花期4～7月，果期6～9月。

本区分布广。生于河边、水沟及沼泽湿处。茎秆含纤维30%，供编织、造纸用；全草可药用，具利尿、清凉、镇静之功效。

灯心草

羽毛地杨梅 **Luzula plumosa** E. Mey.

多年生草本，高8～25厘米。根状茎横走，须根褐色；茎直立，丛生，圆柱形，有纵沟纹。叶禾草状；基生叶数枚，线状披针形，扁平，长8～18厘米，宽2～5毫米，顶端渐尖，呈胼胝状，边缘具长柔毛；茎生叶1～3枚，长2～7厘米；叶鞘筒状包茎，鞘口密生丝状长柔毛。花序顶生，2～3花列为聚伞花序，再排成伞形复聚伞状；花梗长短不等，基部有苞片；叶状总苞片长1～3厘米；每花下具2枚小苞片，卵形，长1.5～2毫米，宽约1.2毫米，顶端锐尖，边缘具丝状毛或撕裂，淡黄褐色；花被片披针形至卵状披针形，长3～4毫米，宽1～1.2毫米，外轮者具芒尖，内轮者稍长，均具膜质边缘，淡褐色；雄蕊6枚，花丝长1～1.2毫米，花药狭长圆形，长约1毫米，

羽毛地杨梅

黄色；子房卵形，花柱比子房短，柱头3分叉。蒴果三棱状宽卵形，长3.2～4毫米，黄绿色。种子卵形至椭圆形，长1～1.4毫米，红褐色，顶端具黄白色种阜，大而弯曲，长约1毫米。花期3～4月，果期5～6月。

产本区黄陵县双龙镇。生于山坡林缘、路旁、水边潮湿处。

130 莎草科 Cyperaceae

异鳞薹草 Carex heterolepis Bge.

多年生草本。根状茎短，具长匍匐茎。秆高40～70厘米，三棱形，上部粗糙，基部具黄褐色细裂成网状的老叶鞘。叶与秆近等长，宽3～6毫米，平展，边缘粗糙。苞片叶状，最下部1枚长于花序，基部无鞘。小穗3～6个，顶生1个雄性，圆柱形，长2～4厘米，宽4毫米；具小穗柄，柄长0.8～2厘米；侧生小穗雌性，圆柱形，直立，长1～4.5厘米，宽约6毫米；小穗无柄，仅最下部1个具短柄。雌花鳞片狭披针形或狭长圆形，长2～3毫米，淡褐色，中间淡绿色，具1～3脉，顶端渐尖。果囊稍长于鳞片，倒卵形或椭圆形，扁双凸状，长2.5～3毫米，淡褐绿色，具密的乳头状突起和树脂状点线，基部楔形，上部急缩成稍短的喙，喙长约0.5毫米，喙口具2齿。小坚果紧包于果囊中，宽倒卵形或倒卵形，长2～2.2毫米，暗褐色；花柱基部不膨大，柱头2个。花果期4～7月。

产本区富县直罗镇。生于水边、河岸。

异鳞薹草

异穗薹草 Carex heterostachya Bge.

多年生草本。具长匍匐根状茎。秆高20～40厘米，三棱柱形，纤细。叶基生，短于秆，宽2～3毫米，边缘粗糙，基部具褐色叶鞘。小穗3～4个，集生于秆上端，间距较短，上端1～2个为雄小穗，长圆形或棍棒状，长1～3厘米，无柄；其余为雌小穗，卵形或长圆形，长8～18毫米，密生多数花，近无柄；苞片芒状，常短于小穗；雌花鳞片卵形，长约5毫米，褐色，具白色透明的边缘，具3脉；雄花鳞片圆卵形，长约3.5毫米，顶端具短尖，中间淡黄褐色，两侧褐色，边缘白色透明，具3条脉，中脉绿色。果囊长于鳞片，宽卵形、圆卵形或钝三棱形，长3～4毫米，褐色，脉不显，顶端急狭为短喙，喙口具2短齿。小坚果宽倒卵形，长约2.8毫米，有3棱，基部具短柄，顶端具短尖；花柱基部不增粗，柱头3个。花果期4～6月。

产本区富县张村驿镇、直罗镇。生于干燥的山坡或草地、道旁荒地。

异穗薹草

大披针薹草 Carex lanceolata Boott

多年生草本。根状茎粗短，斜升。秆高10～35厘米，密丛生，纤细，扁三棱状。叶宽1～2.5毫米，初时短于秆，花后延伸，基部具紫褐色叶鞘。小穗3～8，彼此疏远，雄小穗1个顶生，矩圆形，长9～10毫米；侧生的2～5个雌性，长圆形，长1～1.7厘米，有5至10余朵花；基部小穗具2.5～3.5厘米长梗；苞片针状，苞鞘背部淡褐色，其余绿色，腹面及鞘口边缘白色膜质；雄花鳞片膜质，长8～8.5毫米，具1条脉；雌花鳞纸质，长5～6毫米，有3条脉；全部鳞片褐色，顶端尖，具白色膜质边缘。果囊短于鳞片，倒卵状长圆形，密被短柔毛，具2侧脉及隆起的细脉，基部骤缩成长柄，具短喙，喙口截形。小坚果倒卵状椭圆形，长约2.5毫米，有3棱，基部

大披针薹草

具短柄，顶端具外弯的短喙；花柱短，基部增粗，柱头 3 个。

产本区富县，俗称羊胡子草。生于林下、林缘或山坡草地。茎叶可造纸；嫩茎叶可作饲料；全草或果实可药用，具理气止痛、祛风除湿、收敛止痒、凉血、止血之功效。

亚柄薹草 **Carex lanceolata** Boott var. **subpediformis** Kukenth.

与原变种的区别：雌花鳞片倒卵形或倒卵状长圆形；果囊除 2 侧脉外，无明显的细脉。

分布、生境与用途同原变种。

亚柄薹草

二柱薹草 **Carex lithophila** Turcz.

多年生草本。根状茎匍匐，近圆柱形，被黑褐色鳞片状鞘。秆高 10～60 厘米，直立，基部具无叶片叶鞘。叶短于秆，宽 2～4 毫米，平展，先端渐尖。穗状花序圆柱形，长 2～5.5 厘米，宽 7～15 毫米，上部及下部小穗雌性，中部和中上部为雄性，有时为雄雌顺序；雄小穗披针形，较小；雌小穗宽卵形，长 7～10 毫米，宽 5～7 毫米；苞片鳞片状；雄花鳞片长圆形，先端渐尖，长 3.5 毫米，淡锈色；雌花鳞片卵状披针形，长约 3.5 毫米，锈褐色，边缘白色膜质，有 3 条脉。果囊长于鳞片，宽卵形，平凸状，长 3.5～4 毫米，宽 1.8～2 毫米，近膜质，淡黄褐色，平喙，背面有 9～11 条脉，腹面有 4～7 条脉，边缘有窄翅，中部以上边缘具细齿，基部圆形，具短柄，先端收缩为喙，喙直立，扁平，喙口 2 裂齿。小坚果椭圆形，长 1.5～1.8 毫米，淡黄褐色，基部具短柄，顶端具小尖头；花柱基部稍膨大，柱头 2。花果期 5～6 月。

产本区富县直罗镇，又称卵囊薹草。生于沼泽、河岸湿地或草甸上。

二柱薹草

翼果薹草 **Carex neurocarpa** Maxim.

多年生草本，全株密生锈色点线。根状茎短，木质。秆丛生，高 15～100 厘米，扁钝三棱形，基部具褐色叶鞘。叶短于或长于秆，宽 2～3 毫米，基部具鞘。穗状花序呈尖塔状圆柱形，长 2.5～8 厘米，宽 1～1.8 厘米。小穗多数紧密，雄雌顺序，卵形，长 5～8 毫米；苞片下部的叶状，长于花序，无鞘，上部的刚毛状。雄花鳞片长圆形，长 2.8～3 毫米，密生锈色点线；雌花鳞片卵形至长圆状椭圆形，顶端具芒尖，长 2～4 毫米，密生锈色点线，脉 3 条。果囊长于鳞片，卵形或宽卵形，长 3.5～4 毫米，膜质，密生锈色点线，两面具多条细脉，中部以上边缘具宽翅，锈黄色，基部近圆形，有短柄，顶端急缩成喙，喙口 2 裂齿。小坚果卵形或椭圆形，平凸状，长约 1 毫米，淡棕色，平滑，具短柄，顶端具小尖头；花柱基部不膨大，柱头 2 个。花果期 6～8 月。

产本区富县直罗镇。生于水边湿地或草丛中。

翼果薹草

似莎薹草 **Carex pseudo-cyperus** L.

多年生草本。根状茎短，匍匐茎不分枝。秆丛生，高 30～70 厘米，三棱形，上部棱粗糙。叶长于秆，宽 5～8 毫米，具长鞘，基部的鞘淡棕色。苞片下面的叶状，长于小穗，最下面的具短鞘，最上面的呈芒状，无鞘。小穗 3～5 个，集生秆上端，雄小穗顶生，狭圆柱形，长 2～3 厘米，具柄；雌小穗侧生，圆柱形，长 2～4 厘米，花密生，具柄。雄花鳞片狭披针形，连芒长 5 毫米，顶端渐尖，具

似莎薹草

芒，淡黄色，具1条脉；雌花鳞片长圆状卵形，长1.5～2毫米，顶端急尖，具长芒，芒长3～3.5毫米，边缘具短硬毛，膜质，苍白色，具3条淡绿色的脉。果囊初期斜展，后期张开至反折，较鳞片长2～3倍，卵状披针形，三棱形，长4～5毫米，近革质，淡黄绿色，具多条明显的脉，基部急缩成短柄，顶端渐狭成中等长的喙，喙直，喙口深裂成两中等长的齿，齿直。小坚果宽倒卵形，具3棱，长约1.2毫米，淡黄色；花柱细长，多次扭曲，柱头3个，较短。花果期9～10月。

产本区富县直罗镇。生于水边、河岸。

褐穗莎草

褐穗莎草 Cyperus fuscus L.

一年生草本，具须根。秆丛生，细弱，高6～30厘米，扁锐三棱形，平滑，基部具少数叶。叶短于秆或有时几与秆等长，宽2～4毫米，平展或有时向内折合，边缘不粗糙。苞片2～3枚，叶状，长于花序；长侧枝聚伞花序复出或有时为简单，具3～5个第Ⅰ级辐射枝，辐射枝最长达3厘米；小穗5至10余个密聚成近头状花序，线状披针形或线形，长3～6毫米，宽约1.5毫米，稍扁平，具8～24朵花；小穗轴无翅；鳞片覆瓦状排列，膜质，宽卵形，顶端钝，长约1毫米，背面中间较宽的1条为黄绿色，两侧深紫褐色或褐色，具3条不十分明显的脉；雄蕊2枚，花药短，椭圆形，药隔不突出于花药顶端；花柱短，柱头3。小坚果椭圆形，三棱形，长约为鳞片的2/3，淡黄色。花果期7～10月。

产本区富县直罗镇。多生于沟边或水旁。全草民间可药用，具治风寒感冒、高热、咳嗽之功效。

头状穗莎草

头状穗莎草 Cyperus glomeratus L.

一年生草本，具须根。秆散生，粗壮，高50～95厘米，钝三棱形，平滑，基部稍膨大，具少数叶。叶短于秆，宽4～8毫米，边缘不粗糙；叶鞘长，红棕色。叶状苞片3～4枚，较花序长，边缘粗糙；复出长侧枝聚伞花序具3～8个辐射枝，辐射枝长短不等，最长达12厘米；穗状花序无总花梗，近于圆形、椭圆形或长圆形，长1～3厘米，宽6～17毫米，具极多数小穗；小穗多列，排列极密，线状披针形或线形，稍扁平，长5～10毫米，宽1.5～2毫米，具8～16朵花；小穗轴具白色透明的翅；鳞片排列疏松，膜质，近长圆形，顶端钝，长约2毫米，棕红色，背面无龙骨状突起，脉极不明显，边缘内卷；雄蕊3枚，花药短，长圆形，暗血红色，药隔突出于花药顶端；花柱长，柱头3，较短。小坚果长圆形、三棱形，长为鳞片的1/2，灰色，具明显的网纹。花果期6～10月。

产本区富县直罗镇。生于水边、河道沙土上或路旁阴湿草丛中。全草可药用，具止咳化痰之功效。

碎米莎草

碎米莎草 Cyperus iria L.

一年生草本。无根状茎，具须根。秆丛生，高8～85厘米，扁三棱形，叶短于秆，宽2～5毫米，叶鞘红棕色或棕紫色。叶状苞片3～5枚，下面的2～3枚常较花序长；长侧枝聚伞花序复出，具4～9个辐射枝，每个辐射枝具5～10个穗状花序；穗状花序卵形，长1～4厘米，具5～22个小穗；小穗排列松散，斜展，长4～10毫米，宽约2毫米，具6～22朵花；小穗轴上近于无翅；鳞片排列疏松，顶端微缺，具极短的短尖，背面具龙骨状突起，绿色，有3～5条脉，两侧呈黄色，上端具白色透明的边；雄蕊3枚，花丝着生在环形的胼胝体上，花药短，椭圆形，药隔不突出于花药顶端；花柱短，柱头 3。小坚果倒卵形或椭圆形、三棱形，与鳞片等长，褐色，具密的微突起细点。花果期 6～10 月。

产本区富县张村驿镇。生于田间、山坡、路旁阴湿处。全草可药用，具祛风除湿、调经利尿之功效。

香附子 **Cyperus rotundus** L.

多年生草本。匍匐根状茎长，具椭圆形块茎。秆稍细弱，高 15～90 厘米，锐三棱形，平滑，基部呈块茎状。叶较多，短于秆，宽 2～5 毫米，平展；鞘棕色，常裂成纤维状。叶状苞片 2～3 枚，长于花序或短于花序；长侧枝聚伞花序简单或复出，具 3～7 个辐射枝，最长达 12 厘米；穗状花序为陀螺形，具 3～10 个小穗；小穗斜展，线形，长 1～3 厘米，宽约 1.5 毫米，具 8～28 朵花；小穗轴具白色透明的翅；鳞片稍密地覆瓦状排列，膜质，卵形或长圆状卵形，长约 3 毫米，顶端急尖或钝，中间绿色，两侧紫红色或红棕色，具 5～7 条脉；雄蕊 3 枚，花药长，线形，暗血红色，药隔突出于花药顶端；花柱长，柱头 3，细长，伸出鳞片外。小坚果长圆状倒卵形，有 3 棱，长约为鳞片的 1/3，表面具细点。花果期 5～11 月。

产本区富县直罗镇。生于山坡草丛或水边潮湿处；也是公园草坪常见栽培植物。根状茎含淀粉 40%～41.1%，含挥发油 0.65%～1.4%，油用于调制香料、香精；根状茎可药用，具理气解郁、止痛调经之功效。

香附子

牛毛毡 **Heleocharis yokoscensis** (Franch. et Savat.) Tang et Wang

多年生草本植物。匍匐根状茎非常细。秆多数，细如毫发，密丛生如牛毛毡，高 2～12 厘米。叶鳞片状，具鞘，鞘微红色，膜质，管状，高 5～15 毫米。小穗卵形，顶端钝，长 3 毫米，宽 2 毫米，淡紫色，只有几朵花，所有鳞片全有花；鳞片膜质，在下部的少数鳞片近 2 列，在基部的 1 片长圆形，顶端钝，背部淡绿色，有 3 条脉，两侧微紫色，边缘无色，抱小穗基部 1 周，长 2 毫米，宽 1 毫米；其余鳞片卵形，顶端急尖，长 3.5 毫米，宽 2.5 毫米，背部微绿色，有 1 条脉，两侧紫色，边缘无色，全部膜质；下位刚毛 1～4 条，长为小坚果 2 倍，有倒刺；柱头 3。小坚果狭长圆形，无棱，呈浑圆状，顶端缢缩，不包括花柱基在内长 1.8 毫米，宽 0.8 毫米，微黄玉白色，表面细胞呈横矩形网纹，网纹隆起，细密，整齐，因而呈现出纵纹 15 条和横纹约 50 条；花柱基稍膨大呈短尖状，直径约为小坚果宽的 1/3。花果期 4～11 月。

产本区富县直罗镇。生于水田中、池塘边或湿黏土中。

牛毛毡

球穗扁莎 **Pycreus globosus** (All.) Reichb.

一年生草本。根状茎短，具须根。秆丛生，细弱，高 7～50 厘米，钝三棱形，一面具沟，平滑。叶少，短于秆，宽 1～2 毫米，折合或平展；叶鞘长，下部红棕色。苞片 2～4 枚，较长于花序；长侧枝聚伞花序具 1～6 个辐射枝，辐射枝长短不等，最长达 6 厘米，有时极短成头状；每一辐射枝具 2 至 20 余个小穗；小穗密聚于辐射枝上端呈球形，辐射展开，线状长圆形或线形，极压扁，长 6～18 毫米，宽 1.5～3 毫米，具 12～34 朵花；小穗轴近四棱形，两侧有具横隔的槽；鳞片稍疏松排列，膜质，长圆状卵形，顶端钝，长 1.5～2 毫米，背面龙骨状突起绿色；具 3 条脉，两侧黄褐色、红褐色或暗紫红色，

球穗扁莎

具白色透明的狭边；雄蕊2枚，花药短，长圆形；花柱中等长，柱头2，细长。小坚果倒卵形，顶端有短尖，双凸状，稍扁，长约为鳞片的1/3，褐色或暗褐色，具白色透明的细胞层和突起的细点。花果期6～11月。

产本区富县张村驿镇。生于沟沿或溪边湿润的沙土上。全草可药用，具破血行气、止痛之功效。

萤蔺 Scirpus juncoides Roxb.

多年生草本，丛生。根状茎短，具许多须根。秆稍坚挺，圆柱状，少数近于有棱角，平滑，基部具2～3个鞘；鞘的开口处为斜截形，顶端急尖或圆形，边缘为干膜质，无叶片。苞片1枚，为秆的延长，直立，长3～15厘米；小穗3～5个聚成头状，假侧生，卵形或长圆状卵形，长8～17毫米，宽3.5～4毫米，棕色或淡棕色，具多数花；鳞片宽卵形或卵形，顶端骤缩成短尖，近于纸质，长3.5～4毫米，背面绿色，具1条中肋，两侧棕色或具深棕色条纹；下位刚毛5～6条，长等于或短于小坚果，有倒刺；雄蕊3枚，花药长圆形，药隔突出；花柱中等长，柱头2，极少3。小坚果宽倒卵形或倒卵形，平凸状，长约2毫米或更长些，稍皱缩，但无明显的横皱纹，成熟时黑褐色，具光泽。花果期8～11月。

产本区富县张村驿镇。生于池塘边、溪旁、沼泽中。全草可药用，具清热解毒、凉血利尿、止咳明目之功效。

萤蔺

扁秆藨草 Scirpus planiculmis Fr. Schmidt

多年生草本。具匍匐根状茎和块茎。秆高60～100厘米，一般较细，三棱形，平滑，靠近花序部分粗糙，基部膨大，具秆生叶。叶扁平，宽2～5毫米，向顶部渐狭，具长叶鞘。叶状苞片1～3枚，常长于花序，边缘粗糙；长侧枝聚伞花序短缩成头状，或有时具少数辐射枝，通常具1～6个小穗；小穗卵形或长圆状卵形，锈褐色，长10～16毫米，宽4～8毫米，具多数花；鳞片膜质，长圆形或椭圆形，长6～8毫米，褐色或深褐色，外面被稀少的柔毛，背面具1条稍宽的中肋，顶端或多或少缺刻状撕裂，具芒；下位刚毛4～6条，上生倒刺，长为小坚果的1/2～2/3；雄蕊3枚，花药线形，长约3毫米，药隔稍突出于花药顶端；花柱长，柱头2。小坚果宽倒卵形或倒卵形，扁，两面稍凹，或稍凸，长3～3.5毫米。花期5～6月，果期7～9月。

产本区富县直罗镇。生于池塘、河边近水处。根状茎及全草可药用，具止咳、破血、通经、补气、消积、止痛、催乳之功效。

扁秆藨草

藨草 Scirpus triqueter L.

多年生水生草本。匍匐根状茎长，直径1～5毫米，干时呈红棕色。秆散生，高20～90厘米，三棱形，基部具2～3个鞘，鞘膜质，横脉隆起，最上1个鞘顶端具叶片。叶片扁平，长1.3～5.5厘米，宽1.5～2毫米。苞片1枚，为秆的延长，三棱形，长1.5～7厘米。长侧枝聚伞花序假侧生，有1～8个辐射枝；辐射枝三棱形，棱粗糙，长达5厘米，每辐射枝顶端有1～8个簇生的小穗；小穗卵形或长圆形，长6～12毫米，宽3～7毫米，密生多花；鳞片长圆形、椭圆形或宽卵形，顶端微凹或圆形，长3～4毫米，膜质，黄棕色，背面具1条中肋，伸出顶端呈短尖，边缘疏生缘毛；下位刚毛3～5条，近等长于小坚果，生有倒刺；雄蕊3枚，花药线形，药隔暗褐色，稍突出；花柱短，柱头2，细长。小坚果倒卵形，平

藨草

凸状，长 2～3 毫米，成熟时褐色，具光泽。花果期 6～9 月。

产本区富县直罗镇、张村驿镇。生于溪边、水塘边或沼泽地。茎叶含纤维 27%，可作编织、造纸的原料；全草可药用，具开胃消食、清热利湿之功效。

水葱 *Scirpus validus* Vahl

多年生挺水草本。匍匐根状茎粗壮，须根多。秆圆柱状，高 1～2 米，平滑，基部具 3～4 个叶鞘。鞘长达 38 厘米，管状，膜质，最上面 1 个叶鞘具叶片；叶片线形，长 1.5～11 厘米。苞片 1 枚，为秆的延长，直立，钻状，短于花序；长侧枝聚伞花序简单或复出，假侧生，具 4～13 个辐射枝；辐射枝长达 5 厘米，一面凸，一面凹，边缘有锯齿；小穗单生或 2～3 个簇生于辐射枝顶端，卵形或长圆形，顶端急尖或钝圆，长 5～10 毫米，宽 2～3.5 毫米，具多数花；鳞片椭圆形或宽卵形，顶端微凹，具短尖，膜质，长约 3 毫米，棕色或紫褐色，背面有铁锈色突起小点，脉 1 条，边缘具缘毛；下位刚毛 6 条，等长于小坚果，红棕色，有倒刺；雄蕊 3 枚，花药线形，药隔突出；花柱中等长，柱头 2，长于花柱。小坚果倒卵形或椭圆形，双凸状，长约 2 毫米。花果期 6～9 月。

产本区富县直罗镇、张村驿镇。生于水边、溪流旁、浅水塘或湿地草丛中。地上部分可药用，具利水消肿之功效。

水葱

荆三棱 *Scirpus yagara* Ohwi

多年生水生挺水草本。根状茎粗而长，呈匍匐状，顶端生球状块茎，常从块茎又生匍匐根状茎。秆高大粗壮，高 70～150 厘米，锐三棱形，平滑，基部膨大，具秆生叶。叶扁平，线形，宽 5～10 毫米，稍坚挺，上部叶片边缘粗糙，叶鞘很长，最长可达 20 厘米。叶状苞片 3～4 枚，通常长于花序；长侧枝聚伞花序简单，具 3～8 个辐射枝，辐射枝最长达 7 厘米；每辐射枝具 1～3（～4）小穗；小穗卵形或长圆形，锈褐色，长 1～2 厘米，宽 5～8（～10）毫米，具多数花；鳞片密覆瓦状排列，膜质，长圆形，长约 7 毫米，外面被短柔毛，背面具 1 条中肋，顶端具芒，芒长 2～3 毫米；下位刚毛 6 条，几与小坚果等长，上有倒刺；雄蕊 3 枚，花药线形，长约 4 毫米；花柱细长，柱头 3。小坚果倒卵形，三棱形，黄白色。花期 5～7 月。

产本区富县张村驿镇。块茎可药用，具破血行气、消积止痛之功效。

荆三棱

131 禾本科 Gram neae

羽茅 *Achnatherum sibiricum* (L.) Keng ex Tzvelev

多年生草本。须根较粗。秆直立，平滑，疏丛，高 60～150 厘米，具 3～4 节，基部具鳞芽。叶鞘光滑，上部者短于节间；叶舌厚膜质，长 0.5～2 毫米，平截，顶端具裂齿；叶片扁平，质地较硬，上面与边缘粗糙，下面平滑，长 20～60 厘米，宽 3～7 毫米。圆锥花序较紧缩，长 10～30 厘米，宽 2～3 厘米，分枝 3 至数枚簇生，直立斜向上伸，具微毛，长 2～5 厘米，自基部着生小穗；小穗草绿色或紫色，长 8～10 毫米；颖膜质，长圆状披针形，顶端尖，近等长，背部微粗糙，具 3 脉，脉纹上具短刺毛；外稃长 6～7 毫米，顶端具 2 微齿，被长柔毛，背部密被短柔毛，具 3 脉，脉于顶端汇合，基盘尖，长约 1 毫米，具毛，芒长 18～25 毫米，膝曲，芒柱扭转且具细

羽茅

微毛；内稃等长于外稃，背部圆形，具2脉，脉间被短柔毛；花药长约4毫米，顶端生毫毛。颖果圆柱形，长约4毫米。花果期7～9月。

本区富县多见。生于山坡草地、林缘及林间路旁。全草有毒，牲畜多食可引起中毒，显酩酊醉状。

芨芨草 Achnatherum splendens (Trin.) Nevski

多年生草本。须根具砂套。秆直立，坚硬，髓白色，成大的密丛，高50～250厘米，径3～5毫米，具2～3节，平滑，基部具枯萎叶鞘。叶鞘无毛，边缘膜质；叶舌三角形或尖披针形，长5～10毫米；叶片纵卷，质坚韧，长30～60厘米，宽5～6毫米，上面脉纹凸起，下面光滑。圆锥花序长30～60厘米，分枝细弱，2～6枚簇生，长8～17厘米；小穗长4.5～7毫米（除芒），灰绿色，基部带紫褐色，含1小花；颖膜质，披针形，第1颖长4～5毫米，具1脉，第2颖长6～7毫米，具3脉；外稃长4～5毫米，厚纸质，顶端具2微齿，背部密生柔毛，具5脉，基盘钝圆，具柔毛，长约0.5毫米，芒自外稃齿间伸出，直立或微弯，不扭转，长5～10毫米，易断落；内稃长3～4毫米，具2脉而无脊，脉间具柔毛；花药长2.5～3.5毫米，顶端具毫毛。花果期6～9月。

本区富县多见。生于林间空地、草滩及沙土山坡上。穗期茎叶含粗蛋白10.75%～17.53%、粗脂肪1.9%～2.97%、粗纤维30.77%～35.68%，为良好饲料；纤维植物，供造纸、人造绵及编织用；全草及花可药用，具清热利尿、止血之功效。

芨芨草

冰草 Agropyron cristatum (L.) Gaertn.

多年生草本。秆成疏丛，上部紧接花序部分被短柔毛或无毛，高20～70厘米，有时分蘖横走或下伸成长达10厘米的根茎。叶片长5～20厘米，宽2～5毫米，质较硬而粗糙，常内卷，上面叶脉强烈隆起成纵沟，脉上密被微小短硬毛。穗状花序较粗壮，矩圆形或两端微窄，长2～6厘米，宽8～15毫米；小穗紧密平行排列成2行，整齐呈篦齿状，含5～7小花，长6～9毫米；颖舟形，脊上连同背部脉间被长柔毛，第1颖长2～3毫米，第2颖长3～4毫米，具略短于颖体的芒；外稃被有稠密的长柔毛或显著地被稀疏柔毛，顶端具长2～4毫米的短芒；内稃脊上具短小刺毛。花果期7～10月。

本区富县多见。生于干燥草地、山坡及沙地。穗期茎叶含粗蛋白8.92%～12.78%、粗脂肪2.66%～3.32%、粗纤维26.72%～27.24%，为良好饲料；根可药用，具止血、利尿之功效。

冰草

巨序剪股颖 Agrostis gigantea Roth

多年生草本，高30～130厘米，具根状茎或秆的基部偃卧。秆2～6节，平滑。叶鞘短于节间；叶舌干膜质，长圆形，长3～6（～11）毫米，先端齿裂；叶片扁平，线形，长5～30厘米，宽0.3～1厘米，边缘和脉粗糙。花序长圆形或尖塔形，疏松或紧缩，长10～25厘米，宽3～10厘米，每节具5至多数分枝，稍粗糙，基部不裸露，有小穗在基部腋生。小穗草绿色或带紫色，穗梗粗糙，小穗长2～2.5毫米，颖片舟形，2颖等长或第1颖稍长，先端尖，背部具脊，脊的上部或颖的先端稍粗糙；外稃长1.8～2毫米，先端钝圆，无芒；基盘两侧簇生长达0.2～0.4毫米的毛；内稃长为外稃的2/3～3/4，长圆形，顶端圆或微具不明显的齿；花药长1～1.2毫米。花果期夏秋季。

产本区富县直罗镇。生于山坡、山谷湿润草丛中。

巨序剪股颖

看麦娘 **Alopecurus aequalis** Sobol.

一年生草本。秆少数丛生，细瘦，光滑，节处常膝曲，高15～40厘米。叶鞘光滑，短于节间；叶舌膜质，长2～5毫米；叶片扁平，长3～10厘米，宽2～6毫米。圆锥花序圆柱状，灰绿色，长2～7厘米，宽3～6毫米；小穗椭圆形或卵状长圆形，长2～3毫米；颖膜质，基部互相连合，具3脉，脊上有细纤毛，侧脉下部有短毛；外稃膜质，先端钝，等大或稍长于颖，下部边缘互相连合，芒长1.5～3.5毫米，约于稃体下部1/4处伸出，隐藏或稍外露；花药橙黄色，长0.5～0.8毫米。颖果长约1毫米。花果期4～8月。

产本区富县直罗镇。生于田边及河岸潮湿地。穗期茎叶含粗蛋白10.5%、粗脂肪6.72%、粗纤维24.37%，为良好饲料；全草及种子可药用，具利湿、解毒消肿之功效。

看麦娘

三芒草 **Aristida adscensionis** L.

一年生草本。须根坚韧，有时具砂套。秆具分枝，丛生，光滑，直立或基部膝曲，高15～45厘米。叶鞘短于节间，光滑无毛，疏松包茎，叶舌短而平截，膜质，具长约0.5毫米的纤毛；叶片纵卷，长3～20厘米。圆锥花序狭窄或疏松，长4～20厘米；分枝细弱，单生，多贴生或斜向上升；小穗灰绿色或紫色；颖膜质，具1脉，披针形，脉上粗糙，2颖稍不等长，第1颖长4～6毫米，第2颖长5～7毫米；外稃明显长于第2颖，长7～10毫米，具3脉，中脉粗糙，背部平滑或稀粗糙，基盘尖，被长约1毫米的柔毛，芒粗糙，主芒长1～2厘米，两侧芒稍短；内稃长1.5～2.5毫米，披针形；鳞被2，薄膜质，长约1.8毫米；花药长1.8～2毫米。花果期6～10月。

产本区富县直罗镇。生于干山坡、河滩沙地及石隙内。花期茎叶含粗蛋白16.23%、粗脂肪1.69%、粗纤维44.33%，可用作饲料；须根可作刷子等用具。

三芒草

荩草 **Arthraxon hispidus** (Thunb.) Makino

一年生草本。秆细弱，基部倾斜，高30～50厘米，具多节，节上生根。叶鞘短于节间，生短硬疣毛；叶舌膜质，长0.5～1毫米，边缘具纤毛；叶片卵状披针形，长2～4厘米，宽0.8～1.5厘米，基部心形抱茎，下部边缘生疣基毛。总状花序细弱，长1.5～4厘米，2～10枚呈指状排列，序轴节间长为小穗的2/3～3/4；小穗成对生于各节；无柄小穗卵状披针形，长3～5毫米，灰绿色或带紫色；第1颖边缘膜质，包住第2颖2/3，具7～9脉，脉上粗糙至生疣基硬毛；第2颖近膜质，与第1颖等长，具3脉；第1外稃长圆形，透明膜质，先端尖，长为第1颖的2/3；第2外稃与第1外稃等长，透明膜质，近基部伸出1膝曲的芒，芒长6～9毫米，下部扭转；雄蕊2枚，花药黄色或带紫色，长0.7～1毫米；有柄小穗退化仅剩短柄，柄长0.2～1毫米。颖果长圆形，与稃体等长。花果期9～11月。

产本区富县直罗镇、张村驿镇。生于山坡阴湿处。穗期草含粗蛋白10.28%、粗脂肪4.21%、粗纤维33.59%，可用作饲料；全草可药用，具止咳定喘、杀虫、解毒之功效。

荩草

野燕麦 **Avena fatua** L.

一年生草本。须根较坚韧。秆直立，光滑无毛，高60～120厘米，具2～4节。叶鞘松弛，光滑或基部者被微毛；叶舌透明膜

野燕麦

质，长1～5毫米；叶片扁平，长10～30厘米，宽4～12毫米，微粗糙，或上面和边缘疏生柔毛。圆锥花序开展，金字塔形，长10～25厘米，分枝具棱角，粗糙；小穗长18～25毫米，含2～3小花，其柄弯曲下垂，顶端膨胀；小穗轴密生淡棕色或白色硬毛，其节脆硬易断落，第1节间长约3毫米；颖草质，几相等，通常具9脉；外稃质地坚硬，第1外稃长15～20毫米，背面中部以下具淡棕色或白色硬毛，芒自稃体中部稍下处伸出，长2～4厘米，膝曲，芒柱棕色，扭转。颖果被淡棕色柔毛，腹面具纵沟，长6～8毫米。花果期4～9月。

本区分布广。生于山坡草地、路旁及农田中。颖果含淀粉60%，食用、制糖或酿酒；颖果乳熟期茎叶含粗蛋白5.99%、粗脂肪1.75%、粗纤维34.27%，为优质饲料；全草药用，可补虚损。

菵草

菵草 **Beckmannia syzigachne** (Steud.) Fern.

一年生草本。秆直立，高15～90厘米，具2～4节。叶鞘无毛，多长于节间；叶舌透明膜质，长3～8毫米；叶片扁平，长5～20厘米，宽3～10毫米，粗糙或下面平滑。圆锥花序长10～30厘米，分枝稀疏，直立或斜升；小穗扁平，圆形，灰绿色，常含1小花，长约3毫米；颖草质；边缘质薄，白色，背部灰绿色，具淡色的横纹；外稃披针形，具5脉，常具伸出颖外之短尖头；花药黄色，长约1毫米。颖果黄褐色，长圆形，长约1.5毫米，先端具丛生短毛。花果期4～10月。

产本区富县，黄陵县。生于湿地、水沟边。穗期茎叶含粗蛋白11.4%、粗脂肪2.7%、粗纤维30.2%，为优质饲料；种子药用，可滋养益气、健胃利肠。

白羊草

白羊草 **Bothriochloa ischaemum** (L.) Keng

多年生草本。秆丛生，高25～70厘米，具3至多节。叶鞘无毛，短于节间；叶舌膜质，长约1毫米，具纤毛；叶片线形，长5～16厘米，宽2～3毫米，顶生者缩短，两面疏生疣基柔毛或下面无毛。总状花序4至多数着生于秆顶呈指状，长3～7厘米，带紫褐色，序轴节间与小穗柄具纵沟，两侧有白色丝状毛；无柄小穗长4～5毫米，基盘具髯毛；第1颖中央略下凹，具5～7脉，下部具丝状柔毛，边缘内卷成2脊；第2颖舟形，中部以上具纤毛；第1外稃长圆状披针形，长约3毫米，边缘上部疏生纤毛；第2外稃先端延伸成1膝曲扭转的芒，芒长10～15毫米；第1内稃长长约0.5毫米；第2内稃退化；鳞被2，楔形；雄蕊3枚，长约2毫米；有柄小穗雄性；第1颖具9脉；第2颖具5脉，边缘具纤毛。花果期秋季。

产本区富县张家湾镇、直罗镇。生于山坡草地、荒地、岩石裸露地等。茎叶含粗蛋白5.64%～9.97%、粗脂肪1.02%～1.96%、粗纤维30.45%～37.94%，可作牧草；根可制各种刷子和绳索。

雀麦

雀麦 **Bromus japonicus** Thunb. ex Murr.

一年生草本。秆直立，高40～90厘米。叶鞘闭合，被柔毛；叶舌先端近圆形，长1～2.5毫米；叶片长12～30厘米，宽4～8毫米，两面生柔毛。圆锥花序疏展，长20～30厘米，宽5～10厘米，具2～8分枝，向下弯垂；分枝细，长5～10厘米，上部着生1～4枚小穗；小穗黄绿色，密生7～11小花，长12～20毫米，宽约5毫米；颖近等长，脊粗糙，边缘膜质，第1颖长5～7毫米，具3～

5 脉，第 2 颖长 5～7.5 毫米，具 7～9 脉；外稃椭圆形，草质，边缘膜质，长 8～10 毫米，一侧宽约 2 毫米，具 9 脉，微粗糙，顶端钝三角形，芒自先端下部伸出，长 5～10 毫米，基部稍扁平，成熟后外弯；内稃长 7～8 毫米，宽约 1 毫米，两脊疏生细纤毛；小穗轴短棒状，长约 2 毫米；花药长 1 毫米。颖果长 7～8 毫米。花果期 5～7 月。

产本区富县直罗镇。生于山坡林缘、荒野路旁、河滩湿地。穗期茎叶含粗蛋白 16.05%、粗脂肪 2.5%、粗纤维 32.0%，为优良牧草；全草药用，可止汗、滑肠、催产。

拂子茅 Calamagrostis epigeios (L.) Roth

多年生草本，具根状茎。秆直立，平滑无毛或花序下稍粗糙，高 45～100 厘米，径 2～3 毫米。叶鞘平滑或稍粗糙，短于或基部者长于节间；叶舌膜质，长 5～9 毫米，长圆形，先端易破裂；叶片长 15～27 厘米，宽 4～8（～13）毫米，扁平或边缘内卷，上面及边缘粗糙，下面较平滑。圆锥花序紧密，圆筒形，劲直、具间断，长 10～25（～30）厘米，中部径 1.5～4 厘米，分枝粗糙，直立或斜升；小穗长 5～7 毫米，淡绿色或带淡紫色；2 颖近等长或第 2 颖微短，先端渐尖，具 1 脉，第 2 颖具 3 脉，主脉粗糙；外稃透明膜质，长约为颖之半，顶端具 2 齿，基盘的柔毛几与颖等长，芒自稃体背中部附近伸出，细直，长 2～3 毫米；内稃长约为外 2/3，顶端细齿裂；小穗轴不延伸于内稃之后，或有时仅于内稃基部残留 1 微小的痕迹；雄蕊 3 枚，花药黄色，长约 1.5 毫米。花果期 5～9 月。

本区分布广。生于潮湿地及河岸沟渠旁。穗期茎叶含粗蛋白 5.98%～8.81%、粗脂肪 1.5%～2.31%、粗纤维 36.62%～36.97%，为优良牧草。

拂子茅

虎尾草 Chloris virgata Sw.

一年生草本。秆高 12～75 厘米，径 1～4 毫米，光滑无毛。叶鞘背部具脊；叶舌长约 1 毫米，微具纤毛；叶片线形，长 3～25 厘米，宽 3～6 毫米。穗状花序 5 至 10 余枚，长 1.5～5 厘米，着生秆顶，并拢成毛刷状；小穗无柄，长约 3 毫米，含 2 小花；颖膜质，1 脉；第 1 颖长约 1.8 毫米，第 2 颖略短于小穗；第 1 小花两性，外稃纸质，长 2.8～3 毫米，3 脉，两侧边缘 1/3 处有长 2～3 毫米的白色柔毛，芒长 5～15 毫米；内稃膜质，略短于外稃，具 2 脊，脊上被微毛；基盘具长约 0.5 毫米的毛；第 2 小花不孕，长楔形，仅存外稃，长约 1.5 毫米，顶端截平或略凹，芒长 4～8 毫米，自背部边缘稍下方伸出。颖果纺锤形，淡黄色，光滑无毛而半透明。花果期 6～10 月。

产本区富县，黄陵县，印台区。多生于路旁、荒野、河岸沙地、土墙等处。穗期茎叶含粗蛋白 10.98%～17.63%、粗脂肪 1.78%～2.41%、粗纤维 24.02%～25.94%，为优良牧草。

虎尾草

中华隐子草 Cleistogenes chinensis (Maxim.) Keng

多年生草本。秆丛生，纤细，直立，高 15～60 厘米，径 0.5～1 毫米，基部密生贴近根头的鳞芽。叶鞘长于节间，鞘口常具柔毛；叶舌短，边缘具纤毛；叶片长 3～7 厘米，宽 1～2 毫米，扁平或内卷。圆锥花序疏展，长 5～10 厘米，具 3～5 分枝，基部分枝长 3～6 厘米；小穗黄绿色或稍带紫色，长 7～9 毫米，含

中华隐子草

3～5 小花；颖披针形，先端渐尖，第 1 颖长 3～4.5 毫米，第 2 颖长 4～5.5 毫米；外稃披针形，边缘具长柔毛，具 5 脉，第 1 外稃长 5～6 毫米，先端芒长 1～2 毫米；内稃与外稃近等长。花果期 7～10 月。

产本区富县直罗镇。生于山坡、丘陵、林缘草地。茎叶含粗蛋白 10.6%、粗脂肪 1.55%、粗纤维 37.0%，为良好牧草，家畜喜食。

隐花草 Crypsis aculeata (L.) Ait.

一年生草本。须根细弱。秆平卧或斜升，具分枝，光滑无毛，高 5～40 厘米。叶鞘短于节间，松弛或膨大；叶舌短小，顶生纤毛；叶片线状披针形，扁平或对折，边缘内卷，先端呈针刺状，上面微糙涩，下面平滑，长 2～8 厘米，宽 1～5 毫米。圆锥花序短缩成头状或卵圆形，长约 16 毫米，宽 5～13 毫米，下面紧托 2 枚膨大的苞片状叶鞘；小穗长约 4 毫米，淡黄白色；颖膜质，不等长，顶端钝，具 1 脉，脉上粗糙或生纤毛，第 1 颖长约 3 毫米，窄线形，第 2 颖长约 3.5 毫米，披针形；外稃长于颖，薄膜质，具 1 脉，长约 4 毫米；内稃与外稃同质，等长或稍长于外稃，具极接近而不明显的 2 脉；雄蕊 2 枚，花药黄色，长 1～1.3 毫米。囊果长圆形或楔形，长约 2 毫米。花果期 5～9 月。

产本区富县直罗镇。生于河岸、沟旁及盐碱地。

隐花草

狗牙根 Cynodon dactylon (L.) Pers.

低矮草本，具根茎。秆细而坚韧，下部匍匐地面蔓延甚长，节上常生不定根，直立部分高 10～30 厘米，直径 1～1.5 毫米，秆壁厚，光滑无毛，有时略两侧压扁。叶鞘微具脊，无毛或有疏柔毛，鞘口常具柔毛；叶舌仅为 1 轮纤毛；叶片线形，长 1～12 厘米，宽 1～3 毫米，通常两面无毛。穗状花序 3～5 枚，长 2～5 厘米；小穗灰绿色或带紫色，长 2～2.5 毫米，仅含 1 小花；颖长 1.5～2 毫米，第 2 颖稍长，均具 1 脉，背部成脊而边缘膜质；外稃舟形，具 3 脉，背部明显成脊，脊上被柔毛；内稃与外稃近等长，具 2 脉；鳞被上缘近截平；花药淡紫色；子房无毛，柱头紫红色。颖果长圆柱形。花果期 5～10 月。

本区分布广。生于村庄附近、道旁、河岸、荒地。鲜草含粗蛋白 8.3%～14.2%、粗纤维 22.37%～33.3%，含 18 种氨基酸，为良好饲料；全草可入药，有清血、解热、生肌之功效。

狗牙根

毛马唐 Digitaria chrysoblephara Fig.

一年生草本。秆基部倾卧，着土后节易生根，具分枝，高 30～100 厘米。叶鞘多短于其节间，常具柔毛；叶舌膜质，长 1～2 毫米；叶片线状披针形，长 5～20 厘米，宽 3～10 毫米，两面多少生柔毛，边缘微粗糙。总状花序 4～10 枚，长 5～12 厘米，呈指状排列于秆顶；穗轴宽约 1 毫米，中肋白色，约占其宽的 1/3，两侧的绿色翼缘具细刺状粗糙；小穗披针形，长 3～3.5 毫米，孪生于穗轴一侧；小穗柄三棱形，粗糙；第 1 颖小，三角形；第 2 颖披针形，长约为小穗的 2/3，具 3 脉，脉间及边缘生柔毛；第 1 外稃等长于小穗，具 7 脉，脉平滑，中脉两侧的脉间较宽而无毛，间脉与边脉间具柔毛及疣基刚毛，成熟后，两种毛均平展张开；第 2 外稃淡绿色，等长于小穗；花药长约 1 毫米。花果期 6～10 月。

本区分布广。生于路旁田野。为一种牧草，也是果园和旱田的主要杂草。

毛马唐

止血马唐 **Digitaria ischaemum** (Schreb.) Schreb. ex Muhl.

一年生草本。秆直立或基部倾斜，高15～40厘米，下部有毛。叶鞘具脊，无毛或疏生柔毛；叶舌长约0.6毫米；叶片扁平，线状披针形，长5～12厘米，宽4～8毫米，顶端渐尖，基部近圆形，多少生长柔毛。总状花序长2～9厘米，具白色中肋，两侧翼缘粗糙；小穗长2～2.2毫米，宽约1毫米，2～3枚着生于各节；第1颖不存在；第2颖具3～5脉，等长或稍短于小穗；第1外稃具5～7脉，与小穗等长，脉间及边缘具细柱状棒毛与柔毛；第2外稃成熟后紫褐色，长约2毫米，有光泽。花果期6～11月。

本区分布广。生于路旁田野。为一种牧草，也是果园和旱田的主要杂草。

止血马唐

稗 **Echinochloa crusgalli** (L.) Beauv.

一年生草本。秆高50～150厘米，倾斜或膝曲。叶鞘无毛，下部者长于节间，而上部者短于节间；叶舌缺；叶片扁平，条形，长10～40厘米，宽5～16毫米，边缘粗糙。圆锥花序直立，近尖塔形，长6～20厘米；主轴具棱，分枝再分小枝；小穗长3～4毫米，脉上密被疣基刺毛，密集于穗轴的一侧；第1颖三角形，具3～5脉，脉上具疣基毛，基部包卷小穗；第2颖与小穗等长，具5脉，脉上具疣基毛；第1小花中性，外稃具7脉，脉上具疣基刺毛，顶端延伸成1粗壮的芒，芒长0.5～2厘米，内稃薄膜质，狭窄，具2脊；第2外稃椭圆形，顶端具小尖头，尖头上有一圈细毛，边缘内卷，包着同质的内稃，但内稃顶端露出。花果期夏秋季。

本区分布广。生于沼泽地、沟边、稻田中及湿润地。穗果期茎叶含粗蛋白8.13%、粗脂肪1.36%、粗纤维36.4%，青贮，作牧草，也可用于造纸、编织；颖果含淀粉45%～52%，可磨粉食用、酿酒；全草可药用，具止血、生肌之功效。

稗

牛筋草 **Eleusine indica** (L.) Gaertn.

一年生草本。根系极发达。秆丛生，基部倾斜，高10～90厘米。叶鞘两侧压扁而具脊，松弛，无毛或疏生疣毛；叶舌长约1毫米；叶片平展，线形，长10～15厘米，宽3～5毫米，无毛或上面被疣基柔毛。穗状花序2～7个指状着生于秆顶，很少单生，长3～10厘米，宽3～5毫米；小穗长4～7毫米，宽2～3毫米，含3～6小花；颖披针形，具脊，脊粗糙；第1颖长1.5～2毫米；第2颖长2～3毫米；第2外稃长3～4毫米，卵形，膜质，具脊，脊上有狭翼，内稃短于外稃，具2脊，脊上具狭翼。囊果卵形，长约1.5毫米，基部下凹，具明显的波状皱纹；鳞被2，折叠，具5脉。花果期6～10月。

产本区富县张家湾镇，俗称蟋蟀草。生于荒地及道路旁。根系可制刷；茎叶作编织用，也用于造纸；茎叶有毒，枯萎后毒性更大；鲜草含粗蛋白8.2%～13.3%、粗纤维23.7%～30.2%，含18种氨基酸，可作饲料；全草可药用，具祛风利湿、清热解毒、散瘀止血之功效。

牛筋草

圆柱披碱草 **Elymus cylindricus** (Franch.) Honda

多年生草本。秆细弱，高40～80厘米。叶鞘无毛；叶片扁平，干后内卷，长5～12厘米，宽约5毫米，上面粗糙，下面平滑。穗状花序直立，狭瘦，长7～14厘米，粗约5毫米，除接近先端各节仅具1枚小穗外，其余各节具2小穗；穗轴边缘具小纤毛；小穗绿色或带有紫色，长9～11毫米（芒除外），通常含2～3小花，仅1～2小花发育；颖披针形至线状披针形，长7～8毫米，具3～5脉，脉明显而粗糙，先端渐尖或具长达4毫米的短芒；外稃披针形，全部被微小短毛，第1外稃长7～8毫米，具5脉，顶端芒粗糙，直立或稍展开，长6～13毫米；内稃与外稃等长，先端钝圆，脊上有纤毛，脊间被微小短毛。

产本区黄陵县双龙镇。多生于山坡或路旁草地。穗期茎叶含粗蛋白8.96%、粗脂肪1.83%，牲口喜食。

圆柱披碱草

披碱草 Elymus dahuricus Turcz.

多年生丛生草本。须根状，根深可达100厘米。秆疏丛，直立，高70～140厘米，基部膝曲。叶鞘光滑无毛；叶片扁平，稀可内卷，上面粗糙，下面光滑，有时呈粉绿色，长15～25厘米，宽5～9（～12）毫米。穗状花序直立，较紧密，长14～18厘米，宽5～10毫米；穗轴边缘具小纤毛，中部各节具2小穗而接近顶端和基部各节只具1小穗；小穗绿色，成熟后变为草黄色，长10～15毫米，含3～5小花；颖披针形或线状披针形，长8～10毫米，先端长达5毫米的短芒，有3～5条明显而粗糙的脉；外稃披针形，上部具5条明显的脉，全部密生短小糙毛，第1外稃长9毫米，先端延伸成芒，芒粗糙，长10～20毫米，成熟后向外展开；内稃与外稃等长，先端截平，脊上具纤毛，至基部渐不明显，脊间被稀少短毛。花果期5～11月。

本区分布广。生于山坡草地、路边和沟沿。穗期茎叶含粗蛋白12.06%、粗脂肪3.71%，牲口喜食。

披碱草

肥披碱草 Elymus excelsus Turcz.

多年生草本。秆粗壮，高可达140厘米，粗达6毫米。叶鞘无毛，有时下部的叶鞘具短柔毛；叶片扁平，长20～30厘米，宽10～16毫米，两面粗糙或下面平滑，常带粉绿色。穗状花序直立，粗壮，长15～22厘米，穗轴边缘具有小纤毛，每节具2～3（～4）枚小穗；小穗长12～15（～25）毫米（芒除外），含4～5小花；颖狭披针形，长10～13毫米，具5～7条明显而粗糙的脉，先端具长达7毫米的芒；外稃上部具5明显的脉，背部无毛，粗糙，先端和脉上及边缘被有微小短毛，第1外稃长8～12毫米，先端延伸成芒，芒粗糙，反曲，长15～20毫米，亦有长达40毫米者；内稃稍短于外稃，脊上具纤毛，脊间被稀少短毛。

产本区黄陵县双龙镇。多生于山坡、草地和路旁。穗期茎叶含粗蛋白6.42%、粗脂肪1.91%，牲口喜食。

肥披碱草

垂穗披碱草 Elymus nutans Griseb.

多年生丛生草本。秆直立，基部稍呈膝曲状，高50～70厘米。基部和根出的叶鞘具柔毛；叶片扁平，上面有时疏生柔毛，下面粗糙或平滑，长6～8厘米，宽3～5毫米。穗状花序较紧密，通常曲折而先端下垂，长5～12厘米，穗轴边缘粗糙或具小纤毛，基部的第1、第2节均不具发育小穗；小穗绿色，成熟后带有紫色，通常在每节生有2枚而接近顶端及下部节上仅生有1枚，多少偏生于穗轴1侧，近于无柄或具极短的柄，长12～15毫米，含3～4小花；颖长圆形，长4～5毫米，2颖几相等，先端渐尖或具长1～4毫米的短芒，具3～4脉，脉明显而粗糙；外稃长披针形，具5脉，脉在基部不明显，全部被微小短毛，第1外稃长约10毫米，顶端延伸成芒，芒粗糙，向外反曲或稍展开，长12～20毫米；内稃与外稃等长，先端钝圆或截平，脊上具纤毛，其毛向基部渐次不显，脊间被稀少微小短毛。

产本区富县直罗镇。生于山坡道旁和林缘。

垂穗披碱草

老芒麦 Elymus sibiricus L.

多年生草本。秆单生或成疏丛，直立或基部稍倾斜，高 60～90 厘米，粉红色，下部的节稍呈膝曲状。叶鞘光滑无毛；叶片扁平，有时上面生短柔毛，长 10～20 厘米，宽 5～10 毫米。穗状花序较疏松而下垂，长 15～20 厘米，通常每节具 2 枚小穗，有时基部和上部的各节仅具 1 枚小穗；穗轴边缘粗糙或具小纤毛；小穗灰绿色或稍带紫色，含（3～）4～5 小花；颖狭披针形，长 4～5 毫米，具 3～5 条明显的脉，脉上粗糙，背部无毛，先端渐尖或具长达 4 毫米的短芒；外稃披针形，背部粗糙无毛或全部密生微毛，具 5 脉，脉在基部不太明显，第 1 外稃长 8～11 毫米，顶端芒粗糙，长 15～20 毫米，稍展开或反曲；内稃几与外稃等长，先端 2 裂，脊上全部具有小纤毛，脊间亦被稀少而微小的短毛。

产本区富县直罗镇。生于路旁和山坡上。茎叶富含蛋白质，为优良牧草。

老芒麦

大画眉草 Eragrostis cilianensis (All.) Link. ex Vignolo-Lutati

一年生草本，鲜时具奇臭，有疣状腺体。秆高 30～90 厘米，径 3～5 毫米，直立丛生，基部膝曲，具 3～5 节，节下有一圈腺体。叶鞘疏松，脉上有腺体，鞘口具长柔毛；叶舌为一圈成束的纤毛，长约 0.5 毫米；叶片条形扁平，长 6～20 厘米，宽 2～6 毫米，叶脉与边缘均有腺体。圆锥花序长 5～20 厘米，分枝粗壮，单生，腋间具柔毛，小枝和小穗柄上均有腺体；小穗墨绿色、淡绿色或黄褐色，扁压并弯曲，长 5～20 毫米，宽 2～3 毫米，有 10～40 小花，小穗常密集簇生；颖近等长，长约 2 毫米，具 1 脉或第 2 颖具 3 脉，脉上有腺体；第 1 外稃长约 2.5 毫米，宽约 1 毫米，具 3 脉，侧脉明显，主脉有腺体，暗绿色而有光泽；内稃宿存，稍短于外稃，脊上具短纤毛；雄蕊 3 枚，花药长 0.5 毫米。颖果近圆形，径约 0.7 毫米。花果期 7～10 月。

产本区黄陵县双龙镇、店头镇。生于荒芜草地上。鲜草含粗蛋白 15.3%、粗纤维 29.0%，含 18 种氨基酸，每百克含氨基酸 8.15 毫克，作牲畜饲料；全草、花序可药用，具疏风清热、利尿通淋之功效。

大画眉草

画眉草 Eragrostis pilosa (L.) Beauv.

一年生草本。秆丛生，直立或基部膝曲，高 15～60 厘米，径 1.5～2.5 毫米，通常具 4 节，光滑。叶鞘松裹茎，长于或短于节间，扁压，鞘缘近膜质，鞘口有长柔毛；叶舌为 1 圈纤毛，长约 0.5 毫米；叶片线形扁平或卷缩，长 6～20 厘米，宽 2～3 毫米，无毛。圆锥花序开展或紧缩，长 10～25 厘米，宽 2～10 厘米，分枝单生，簇生或轮生，多直立向上，腋间有长柔毛；小穗具柄，长 3～10 毫米，宽 1～1.5 毫米，含 4～14 小花；颖为膜质，披针形，先端渐尖；第 1 颖长约 1 毫米，无脉，第 2 颖长约 1.5 毫米，具 1 脉；第 1 外稃长约 1.8 毫米，广卵形，先端尖，具 3 脉；内稃长约 1.5 毫米，稍作弓形弯曲，脊上有纤毛，迟落或宿存；雄蕊 3 枚，花药长约 0.3 毫米。颖果长圆形，长约 0.8 毫米。花果期 8～11 月。

本区分布广。多生于荒芜田野草地上。为优良饲料。全草药用，可治铁打损伤。

画眉草

小画眉草 Eragrostis minor Host

一年生草本。秆纤细丛生，膝曲上升，高 15～50 毫米，径 1～2 毫米，具 3～4 节，节下具有 1 圈腺体。叶鞘较节间短，脉上有腺体，鞘口有长毛；叶舌为 1 圈长柔毛，长 0.5～1 毫米；叶片条形，长 3～15 厘米，宽 2～4 毫米，上面粗糙并疏生柔毛，主脉及边缘有腺体。圆锥花序开展而疏松，长 6～15 厘米，宽 4～6 厘米，每节一分枝，分枝平展或上举，花序轴、小枝及柄上都有腺体；小穗长圆形，长 3～8 毫米，宽 1.5～2 毫米，含 3～16 小花，绿色或深绿色；小穗柄长 3～6 毫米；颖锐尖，具 1 脉，脉上有腺点，第 1 颖长 1.6 毫米，第 2 颖长约 1.8 毫米；第 1 外稃长约 2 毫米，广卵形，先端圆钝，具 3 脉，侧脉明显并靠近边缘，主脉上有腺体；内稃长约 1.6 毫米，弯曲，脊上有纤毛，宿存；雄蕊 3 枚，花药长约 0.3 毫米。颖果红褐色，近球形，径约 0.5 毫米。花果期 6～9 月。

本区分布广。生于荒芜田野、草地和路旁。牛、羊喜食，可作饲料；全草可药用，具清热解毒、疏风利尿之功效。

小画眉草

远东羊茅 Festuca extremiorientalis Ohwi

一年生草本。秆直立，基部分枝，稍倾斜，高 30～100 厘米。叶鞘无毛或被毛或鞘缘一侧被毛，松弛包茎，节具髭毛；叶舌具长约 1 毫米的纤毛；叶片扁平，长 5～25 厘米，宽 5～15 毫米，表面具微毛，背面光滑，边缘粗糙。圆锥花序狭长，长 7～15 厘米，由 4～8 枚总状花序组成；总状花序长 1.5～4 厘米，密生柔毛，常排列于主轴一侧；小穗卵状椭圆形，长 4.5～5（～6）毫米；基盘长约 0.6 毫米；小穗柄极短，密生长柔毛；第 1 颖微小，短于或长于基盘；第 2 颖与第 1 外稃皆为膜质，等长于小穗，均被细毛，前者具 5～7 脉，后者具 5 脉；第 2 外稃革质，稍短于小穗，先端钝，具细点状皱纹；鳞被 2，折叠，长约 0.8 毫米，具 7 脉；雄蕊 3 枚；花柱分离。颖果卵圆形，长约 3 毫米。花果期 7～10 月。

产本区富县直罗镇。生于山坡、路旁潮湿地。全草可作饲料；谷粒含淀粉，可食用。

远东羊茅

白茅 Imperata cylindrica (L.) Beauv.

多年生草本。根状茎粗壮而长。秆高 30～80 厘米，具 1～3 节。叶鞘聚于秆基，比节间甚长，质地厚；叶舌长约 2 毫米，紧贴其背部或鞘口具柔毛，分蘖叶片宽约 8 毫米，扁平，质地薄；秆生叶长 1～3 厘米，窄线形，常内卷，顶端呈刺状，下部渐窄或具柄，质硬，被白粉，基部具柔毛。圆锥花序稠密，长 20 厘米，小穗长 4.5～5 毫米，基盘具长 12～16 毫米的丝状柔毛；2 颖草质及边缘膜质，近相等，具 5～9 脉，顶端具纤毛，脉间疏生长丝状毛，第 1 外稃卵状披针形，短于颖片，透明膜质，顶端尖或齿裂，第 2 外稃与内稃近相等，卵圆形，顶端具裂齿及纤毛；雄蕊 2 枚，花药长 3～4 毫米；花柱细长，基部略连合，柱头 2，紫黑色，羽状，长约 4 毫米，自小穗顶端伸出。颖果椭圆形，长约 1 毫米。花果期 4～6 月。

本区分布广。生于河岸草地、沙质草甸。根状茎含淀粉 21%；茎含纤维素 46.6%～51.15%，供编织、造纸用；花序、根状茎可药用，具凉血、止血、定痛、通经络、清热利尿之功效。

白茅

落草 **Koeleria cristata** (L.) Pers.

多年生草本，密丛。秆具2～3节，高25～60厘米，在花序下密生绒毛。叶鞘灰白色或淡黄色，枯萎多撕裂残存于秆基；叶舌膜质，长0.5～2毫米；叶片线形，内卷或扁平，长1.5～7厘米，宽1～2毫米，分蘖叶长5～30厘米，宽约1毫米，被短柔毛，上部叶近无毛，边缘粗糙。圆锥花序穗状，长5～12厘米，宽7～18毫米，草绿色或黄褐色，主轴及分枝均被柔毛；小穗长4～5毫米，含2～3小花，小穗轴被微毛或近无毛，长约1毫米；颖倒卵状长圆形至长圆状披针形，边缘宽膜质，第1颖具1脉，长2.5～3.5毫米，第2颖具3脉，长3～4.5毫米；外稃披针形，具3脉，边缘膜质，背部无芒，基盘钝圆，具微毛，第1外稃长约4毫米；内稃膜质，稍短于外稃，先端2裂，脊上光滑或微粗糙；花药长1.5～2毫米。花果期5～9月。

产本区富县直罗镇，耀州区。生于山坡草地或路旁。穗期茎叶含粗蛋白9.21%～16.19%、粗脂肪2.20%～2.33%、粗纤维35.15%～40.24%，可作饲料。

落草

羊草 **Leymus chinensis** (Trin.) Tzvel.

多年生草本。根状茎下伸或横走，须根具砂套。秆散生，高40～90厘米，具4～5节。叶鞘光滑，基部残留叶鞘呈纤维状；叶舌截平，顶具裂齿，纸质，长0.5～1毫米；叶片长7～18厘米，宽3～6毫米，上面及边缘粗糙。穗状花序直立，长7～15厘米，宽10～15毫米；穗轴边缘具细小睫毛，节间长6～15毫米；小穗长10～22毫米，含5～10小花，常2枚生于1节，粉绿色，成熟时变黄；小穗轴节间光滑，长1～1.5毫米；颖锥状，长6～8毫米，等于或短于第1小花，质地较硬，具3脉，背面上部粗糙，边缘微具纤毛；外稃披针形，具狭窄膜质边缘，顶端渐尖成芒状小尖头，背部具5脉，基盘光滑，第1外稃长8～9毫米；内稃与外稃等长，先端微2裂；花药长3～4毫米。花果期6～8月。

产本区黄陵县双龙镇，耀州区。生于山梁草甸。花期含粗蛋白11%以上，是良好的饲料与造纸原料。

羊草

赖草 **Leymus secalinus** (Georgi) Tzvel.

多年生草本。根茎下伸或横走。秆单生或丛生，直立，高40～100厘米，具3～5节，在花序下密被柔毛。叶鞘幼嫩时边缘具纤毛；叶舌膜质，截平，长1～1.5毫米；叶片长8～30厘米，宽4～7毫米，扁平或内卷，上面及边缘粗糙或具短柔毛。穗状花序直立，长10～24厘米，灰绿色；穗轴被短柔毛，节与边缘被长柔毛，节间长3～7毫米，基部者长达20毫米；小穗常2～3枚生于每节，长10～20毫米，含4～7小花；小穗轴节间长1～1.5毫米，贴生短毛；颖短于小穗，线状披针形，先端狭窄如芒，具3脉，上半部粗糙，边缘具纤毛，第1颖短于第2颖，长8～15毫米；外稃披针形，边缘膜质，先端渐尖或具长1～3毫米的芒，背具5脉，被短柔毛，基盘具长约1毫米的柔毛，第1外稃长8～10毫米；内稃与外稃等长，先端微2裂，脊部具纤毛；花药长3.5～4毫米。花果期6～10月。

产本区富县直罗镇。生于平滩地、河谷、盐渍地。穗期茎叶含粗蛋白6.11%～18.54%、粗脂肪3.0%～6.54%、粗纤维27.73%～41.45%，为优良牧草，或作为造纸原料；根茎、穗可入药，具清热利湿、止血、利尿之功效。

赖草

臭草 Melica scabrosa Trin.

多年生草本。须根稠密。秆丛生，高 20～90 厘米，基部密生分蘖。叶鞘闭合，常撕裂，下部者长于节间，上部者短于节间；叶舌透明膜质，长 1～3 毫米，顶端撕裂而两侧下延；叶片质较薄，扁平，长 6～15 厘米，宽 2～7 毫米，两面粗糙或上面疏被柔毛。圆锥花序狭窄，长 8～22 厘米；小穗柄短，纤细，上部弯曲而具关节，被微毛，长 5～8 毫米，含孕性小花 2～4 朵，顶端由数个不育外稃集成小球形；小穗轴节间长约 1 毫米；颖膜质，狭披针形，2 颖近等长，长 4～8 毫米，具 3～5 脉；外稃草质，具 7 条隆起的脉，背面点状粗糙，第 1 外稃长 5～8 毫米；内稃短于外稃或相等，倒卵形，具 2 脊，脊上被微小纤毛；雄蕊 3 枚，花药长约 1.3 毫米。颖果褐色，纺锤形，有光泽，长约 1.5 毫米。花果期 5～8 月。

产本区富县直罗镇。生于山坡草地、荒芜田野、渠边路旁。穗期茎叶含粗蛋白 9.27%、粗脂肪 3.23%、粗纤维 31.89%，为良好牧草；全草可药用，具清热利尿、通淋之功效。

臭草

稻 Oryza sativa L.

一年生水生草本。秆直立，高 0.5～1.5 米，随品种而异。叶鞘松弛，无毛；叶舌披针形，长 10～25 厘米，两侧基部下延长成叶鞘边缘，具 2 枚镰形抱茎的叶耳；叶片线状披针形，长 40 厘米左右，宽约 1 厘米，无毛，粗糙。圆锥花序大型疏展，长约 30 厘米，分枝多，棱粗糙，成熟期向下弯垂；小穗含 1 成熟花，两侧甚压扁，长圆状卵形至椭圆形，长约 10 毫米，宽 2～4 毫米；颖极小，仅在小穗柄先端留下半月形的痕迹，退化外稃 2 枚，锥刺状，长 2～4 毫米；两侧孕性花外稃质厚，具 5 脉，中脉成脊，表面有方格状小乳状突起，厚纸质，遍布细毛，端毛较密，有芒或无芒；内稃与外稃同质，具 3 脉，先端尖而无喙；雄蕊 6 枚，花药长 2～3 毫米。颖果长约 5 毫米，宽约 2 毫米，厚 1～1.5 毫米；胚比小，约为颖果长的 1/4。

本区有栽培。种子含淀粉 75% 以上；颖果含蛋白质 10%～13%、脂肪 15%、糖 40%～50%；茎秆含纤维素 36.2%～46.2%，可供编织、造纸用。

稻

湖北落芒草 Oryzopsis henryi (Rendle) Keng ex P. C. Kuo

多年生草本。须根稍粗壮，根头粗约 8 毫米。秆常直立，高 40～95 厘米，基部径 1～1.5 毫米，光滑无毛，具 3～4 节。叶鞘口部被短纤毛，短于或下部者长于节间；叶舌甚短或没有；叶片扁平或多纵卷，先端长渐尖，长 6～30 厘米，宽 1～5 毫米，上面及边缘微粗糙，下面光滑。圆锥花序较狭窄，长 10～18 厘米，每节分枝 3 枚以上，分枝直立或倾斜，纤细，微粗糙；小穗绿色或浅黄色，长圆状披针形，长 3～4.5 毫米；颖透明膜质，近相等，先端钝，微粗糙，具 3 条凸起的绿色脉，直达先端；外稃近革质，长圆形，长 2.5～3.5 毫米，具 3～5 脉，被贴生短毛，先端完整或微 2 浅裂，具短基盘且被短毛，芒自外稃顶端或裂口基部伸出，细弱，直立或稍扭曲，粗糙，长 8～12 毫米，易落；花药长 1.5～2 毫米，顶生毫毛或有时无毛。花期 4～6 月。

产本区富县直罗镇。生于山坡林下、路旁或荒地上。

湖北落芒草

狼尾草 Pennisetum alopecuroides (L.) Spreng.

多年生草本。须根较粗壮。秆直立，丛生，高 30～120 厘米，花

狼尾草

序以下密生柔毛。叶鞘光滑，两侧压扁，主脉呈脊，秆上部者长于节间；叶舌具长约 2.5 毫米的纤毛；叶片条形，长 10～80 厘米，宽 3～8 毫米，先端长渐尖，基部生疣毛。圆锥花序直立，长 5～25 厘米，宽 1.5～3.5 厘米；主轴密生柔毛；总梗长 2～3 毫米；刚毛粗糙，淡绿色或紫色，长 1.5～3 厘米；小穗通常单生，偶有双生，线状披针形，长 5～8 毫米；第 1 颖微小或缺，长 1～3 毫米，膜质，先端钝，脉不显或具 1 脉；第 2 颖卵状披针形，先端短尖，具 3～5 脉，长为小穗 1/3～2/3；第 1 小花中性，第 1 外稃与小穗等长，披针形，具 7～11 脉；第 2 外稃与小穗等长，披针形，具 5～7 脉，边缘包着同质的内稃；鳞被 2，楔形；雄蕊 3 枚，花药顶端无毫毛；花柱基部连合。颖果长圆形，长约 3.5 毫米。花果期夏秋季。

本区均产。生于沟谷、河岸及山坡田边。果期全草含粗蛋白 7.0%、粗脂肪 1.15%、粗纤维 50.4%，可作饲料，或作编织、造纸的原料；全草可药用，具清热止咳、解毒、明目、散血之功效。

白草

白草 Pennisetum centrasiaticum Tzvelev

多年生草本。具横走根茎。秆直立，单生或丛生，高 20～90 厘米。叶鞘包茎，近无毛，基部者密集近跨生，上部短于节间；叶舌短，具长 1～2 毫米的纤毛；叶片狭线形，长 10～25 厘米，宽 5～10 毫米。圆锥花序紧密，长 5～15 厘米；主轴具棱角，无毛或疏生短毛，总梗长 0.5～1 毫米；刚毛状小枝灰白色或带褐紫色，长 8～15 毫米；小穗单生，长 3～8 毫米；第 1 颖微小，长 0.5～2 毫米；第 2 颖长为小穗的 1/3～3/4，先端芒尖，具 1～3 脉；第 1 小花雄性，第 1 外稃与小穗等长，先端芒尖，具 3～5 脉，第 1 内稃透明；第 2 小花两性，第 2 外稃具 5 脉，先端芒尖，与其内稃同为纸质；鳞被 2，楔形，先端微凹；雄蕊 3 枚，花药顶端无毫毛；花柱近基部连合。颖果长圆形，长约 2.5 毫米。花果期 7～10 月。

本区均产。生于山坡和较干燥之处。叶含纤维高，可作编织、造纸原料，或为饲料。

芦苇

芦苇 Phragmites australis (Cav.) Trin. ex Steud.

多年生草本。根状茎发达。秆直立，高 1～3 米，直径 1～2 厘米，具 20 多节，节长 20～25 厘米，被蜡粉。叶鞘长于其节间；叶舌边缘密生 1 圈长约 1 毫米的短纤毛，两侧缘毛长 3～5 毫米，易脱落；叶片披针状线形，长 30 厘米，宽 2 厘米，顶端长渐尖成丝形。圆锥花序大型，长 20～40 厘米，分枝多数，长 5～20 厘米，着生稠密下垂的小穗；小穗长约 12 毫米，柄长 2～4 毫米，含 4 花；颖具 3 脉，第 1 颖长 4 毫米；第 2 颖长约 7 毫米；第 1 不孕外稃雄性，长约 12 毫米，第 2 外稃长 11 毫米，具 3 脉，顶端长渐尖，基盘延长，两侧密生等长于外稃的丝状柔毛，与无毛的小穗轴相连接处具明显关节，成熟后自关节处脱落；内稃长约 3 毫米；雄蕊 3 枚，花药长 1.5～2 毫米，黄色。颖果长约 1.5 毫米。花果期 7～10 月。

本区分布广。生于池塘、沟渠沿岸和低湿地。茎叶含粗蛋白 9.25%～10.19%、粗脂肪 1.05%～2.71%、粗纤维 31.21%～35.76%，为造纸、编织及建棚的原料；根状茎可药用，具清热生津、止呕、利尿之功效。

早熟禾

早熟禾 Poa annua L.

一年生草本。秆直立或倾斜，质软，高 6～30 厘米，全体平滑无毛。叶鞘稍压扁，中部以下闭合；叶舌长 1～3 毫米，圆头；叶片扁平，长 2～12 厘米，宽 1～4 毫米，质地柔软，有横脉纹，顶端急尖呈船形。圆锥花序宽卵形，长 3～7 厘米，开展；分枝 1～3 枚着生各节；小穗卵形，含 3～5 小花，长 3～6 毫米，绿色；颖具宽膜质边缘，顶端钝，第 1 颖披针形，长 1.5～2 毫米，具 1 脉，第 2 颖长 2～3 毫米，具 3 脉；外稃卵圆形，顶端与边缘宽膜质，具 5 脉，脊与边脉下部具柔毛，间脉近基部有柔毛，基盘无绵毛，第 1 外稃长 3～4 毫米；内稃与外稃近等长，两脊密生丝状毛；花药黄色，长 0.6～0.8 毫米。颖果纺锤形，长约 2 毫米。花期 4～5 月，果期 6～7 月。

产本区富县直罗镇。生于路旁、水沟边或荫蔽荒坡湿地。茎叶含粗蛋白 12.12%、粗脂肪 2.47%、粗纤维 34.8%，为优质牧草；全草可入药，用于治咳嗽、湿疹、跌打损伤。

硬质早熟禾 **Poa sphondylodes** Trin.

多年生密丛型草本。秆高 30～60 厘米，具 3～4 节，顶节位于中部以下，上部长裸露。叶鞘基部带淡紫色，顶生者长 4～8 厘米，长于其叶片；叶舌长约 4 毫米，先端尖；叶片长 3～7 厘米，宽 1 毫米。圆锥花序紧缩而稠密，长 3～10 厘米；分枝长 1～2 厘米，4～5 枚分枝着生于主轴各节，粗糙；小穗柄短于小穗，侧枝基部着生小穗；小穗绿色，熟后草黄色，长 5～7 毫米，含 4～6 小花；颖具 3 脉，先端锐尖，硬纸质，长 2.5～3 毫米，第 1 颖稍短于第 2 颖；外稃具 5 脉，先端极窄，膜质，下带黄铜色，脊下部具长柔毛，基盘具绵毛，第 1 外稃长约 3 毫米；内稃等长或稍长于外稃，脊粗糙具微细纤毛，先端稍凹；花药长 1～1.5 毫米。颖果长约 2 毫米，腹面有凹槽。花果期 6～8 月。

产本区富县直罗镇。生于山坡及沟旁、低湿草地。穗期茎叶含粗蛋白 10.1%～14.6%、粗脂肪 2.9%～3.19%、粗纤维 31.9%～33.0%，为优质牧草；地上部分可药用，具清热解毒、利尿、止痛之功效。

硬质早熟禾

纤毛鹅观草 **Roegneria ciliaris** (Trin.) Nevski

多年生草本。秆单生或成疏丛，基部节常膝曲，高 40～80 厘米，被白粉。叶鞘无毛；叶片扁平，长 10～20 厘米，宽 3～10 毫米，边缘粗糙。穗状花序长 10～20 厘米；小穗通常绿色，长 15～22 毫米（除芒外），含 7～12 小花；颖椭圆状披针形，先端具短尖头，两侧或一侧常具齿，具 5～7 脉，边缘与边脉上具纤毛，第 1 颖长 7～8 毫米，第 2 颖长 8～9 毫米；外稃长圆状披针形，背部被粗毛，边缘具长而硬的纤毛，上部具 5 脉，通常在顶端两侧或一侧具齿，第 1 外稃长 8～9 毫米，顶端延伸成反曲的芒，长 10～30 毫米；内稃长为外稃的 2/3，先端钝头，脊的上部具少许短小纤毛；子房上端有毛。花期 5 月。

产本区富县直罗镇。生于路旁、潮湿草地及山坡上。茎叶含粗蛋白 8.26%、粗脂肪 2.29%、粗纤维 32.82%，为优质牧草。

纤毛鹅观草

鹅观草 **Roegneria kamoji** Ohwi

多年生草本。须根深 15～30 厘米。秆直立或基部倾斜，高 30～100 厘米。叶鞘外侧边缘常具纤毛；叶舌截平，长 0.5 毫米；叶片扁平，长 5～40 厘米，宽 3～13 毫米。穗状花序长 7～20 厘米，弯曲下垂；小穗绿色或带紫色，长 13～25 毫米（芒除外），含 3～10 小花；颖长圆状披针形，先端锐尖至具长 2～7 毫米的芒，有 3～5 条粗壮脉，边缘宽膜质，第 1 颖长 4～6 毫米，第 2 颖长 5～9 毫米；外稃披针形，具宽膜质边缘，上部具明显的 5 条脉，脉上稍粗糙，第 1 外稃长 8～11 毫米，先端延伸成芒，芒粗糙，长 20～40 毫米；内稃约与外稃等长，先端钝，脊显著具翼，翼缘具细小纤毛；子房上端有毛。花期 5 月。

鹅观草

本区分布广。生于山坡和湿润草地。穗期茎叶含粗蛋白 13.0%、粗脂肪 2.37%、粗纤维 28%～37%，为优质牧草；全草可药用，具清热凉血、镇痛之功效。

金色狗尾草 Setaria glauca (L.) P. Beauv.

一年生草本，单生或丛生。秆近地面节可生根，高 20～90 厘米，光滑无毛。叶鞘光滑，下部扁压具脊；叶舌具一圈长约 1 毫米的纤毛；叶片线状披针形，长 5～40 厘米，宽 2～10 毫米，上面粗糙，下面光滑，近基部疏生长柔毛。圆锥花序紧密呈圆柱状，通常长 3～8 厘米，直立，主轴具短柔毛，刚毛金黄色或稍带褐色，长 4～8 毫米；小穗长 3～4 毫米，单独着生常伴有不孕小穗；第 1 颖宽卵形，长为小穗的 1/3～1/2，具 3 脉；第 2 颖宽卵形，长为小穗的 1/2～2/3，具 5～7 脉，第 1 小花雄性或中性，第 1 外稃与小穗等长，具 5 脉，其内稃长宽与第 2 小花相等，具 2 脉，通常含 3 枚雄蕊；第 2 小花两性，外稃等长于第 1 外稃，先端尖，成熟时背部极隆起，具明显的横皱纹；鳞被楔形；花柱基部连合。花果期 6～10 月。

本区分布广，俗称猫莠子。生于林边、山坡、路边及荒野。穗期茎叶含粗蛋白 9.98%、粗脂肪 1.77%、粗纤维 32.97%，牲口喜食；全草可药用，具清热明目、止泻之功效。

金色狗尾草

粱 Setaria italica (L.) Beauv.

一年生草本。须根粗大。秆粗壮，直立，高 0.1～1.3 米。叶鞘密具疣毛或无毛，边缘密具纤毛；叶舌为一圈纤毛；叶片长披针形，长 10～45 厘米，宽 5～33 毫米，先端尖，基部钝圆，上面粗糙。圆锥花序呈圆柱状，常下垂，长 10～40 厘米，主轴密生柔毛，刚毛显著长于小穗，黄色、褐色或紫色；小穗椭圆形，长 2～3 毫米，黄色、橘红色或紫色，簇生分枝上，基部有刚毛状小枝 1～3 条；第 1 颖长为小穗的 1/3～1/2，具 3 脉；第 2 颖稍短于小穗的 3/4，具 5～9 脉；第 1 外稃与小穗等长，具 5～7 脉，其内稃披针形，长为其 2/3，第 2 外稃与第 1 外稃等长，卵圆形或圆球形，质坚硬，具细点状皱纹，成熟后，自第 1 外稃基部和颖分离脱落；鳞被先端呈微波状；花柱基部分离。花期 6～8 月，果期 7～10 月。

本区有栽培，是北方主要粮食之一，又称谷子。种子含淀粉 63.27%～77.58%，可食与酿酒；茎叶含粗蛋白 5%～7%，为优等饲料；种子可药用，具和中、益肾、除热、解毒之功效。

粱

狗尾草 Setaria viridis (L.) Beauv.

一年生草本。根为须状，具支持根。秆直立，高 10～100 厘米。叶鞘边缘具较长的密绵毛状纤毛；叶舌极短，缘有长 1～2 毫米的纤毛；叶片扁平，条状披针形，先端长渐尖，基部钝圆形，几呈截状，长 4～30 厘米，宽 2～18 毫米，边缘粗糙。圆锥花序紧密呈圆柱状，主轴被较长柔毛，长 2～15 厘米，刚毛长 4～12 毫米，通常绿色或褐黄色；小穗 2～5 个簇生于短小枝上，长 2～2.5 毫米，基部有刚毛状小枝 1～6 条；第 1 颖卵形，长约为小穗的 1/3，具 3 脉；第 2 颖几与小穗等长，具 5～7 脉；第 1 外稃与小穗等长，具 5～7 脉，其内稃短小狭窄；第 2 外稃具细点状皱纹，边缘内卷；鳞被楔形，顶端微凹；花柱基分离。颖果灰白色。花果期 5～10 月。

本区分布广，俗称猫莠子。生于荒野、道旁。全草含粗脂肪 2.6%、粗蛋白 10.27%、粗纤维 34.40%，可作饲料；全草可药用，具除热、祛湿、消肿之功效。

狗尾草

大油芒 **Spodiopogon sibiricus** Trin.

多年生草本。根状茎长，密被鳞状苞片。秆单一，高 70～150 厘米，具 5～9 节。叶鞘长于节间，鞘口具长柔毛；叶舌截平，长 1～2 毫米；叶片线状披针形，长 15～30 厘米，宽 8～15 毫米，中脉粗壮隆起，两面贴生柔毛。圆锥花序长 12～20 厘米，腋间生柔毛；总状花序具 2～4 节，节具髯毛，节间两侧具长纤毛，顶端膨大成杯状；小穗成对，一有柄，一无柄，长 5～5.5 毫米，草黄色或带紫色；第 1 颖具 7～9 脉，脉间被长柔毛；第 2 颖无柄者具 3 脉，脊与边缘具柔毛，有柄者具 5～7 脉，脉间生柔毛；第 1 外稃与小穗等长，具 1～3 脉，边缘具纤毛；第 2 外稃具长 1～1.5 厘米的芒；雄蕊 3 枚，花药长 2.5 毫米；第 2 小花两性，外稃顶端 2 深裂，裂片间有一芒，长 8～15 毫米；内稃下部宽大，短于外稃；雄蕊 3 枚，花药长 3 毫米；柱头棕褐色，长 2～3 毫米，帚状。颖果长圆状披针形，棕栗色，长约 2 毫米。花果期 7～10 月。

本区均有分布。生于山坡、路旁林荫下。花期茎叶含粗蛋白 5.95%、粗脂肪 1.58%、粗纤维 33.74%，可作饲料；全草可药用，具散结、调经之功效。

大油芒

狼针草 **Stipa baicalensis** Roshev.

多年生草本。须根具砂套。秆直立丛生，高 50～80 厘米，具 3～4 节，基部宿存枯萎的叶鞘。叶鞘平滑或糙涩，下部者通常长于节间；基生叶舌平截或 2 裂，长 0.5～1 毫米、秆生叶舌钝圆或 2 裂，长 1.5～2 毫米，均具睫毛；叶片纵卷成线形，基生叶长可达 40 厘米，下面平滑，上面具疏柔毛。圆锥花序基部常藏于叶鞘内，长 20～50 厘米，分枝细，直立上举；小穗灰绿色或紫褐色；颖尖披针形，先端细丝状，长 2.5～3.5 毫米，第 1 颖具 3 脉，第 2 颖具 5 脉；外稃长 11～14 毫米，顶端关节处生 1 圈短毛，背部具贴生成纵行的短毛，基盘尖锐，长约 4 毫米，密生柔毛，芒两回膝曲，光亮无毛，边缘微粗糙，第 1 芒柱扭转，长 3～5 厘米，第 2 芒柱稍扭转，长 1.5～2 厘米，芒针长约 10 厘米；内稃具 2 脉；花药黄色，长约 5 毫米。花果期 6～10 月。

产本区富县直罗镇。生于山坡和草地。幼嫩时为牲畜喜食的牧草。

狼针草

长芒草 **Stipa bungeana** Trin.

多年生草本。秆丛生，基部膝曲，高 20～60 厘米，有 2～5 节。叶鞘光滑无毛或边缘具纤毛，基生者有隐藏小穗；基生叶舌钝圆形，长约 1 毫米，先端具短柔毛，秆生者披针形，长 3～5 毫米，两侧下延与叶鞘边缘结合，先端常 2 裂；叶片纵卷似针状，茎生者长 3～15 厘米，基生者长可达 17 厘米。圆锥花序为顶生叶鞘所包，成熟后渐抽出，长约 20 厘米，每节有 2～4 细弱分枝小穗灰绿色或紫色；2 颖近等长，有膜质边缘，长 9～15 毫米，有 3～5 脉，先端延伸成细芒；外稃长 4.5～6 毫米，有 5 脉，背部沿脉密生短毛，先端的关节有 1 圈短毛，其下有微刺毛，基盘尖锐，长约 1 毫米，密生柔毛，芒两回膝曲扭转，有光泽，边缘微粗糙，第 1 芒柱长 1～1.5 厘米，第 2 芒柱长 0.5～1 厘米，芒针长 3～5 厘米，稍弯曲；内稃与外稃等长，具 2 脉。颖果长圆柱形，但在隐藏小穗中者为卵圆形，长约 3 毫米，被无芒且无毛之稃体紧密包裹。花果期 6～8 月。

长芒草

产本区富县，印台区，耀州区。生于石质山坡、黄土丘陵、河谷阶地或路旁。

大针茅 **Stipa grandis** P. Smirn.

多年生草本。秆高 50～100 厘米，具 3～4 节，基部宿存枯萎叶鞘。叶鞘粗糙或老时变平滑，下部者通常长于节间；基生叶舌长 0.5～1 毫米，钝圆，缘具睫毛，秆生者长 3～10 毫米，披针形；叶片纵卷似针状，上面具微毛，下面光滑，基生叶长可达 50 厘米。圆锥花序基部包藏于叶鞘内，长 20～50 厘米，分枝细弱，直立上举；小穗淡绿色或紫色；颖长 3～4.5 厘米，尖披针形，先端丝状，第 1 颖具 3～4 脉，第 2 颖具 5 脉；外稃长 1.5～1.6 厘米，具 5 脉，顶端关节处生 1 圈短毛，背部具贴生成纵行的短毛，基盘尖锐，具柔毛，长约 4 毫米，芒两回膝曲扭转，微糙涩，第 1 芒柱长 7～10 厘米，第 2 芒柱长 2～2.5 厘米，芒针卷曲，长 11～18 厘米；内稃与外稃等长，具 2 脉；花药长约 7 毫米。花果期 5～8 月。

产本区富县张家湾镇。生于平坦的山坡草地或林缘。果期全草含粗蛋白 10.0%、粗脂肪 3.03%，是优良牧草。

大针茅

黄背草 **Themeda japonica** (Willd.) Tanaka

多年生草本。秆高 0.5～1.5 米，圆形，黄白色或褐色，髓白色。叶鞘背部具脊，具疣基硬毛；叶舌长 1～2 毫米，有睫毛；叶片条形，长 10～50 厘米，宽 4～8 毫米，中脉显著，上面疏被长柔毛，背面常粉白色，边缘粗糙。圆锥花序由具佛焰苞的总状花序组成，长为全株的 1/3～1/2；佛焰苞长 2～3 厘米；总状花序长 15～17 毫米，具长 2～5 毫米的花序梗，由 7 小穗组成；下部小穗对轮生于一平面，无柄，雄性，长 7～10 毫米；第 1 颖背上面生瘤基毛，具多数脉，两侧具宽膜质边缘；无柄小穗两性，1 枚，长 8～10 毫米，基盘被褐色髯毛；第 1 颖革质，被短刚毛，第 2 颖与第 1 颖同质，等长，被第 1 颖所包卷；第 1 外稃短于颖；第 2 外稃为芒基，芒长 3～6 厘米，一至二回膝曲；有柄小穗似总苞状小穗，较短，雄性或中性。颖果长圆形，胚线形，长为颖果的 1/2。花果期 6～12 月。

产本区富县张家湾镇。生于干燥山坡、草地、林缘等处。茎秆含纤维素 53.4%、半纤维素 21.6%，可供编织、造纸用；全草可药用，具活血调经、平肝潜阳之功效。

黄背草

粽叶芦 **Thysanolaena maxima** (Roxb.) Kuntze

多年生丛生草本。秆高 2～3 米，直立粗壮，具白色髓部，不分枝。叶鞘无毛；叶舌长 1～2 毫米，质硬，截平；叶片披针形，长 20～50 厘米，宽 3～8 厘米，具横脉，顶端渐尖，基部心形，具柄。圆锥花序大型，柔软，长达 50 厘米，分枝多，斜向上升，下部裸露，基部主枝长达 30 厘米；小穗长 1.5～1.8 毫米，小穗柄长约 2 毫米，具关节；颖片无脉，长为小穗的 1/4；第 1 花仅具外稃，约等长于小穗；第 2 外稃卵形，厚纸质，背部圆，具 3 脉，顶端具小尖头；边缘被柔毛；内稃膜质，较短小；花药长约 1 毫米，褐色。颖果长圆形，长约 0.5 毫米。一年有两次花果期，春夏或秋季。

本区多栽培，俗称竽叶、粽叶。叶可包粽；花序可作扫帚；秆作编席、篱笆或造纸用；花期茎叶含粗蛋白 7.24%～14.97%、粗脂肪 3.54%、粗纤维 36.57%～45.61%，含 17 种氨基酸。

粽叶芦

荻 **Triarrhena sacchariflora** (Maxim.) Nakai

多年生草本。根状茎被鳞片。秆高 1～2 米，具 10 多节，节生柔毛。叶鞘长于或上部者短于其节间；叶舌长 0.5～1 毫米，具纤毛；叶宽线形，长 20～50 厘米，宽 5～18 毫米，上面基部密生柔毛，边缘锯齿状粗糙，中脉白色。圆锥花序成伞房状，长 10～30 厘米；主轴无毛，具 10～20 枚分枝，腋间生柔毛；总状花序轴节间长 4～8 毫米；小穗柄基部腋间常有柔毛，短柄长 1～2 毫米，长柄长 3～5 毫米；小穗长 5～5.5 毫米，含 2 小花，基盘具长为小穗 2 倍的丝状柔毛；第 1 颖 2 脊间具 1 脉或无脉，边缘和背部具长柔毛；第 2 颖与第 1 颖近等长，边缘膜质，并具纤毛，有 3 脉；第 1 外稃稍短于颖，具纤毛；第 2 外稃狭窄，短于颖片的 1/4，具小纤毛；第 2 内稃长约为外稃之半，具纤毛；雄蕊 3 枚，花药长约 2.5 毫米；柱头紫黑色，自小穗两侧伸出。颖果长圆形，长 1.5 毫米。花果期 8～10 月。

产本区富县直罗镇、张村驿镇。生于山坡草地和河岸湿地。为优良的防沙护坡植物。

荻

穗三毛 **Trisetum spicatum** (L.) Richt.

多年生草本。须根稠密。秆密集丛生，花序以下具绒毛，高 8～30 厘米，具 1～3 节。叶鞘密生柔毛，基部者长于节间；叶舌透明膜质，长 1～2 毫米，顶端撕裂；叶片扁平，长 2～15 厘米，宽 2～4 毫米，被柔毛。圆锥花序稠密呈穗状，卵圆形至长圆形，长 1.5～7 厘米，浅绿色或紫红色，分枝短，被柔毛，直立或斜向上升；小穗卵圆形，长 4～6 毫米，含 2～3 小花；小穗轴节间长 1～1.5 毫米，被近等长的柔毛；颖透明膜质，近相等，中脉粗糙，第 1 颖长 4～5.5 毫米，具 1 脉，第 2 颖长 5～6 毫米，具 3 脉；第 1 外稃长 4～5 毫米，背部粗糙，顶端 2 裂齿，基盘被短毛，自稃体顶端以下约 1.5 毫米处生芒，芒长 3～4 毫米，向外反曲；内稃略短于外稃，具 2 脊，脊上粗糙；鳞被 2，透明膜质，顶端 2 裂或齿裂；花药黄色或带紫红色，长约 1.5 毫米。花果期 6～9 月。

产本区富县直罗镇。生于山梁草地。

穗三毛

玉蜀黍 **Zea mays** L.

一年生草本。秆直立，高 1～4 米，基部各节具支柱根。叶鞘具横脉；叶舌膜质，长约 2 毫米；叶片扁平宽大，线状披针形，基部圆形呈耳状，中脉粗壮，边缘微粗糙。顶生雄性圆锥花序大型，主轴与总状花序轴及其腋间均被细柔毛；雄性小穗孪生，长达 1 厘米，小穗柄一短一长，分别长 1～2 毫米及 2～4 毫米，被细柔毛；2 颖近等长，膜质，具 10 脉，被纤毛；外稃及内稃透明膜质，稍短于颖；花药橙黄色，长约 5 毫米；雌花序被多数宽大的鞘状苞片所包藏；雌小穗孪生，成 16～30 纵行排列于粗壮的序轴上，2 颖等长，宽大，无脉，具纤毛；外稃及内稃透明膜质，雌蕊具极长的线形花柱。颖果球形或扁球形，成熟后露出颖片和稃片之外，长 5～10 毫米，宽略过于其长，胚长为颖果的 1/2～2/3。花果期秋季。

本区有栽培，又称玉米。为一重要谷物。种子含淀粉 61.2%，食用；茎秆含纤维素 37.53%～37.68%、果胶 0.45%、木质素 18.23%～18.38%，为造纸原料和饲料；花柱与柱头可药用，具平肝利胆、利尿、消肿之功效。

玉蜀黍

132 黑三棱科 Sparganiaceae

黑三棱 **Sparganium stoloniferum** (Graebn.) Buch.-Ham. ex Juz.

多年生水生或沼生草本。块茎膨大，比茎粗 2～3 倍或更粗；根状茎粗壮。茎直立，粗壮，高 0.7～1.2 米或更高，挺水。叶片长 40～90 厘米，宽 0.7～16 厘米，具中脉，上部扁平，下部背面呈龙骨状凸起或呈三棱形，基部鞘状。圆锥花序开展，长 20～60 厘米，具 3～7 个侧枝，每个侧枝上着生 7～11 个雄性头状花序和 1～2 个雌性头状花序，主轴顶端通常具 3～5 个雄性头状花序或更多，无雌性头状花序；花期雄性头状花序呈球形，直径约 10 毫米；雄花花被片匙形，膜质，先端浅裂，早落，花丝长约 3 毫米，丝状，弯曲，褐色，花药近倒圆锥形，长 1～1.2 毫米，宽约 0.5 毫米；雌花花被片长 5～7 毫米，宽 1～1.5 毫米，着生于子房基部，宿存，柱头分叉或否，长 3～4 毫米，向上渐尖，子房无柄，花柱长约 1.5 毫米。果实长 6～9 毫米，倒圆锥形，上部通常膨大呈冠状，具棱，褐色。花果期 5～10 月。

产本区富县直罗镇。生于河沟、水塘边浅水处。块茎可入药，具破血、行气、消积、止痛之功效。

黑三棱

133 香蒲科 Typhaceae

水烛 **Typha angustifolia** L.

多年生沼生草本，高 1.5～3 米。根状茎乳黄色，先端白色；地上茎直立，粗壮。叶片狭条形，宽 5～8 毫米，上部扁平，背面呈凸形，下部横切面呈半圆形；叶鞘抱茎。穗状花序圆柱形，长 30～60 厘米；雄花序长 20～30 厘米，轴具褐色扁柔毛，雄花有雄蕊 2～3 枚，合生，毛较花药长，花药长距圆形，花粉粒单生，纹饰网状，花丝短；叶状苞片 1～3 枚，花后脱落；雌花序长 10～30 厘米，基部具 1 枚叶状苞片，比叶片宽，比柱头短，花后脱落；孕性雌花柱头窄条形，长 1～1.5 毫米，子房具褐色斑点；不孕雌花子房具褐色斑点，先端黄褐色，不育柱头短尖；白色丝状毛生于子房柄基部，短于柱头。小坚果长椭圆形，具褐色斑点，纵裂。种子深褐色。花果期 6～9 月。

本区多见。生于河流、沼泽、沟渠及池塘浅水处。叶片用于编织、造纸等；幼叶基部和根状茎先端可作蔬食；雌花序可作枕芯和坐垫的填充物；全草及花粉可药用，具止血、化瘀、通淋之功效。

水烛

宽叶香蒲 **Typha latifolia** L.

多年生沼生草本。根状茎乳黄色，先端白色。地上茎粗壮，高 1～2.5 米。叶条形，叶片长 45～95 厘米，宽 0.5～1.5 厘米，上部扁平，背面中部以下隆起；下部横切面近新月形；叶鞘抱茎。雌雄花序紧密相接；花期时雄花序长 3.5～12 厘米，比雌花序粗壮，花序轴具灰白色弯曲柔毛，叶状苞片 1～3 枚，花后脱落；雌花序长 5～22.6 厘米，花后发育；雄花由 2 枚雄蕊组成，花丝短于花药，基部合生成短柄，花药长约 3 毫米，花粉粒正四合体，纹饰网状；雌花无小苞片；孕性雌花子房长约 1 毫米，子房柄长约 4 毫米，花柱长 2.5～3 毫米，柱头披针形，长 1～1.2 毫米；不孕雌花子房倒圆锥形，长 0.6～1.2 毫

宽叶香蒲

米，宿存，子房柄不等长；白色丝状毛短于花柱。小坚果披针形，长1～1.2毫米，褐色，果皮无斑点。种子褐色，椭圆形，长不足1毫米。花果期5～8月。

产本区富县直罗镇。生于池塘、沟渠、河流浅水带。根状茎含淀粉81%；叶含纤维素56.2%，用于编织；花粉及全草可药用，具止血、化瘀、通淋、利尿之功效。

小香蒲

小香蒲 Typha minima Funk.

多年生沼生草本。根状茎姜黄色，先端乳白色；地上茎直立，高16～65厘米。叶基生，鞘状，无叶片；如叶片存在，长15～40厘米，宽1～2毫米，短于花葶，叶鞘边缘膜质，叶耳长0.5～1厘米。雄花序长3～8厘米，基部具1枚叶状苞片，长4～6厘米，宽4～6毫米，花后脱落；雌花序长1.6～4.5厘米，叶状苞片宽于叶片；雄花无被，雄蕊1枚单生或2～3枚合生，基部具短柄，长约0.5毫米，花药长1.5毫米，花粉粒成四合体，纹饰颗粒状；雌花具小苞片；孕性雌花柱头条形，长约0.5毫米，花柱长约0.5毫米，子房长0.8～1毫米，纺锤形，子房柄长约4毫米；不孕雌花子房长1～1.3毫米，倒圆锥形；白色丝状毛先端膨大呈圆形，着生于子房柄基部，与不孕雌花及小苞片近等长，均短于柱头。小坚果椭圆形，纵裂，果皮膜质。种子黄褐色，椭圆形。花果期5～8月。

产本区富县直罗镇。生于池塘、水沟边浅水处或低洼处。叶含纤维素56.2%，可用于编织；根茎、果穗及花粉可药用，具清热凉血、利水消肿、收敛止血之功效。

香蒲

香蒲 Typha orientalis Presl.

多年生水生或沼生草本。根状茎乳白色；地上茎粗壮，高1.3～2米。叶片条形，长40～70厘米，宽0.4～0.9厘米，背面隆起呈凸形，横切面呈半圆形；叶鞘抱茎。雄花序长2.7～9.2厘米，序轴具白色弯曲柔毛，有1～3枚叶状苞片，花后脱落；雌花序长4.5～15.2厘米，基部具1枚叶状苞片，花后脱落；雄花由3枚雄蕊组成，或2枚或4枚合生，花丝很短，基部合生成短柄，花药长约3毫米，2室，条形，花粉粒单体；雌花无小苞片；孕性雌花柱头匙形，长0.5～0.8毫米，花柱长1.2～2毫米，子房纺锤形，子房柄长约2.5毫米；不孕雌花子房长约1.2毫米，不发育柱头宿存；白色丝状毛单生，或几枚合生，长于花柱，短于柱头。小坚果椭圆形，果皮具长形褐色斑点。种子褐色，微弯。花果期5～8月。

产本区富县直罗镇。生于池塘、水沟边浅水处或干枯后的湿地及低洼处。嫩茎叶可作蔬菜食用；花粉药用，具活血化瘀、止血镇痛、通淋之功效。

134 美人蕉科 Cannaceae

美人蕉

美人蕉 Canna indica L.

多年生草本，植株全部绿色，高可达1.5米。叶片卵状长圆形，长10～30厘米，宽达10厘米。总状花序疏花；略超出于叶片；花红色，单生；苞片卵形，绿色，长约1.2厘米；萼片3枚，披针形，长约1厘米，绿色而有时染红色；花冠管长不及1厘米，花冠裂片披针形，长3～3.5厘米，绿色或红色；外轮退化雄蕊2～3枚，鲜红色，其中2枚倒披针形，长3.5～4厘米，宽5～7毫米，另一枚如存在则特别小，长 1.5 厘米，宽仅 1 毫米；唇瓣披针形，长 3 厘米，弯曲；发育雄蕊长 2.5 厘米，花药室长 6 毫米；花柱扁平，长 3 厘米，一半和发育雄蕊的花丝连合。蒴果绿色，长卵形，有软刺，长 1.2～1.8 厘米。花果期 3～12 月。

本区公园、庭院有栽培，供观赏。茎叶含纤维素 32.0%，代麻用；根状茎含淀粉，可酿酒；根状茎及花可药用，具清热利湿、安神降压、止血之功效。

135 百合科 Liliaceae

洋葱 **Allium cepa** L.

多年生草本。鳞茎粗大，近球状至扁球状；鳞茎外皮紫红色、褐红色、淡褐红色、黄色至淡黄色，纸质至薄革质，内皮肥厚，肉质，均不破裂。叶圆筒状，中空，中部以下最粗，向上渐狭，比花葶短，粗在 0.5 厘米以上。花葶粗壮，高可达 1 米，中空的圆筒状，在中部以下膨大，向上渐狭，下部被叶鞘；总苞 2～3 裂；伞形花序球状，具多而密集的花；小花梗长约 2.5 厘米；花粉白色；花被片具绿色中脉，矩圆状卵形，长 4～5 毫米，宽约 2 毫米；花丝等长，稍长于花被片，约在基部 1/5 处合生，合生部分下部的 1/2 与花被片贴生，内轮花丝的基部极为扩大，扩大部分每侧各具 1 齿，外轮的锥形；子房近球状，腹缝线基部具有帘的凹陷蜜穴；花柱长约 4 毫米。花果期 5～7 月。

本区多栽培。茎、叶、花含挥发油，食用或药用；鳞茎供食用或药用，具解毒消肿、杀虫之功效。

洋葱

葱 **Allium fistulosum** L.

多年生草本。鳞茎单生，圆柱状，稀为基部膨大的卵状圆柱形，粗 1～2 厘米，有时可达 4.5 厘米；鳞茎外皮白色，稀淡红褐色，膜质至薄革质，不破裂。叶圆筒状，中空，向顶端渐狭，约与花葶等长，粗在 0.5 厘米以上。花葶圆柱状，中空，高 30～60 厘米，中部以下膨大，向顶端渐狭，约在 1/3 以下被叶鞘；总苞膜质，2 裂；伞形花序球状，多花，较疏散；小花梗纤细，与花被片等长，或为其长的 2～3 倍，基部无小苞片；花白色；花被片长 6～8.5 毫米，近卵形，先端渐尖，具反折的尖头，外轮的稍短；花丝为花被片长度的 1.5～2 倍，锥形，在基部合生并与花被片贴生；子房倒卵状，腹缝线基部具不明显的蜜穴；花柱细长，伸出花被外。花果期 4～7 月。

本区多栽培。作蔬菜食用；鳞茎含挥发油，供药用作杀虫剂用；须根、鳞茎、花、种子药用，具发表、通阳、解毒之功效。

葱

薤白 **Allium macrostemon** Bunge

多年生草本。鳞茎近球状，径 0.7～2 厘米，基部常具小鳞茎；鳞茎外皮带黑色，纸质或膜质。叶 3～5 枚，半圆柱状，或三棱状半圆柱形，中空，上面具沟槽，比花葶短。花葶圆柱状，高 30～70 厘米，1/4～1/3 被叶鞘；总苞 2 裂，比花序短；伞形花序半球状至球状，具多而密集的花；小花梗近等长，比花被片长 3～5 倍，基部具小苞片；花淡紫色或淡红色；花被片矩圆状卵形至矩圆状披针形，长 4～5.5 毫米，宽 1.2～2 毫米，内轮的常较狭；花丝等长，比花被片稍长，在基部合生并与花被片贴生，分离部分的基部呈狭三角形扩大，向上收狭成锥形，内轮的基部约为外轮基部宽的 1.5 倍；子房

薤白

近球状，腹缝线基部具有帘的凹陷蜜穴；花柱伸出花被外。花果期5～7月。

本区分布广，俗称小蒜。生于山坡、丘陵、山谷或草地上。茎、叶、花含挥发油，供药用作杀虫剂用，食用；鳞茎药用，具温中通阳、理气宽胸之功效。

卵叶韭 Allium ovalifolium Hand.-Mzt.

多年生草本。具根状茎；鳞茎单一或2～3枚聚生，近圆柱状；外皮灰褐色，破裂成纤维质网状。叶2枚，极少3枚，卵状披针形至卵状椭圆形，长8～15厘米，宽3～7厘米，顶端渐尖或短尖，基部圆形至浅心形；叶柄可与叶片等长，连同叶片两面和叶缘具乳头状突起。花葶圆柱状，高30～60厘米，下部被叶鞘；总苞2裂，宿存或早落；伞形花序球状，具多花；小花梗近等长，长为花被片的1.5～4倍，无小苞片；花白色或淡红色；花被片内轮的披针状矩圆形至狭矩圆形，长4～6毫米，宽1～1.6毫米，外轮的较宽而短，狭卵形、卵形或卵状矩圆形，长3.5～5毫米，宽1.4～2毫米；内外花被片先端钝或凹陷，或具小齿；花丝等长，比花被片长1/4～1/2，基部合生并与花被片贴生，内轮的狭长三角形，外轮的锥形；子房具3圆棱，基部收狭成长约0.5毫米的短柄，每室1胚珠。花果期7～9月。

产本区黄陵县双龙镇。生于阴湿山坡、沟边或林缘。嫩叶可食用；全草可药用，具活血散瘀、止血止痛之功效。

卵叶韭

野韭 Allium ramosum L.

多年生草本。根状茎粗壮横生；鳞茎近圆柱状，外皮黄褐色，破裂成纤维质网状。叶三棱状条形，背面具呈龙骨状的纵棱，中空，比花序短，宽1.5～8毫米，沿叶缘和纵棱具细糙齿或光滑。花葶圆柱状，具纵棱，高25～60厘米，下部被叶鞘；总苞单侧开裂至2裂，宿存；伞形花序半球状或近球状，多花；小花梗近等长，比花被片长2～4倍，基部具小苞片，在数枚小花梗的基部为1枚苞片所包围；花白色或淡红色；花被片具红色中脉，内轮的矩圆状倒卵形，先端具短尖头或钝圆，长4.5～11毫米，宽1.8～3.1毫米，外轮与内轮等长但较窄，矩圆状卵形至矩圆状披针形，先端具短尖头；花丝等长，为花被片长的1/2～3/4，基部合生并与花被片贴生，合生部分高0.5～1毫米，分离部分狭三角形，内轮的稍宽；子房倒圆锥状球形，具3圆棱，外壁具疣状突起。花果期6月底至9月。

产本区富县张村驿镇，印台区。生于向阳山坡、草坡或草地上。叶可食用；茎、叶、花含挥发油，供药用作杀虫剂用。

野韭

蒜 Allium sativum L.

一年生草本。鳞茎球状至扁球状，由6～10瓣肉质、瓣状小鳞茎排列而成，膜质外皮数层，白色至带紫色。叶宽条形至条状披针形，扁平，先端长渐尖，比花葶短，宽达2.5厘米。花葶实心，圆柱状，高达60厘米，中部以下被叶鞘；总苞具长7～20厘米的长喙，早落；伞形花序密具珠芽，具苞片1～3枚，片长8～10厘米，膜质，浅绿色，间有数花；小花梗纤细；小苞片大，卵形，膜质，具短尖；花常淡红色；花被片披针形至卵状披针形，花被6，粉红色，长3～4毫米，内轮较短；雄蕊6枚，白色；花丝比花被片短，基部合生并与花被片贴生，内轮的基部扩大，每侧具1齿，齿端成长丝状，长超过花被片，外轮的锥形，花药突出；雌蕊1枚，子房球状，

蒜

上位，先端凹入，3室，花柱不伸出花被外。蒴果，1室开裂。种子黑色。花果期夏季。

本区普遍栽培。幼苗、花葶和鳞茎均供蔬食；鳞茎可药用，具温中健胃、消食理气之功效。

细叶韭 **Allium tenuissimum** L.

多年生草本。鳞茎数枚聚生，近圆柱状，外皮紫褐色至灰黑色，膜质，顶端破裂，内皮带紫红色，膜质。叶半圆柱状，与花葶近等长，粗0.3～1毫米，光滑。花葶圆柱状，具细纵棱，光滑，高10～40厘米，粗0.5～1毫米，下部被叶鞘；总苞单侧开裂，宿存；伞形花序半球状，松散；小花梗近等长，长0.5～1.5厘米，果期略增长，具纵棱，光滑，基部无小苞片；花白色或淡红色，稀紫红色；外轮花被片卵状矩圆形至阔卵状矩圆形，先端钝圆，长2.8～4毫米，宽1.5～2.5毫米，内轮的倒卵状矩圆形，先端平截，稍宽长；花丝为花被片长的2/3，基部合生并与花被片贴生，外轮的锥形，比内轮的稍短，内轮下部扩大成卵圆形，扩大部分约为花丝长的2/3；子房卵球状，花柱不伸出花被外。蒴果室背开裂。种子黑色，多棱形或近球状。花果期7～9月。

本区分布广，俗称侧焖。生于山坡、草地或沙丘上。民间将花序作香料食用。

细叶韭

韭 **Allium tuberosum** Rottl. ex Spreng.

多年生草本。根状茎倾斜横生；鳞茎簇生，近圆柱状，外皮暗黄色至黄褐色，破裂成纤维质网状。叶条形，扁平，实心，比花葶短。花葶圆柱状，具2纵棱，下部被叶鞘；总苞单侧开裂，或2～3裂，宿存；伞形花序半球状或近球状，具多数但稀疏的花；小花梗近等长，比花被片长2～4倍，基部具小苞片，数枚小花梗的基部为1枚共同的苞片所包围；花白色；花被片具绿色或黄绿色的中脉，内轮的矩圆状倒卵形，先端具短尖头或钝圆，外轮的常较窄，矩圆状卵形至矩圆状披针形，先端具短尖头；花丝等长，为花被片长的2/3～4/5，基部合生并与花被片贴生，分离部分狭三角形，内轮的稍宽；子房倒圆锥状球形，具3圆棱，外壁具疣状突起。蒴果室背开裂。种子黑色，多棱形或近球状。花果期7～9月。

本区多栽培，亦有野生。叶和花作蔬菜食用；根、鳞茎、种子可药用，具温中、行气、散瘀、壮阳固精之功效。

韭

知母 **Anemarrhena asphodeloides** Bunge

多年生草本，全株无毛。根状茎横走，粗0.5～1.5厘米，被残存的叶鞘所覆盖。叶基生，线形，长20～70厘米，宽1.5～11毫米，质稍硬，先端成近丝状，基部渐宽成鞘状，具多条平行脉。花葶直立，不分枝，比叶长很多；总状花序长20～50厘米，下部具披针形退化叶，上部疏生鳞片状小苞片；苞片卵形或卵圆形，先端长渐尖；花2～6朵成一簇，散生花葶上部，粉红色或白色，具短梗；花被片6枚，2轮排列，条形，长5～10毫米，宽1～1.5毫米，先端稍内折，边缘较薄，中央具3脉，宿存；发育雄蕊3枚，着生于内轮花被片近中部，花药黄色，退化雄蕊3枚，着生于外轮花被片近基部，不具花药；雌蕊1枚，子房长卵形，3室，花柱短，柱头1。蒴果狭椭圆形，长8～13毫米，宽5～6毫米，顶端有短喙，成熟时沿腹缝线开裂为3裂片，每裂片内常具1粒种子。种子黑色，长卵形，具3棱，一端尖，长7～10毫米。花果期6～9月。

知母

产本区富县直罗镇。生于较干燥或向阳的山坡草地。根状茎可药用，具滋阴降火、润燥滑肠、利大小便之功效。

攀援天门冬 Asparagus brachyphyllus Turcz.

多年生攀援植物。块根肉质，近圆柱状，粗7～15毫米。茎近平滑，长20～100厘米，分枝具纵凸纹，通常有软骨质齿。叶状枝每4～10枚成簇，近扁的圆柱形，略有几条棱，伸直或弧曲，长4～12（～20）毫米，粗约0.5毫米，有软骨质齿，较少齿不明显；鳞片状叶基部有长1～2毫米的刺状短距，有时距不明显。花通常每2～4朵腋生，淡紫褐色；花梗长3～6毫米，关节位于近中部；雄花花被长7毫米，花丝中部以下贴生于花被片上；雌花较小，花被片长约3毫米。浆果直径6～7毫米，熟时红色，通常有4～5粒种子。花期5～6月，果期8月。

本区富县多见。生于山坡、田边或灌丛中。根药用，具滋补、祛风湿、敛黄水之功效。

攀援天门冬

兴安天门冬 Asparagus dauricus Fisch. ex Link

多年生直立草本，高30～70厘米。根细长，粗约2毫米。茎和分枝有条纹，有时幼枝具软骨质齿。叶状枝每1～6枚成簇，通常全部斜立，和分枝交成锐角，很少兼有平展和下倾的，稍扁的圆柱形，略有几条不明显的钝棱，长1～4厘米，粗约0.6毫米，伸直或稍弧曲，有时有软骨质齿；鳞片状叶基部无刺。花每2朵腋生，黄绿色；雄花花梗长3～5毫米，和花被片近等长，关节位于近中部；花丝大部分贴生于花被片上，离生部分很短，只有花药一半长；雌花极小，花被长约1.5毫米，短于花梗，花梗关节位于上部。浆果直径6～7毫米，有2～4粒种子。花期5～6月，果期7～9月。

产本区富县直罗镇。生于沙丘或干燥山坡上。

兴安天门冬

羊齿天门冬 Asparagus filicinus Buch.-Ham. ex D. Don

多年生直立草本，通常高50～70厘米。根成簇，从基部开始或在距基部几厘米处成纺锤状膨大，膨大部分长短不一，一般长2～4厘米，宽5～10毫米。茎近平滑，分枝通常有棱，有时稍具软骨质齿。叶状枝每5～8枚成簇，扁平，镰刀状，长3～15毫米，宽0.8～2毫米，有中脉；鳞片状叶基部无刺。花每1～2朵腋生，淡绿色，有时稍带紫色；花梗纤细，长12～20毫米，关节位于近中部；雄花花被长约2.5毫米，花丝不贴生于花被片上；花药卵形，长约0.8毫米；雌花和雄花近等大或略小。浆果直径5～6毫米，有2～3粒种子。花期5～7月，果期8～9月。

产本区富县直罗镇、张村驿镇，宜君县，耀州区，旬邑县。生于疏林下或山谷阴湿处。块根药用，具清热润肺、养阴润燥、止咳、杀虫、止痛消肿之功效。

羊齿天门冬

石刁柏 Asparagus officinalis L.

多年生直立草本，高可达1米。根粗2～3毫米。茎平滑，上部在后期常俯垂，分枝较柔弱。叶状枝每3～6枚成簇，近扁的圆柱形，略有钝棱，纤细，常稍弧曲，长5～30毫米，粗0.3～0.5毫米；鳞片状叶基部有刺状短距或近无距。花每1～4朵腋生，绿黄色；花梗长8～12毫米，关节位于上部或近中部；雄花花被片长5～6毫米；花丝中部以下贴生于花被片上；雌花较小，花被片长

石刁柏

约 3 毫米。浆果直径 7～8 毫米，熟时红色，有 2～3 粒种子。花期 5～6 月，果期 9～10 月。

本区居室、花房或药圃有栽培。通称芦笋、龙须菜，是世界著名蔬菜之一。嫩茎可药用，具清热利湿、活血散结之功效。

文竹 **Asparagus setaceus** (Kunth) Jessop

多年生攀援植物，高可达几米。根稍肉质，细长。茎的分枝极多，分枝近平滑。叶状枝通常每 10～13 枚成簇，刚毛状，略具 3 棱，长 4～5 毫米；鳞片状叶基部稍具刺状距或距不明显。花通常每 1～3（～4）朵腋生，白色，有短梗；花被片长约 7 毫米。浆果直径 6～7 毫米，熟时紫黑色，有 1～3 粒种子。果期冬季至翌年春季。

本区居室、花房有栽培。块根及全草药用，具润肺止咳、凉血解毒、利尿通淋之功效。

文竹

曲枝天门冬 **Asparagus trichophyllus** Bunge

多年生草本，近直立。根较细。茎平滑，中部至上部强烈迴折状，有时上部疏生软骨质齿；分枝先下弯而后上升，靠近基部这一段形成强烈弧曲，有时近半圆形，上部迴折状，小枝多少具软骨质齿。叶状枝通常每 5～8 枚成簇，刚毛状，略有 4～5 棱，稍弧曲，通常稍伏贴于小枝上，有时稍具软骨质齿；茎上的鳞片状叶基部有长 1～3 毫米的刺状距，极少成为硬刺，分枝上的距不明显。花每 2 朵腋生，绿黄色而稍带紫色；花梗关节位于近中部；雄花花被片长 6～8 毫米，花丝中部以下贴生于花被片上；雌花较小，花被片长 2.5～3.5 毫米。浆果，熟时红色，有 3～5 粒种子。花期 5 月，果期 7 月。

产本区富县张家湾镇。生于山地、田边或荒地上。根药用，具祛风除湿之功效。

曲枝天门冬

吊兰 **Chlorophytum comosum** (Thunb.) Baker

多年生草本植物。根状茎短，根稍肥厚。叶剑形，绿色或有黄色条纹，长 10～30 厘米，宽 1～2 厘米，向两端稍变狭。花葶比叶长，有时长可达 50 厘米，常变为匍匐枝而在近顶部具叶簇或幼小植株；花白色，常 2～4 朵簇生，排成疏散的总状花序或圆锥花序；花梗长 7～12 毫米，关节位于中部至上部；花被片长 7～10 毫米，3 脉；雄蕊稍短于花被片，花药矩圆形，长 1～1.5 毫米，明显短于花丝，开裂后常卷曲。蒴果三棱状扁球形，长约 5 毫米，宽约 8 毫米，每室具种子 3～5 粒。花期 5 月，果期 8 月。

本区居室、花房有栽培，又称垂盆草，供观赏。全草药用，具止咳化痰、消肿解毒、活血接骨之功效。

吊兰

君子兰 **Clivia miniata** Regel

多年生草本。根肉质纤维状，乳白色，十分粗壮。茎基部宿存的叶基呈鳞茎状。基生叶质厚，深绿色，具光泽，带状，长 30～50 厘米，宽 3～5 厘米，下部渐狭，互生排列，全缘。花葶自叶腋抽出，花茎宽约 2 厘米；伞形花序有花 10～20 朵，有时更多；花梗长 2.5～5 厘米；花直立向上，花被宽漏斗形，鲜红色，内面略带黄色；花被裂片 6，合生；花被管长约 5 毫米，外轮花被裂片顶端有微凸头，内轮顶端微凹，略长于雄蕊；花柱长，稍伸出于花被外。浆果紫红色，宽卵形。花期 6～7 月，有时冬季也可开花，果熟期 10 月。

本区花房、居室多栽培，供观赏。全株入药，有抗病毒、抗癌作用。

君子兰

文珠兰 Crinum asiaticum L. var. sinicum (Roxb. ex Herb.) Baker

多年生粗壮草本。鳞茎长柱形。叶 20～30 枚，多列，带状披针形，长可达 1 米，宽 7～12 厘米或更宽，顶端渐尖，具 1 急尖的尖头，边缘波状，暗绿色。花茎直立，几与叶等长；伞形花序有花 10～24 朵，佛焰苞状总苞片披针形，长 6～10 厘米，膜质，小苞片狭线形，长 3～7 厘米；花梗长 0.5～2.5 厘米；花高脚碟状，芳香；花被管纤细，伸直，长 10 厘米，直径 1.5～2 毫米，绿白色，花被裂片线形，长 4.5～9 厘米，宽 6～9 毫米，向顶端渐狭，白色；雄蕊淡红色，花丝长 4～5 厘米，花药线形，顶端渐尖，长 1.5 厘米或更长；子房纺锤形，长不及 2 厘米。蒴果近球形，直径 3～5 厘米。通常种子 1 粒。花期夏季。

本区花房、居室多栽培，供观赏。叶与鳞茎药用，有活血散瘀、消肿止痛之功效。

文珠兰

黄花菜 Hemerocallis citrina Baroni

多年生草本植物，植株一般较高大。根近肉质，中下部常有纺锤状膨大。叶 7～20 枚。花葶长短不一，一般稍长于叶，基部三棱形，上部多少圆柱形，有分枝；苞片披针形，下面的长可达 3～10 厘米，自下向上渐短；花梗较短；花多朵，最多可达 100 朵以上；花被淡黄色，有时在花蕾时顶端带黑紫色；花被管长 3～5 厘米，花被裂片长（6～）7～12 厘米，内 3 片宽 2～3 厘米。蒴果钝三棱状椭圆形。种子 20 多粒，黑色，有棱，从开花到种子成熟需 40～60 天。花果期 5～9 月。

本区多栽培，俗称金针花。花食用；根及根状茎有小毒，可药用，具利水、凉血之功效。

黄花菜

萱草 Hemerocallis fulva (L.) L.

多年生草本植物。根状茎粗短，具肉质纤维根，多数膨大呈窄长纺锤形。叶基生成丛，条状披针形，长 30～60 厘米，宽约 2.5 厘米，背面被白粉。夏季开橘红色至橘黄色大花，花葶长于叶，高达 1 米以上；花早上开晚上凋谢，无香味；圆锥花序顶生，有花 6～12 朵，花梗长约 1 厘米，有小的披针形苞片；花长 7～12 厘米，花被基部粗短漏斗状，长达 2.5 厘米，花被 6 片，开展，向外反卷，外轮 3 片，宽 1～2 厘米，内轮 3 片，宽达 2.5 厘米，边缘稍作波状，下部一般有“∧”形彩斑；雄蕊 6 枚，花丝长，着生花被喉部；子房上位，花柱细长。花果期 5～7 月。

本区公园、庭院、路旁有栽培。花可提取染料；叶遇氟尖端就变成红褐色，可作为检测环境是否受到氟污染的指示植物；根有毒，可药用，具清热利尿、凉血止血之功效。

萱草

朱顶红 Hippeastrum rutilum (Ker-Gawl.) Herb.

多年生草本。鳞茎近球形，直径 5～7.5 厘米，并有匍匐枝。叶 6～8 枚，花后抽出，鲜绿色，带形，长约 30 厘米，基部宽约 2.5 厘米。花茎中空，稍扁，高约 40 厘米，宽约 2 厘米，具有白粉；花 2～4 朵；佛焰苞状总苞片披针形，长约 3.5 厘米；花梗纤细，长约 3.5 厘米；花被管绿色，圆筒状，长约 2 厘米，花被裂片长圆形，顶端尖，长约 12 厘米，宽约 5 厘米，洋红色，略带绿色，喉部有小鳞片；雄蕊 6 枚，长约 8 厘米，花丝红色，花药线状长圆形，

朱顶红

长约6毫米，宽约2毫米；子房长约1.5厘米，花柱长约10厘米，柱头3裂。花期夏季。

本区花房、庭院、居室多栽培，供观赏。

山丹 Lilium pumilum DC.

多年生草本。鳞茎卵形或圆锥形，鳞片矩圆形或长卵形，白色；茎有小乳头状突起，有的带紫色条纹。叶散生于茎中部，条形，中脉下面突出，边缘有乳头状突起。花单生或数朵排成总状花序，鲜红色，通常无斑点，有时有少数斑点，下垂；花被片反卷，蜜腺两边有乳头状突起；花丝无毛，花药长椭圆形，黄色，花粉色近红色；子房圆柱形，花柱稍长于子房或长1倍多，柱头膨大，3裂。蒴果矩圆形。花期7～8月，果期9～10月。

本区分布广，又称细叶百合，俗称山丹丹。生于山坡草地或林缘。鳞茎含淀粉20%左右、糖11.47%、脂肪12.43%，可食用或酿酒；花色艳丽，供观赏；花含挥发油，可提取供香料用；鳞茎可药用，具养阴润肺、清心安神之功效。

山丹

水仙 Narcissus tazetta L. var. chinensis Roem.

多年生草本。鳞茎卵球形。叶宽线形，扁平，长20～40厘米，宽8～15毫米，钝头，全缘，粉绿色。花茎几与叶等长；伞形花序有花4～8朵；佛焰苞状总苞膜质；花梗长短不一；花被管细，灰绿色，近三棱形，长约2厘米，花被裂片6，卵圆形至阔椭圆形，顶端具短尖头，扩展，白色，芳香；副花冠浅杯状，淡黄色，不皱缩，长不及花被的一半；雄蕊6枚，着生于花被管内，花药基着；子房3室，每室有胚珠多数，花柱细长，柱头3裂。蒴果室背开裂。花期春季。

本区花房、居室多栽培，供观赏。鳞茎有小毒，与花入药，具清热解毒、散结消肿、祛风除热、活血调经之功效。

水仙

麦冬 Ophiopogon japonicus (L. f.) Ker-Gawl.

多年生草本植物。根较粗，中间或近末端常膨大成椭圆形或纺锤形的小块根；小块根长1～1.5厘米或更长些，宽5～10毫米，淡褐黄色。地下走茎细长，直径1～2毫米，节上具膜质的鞘；茎很短。叶基生成丛，禾叶状，长10～50厘米，少数更长些，宽1.5～3.5毫米，具3～7条脉，边缘具细锯齿。花葶长6～15（～27）厘米，通常比叶短得多；总状花序长2～5厘米，或有时更长些，具几朵至十几朵花；花单生或成对着生于苞片腋内；苞片披针形，先端渐尖，最下面的长可达7～8毫米；花梗长3～4毫米，关节位于中部以上或近中部；花被片常稍下垂而不展开，披针形，长约5毫米，白色或淡紫色；花药三角状披针形，长2.5～3毫米；花柱长约4毫米，较粗，宽约1毫米，基部宽阔，向上渐狭。种子球形，直径7～8毫米。花期5～8月，果期8～9月。

产本区富县直罗镇，又称沿阶草。生于山坡阴湿处或溪旁，公园、庭院亦有栽培。小块根可药用，具生津解渴、润肺止咳之功效。

麦冬

卷叶黄精 Polygonatum cirrhifolium (Wall.) Royle

多年生草本。根状茎肥厚，圆柱状，或根状茎连珠状，结节直径1～2厘米。叶通常每3～6枚轮生，很少下部有少数散生的，细条形至条状披针形，少有矩圆状披针形，先端拳卷或弯曲成钩状，边常外卷。花序轮生，通常具2花，总花梗长3～10毫米，花梗长3～8毫

卷叶黄精

米，俯垂；苞片透明膜质，无脉，位于花梗上或基部，或苞片不存在；花被淡紫色，花被筒中部稍缢狭，裂片长约2毫米；花丝长约0.8毫米，花药长2～2.5毫米；子房长约2.5毫米，花柱长约2毫米。浆果红色或紫红色，具4～9粒种子。花期5～7月，果期9～10月。

本区分布广。生于林下、山坡或草地。根状茎药用，具补气养阴、健脾、润肺、益肾之功效。

二苞黄精

二苞黄精 **Polygonatum involucratum** (Franch. et Sav.) Maxim.

多年生草本。根状茎细圆柱形，直径3～5毫米。茎高20～50厘米，具4～7叶。叶互生，卵形、卵状椭圆形至矩圆状椭圆形，长5～10厘米，先端短渐尖，下部的具短柄，上部的近无柄。花序具2花，总花梗长1～2厘米，顶端具2枚叶状苞片；苞片卵形至宽卵形，长2～3.5厘米，宽1～3厘米，宿存，具多脉；花梗极短，仅长1～2毫米，花被绿白色至淡黄绿色，全长2.3～2.5厘米，裂片长约3毫米；花丝长2～3毫米，向上略弯，两侧扁，具乳头状突起，花药长4～5毫米；子房长约5毫米，花柱长18～20毫米，等长于或稍伸出花被之外。浆果直径约1厘米，具7～8粒种子。花期5～6月，果期8～9月。

产本区富县直罗镇。生于林下或阴湿山坡。根状茎药用，具养阴润燥、生津止渴、温中开胃、排脓、强壮之功效。

大苞黄精

大苞黄精 **Polygonatum megaphyllum** P. Y. Li

多年生草本植物。根状茎通常具瘤状结节而呈不规则的连珠状或圆柱形，直径3～6毫米。茎高15～30厘米，除花和茎的下部外，其他部分疏生短柔毛。叶互生，狭卵形、卵形或卵状椭圆形，长3.5～8厘米。花序通常具2花，总花梗长4～6毫米，顶端有3～4枚叶状苞片；花梗极短，长1～2毫米；苞片卵形或狭卵形，长1～3厘米；花被淡绿色，全长11～19毫米，裂片长约3毫米；花丝长约4毫米，稍两侧扁，近平滑，花药约与花丝等长；子房长3～4毫米，花柱长6～11毫米。花期5～6月。

产本区富县直罗镇。生于阴湿山坡或林下。为中国特有种。

玉竹

玉竹 **Polygonatum odoratum** (Mill.) Druce

多年生草本植物。根状茎圆柱形，直径5～14毫米。茎高20～50厘米，具7～12叶。叶互生，椭圆形至卵状矩圆形，长5～12厘米，宽3～16厘米，先端尖，下面带灰白色，下面脉上平滑至呈乳头状粗糙。花序具1～4花（在栽培情况下，可多至8朵），总花梗（单花时为花梗）长1～1.5厘米，无苞片或有条状披针形苞片；花被黄绿色至白色，全长13～20毫米，花被筒较直，裂片长3～4毫米；花丝丝状，近平滑至具乳头状突起，花药长约4毫米；子房长3～4毫米，花柱长10～14毫米。浆果蓝黑色，直径7～10毫米，具7～9粒种子。花期5～6月，果期7～9月。

本区分布广。生于林下或山野阴坡。根状茎药用，具养阴润燥、生津止渴之功效。

黄精

黄精 **Polygonatum sibiricum** F. Delaroche

多年生草本。根状茎圆柱状，由于结节膨大，一头粗、一头细，在粗的一头有短分枝，直径1～2厘米。茎高50～90厘米，或可达1米以上，有时呈攀援状。叶轮生，每轮4～6枚，条状披针形，长8～15厘米，宽6～16毫米，先端拳卷或弯曲成钩。花序通常具2～

4 花，似呈伞状，总花梗长 1～2 厘米，花梗长 3～10 毫米，俯垂；苞片位于花梗基部，膜质，钻形或条状披针形，长 3～5 毫米，具 1 脉；花被乳白色至淡黄色，全长 9～12 毫米，花被筒中部稍缢缩，裂片长约 4 毫米；花丝长 0.5～1 毫米，花药长 2～3 毫米；子房长约 3 毫米，花柱长 5～7 毫米。浆果直径 7～10 毫米，黑色，具 4～7 粒种子。花期 5～6 月，果期 8～9 月。

产本区富县直罗镇、张村驿镇，耀州区。生于疏林下、灌丛中或山坡阴湿处。根状茎可药用，具补气养阴、健脾、润肺、益肾、强筋骨之功效。

鹿药 **Smilacina japonica** A. Gray

鹿药

多年生草本，植株高 30～60 厘米。根状茎横走，多少圆柱状，粗 6～10 毫米，有时具膨大结节；茎中部以上或仅上部具粗伏毛，具 4～9 叶。叶纸质，卵状椭圆形、椭圆形或矩圆形，长 6～13（～15）厘米，宽 3～7 厘米，先端近短渐尖，两面疏生粗毛或近无毛，具短柄。圆锥花序长 3～6 厘米，有毛，具 10 至 20 余朵花；花单生，白色；花梗长 2～6 毫米；花被片分离或仅基部稍合生，矩圆形或矩圆状倒卵形，长约 3 毫米；雄蕊长 2～2.5 毫米，基部贴生于花被片上，花药小；花柱长 0.5～1 毫米，与子房近等长，柱头几不裂。浆果近球形，直径 5～6 毫米，熟时红色，具 1～2 粒种子。花期 5～6 月，果期 8～9 月。

产本区富县直罗镇。生于林下阴湿处或岩缝中。根及根状茎药用，具补气益肾、祛风除湿和活血调经之功效。

136 鸢尾科 Iridaceae

射干 **Belamcanda chinensis** (L.) Redouté

射干

多年生草本。须根多数，带黄色。根状茎块状，斜伸，黄色或黄褐色；茎实心。叶互生，嵌叠状排列，剑形，基部鞘状抱茎，顶端渐尖，无中脉。花序顶生，叉状分枝；花梗细，花梗及花序的分枝处均包有膜质的苞片，苞片披针形或卵圆形；花橙红色，散生紫褐色的斑点；花被裂片 6，2 轮排列；雄蕊 3 枚，着生于外花被裂片的基部，花丝近圆柱形，花药条形，外向开裂；花柱顶端 3 裂，裂片边缘略向外卷，有细而短的毛，子房下位，倒卵形，3 室，中轴胎座，胚珠多数。蒴果倒卵形或长椭圆形，顶端无喙，常残存有凋萎的花被，成熟时室背开裂，果瓣外翻，中央有直立的果轴。种子圆球形，黑紫色，有光泽，着生在果轴上。花期 6～8 月，果期 7～9 月。

产本区富县直罗镇，宜君县。生于林缘或山坡草地。根状茎有小毒，可药用，具清热解毒、利咽消痰之功效。

野鸢尾 **Iris dichotoma** Pall.

野鸢尾

多年生草本。须根多数，粗而长，黄白色。根状茎块状，棕褐色。叶基生或在花茎基部互生，剑形，长 15～35 厘米，宽 1.5～3 厘米，顶端弯曲呈镰刀形，边缘绿白色，基部鞘状抱茎，平行脉多数。花葶实心，高达 70 厘米，上部二歧状分枝，分枝处生有披针形的茎生叶，花 3～5 朵簇生分枝顶端；苞片 4～5 枚，膜质，边缘白色，披针形，长 1.5～2.3 厘米；花白色，有紫褐色斑纹，直径 2～2.5 厘米，花梗超出苞片，长 2～3.5 厘米；花被管甚短，外轮 3 花被裂片宽倒披针形，长 3～3.5 厘米，宽约 1 厘米，基部渐狭成爪，有黄褐色条纹；内轮 3 花被裂片狭倒卵形，较小，顶端微凹；雄蕊长 1.6～1.8 厘米，花药与花丝等长；子房绿色，长约1厘米，花柱分枝3，花瓣状，长2.5厘米，顶端2裂，狭三角形。蒴果圆柱形，长3.5～5厘米，直径1～1.2厘米，果皮黄绿色。种子暗褐色，椭圆形，有小翅。花期7～8月，果期8～9月。

产本区富县，印台区，耀州区，又称白射干。生于砂质草地、山坡等的向阳处。根状茎有小毒，可药用，具清热解毒、活血消肿之功效。

马蔺 **Iris lactea** Pall. var. **chinensis** (Fisch.) Koidz.

多年生草本。须根粗而长，黄白色。根状茎粗壮，外包有红紫色残留叶鞘及毛发状的纤维。叶基生，坚韧，条形，长约60厘米，宽4～6毫米，顶端渐尖，基部鞘状，带红紫色。花茎高3～10厘米；苞片3～5枚，草质，边缘白色，披针形，长4.5～10厘米，宽0.8～1.6厘米，顶端渐尖，内包2～4朵花；花浅蓝色或蓝色，直径5～6厘米，花梗长4～7厘米；花被管甚短，长约3毫米，花被上有深色条纹；外花被裂片倒披针形，长4.5～6.5厘米，宽0.8～1.2厘米，顶端钝或急尖，爪部楔形，内花被裂片狭倒披针形，长4.2～4.5厘米，宽5～7毫米，爪部狭楔形；雄蕊长2.5～3.2厘米，花丝白色，花药黄色；子房纺锤形，长3～4.5厘米。蒴果长椭圆状柱形，长4～6厘米，直径1～1.4厘米，有6条明显的肋，顶端有短喙。种子多面体，棕褐色。花期5～6月，果期6～9月。

本区分布广。生于荒地、路旁、山坡草地；亦有栽培。花期长，作蜜源和观赏植物；叶可供造纸及编织用；根、花、种子可药用，具清热解毒、利尿消肿、止血之功效；现研究表明，种子有避孕和抗癌作用。

马蔺

细叶鸢尾 **Iris tenuifolia** Pall.

多年生草本。植株基部具红褐色老叶叶鞘。根坚硬，细长。根状茎块状，短而硬，木质，黑褐色。叶质地坚韧，丝状或狭条形，扭曲，无明显的中脉。花茎长度随埋砂深度而变化，通常甚短，不伸出地面；苞片4枚，披针形，顶端长渐尖或尾状尖，边缘膜质，中肋明显，内包含有2～3朵花；花蓝紫色，花梗细；外花被裂片匙形，爪部较长，中央下陷呈沟状，中脉上无附属物，但常生有纤毛，内花被裂片倒披针形，直立；雄蕊长约3厘米，花丝与花药近等长；子房细圆柱形，花柱分枝，顶端裂片狭三角形。蒴果倒卵形，顶端有短喙，成熟时沿室背自上而下开裂。花期4～5月，果期8～9月。

产本区富县张家湾镇。生于砂质草地。全草有毒，根、茎、种子毒性较大；叶可制绳索或脱胶后制麻；根及种子药用，具安胎养血、清热、利湿、止血解毒之功效。

细叶鸢尾

137 芦荟科 Aloeaceae

芦荟 **Aloe vera** L. var. **chinensis** (Haw.) Berg.

多年生常绿草本。茎较短。叶近簇生或稍2列（幼小植株），肥厚多汁，条状披针形，粉绿色，长15～35厘米，基部宽4～5厘米，顶端有几个小齿，边缘疏生刺状小齿。花葶高60～90厘米，不分枝或有时稍分枝；总状花序具几十朵花；苞片近披针形，先端锐尖；花点垂，稀疏排列，淡黄色而有红斑；花被长约2.5厘米，裂片先端稍外弯；雄蕊与花被近等长或略长，花柱明显伸出花被外。

本区花房、庭院、居室多栽培，供观赏。叶药用，具泻火、解毒、化瘀、杀虫之功效。

芦荟

138 龙舌兰科 Agavaceae

龙舌兰 Agave americana L.

多年生常绿大型草本。叶呈莲座式排列，通常 30～40 枚，有时 50～60 枚，大型，肉质，倒披针状线形，长 1～2 米，中部宽 15～20 厘米，基部宽 10～12 厘米，叶缘具有疏刺，顶端有 1 硬尖刺，刺暗褐色，长 1.5～2.5 厘米。圆锥花序大型，长达 6～12 米，多分枝；花黄绿色；花被管长约 1.2 厘米，花被裂片长 2.5～3 厘米；雄蕊长约为花被的 2 倍。蒴果长圆形，长约 5 厘米。开花后花序上生成的珠芽极少。

本区花房、居室有栽培，供观赏。叶药用，具有润肺、化痰、止咳之功效。

龙舌兰

虎尾兰 Sansevieria trifasciata Prain

多年生常绿草本。有横走根状茎。叶基生，常 1～2 枚，也有 3～6 枚成簇的，直立，硬革质，扁平，长条状披针形，长 30～90 厘米，宽 3～6 厘米，有白绿相间的横带斑纹，边缘绿色，向下部渐狭成长短不等的、有槽的柄。花葶高 30～80 厘米，基部有淡褐色的膜质鞘；花淡绿色或白色，每 3～8 朵簇生，排成总状花序；花梗长 5～8 毫米，关节位于中部；花被长 1.6～2.8 厘米，管与裂片长度约相等。浆果直径 7～8 毫米。花期 11～12 月。

本区花房、居室有栽培，供观赏。叶药用，具清热解毒、去腐生肌、活血消肿之功效。

虎尾兰

139 菝葜科 Smilacaceae

短梗菝葜 Smilax scobinicaulis C. H. Wright

落叶攀援灌木。具粗短的根状茎；茎长 1～2 米或更长，常疏生刺，刺针状，长 4～5 毫米，稍黑色，有时较粗短。叶草质，卵形或椭圆状卵形，干后有时变为黑褐色，长 4～12.5 厘米，宽 2.5～8 厘米，先端长渐尖，基部钝或浅心形；叶柄长 5～15 毫米，约占一半具狭鞘，有卷须，脱落点位于上部。伞形花序具几朵花，总花梗很短，一般不到叶柄长度的一半；花序托几不膨大；花绿黄色；雄花花被片长 4～5 毫米，内 3 片比外 3 片稍狭；雄蕊稍短于花被片，花丝比花药长；雌花具 3 枚退化雄蕊。浆果直径 6～9 毫米，熟时蓝黑色。花期 6～7 月，果期 10 月。

产本区富县，黄陵县，宜君县，耀州区。生于林下、灌丛下或山坡阴处。根及根状茎药用，具祛风除湿、散瘀、解毒之功效。

短梗菝葜

鞘柄菝葜 Smilax stans Maxim.

落叶灌木或半灌木，直立或披散，高 1～3 米。茎和枝条稍具棱，无刺。叶纸质，卵形、卵状披针形或近圆形，长 1.5～5 厘米，宽 1.2～4 厘米，下面稍苍白色或有时有粉尘状物；叶柄长 5～12 毫米，向基部渐宽成鞘状，背面有多条纵槽，无卷须，脱落点位于近顶端。花序具 1～3 朵或更多的花，总花梗纤细，比叶柄长 3～5 倍；花序托不膨大；花绿黄色，有时淡红色；雄花外花被片长 2.5～3 毫米，宽约 1 毫米，内花被片稍狭；雌花比雄花略小，具 6 枚退化雄蕊，退化雄蕊有时具不育花药。浆果直径 6～10 毫米，熟时黑色，具粉

鞘柄菝葜

霜。花期5～6月，果期10月。

产本区富县，黄陵县，耀州区。生于林下、灌丛中或山坡阴处。根含淀粉20%，可提取淀粉、酿酒；根药用，具祛风湿、活血顺气、止痛之功效。

140 薯蓣科 Dioscoreaceae

穿龙薯蓣 **Dioscorea nipponica** Makino

多年生草质缠绕藤本。根状茎横生，圆柱形，有分枝，栓皮层片状剥离；茎左旋，长达5米。单叶互生，叶柄长10～20厘米；叶片掌状心形，茎基部叶长10～15厘米，宽9～13厘米，边缘不等大三角状浅裂、中裂或深裂，顶端叶片小，近于全缘，叶面无毛或有稀疏细柔毛，脉上较密。花雌雄异株；雄花序为腋生的穗状花序，花序基部常由2～4朵集成小伞状，顶端常为单花；苞片披针形，短于花被；花被碟形，6裂；雄蕊6枚，着生于花被裂片的中央，花药内向；雌花序穗状，单生，雌蕊柱头3裂，裂片再2裂。蒴果三棱形，顶端凹入，每棱翅状，大小不一，一般长约2厘米，宽约1.5厘米；种子每室2粒，着生于中轴基部，四周有不等的薄膜状翅，上方呈长方形，长约2倍于宽。花期6～8月，果期8～10月。

产本区富县，黄陵县，宜君县，俗称穿山龙。生于山坡灌丛中、疏林内及林缘。根状茎淀粉含量高，民间遇灾年食用，多食不育；根状茎药用，具祛风除湿、舒筋活血、止咳平喘、止痛之功效。

穿龙薯蓣

141 兰科 Orchidaceae

银兰 **Cephalanthera erecta** (Thunb. ex A. Murray) Bl.

地生草本，高10～30厘米。茎纤细，直立，下部具2～4枚鞘，中部以上具2～4枚叶。叶片椭圆形至卵状披针形，长2～8厘米，宽0.7～2.3厘米，先端急尖或渐尖，基部抱茎。总状花序长2～8厘米，具3～10朵花；花序轴有棱；苞片较小，狭三角形至披针形，长1～3毫米，最下面1枚常为叶状；花白色；萼片长圆状椭圆形，长8～10毫米，宽2.5～3.5毫米，具5脉；花瓣与萼片相似，但稍短；唇瓣长5～6毫米，3裂，基部有距；侧裂片卵状三角形或披针形，多少围抱蕊柱；中裂片近心形或宽卵形，长约3毫米，宽4～5毫米，上面有3条纵褶片；距圆锥形，长约3毫米，末端稍锐尖，伸出侧萼片基部之外；蕊柱长3.5～4毫米。蒴果狭椭圆形或宽圆筒形，长约1.5厘米，宽3.5～4.5毫米。花期4～6月，果期8～9月。

产本区富县，黄陵县。为国家Ⅱ级重点保护野生植物。生于山坡林下或灌丛中。全草药用，具清热利尿、解毒、祛风、活血之功效。

银兰

头蕊兰 **Cephalanthera longifolia** (L.) Fritsch

地生草本，高20～47厘米。茎直立，下部具3～5枚鞘。叶4～7枚；叶片披针形或宽披针形，长4～13厘米，宽0.5～2.5厘米，先端长渐尖，基部抱茎。总状花序长1.5～6厘米，具2～13朵花；苞片线状披针形至狭三角形，长2～6毫米，最下面1～2枚叶状，长达5～13厘米；花白色，稍开放或不开放；萼片狭菱状椭圆形，长1.1～1.6厘米，宽3.5～4.5毫米，先端渐尖，具5脉；花瓣倒卵形，长7～8毫米，宽约4毫米，先端急尖；唇瓣长5～6毫米，3裂，基

头蕊兰

部具囊；侧裂片近卵状三角形；中裂片三角状心形，长3～3.5毫米，宽5～6毫米，上面具3～4条纵褶片，近顶端处密生乳突；唇瓣基部的囊短而钝；蕊柱长4～5毫米。蒴果椭圆形，长1.7～2厘米，宽6～8毫米。花期5～6月，果期9～10月。

产本区黄陵县双龙镇，宜君县。为国家Ⅱ级重点保护野生植物。生于林下、灌丛中或山坡草丛中。全草可药用，具清热泻火、消肿、祛风、健脾、活血之功效。

毛杓兰 Cypripedium franchetii E. H. Wilson

地生草本，高20～35厘米。根状茎粗短；茎直立，密被长柔毛，基部具数枚鞘，鞘上方有3～5枚叶。叶片椭圆形，长10～16厘米，宽4～6.5厘米，先端急尖或短渐尖，上下脉疏被短柔毛，边缘具缘毛。花序顶生，具1花；花序柄密被长柔毛；苞片叶状，椭圆形或椭圆状披针形，长6～9厘米，宽2～3.5厘米，先端渐尖，上下脉具疏毛，边缘具缘毛；花梗和子房长4～4.5厘米，密被长柔毛；花淡紫红色至粉红色，有深色脉纹；中萼片椭圆状卵形，长4～5.5厘米，宽2.5～3厘米，下面脉上疏被短柔毛，边缘具缘毛；合萼片椭圆状披针形，长3.5～4厘米，宽1.5～2.5厘米，先端2浅裂，下面脉上被短柔毛，边缘具缘毛；花瓣披针形，长5～6厘米，宽1～1.5厘米，先端渐尖，里面基部被长柔毛；唇瓣深囊状，近球形，长4～5.5厘米，宽3～4厘米；退化雄蕊长1～1.5厘米，宽7～9毫米，基部具短耳和短柄，背面有龙骨状突起。花期5～7月。

产本区富县直罗镇，黄陵县双龙镇。为国家Ⅰ级重点保护野生植物。生于疏林下或湿润草坡上。根及根状茎可药用，具理气、活血消肿、止咳、止痛之功效。

毛杓兰

火烧兰 Epipactis helleborine (L.) Crantz

地生草本，高20～70厘米。根状茎粗短；茎上部被短柔毛，具2～3枚鳞片状鞘。叶4～7枚，互生；叶片卵圆形至椭圆状披针形，长3～13厘米，宽1～6厘米，先端渐尖；向上叶逐渐变窄而成披针形。总状花序长10～30厘米，具3～40朵花；苞片叶状，线状披针形，下部的长于花2～3倍，向上逐渐变短；花梗和子房长1～1.5厘米，具黄褐色绒毛；花绿色或淡紫色，下垂，较小；中萼片卵状披针形，舟状，长8～13毫米；侧萼片斜卵状披针形，长9～13毫米；花瓣椭圆形，长6～8毫米，宽3～4毫米，先端急尖或钝；唇瓣长6～8毫米，中部缢缩；下唇兜状，长3～4毫米；上唇近三角形或近扁圆形，长约3毫米，宽3～4毫米，先端锐尖，在近基部两侧有一枚长约1毫米的半圆形褶片；蕊柱长2～5毫米。蒴果倒卵状椭圆状，长约1厘米，具极疏短柔毛。花期7月，果期9月。

产本区富县张村驿镇，黄陵县双龙镇。为国家Ⅱ级重点保护野生植物。生于山坡林下或草丛中。根及全草可药用，具清热解毒、化痰止咳之功效。

火烧兰

小斑叶兰 Goodyera repens (L.) R. Br.

地生草本，高10～25厘米。根状茎匍匐，具节；茎绿色，具5～6枚叶。叶片卵形或卵状椭圆形，长1～2厘米，宽5～15毫米，上面深绿色具白色斑纹，背面淡绿色，先端急尖，基部钝或宽楔形，具柄，叶柄长5～10毫米，基部成抱茎的鞘。花茎被白色腺状柔毛，具3～5枚鞘状苞片；总状花序具花几朵至10余朵，偏向

小斑叶兰

一侧，长4～15厘米；苞片披针形，长5毫米；子房圆柱状纺锤形，连花梗长4毫米，疏被腺状柔毛；花小，白色或带绿色和粉红色；萼片背面被腺状柔毛，具1脉，中萼片卵形或卵状长圆形，宽1.2～1.5毫米，与花瓣黏合呈兜状；侧萼片斜卵形、卵状椭圆形，宽1.5～2.5毫米；花瓣匙形，长3～4毫米，宽1～1.5毫米，具1脉；唇瓣卵形，长3～3.5毫米，宽2～2.5毫米，基部凹陷，前部短舌状；蕊柱短；蕊喙直立，叉状2裂；柱头1个，较大，位于蕊喙之下。花期7～8月。

产本区富县张村驿镇，黄陵县双龙镇。为国家Ⅱ级重点保护野生植物。生于山坡疏林下。全草可药用，具补肺益肾、散肿止痛之功效，外用于治痈肿疮毒、虫蛇咬伤。

角盘兰

角盘兰 **Herminium monorchis** (L.) R. Br.

地生草本，高5.5～35厘米。块茎球形，直径6～10毫米，肉质；茎直立，基部具2枚筒状鞘，下部具2～3枚叶，叶之上具1～2枚苞片状小叶。叶片狭椭圆状披针形，长2.8～10厘米，宽8～25毫米，先端急尖，基部略抱茎。总状花序多花，长达15厘米；苞片线状披针形，长2.5毫米，宽约1毫米，先端长渐尖；花小，黄绿色，垂头；萼片近等长，具1脉，中萼片椭圆形，侧萼片长圆状披针形；花瓣近菱形，上部肉质增厚，较萼片长，向先端渐狭，中部多少3裂，中裂片线形，先端钝，具1脉；唇瓣与花瓣等长，肉质增厚，基部凹陷，近中部3裂，中裂片线形，侧裂片三角形，较短；蕊柱粗短，长不及1毫米；药室并行；花粉团近圆球形，具短柄和黏盘，黏盘卷成角状；蕊喙矮阔；柱头2个，隆起，叉开；退化雄蕊2枚，近三角形，先端钝；子房圆柱状纺锤形，扭转，顶部钩曲。花期6～7月。

产本区富县直罗镇。为国家Ⅱ级重点保护野生植物。生于山坡草地或林下。全草和块茎可药用，具滋阴补肾、健脾养胃、调经之功效。

小羊耳蒜

小羊耳蒜 **Liparis fargesii** Finet

附生草本，很小，成丛生长。假鳞茎近圆柱形，长7～14毫米，直径约3毫米，匍匐于岩石上，顶端具1叶。叶椭圆形或长圆形，坚纸质，长1～2厘米，宽5～8毫米，先端圆钝，基部收狭成柄，有关节；叶柄长3～6毫米。花葶长2～4厘米；花序柄扁圆柱形，具狭翅，下部无不育苞片；总状花序长1～2厘米，具2～3花；苞片小，狭披针形，长1～1.8毫米；花梗和子房长8～9毫米；花淡绿色；萼片线状披针形，长5～6毫米，宽1.2～1.4毫米，先端钝，边缘外卷，具1脉；花瓣狭线形，长5～6毫米，宽约0.3毫米；唇瓣近长圆形，中部缢缩呈提琴形，长4～5毫米，上部宽2.5～3毫米，先端近截形并微凹，基部无胼胝体但略增厚；蕊柱长3～3.5毫米，稍向前弯曲，上端有狭翅。蒴果倒卵形，长6～7毫米，宽3～4毫米；果梗长6～7毫米。花期9～10月，果期翌年5～6月。

产本区富县直罗镇，黄陵县，宜君县。为国家Ⅱ级重点保护野生植物。生于林中或阴湿石壁上。全草可药用，具清热润肺、健脾消食、活血调经、止咳、止血之功效。

羊耳蒜

羊耳蒜 **Liparis japonica** (Miq.) Maxim.

地生草本。假鳞茎卵形，长5～12毫米，直径3～8毫米，外被白色薄膜质鞘。叶2枚，卵形或近椭圆形，长5～10厘米，宽2～4厘米，先端急尖或钝，边缘皱波状或近全缘，基部成鞘状柄，无关节；鞘状柄长3～8厘米，初时抱花葶。花葶长12～50厘米；花序柄圆柱形，花期可见狭翅；总状花序具花数朵至10余朵；苞片狭卵形，长2～3毫米；花梗和子房长8～10毫米；花淡绿色、粉红色或带紫红色；萼片线状披针形，长7～9毫米，宽1.5～2毫米，具3脉；侧萼片斜歪；花瓣丝状，长7～9毫米，宽约0.5毫米，具1脉；唇瓣倒卵形，长6～8毫米，宽4～5毫米，先端具短尖，边缘近全缘，基部逐渐变狭；蕊柱长2.5～3.5毫米，上端略有翅，基部扩大。蒴果倒卵状长圆形，长8～13毫米，宽4～6毫米；果梗长5～9毫米。花期6～8月，果期9～10月。

产本区黄陵县双龙镇，宜君县。为国家Ⅱ级重点保护野生植物。生于林下、灌丛中或草地荫蔽处。全草可药用，具活血调经、止血、止痛、强心镇静之功效。

二叶兜被兰 **Neottianthe cucullata** (L.) Schltr.

地生草本，高4～24厘米。茎直立，基部具1～2枚圆筒状鞘，其上具2枚近对生的叶，在叶上方具1～4枚小披针形不育苞片；块茎圆球形或卵形。叶卵形或卵状披针形，长4～6厘米，宽1.5～3.5厘米，先端急尖或渐尖，基部成抱茎的短鞘。总状花序具花几朵至10余朵，偏向一侧；苞片披针形，直立伸展，先端渐尖，最下面的长于子房与花；子房圆柱状纺锤形，长5～6毫米，扭转；花紫红色或粉红色；萼片靠合成兜，兜长5～7毫米，宽3～4毫米；中萼片先端急尖，具1脉；侧萼片镰状披针形，基部宽1.8毫米，先端急尖，具1脉；花瓣披针状线形，长约5毫米，宽约0.5毫米，先端急尖，具1脉，与萼片贴生；唇瓣前伸，长7～9毫米，上面和边缘具乳突，基部楔形，中部3裂，侧裂片线形，具1脉，中裂片较长而宽，具3脉；距圆筒状圆锥形，长4～5毫米，近呈"U"字形。花期8～9月。

产本区富县张村驿镇，黄陵县双龙镇、店头镇。为国家Ⅱ级重点保护野生植物。生于沟谷石壁苔藓上。全草可药用，具强心兴奋、活血化瘀、接骨生肌之功效。

二叶兜被兰

二叶舌唇兰 **Platanthera chlorantha** Cust. ex Rchb.

地生草本，高30～50厘米茎直立，近基部具2枚近对生的大叶，上部具2～4枚变小的披针形苞片状小叶；块茎卵状纺锤形，肉质，上部细圆柱形。大叶片椭圆形或披针状椭圆形，长10～20厘米，宽4～8厘米，先端钝或急尖，基部成抱茎的鞘状柄。总状花序具花12～32朵，长13～23厘米；苞片披针形，最下部的长于子房；花较大，绿白色或白色；中萼片直立，圆状心形，先端钝，基部具5脉；侧萼片张开，斜卵形，先端急尖，具5脉；花瓣狭披针形，长5～6毫米，基部宽2.5～3毫米，具1～3脉；唇瓣前伸，舌状，肉质，长8～13毫米，宽约2毫米，先端钝；距棒状圆筒形，长25～36毫米，末端增粗，长于子房；蕊柱粗，药室叉开；药隔上窄下宽；花粉团具细长的柄；雄蕊退化；蕊喙宽，带状；柱头1个，凹陷；子房圆柱状，上部钩曲，连花梗长1.6～1.8厘米。花期6～8月。

产本区富县直罗镇。为国家Ⅱ级重点保护野生植物。生于山坡林下或草丛中。块茎可药用，具补肺、生肌、化瘀、止血之功效。

二叶舌唇兰

绶草 **Spiranthes sinensis** (Pers.) Ames

地生草本，高13～30厘米。根数条，指状，肉质，簇生于茎基部。茎短，近基部生2～5枚叶。叶片宽线形或宽线状披针形，长3～10厘米，常宽5～10毫米，先端急尖或渐尖，基部收狭成抱茎的鞘。花茎直立，长10～25厘米，上部被腺状柔毛至无毛；总状花序具多花，长4～10厘米，呈螺旋状扭转；苞片卵状披针形，先端长渐尖，下部的长于子房；子房纺锤形，扭转，被腺状柔毛，连花梗长4～5毫米；花小，紫红色、粉红色或白色，呈螺旋状排生；萼片下部靠合，中萼片狭长圆形，舟状，长4毫米，宽1.5毫米，先端稍尖，与花瓣靠合呈兜状；侧萼片披针形，长5毫米，宽约2毫米，先端稍尖；花瓣菱状长圆形，先端钝，与中萼片等长；唇瓣宽长圆形，凹陷，长4毫米，宽2.5毫米，先端极钝，具长硬毛且边缘具啮齿，唇瓣基部凹陷呈浅囊状，囊内具2枚胼胝体。花期7～8月。

产本区富县张村驿镇，黄陵县双龙镇。为国家Ⅱ级重点保护野生植物。生于山坡林下、灌丛中或草地上。全草可药用，具清热凉血、消炎止痛、止血之功效。

绶草

蜻蜓兰 **Tulotis fuscescens** (L.) Czer. Addit. et Collig.

地生草本，高20～60厘米。根状茎指状，肉质；茎粗壮直立，具1～2枚具叶筒状鞘，茎下部2枚叶较大，大叶片倒卵形或椭圆形，长6～15厘米，宽3～7厘米，先端钝，基部成抱茎的鞘，在大叶之上有1至几枚苞片状小叶。总状花序狭长，具多数花；苞片狭披针形，长于子房；子房圆柱状纺锤形，扭转，连花梗长约1厘米；花小，黄绿色；中萼片凹陷呈舟状，卵形，长4毫米，宽3毫米，先端急尖或钝，具3脉；侧萼片斜椭圆形，较中萼片稍长而狭，先端钝，具3脉；花瓣斜椭圆状披针形，与中萼片相靠合且较窄，宽不及2毫米，先端钝，具1脉；唇瓣舌状披针形，长4～5毫米，基部两侧各具1枚小的侧裂片，侧裂片三角状镰形，长达1毫米，先端锐尖，中裂片舌状披针形，长3～4毫米，宽1.5毫米，向先端稍渐狭，先端钝；距细长，圆筒状，下垂，稍弧曲，向末端略增粗，与子房近等长。花期6～8月，果期9～10月。

产本区黄陵县双龙镇。为国家Ⅱ级重点保护野生植物。生于山坡林下或沟边。全草药用，治烧伤。

蜻蜓兰

主要参考文献

白重炎，白雪，沈雪健，等. 2017. 陕北菊科植物一种新纪录. 延安大学学报（自然科学版），36（1）：94-95.
白重炎，金沐，任百平，等. 2016. 陕西富县一种植物新纪录. 延安大学学报（自然科学版），35（4）：89-90.
白重炎，刘帆帆. 2011. 延安茄科药用植物野生资源调查. 安徽农业科学，39（31）：19105-19106.
白重炎，张咏梅. 2011. 延安蔷薇科鞣料植物野生资源调查. 安徽农业科学，39（25）：15422-15423.
白雪，白重炎，沈雪健，等. 2018. 陕北地区两种植物新纪录. 延安大学学报（自然科学版），37（2）：74-76.
陈冀胜，郑硕. 1987. 中国有毒植物. 北京：科学出版社.
陈彦生. 2016. 陕西维管植物名录. 北京：高等教育出版社.
程积民，朱仁斌. 2012. 中国黄土高原常见植物图鉴. 北京：科学出版社.
党坤良，孟中华，宋小民. 2004. 陕西子午岭自然保护区综合科学考察. 咸阳：西北农林科技大学出版社.
高巨营，白重炎，杨贝贝. 2012. 延安菊科油脂植物野生资源调查. 延安大学学报（自然科学版），31（2）：95-97.
高巨营，计建荣，白重炎. 2013. 延安野生油脂植物资源调查. 延安大学学报（自然科学版），32（3）：51-57.
高之奇，白雪，白重炎. 2015a. 陕西子午岭野生鞣料植物资源调查. 陕西农业科学，61（3）：73-76.
高之奇，白雪，白重炎. 2015b. 陕西子午岭自然保护区唇形科野生药用植物资源调查. 陕西林业科技，（2）：1-4.
国家地球系统科学数据共享服务平台——黄土高原科学数据中心. http://loess.geodata.cn/plant/ [2018-12-11].
贾厚礼，姜林. 2012. 榆林种子植物. 西安：陕西科学技术出版社.
贾茜，白重炎. 2017. 陕西子午岭自然保护区野生芳香植物资源调查. 陕西林业科技，（5）：1-5.
江苏新医学院. 1986a. 中药大辞典（上册）. 上海：上海科学技术出版社.
江苏新医学院. 1986b. 中药大辞典（下册）. 上海：上海科学技术出版社.
乐天宇，徐纬英. 1957. 陕甘宁盆地植物志. 北京：中国林业出版社.
刘广全，王鸿喆. 2012. 西北农牧交错带常见植物图谱. 北京：科学出版社.
卯晓岚. 2000. 中国大型真菌. 郑州：河南科学技术出版社.
陕北建设委员会，西北植物研究所. 1989. 黄土高原植物志（第五卷）. 北京：科学技术文献出版社.
谭见安. 2008. 地理辞典. 北京：化学工业出版社.
吴国芳，冯志坚，马炜梁，等. 2011. 植物学（第二版）（下册）. 北京：高等教育出版社.
西北植物研究所. 1992. 黄土高原植物志（第二卷）. 北京：中国林业出版社.
西北植物研究所. 2000. 黄土高原植物志（第一卷）. 北京：科学出版社.
《延安市林业志》编纂委员会. 2013. 延安市林业志（1997—2010）. 西安：陕西人民出版社.
植物通. http://1.zhiwutong.com/ [2018-10-12].
中国科学院植物研究所. 1970-1983. 中国高等植物图鉴. 北京：科学出版社.
中国科学院中国植物志编辑委员会. 1959-2004. 中国植物志（第1-80卷）. 北京：科学出版社.
中国药材公司. 1994. 中国中药资源志要. 北京：科学出版社.
中国植物物种信息数据库. http://db.kib.ac.cn [2018-11-12].
朱太平，刘亮，朱明. 2007. 中国资源植物. 北京：科学出版社.

中文名索引

Y

Z

拉丁名索引

A

B

D

H

I

J

K

L

M

Q

R

S

T

U

V

W

X

Y

Z